U0712417

"十二五"国家重点出版规划项目

国家出版基金项目

/现代激光技术及应用丛书/

高平均功率高光束质量 全固态激光器

周寿桓　阎吉祥　冯国英　编著

国防工业出版社

·北京·

内 容 简 介

本书系统介绍获得高平均功率高光束质量全固态激光的基础知识和先进技术。全书共分为10章,包括激光产生机理及其物理特性、激光工作模式及其输出特性、光学谐振腔、高斯光束、光束合成、波前校正技术、块状固体激光器、光纤激光器、光纤耦合输出半导体激光器等。

本书适合激光技术领域的科技工作者、教师和研究生阅读。

图书在版编目（CIP）数据

高平均功率高光束质量全固态激光器/周寿桓,阎吉祥,冯国英编著. —北京:国防工业出版社,2016.11
（现代激光技术及应用）
ISBN 978 - 7 - 118 - 11150 - 7

Ⅰ. ①高… Ⅱ. ①周… ②阎… ③冯… Ⅲ. ①大功率激光器—固体激光器—研究 Ⅳ. ①TN248.1

中国版本图书馆 CIP 数据核字(2016)第 305574 号

※

国防工业出版社出版发行

（北京市海淀区紫竹院南路23号　邮政编码100048）
北京嘉恒彩色印刷有限责任公司印刷
新华书店经售

*

开本 710×1000　1/16　印张 28½　字数 541 千字
2016 年 11 月第 1 版第 1 次印刷　印数 1—2500 册　定价 128.00 元

（本书如有印装错误,我社负责调换）

国防书店：(010)88540777　　　发行邮购：(010)88540776
发行传真：(010)88540755　　　发行业务：(010)88540717

丛书学术委员会 （按姓氏拼音排序）

主　任	金国藩	周炳琨		
副主任	范滇元	龚知本	姜文汉	吕跃广
	桑凤亭	王立军	徐滨士	许祖彦
	赵伊君	周寿桓		
委　员	何文忠	李儒新	刘泽金	唐　淳
	王清月	王英俭	张雨东	赵　卫

丛书编辑委员会 （按姓氏拼音排序）

主　任	周寿桓			
副主任	何文忠	李儒新	刘泽金	王清月
	王英俭	虞　钢	张雨东	赵　卫
委　员	陈卫标	冯国英	高春清	郭　弘
	陆启生	马　晶	沈德元	谭峭峰
	邢海鹰	阎吉祥	曾志男	张　凯
	赵长明			

序

世界上第一台激光器于 1960 年诞生在美国,紧接着我国也于 1961 年研制出第一台国产激光器。激光的重要特性(亮度高、方向性强、单色性好、相干性好)决定了它五十多年来在技术与应用方面迅猛发展,并与多个学科相结合形成多个应用技术领域,比如光电技术、激光医疗与光子生物学、激光制造技术、激光检测与计量技术、激光全息技术、激光光谱分析技术、非线性光学、超快激光学、激光化学、量子光学、激光雷达、激光制导、激光同位素分离、激光可控核聚变、激光武器等。这些交叉技术与新的学科的出现,大大推动了传统产业和新兴产业的发展。可以说,激光技术是 20 世纪最具革命性的科技成果之一。我国也非常重视激光技术的发展,在《国家中长期科学与技术发展规划纲要(2006—2020 年)》中,激光技术被列为八大前沿技术之一。

近些年来,我国在激光技术理论创新和学科发展方面取得了很多进展,在激光技术相关前沿领域取得了丰硕的科研成果,在激光技术应用方面取得了长足的进步。为了更好地推动激光技术的进一步发展,促进激光技术的应用,国防工业出版社策划并组织编写了这套丛书。策划伊始,定位即非常明确,要"凝聚原创成果,体现国家水平"。为此,专门组织成立了丛书的编辑委员会。为确保丛书的学术质量,又成立了丛书的学术委员会。这两个委员会的成员有所交叉,一部分人是几十年在激光技术领域从事研究与教学的老专家,一部分人是长期在一线从事激光技术与应用研究的中年专家。编辑委员会成员以丛书各分册的第一作者为主。周寿桓院士为编辑委员会主任,我们两位被聘为学术委员会主任。为达到丛书的出版目的,2012 年 2 月 23 日两个委员会一起在成都召开了工作会议,绝大部分委员都参加了会议。会上大家进行了充分讨论,确定丛书书目、丛书特色、丛书架构、内容选取、作者选定、写作与出版计划等等,丛书的编写工作从那时就正式地开展起来了。

历时四年至今日,丛书已大部分编写完成。其间两个委员会做了大量的工作,又召开了多次会议,对部分书目及作者进行了调整,组织两个委员会的委员对编写大纲和书稿进行了多次审查,聘请专家对每一本书稿进行了审稿。

总体来说,丛书达到了预期的目的。丛书先后被评为"十二五"国家重点出版规划项目和国家出版基金项目。丛书本身具有鲜明特色：①丛书在内容上分三个部分，激光器、激光传输与控制、激光技术的应用，整体内容的选取侧重高功率高能激光技术及其应用；②丛书的写法注重了系统性，为方便读者阅读，采用了理论—技术—应用的编写体系；③丛书的成书基础好，是相关专家研究成果的总结和提炼，包括国家的各类基金项目，如973项目、863项目、国家自然科学基金项目、国防重点工程和预研项目等，书中介绍的很多理论成果、仪器设备、技术应用获得了国家发明奖和国家科技进步奖等众多奖项；④丛书作者均来自国内具有代表性的从事激光技术研究的科研院所和高等院校，包括国家、中科院、教育部的重点实验室以及创新团队等，这些单位承担了我国激光技术研究领域的绝大部分重大的科研项目，取得了丰硕的成果，有的成果创造了多项国际纪录，有的属国际首创，发表了大量高水平的具有国际影响力的学术论文，代表了国内激光技术研究的最高水平，特别是这些作者本身大都从事研究工作几十年，积累了丰富的研究经验，丛书中不仅有科研成果的凝练升华，还有着大量作者科研工作的方法、思路和心得体会。

综上所述，相信丛书的出版会对今后激光技术的研究和应用产生积极的重要作用。

感谢丛书两个委员会的各位委员、各位作者对丛书出版所做的奉献，同时也感谢多位院士在丛书策划、立项、审稿过程中给予的支持和帮助！

丛书起点高、内容新、覆盖面广、写作要求严，编写及组织工作难度大，作为丛书的学术委员会主任，很高兴看到丛书的出版，欣然写下这段文字，是为序，亦为总的前言。

2015 年 3 月

固体激光器是最早发明的一种激光器。与其他类型的激光器相比,具有体积小,重量轻,功率密度高,坚固耐用等优点。因而在很多应用场合、特别在军事应用领域起着越来越重要的作用。经过多年的研究,其输出平均功率(能量)已大幅提高,但在同样高的输出平均功率下,光束质量却难以达到气体、化学激光的水平,使其在一些重要领域(例如,远距离能量型)的应用受到限制。

近年来,这一情况已大为改观,尤其是采用激光二极管代替灯泵浦后,使固体激光器发生了质的变化,在提高输出平均功率的同时,已经可保持光束质量基本不变。高平均功率、高光束质量全固态激光已成为下一代远距离能量型应用的一种优选。本书的目的就是尽可能全面、系统地介绍获得高平均功率、高光束质量全固态激光的基础知识和先进技术。

全书共分10章,第1章为概述,简要介绍本书的基本写作思路,对影响高平均功率固体激光光束质量最主要的因素的认识过程、解决思路、取得成绩、尚存不足,以期引起读者的思考;第2~5章是激光基础;后面5章主要讨论同时获得高平均功率、高光束质量的一些先进技术。其中第6章描述获得高平均功率激光的一项重要技术——激光合束;第7章介绍实现高光束质量的自适应光学技术;第8、9章介绍近些年发展起来的几种新型固体激光器,包括薄片、板条、光纤及热容激光器;因为丛书中已有《高平均功率光纤激光相干合成》专著,为完整起见,本书只简单补充讨论一些基础知识。

最后,第10章介绍光纤耦合输出的半导体激光器。半导体激光器是否可算作固体激光器存在不同看法。一方面,从物态来说,半导体属于固体,很多出自名家的"固体物理学"书籍中都以一定篇幅介绍半导体;另一方面,半导体激光器的工作机理的确与固体激光器的颇为不同。但是,只依据工作机理分类也会存在问题,比如,气体激光器的工作机理就与固体激光器的大致相同。所以,本书是采用按激光器的工作介质分类。

考虑实际应用中还迫切希望提高高平均功率、高光束质量全固态激光器的整体效率。从这点来看,直接采用半导体激光器应该是解决的方案之一。特别是,近年高能光纤激光器的泵浦源大多是光纤耦合输出的半导体激光器,或通过光纤激光器将波长"转换"后作为泵浦源；另一方面，千瓦级的光纤耦合输出的半导体激光器的亮度，已可与灯泵浦的固体激光器相媲美，可以直接用于先进制造。这种直接从半导体激光器取出能量，使总的能量转换效率得到大幅提高，对达到高效率来说无疑非常重要。又因为在丛书中已有《高功率半导体激光器》专著，因此本书仅对 LD 作为固体激光器的泵浦源以及通过光纤耦合输出的相关内容进行讨论。

这里，还特别要强调说明：在第 5 章中大量引用了 20 世纪六七十年代读到的一本油印小册子中的内容，它使作者能更清晰理解高斯光束的形成和传输，受益匪浅，希望在本书中介绍给读者。但那时写文章的不能留下姓名，在心得笔记上也未留下他(她)们的工作单位。在此，谨以诚挚的心情表示深切的谢意！

本书得到"十二五国家重点出版规划项目"和"国家出版基金项目"支持。作者衷心感谢国防工业出版社编辑所做的大量细致的工作。感谢廖新胜，王俊，柯顺琦，沈宏华对第 7 章中内容的讨论和建议。感谢姜东升，赵鸿，张放，周翊，眭晓林，朱晨，刘磊，陈三斌，苑利刚，张利民，陈建国，计玉娟，朱启华，王建军，石秀梅，韩敬华，汪莎，杨火木，李伟，周晟阳，张弘，周昊等对有关内容的贡献。

由于时间仓促，加之编著者仍担负的繁重工作，写作时间极其紧张，并且水平有限，书中肯定有错误欠妥之处，恳请读者惠予指正。

作者

2016 年 4 月于北京

目录

第1章　概述

第2章　激光产生机理及其物理特性

第3章 激光工作模式及其输出特性

第4章 光学谐振腔

第 8 章 块状固体激光器

第 1 章

概述

1.1　引言

1960 年美国科学家梅曼发明了第一台激光器——气体放电灯泵浦的红宝石激光器,之后,激光在理论、技术、应用各个方面都蓬勃发展起来。随后相继出现了气体激光器、半导体激光器、液体激光器、化学激光器、自由电子激光器等。相对来说,固体激光器的功率密度高,结构小巧、紧凑、牢固,因而得到广泛(特别在军事上)应用。例如,激光雷达,水下目标探测,激光测距、跟踪、制导、干扰、制盲,激光加工,激光光谱学,非线性光学,强场物理学,激光核聚变研究,医疗等。

纵观人类历史,几乎每一项新技术出现,都会优先用于"武器",其根本原因是人类的贪婪和良知并存。无论是侵略或反抗都希望用最强大、有效的武器来装备自己。每当一种新技术出现,总会情不自禁地想到如何将其用于武器系统,激光的命运也未能幸免。实验室里在激光辐照下,即便是金刚石也瞬间变为一缕青烟。看到这种传说中的"死光"变为现实,人们振奋,舆论沸扬,不到一年"激光武器"已成为时髦的研究课题。

走出实验室经历磨难后才发现,早期的固体激光尽管其亮度高得惊人,但作为远距离应用的能量型武器仍然不够。其主要原因是在高平均功率工作时,随激光的输出功率增大到某个数值后,其亮度不再增加,甚至反而下降。其中,最重要的一个影响因素是"热效应"。

多年对克服热效应的研究,迎来了"全固态"激光这一革命性进展。全固态激光被公认为下一代的激光武器的优选者而再次焕发青春。

1963 年 R. Newman 首先提出用半导体发光二极管泵浦固体激光器。他用 GaAs 发光二极管泵浦 $Nd:CaWO_4$ 观察到了荧光。1964 年 R. J. Keyes 等首次实现了用 GaAs 激光二极管泵浦 $CaF_2:U^{+3}$ 获得激光输出。随后相关的研究逐渐增多,但由于当时激光二极管(Laser Diode, LD)需要在低温工作,且输出功率(能量)很低,因而没有充分显出其优越性,没有获得实际应用。相对于传统灯泵浦的固体激光器而言,LD 泵浦的固体激光器中的元部件都是"固态的",因此又称为全固态激光器(Diode Pumped Solid – State Laser,DPSSL)。

20 世纪 80 年代初,高功率 LD 的研究和生产取得了重大的突破,全固态激光的相关理论、技术、应用研究又日新月异地开展起来,很快发展成为一类新型的器件。除极少数情况外,全固态激光器的输出功率(能量)都已达到甚至超过用灯泵浦的水平,而其光束质量却有极大的提高,全固态激光器(包括 LD 泵浦的块状激光器、热容激光器、光纤激光器、光子晶体光纤激光器、波导激光器等)已成为当前激光科学技术的重要发展方向之一。

下面,以目前应用最多、最具代表性的固体激光工作介质 Nd:YAG 为例来说明其中产生热效应的主要途径。

Nd:YAG 属四能级系统,与激光跃迁有关的能级如图 1 – 1 所示。

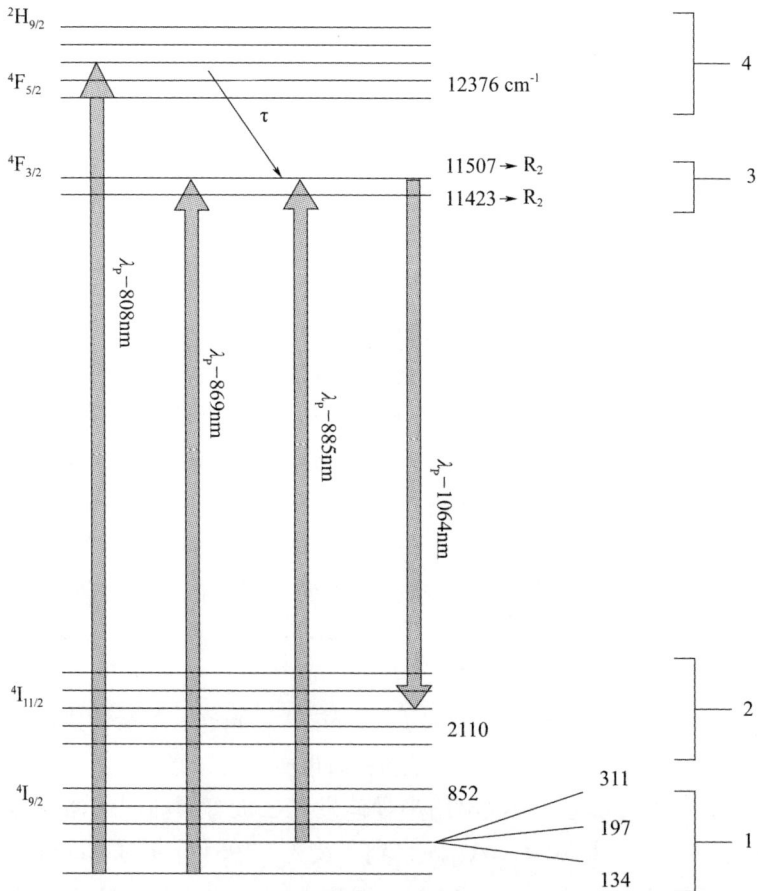

图 1 – 1 Nd:YAG 能级图

当 Nd:YAG晶体受到外界能量的泵浦时,处于基态1上的粒子将跃迁到能级4上,能级4上粒子的寿命极短,很快热弛豫到亚稳能级3上。能级3上粒子的寿命较长,而室温下能级2上粒子集居数接近于零。因此很容易在能级2和3之间形成粒子集居数反转,能级3上的粒子受激跃迁到能级2上形成激光振荡。能级2上的粒子很快热弛豫到基态能级1,以保持能级2上粒子集居数近似为零,激光阈值很低。

早期使用气体放电灯作为泵浦源,其辐射的能量分布在从紫外到红外很宽的光谱区。Nd:YAG 中的吸收带4是由很多能级联合构成的,其中在 750nm 和 810nm 附近的最强然后是 880nm 附近的吸收带,但这三个吸收带总的吸收只占气体放电灯辐射的很小部分(图1-2)。在这个吸收带以外的紫外辐射被吸收后可能使晶体性能退化,而红外辐射被晶体吸收则形成有害热。

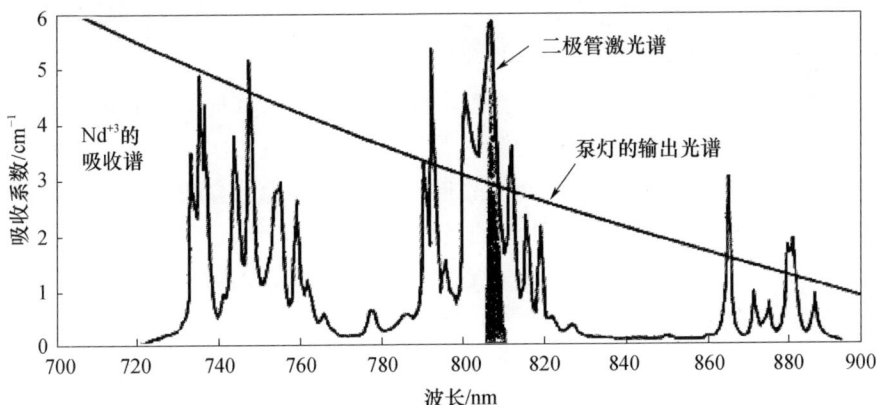

图1-2　LD、闪光灯的发射和 Nd:YAG 的吸收谱

因此,气体放电灯提供工作介质产生激光所必须的能量,同时伴随产生大量的无用热。为使激光器持续稳定运转,必须及时带走这些无用热。无用热和带走这些无用热导致热透镜、应力、退偏、双折射、非线性等不良效应。这些效应使激光效率降低,光束质量下降,输出功率受限,甚至造成工作介质破坏,严重限制了固体激光器的输出功率和亮度。

为了克服(或降低)有害热的影响,归纳起来,进行了三方面的工作:①尽可能减少进入工作介质的无用热,应该说这是最根本的办法;②如果不能完全阻止在工作介质中造成无用热,则采用最有效、不良影响最小的方法导出无用热;③如何减少、补偿上述措施都未能避免的有害热影响。

1.2　减少进入工作介质的无用热的方法

1. 掺杂滤光液
可以在工作介质的冷却液中掺入可吸收红外辐射又可透过有用的泵浦辐射

的杂质。但是由于红外辐射光谱太宽,一直没有发现这类满意的掺杂物质,或作用不大,或大量吸收有用泵浦辐射,而且还造成聚光腔的污染,因此近年来已基本上不采用这种方法了。

2. 吸热玻璃套

在工作介质或泵灯的周围套一个掺杂的(石英)玻璃管,利用掺杂玻璃把工作介质和泵灯隔开。与滤光液一样,消除红外热效果不大,但消除紫外热效果明显,而且不会造成污染,因此目前有的地方还在采用。

也可以把吸热玻璃套换成镀介质膜的玻璃管,要求所镀的介质膜对有用的泵浦光高透,对红外辐射高反。由于镀膜费用较高,又没有如此宽带的对红外高反、对有用泵浦光高透的多色膜。因此费用不低,效果不显著。目前,在镀膜技术没有突破前也很少采用。

3. 介质膜聚光腔

因为只有一部分泵浦光是直接照射到工作介质,而其他的以及进入工作介质而没有被完全吸收的泵浦光,要通过聚光腔的一次或多次反射后再次被工作介质吸收。因此在聚光腔上镀反射泵浦光、透射红外光的介质膜有利于消除进入工作介质中的无用热。但介质膜的透射谱远不能包含泵灯的全部红外辐射,另外介质膜的反射、透射特性只对应在一个相对较小的入射角内。随入射角增大,对泵浦光的反射、透射率也随之下降,其结果是影响泵浦效率。制备这种宽带双色膜难度大,费用也较高,因此,目前很少采用。

4. 钾铷灯

钾铷灯的辐射谱可以与 Nd:YAG 的一个吸收带匹配,因此应该能明显降低红外辐射热而曾被寄于很大希望。但一个大困难是碱金属蒸气对灯管壁的严重腐蚀,即便采用白宝石也不能幸免,因此没有获得实际应用。

5. LD 泵浦

这是迄今减少进入工作介质无用热最有成效的一种方法。由于光谱匹配(图1-2),用半导体激光二极管代替闪光灯泵浦固体激光介质,大大降低了无用热,可以同时获得很高的光束质量和输出功率;LD 的寿命、效率都远远超过泵灯,激光器整体效率显著提高,整机寿命、可靠性提高。因此,大大扩展了固体激光的应用范围,特别是在高能激光武器应用上重新被寄予厚望。另外,采用 LD 泵浦还能获得用灯泵浦所不可能达到的一些特殊性能,如微小型、高稳定(光、机、频率、波形)、快速反应、精确定时等,在军事应用上尤其具有重要意义;一些本来具有重要应用价值,但用灯泵浦不能正常工作而被埋没的工作介质(例如 Yb:YAG、Nd:YVO$_4$等),采用 LD 泵浦则能充分发挥其优良特性;用 LD 泵浦还带动了一系列新型器件的研究和发展,例如窄线宽、稳频激光器,光纤激光器,波导激光器,微型、阵列激光器,热容激光器,直接泵浦、热助推激光器等。

虽然 LD 也属于固态器件,而且,随着 LD 阵列输出功率的增加、光束质量的改善,有的应用场合已经可以直接采用 LD,不必通过泵浦固体工作介质这一中间环节,效率大大提高,废热显著降低。但由于习惯上半导体激光器不属于固体激光器,因此本书不过多涉及,书中仅将 LD 作为固体器的泵浦源以及通过光纤耦合输出的相关内容进行讨论。

LD 泵浦大大减轻了无用热,但并没有完全消除。如果能够完全消除无用热,那么固体激光器的光束质量和输出平均功率将还有极大的提高。不过,迄今还没有找到这样的方法。

6. 低热泵浦

从 Nd:YAG 的能级结构图可以看出,即便泵浦光与吸收带完全匹配,由于量子缺陷,工作介质中仍然要产生无用热。于是发展了直接泵浦、热助推、准三能级系统、辐射平衡。

(1)直接泵浦。把基态粒子直接泵浦到激光上能级 3,而不通过能级 4,从而避免了能级 3 和能级 4 间能量差造成的无用热。

激光发展初期就从实验上证明了用 LD 可将 Nd^{3+} 离子直接泵浦到激光上能级 $^4F_{3/2}$。1968 年,Ross 首次成功用 LD 泵浦 YAG 激光器,其泵浦波长为 867nm,直接将 Nd^{3+} 激励到激光上能级。当时选择这种泵浦波长主要是因为有可用的 LD,并非意识到直接泵浦的优越性。

由于多数高功率激光器都要求对泵浦光多次吸收,从而形成高效、均匀的泵浦。并不希望工作介质对泵浦光具有太高的吸收系数,因而直接泵浦的吸收系数较低也许是一个优点。当然要仔细考虑泵浦结构的设计,让泵浦光在工作介质中通过的总程长度长到足以被充分吸收,以获得高的泵浦效率。

(2)热助推。把基态上热激励的斯托克斯能级上的粒子直接泵浦到激光上能级 3。

减少无用热的简单方法是减小泵浦光子和激光光子间的能量差,这就是为什么研究采用具有小斯托克斯频移 Yb 三能级系统的一个主要原因。若将基态上热激励的斯托克斯能级上的粒子直接激发到激光上能级,那么在直接泵浦的基础上又进一步减小泵浦光子与激光光子间的能量差。这应该是四能级系统的一个较为理想的泵浦方案。此时斯托克斯损耗将减到最小,同时量子损耗也很小。这种将热激励的基态粒子直接泵浦到 $^4F_{3/2}$(对于 Nd:YAG,泵浦波长为 885nm,参见图 1－1),称为热助推泵浦。此时泵浦能量中的一部分是由储存在晶体中热能提供的,因此效率比直接泵浦的还要高,无用热的减少更多。与传统的 808nm 泵浦相比,热助推泵浦预计无用热可减少 40%,因而更加适合于高平均功率、高光束质量的高效运转。

Nd:YAG 在 885nm 附近有两条十分靠近的吸收谱线,它们分别从不同的两个热激励斯托克斯能级到亚能级 R_1（885.8nm：$134cm^{-1} \rightarrow 11423cm^{-1}$）和 R_2（884.4nm：$197cm^{-1} \rightarrow 11507cm^{-1}$），如图 1 − 3 所示。

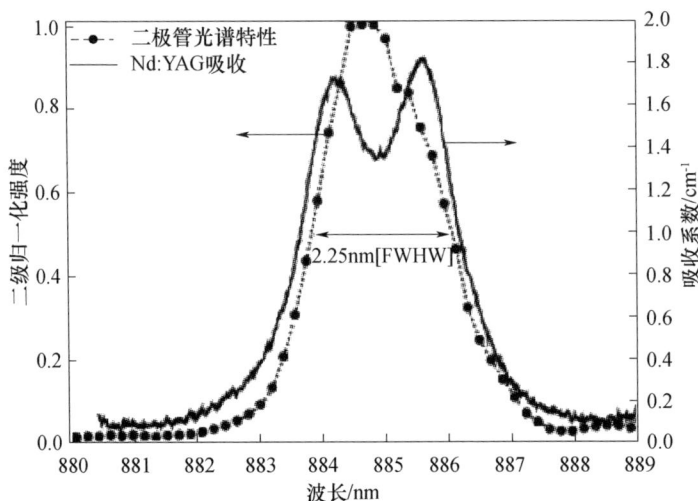

图 1 − 3　热助推泵浦（885nm）Nd:YAG 吸收谱和 LD 的发射谱

　　图 1 − 4 是 R. Lavi 等设计的光纤耦合 885nm 二极管泵浦的 Nd:YAG 激光器。采用纵向泵浦结构以增加吸收程长，棒侧表面抛光并通水冷却，从棒侧表面溢出的泵浦光经棒侧表面 − 水界面的全反射再进入棒从而尽可能多地增加吸收。光纤输出 26W 时，1064nm 激光输出 14W，光 − 光效率 53%，斜率效率达 63%，输出功率对吸收功率的斜率效率为 77%。当无其他损耗时，由于斯托克斯频移最大的斜率效率为 83%，因此实验获得 77% 的效率斜率已经是非常好的结果了。

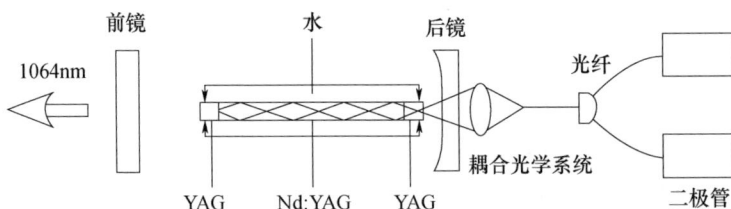

图 1 − 4　热助推激光器实验布置图

　　图 1 − 5 是常规泵浦（808nm）、直接泵浦（869nm）、热助推泵浦（885nm）三种泵浦方式时，1064nm 激光输出特性对比。

　　应该说明的是，只有在追求最大的效率，或要求产生的热最小的高平均功率工作时，才采用直接或热助推泵浦。其他情况下，宽吸收线宽的 808nm 泵浦仍然是首选的方案，这是因为 LD 的性能容易达到要求，对温度的敏感性较低。

　　由于 Nd:YAG 对 885nm 泵浦光的吸收带宽窄（2.5nm FWHM）、吸收系数低

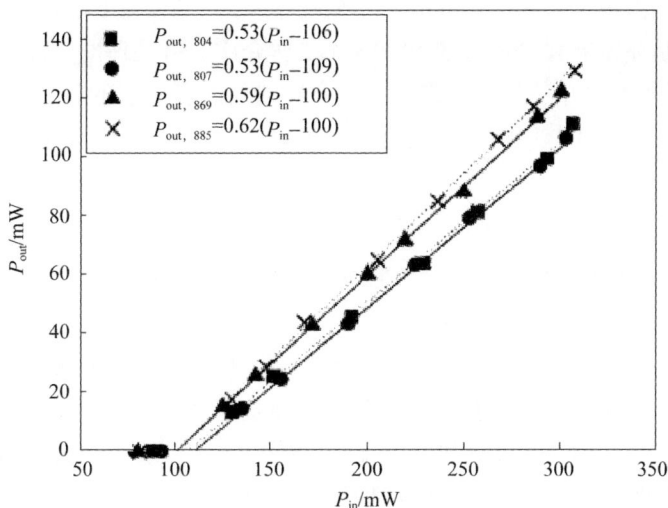

图 1-5　三种泵浦方式的效率比较

■,●—常规泵浦(808nm);▲—直接泵浦(869nm);×—热助推泵浦(885nm)。

($\alpha_{max} = 1.8$),因此泵浦用 LD 的线宽、中心波长的准确性、中心波长随环境温度的漂移以及泵浦结构等都非常关键。

（3）准三能级系统。利用准三能级系统可以降低量子缺陷,但对泵浦的功率密度、均匀性等有很高的要求(由于光纤激光器能满足这些苛刻要求,获得了巨大成功)。

（4）辐射平衡。基本思路是利用光辐射代替热弛豫,于是在激光循环过程中没有无用热出现。这一原理在 Er^{3+} ZBLAN 中红外光纤激光器中得到体现,在其工作循环中:从 $^4I_{11/2}$ 到 $^4I_{13/2}$ 的跃迁产生所需要的 2.8μm 中红外激光;从 $^4I_{13/2}$ 到 $^4I_{15/2}$ 的跃迁及时消除了 2.8μm 激光终端能级 $^4I_{13/2}$ 上的粒子数积累,避免通过热弛豫产生大量的热,而且,又额外获得了有用的 1.6μm 激光输出,总体效率大大提高(图 1-6)。

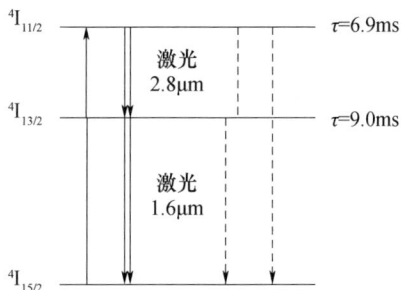

图 1-6　Er^{3+} ZBLAN 中相关能级图

目前,辐射平衡的相关研究还限于低功率范围,未见高平均功率工作成功的报道,主要是还没有找到适合要求的激光工作介质。有关理论,特别是指导生长具有辐射平衡要求相关能级结构的激光介质的理论和工艺还不十分成熟。

另外,还有利用非线性效应进行能量放大等,理论上可以避免量子缺陷带来的无用热。

1.3 对工作介质进行有效散热的方法

为使激光器持续稳定运转,必须及时、有效地带走泵浦在工作介质中造成的无用热,同时还应该尽力避免由于散热造成工作介质的热畸变,从而导致热透镜、应力、退偏、双折射等而影响激光光束质量。因此,"有效散热"应是高效率地"即时"移出工作介质中的无用热,并在工作介质中造成最小的不良影响。

激光器工作时,在工作介质中积累的热是从表面导出的,因此表面/体积比(S/V)越大越有利于散热。为了减少无用热造成的不利影响,人们从工作介质的几何形状、泵浦结构和工作模式上发展了多种有效的实用技术。当前比较突出的有四种类型:

(1) 圆棒激光器($z \approx x, y$,稳态工作);

(2) 盘片激光器($z \ll x, y$,稳态工作);

(3) 光纤激光器($z \gg x, y$,稳态工作);

(4) 热容激光器(瞬态间歇工作)。

这里 x、y、z 是指激光工作介质的几何尺寸,z 指长度方向的尺寸,x、y 指横向方向的尺寸。从图 1 - 7 看出,光纤的 S/V 最大,盘片(薄片、板条)次之,棒状最差。

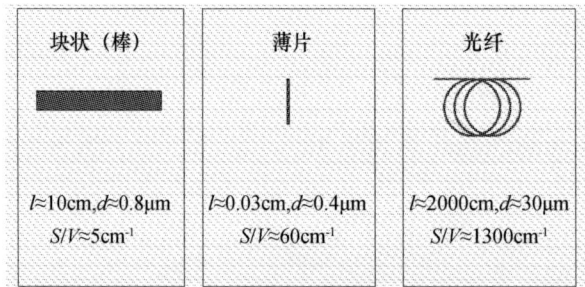

块状 (棒)	薄片	光纤
$l \approx 10\text{cm}, d \approx 0.8\mu\text{m}$ $S/V \approx 5\text{cm}^{-1}$	$l \approx 0.03\text{cm}, d \approx 0.4\mu\text{m}$ $S/V \approx 60\text{cm}^{-1}$	$l \approx 2000\text{cm}, d \approx 30\mu\text{m}$ $S/V \approx 1300\text{cm}^{-1}$

图 1 - 7 三种几何形状的表面/体积比(S/V)

高平均功率激光器大多不采用圆棒,除 S/V 太小不利于散热外,还因为各种瞬态光–机形变与工作介质的几何形状有关,采用盘片(薄片、板条)可以使形变与激光振荡方向基本一致,从而大大减小对激光波前造成的畸变,保持良好的光束质量,并且可以通过增加薄片、板条的面积和数量,增加激光系统的输出功率。

另外,可以采用气体、液体、混合液、高速湍流、热管、传导、相变、微通道等冷却方法。尽管用这些方法已能满足很多应用需要,但有效散热仍然是当前高光束质量、超高平均功率固体激光发展的一大障碍,亟待技术上有创新性的质的突破。

1.4　减小、补偿不良热影响

减少、补偿无用热造成不利影响的方法很多,涉及面很宽,取得了大量丰硕的成果,目前仍在不断发展中,举例如下:

(1)在块状工作介质中使热流与激光传播方向一致,热畸变对激光光束质量的影响减小。

(2)波前校正(基于宏观运动和非线性光学效应校正光束波前畸变)。

(3)采用退偏补偿、损耗再利用等提高输出功率。

(4)合理的腔型设计可以部分补偿热影响或改善激光光束质量。在中小输出功率下可以通过腔型设计获得单纵模、单横模工作,或改变激光工作点以获得较高输出平均功率,这是几十年来研究比较充分、理论上比较成熟也颇有成效的工作。

(5)采用热容模式工作、压应力设计等提高工作介质抗热应力破坏阈。

(6)减小热梯度,例如合理设计掺杂浓度、泵浦强度和分布以及主动控温等。掺杂浓度太高、泵浦结构设计不合理等将造成泵浦不均匀(即使达到"均匀泵浦",冷却的结果也很难是"均匀"的),介质中的热分布不均匀,将造成畸变。

热溶激光器通过一种特殊的工作模式以达到导出无用热时引起较小的不良影响。热应力造成固体工作介质破坏,从而限制了固体激光器的最大输出平均功率。泵浦光通过表面进入工作介质,冷却也是通过表面进行的。常规工作时泵浦和冷却同时进行,工作介质表面的温度比内部的低(图1-8(a)),表面受到拉应力。热容激光器是间歇工作的,在泵浦和激光发射期间不对工作介质冷却,工作介质"储能",激光发射停止后的间歇期间才对工作介质冷却,然后进入下一个循环。因此激光发射期间工作介质表面的温度比内部的高(图1-8(b)),表面受到压应力。由于固体激光工作介质抗压远大于抗拉,因此,热容模式工作时,工作介质可承受比常规工作模式高几倍的平均功率而不致因热应力造成破坏。由于间歇时间致冷,可以采用自然风冷,整体结构减小,特别适合几秒钟就解决战斗的军用情况。

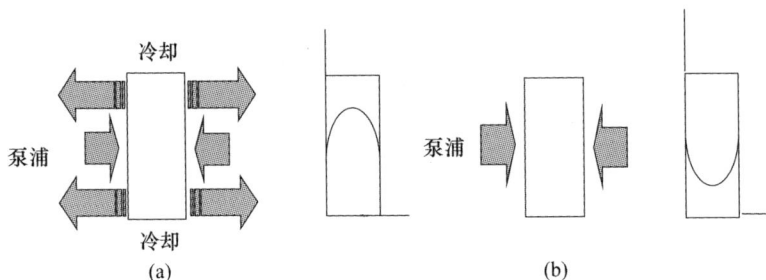

图 1-8　激光器的工作模式

（a）普通工作模式:表面承受拉应力;（b）热容工作模式:表面承受压应力。

于是,脉冲工作的激光器有三种基本的工作模式(图 1-9)。

（1）单脉冲工作。两个脉冲之间的时间间隔足够长,在激光发射停止的间歇期间能充分冷却工作介质。在这种工作模式下,只需考虑工作介质中的瞬态热效应,能源供给主要用于产生激光。工作介质内的热畸变小,光束质量较好,但输出平均功率低。

（2）稳态工作。激光以高重复频率持续工作,同时对工作介质冷却,能源供给用于产生激光和对工作介质的冷却。这种工作模式下,工作介质内可以达到热平衡。热畸变大,要采取特殊的措施,才能在高输出平均功率的同时获得高光束质量。

（3）热容模式工作。它处于上述两种工作模式之间,激光发射在持续多个单脉冲之后停止,间歇一段时间后又继续发射激光,如此循环。激光发射期间不对工作介质冷却,间歇期间才冷却。能源首先供给产生激光,然后是冷却的需要。发射激光时工作介质中热梯度较小,应力、畸变都小。工作介质表面受到压应力,抗破坏阈高。工作介质是被一串光脉冲激励,发射的激光也是相应的脉冲串。工作介质内的温度不能达到稳态平衡,而是不断上升,直到下能级的粒子数增加使得输出激光开始严重下降,此时停止泵浦,工作介质的温度开始下降。

原则上,灯泵或 LD 泵浦棒状、薄片、板条等多种几何形状的工作介质都可以热容模式工作,只不过 LD 泵浦更能发挥热容激光器的优势。

上述几种方法并非相互排斥,可以一种或多种同时采用。例如,高功率光纤激光器就同时采用了多种方法:它采用 LD 泵浦,因此大大减少了进入工作介质的无用热;它的掺杂离子是 Yb^{+3},属准三能级系统,量子缺陷低;光纤的表面/体

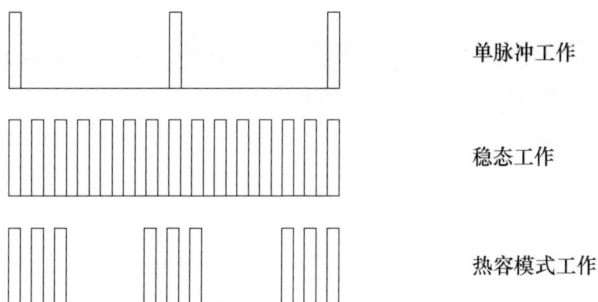

图1-9 激光器的三种基本工作方式

积比远大于块状工作介质,易于散热;光纤激光的模式由纤芯直径 d 和数值孔径 NA_0 决定,只要满足 $\frac{\pi \cdot d}{\lambda} NA_0 \lesssim 2.4$,则输出基模激光,而不受介质中无用热的影响;光纤的外色层可以使泵浦光多次通过纤蕊而被光层吸收,因此对诸如准三能级系统,热助推等的苛刻要求都很容易满足。

1.5 全固态激光器的特点

全固态激光器兼有固体激光器和半导体激光器的优点,它与传统灯泵浦的固体激光器相比,具有如下优点:

(1) LD 的发射光谱远比泵灯的窄,并且能够与工作介质的吸收峰很好匹配。与发射光谱很宽的泵灯相比,大大减少了红外辐射在工作介质中造成的无用热,提高了泵浦效率,降低了对激光器冷却系统的要求,可以获得很高的光束质量和频率稳定性。另外还避免了泵灯的紫外辐射对工作介质造成的不良影响。

(2) LD 的寿命长。目前准连续工作 LD 的寿命超过 10^9 个脉冲,比泵灯的长 100 倍;连续工作 LD 的寿命超过 10^5 h,是泵灯的 1000 倍。

(3) 总体效率高。LD 本身的电 – 光转换效率可达 60%,全固态激光器的光 – 光转换效率可超过 70%,总的电 – 光转换效率一般可高达 30% 以上(高能光纤激光器可达 50%),比灯泵浦的高一个数量级。

(4) 具有很高的频率和功率稳定性。因为用 LD 作泵浦源大大减少了热噪声和机械噪声,而且 LD 本身的稳定性远比泵灯的好。因此单频工作全固态激光器的频率抖动可小于 1kHz,比灯泵浦提高了一个数量级。输出功率波动通常可小于 1%,比灯泵浦提高了几倍。

(5) 可以实现增益开关,快速响应,光纤、波导、低热泵浦等新型激光运转。

(6) 可靠性高,比灯泵浦高两个数量级。

（7）全固化、小型化。

自然会想到，为什么不直接采用 LD，而要用它去泵浦固体激光器，影响效率造成功率损失，系统的复杂性、体积、质量、成本增加。与全固态激光器相比，LD 的最大优点是效率高，而且，在千瓦级输出时，其光束质量已达到灯泵浦固体激光器的水平，因而已经具有相当广泛的应用。但它目前还有一些不足之处，最主要是亮度（体现为输出功率和光束质量）与全固态激光相比仍有较大差距。如果这些缺点能够得以克服，将成为全固态激光器强有力的竞争者，必将带来又一次革命性变革。

目前，全固态激光器与 LD 相比具有以下优点：

（1）输出波长几乎不受温度影响。当温度变化时，由于 LD 的带隙随之而变，从而使发射的波长也相应变化，变化率约为 0.3nm/℃。

（2）线宽窄，易实现单频运转。Schawlow – Townes 给出激光器的线宽极限为

$$\Delta\nu = \frac{h\nu}{2\pi\tau_c^2 P}$$

式中：$\Delta\nu$ 为线宽（Hz）；τ_c 为腔衰减时间；$h\nu$ 为输出光子能量；P 为激光功率。全固态激光器的线宽通常小于 0.01nm，而无选模 LD 的线宽通常为 2nm。

（3）亮度高。其光束发散角比 LD 的小三个数量级。

（4）输出激光峰值功率高。一般固体工作介质的激光上能级寿命都在 100μs 以上，因此储能比 LD 的高，激光峰值功率高几个量级。

（5）激光波长丰富。由于峰值功率高、线宽窄、发散角小，因此非线性频率变换效率高，激光波长覆盖范围比 LD 的宽。

随着研究生产、工艺技术、集成组装等的进展，LD 的亮度已有了极大的提高。在本书丛书中有《高功率半导体激光器》专著详细介绍。

1.6　全固态激光器的工作介质

不同应用需求的激光器对工作介质的特性有不同要求，或对某项参数指标的要求有所侧重，一般来说，用于 LD 泵浦的理想工作介质，应具有以下特性：

（1）合适的激光工作波长 λ_L。这与具体的应用有关，不过，1μm 左右的激光波长应用最多。因为在测距应用方面，已具有高灵敏度、快速响应的接收元件，在激光武器应用领域是一个有利的波段。在先进制造应用方面，多数材料对这个波段的吸收较高，激光引起等离子体的不良影响较小。在非线性频率变换方面，这个波段具有高效率的非线性晶体，其紫外谐波可用于大规模集成电路加

工、处理。

（2）荧光寿命 τ 长。工作介质的亚稳能级上可以积累更多的粒子,有利于储能。在中、低脉冲重复频率工作时,可以减少对泵浦 LD 的需用量,从而降低成本。例如,在小于 1kHz 的重复频率工作时,采用 Nd:YLF($\tau=480\mu s$) 比采用 Nd:YAG($\tau=230\mu s$) 所用的 LD 可以减小 1/2,这是非常经济的设计。在高重复频率或连续工作时,长荧光寿命工作介质的损耗小,有利于获得高效率、高平均功率输出。

（3）发射截面 σ 大。σ 以及 $\sigma\tau$ 大的工作介质,激光工作阈值低,容易实现激光振荡,对腔内损耗要求不苛刻。

（4）合适的峰值吸收波长 λ_{abs}。泵浦用 LD 的发射波长应与之相匹配,因此,希望相应的 LD 价廉、寿命长、能输出大的泵浦能量（功率）。另外,λ_{abs} 最好与工作激光波长 λ_L 接近,这样量子缺陷小,在工作介质中产生的热耗散小,效率高。在高平均功率工作时,有利于获得高光束质量的激光输出。

（5）峰值吸收系数 k 适当大。k 值大的工作介质对泵光的吸收效率高,可减小相应工作介质的尺寸,便于冷却、散热。k 值大还对降低温控精度有利。但 k 值太大不利于大尺寸工作介质的均匀泵浦,给高光束质量、高平均功率激光器的设计和构建带来一定难度。

（6）吸收带宽 $\Delta\lambda_{abs}$ 宽。因此对 LD 输出的线宽和中心波长的限制不必很严格,LD 结温的变化对激光输出的影响也较小。大功率 LD 堆积是由多个 LD 组成,由于制造工艺以及各 LD 的（散）热因素,总的泵浦光是一个宽带,可能比工作介质的 $\Delta\lambda_{abs}$ 还要宽,激光总效率降低。LD 发射波长的温度系数约为 0.3nm/℃。高平均功率工作时,结温造成泵浦波长的漂移将严重影响激光器的效率,甚至使激光器不能正常工作。原则上可采用对 LD 进行温控的办法来解决。但高平均功率工作时,每个泵浦脉冲过程中结温的漂移都将造成输出功率的波动。这种"噪声"很难用温控彻底解决,但若选用 $\Delta\lambda_{abs}$ 宽的工作介质则问题可以减轻。

（7）激光下能级离基态的距离要适当,在常温下属四能级系统,以有利于降低阈值,提高效率。激光下能级的粒子是通过热弛豫回到基态,若这两个能级间相差太大,则在工作介质内造成的热耗也大。若相差太小,则室温下激光下能级有较大的集居数,工作介质将成为准三能级或三能级系统,激光阈值明显升高。因此,最好希望激光下能级与基态能级间有一定距离,并具有共振转移机构,把激光下能级到基态的热弛豫变为光辐射,在工作介质内造成较小的无用的热。

（8）高能激光、超快激光、可调谐激光希望工作介质具有较宽荧光谱。

另外,还要求工作介质具有良好的热导率、优良的力学性能(硬度、易加工等)和化学稳定性等。

遗憾的是,虽然人们在不断地研究以寻求性能全面、优越的工作介质,但至今还没有找到能全部满足上述要求的材料。必须通过泵浦结构、冷却、谐振腔及激光器总体设计,并根据不同应用场合选用不同工作介质等措施以保证获得适合具体应用的、优良的激光性能。

激光陶瓷的研究取得了很大的进展,其性能几乎与单晶的相当,而其优点十分明显:掺杂浓度、杂质类型几乎不受限制;可以制成任意形状、超大尺寸、多功能组合的工作介质;机械强度高、价廉等。因此随着这项技术的发展,还有可能获得同时满足多项技术要求的工作介质,成为固体激光发展的又一里程碑。

可以看到,从第一台固体激光器诞生起,人们就一直与伴随激光而产生的有害热效应进行着不懈的斗争。这是一个已经取得了重大成果,但又没有完全解决的棘手问题。固体激光技术的每一个重大新概念的提出,几乎都直接或间接地为了解决有害热问题;技术上每一次重大进展,几乎都直接或间接与解决有害热方面的突破有关。例如,为了克服泵灯引起的严重热,发明了 LD 泵浦,形成了一代新型激光器件,使固体激光器重振雄风,获得一系列重大应用,特别是下一代激光武器的需求;为了对工作介质有效散热,并使热畸变以及畸变对光束质量的影响尽可能小,发明了盘片激光器、波导激光器、光纤激光器等;为了提高固体激光工作介质的抗热应力破坏阈,发明了热容激光器和压应力设计。当前,全固态激光器已成为高平均功率固体激光器的主流。

用 LD 泵浦是迄今减少进入固体激光器无用热最有成效的一种方法。与传统的灯泵浦相比,激光器的光束质量、效率、寿命、可靠性、稳定性都显著提高,并获得了用灯泵浦所不可能达到的特殊性能;另外,一些被埋没的工作介质也能充分发挥其优良特性;还带动了一系列新型器件的研究和发展,其中最引人注目的是微型激光器、光纤激光器、热容激光器和端面泵浦传导冷却板条激光器。近年,全固态激光不仅成为激光技术研究、发展中的一个热门课题,而且已经获得了大量的重要应用。

本书中一再强调均匀泵浦和均匀冷却的重要性,因为这是进一步改进的基础。但均匀泵浦并不意味着工作介质能被均匀激励;冷却液达到工作介质的不同部分时其温度不可能完全相同,因此获得"均匀冷却"也绝非易事。因此在采取上述基本措施后,再对工作介质的温度分布主动进行"调控",最终实现在工作介质内"温度均匀分布"。根据这个思路,我们在一个万瓦级输出平均功率的激光系统上,成功获得与采用光束净化相同的光束质量。

随着全固态激光、SBS、变形镜、新型谐振腔以及各种补偿措施的出现,在高功率高亮度激光领域已取得了卓越的成效,但并没有"最终"解决随激光的输出功率增大到某个数值后,其亮度不再增加,甚至反而下降的难题,随着研究的深入发展,必然还会有新的突破。

在全固态激光器中 LD 本身的散热也极其重要,例如,对某些应用,其热流密度已超过 $1kW/cm^2$,对其有效的散热在技术上是一个极大的挑战,却又常常没有得到足够的重视。

在提高全固态激光器综合性能时,还应注意其驱动源、冷却系统等对整体系统的效率、稳定性、可靠性、环境适应性、体积、重量、性价比等的影响,有时这些因素还可能是决定性的。

参考文献

[1] 金国藩,严瑛白,邬敏贤. 二元光学 [M]. 北京:国防工业出版社,1998.

[2] 周寿桓,等. 高平均功率全固态激光器[J]. 中国激光,2009,36(7):1605 – 1618.

[3] 周寿桓. 固体激光技术研究[J]. 激光与红外,1994,24(4):18 – 22.

[4] 周寿桓. 固体激光器中的热管理[J]. 量子电子学报,2005,22(4):497 – 509.

[5] 周寿桓. 全固态激光技术进展[M]//红外与激光工程编辑部. 现代光学光子学的进展(第二集). 天津:天津科学技术出版社,2006.

[6] Pierre R J St,Mordaunt D W,Injeyan H,et al. Doide array pumped kilowatt laser [A]. SPIE,1998,3264:2 – 8.

[7] Hirano Y,Koyata Y,Yamamoto S,et al. 208 – W TEM_{00} operation of a diode-pumped Nd:YAG rod laser [J]. Opt L,1999,24(10):679 – 681.

[8] Beach R J,Honea E C,Sutton S B,et al. High-average-power diode-pumped Yb:YAG lasers [A]. SPIE,2000,3889:246 – 260.

[9] Krupke W F. Ytterbium Solid-State Lasers-The First Decade [J]. IEEE JQE,2000,6(6):1287 – 1296.

[10] Rutherford T S,Tulloch W M,Gustafson E K,et al. Edge-pumped quasi-three-level slab lasers:Design and power scaling [J]. IEEE JQE,2000,36(2):205 – 219.

[11] Fujikawa S,Furuta K,Yasui K. 28% electrical-efficiency operation of a diode-side-pumped Nd:YAG rod laser [J]. Opt Lett,2001,26:602 – 604.

[12] Rutherford T S,Tulloch W M,Sinha S,et al. Yb:YAG and Nd:YAG edge-pumped slab lasers [J]. Opt Lett,2001,26(13):986 – 988.

[13] Vetrovec J. Ultrahigh-average power solid-state laser [A]. SPIE,2002,4760:491 – 504.

[14] Kiriyama H,Yamakawa K,Nagai T,et al. 360 – W average power operation with a single-stage diode-pumped Nd:YAG amplifier at a 1 – kHz repetition rate [J]. Opt Lett,2003,28(18):1671 – 1673.

[15] Liem A,Limpert J,Zellmer H,et al. 100 – W single-frequency master-oscillator fiber power amplifier [J]. Opt Lett,2003,28(17):1537 – 1539.

[16] Limpert J,Schreiber T,Liem A,et al. Thermo-optical properties of air-clad photonic crystal fiber lasers in high power operation[J]. Opt Exp,2003,11(22):2982 – 2990.

[17] Larsen J J,Vienne G. Side pumping of double-clad photonic crystal fibers [J]. Opt Lett ,2004,29(5):436 – 438.

[18] Folkenberg J R,Nielsen M D,Mortensen N A,et al. Polarization maintaining large mode area photonic crystal fiber [J]. Opt Exp,2004,12(5):956 - 960.

[19] Larsen J J,Vienne G. Side pumping of double-clad photonic crystal fibers [J]. Opt Lett,2004,29(5):436 - 438.

[20] Rotter M D,Dane C B,Fochs S,et al. Solid-state heat-capacity lasers:good candidates for the marketplace [J]. Photonics Spectra,2004,8:44 - 56.

[21] Liu A,Norsen M A,Mead R D. 60 - W green output by frequency doubling of a polarized Yb - doped fiber laser [J]. Opt Lett,2005,30(1):67 - 69.

[22] Trainor D W. Ceramic slab Nd:YAG laser emits 5kW [J]. LFW,2005,10:11.

[23] Jeong Y,Nilsson J,Sahu J K. ,et al. Single-mode plane-polarized ytterbium-doped large - core fiber laser with 633 - W continuous-wave output power [J]. Opt Lett,2005,30(9):955 - 957.

[24] Lavi R,Jackel S,Tal A,et al. 885nm high-power diode end-pumped Nd:YAG laser[J]. Opt. Commun. , 2001,195:427 - 430.

第2章
激光产生机理及其物理特性

当微观粒子(原子或分子)从较高能态跃迁到较低能态时,就有可能辐射一个能量等于上述两能级差的光子。对于原子,不同能态是由电子能级形成的;而对分子,除电子能级外,还存在振动能级和转动能级。相邻振动能级和相邻转动能级的间距通常比相邻电子能级的间距小很多,本章主要关心原子跃迁,原子从较高能态向较低能态的跃迁,既可以是自发的,也可以是由外界因素引起的,对后一种情况,本章主要关心的是由外来光子激发引起原子的受激辐射跃迁。

自发辐射产生的光是非相干光,或者说是相干性很差的光;受激辐射则可以产生相干性很好的光。本章 2.1 节、2.2 节介绍自发辐射和非相干光源,2.3 节、2.4 节描述光波的相干性,2.5 节、2.6 节是本章的重点,讨论激光的产生机理及其特性。

2.1 原子发光机理

正是物体的辐射特性揭开了量子论的序幕。而物质是由原子(分子)组成的,因此,物体对光的吸收与发射的量子性必然反映出组成物质的微粒对光的吸收和发射是量子化的,这就是本节所要讨论的问题。而在此之前,首先要简单回顾原子的能级结构。

2.1.1 α粒子散射和原子的核式结构

比 α 粒子散射实验早 10 多年,汤姆逊(J. J. Thomson)于 1897 年通过实验确认了原子中电子的存在。甚至还证实,除氢原子外,所有其他原子中都包含多个电子。在此基础上,汤姆逊提出一种模型,即原子是一个比较大的带正电的球体,而带负电的电子如同散布在布丁中的葡萄干一样嵌在原子中。

1910 年前后,卢瑟福(E. Rutherford)和他的两个学生盖革(H. Geiger)和马斯登(E. Marsden)做了一系列 α 粒子被薄金箔散射的实验。所用 α 粒子束是从天然放射性物质中以 10^7 m/s 左右的速率发射出来的。实验发现,有些 α 粒子穿过金箔后偏转较大的角度,由于 α 粒子的质量是电子质量的 7400 倍左右。根据动量原理,电子不足以明显改变 α 粒子的运动方向,因此,α 粒子的散射是由原子中质量较大的正电荷引起的。卢瑟福还根据汤姆逊模型进行了计算,计算结果表明,大角度散射的粒子数要比实验测得的少得多。为了解释所观察到的大角度散射,卢瑟福提出原子的核式结构,即在原子的中央存在一个核,核的体积只占原子的极小一部分,但它却集中了原子中的全部正电荷和几乎全部质量,带负电的电子则绕核作圆周运动。根据核式模型,当 α 粒子趋近原子核时,整个核的电荷对它施加一相当大的排斥力使之发生偏转,而其中非常接近核的 α 粒子则产生大的偏转。这就较好地解释了 α 粒子的散射现象。

2.1.2 氢原子光谱和玻尔原子模型

1. 氢原子光谱

炽热的固体或液体发射的光形成一条连续的色带,即波长可以在某一范围内任意取值。然而,如果光源是放电的气体,则发射的光只包括一组离散的谱线,称为线光谱或原子光谱。对不同的发光元素,线光谱的结构及位置均不同,因此,线光谱是研究原子结构的一种重要手段。

氢原子是最简单的原子,因而具有最简单的光谱结构,也最早得到研究。人们首先观察到氢原子光谱中可见光部分的几条谱线,波长分别为 653.3nm,486.1nm,434.1nm 和 434.1nm。但这些谱线乍看起来似乎没有任何规律可循。直到 1885 年,巴耳末(J. J. Balmer)发现这些谱线的波长可以由一个简单的公式

$$\lambda = B \frac{n^2}{n^2 - 4} \tag{2-1}$$

准确地给出。式(2-1)称为巴耳末公式,B 为一常数,其值为 364.6nm;λ 为波长;n 可以取 3 或大于 3 的整数。用不同的 n 代入式(2-1)所得到的光谱线称为巴耳末系,前面提到 4 条谱线分别对应于 $n = 3,4,5,6$。不难看出,巴耳末系中的谱线随 n 的增大越来越密,波长越来越短,当 n 趋于无穷大时,得到线系中最短波长 $\lambda_m = B = 364.6$nm,称为线系限。

如果用频率代替波长,则式(2-1)可以等价地写作

$$\nu = R_c \left(\frac{1}{2^2} - \frac{1}{n^2} \right) \tag{2-2}$$

式中:$R_c = \frac{4}{B} = 1.097 \times 10^7 \text{m}^{-1}$,称为里德伯(Rydberg)常数。

巴耳末还进一步指出,将式(2-2)中的 2^2 换成其他整数 m 的平方,便给出氢原子光谱的不同线系,于是可以写出

$$\nu = Rc \left(\frac{1}{m^2} - \frac{1}{n^2} \right) \tag{2-3}$$

式中：$m = 1,2,3,\cdots; n = m+1,m+2,\cdots$。式（2-3）称为广义巴耳末公式，等式右边的分数称为光谱项。对其中 $m = 1,3,4,5$ 的线系，根据其发现者的姓氏，依次称为赖曼（Lyman）系、帕邢（Paschen）系、布拉开（Brackett）系和普丰德（Pfund）系。

广义巴耳末公式也可以用于表示除氢原子外其他少数几种元素，如单电离氦、双电离锂等的光谱，而对较复杂的光谱则不能用该公式表示。但是，里兹（W. Ritz）于1908年发现，其他较复杂元素的光谱，也可以分解为若干线系，把各线系中每一谱线的频率表示成两光谱项之差，从而得到

$$\nu = T(m) - T(n) \tag{2-4}$$

就任一线系而言，$T(m)$ 为常数，$T(n)$ 随 n 的变化给出线系中不同谱线，而不同的 $T(m)$ 则对应不同的线系。

式（2-4）称为里兹组合原理。由这一原理容易看出，如果线系中存在频率为 ν_1 和 ν_2 的两条谱线，则一定也存在频率为 $\nu_1 + \nu_2$ 和 $|\nu_1 - \nu_2|$ 的谱线。当然，理论上进而也应该存在频率为 $k_1\nu_1 + k_2\nu_2$ 的谱线，其中 k_1 和 k_2 为整数。

2. 玻尔的量子理论

卢瑟福的核式结构认为原子中心是带正电的核，核的周围则是带负电的电子。为了解释尽管核对电子有静电吸引力，但电子并未被吸引到核上，而是与后者保持一有限距离这一事实，卢瑟福假定这些电子绕原子核旋转，核对它们的静电吸引力恰好提供这种旋转所需要的向心力。

按照经典理论，作圆周运动的电子会向外辐射电磁波，其频率即等于电子绕核转动的频率。随着电子不断向外界发出辐射，它绕核旋转的角速度将发生连续变化。所以，电子作圆周运动的频率，进而辐射电磁波的频率也将发生连续变化。因此，经典电磁理论无法解释原子的线状光谱。

此外，电子的能量由于辐射而逐渐减小，绕核旋转的轨道也应越来越小，直至完全落到原子核上。这样，经典理论与原子的稳定性不相容。

为了解释原子的稳定结构和分立光谱，丹麦物理学家玻尔（N. Bohr）于1913年提出两个假设。第一个假设是：每个原子都有一些离散的稳定状态，称为定态；平衡时原子只能处于这些定态之一，而在每一可能的状态下，原子中的电子沿相应的轨道绕核作圆周运动，但却不向外界辐射能量。因而，处于每一定态的原子都有确定的能量。

玻尔的第二个假设是：原子只有当从能量较高（用 E_n 表示）的定态向能量较低（用 E_m 表示）的定态跃迁时，才会伴随辐射发生，而辐射电磁波的频率为

$$\nu = (E_n - E_m)/h \tag{2-5}$$

将式（2-5）和式（2-3）比较立即发现，在玻尔的假定下，氢原子第 n 个定态的能量为

$$E_n = -Rch/n^2 \quad (n = 1, 2, 3, \cdots) \tag{2-6}$$

而氢原子所有线系的光谱,都可以用从一个能级 E_n 向另一个能级 E_m 跃迁相应的辐射加以理解。玻尔的量子理论成功地解释了原子的稳定结构和线状光谱;那么,如何来确定原子的可能状态,或电子的可能轨道呢? 玻尔发现,如果氢原子中的电子只能在角动量为 $h/2\pi$ 的整数倍的轨道上绕核旋转,则由式(2-6)算出的氢原子的允许能级便和观察结果相一致。这一条件实际上是上述第一条假设的补充,在此基础上,借助库仑定律和牛顿定律,即可得到氢原子定态能量

$$E_n = -\frac{1}{\varepsilon_0^2} \frac{m_e e^4}{8 n^2 h^2} \tag{2-7}$$

而电子绕核作圆周运动的轨道半径

$$r = \varepsilon_0 \frac{n^2 h^2}{\pi m_e e^2} = n^2 r_0 \tag{2-8}$$

式中: $\varepsilon_0 = 8.85 \times 10^{-12} C^2 \cdot N^{-1} \cdot m^{-2}$; $m_e = 9.11 \times 10^{-31} kg$; $e = 1.60 \times 10^{-19} C$。

这里 C 和 N 分别是电量的单位库仑和力的单位牛顿。将这些数值代入式(2-8),当 $n = 1$ 时,得到

$$r_0 = 5.3 \times 10^{-11} m$$

这就是玻尔第一轨道半径。代入式(2-7)则给出

$$E_n = -\frac{2.18 \times 10^{-18}}{n^2} J = -\frac{13.6}{n^2} eV \tag{2-9}$$

式(2-9)表明,电子在 $n = 1$ 的轨道上绕核旋转时,原子的能量最小(绝对值最大)。这时原子所处的状态称为基态,而将 $n > 1$ 的状态统称为激发态。激发态中电子轨道半径随 n^2 增大,而原子的能量绝对值按 n^{-2} 的规律下降。原子可以从较高能态向较低能态跃迁,并伴随光的发射。与 $n \geq 2$ 的激发态向基态的跃迁相应的发射形成赖曼系,由 $n \geq 3$ 的激发态向 $n = 2$ 的跃迁相应的发射形成巴耳末系,如图 2-1 所示。

玻尔的开创性工作打开了人类认识原子结构的大门。而且,关于原子能量量子化、基态和激发态及量子跃迁等基本概念,迄今依然被沿用。但是,玻尔的理论具有很大的局限性。首先,它是在经典电磁理论和牛顿力学的基础上人为地加了一些假设条件,因而未能彻底突破经典物理学的框架。其次,这种假设是为了解释氢原子的线状光谱结构而提出的,并没有理论依据,也不能赖以预言其他原子应具有怎样的能级结构。

原子结构理论发展的下一个突破,出现在玻尔假设问世的 10 年以后。1923年,法国物理学家德布罗意(de Broglie)首次提出实物粒子的波粒二象性。德布罗意认为,如果说经典物理学曾过分强调光的波动性而忽视它的粒子性,那么,

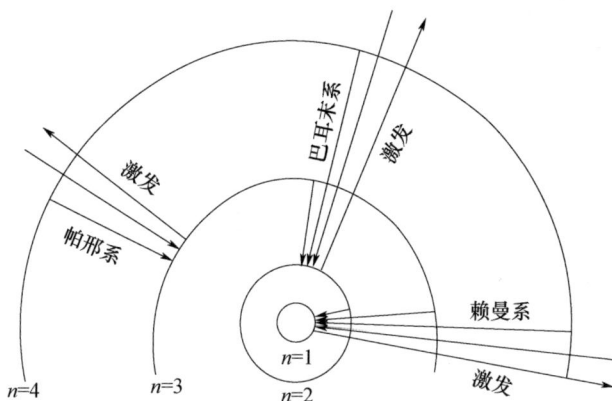

图 2-1　氢原子能级跃迁示意图

对实物物质则犯了相反的错误——过分强调了它的粒子性而忽视其波动性。基于这一认识，在随后的几年里，经海森伯（W. Heisenberg）、薛定谔（E. Schrodinger）、狄拉克（P. Dirac）等人的共同努力，终于发展了一套完整的理论体系，这就是量子力学。量子力学不需要任何生硬的假设，原则上就可以得到复杂原子的能级结构。而真正能圆满解释迄今所发现的所有光学现象的理论，则是 1927—1929 年间建立起来的量子电动力学，或相对论量子力学。

2.1.3　量子力学和原子发光

上节回顾了玻尔的量子理论，并用它解释了原子发光的线状谱问题。然而，依据玻尔理论只能计算氢原子发光的频率，而得不到谱线的相对强度。至于其他原子，甚至连辐射频率也无法确定，这些问题必须用量子力学来解决。因受篇幅所限，这里只介绍量子力学中与原子发光直接有关的基本内容。

1. 波函数和薛定谔方程

在早期量子理论的启发下，德布罗意于 1923 年提出，实物粒子（静止质量不为 0）也应具有波粒二象性。而且，和光的情形类似，与能量为 E、动量为 P 的微观粒子相应的波的频率 ν 和波长 λ 分别由

$$\nu = E/h \text{ 和 } \lambda = h/p \tag{2-10}$$

决定。式（2-10）称为德布罗意关系。自由粒子的动量和能量都是常数，因而，由式（2-10），与其相联系的波应具有恒定的波长和频率，即为一列平面波。假定其沿 x 方向传播，则可表示为

$$u(x,t) = a\exp\left[-\mathrm{j}2\pi\left(\nu t - \frac{x}{\lambda}\right)\right] \tag{2-11}$$

将式（2-10）代入式（2-11）给出

$$u(x,t) = a\exp\left[-j\frac{2\pi}{h}(Et-px)\right] \tag{2-12}$$

式(2-12)对 t 微分,得

$$\frac{\partial u}{\partial t} = -j\frac{2\pi}{h}Eu(x,t)$$

而对 x 微分则有

$$\frac{\partial^2 u}{\partial x^2} = \left(j\frac{2\pi}{h}\right)^2 p^2 u(x,t)$$

利用关系 $E = p^2/2m$,最终得到

$$-j\frac{\partial u}{\partial t} = \frac{\hbar}{2m}\frac{\partial^2 u}{\partial x^2} \tag{2-13}$$

其中 $\hbar = h/2\pi$。式(2-13)实际上就是最简单的薛定谔方程,而未知函数 $u(x,t)$ 则是最简单的波函数。如果粒子是在势场 $U(r,t)$ 的作用下在三维空间运动,则

$$\boldsymbol{E} = \frac{p^2}{2m} + U(\boldsymbol{r},t)$$

而方程式(2-13)推广为

$$j\hbar\frac{\partial}{\partial t}\psi(r,t) = \left[-\frac{\hbar^2}{2m}\nabla^2 + U(r,t)\right]\psi(r,t) \tag{2-14}$$

式(2-14)就是一般形式的薛定谔方程。在得到式(2-14)时,已将函数 U 用量子力学中惯用的 ψ 所代替,而式中的 ∇ 是三维空间的拉普拉斯(P. Laplace)算符。这里波函数 ψ 的意义与传统波动有着本质的区别。按照玻恩(Born)1926 年给出的统计解释,它所表示的是一种概率波。即波函数在空间某点的强度(模的平方)与粒子在该点出现的概率成正比(坐标表象中,下同)。假定 t 时刻在空间一点 (x,y,z) 的波函数为 $\psi(x,y,z,t)$,则该时刻在 $x \sim x+dx$、$y \sim y+dy$ 和 $z \sim z+dz$ 的无限小区域 $\upsilon \sim \upsilon + d\upsilon$ 内找到粒子的概率为

$$dw(x,y,z,t) = |\psi(x,y,z;t)|^2 dxdydz = |\psi(x,y,z;t)|^2 d\upsilon$$

而单位体积内的概率

$$w(x,y;t) = |\psi(x,y,z;t)|^2 \tag{2-15}$$

则称为 t 时刻在该点的概率密度。由于在全空间找到粒子的总概率为 1,故概率密度满足归一化条件,即

$$\int w(x,y,z;t)\,d\upsilon = 1 \tag{2-16}$$

波函数的基本特点之一是服从叠加原理,即如果体系能处在由 $\psi_i(i=1,2,\cdots)$ 所表示的一系列态中,则它也一定能处在由

$$\psi = \sum_i c_i\psi_i \tag{2-17}$$

所表征的态中,此处 c_i 为常数。

2. 力学量和算符表示

由上一段的讨论可知,在用波函数 $\psi(x,y,z)$ 所描述的态中,量子力学不能确定粒子的准确位置,而是给出粒子出现于 (x,y,z) 点的概率密度为 $|\psi(x,y,z,t)|^2$。根据由概率求平均值的普遍定义,粒子坐标的任意函数 $F(x,y,z)$ 的平均值 $\overline{F(x,y,z)}$ 为

$$\overline{F(x,y,z)} = \int \psi^* F \psi \mathrm{d}v \tag{2-18}$$

然而,如果要求的是,比如动量 p 的函数 $G(p_x,p_y,p_z)$ 的平均值,则不能得到任何类似于式(2-18)的简单结果。困难的实质是,由于测不准关系,动量和坐标同时有确定值的量子态是不存在的。

于是,量子力学必须采用不同于经典理论的数学工具——引进算符。算符就是一种运算符号,它作用于函数 ψ 使之变为 Φ,例如

$$\phi = \hat{L}\psi \tag{2-19}$$

式中: $\hat{L}$ 表示算符。

将力学量用算符表示,则式(2-18)将形式地保留下来。例如,如果用

$$\hat{p}_x = -\mathrm{j}\hbar\frac{\partial}{\partial x}; \hat{p}_y = -\mathrm{j}\hbar\frac{\partial}{\partial y}; \hat{p}_z = -\mathrm{j}\hbar\frac{\partial}{\partial z} \tag{2-20}$$

表示动量的 3 个分量,而动量的函数表示为 $\hat{G}$,则有

$$\overline{G(p_x,p_y,p_z)} = \int \psi^*(x,y,z)\hat{G}(\hat{p}_x,\hat{p}_y,\hat{p}_z)\psi(x,y,z)\mathrm{d}v \tag{2-21}$$

一般情况下,式(2-19)中的 Φ 可以是与 ψ 相差甚远的函数。特殊情况下,二者可能具有完全相同的函数形式,彼此只差一个常数因子,例如

$$\hat{L}\psi = L\psi \tag{2-22}$$

这种情况下称 L 为 $\hat{L}$ 的本征值, ψ 为 $\hat{L}$ 属于本征值 L 的本征函数。而式(2-22)称为算符 $\hat{L}$ 的本征值方程。

量子力学将算符 $\hat{L}$ 的本征值的集合与由 $\hat{L}$ 所表示的力学量的所有可能值的集合等同起来,从而提供了一个求力学量可能值的普遍方法,即将其转化为解形如式(2-22)的方程的问题。

算符适合加法交换律、结合律、乘法结合律及乘法对加法的分配律;但一般不适合乘法交换律,除非两算符所代表的物理量可同时有确定值。此外,量子力学中的算符尚需具备以下两个附加特性:

(1) 线性,即算符作用于一组函数的和等于其分别作用于每个函数,并对结果求和,亦即

$$\hat{L}\sum_i c_i u_i = \sum_i c_i \hat{L}u_i$$

式中:c_i 为常数。算符的这一特性是由态叠加原理所要求的。

（2）厄米性,即

$$\int \psi_1^*(x)\hat{L}\psi_2(x)\mathrm{d}x = \int \psi_2(x)\left[\hat{L}\psi_1(x)\right]^*\mathrm{d}x$$

这是因为任何有意义的力学量都必须是实数,而只有厄米算符的本征值方为实数。

将这两条属性结合起来可以概括为,量子力学中所用的是线型自轭算符。

自轭算符的本征函数具有以下两个重要性质:

（1）属于 $\hat{L}$ 的两个不同本征值 L_n 和 L_m 的本征函数 ψ_n 和 ψ_m 是相互正交的,且各自满足归一化条件,即

$$\int \psi_m^* \psi_n \mathrm{d}x = \delta_{mn} \qquad (2-23)$$

式中:δ_{mn} 为克罗内克尔(Kronecher)符号。

（2）本征函数构成完全系,即任何函数 $\psi(x)$ 如果与本征函数 $\psi_n(x)$ 在相同的自变量区域内确定,并满足相同的边界条件,则有

$$\psi(x) = \sum_n c_n \psi_n \qquad (2-24)$$

式中:$c_n = \int \psi_n^*(x)\psi(x)\mathrm{d}x$。

这就是说,用波函数 $\psi(x)$ 所表征的任意态,总可表示为某种力学量 L 具有特定值 L_n 的一系列定态的叠加形式。

除坐标本身表示坐标算符($\boldsymbol{r} = \boldsymbol{r}$)及由式(2-20)所给出的动量算符外,另一个十分重要的算符是能量算符或哈密顿(Hamilton)算符

$$\hat{H} = -\frac{\hbar^2}{2m}\nabla^2 U(\boldsymbol{r}) \qquad (2-25)$$

此外,量子力学中常用的还有角动量算符等,囿于篇幅,这里不再详细介绍。

3. 定态薛定谔方程

一般情况下,方程式(2-14)中的势场 $U(\boldsymbol{r},t)$ 是时间的函数,方程的解 $\psi(\boldsymbol{r},t)$ 通常不能分解为只含 $\boldsymbol{r}$ 的部分与只含 t 的部分之乘积。但有一类重要的特例,其中势场 $U(\boldsymbol{r})$ 不显含时间 t,这种情况下,薛定谔方程可以用分离变量法求解,即令

$$\Psi(\boldsymbol{r},t) = \psi(\boldsymbol{r})f(t)$$

将其代入式(2-14),并用 E 表示变数分离常数,便给出

$$j\hbar\frac{\mathrm{d}f}{\mathrm{d}t} = Ef(t) \qquad (2-26)$$

和

$$-\frac{\hbar^2}{2m}\nabla^2\psi + U(\boldsymbol{r})\psi = E\psi \qquad (2-27)$$

式(2-26)显然有形如

$$f(t) = C\exp\left(-\mathrm{j}\frac{E}{\hbar}t\right)$$

的解,其中 C 为常数,于是,波函数

$$\Psi(\boldsymbol{r},t) = \psi(\boldsymbol{r})\exp\left(-\mathrm{j}\frac{E}{\hbar}t\right) \qquad (2-28)$$

便表示式(2-14)的一个特解。当体系处于式(2-28)所描述的状态时,其能量 E 不随时间变化,这样的态称为定态,式(2-28)所表示的波函数称为定态波函数。而具有定态波函数解的方程则称为定态薛定谔方程。

若将表示体系第 n 个定态的波函数写为

$$\Psi_n(\boldsymbol{r},t) = \psi_n(\boldsymbol{r})\exp\left(-\mathrm{j}\frac{E_n}{\hbar}t\right)$$

则薛定谔方程式(2-14)的通解为这些定态波函数的线性叠加,即

$$\Psi(\boldsymbol{r},t) = \sum_n c_n\psi_n(\boldsymbol{r})\exp\left(-\mathrm{j}\frac{E_n}{\hbar}t\right)$$

式中: c_n 为常数系数,按照态叠加原理, $|c_n|^2$ 即表示对体系进行测量时,发现其处于由 Ψ_n 所代表的定态的概率。

4. 含时微扰理论和量子跃迁

(1) 含时微扰理论

前面曾讲到,原子及亚原子层次的问题原则上可以在量子力学范畴加以解决,但实际上,真正能用量子力学严格求解的问题屈指可数。绝大多数问题的解决都要借助于各种近似方法。本章所关心的光发射问题即是一例。下面将首先介绍一种在量子力学中常用的近似方法——微扰论,然后在此基础上阐述光的吸收与发射问题。本段的目的是通过求解薛定谔方程

$$\mathrm{j}\hbar\frac{\partial\Psi}{\partial t} = \hat{H}(t)\Psi \qquad (2-29)$$

得到体系从一个量子态跃迁到另一个量子态的概率。与上面讨论过的定态薛定谔方程不同,这里的哈密顿算符 $\hat{H}(t)$ 显含时间。但假设 $\hat{H}(t)$ 可以分为两部分

$$\hat{H}(t) = \hat{H}^{(0)} + \hat{H}'(t) \qquad (2-30)$$

其中与时间无关的 $\hat{H}^{(0)}$ 包含了 $\hat{H}$ 的主要部分,且其本征值和本征函数已知或容易求得;而随时间变化的部分 $\hat{H}'(t)$ 是一个小量,它对体系的影响可作为微扰处理。利用关系式(2-30),可将方程式(2-29)化为

$$\mathrm{j}\hbar\frac{\partial\Psi}{\partial t} = \left[\hat{H}^{(0)} + \hat{H}'(t)\right]\Psi \qquad (2-31)$$

假定满足以上条件的 $\hat{H}^{(0)}$ 已经找到,其本征值的集合为 $\{E_n^{(0)}\}$,所属本征函数的集合为 $\{\psi_n^{(0)}\}$,即

$$\hat{H}^{(0)}\psi_n^{(0)} = E_n^{(0)}\psi_n^{(0)} \quad (n = 1, 2, \cdots)$$

进一步假定体系在微扰作用之前(哈密顿算符为 $\hat{H}^{(0)}$)处于由波函数

$$\Psi_k = \psi_k^{(0)}\exp\left[-\frac{\mathrm{j}}{\hbar}E_k^{(0)}t\right] \tag{2-32}$$

所描述的定态,在微扰的作用下跃迁到 Ψ 态,后者不属于 $\left\{\psi_n^{(0)}\exp\left[-\frac{\mathrm{j}}{\hbar}E_n^{(0)}t\right]\right\}$ 集,但由本征函数的完备性,函数 Ψ 必然可以按 $\hat{H}^{(0)}$ 的定态波函数集展开为

$$\Psi = \sum_n c_n(t)\psi_n^{(0)}\exp\left[-\frac{\mathrm{j}}{\hbar}E_n^{(0)}t\right] \tag{2-33}$$

这样,只要求式(2-33)中的展开系数 $c_n(t)$,就可以得到体系受微扰作用后处于 Ψ_n 态的概率 $|c_n|^2$,也就是体系在微扰作用下由 Ψ_k 态向 Ψ_n 态跃迁的概率。因此,下面的任务就是由薛定谔方程求解 c_n。

将式(2-33)代入式(2-31),并注意到定态波函数满足

$$\mathrm{j}\hbar\frac{\partial\Psi_n}{\partial_t} = \hat{H}^{(0)}\Psi_n$$

遂有

$$\mathrm{j}\hbar\sum_n\Psi_n\dot{c}_n(t) = \sum_n c_n(t)\hat{H}'(t)\Psi_n \tag{2-34}$$

其中 $\dot{c}_n(t)$ 的圆点表示对时间求导。用 Ψ_m^* 左乘式(2-34)两边,在全空间积分,并利用 Ψ_n 的正交归一性得到

$$\mathrm{j}\hbar\dot{c}_m(t) = \sum_n c_n(t)\hat{H}'_{mn}\exp(-\mathrm{j}\omega_{mn}t)(t) \tag{2-35}$$

其中

$$H'_{mn} = \int\Psi_m^{(0)*}\hat{H}'\Psi_n^{(0)}\mathrm{d}v \tag{2-36}$$

是微扰算符的矩阵元,而

$$\omega_{mn} = \frac{E_m^{(0)} - E_n^{(0)}}{\hbar} \tag{2-37}$$

于是,现在的问题就归结为由式(2-35)解出 $c_n(t)$,下面就用迭代法求出 $c_n(t)$ 的一级近似值。

假定微扰在 $t = 0$ 时刻开始起作用,则由式(2-33)有

$$c_n(0) = \delta_{nk} \tag{2-38}$$

将其作为 $c_n(t)$ 的 0 级近似值代入式(2-35),便可得到 $c_n(t)$ 的一级近似值

$$c_n^{(1)}(t) = -\frac{\mathrm{j}}{\hbar}\int_0^t H'_{nk}\exp(\mathrm{j}\omega_{nk}t')\mathrm{d}t' \tag{2-39}$$

而在微扰作用下由初态 Ψ_k 跃迁到末态 Ψ_n 的概率的一级近似则为

$$W_{kn} = |c_n^{(1)}|^2 = \frac{1}{\hbar^2}\left|\int_0^t H'_{nk}\exp^{(j\omega_{nk}t')}\mathrm{d}t'\right|^2 \tag{2-40}$$

（2）单色平面波引起的跃迁。

由式（2-40）容易看出，进一步计算跃迁概率与微扰的具体形式有关。假定与原子系统相互作用的是单色平面波，且波长比原子尺寸大得多，那么，在原子范围内可以认为波是均匀的，可表示为

$$\varepsilon(t) = \frac{\varepsilon_0}{2}(\exp(j\omega t) + \exp(-j\omega t)) \tag{2-41}$$

这里 ε 与空间坐标无关。在偶极近似下，微扰项可写为

$$\hat{H}' = \varepsilon \cdot D \tag{2-42}$$

式中：$D = -er$ 是原子的电偶极矩。

由于 ε 与空间坐标无关而 D 与时间坐标无关，所以，对变量 v 与 t 的积分可分别进行。首先将关系式（2-42）代入式（2-36）并对空间积分，给出

$$H'_{nk} = -e\varepsilon\int\Psi_n^{(0)*}\hat{r}\Psi_k^{(0)}\mathrm{d}v = -e\varepsilon \cdot r_{nk} \tag{2-43}$$

然后将式（2-43）代入式（2-39）并在时间域积分，得到

$$c_n^{(1)}(t) = \frac{j}{2\hbar}e\varepsilon_0 \cdot r_{nk}\int_0^t(\mathrm{e}^{j\omega t'} + \mathrm{e}^{-j\omega t'})\mathrm{e}^{j\omega_{nk}t'}\mathrm{d}t'$$

$$= -\frac{e}{2\hbar}\varepsilon_0 \cdot r_{nk}\left[\frac{\mathrm{e}^{j(\omega_{nk}+\omega)t}-1}{\omega_{nk}+\omega} + \frac{\mathrm{e}^{j(\omega_{nk}-\omega)t}-1}{\omega_{nk}-\omega}\right] \tag{2-44}$$

而跃迁概率则由

$$W_{nk} = -\frac{e^2}{4\hbar^2}|\varepsilon_0 \cdot r_{nk}|^2\left|\frac{\mathrm{e}^{j(\omega_{nk}+\omega)t}-1}{\omega_{nk}+\omega} + \frac{\mathrm{e}^{j(\omega_{nk}-\omega)t}-1}{\omega_{nk}-\omega}\right|^2 \tag{2-45}$$

给出。

5. 光的吸收与发射

现在由上段所得主要结果，即式（2-44）和式（2-45）出发，讨论光的发射与吸收问题。首先，如果 $\omega \neq \pm\omega_{nk}$，则式（2-45）中右边两项分母量级为 10^{15}，而分子具有 10^0 的量级，故 W_{nk} 是小量。这就是说，当光波频率明显偏离原子谐振频率时，光几乎不引起原子的能级跃迁，即不会引起原子对光的吸收或发射。

如果 $\omega \approx \omega_{nk} = (E_n - E_k)/\hbar$，则 $E_n - E_k = \hbar\omega$，这相应于光被吸收。根据与上面相同的理由，式（2-45）右边第一项可以忽略，而由第二项给出吸收概率

$$W_{nk} = \frac{e^2}{4\hbar^2}|\varepsilon_0 \cdot r_{nk}|^2\frac{|\mathrm{e}^{j(\omega_{nk}-\omega)t}-1|^2}{(\omega_{nk}-\omega)^2}$$

$$= \frac{e^2}{\hbar^2}|\varepsilon_0 \cdot r_{nk}|^2\frac{\sin^2\frac{1}{2}(\omega_{nk}-\omega)t}{(\omega_{nk}-\omega)^2} \tag{2-46}$$

利用 δ 函数的表达式

$$\delta(x) = \lim_{t \to \infty} \frac{t}{\pi}\left(\frac{\sin xt}{xt}\right)^2$$

可将式(2-46)改写为

$$W_{nk} = \frac{\pi e^2}{4 \hbar^2}|\varepsilon_0 \cdot \boldsymbol{r}_{nk}|^2 t\delta\left(\frac{\omega_{nk} - \omega}{2}\right) = \frac{\pi e^2}{2 \hbar^2}|\varepsilon_0 \cdot \boldsymbol{r}_{nk}|^2 t\delta(\omega_{nk} - \omega)$$

$$= \frac{\pi e^2}{2 \hbar^2}|\varepsilon_0 \cdot \boldsymbol{r}_{nk}|^2 t\delta(E_n - E_k - \hbar\omega) \tag{2-47}$$

如果 $\omega \approx -\omega_{nk}$，则 $E_k - E_n = \hbar\omega$，这意味着原子从 Ψ_k 态向 Ψ_n 态跃迁时伴随有圆频率为 $\omega = (E_k - E_n)/\hbar$ 的光发射。用和上面类似的推导方法可得发射概率为

$$W_{nk} = \frac{\pi e^2}{2 \hbar^2}|\varepsilon_0 \cdot \boldsymbol{r}_{nk}|t\delta(E_n - E_k + \hbar\omega) \tag{2-48}$$

由式(2-47)和式(2-48)不难看出，与单色辐射场发生作用时，原子吸收跃迁和发射跃迁的概率是相等的。

为了描述原子系统在两能级之间的跃迁概率，爱因斯坦于1917年引进3个系数 A_{nk}、B_{nk} 和 B_{kn}，依次称为自发发射系数、受激发射系数和受激吸收系数。并利用热力学体系的平衡条件建立了三者之间的关系，即

$$B_{nk} = B_{kn}, A_{nk} = \frac{\hbar\omega_{nk}^3}{\pi^2 c^3}B_{nk}$$

下面依据量子力学理论导出 B_{nk} 的表达式。

设光波在 $\omega : \omega + \mathrm{d}\omega$ 频率间隔的能量密度为 $I(\omega)\mathrm{d}\omega$，则按照爱因斯坦的解释，$B_{nk}I(\omega_{nk})$ 表示单位时间内原子吸收能量为 $\hbar\omega_{nk}$ 的光子由 Ψ_k 态跃迁到 Ψ_n 态的概率；而 $B_{kn}I(\omega_{kn})$ 则为单位时间内原子在外场作用下从 Ψ_n 态向 Ψ_k 态跃迁，并发射能量为 $\hbar\omega_{kn}$ 的光子的概率。于是

$$B_{nk}I(\omega_{nk}) = \frac{\pi e^2}{2 \hbar^2}|\varepsilon_0|^2|\boldsymbol{r}_{nk}|^2\cos\theta \tag{2-49}$$

式中：θ 为 ε_0 与 $\boldsymbol{r}$ 的夹角。

由于 ε_0 具有确定方向，而原子的电偶极矩则可任意取向，所以，应对 $\cos^2\theta$ 取平均

$$\overline{\cos^2\theta} = \frac{1}{4\pi}\iint\cos^2\theta\mathrm{d}\Omega = \frac{1}{4\pi}\int_0^\pi\cos^2\theta\sin\theta\mathrm{d}\theta\int_0^{2\pi}\mathrm{d}\phi = \frac{1}{3}$$

而光强

$$I(\omega_{nk}) = \frac{|\varepsilon|^2}{4\pi} = \frac{|\varepsilon_0|^2}{8\pi}$$

代入式(2-49)得到

$$B_{nk} = \frac{4\pi^2 e^2}{3 \hbar^2}|\boldsymbol{r}_{nk}|^2 \tag{2-50}$$

由此可见,在偶极近似下,光谱线的强度与$|r_{nk}|^2$成正比。特别是,当$|r_{nk}|^2 = 0$时,相应跃迁的概率为0,因此称为禁戒跃迁。确定哪些跃迁属于禁戒跃迁的法则称为选择定则。

由于

$$\boldsymbol{r}_{nk} = \int \psi_n^{(0)*} r \psi_k^{(0)} \mathrm{d}v$$

进一步的计算需要知道波函数的具体形式,下面是一个简单的例子。

例 求氢原子第一激发态($n=2,l=1,m=1$)向基态($n=1,l=0,m=0$)跃迁所对应的发射强度。

解:由量子力学可知,氢原子第一激发态和基态的波函数依次为

$$\psi_{2,1,1} = \frac{1}{8\pi^{1/2}a_H^{5/2}} r \mathrm{e}^{-r/2a_H} \sin\theta \mathrm{e}^{j\phi}$$

和

$$\psi_{1,0,0} = \frac{1}{\pi^{1/2}a_H^{3/2}} r \mathrm{e}^{-r/a_H}$$

其中,$a_H = 5.3 \times 10^{-11} m$为氢原子第一轨道半径。

引入极坐标$x = r\sin\theta\cos\phi$,$\mathrm{d}v = r^2\sin\theta\mathrm{d}r\mathrm{d}\theta\mathrm{d}\phi$,则有

$$\int \psi_{2,1,1}^* a\psi_{1,0,0}\mathrm{d}v = \frac{1}{8\pi a_H^4} \iiint r^4 \mathrm{e}^{-3r/2a_H}\mathrm{d}r \sin^3\theta\mathrm{d}\theta\cos\phi\mathrm{e}^{-j\phi}\mathrm{d}\phi = 4\left(\frac{2}{3}\right)^5 a_H$$

类似地

$$\int \psi_{2,1,1}^* y\psi_{1,0,0}\mathrm{d}v = -4\mathrm{j}\left(\frac{2}{3}\right)^5 a_H$$

$$\int \psi_{2,1,1}^* z\psi_{1,0,0}\mathrm{d}v = 0$$

于是

$$|\boldsymbol{r}_{nk}|^2 = \left|\int \psi_{2,1,1}^* x\psi_{1,0,0}\mathrm{d}v\right|^2 + \left|\int \psi_{2,1,1}^* y\psi_{1,0,0}\mathrm{d}v\right|^2 + \left|\int \psi_{2,1,1}^* z\psi_{1,0,0}\mathrm{d}v\right|^2$$

$$= 0.555 a_H^2$$

2.1.4 光谱线的展宽

1. 谱线展宽概念

2.1.2 小节曾指出,旧量子论成功解决了计算氢原子发射谱线波长的问题,但无法计算其他原子发射谱线的波长。而且,即使对氢原子,对计算谱线的强度也无能为力。2.1.3 小节则表明,后两个问题可以在量子力学范畴得到圆满解决。

根据量子力学的结果,当原子从具有能量E_k的初态受激跃迁到能量为E_n的末态时,伴随有频率为

$$\nu = \frac{E_n - E_k}{h} \qquad (2-51)$$

的光子被吸收($E_k < E_n$)或发射($E_k > E_n$)。到目前为止,假定 E_k、E_n 有精确值,因而 ν 有精确值,而吸收或发射相应的能级跃迁如图 2-2 所示。

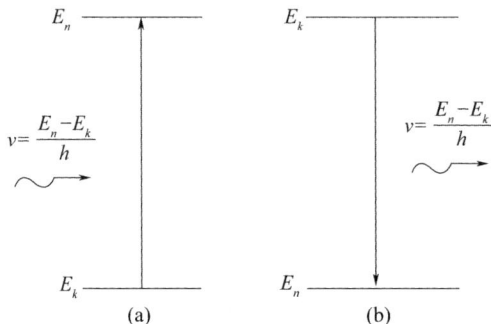

图 2-2   未计能级加宽的光吸收与发射
(a) 吸收;(b) 发射。

然而,实际光波的频率 ν 不可能严格地取精确值,而是总会有一定的弥散范围 $\Delta\nu$。这是由能级有一定的宽度决定的。图 2-3 表示能级的弥散和相应的光谱线展宽,图 2-2 中的能级在这里用具有有限宽度的能带表示。ΔE_k 和 ΔE_n 分别表示两能带宽度,相应于两能带之间最大间隔和最小间隔的光发射分别用 ν_+ 和 ν_- 表示,于是,发射谱线的展宽可写为

$$\Delta\nu = \nu_+ - \nu_- = \frac{\Delta E_k + \Delta E_n}{h} \qquad (2-52)$$

早期的量子论对能级和谱线的展宽也很难做出解释。而在量子力学看来,这种展宽完全是预料之中的。根据量子力学的不确定原理,一对互为"共轭"的可观察量不能同时具有确定值,对某个力学量测量得越准,其"共轭"量的不确定性就越大。既然原子在某一定态的寿命是有限的,

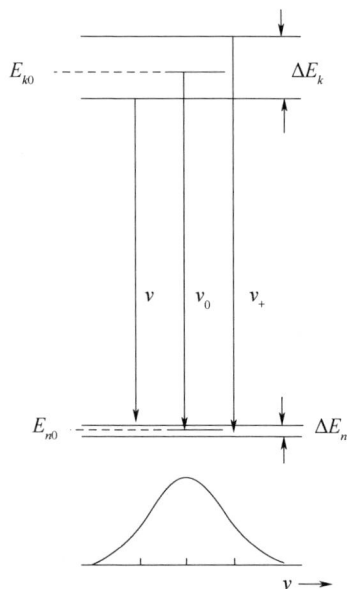

图 2-3   能级和谱线的展宽

那么,该定态上原子的能量——作为时间的共轭量——就不可能测得无限精确。

2. 谱线加宽机制

谱线加宽可分为两大类,即均匀加宽和非均匀加宽。在前一种情况下,导致加宽的机制对发光体的每个原子都是相同的,因而每个原子都对整本谱线有贡献;而对后一种情况,光源的每个原子只对谱线内与它的表观中心频率相应的部

分有贡献。均匀加宽主要包括自然加宽、碰撞加宽和晶格振动加宽等;而常见的非均匀加宽则有气体发光物质中的多普勒(Doppler)加宽和固体发光体中的晶格缺陷加宽。下面对自然加宽、碰撞加宽和多普勒加宽予以简单介绍,而在这样做之前,首先引入线型函数的概念。

设辐射是由原子从能级 E_2 向 $E_1(< E_2)$ 跃迁产生的。在不考虑能级宽度时,认为辐射是单色的,其全部功率集中在单一频率 $\nu_0 = (E_2 - E_1)/h$ 上。如果计及谱线的加宽,则辐射的功率不再集中在单一频率上,而是按频率有一定分布。用 $P(\nu)$ 表示辐射在频率 ν 处的功率,则其与总功率 P 之比即定义为谱线的线型函数,并用 $g(\nu, \nu_0)$ 表示,即

$$g(\nu, \nu_0) = P(\nu)/P \qquad (2-53)$$

式中:ν_0 为谱线的中心频率。由式(2-53)易见,$g(\nu, \nu_0)$ 满足归一化条件,即 $\int_\infty^\infty g(\nu, \nu_0)\,\mathrm{d}\nu = 1$,$g(\nu, \nu_0)$ 在 $\nu = \nu_0$ 处取得最大值 $g(\nu_0, \nu_0)$,并在 $\nu = \nu_0 \pm \Delta\nu/2$ 处下降为 $g(\nu_0, \nu_0)/2$,将 $\Delta\nu$ 称为谱线宽度。

引入线型函数后,辐射分布在 $\nu \sim \nu + \mathrm{d}\nu$ 范围的功率可写为

$$P(\nu)\mathrm{d}\nu = g(\nu, \nu_0)P\mathrm{d}\nu$$

(1)自然加宽。谱线的自然加宽是由相应的自发辐射能级寿命 τ_N 决定的,谱线宽度

$$\Delta\nu_N = 1/2\pi\tau_N \qquad (2-54)$$

而线型函数为洛伦兹(Lorentz)型

$$g_N(\nu, \nu_0) = \frac{\Delta\nu_N/2\pi}{(\nu - \nu_0)^2 + (\Delta\nu_N/2)^2} \qquad (2-55)$$

事实上,式(2-55)也是所有均匀加宽谱线的函数型。若 $g(\nu, \nu_0)$ 和 $\Delta\nu_H$ 分别表示均匀加宽谱线线型函数和线宽,则有

$$g_H(\nu, \nu_0) = \frac{\Delta\nu_H/2\pi}{(\nu - \nu_0)^2 + (\Delta\nu_H/2)^2} \qquad (2-56)$$

(2)碰撞加宽。另一种重要的均匀加宽是碰撞加宽。当发光物质中原子数密度很低,以致原子近乎孤立时,自然加宽是主要的均匀加宽机制;而当原子数密度达到一定值时,原子之间的碰撞会以以下两种方式引起谱线的加宽。

① 由于碰撞,使处于高能态的原子在发生自发辐射之前已跃迁到较低能态。这相当于能级寿命变短,因而发射谱线变宽。气体中的电子碰撞及固体中的声子碰撞均属于这一类。由这类碰撞决定的衰减时间因能级而异。

② 另一类碰撞并不直接增加原子的衰减速率,而是通过干扰辐射原子的相位影响能级的衰减。典型情况下,它对辐射上、下能级的影响是相同的。

对气体发光介质,碰撞加宽 $\Delta\nu_L$ 与物质压强 p 成正比,即

$$\Delta\nu_L = \alpha p$$

其中比例系数 α 与原子间的碰撞截面及温度等因素有关,且可通过实验测得。

(3)多普勒加宽。声学中读者所熟悉的多普勒效应在光学中也存在。为简单计且不失一般性,考虑一维情况,设有静止时辐射频率为 ν_0 的原子(光源)以速度 ν 朝向或背离观察者(接收器)运动,则被探测到的频率分别为

$$\nu_\pm = \nu_0\sqrt{\frac{c\pm\nu}{c\mp\nu}} \approx \nu_0\left(1\pm\frac{\nu}{c}\right) \tag{2-57}$$

将式(2-57)与麦克斯韦速度分布律联立可解得多普勒加宽线型函数

$$g_D(\nu,\nu_0) = \frac{2}{\Delta\nu_D}\sqrt{\frac{\ln 2}{\pi}}\exp\left[\frac{-4(\ln 2)(\nu-\nu_0)^2}{\Delta\nu_D{}^2}\right] \tag{2-58}$$

式中

$$\Delta\nu_D = 2\nu_0\left[\frac{2(\ln 2)KT}{Mc^2}\right]^{1/2}$$

即多普勒加宽下的谱线宽度,这里 M 为原子质量,而其他各量的意义同前。式(2-58)表明,多普勒加宽谱线具有高斯(Gauss)函数的形式。

多普勒加宽与自然加宽之间的关系可概括如下:每个原子的辐射跃迁发射谱均具有用洛仑兹函数所描述的自然加宽特性,相对探测器以不同速度运动的原子被探测到的辐射中心频率不同,与这样中心频率相应的辐射强度的轨迹便形成由高斯函数所描述的总发射谱,即多普勒加宽型发射谱。图2-4示意地表示出两种加宽的关系。图中曲线①②分别表示以一定速率朝向和背离接收器运动的原子的自发发射谱,而③为合成的多普勒发射谱。

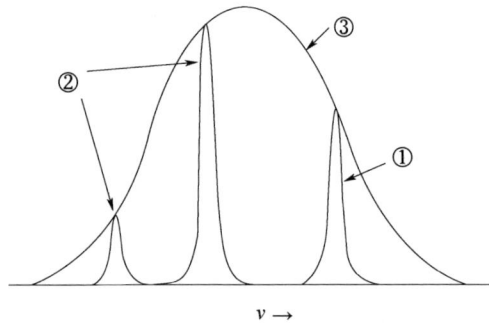

图 2-4　多普勒加宽谱线和自然加宽谱线的关系
① 朝向接收器运动的原子的自发发射谱;②背离接收器运动的原子的自发发射谱;
③ 合成的多普勒发射谱。

2.2 自发辐射和普通光源

一般来说,作为微观发光体的原子、分子均具有复杂的能级结构(为确定起见,无特别说明,以下统称为原子)。而它们的发光过程,正如 2.1.2 小节所表明的,是一种复杂的量子过程。但是,与一次光发射直接相关的,通常可以认为只有两个能级,即能量较高的上能级 E_u 和能量 E_l。在没有外来光子作用的情况下,当粒子以一定概率自发地从能级 E_u 跃迁到能级 E_l 时,发射一个频率为

$$\nu = \frac{E_u - E_l}{h}$$

的光子,这一过程称为自发辐射(图 2-5)。

原子的自发辐射是随机过程。哪个原子什么时候发光,发光与哪两个能级之间的跃迁相关,均带有偶然性。因此,如果不同发光原子间具有足够的距离,使它们之间的相互作用可以忽略,那么,各原子存在自辐射过程中发出的光的频率、位相、偏振状态及传播方向都没有确定的关系。即使是单个原子,两次发射产生的光

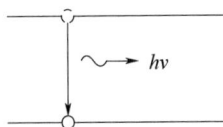

图 2-5 原子自发辐射示意图

波频率、位相等也是随机的。所以,一般来说,自发辐射的光波是非相干的。

考虑单个原子的单次发射,产生的光波本质上应是相干的。但是,普通光源这种发射一次持续时间只有 $\tau \approx 10^{-8}$s 量级,在很多情况下,接收器的响应时间 $\tau \gg \tau_0$,于是,接收到的是平均干涉场,即是对干涉场中能流又一次取时间平均值,从而使已出现的交叉项效应消失,接收器显示的仍为非相干叠加。对 $\tau < \tau_0$ 的快速响应接收器,则无需再次取时间平均,而是可以记录下瞬间干涉图样。

总之,普通光源的自发辐射,产生的是非相干光。但是,从同一波列的波面上取出的两个次波源则是相干的。正如读者在物理光学中已熟知的,曾对光的波动性理论起过决定性作用的 Young 氏实验,正是利用这一巧妙构思,得到普通光源的干涉图样。

在激光器发明之前,人类接触到的光源包括自然存在的和人造的,基本都是非相干的。在自然界存在的光源中,自体发光的主要是太阳;包括月亮在内的其他发光体则多数为太阳光的反射体。人造光源种数繁多,主要有钨灯、汞灯、钠灯、电弧灯等。

激光发明为人类提供了一种具有空前高相干性和高亮度的光源,可以毫不夸张地说,它使很多领域发生了根本性改变。本章接下来的几节,将对激光的产生机理、激光的主要特性等给以简单介绍。

2.3 光波的叠加与干涉

光的电磁理论成功地解释了当时所观察到的光的干涉、衍射等现象。相关内容在物理光学或波动光学中已有详细描述。这里只对作为这些现象基础的光波独立传播与叠加原理加以简单介绍,并给出两列光波相干的条件。

2.3.1 光波的独立传播性

当多列光波在空间交叠时,它们的传播互不干扰,即每列波如何传播,与其他波的存在无关。这就是光波的独立传播。

光波的独立传播性在自由空间是毫无疑问的。而在介质中,光波是否独立传播取决于介质特性与入射光特性。导致独立传播性不适用,主要有两种情况:

(1) 在具有适当强度和频率的光场作用下,介质对光的吸收和透过特性发生改变,从而影响其他光波的穿透。

(2) 在强光的作用下,介质发生极化,产生极化强度矢量,后者辐射新的电磁波。在一定条件下,两列光波入射,会有第3个频率的光出射。这种现象常称为"非线性光学"效应。由于产生非线性光学效应要求很强的入射光,因而,在激光出现之前很少观察到这种现象。而在激光出现以后,各种非线性光学效应逐渐被认识,且在众多领域得到应用。非线性光学或强光光学已成为现代光学的一个重要研究领域,本书后面有关章节将适当介绍。而在本章中,除非特别说明,将假定介质是线性的,光波满足独立传播条件。

2.3.2 光波叠加原理

如果光的独立传播条件成立,则当两列或多列光波同时存在时,在它们的交叠区域内每点的光振动是各列光波单独在该点产生的光振动的合成。设两列波分别为

$$E_1(r_1, t) = E_{10}(r_1) \exp\{-i[\omega_1 t - \varphi_1(r_1)]\}$$
$$E_2(r_2, t) = E_{20}(r_2) \exp\{-i[\omega_2 t - \varphi_2(r_2)]\} \qquad (2-59)$$

则合成后光波为

$$E = E_1(r_1, t) + E_2(r_2, t)$$
$$= E_{10}(r_1) \exp\{-i[\omega_1 t - \varphi_1(r_1)]\} + E_{20}(r_2) \exp\{-i[\omega_2 t - \varphi_2(r_2)]\}$$

$$(2-60)$$

光波叠加原理成立的条件是光的独立传播性。因此,若要求在介质中传播的两列或多列波满足叠加原理,则介质必须满足适当条件,且光不是太强。由于不同介质表现出非线性的光强不同,故这里所说的光强的强弱也会因介质而异。

2.3.3　光波的相干条件

上小节讨论了光场振幅的叠加,但通常的光接收器件并不对振幅响应,而是对光强响应。因而本小节将给出光波叠加过程中光强之间的关系,并讨论光波相干的条件。光波的干涉,即是指因波的叠加而导致强度重新分布的现象。

为简单起见而不失一般性,以两列单频标量光波为例,t 时刻在 P 点的标量电场分别为

$$E_1(P,t) = E_{10}(P)\exp\{-\mathrm{i}[\omega_1 t - \varphi_1(P)]\}$$

和

$$E_2(P,t) = E_{20}(P)\exp\{-\mathrm{i}[\omega_2 t - \varphi_2(P)]\} \qquad (2-61)$$

合成后的光强为

$$I = [E_1(P,t) + E_2(P,t)] \cdot [E_1(P,t) + E_2(P,t)]^* \qquad (2-62)$$

式中:"$*$"表示求复共轭。

将式(2-61)代入式(2-62),得到

$$I = I_1 + I_2 + (E_{10}E_{20}\exp\{-\mathrm{i}[(\omega_1-\omega_2)t - (\varphi_1-\varphi_2)]\} + c.c.)$$

$$= I_1 + I_2 + 2\sqrt{I_1 I_2}\cos[(\omega_1-\omega_2)t - (\varphi_1-\varphi_2)] = I_1 + I_2 + 2\sqrt{I_1 I_2}\cos\delta$$

$$(2-63)$$

式中:"$c.c.$"表示前项的共轭复量;$I_1 = E_{10}^2$ 和 $I_2 = E_{20}^2$ 分别为两列波单独在场点 P 的光强;$\delta = (\omega_1-\omega_2)t - (\varphi_1-\varphi_2)$ 是两列波在 P 点的位相差。

式(2-63)表明满足独立传播的光波,其振幅遵循叠加原理,而光强则不满足叠加原理。两列波单独光强之和(I_1+I_2)与总光强 I 之差 $2\sqrt{I_1 I_2}\cos\delta$ 称为干涉项。而理论上讲,干涉项总是存在的,即因波的叠加而导致的强度重新分布现象是不可避免的,亦即光波之间总是相干的。

然而,这种理论上的干涉效应并非在任何条件下都能显现出来。事实上,只有当这种光强的重新分布能够被观察到或者能够被记录下时,我们才认为两列波是相干的。下面就以此为依据讨论光波相干的条件。

首先考察频率条件。在可见光波段,光频具有 $10^{14}\,\mathrm{Hz}$ 量级。人眼和迄今的任何探测仪器都不可能响应这样快的变化,而只能测量或记录光强的平均值。在 $\omega_1-\omega_2 \neq 0$ 的条件下,$\cos\delta$ 的平均值为 0,干涉项消失。由此可见,在相干性当前的定义下,频率相同是两列光波相干的首要条件。

式(2-63)中,δ 的第二项为两列光波的位相差。如果它不稳定,同样会导致 $\cos\delta$ 的时间平均值为0。因此,两列光波之间干涉现象能被观察或记录的另一条件即是二者需有稳定位相差。

对两列简谐标量波,如本小节所描述的,则只要满足以上两个条件,原则上便可观察到或记录下它们之间的干涉现象。而对于两列同频率简谐矢量波,则

尚需要考虑它们的振动方向。若二者振动方向平行,则其叠加与标量波情况无异,相干条件同上。如果二者振动方向垂直,那么,由矢量合成得到

$$I = I_1 + I_2$$

即没有干涉现象发生。一般情况下,两列波的振动方向成一角度,则分解后的平行分量之间可以发生干涉。

这样,两列波发生干涉的条件可归纳为以下三条:

(1) 具有相同频率;

(2) 具有稳定的位相差;

(3) 振动方向不垂直。

更确切地,应该说是干涉现象能够被观察或被记录的条件,而且,允许二者具有的频率差及位相差的稳定程度也与记录条件及探测设备有关。

2.4　相干性的进一步讨论

本节拟对光波的空间相干性和时间相干性作进一步讨论,而在此之前,将首先介绍场的复表示。

2.4.1　场的复表示

为简单起见,考虑线偏振电磁波,它可用单一实标量 $V^{(r)}(\boldsymbol{r}, t)$ 表示,并可写傅里叶积分形式

$$V(\boldsymbol{r}, t) = \frac{1}{2\pi} \int_{-\infty}^{+\infty} V(\boldsymbol{r}, \omega) \exp(-\mathrm{i}\omega t) \mathrm{d}\omega \tag{2-64}$$

$$V(\boldsymbol{r}, \omega) = \int_{-\infty}^{+\infty} V(\boldsymbol{r}, t) \exp(\mathrm{i}\omega t) \mathrm{d}t \tag{2-65}$$

由于 $V^{(r)}$ 是实的,从式(2-65)可见 $V(\boldsymbol{r}, -\omega) = V^*(\boldsymbol{r}, \omega)$,所以,关于场的全部信息都已被正频谱包括。于是,可用由

$$V(\boldsymbol{r}, t) = \frac{1}{2\pi} \int_0^{+\infty} V(\boldsymbol{r}, \omega) \exp(-\mathrm{i}\omega t) \mathrm{d}\omega \tag{2-66}$$

定义的复量 $V(\boldsymbol{r}, t)$ 代替 $V^{(r)}$,并称为与 $V^{(r)}$ 相关联的复解析信号。显然,这两个函数之间存在唯一确定的关系,事实上,给定 V,则由式(2-64)和式(2-66)得

$$V^r = 2Re(V) \tag{2-67}$$

反之,一旦 $V^{(r)}$ 给定,则由式(2-65)求出 $V(r, \omega)$ 代入式(2-66)可得 V。

对描述电磁场来说,复解析信号比实信号方便得多。例如,如果实信号是单色的,可写为 $V^{(r)} = A\sin\omega t$。由式(2-67),有 $V = A\exp(-\mathrm{i}\omega t)/2$。后者的优点是熟知的。实际中经常碰到的情况为解析信号的谱只有在与谱的平均频率 $<\omega>$

相比非常小的区间 $\Delta\omega$ 内才有显著的值(准单色波)。在这种情况,可写出

$$V(t) = A(t)\exp\{i[\psi(t) - \langle\omega\rangle t]\} \qquad (2-68)$$

其中,$A(t)$ 和 $\psi(t)$ 都是慢变化函数,即

$$\left[\frac{dA}{Adt}, \frac{d\psi}{dt}\right] \ll \langle\omega\rangle \qquad (2-69)$$

值得注意的是,当任何采用电磁场的量子描述时,复解析信号具有更深刻的意义。人们发现,V 和 V^* 近乎相应于光子的产生和湮灭算符(意义见后)。最后注意到,电磁场的其他量可以表示为解析信号的函数。例如,束的强度可定义为

$$I(\boldsymbol{r},t) = V(\boldsymbol{r},t) \cdot V^*(\boldsymbol{r},t) \qquad (2-70)$$

事实上,这个定义意味着 I 不正比于 $(V^{(r)})^2$。然而,如果光是准单色的,则由式(2-68)可以证明[1],$I(\boldsymbol{r},t)$ 等于 $(V^{(r)})^2/2$ 在少数几个光学周期上的平均值。

2.4.2 空间和时间相干度

为描述光束的性质,现在可以对解析信号引进一个全经典的相关函数,暂限于第一阶函数。

对一点 $\boldsymbol{r}_1$,可定义一阶相关函数 $\Gamma^{(1)}$ 为

$$\Gamma^{(1)}(\boldsymbol{r}_1, \boldsymbol{r}_1, \tau) = \lim_{T\to\infty}\frac{1}{2T}\int_{-T}^{T} V(\boldsymbol{r}_1, t+\tau)V^*(\boldsymbol{r}_1, t)\,dt \qquad (2-71)$$

这正是 $V(\boldsymbol{r},t)$ 的自相关函数,或者,换句话说,是乘积 $V(\boldsymbol{r},t+\tau)V^*(\boldsymbol{r},t)$ 的平均值,因而可以更简单地写为

$$\Gamma(\boldsymbol{r}_1, \boldsymbol{r}_1, \tau) = \langle V(\boldsymbol{r}_1, t+\tau), V^*(\boldsymbol{r}_1, t)\rangle \qquad (2-72)$$

也可按如下方式定义一归一化函数 $\gamma^{(1)}(\boldsymbol{r}_1, \boldsymbol{r}_1, \tau)$

$$\gamma^{(1)} = \frac{\Gamma^{(1)}}{\langle V(\boldsymbol{r}_1, t) \cdot V^*(\boldsymbol{r}_1, t)\rangle} = \frac{\Gamma^{(1)}}{\langle I(\boldsymbol{r}_1, t)\rangle} \qquad (2-73)$$

由许瓦兹(Schwarz)不等式可立即看出

$$|\gamma^{(1)}(\boldsymbol{r}_1, \boldsymbol{r}_1, \tau)| \leqslant 1$$

由式(2-71)还可看出

$$\gamma^{(1)}(\boldsymbol{r}_1, \boldsymbol{r}_1, -\tau) = \gamma^{(1)*}(\boldsymbol{r}_1, \boldsymbol{r}_1, \tau)$$

函数 $r^{(1)}(\boldsymbol{r}_1, \boldsymbol{r}_1, \tau)$ 称为复时间相干度。它的模 $|\gamma^{(1)}|$ 称为时间相干度。

---

[1] 由式(2-68)可以得到 $V(r) = 2A(t)\cos[\psi(t) - \langle\omega\rangle t]$,$(V^{(r)})^2/2 = 2A^2(t)\cos^2[\psi(t) - \langle\omega\rangle t] = A^2(t)\{1 + \cos^2[\psi(t) - \langle\omega\rangle t]\}$,积分时,由于是几个周期,故上式最后一项积分为 0。又因为在少数几个周期内,$A^2(t)$ 来不及变化,可由积分号中提出。故

$$\frac{1}{T}\int_0^T (V^{(r)})^2/2\,dt \approx A^2(t)\frac{1}{T}\int_0^T 1 \cdot dt = A^2(t) = V \cdot V^* = I$$

显然，$\Gamma^{(1)}$ 以及 $\gamma^{(1)}$ 是同一点 r_1，相隔为 τ 的两个时刻的解析信号之间在多大程度上相关的测量。在完全不存在时间相关的情况下，由式(2-71)和式(2-73)可见 $\gamma^{(1)} = 0$ 对应 $\tau > 0$ (对 $\tau = 0$，$\gamma^{(1)} = 1$)；在完全时间相关的情况下[例如，振幅不随时间变化的正弦波，即 $V = A(r_1)\exp(-\mathrm{i}\omega t)$]，得 $|\gamma^{(1)}| = 1$，对应任意 τ。所以 $|\gamma^{(1)}|$ 是在 0 与 1 之间取值的函数，且描述波的时间相干度。一般地，函数 $|\gamma^{(1)}(\tau)|$ 有图 2-6 的形式[再次有 $|\gamma^{(1)}(-\tau)| = |\gamma^{(1)}(\tau)|$]。由此，可定义一特征时间(称作相关时间)$\tau_{co}$ 为这样一个时间，当 $\tau = \tau_{co}$ 时，$|\gamma^{(1)}| = 1/2$。对完全相干波显然有 $\tau_{co} = \infty$，而对完全不相干波 $\tau_{co} = 0$，也可定义时间相关长度 L_c 为 $L_c = c\tau_c$。

按类似方式，也可定义同一时刻不同点 r_1 和 r_2 之间的一阶相关函数。

$$\Gamma^{(1)}(r_1,r_1,0) = \lim_{T\to\infty}\frac{1}{2T}\int_{-T}^{T}V(r_1,t)\cdot V^*(r_2,t)\mathrm{d}t = \langle V(r_1,t),V^*(r_2,t)\rangle \tag{2-74}$$

也可定义相应的归一化函数 $\gamma^{(1)}(r_1,r_1,0)$ 为

$$\gamma^{(1)} = \frac{\Gamma^{(1)}(r_1,r_2,0)}{[\Gamma^{(1)}(r_1,r_1,0)\Gamma^{(1)}(r_2,r_2,0)]^{1/2}} \tag{2-75}$$

由许瓦兹不等式再次看到 $|r^{(1)}| \leqslant 1$。$r^{(1)}(r_1,r_2,0)$ 称为复空间相关度，而它的模为空间相关度。由前面所做的分析可知，如果 r_1 固定，则 $\gamma^{(1)}$ 作为 r_2 的函数由值 1(对 $r_1 = r_2$)随着 $|r_1 - r_2|$ 的增加而降为 0。这样的 $\gamma^{(1)}$ 在一定的特征面积上将比某一特定值(如 1/2)大，这面积在波面上，围绕由矢量 r_1 描述的点 P_1。它被称为波在 P_1 点的相关面积。

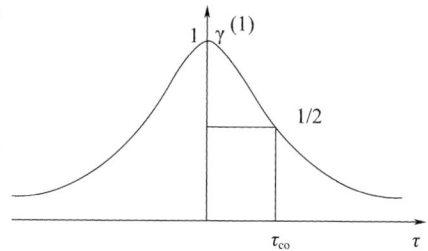

图 2-6　时间相关度 $|\gamma^{(1)}(\tau)|$ 的可能行为的例

空间和时间相关的概念可以用互相关函数结合起来，后者定义为

$$\Gamma^{(1)}(r_1,r_2,\tau) = \langle V(r_1,t+\tau),V^*(r_2,t)\rangle \tag{2-76}$$

互相关函数也可归一化为

$$\gamma^{(1)}(r_1,r_2,\tau) = \frac{\Gamma^{(1)}(r_1,r_2,\tau)}{[\Gamma^{(1)}(r_1,r_1,0)\Gamma^{(1)}(r_2,r_2,0)]^{1/2}} \tag{2-77}$$

这个函数是波面上两点不同时刻相关性的测量，称为复相关度。对一个准单色波，由式(2-68)和式(2-77)，有

$$\gamma^{(1)}(\tau) = |\gamma^{(1)}(\tau)|\exp\{\mathrm{i}[\psi(\tau) - \langle\omega\rangle\tau]\} \tag{2-78}$$

其中，$|r^{(1)}|$ 和 $\psi(\tau)$ 是慢变化函数，即

$$\left(\frac{\mathrm{d}|\gamma^{(1)}(\tau)|}{|\gamma^{(1)}|\mathrm{d}\tau}, \frac{\mathrm{d}\psi}{\mathrm{d}\tau}\right) = \langle \omega \rangle \qquad (2-79)$$

2.4.3 空间和时间相关性的测量

测量波面上两点之间空间相干度的一个非常简单的方法是用 Young 氏干涉仪(图 2 - 7)。它是由两个屏组成的,在屏 1 上 x_1 和 x_2 处开有两个小孔,通过这两个孔的光在屏 2 上产生干涉图样。更确切地说,t 时刻 P 点的干涉是由 x_1 和 x_2 两点分别在 $[t - (L_1/c)]$ 和 $[t - (L_2/c)]$ 时刻发射的波叠加而成的。所以将在屏 2 上 P 点周围看到干涉条纹,而且,在测量条纹的期间(即照像底片的曝光时间),解析信号 $V[x_1, t - (L_1/c)]$ 和 $V[x_2, t_2 - (L_2/c)]$ 之间越是相关,条

图 2 - 7 用 Young 氏干涉仪测量电磁波的空间相干性

纹就越清晰。如果屏上的 P 点选得使 $L_1 = L_2$,则 P 点周围条纹的能见度将给出在 x_1 和 x_2 之间空间相干度的测量。为了更明确,定义 P 点条纹的清晰度为

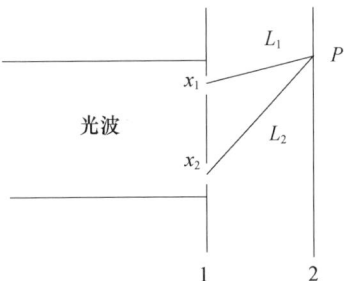

$$V_{(P)} = \frac{I_{\max} - I_{\min}}{I_{\max} + I_{\min}} \qquad (2-80)$$

式中:$I_{\max}$ 和 $I_{\min}$ 分别为 P 点邻域亮纹的最大强度和最小强度。如果两个孔 1 和 2 在 P 点产生同样的照度,而波又具有理想的空间相干性,则 $I_{\min} = 0$ 而 $V_{(P)} = 1$。

对 x_1 和 x_2 的信号完全不相关的情况,条纹消失(即 $I_{\max} = I_{\min}$)而 $V_{(P)} = 0$。由上节所述可知,$V_{(P)}$ 必定与函数 $\gamma^{(1)}(x_1, x_2, 0)$ 的模有关。更一般地,对屏上任一点 P,可以期望 $V_{(P)}$ 与函数 $\gamma^{(1)}(x_1, x_2, \tau)$ 的模有关,这里 $\tau = (L_1 - L_2)/c$,在本节末尾将证明,如果两个孔在 P 点产生相同的照明,则

$$V_{(P)}(\tau) = |\gamma^{(1)}(x_1, x_2, \tau)| \qquad (2-81)$$

这样,通过测量 P 点,例如 $L_1 = L_2$ 的条纹可见度 $V_{(P)}$,即可得到 x_1 和 x_2 之间的空间相干度。

迈克逊干涉仪(图 2 - 8)提供了一个测量时间相干性的简单方法。令 P 是时间相干性待测的点。P 点处的小孔和焦点在 P 点的透镜组合把入射波变为平面波,然后投射到部分反射镜 S_1 上(反射率 $R = 50\%$),在那里分为 A 和 B 两列。它们被镜 S_2 和 $S_3(R = 1)$ 反射,并重新组合为 C。由于波 A 和 B 的干涉作用,C 方向的照明将视 $2(L_3 - L_2)$ 为半波长的偶数倍或奇数倍而或亮或暗。显然,只要 $L_3 - L_2$ 没有大到使束 A 和 B 在相位上不相关,这个干涉现象就能被观察到。对部分相干波,束 C 的强度 I_C 作为 $2(L_3 - L_2)$ 的函数将显示图 2 - 8(b)的行为。在这种情况下,正如式(2 - 80)那样,可以再次定义一个条纹清晰度,这里 $I_{\max}$ 和

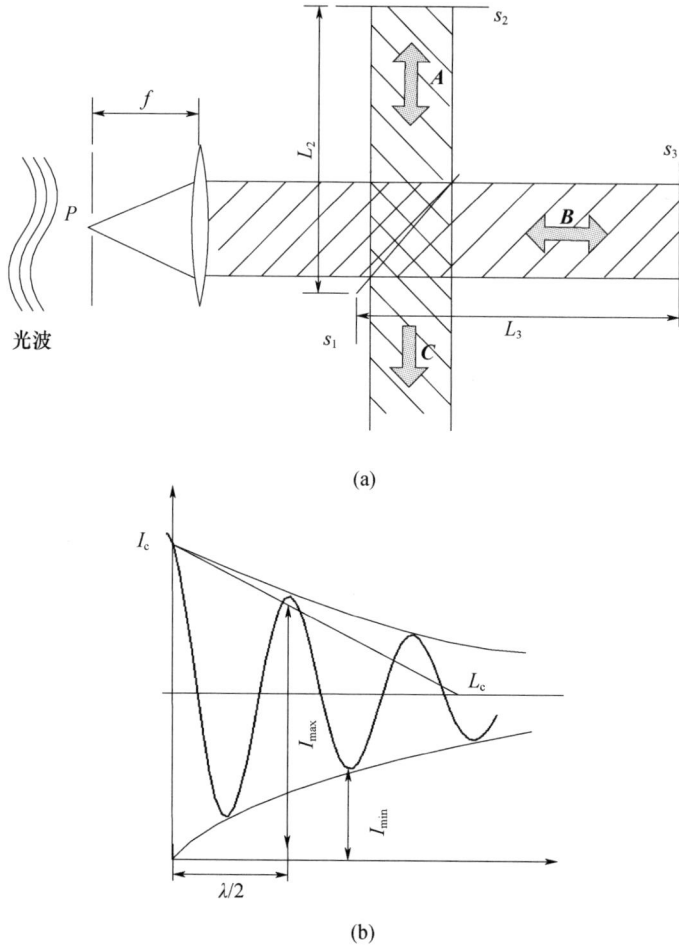

(a)

(b)

图 2-8　(a)测量电磁波在 P 点的时间相关度的迈克逊干涉仪;

(b)在 C 方向输出的光作为干涉仪臂长差 $L_3 - L_2$ 的函数行为

I_{min} 如图 2-8(b)所示。与 Young 氏干涉仪的情形类似,可以证明

$$V_{(P)}(\tau) = |\gamma^{(1)}(P,P,\tau)| \qquad (2-82)$$

式中:$\tau = 2(L_3 - L_2)/c$。所以,在这种情况下条纹清晰度的测量给出波在 P 点时间相干度的值。一旦 $V_{(P)}(\tau)$ 已知,便可由函数得到相干时间的值 τ_{co},以及相干长度 $L_c = c_0\tau_{co}$。注意,L_c 等于清晰度降为 $V_{(P)}(\tau) = 1/2$ 时干涉仪两臂之差 $L_3 - L_2$ 的两倍。

下面用证明式(2-81)来结束本节,这也可作为运用解析信号的一个练习。某种类似的理论可用于证明式(2-82)。称 $V(t')$ 为图 2-8 中 P 点 t' 时刻的解析信号。因为它是由来自两个孔的信号叠加而成的,故可写作

$$V = k_1 V(x_1, t' - t_1) + k_2 V(x_2, t' - t_2) \qquad (2-83)$$

其中，$t_1 = L_1/c$，$t_2 = L_2/c$。因子 k_1 和 k_2 与 L_1 和 L_2 成反比，且依赖于孔的大小及入射波和 x_1，x_2 两点的衍射波之间的夹角。由于衍射次波的相位只是入射波一周的 $1/4$，故有

$$k_1 = |k_1| \exp(-\mathrm{i}\pi/2) \qquad (2-84\mathrm{a})$$

$$k_2 = |k_2| \exp(-\mathrm{i}\pi/2) \qquad (2-84\mathrm{b})$$

如果定义 $t = t' - t_2$ 和 $\tau = t_2 - t_1$，则式（2-83）可以写为

$$V = k_1 V(x_1, t+\tau) + k_2 V(x_2, t) \qquad (2-85)$$

因而 P 点的强度值

$$I = V \cdot V^* = I_1(t+\tau) + I_2(t) + 2\mathrm{Re}\left[k_1 k_2^* V(x_1, t+\tau) V^*(t_2, t)\right] \quad (2-86)$$

$$I = |k_1|^2 |V(x_1, t+\tau)|^2 + |k_2|^2 |V(x_2, t)|^2 + \left[k_1 V(x_1, t+\tau) k_2^* V^*(x_2, t) + c.c\right]$$

$$= I_1 + I_2 + 2\mathrm{Re}\left[k_1 k_2^* V(x_1, t+\tau) V^*(x_2, t)\right]]$$

其中，I_1 和 I_2 分别为只由 x_1 发射或只由 x_2 发射时 P 点的光强，并由

$$I_1 = |k_1|^2 |V(x_1, t+\tau)|^2 = |k_1|^2 I(x_1, t+\tau) \qquad (2-87\mathrm{a})$$

$$I_2 = |k_2|^2 |V(x_2, t)|^2 = |k_2|^2 I(x_2, t) \qquad (2-87\mathrm{b})$$

给出，这里 $I(x_1, t+\tau)$ 和 $I(x_2, t)$ 为点 x_1 和 x_2 的强度。取式（2-86）两边的时间平均，并用式（2-86）和式（2-84），得到

$$\langle I \rangle = \langle I_1 \rangle + \langle I_2 \rangle + 2|k_1||k_2|\mathrm{Re}\left[\Gamma^{(1)}(x_1, x_2, \tau)\right] \qquad (2-88)$$

注意到由式（2-77）

$$\Gamma^{(1)} = r^{(1)}\left[\langle I(x_1, t+\tau)\rangle \langle I(x_2, t)\rangle\right]^{1/2} \qquad (2-89)$$

将式（2-89）代入式（2-88），并用式（2-87），得

$$\langle I \rangle = \langle I_1 \rangle + \langle I_2 \rangle + 2\left(\langle I_1 \rangle \langle I_2 \rangle\right)^{1/2} \mathrm{Re}\left[\gamma^{(1)}(x_1, x_2, \tau)\right]$$

$$= \langle I_1 \rangle + \langle I_2 \rangle + 2\left(\langle I_1 \rangle \langle I_2 \rangle\right)^{1/2} |\gamma^{(1)}| \cos\left[\psi(\tau) - \langle \omega \rangle \tau\right] \qquad (2-90)$$

最后一步用到式（2-78）。由于 $|r^{(1)}|$ 和 $\psi(\tau)$ 是慢变化的，故强度 $\langle I \rangle$ 随 P 的变化是由余弦值随其幅角 $\langle \omega \rangle \tau$ 的迅速变化引起的。于是，在 P 的邻域，有

$$I_{\max} = \langle I_1 \rangle + \langle I_2 \rangle + 2\left(\langle I_1 \rangle \langle I_2 \rangle\right)^{1/2} |\gamma^{(1)}| \qquad (2-91\mathrm{a})$$

$$I_{\min} = \langle I_1 \rangle + \langle I_2 \rangle - 2\left(\langle I_1 \rangle \langle I_2 \rangle\right)^{1/2} |\gamma^{(1)}| \qquad (2-91\mathrm{b})$$

因此，由式（2-80）

$$V_{(P)} = \frac{2\left(\langle I_1 \rangle \langle I_2 \rangle\right)^{1/2}}{\langle I_1 \rangle + \langle I_2 \rangle} |\gamma^{(1)}(x_1, x_2, \tau)| \qquad (2-92)$$

对 $\langle I_1 \rangle = \langle I_2 \rangle$ 的情形，式（2-92）简化为式（2-81）。

2.5　激光产生机理

激光作为人类科学史上的一项重大发明，在国民经济及国防建设各领域得

到极其广泛的应用,其原因是它具有普通光源发射的光无法相比的特性。而激光之所以具有这些特性,则是由它的产生机理决定的。本章以下 2 节重点讨论产生激光的必要条件和充分条件及激光的特性。而为了讨论的方便,将首先对激光的腔模概念作一简单介绍,这部分内容的详细描述留在稍后的相关章节中进行。

2.5.1 激光器的腔模概念

一个典型的激光器由 3 部分构成,即激光工作物质,泵浦系统和光学谐振腔。工作物质可以是气体、固体、半导体等,并将相应的激光器依次称为气体激光器、固体激光器、半导体激光器等。泵浦系统提供能源,使激光工作物质中产生激光的两能

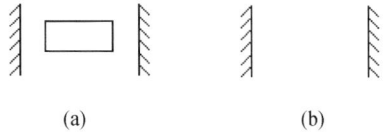

图 2 - 9 开放式光学谐振腔

(a) 有源腔;(b) 无源腔。

级(分别称为激光上、下能级)上粒子数密度按照与平衡态相反的方式分布。而开放式光学谐振腔则由具有一定曲率半径、相距为 L 放置的两块反射镜构成,不含工作物质的谐振腔称为无源光腔。含工作物质的则称为有源腔(图 2 - 9)。

光波在谐振腔反射镜之间多次衍射传播所形成的稳定场分布称为开式光腔的模式,不同模式具有不同的光波场空间分布。这种 3 维空间分布可以分解为沿纵向即腔轴方向的分布 $E(z)$ 和沿横向即垂直腔轴方向的分布 $E(x,y)$。前者称为纵模,后者称为横模,二者组合称光腔模式,并记为 TEM_{mnq},其中 TEM 表示光波为横电磁波,m,n 分别表示光场在 x 方向和 y 方向通过 0 值的次数,并称为横模序数。TEM_{00} 模称为基横模,其余称为高阶横模。类似地,q 则表示光场在 z 方向取 0 值的次数,并称为纵模序数。在表示模式时,往往只写出 m,n 的数值而不标 q 的数值。

2.5.2 激光产生的必要条件

激光本质上是相干辐射与物质相互作用的产物。本节首先介绍原子能级间的 3 种跃迁及其与辐射的相互作用,在此基础上导出光放大的条件,这也是产生激光的必要条件。

实际原子的能级结构往往非常复杂,然而,与产生激光直接相关的主要是两个能级或两个态,因而,除有特别说明外,本章将以二能级原子作为研究对象。

1. 二能级系统的三种跃迁

(1)自发跃迁。用 u 和 l 分别表示原子的较高能态和较低能态,相应的能量分别为 E_u 和 E_l,单位体积介质中处于 u、l 态的粒子数密度(有时简称

为粒子数)则用 N_u 和 N_l 表示。根据物理学的最小能量原理,处于上能级的 u 原子在无外界作用的条件下会以概率 A_{ul} 自发地向下能级 l 跃迁,并辐射 1 个频率为

$$v = \frac{E_u - E_l}{h} \tag{2-93}$$

的光子(图 2 – 9(a))。这种过程称为自发辐射跃迁,而 A_{ul} 称为自发辐射跃迁概率,或自发跃迁爱因斯坦系数,这是一个只与原子本身性质有关的参数。

自发跃迁引起 N_u 变化速率与 N_u 成正比,比例系数即为 A_{ul},即

$$\left(\frac{dN_u}{dt}\right)_{sp} = -A_{ul}N_u \tag{2-94}$$

式中:下标"sp"表示自发辐射。

由式(2 – 94)容易解得 t 时刻 N_u 值为

$$N_u(t) = N_{u0}e^{-A_{ul}t} = N_{u0}e^{-\frac{t}{\tau_N}} \tag{2-95}$$

式中:N_{u0} 为 N_u 在 $t=0$ 时刻的值,而

$$\tau_N = \frac{1}{A_{ul}} \tag{2-96}$$

称为能级 u 的自发跃迁寿命。它表示由于自发跃迁的存在而导致原子在能级 u 上滞留时间的有限性。

如果与能级 u 发生跃迁的下能级不止 1 条,能级 u 向其中第 i 条自发跃迁的概率为 A_{ui},则式(2 – 96)由更一般的关系

$$\tau_N = \frac{1}{\sum_i A_{ui}} \tag{2-97}$$

代替。此外,能级寿命还与原子碰撞等有关。一些常见激光典型发射谱线上能级寿命如表 2 – 1 所列。

表 2 – 1　常见激光典型发射谱线上能级寿命

激光种类	He – Ne	Ar⁺	CO_2	N_2	Nd:YAG	Nd:Glass	Ti:Sapphire	Er:fiber
λ/nm	632.8	488/514	10600	337	1064	1054 ~ 1062	660 ~ 1180	1530 – 1560
τ_u/s	1.7×10^{-7}	1.0×10^{-8}	4×10^{-4}	4×10^{-8}	2.3×10^{-4}	3×10^{-4}	3.8×10^{-6}	1.1×10^{-2}

(2) 受激跃迁。当上述原子受到能量密度为 ρ,频率由式(2 – 93)给出的光场作用时,将会有以下两种过程发生。

① 受激吸收。处于能级 l 的原子吸收入射光子并以概率

$$W_{lu} = B_{lu}\rho \tag{2-98}$$

向能级 u 跃迁(图 2 – 9(b)),其中 B_{lu} 称为受激吸收跃迁爱因斯坦系数。

受激吸收跃迁引起入射光子数 n 的减少及上能级原子数的增加,变化速率与 N_l 成正比,且可写为

$$\left(\frac{\mathrm{d}N_u}{\mathrm{d}t}\right)_{ab} = -\left(\frac{\mathrm{d}n}{\mathrm{d}t}\right)_{ab} = W_{lu}N_l \qquad (2-99)$$

其中,下标"ab"表示吸收过程。

② 受激辐射。处于能级 u 的原子在光的激发下以概率

$$W_{ul} = B_{ul}\rho \qquad (2-100)$$

向能级 l 跃迁,并发射 1 个与入射光子全同的光子(图 2 - 10(c)),其中 B_{ul} 称为受激发射爱因斯坦系数。这一过程称为受激辐射,是由爱因斯坦于 1917 年首次提出的。受激辐射跃迁引起 N_u 的减少及 n 的增长,变化速率为

$$\left(\frac{\mathrm{d}N_u}{\mathrm{d}t}\right)_{st} = -\left(\frac{\mathrm{d}n}{\mathrm{d}t}\right)_{st} = -W_{ul}N_u \qquad (2-101)$$

其中,下标"st"表示受激发射过程。

由以上讨论不难看出,自发辐射是在没有外界作用的条件下原子的自发行为,因而,不同原子辐射的场互不相关,即是非相干的。而受激辐射则不同,由于它是在入射辐射场的控制下发生的,所以,辐射场必然会与入射场有某种联系。爱因斯坦预言该过程后又过了整整 10 年,杰出的英国物理学家、剑桥大学物理系教授狄拉克(Dirac)首先发现受激辐射有一些与普通发光不同的特点。到 20 世纪 50 年代,理论与实验都证明,受激辐射与入射场具有相同的频率、相位和偏振态,并沿相同方向传播,因而具有很好的相干性。事实上,正是受激辐射的这些特性,决定了激光具有普通光发射无法比拟的特性。

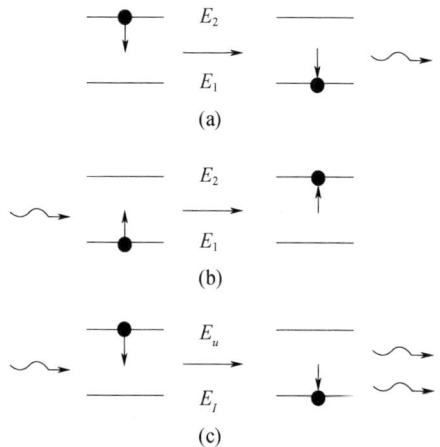

图 2 - 10 二能级间的 3 种跃迁过程
(a) 自发辐射;(b)受激吸收;(c)受激辐射。

当外来辐射作用于原子时,受激吸收和受激辐射作为矛盾的两个方面,总是同时存在并贯穿于过程始终。作用的结果是入射光被衰减还是被放大,完全取决于以上两种过程中哪一种占主导地位。如果受激吸收超过受激辐射,则光的衰减大于增益,即总的效果是光被衰减;反之,若受激辐射占据主导地位,则光得以放大。下一小节将对此做稍详细的讨论,而在此之前先导出爱因斯坦三个辐射跃迁系数之间的关系。

2. 爱因斯坦辐射系数之间的关系

以上关于辐射与原子相互作用的三个比例系数 A_{ul}，B_{lu} 和 B_{ul} 均称为爱因斯坦系数。它们是一些只取决于原子性质而与辐射场无关的量，且三者之间存在一定联系。

当三种过程都存在时，N_u 总变化率为

$$\frac{dN_u}{dt} = \left(\frac{dN_u}{dt}\right)_{sp} + \left(\frac{dN_u}{dt}\right)_{ab} + \left(\frac{dN_u}{dt}\right)_{st}$$

在热平衡条件下 $dN_u/dt = 0$，将式（2-93）、式（2-99）及式（2-101）代入上式得到

$$N_u A_{ul} + N_u B_{ul}\rho = N_l B_{lu}\rho \qquad (2-102)$$

设能级 u 与 l 的简并度分别为 g_u 和 g_l，则由波耳兹曼分布。

$$N_l = \frac{g_l}{g_u}N_u e^{\frac{hv}{\kappa T}} \qquad (2-103)$$

其中，$\kappa = 1.38 \times 10^{-23}$ J，κ 为波耳兹曼常数，而 $\frac{g_l}{g_u}$ 对大多数跃迁在 $0.5 \sim 2$ 之间取值。因而往往设 $\frac{g_l}{g_u} = 1$。在激光产生过程中，最初的光信号来自工作物质热辐射，辐射能量密度中频率为 v 的成分由普朗克公式给出为

$$\rho = \frac{8\pi h v^3}{c^3}(e^{\frac{hv}{\kappa T}} - 1)^{-1} \qquad (2-104)$$

将式（2-103）和式（2-104）代入式（2-102），有

$$\frac{B_{ul}}{A_{ul}}\left(\frac{B_{lu}g_l}{B_{ul}g_u}e^{\frac{hv}{\kappa T}} - 1\right)\frac{8\pi h v^3}{c^3} = (e^{\frac{hv}{\kappa T}} - 1) \qquad (2-105)$$

两边对 $T \to \infty$ 取极限，终得

$$B_{lu}g_l = B_{ul}g_u \qquad (2-106)$$

或

$$B_{lu} = \frac{g_u}{g_l}B_{ul} \qquad (2-106a)$$

代回式（2-105）得到

$$A_{ul} = \frac{8\pi h v^3}{c^3}B_{ul} \qquad (2-107)$$

式（2-106）和式（2-107）给出爱因斯坦 3 个辐射系数之间的关系。

3. 激光产生的必要条件

由上小节的讨论可知，当光通过一段工作物质时，只有受激发射超过受激吸收，光才有可能被放大，进而才有可能产生激光。本小节将稍详细地讨论这一问题。

考虑图 2-11 所示截面积为 dA 的工作物质中长度为 dz 的一段,设有强度为 $I(z)$ 的光从其一端射入,受激过程将引起光强度变化,行进 dz 后变为 $I(z+dz)$。由于自发辐射发生在 4π 立体角的所有方向上而对沿 z 轴定向传输的光束贡献甚小,因此可以忽略不计。于是,光强的增长可表示为由受激跃迁引起的光子数净增量与单个光子能量的乘积,即

$$[I(z+dz) - I(z)]dA = (N_u B_{ul} - N_l B_{lu})\rho h v dA dz$$

注意到 $\rho = I/c$,于是有

$$\frac{dI}{Idz} = (N_u B_{ul} - N_l B_{lu})\frac{hv}{c} \qquad (2-108)$$

该方程的解可写为

$$I = I_0 e^{Gz} \qquad (2-109)$$

其中,I_0 表示初始光强,而

$$G = \left(N_u - \frac{g_u}{g_l}N_l\right)B_{ul}\frac{hv}{c} \qquad (2-110)$$

称为增益系数,在 MKS 单位制中,其量纲为 m^{-1}。

式(2-110)右边括号中的量表示 u, l 能级上粒子数之差,通常记为 ΔN_{ul},即

$$\Delta N_{ul} = N_u - \frac{g_u}{g_l}N_l \qquad (2-111)$$

由式(2-109)~式(2-111)可以看出,只有当

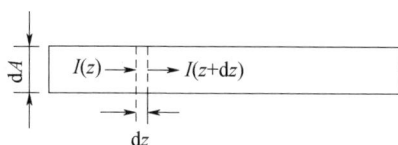

图 2-11 光通过工作物质传播

$$\Delta N_{ul} > 0 \qquad (2-112)$$

时,辐射才有可能被放大,然而,根据波耳兹曼分布律,在热平衡条件下,处于较高能级的粒子数总是小于处于较低能级的粒子数。因此,满足式(2-112)的状态称为粒子数反转分布状态。这就是说,只有当介质处于粒子数反转分布状态时,通过介质的光才能被放大,也才有可能产生激光。即产生激光的必要条是工作物质处于粒子数反转分布状态。满足此条件的介质对光具有增益,故称为增益介质。本章稍后将讨论增益系数随光强的增长而减小的问题。光信号极微弱时增益系数最大,称为小信号增益系数,并记为 G^0。部分常见激光介质的 G^0 如表 2-2 所列。由表 2-2 可以看出,半导体激光(DL)材料具有比其他激光介质高得多的增益系数。

表 2-2 部分常见激光介质的小信号增益系数 G^0

激光种类	He-Ne	Ar$^+$	CO$_2$	N$_2$	Nd:YAG	Nd:Glass	Ti:Sapphire	Er:fiber	DL
G^0/m^{-1}	0.15	0.5	0.9	10	10	3	20	1.35	$10^4 \sim 10^5$

2.5.3 激光产生的充分条件

上节的讨论表明,只有当介质处于粒子数反转分布状态时,才有可能产生受激辐射放大,因而才可能产生激光。这里始终说的是"才可能",即为产生激光的必要条件,那么,产生激光的充分条件是什么呢? 这就是本节所要研究的。

1. 饱和光强的概念

根据式(2-112),只要 $G>0$,或 $\Delta N_{ul}>0$,光强就将按指数规律增长,如果介质足够长,就必然可以产生激光辐射。然而,稍加注意便不难看出,由式(2-108)解得式(2-109)的条件是 G 为常数,因而 ΔN_{ul} 为常数。但事实上,光强的增长正是以 ΔN_{ul} 的下降为代价的。当光强 I 增长到一定值时,式(2-109)不再成立,即 I 不再按指数规律增长。这时的光强称为饱和光强,表示为 I_s,而饱和发生的介质的长度称为饱和长度 L_s。

(1) 饱和光强的简单计算。假定由于泵浦流 W_u 的作用在二能级系统中实现了粒子数反转。通常 ΔN_{ul} 是一个非常大的数,因此,当有光在此增益介质中传播时,上能级粒子数的变化率为

$$\frac{\mathrm{d}N_u}{\mathrm{d}t} = W_u - N_u\left(\frac{1}{\tau_u} + \frac{B_{ul}I}{c}\right) \tag{2-113}$$

稳态时,上式右边应为0,于是解得

$$N_u = \frac{W_u}{\frac{1}{\tau_u} + \frac{B_{ul}I}{c}} \tag{2-114}$$

小信号情况下

$$N_u \approx W_u\tau_u$$

随着光强 I 的增长,N_u 减小,通常定义使 N_u 减小为小信号值的 $\frac{1}{2}$ 的光强为饱和光强,即

$$\frac{B_{ul}I_s}{c} = \frac{1}{\tau_u}$$

由式(2-107)得

$$I_s = \frac{8\pi v^2 hv}{c^2 A_{ul}\tau_u} = \frac{hv}{\sigma_{ul}\tau_u} \tag{2-115}$$

其中

$$\sigma_{ul} = \frac{c^2}{8\pi v^2}A_{ul} \tag{2-116}$$

称为受激发射截面。用 σ_{ul} 表示,式(2-110)可改写为

$$G = \sigma_{ul}\Delta N_{ul} \tag{2-117}$$

（2）产生激光的充分条件。如果在增益介质的有效长度内光强可以从微小信号增长到由式（2-115）所定义的 I_s，则对产生激光来说是充分的。有两点值得注意：首先，这里给出的饱和光强的定义有一定的任意性；其次，光强达到 I_s 后，并不意味着它不再增长，只是增长速度大大减缓。下面通过一个例子近似估算满足上述充分条件的工作物质的长度范围。

考虑图 2-12 所示圆柱形增益介质，其长度为 L，横截面直径 d_a，面积为 A。假定介质中已实现粒子数反转分布，且反转足够大，以致 N_l 可忽略而 $\Delta N_{ul} \approx N_u$。

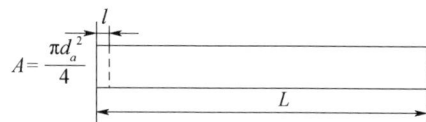

图 2-12 光束在增益介质中的增长

$$A = \frac{\pi d_a^2}{4}$$

设光辐射起源于介质一端长度为 l 的区域，单位时间由自发辐射产生的总辐射能为 $(A \cdot l) N_u A_{ul} h\nu$。该能量向 4π 立体角发射，其中能达到介质另一端的部分与总能量之比为 $\frac{d\Omega}{4\pi} = \frac{A}{4\pi L^2}$，这部分光强除以截面积 A 便得到对产生激光起决定作用的初始光强。为满足产生激光的充分条件，令此光强经介质放大后达到饱和光强，即令

$$\frac{1}{A}(A \cdot l) N_u A_{ul} h\nu \frac{A}{4\pi L^2} e^{GL} = I_s \qquad (2-118)$$

为计算简单，设

$$l = 1/G$$

可得

$$e^{GL} = \left(\frac{4L}{d_a}\right)^2 \qquad (2-119)$$

依据式（2-119），当介质的几何尺寸 L 和 d_a 已知时，可以解得满足产生激光充分条件的增益系数 G，或对已知的 G 判断是否满足产生激光的充分条件；在 L 和 G 已知的条件下，则可解得满足充分条件的 d_a，或对已知 d_a 判断是否满足产生激光的充分条件。但是如果已知的是 G 和 d_a，则式（2-119）是关于 L 的超越方程，需用作图法解得满足产生激光充分条件的 L 或对给定 L 判断能否产生激光。下面通过一个简单例题说明式（2-119）的用法。

例 2-1 已知某激光工作物质增益系数为 $G = 100\,\text{m}^{-1}$，长度 $L = 0.08\,\text{m}$。求满足产生激光充分条件的 d_a。

解：将已知条件代入式（2-119），得

$$16\left(\frac{L}{d_a}\right)^2 = e^8 = 2981$$

$$\frac{L}{d_a} = \frac{\sqrt{2981}}{4}$$

$$d_a = 0.0059\,(\text{m}) = 5.9\,\text{mm}$$

以上结果是在光束单次通过工作物质的条件下得到的,正如表 2 – 2 所列,大多数实际激光增益介质的增益系数都比本例的 $100\mathrm{m}^{-1}$ 小得多。例如,最常见的气体激光器之一 He – Ne 激光介质的增益系数只有 $0.15\mathrm{m}^{-1}$;应用最广的固体激光器之一的 Nd:YAG 材料的增益系数典型值也不过 $10\mathrm{m}^{-1}$。这样,为使微弱信号单次通过增益介质而达到饱和光强将需要很大的 L 值。这往往是十分困难的甚至是不可能的。请看以下例题。

例 2 – 2 已知 Nd:YAG 激光材料增益系数为 $G = 10\mathrm{m}^{-1}$,设材料长度 $L = 0.5\mathrm{m}$,直径 $d_a = 0.1\mathrm{m}$,试问小信号单次通过该介质光强能否达到饱和?

解: 由已知,式(2 – 119)的右端为

$$\left(\frac{4 \times 0.5}{0.1}\right)^2 = 400$$

而左端为

$$e^5 = 148 < 400$$

所以,微弱光信号单次通过该工作物质光强达不到饱和。

需要说明的是,为了使结论更加令人信服,例 2 – 2 中有意假设 $L = 0.5\mathrm{m}$,$d_a = 0.1\mathrm{m}$,这些参数现阶段都是无法达到的。目前 L 最大只有 $0.2\mathrm{m}$ 左右,而 d_a 则更是会小一个量级。因此,实际激光工作物质更不会将单次通过的微弱信号放大到饱和光强。

由于上述原因,大多数实际激光器一般需要在工作物质的一端或两端镀反射膜或加反射镜以增加其有效长度 L_{eff}。只在一端加反射镜的情况下,$L_{\mathrm{eff}} = 2L$,如果两端均加反射镜,则信号得以在工作物质中多次往返,$L_{\mathrm{eff}} = m \cdot 2L$,这里 m 是光束在介质中的往返次数。无论哪种情况,都可以继续由方程式(2 – 119)表示产生激光的充分条件,只需将其中的 L 用 L_{eff} 代替。

两块反射镜构成开放式谐振腔,其作用之一是如上所述提供正反馈,以便形成激光振荡;另一功能则是进行模式选择。

2.6　激光的物理特性

这里所说的物理特性,包括激光的单色性、方向性、相干性和高亮度。事实上,单色性和方向性也是由相干性主要是一阶相干决定的,而相干性则还应包括高阶相关。

2.6.1　单色性与时间相干性

对光波进行频谱分析,所得频带宽度 $\Delta\nu$ 即是光源单色性的度量。而该光波的相干时间则为

$$\tau_c = \frac{1}{2\pi\Delta\nu} \tag{2-120}$$

由此可见,谱线宽度越窄,或单色性越好,则相干时间越长,即时间相干性越好。

在稳定振荡的条件下,单纵模激光器输出激光的频带宽度理论上可以达到

$$\Delta\nu = 2\pi h\nu_0 \frac{(\Delta\nu_c)^2}{P_0}\left(\frac{n_2}{n_2 - n_1}\right) \tag{2-121}$$

式中:ν_0 为激光输出的中心频率;P_0 是输出功率;n_1、n_2 分别为激光上、下能级的粒子数密度;$h = 6.623 \times 10^{-34} \mathrm{J \cdot s}$ 称为普朗克常数;而

$$\Delta\nu_c = \frac{c\delta}{2\pi L}$$

是相应的无源腔的模式频带宽度。其中 L 是腔长;δ 是无源腔的损耗。

以具有 mW 级功率输出的 He-Ne 激光器为例,取 $\delta = 0.01$,$L = 0.5 \mathrm{m}$,由式(2-121)得到的 $\Delta\nu$ 具有 $10^{-4}\mathrm{Hz}$ 的量级。这是极高的单色性,将其带入式(2-120),给出相干时间达到 $10^3 \sim 10^4 \mathrm{s}$,或相干长度 $10^9 \mathrm{km}$ 量级。

在实际激光器中,由于存在各种不稳定因素,导致谐振频率的波动,使 $\Delta\nu$ 远大于理论值。在采取最严格稳频措施的情况下,曾在 He-Ne 激光器中观察到 2Hz 的带宽,而典型的单模稳频气体激光器,$\Delta\nu$ 可以达到 $10^3 \sim 10^6 \mathrm{Hz}$。

普通光源发射的光,其带宽可与中心频率具有相同量级,对可见光为 $10^{11}\mathrm{Hz}$。激光发明之前,汞灯的线谱被认为是最好的相干光源,其带宽也在 $10^8\mathrm{Hz}$ 以上,是单模稳频气体激光辐射线宽的 10^5 倍,相应地,前者的相干时间只有后者的 10^{-5} 左右,由此可见,高度单色性或时间相干性是激光的特性。

2.6.2 方向性和空间相干性

由物理光学可知,线度为 d 的光源发射的光波,在传播方向上对光源张角为 θ 的范围内明显相干的条件为

$$d \leqslant \frac{a\lambda}{\theta} \tag{2-122}$$

其中,λ 是光波波长,而 a 是取值范围在 1 附近的常数。设 $a = 1$,式(2-122)亦可写作

$$d^2 \leqslant \left(\frac{\lambda}{\theta}\right)^2 \tag{2-123}$$

其物理意义是,传播方向上对光源的张角在 θ 之内的光波明显相干的条件是光源的面积不大于 $(\lambda/\theta)^2$。因此,

$$A_c = \left(\frac{\lambda}{\theta}\right)^2 \tag{2-124}$$

即为光源的相干面积。式(2－124)表明,光源的相干面积与其发散角 θ 的平方成反比。发散角越小,相干面积越大。

在不采取任何措施的条件下,普通光源向 4π 立体角发光,因而其空间相干性很差。而激光的发散角与谐振腔结构及振荡模式有关。气体激光器 θ 最小,可接近衍射极限。即使是方向性最差的半导体激光器,其 θ 值亦可达到 10^{-2} rad 量级。由此可见,具有小的发散角或高度空间相干性也是激光的特性。

2.6.3 高阶相关

对普通光源,可通过减小线度或加光阑提高其空间相干性,也可通过光学滤波减小 $\Delta\nu$ 以提高其时间相干性。而相干光强将随之下降,因此,实际上是不可取的。但理论上可以说,并非只有激光才可能具有高的时间相干性和空间相关干性。然而应该指出的是,时间相干和空间相干均属于光波的一阶相关性。两列光波具有相近的一阶相关性,并不表明它们经历相同的随机过程,因为二者的高阶相关性可以有很大差别。可以证明,只有激光才可能有较高的高阶相关度。所以,可以说高阶相关是激光更本质的特性。

2.6.4 高亮度

截面积为 A 的光源单色亮度可表示为

$$B_\nu = \frac{P}{A\Delta\nu\pi\theta^2} \qquad (2－125)$$

其中,P 是光源向立体角 $\pi\theta^2$ 内发射的频率处于 $\nu\sim(\nu+\Delta\nu)$ 内的光功率。

从前面小节的讨论已知,激光的 $\Delta\nu$ 和 θ 比普通光辐射的小得多,或者说,在非常小的频率间隔向非常小的立体角内发射的光功率比普通光辐射高得多。因而,激光的单色亮度远高于普通光源。虽然通过适当光学系统的变换可以将普通光辐射的 $\Delta\nu$ 或 θ,甚至二者均压缩到与激光相当的水平,但保留在该频带宽度和空间范围的光功率也会成比例减小。这就是说,尽管光学变换在理论上可以将普通光辐射的单色性和方向性,提高到甚至激光的水平,但却不可能将其亮度提高。事实上,可以从理论上证明,只要是在相同媒质中,任何光学系统的成像都不可能使像的亮度高于产生它的物的亮度。因此可以说,高的单色亮度也是激光更本质的特性。

参考文献

[1] Messiah A. Quantum Mechanics[M]. New York:Inter Science,1961.

［2］Dieter R. Lasers［M］. London：Academic Press INC,1966.

［3］周炳琨,等. 激光原理［M］.4 版. 北京：国防工业出版社,2000.

［4］Yariv A. Quantum Electronics［M］. 3rd ed. John Wiley& Sons,1989.

［5］Bachman C G. Laser Radar Systems and Techniques. Washington：Artech House,1967.

［6］曾谨言. 量子力学［M］.2 版. 北京：科学出版社,1997.

［7］杨 M. 光学与激光［M］. 霍崇儒,初桂荫,陈玉玲,译. 北京：科学出版社,1980.

［8］阎吉祥,崔小虹,高春清,等. 激光原理与技术［M］. 北京：高等教育出版社,2004.

第3章

激光工作模式及其输出特性

本章将以速率方程为基础讨论激光工作模式及其输出特性。3.1 节依次建立二能级系统、固体三能级系统及四能级系统的速率方程组;3.2 节给出速率方程的稳态解并计算反转粒子数及饱和增益;在此基础上,接下来的几节着重讨论激光器的工作模式和输出特性;最后简单介绍激光泵浦技术。

3.1　激光器速率方程的建立

描述有关能级粒子数密度随时间变化的微分方程称为速率方程,事实上,2.5 节用到的一些方程就是最简单的速率方程。速率方程理论是量子理论的简化形式。以光量子与原子相互作用为基础,但不考虑光子数及相位的起伏特性,是一种简单实用因而在文献中被广泛采用的激光理论。

2.5 节引入饱和光强概念时曾提到,光在增益介质中传播时,其强度的增长正是以消耗反转粒子数或上能级粒子数为代价的,本节将通过求解速率方程进一步研究各能级粒子数密度与光强的关系。

3.1.1　速率方程的建立

本节讨论的原子系统仍为只显含两个能级的二能级系统。如图 3-1 所示,其中 W_u 和 W_l 分别表示对能级 u 和 l 的激励强度,可以由除能级 u 和 l 之间的粒子转移以外的任何激励源引起。能级 u 和 l 之间的粒子转移概率依然用 A_{ul}, $B_{ul}(\nu)\dfrac{I}{c}$ 和 $B_{lu}(\nu)\dfrac{I}{c}$ 表示,而能级 l 的弛豫衰减则用 A_l 概括。

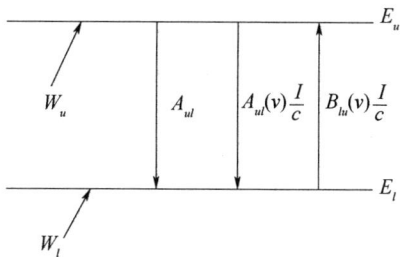

图 3-1　二能级系统的激发与衰减

按照上述约定,上、下能级粒子数密度变化速率为

$$\frac{\mathrm{d}N_u}{\mathrm{d}t} = W_u + N_l B_{lu}(v)\frac{I}{c} - N_u\left(A_{ul} + B_{ul}(v)\frac{I}{c}\right)$$

$$\frac{\mathrm{d}N_l}{\mathrm{d}t} = W_l - N_l\left(A_l + B_{lu}(v)\frac{I}{c}\right) + N_u\left(A_{ul} + B_{ul}(v)\frac{I}{c}\right)$$

由定义,以上方程即为上、下能级粒子数密度的速率方程。

3.1.2 固体三能级系统速率方程组

三能级系统,即在激光产生过程中起主要作用的有三个能级,相应的能量依次为 E_1, E_2, E_3,且设 $E_3 > E_2 > E_1$,其中 E_1 相应的能级通常为基态能级。

三能级系统能以两种不同方式产生激光,一种以 E_2 为激光下能级,E_3 为激光上能级,粒子由 $E_3 \rightarrow E_2$ 的受激跃迁产生激光;另一种分别以 E_2 和 E_1 为激光上、下能级,粒子由 $E_2 \rightarrow E_1$ 的受激跃迁产生激光。气体三能级系统多以第一种方式工作;而第二种方式则适合大多数固体三能级系统。本节主要描述后者,对前者,可进行类似的讨论,有兴趣的读者不妨一试。

这里感兴趣的三能级系统的粒子转移情况如图 3-2 所示,其中 W 表示泵浦或受激跃迁概率;A 和 S 分别为自发辐射和无辐射跃迁(如热弛豫)概率;而下标 $ij(i,j=1,2,3)$ 则表示从能级 E_i 向能级 E_j 的转移。值得指出的是,W_{13} 为外加泵浦速率,而 W_{12} 和 W_{21} 则为物质内固有的激励。

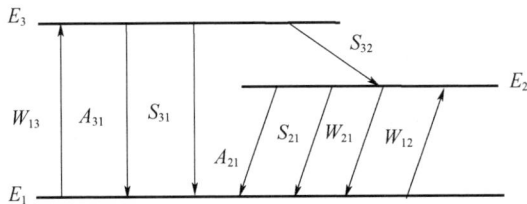

图 3-2　三能级系统转移示意图

图 3-2 中未出现下标按上升顺序排列(箭头向上)的 A 或 S,原因是它们比反向的 A 或 S 小得多,以 A_{12}/A_{21} 为例,根据波耳兹曼定律

$$\frac{A12}{A21} = \mathrm{e}^{-(E_2-E_1)/kT} = \mathrm{e}^{-hc/\lambda kT}$$

设波长 $\lambda = 0.663 \times 10^{-6}\mathrm{m}$,则

$$\Delta E = 3 \times 10^{-19}(\mathrm{J})$$

而在室温($T = 300\mathrm{K}$)条件下,

$$kT = 1.38 \times 3 \times 10^{-21}(\mathrm{J})$$

由此可见典型情况下,$\dfrac{A_{12}}{A_{21}}$ 具有 10^{-2} 的量级。此外,通常有 $S_{31} \ll A_{31}$,因而在

下面的表述中将其略去。

用 $N_i(i=1,2,3)$ 来表示相应能级的粒子数,根据图 3 - 2 可写出各能级粒子数随时间变化的方程

$$\frac{dN_3}{dt} = N_1 W_{13} - N_3 (S_{32} + A_{31}) \tag{3-1a}$$

$$\frac{dN_2}{dt} = N_1 W_{12} + N_3 S_{32} - N_2 W_{21} - N_2 (S_{21} + A_{21}) \tag{3-1b}$$

假定腔内只存在一个模,其光子寿命为 τ_p,则光子数密度 N_p 的增长速率为

$$\frac{dN_p}{dt} = N_2 W_{21} - N_1 W_{12} - \frac{N_p}{\tau_p} \tag{3-2}$$

将受激跃迁概率用发射/吸收截面 $\sigma_{ij}(i,j=1,2)$ 及介质中的光速 v 来表示,则有

$$W_{ij} = \sigma_{ij}(\nu,\nu_0) v N_p \tag{3-3}$$

代入式(3 - 1b)和式(3 - 2),并注意到工作物质内总粒子数 N 守恒,终得

$$\frac{dN_3}{dt} = N_1 W_{13} - \frac{N_3 S_{32}}{\eta} \tag{3-4a}$$

$$\frac{dN_2}{dt} = -\Delta N \sigma_{21}(\nu,\nu_0) v N_p - \frac{N_2}{\tau_2} + N_3 S_{32} \tag{3-4b}$$

$$N_1 + N_2 + N_3 = N \tag{3-4c}$$

$$\frac{dN_p}{dt} = \Delta N \sigma_{21}(\nu,\nu_0) v N_p - \frac{N_p}{\tau_p} \tag{3-4d}$$

式(3 - 4a)~式(3 - 4d)就是三能级系统速率方程组,其中

$$\eta = \frac{S_{32}}{S_{32} + A_{31}}$$

为粒子由 E_3 向 E_2 转移的量子效率,而

$$\Delta N = N_2 - \frac{g_2}{g_1} N_1$$

为激光上、下能级之间的反转粒子数密度,

$$\tau_2 = (A_{21} + S_{21})^{-1}$$

是能级 E_2 上粒子的寿命。

3.1.3　固体四能级系统速率方程组

四能级系统,即在激光产生过程中起主要作用的有四个能级,相应的能量依次为 E_0, E_1, E_2, E_3,且设 $E_3 > E_2 > E_1 > E_0$,其中 E_0 相应的能级通常为基态能级。

四能级系统一般以 E_2 和 E_1 作为激光上、下能级,粒子由 $E_2 \rightarrow E_1$ 的受激跃迁产生激光。与三能级系统最大的区别在于激光下能级不是基态能级,而是一个激发态能级,大多数情况下可以认为是一个空能级。

四能级系统的粒子转移情况如图 3-3 所示,符号的定义与三能级类似,其中 W_{03} 为外加抽运速率。

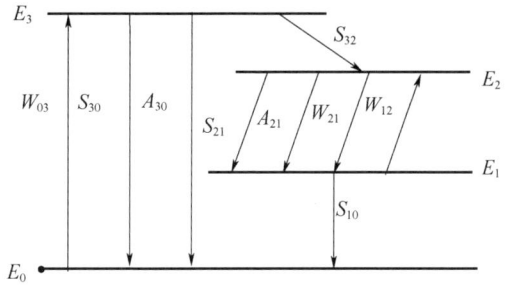

图 3-3 四能级系统转移示意图

仿照三能级系统,四能级系统的速率方程组可以写成

$$\frac{\mathrm{d}N_3}{\mathrm{d}t} = N_0 W_{03} - \frac{N_3 S_{32}}{\eta} \tag{3-5a}$$

$$\frac{\mathrm{d}N_2}{\mathrm{d}t} = -\Delta N \sigma_{21}(\nu, \nu_0) v N_p - \frac{N_2}{\tau_2} + N_3 S_{32} \tag{3-5b}$$

$$\frac{\mathrm{d}N_0}{\mathrm{d}t} = N_1 S_{10} - N_0 W_{03} + N_3 A_{30} \tag{3-5c}$$

$$N_0 + N_1 + N_2 + N_3 = N \tag{3-5d}$$

$$\frac{\mathrm{d}N_p}{\mathrm{d}t} = \Delta N \sigma_{21}(v, \nu_0) v N_p - \frac{N_p}{\tau_p} \tag{3-5e}$$

其中,各参量的定义与三能级类似。

3.2 速率方程的稳态解及增益饱和

3.2.1 速率方程的稳态解

为求稳态解,令式(3-1)右边为 0,得到

$$\begin{cases} W_u + N_l B_{lu}(v)\dfrac{I}{c} - N_u\left(A_{ul} + B_{ul}(v)\dfrac{I}{c}\right) = 0 \\ W_l - N_l\left(A_l + B_{lu}(v)\dfrac{I}{c}\right) + N_u\left(A_{ul} + B_{ul}(v)\dfrac{I}{c}\right) = 0 \end{cases} \tag{3-6}$$

在 $I \approx 0$ 的小信号条件下,由式(3-6)第一式得

$$N_u^{(0)} = \frac{W_u}{A_{ul}} \tag{3-7}$$

将式(3-7)和 $I \approx 0$ 代入式(3-6)第二式,便给出小信号时下能级粒子数密度

$$N_l^{(0)} = \frac{W_u + W_l}{A_l}$$

而将式(3-6)的两式直接相加可得

$$N_l = \frac{W_u + W_l}{A_l} = N_l^{(0)} \qquad (3-8)$$

这就是说,下能级粒子数密度不随光强而变。

此外,由式(3-6)第一式

$$N_u = \frac{W_u + B_{lu}(v)\dfrac{I}{c}N_l}{A_{ul} + B_{ul}(v)\dfrac{I}{c}} \qquad (3-9)$$

在当前假设下,能级 u 的寿命 $\tau_u = \dfrac{1}{A_{ul}}$,由此可得

$$A_{ul} = \frac{B_{ul}(v)I_s}{c} \qquad (3-10)$$

将式(3-6)、式(3-8)和式(3-10)代入式(3-9),得到

$$N_u = \frac{N_u^{(0)} + (g_u/g_l)(I/I_s)N_l^{(0)}}{1 + I/I_s} \qquad (3-11)$$

3.2.2　反转粒子数及增益的饱和

1. 反转粒子数饱和

将式(3-11)和式(3-8)代入反转粒子数密度的定义式,得到

$$\Delta N_{ul} = N_u - \left(\frac{g_u}{g_l}\right)N_l$$

$$= \frac{\Delta N_{ul}^{(0)}}{1 + I/I_s} \qquad (3-12)$$

其中

$$\Delta N_{ul}^{(0)} = N_u^{(0)} - \left(\frac{g_u}{g_l}\right)N_l^{(0)}$$

为小信号下的反转粒子数密度。当光强增大到可以和饱和光强相比拟时,反转粒子数密度会随光强的增加而下降,称为反转粒子数饱和。当 $I = I_s$ 时,由式(3-12)得到

$$\Delta N_s = \frac{1}{2}\Delta N_{ul}^{(0)}$$

此时反转粒子数密度下降到小信号时的一半。

式(3-12)没有考虑谱线加宽的影响,或者可以认为是当入射光的频率等于原子中心频率时的情况。实际上,不同频率的光入射引起的反转粒子数饱和

的作用是不一样的。可以证明,当频率为 ν、光强为 I 的单色光入射时,在均匀加宽工作物质中,反转粒子数密度为

$$\Delta N_{ul} = \frac{(\nu - \nu_0)^2 + \left(\dfrac{\Delta \nu_H}{2}\right)^2}{(\nu - \nu_0)^2 + \left(\dfrac{\Delta \nu_H}{2}\right)^2 \left(1 + \dfrac{I}{I_s}\right)} \Delta N_{ul}^0 \qquad (3-13)$$

当入射光频率 $\nu = \nu_0$ 时,饱和作用最强;当入射光频率偏离中心频率越远,饱和作用越弱。入射光频率在 ν_0 附近 $\delta \nu = \Delta \nu_H \sqrt{1 + \dfrac{I}{I_s}}$ 范围内才会呈现明显的饱和效应,当入射光功率 $I = I_s$ 时,其引起的反转粒子数饱和效应如图 3-4 所示。

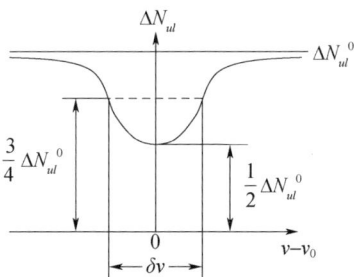

图 3-4 反转粒子数饱和效应

2. 增益饱和

(1) 均匀加宽工作物质的增益饱和。由式(3-13)可以得到均匀加宽工作物质的增益系数

$$G_H(\nu) = \frac{\nu^2 A_{21}}{8\pi \nu_0^2} \frac{\dfrac{\Delta \nu_H}{2\pi}}{(\nu - \nu_0)^2 + \left(\dfrac{\Delta \nu_H}{2}\right)^2} \frac{(\nu - \nu_0)^2 + \left(\dfrac{\Delta \nu_H}{2}\right)^2}{(\nu - \nu_0)^2 + \left(\dfrac{\Delta \nu_H}{2}\right)^2 \left(1 + \dfrac{I}{I_s}\right)} \Delta N_{ul}^0$$

$$= G_H^0(\nu_0) \frac{\left(\dfrac{\Delta \nu_H}{2}\right)^2}{(\nu - \nu_0)^2 + \left(\dfrac{\Delta \nu_H}{2}\right)^2 \left(1 + \dfrac{I}{I_s}\right)} \qquad (3-14)$$

其中

$$G_H^0(\nu_0) = \Delta N_{ul}^0 \frac{\nu^2 A_{21}}{4\pi^2 \nu_0^2 \Delta \nu_H} = \Delta N_{ul}^0 \sigma_H(\nu_0) \qquad (3-15)$$

是中心频率 $\nu = \nu_0$ 处的小信号增益。当 $I \ll I_s$ 时的小信号增益为

$$G_H^0(\nu) = G_H^0(\nu_0) \frac{\left(\dfrac{\Delta \nu_H}{2}\right)^2}{(\nu - \nu_0)^2 + \left(\dfrac{\Delta \nu_H}{2}\right)^2} = \sigma_H(\nu) \Delta N_{ul}^0 \qquad (3-16)$$

可见小信号增益系数随频率的变化规律完全取决于谱线加宽的线型函数。

由式(3-14)可知,当入射光强可以和饱和光强相比拟时,增益系数会随光强的增加而下降,这种现象称为增益系数饱和。对于同样的入射光强,入射光频率不同时引起的增益系数下降程度不同。中心频率处增益系数下降得最多,$\nu =$

$\nu_0 \pm \Delta\nu_H \sqrt{1 + \dfrac{I}{I_s}}$ 处增益系数为中心频率处的 $1/2$。因此，定义 $\delta\nu = \Delta\nu_H \sqrt{1 + \dfrac{I}{I_s}}$ 为大信号增益曲线的线宽，相比较小信号增益系数曲线的线宽 $\Delta\nu_H$ 有一定的展宽，展宽的程度由入射光强决定。这种由于饱和效应所引起的大信号增益线宽的加宽称为饱和加宽。

再来考察一个频率为 ν_1，光强为 I_{ν_1} 的强光入射对频率为 ν 的弱光增益系数的影响。此时弱光的增益系数为

$$G_H(\nu, I_{\nu_1}) = G_H^0(\nu) \frac{(\nu_1 - \nu_0)^2 + \left(\dfrac{\Delta\nu_H}{2}\right)^2}{(\nu_1 - \nu_0)^2 + \left(\dfrac{\Delta\nu_H}{2}\right)^2 \left(1 + \dfrac{I_{\nu_1}}{I_s}\right)} \qquad (3-17)$$

可见，当一个强光入射时引起的其他弱光的增益系数下降程度是一样的。在均匀加宽激光器中，当一个模振荡后，就会使其他模的增益降低，因而阻止了其他模的振荡，这就是均匀加宽激光器中的模式竞争。

（2）非均匀加宽工作物质的增益饱和。计算非均匀加宽工作物质的增益系数时，需将反转粒子数密度按表观中心频率进行分类。若小信号下总的反转粒子数密度为 ΔN_{ul}^0，则在多普勒加宽下表观中心频率在 $\nu_0' \sim \nu_0' + \mathrm{d}\nu_0'$ 范围内的反转粒子数密度为

$$\mathrm{d}(\Delta N_{ul}^0) = \Delta N_{ul}^0 g_D(\nu_0') \mathrm{d}\nu_0'$$

由于自发辐射造成的自然加宽总是存在的，因此，这部分粒子发射一条中心频率为 ν_0'，带宽为 $\Delta\nu_H$ 的均匀加宽谱线。其对频率为 ν，光强为 I 的入射光的增益为

$$\mathrm{d}G = \mathrm{d}(\Delta N_{ul}) \cdot \sigma_H(\nu, \nu_0')$$

$$= \Delta N_{ul}^0 g_D(\nu_0') \mathrm{d}\nu_0' \frac{v^2 A_{21}}{4\pi^2 \nu_0^2 \Delta\nu_H} \frac{\left(\dfrac{\Delta\nu_H}{2}\right)^2}{(\nu - \nu_0')^2 + \left(\dfrac{\Delta\nu_H}{2}\right)^2 \left(1 + \dfrac{I}{I_s}\right)}$$

所有表观中心频率的粒子贡献的总和即为非均匀加宽工作物质对入射光的增益

$$G_D(\nu) = \int \mathrm{d}G = \frac{\Delta N_{ul}^0 v^2 A_{21}}{4\pi^2 \nu_0^2 \Delta\nu_H} \left(\frac{\Delta\nu_H}{2}\right)^2 \int_0^{+\infty} \frac{g_D(\nu_0')}{(\nu - \nu_0')^2 + \left(\dfrac{\Delta\nu_H}{2}\right)^2 \left(1 + \dfrac{I}{I_s}\right)} \mathrm{d}\nu_0'$$

经适当整理得到积分结果如下

$$G_D(\nu) = G_D^0(\nu_0) \exp\left[-\frac{4(\ln 2)(\nu - \nu_0)^2}{\Delta\nu_D^2} \right] \frac{1}{\sqrt{1 + \dfrac{I}{I_s}}} = \frac{G_D^0(\nu)}{\sqrt{1 + \dfrac{I}{I_s}}} \qquad (3-18)$$

其中

$$G_D^0(\nu_0) = \frac{\Delta N_{ul}^0 v^2 A_{21}}{4\pi\nu_0^2 \Delta\nu_D}\left(\frac{\ln 2}{\pi}\right)^{\frac{1}{2}} = \Delta N_{ul}^0 \sigma_D(\nu_0) \qquad (3-19)$$

是中心频率 $\nu = \nu_0$ 处的小信号增益,$G_D^0(\nu)$ 是当 $I \ll I_s$ 时的小信号增益。

由式(3-18)可知,多普勒加宽工作物质的大信号增益系数与小信号增益系数曲线的形状是完全一样的,其随入射光频率的变化规律都由多普勒加宽线型函数决定。也就是说,多普勒加宽工作物质的增益系数饱和效应强弱与频率无关,仅取决于光强。

同样再来考察一个频率为 ν_1,光强为 I_{ν_1} 的强光入射对频率为 ν 的弱光增益系数的影响。在非均匀加宽工作物质中,小信号反转粒子数密度按表观中心频率的分布与非均匀加宽线型函数一致。当频率为 ν_1,光强为 I_{ν_1} 的准单色光入射时,表观中心频率 $\nu_0' = \nu_1$ 这部分粒子的饱和行为可用式(3-13)描述。

$$\Delta N_{ul}(\nu_0') = \Delta N_{ul}^0(\nu_0') \frac{(\nu_1 - \nu_0')^2 + \left(\frac{\Delta\nu_H}{2}\right)^2}{(\nu_1 - \nu_0')^2 + \left(\frac{\Delta\nu_H}{2}\right)^2\left(1 + \frac{I_{\nu_1}}{I_s}\right)}$$

可见,当 $\nu_0' = \nu_1$ 时,$\Delta N_{ul}(\nu_1)$ 相对于小信号时的 $\Delta N_{ul}^0(\nu_1)$ 下降最多,饱和作用最强;当 ν_0' 偏离时,饱和作用减弱,反转粒子数密度下降的幅度减小;当 $|\nu_0' - \nu_1| > \frac{\Delta\nu_H}{2}\sqrt{1 + \frac{I_{\nu_1}}{I_s}}$ 时,饱和作用可以忽略。因此,在 $\Delta N_{ul}(\nu_0')$ 曲线上形成一个以 ν_1 为中心的孔,如图3-5所示,称为反转粒子数烧孔效应。

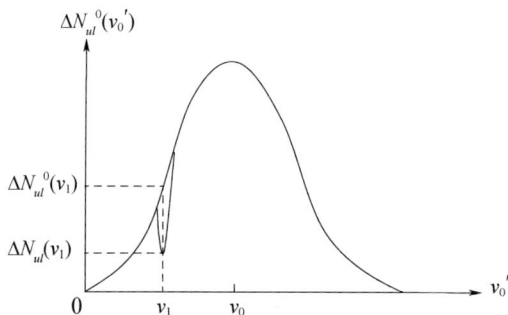

图3-5 反转粒子数烧孔

相应可以计算烧孔的深度

$$d_{孔} = \Delta N_{ul}^0(\nu_1) - \Delta N_{ul}(\nu_1) = \frac{I_{\nu_1}}{I_s + I_{\nu_1}}\Delta N_{ul}^0(\nu_1) \qquad (3-20)$$

烧孔宽度

$$\delta\nu = \sqrt{1 + \frac{I_{\nu_1}}{I_s}}\,\Delta\nu_H \qquad (3-21)$$

烧孔面积

$$\delta S = d_{孔} \cdot \delta\nu = \Delta N_{ul}^0(\nu_1)\Delta\nu_H \frac{\dfrac{I_{\nu_1}}{I_s}}{\sqrt{1 + \dfrac{I_{\nu_1}}{I_s}}} \qquad (3-22)$$

受激辐射产生的光子数密度等于烧孔面积,因此受激辐射功率正比于烧孔面积。入射光引起的烧孔面积越大,所获得的增益越强。

在非均匀加宽工作物质中,频率为 ν_1 的强光只引起 ν_1 附近的反转粒子数饱和。若另一入射的弱光频率$|\nu - \nu_1| < \dfrac{\Delta\nu_H}{2}\sqrt{1 + \dfrac{I_{\nu_1}}{I_s}}$,则处于烧孔范围内,其增益系数小于小信号增益系数;否则不受影响。因此,在增益曲线上形成一个凹陷,如图 3 - 6 所示,称为增益曲线的烧孔效应。

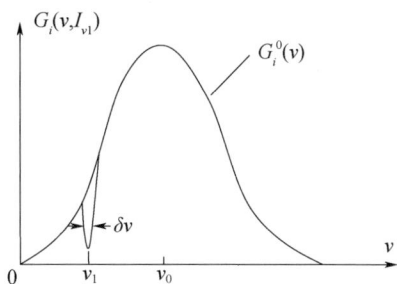

图 3 - 6　增益曲线烧孔效应

在气体工作物质激光器中,频率为 ν_1 的光波模沿 z 轴在腔镜之间往返传播,分别引起运动速度为

$$v_1 = \pm c\,\frac{\nu_1 - \nu_0}{\nu_0} \qquad (3-23)$$

的粒子的受激辐射跃迁,造成这两部分反转粒子的减少,因此在 $\Delta N_{ul}(v_z) \sim v_z$ 曲线上出现两个烧孔,如图 3 - 7 所示。

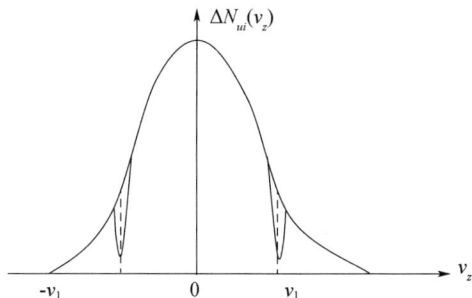

图 3 - 7　气体激光器反转粒子数速度曲线烧孔

对于另一个频率为 ν 的微弱光波模来说,其受激辐射分别由速度为 $v_z =$

$\pm c \dfrac{\nu - \nu_0}{\nu_0}$ 的反转粒子贡献。若 $\nu \neq \nu_1$ 和 $\nu \neq 2\nu_0 - \nu_1$,则对弱模贡献的反转粒子不受强模的影响,其增益系数仍然等于小信号增益系数。若 $\nu = \nu_1$ 或 $\nu = 2\nu_0 - \nu_1$,则两个模的受激辐射都是由同一部分反转粒子贡献,在强模的饱和作用下弱模的增益系数也会下降,因此在增益曲线上 ν_1 和 $2\nu_0 - \nu_1$ 频率处出现两个烧孔,如图 3-8 所示。

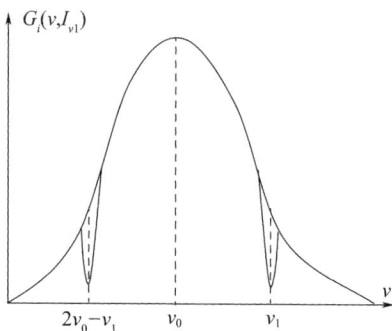

图 3-8 气体激光器增益曲线烧孔

本节从二能级系统出发给出速率方程的基本形式,以及三能级和四能级固态系统的速率方程,并讨论了稳态解,分析了均匀加宽和非均匀加宽工作物质中的反转粒子数和增益系数饱和效应。用方程组进一步研究激光器的工作特性需要了解方程中激励强度、弛豫衰减及能级间转移等各量的具体形式,而这些参量是由工作物质决定的。本章以下几节将以三能级固态系统为例,通过求解速率方程介绍激光器的一些基本工作特性。

3.3 连续与脉冲工作

激光器有两种基本工作状态,即连续工作状态和脉冲工作状态。本节将从三能级系统速率方程组出发讨论这两种状态。

3.3.1 速率方程的解

激光器的工作方式主要由外泵浦速率 W_{13} 的时间行为决定,如果时间 t 无限延伸时 W_{13} 原则上均不为 0,则激光器以连续(CW)方式工作;如果 W_{13} 只在某一(些)时段取非 0 值,则激光器以脉冲方式工作。脉冲工作又可分为两种情况,假若 W_{13} 取非 0 值的时段是唯一的,则激光器以单脉冲方式工作;而如果该时段可以周期性地重复,那么激光器就将以相同周期重频工作,上述情况反映到数学上,就是速率方程的解由 W_{13} 的时间行为决定。为简单计,且不失一般性,令

$$W_{13} = \begin{cases} W_p, & 0 < t \leq t_0 \\ 0, & \text{其他 } t \text{ 值} \end{cases} \tag{3-24}$$

很显然,当 $t_0 \to \infty$ 时,过渡到连续方式工作;而对重频工作,可使 W_{13} 非 0 的时段为 $t_i < t \leqslant t_i + T$。

对典型的三能级系统,E_3 近似为空能级,于是

$$N_3 \approx 0, \frac{\mathrm{d}N_3}{\mathrm{d}t} \approx 0$$

分别代入式(3-4a)和式(3-4c),得

$$N_3 S_{32} = \eta(N - N_2) W_p \quad t \in [0, t_0]$$

假定激光器工作在阈值附近,则受激辐射很弱,这样,由式(3-4b)得到

$$\frac{\mathrm{d}N_2}{\mathrm{d}t} = -(\tau_2^{-1} + \eta W_p) N_2 + \eta N W_p \tag{3-25}$$

式(3-25)是一阶非齐次常微分方程,相应的齐次方程的解为

$$N_{20} = C \exp\left[-(\tau_2^{-1} + \eta W_p) t\right]$$

这里 C 为常数,用常数变易法求出

$$C(t) = \frac{\eta W_p N}{\tau_2^{-1} + \eta W_p} \left\{ \exp\left[(\tau_2^{-1} + \eta W_p) t\right] - 1 \right\}$$

终得

$$N_2(t) = \frac{\eta W_p N}{\tau_2^{-1} + \eta W_p} \left\{ 1 - \exp\left[-(\tau_2^{-1} + \eta W_p) t\right] \right\}, t \in [0, t_0] \tag{3-26}$$

即在 $t \in [0, t_0]$ 范围内,激光上能级的粒子数随时间增长,并于 $t = t_0$ 时获得最大值 $N_2(t_0)$。

在 t_0 以后的时间里,$W_{13} = 0$,N_2 的速率方程为

$$\frac{\mathrm{d}N_2}{\mathrm{d}t} = -\frac{N_2}{\tau_2}$$

其解为

$$N_2(t) = N_2(t_0) \exp\left[-\frac{(t - t_0)}{\tau_2}\right] \tag{3-27a}$$

即 $N_2(t)$ 随时间指数下降。

3.3.2　激光器的工作状态

上小节得到的激光上能级粒子数随时间的变化规律,即式(3-26)和式(3-27a)对脉冲及连续工作状态均适用,下面就从这两式出发分析不同方式运转的激光器的上能级粒子数随时间的变化。

1. 短脉冲运转

短脉冲运转是指 $t_0 < \tau_2$。在整个泵浦期间,$t < \tau_2$,$N_2(t)$ 按式(3-27a)的规律随 t 增长,并于泵浦结束的瞬间($t = t_0$)达到最大值。

$$N_2(t_0) = \frac{\eta W_p N}{\tau_2^{-1} + \eta W_p}\{1 - \exp[-(\tau_2^{-1} + \eta W_p)t_0]\}$$

此后,t 继续增长,$N_2(t)$ 依式(3-27)指数下降。W_{13} 及 $N_2(t)$ 的上述变化过程如图 3-9 所示。

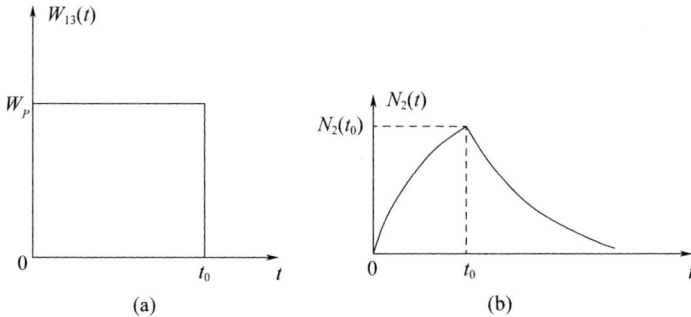

图 3-9 短脉冲激光器外泵浦速率及上能级粒子数随时间的变化
(a)短脉冲激光器外泵浦速率随时间的变化;(b)上能级粒子数随时间的变化。

如果外泵浦以一定周期 T 重复施于激光器,则 $N_2(t)$ 将以相同周期变化,如图 3-10 所示。

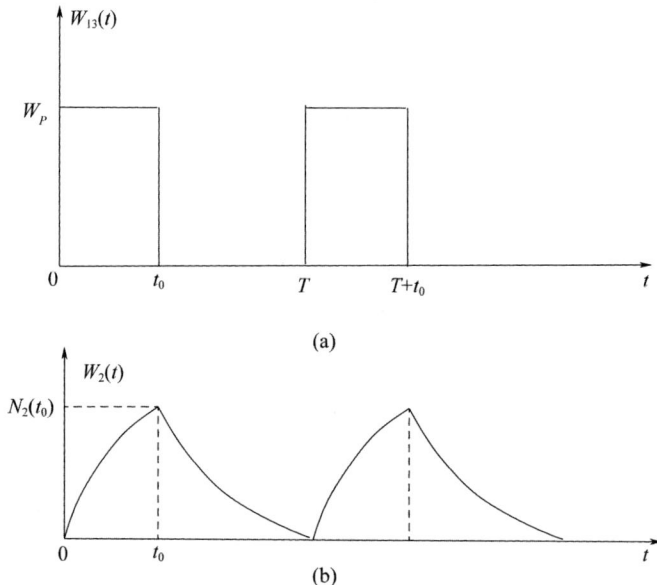

图 3-10 重频脉冲激光器外泵浦速率及上能级粒子数随时间的变化
(a)重频脉冲激光器外泵浦速率随时间的变化;(b)上能级粒子数随时间的变化。

2. 长脉冲和连续运转

如果外泵浦持续时间 $t_0 \gg \tau_2$,则当 t 增长到某一足够大的值 t_1,以致 $\tau_2 \ll t_1$

$< t_0$ 时,式(3 - 27a)可近似为

$$N_2(t) \approx \frac{\eta W_p N}{\tau_2^{-1} + \eta W_p} \approx N_2(t_0) \qquad (3-27b)$$

即对 $t \geqslant t_1$, $N_2(t)$ 保持为常数;直到 $t = t_0$, $N_2(t)$ 开始按式(3 - 27)的规律下降,如图 3 - 11 所示。

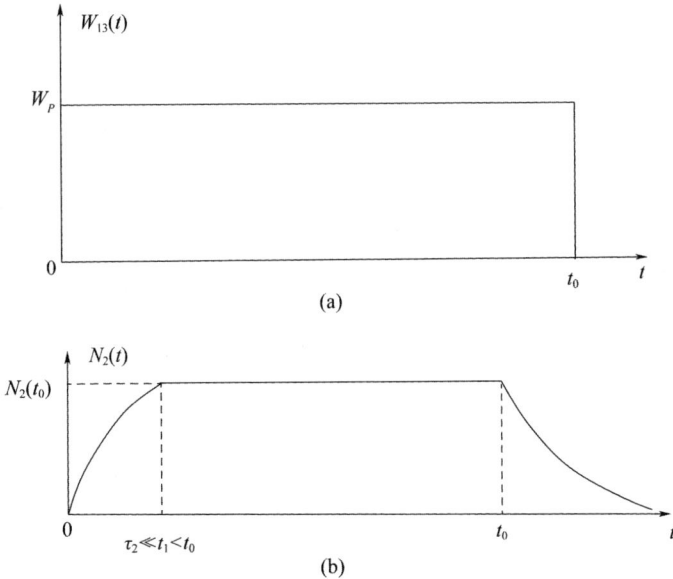

图 3 - 11　长脉冲激光器外泵浦速率及上能级粒子数随时间的变化
(a) 长脉冲激光器外泵浦速率随时间的变化;(b) 上能级粒子数随时间的变化。

特别是,当 $t_0 \to \infty$ 时,激光器过渡到连续运转状态。连续工作激光器达到稳态时,各能级粒子数不再随时间变化。应该指出的是,这种不再变化实际上是动态平衡,以 N_2 为例,随着激光辐射,N_2 将减少,但由于 S_{32} 的作用,会及时加以补充。

3.4　激光放大的阈值条件

通过 2.5.2 节的讨论可知,只有当介质处于粒子数反转分布状态时,通过介质的光才能被放大。因此,下面首先讨论稳态和瞬态工作情况下粒子数反转分布条件。

3.4.1　粒子数反转分布条件

1. 稳态工作情况

稳态工作时,各能级粒子数的时间变化为零,并考虑激光器工作在阈值附近

时受激辐射很弱,于是由 3.1 节得到

$$N_1 W_{13} - \frac{N_3 S_{32}}{\eta} = 0$$

$$N_3 S_{32} - \frac{N_2}{\tau_2} = 0$$

由此解出

$$\frac{N_2}{N_1} = \eta W_{13} \tau_2$$

将 η 和 τ_2 的表达式代入上式,得

$$\frac{N_2}{N_1} = \frac{S_{32} W_{13}}{(S_{32} + A_{31})(A_{21} + S_{21})} = \frac{W_{13}}{\left(1 + \dfrac{A_{31}}{S_{32}}\right)(A_{21} + S_{21})} \qquad (3-28)$$

对大多数固体三能级激光材料,跃迁概率满足关系 $A_{31} \ll S_{32}$, $S_{21} \ll A_{21}$,例如室温下红宝石激光材料,$S_{32} \approx 0.5 \times 10^7 \mathrm{s}^{-1}$,$A_{31} \approx 0.3 \times 10^6 \mathrm{s}^{-1}$,$A_{21} \approx 0.3 \times 10^3 \mathrm{s}^{-1}$,$S_{21} \approx 0$。据此,式(3-28)近似为

$$\frac{N_2}{N_1} \approx \frac{W_{13}}{A_{21}} \qquad (3-29)$$

式(3-29)表明,实现粒子数反转的条件为

$$\frac{W_{13}}{A_{21}} > 1 \text{ 或 } W_{13} > A_{21} = 1/\tau_2 \qquad (3-30)$$

对于按重量掺 Cr^{3+} 浓度为 0.05% 的红宝石激光材料,基态的初始粒子数密度为 $N_{10} \approx 1.6 \times 10^{25} \mathrm{m}^{-3}$。注意到,$\tau_2 \approx 3 \mathrm{ms}$,式(3-30)给出达到粒子数反转所需的泵浦流(光子数立方米每秒)为

$$N_{10} W_{13} > 5.33 \times 10^{27} \mathrm{m}^{-3} \cdot \mathrm{s}^{-1}$$

设红宝石棒的直径为 6mm,长为 0.1m,则需要的泵浦流约为 $1.6 \times 10^{22} \mathrm{s}^{-1}$。如果泵浦波长为 400nm,则需要的泵浦功率为 $8 \times 10^3 \mathrm{W}$。

2. 瞬态工作情况

对于瞬态工作情况,可从式(3-27a)出发进行讨论。注意到 E_3 为空能级的近似,可写出

$$\frac{N_2}{N_1} = \frac{N_2}{N - N_2} = \frac{1}{\dfrac{N}{N_2} - 1}$$

将式(3-27a)代入,得到

$$\frac{N_2}{N_1} = \frac{\eta W_p \{1 - \exp[-(\tau_2^{-1} + \eta W_p)t]\}}{\tau_2^{-1} + \eta W_p \exp[-(\tau_2^{-1} + \eta W_p)t]} \qquad (3-31)$$

仍假定 $S_{32} \gg A_{31}$,$A_{21} \gg S_{21}$,粒子数反转的条件可写为

$$W_p\{1 - 2W_p\exp[-(A_{21} + W_p)t]\} > A_{21} \tag{3-32}$$

式(3-31)和式(3-32)表明,瞬态工作时,粒子数反转的条件随时间变化。

3.4.2　阈值增益系数和阈值反转粒子数密度

2.5节讨论激光振荡的充分条件时曾指出,粒子数反转仅仅是实现激光振荡的必要条件,它对激光放大是充分的,而为了实现激光振荡,光强需能被放大到饱和。但是,在2.5节的讨论中没有考虑激光谐振腔内存在的各种损耗,例如,输出反射镜的透过率T(设构成谐振腔的另一反射镜反射率为100%);反射镜及腔内光学元件的吸收和散射损耗以及衍射损耗等。用a表示除T以外的往返净损耗,则谐振腔的总单程损耗率为

$$\delta = \frac{T + a}{2} \tag{3-33}$$

设光强为I_0的光在腔内往返一周后变为I,由于阈值附近腔内光强很弱,可视为小信号,因而有

$$I = I_0\exp\{2[G^0(\nu)l - \delta]\}$$

式中:l为工作物质的长度。由此可得谐振腔的各种损耗,激光在腔内得以放大的阈值增益条件为

$$G^0(\nu) \geqslant G_{th} = \frac{\delta}{l} \tag{3-34}$$

不同纵模腔内损耗近似相同,因而具有近似相等的G_{th};而不同横模的衍射损耗存在较大差距,因而δ和G_{th}也不同。一般高阶横模比低阶横模的衍射损耗大,因此高阶横模有较大的G_{th}。

由式(3-34)给出阈值反转粒子数密度

$$\Delta N_{th} = \frac{G_{th}}{\sigma_{ul}(\nu)} = \frac{\delta}{\sigma_{ul}(\nu)l} = \frac{8\pi\nu_0^2\delta}{v^2A_{21}g(\nu)l} \tag{3-35}$$

式(3-35)对稳态工作和脉冲工作均成立。

对于固体三能级系统来说

$$\Delta N_{th} = N_{2th} - N_{1th} = 2N_{2th} - N$$

求出E_2能级的阈值粒子数密度为

$$N_{2th} = \frac{N + \Delta N_{th}}{2}$$

一般总满足$\Delta N_{th} \ll N$,所以有

$$N_{2th} \approx \frac{N}{2} \tag{3-36a}$$

而对于固体四能级系统来说,由于激光下能级E_1相当于一个空能级,$N_1 \approx 0$,因此

$$N_{2th} \approx \Delta N_{th} \tag{3-36b}$$

下面分别讨论三能级系统和四能级系统连续/长脉冲和短脉冲工作的光泵功率和能量阈值。

3.4.3 连续/长脉冲阈值光泵功率

对于三能级系统来说,连续或长脉冲工作状态下,有 $t_0 \gg \tau_2$,这样,当 $t \gg \tau_2$ 时 N_2 达到稳态值并由式(3-27b)给出。同时,N_1 也达到稳定值

$$N_1 \approx N - N_2 \approx \frac{N \tau_2^{-1}}{\tau_2^{-1} + \eta W_p} \tag{3-37}$$

注意到 $N_3 \approx 0$,对于三能级系统由式(3-36a)可知

$$N_{1th} \approx \frac{N}{2} \approx N_{2th}$$

将其与式(3-27b)联立给出阈值条件如下

$$\eta W_{pth} = \tau_2^{-1} \tag{3-38}$$

方程(3-38)的左边表示光泵浦系统将粒子由 E_1 能级泵浦到能级 E_3 的速率(W_{pth})乘以粒子由能级 E_3 弛豫到 E_2 的效率;而右边为粒子由能级 E_2 跃迁到 E_1 的速率,稳态时二者相等。这正是所预期的。

稳态时的三能级系统阈值光泵功率则为

$$P_{pth} = h\nu_{13} W_{pth} (N_1 - N_3) V \approx h\nu_{13} W_{pth} N_{1th} V \approx \frac{h\nu_{13} NV}{2\eta \tau_2^{-1}} \tag{3-39}$$

式中:V 为工作物质的体积。

对于连续或长脉冲工作状态下的四能级系统,各能级粒子数的时间变化为零,并考虑激光器工作在阈值附近时受激辐射很弱,于是得到

$$N_0 W_{03} = \frac{N_2}{\eta \tau_2}$$

相应的阈值条件为

$$N_0 W_{pth} = \frac{N_{2th}}{\eta \tau_2} \tag{3-40}$$

将式(3-36b)和式(3-35)代入上式,可得稳态时的四能级系统阈值光泵功率为

$$P_{pth} = h\nu_{03} N_0 W_{pth} V \approx h\nu_{03} \frac{\Delta N_{th}}{\eta \tau_2} V = \frac{h\nu_{03} \delta V}{\eta \tau_2^{-1} \sigma_{ul}(\nu) l} \tag{3-41}$$

3.4.4 短脉冲工作阈值光泵能量

短脉冲条件下 $t_0 \ll \tau_2$,通常有 $\tau_2^{-1} \ll \eta W_0$,于是,由式(3-27a)可得

$$N_2(t) = N[1 - \exp(-\eta W_p t)]$$

对于三能级系统,有

$$N_1(t) \approx N\exp(-\eta W_p t)$$

在短脉冲激光器中,由于脉冲工作时间很短,系统处于非稳态,各能级的粒子数始终随时间变化。工作物质在每个脉冲内吸收光泵能量为

$$
\begin{aligned}
E_p &= \int_0^{t_0} V h\nu_{13} W_p (N_1 - N_3) \, \mathrm{d}t \\
&\approx V h\nu_{13} W_p N \int_0^{t_0} \exp(-\eta W_p t) \, \mathrm{d}t \\
&= \frac{V h\nu_{13} N}{\eta} [1 - \exp(-\eta W_p t_0)] \approx \frac{V h\nu_{13} N_2(t_0)}{\eta}
\end{aligned}
$$

于是,光泵浦阈值能量为

$$E_{pth} = \frac{h\nu_{13} N_{2th} V}{\eta} \tag{3-42}$$

将式(3-36a)代入,可得三能级系统光泵浦阈值能量

$$E_{pth} = \frac{h\nu_{13} N V}{2\eta} \tag{3-43a}$$

采用同样的方法分析四能级系统,可得到与式(3-42)相同的结果,将式(3-36b)代入,可得四能级系统光泵浦阈值能量

$$E_{pth} = \frac{h\nu_{03} \delta V}{\eta \sigma_{ul}(\nu) l} \tag{3-43b}$$

由于四能级系统的激光下能级近似为一个空能级,因此达到阈值时的上能级粒子数密度 $N_{2th} \approx \Delta N_{th}$。而三能级系统的激光下能级为基态能级,其阈值上能级粒子数密度 $N_{2th} \approx \dfrac{N}{2}$。由于 $\dfrac{N}{2} > \Delta N_{th}$,因此三能级系统的阈值泵浦功率和能量都比四能级系统高得多。

3.5 激光器的振荡模式

3.5.1 起振纵模数目的估算

由 3.4 节的分析可知,所有小信号增益系数超过阈值增益系数的激光模都可以在腔内得以放大,从而建立振荡。由此能够推算出激光腔内可以起振的纵模数为

$$N = \left[\frac{\Delta\nu_{osc}}{\Delta\nu_q} \right] + 1 \tag{3-44}$$

其中

$$\Delta\nu_q = \frac{c}{2L'}$$

为激光器相邻纵模之间的频率间隔，L' 为激光谐振腔的光学长度。$\Delta\nu_{osc}$ 为小信号增益曲线中超过阈值增益系数的频率范围，称为激光器振荡线宽。$\Delta\nu_{osc}$ 是与谱线加宽有关的量，在相同的阈值条件下，不同加宽机制的激光器 $\Delta\nu_{osc}$ 不同。

对于均匀加宽激光器，由阈值条件

$$G_H^0(\nu) = G_H^0(\nu_0) \frac{\left(\dfrac{\Delta\nu_H}{2}\right)^2}{(\nu - \nu_0)^2 + \left(\dfrac{\Delta\nu_H}{2}\right)^2} = \frac{\delta}{l}$$

得

$$\Delta\nu_{osc} = \Delta\nu_H \sqrt{\frac{G_H^0(\nu_0)l}{\delta} - 1} = \Delta\nu_H \sqrt{r_m - 1} \qquad (3-45a)$$

其中

$$r_m = \frac{G_H^0(\nu_0)l}{\delta} = \frac{G_H^0(\nu_0)}{G_{th}} \qquad (3-46)$$

称为最大泵浦超阈度。

对于非均匀加宽激光器，由阈值条件

$$G_D^0(\nu) = G_D^0(\nu_0)\, e^{-4\ln2\left(\frac{\nu-\nu_0}{\Delta\nu_D}\right)^2} = \frac{\delta}{l}$$

得

$$\Delta\nu_{osc} = \Delta\nu_D \sqrt{\frac{\ln\dfrac{G_D^0(\nu_0)l}{\delta}}{\ln2}} = \Delta\nu_D \sqrt{\frac{\ln r_m}{\ln2}} \qquad (3-45b)$$

3.5.2　激光器稳定工作状态的建立

设腔内有一频率为 ν 的模式起振，起初 $G^0(\nu) > G_{th}$，腔内光强逐渐增长。由于饱和效应，增益 $G(\nu, I_\nu)$ 随 I_ν 的增长而下降。但只要 $G(\nu, I_\nu, > G_{th}, I_\nu$ 就会继续增长，造成增益系数 $G(\nu, I_\nu)$ 的继续下降，直到

$$G(\nu, I_\nu) = G_{th} = \frac{\delta}{l} \qquad (3-47)$$

此时光强 I_ν 不再增长，激光器进入稳定工作状态。这就是说，当激光器稳态工作时其增益系数必定满足式(3-47)。

3.5.3　均匀加宽激光器的模竞争

对于均匀加宽工作物质,由于每个粒子对不同频率处的增益都有贡献,所以,当某一频率 ν_A 的光强增长时,会消耗反转粒子数,使得整个增益曲线均匀下降,直到式(3-47)的条件得以满足,达到稳定工作状态,如图3-12所示。

现在考虑频率分别为 ν_1 和 ν_2,光强分别为 I_1 和 I_2 的两个模,令其相应的增益系数分别为 $G_1 = G(\nu_1, I_1, I_2)$ 和 $G_2 = G(\nu_2, I_1, I_2)$,且小信号增益系数满足

$$G_1^{\ 0} > G_2^{\ 0} > G_{th}$$

这样,开始时两个模都能起振,I_1 和 I_2 逐渐增大。增益曲线则因饱和效应而随之下降,如图3-13所示,直至下降到曲线 A 的位置时,有

$$G_2 = G_{th}$$

因而 I_2 不再增长。但由于仍有 $G_1 > G_{th}$,故 I_1 继续增长,增益曲线继续下降,致使 $G_2 < G_{th}$,I_2 下降,模 ν_2 熄灭。而当增益曲线下降到曲线 B 的位置时,

$$G_1 = G_{th}$$

这时 I_1 亦停止增长,增益曲线不再下降,激光器在频率 ν_1 处形成稳定工作。上述现象称为模竞争。

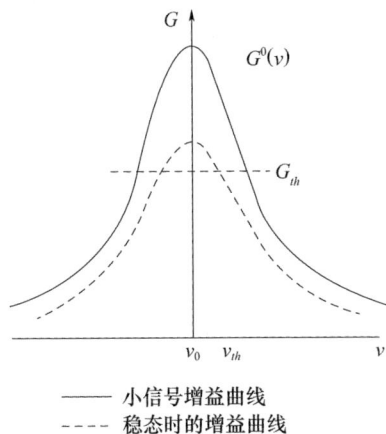

图 3-12　均匀加宽激光器的
稳态工作条件

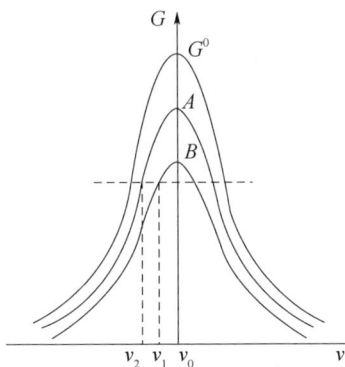

图 3-13　均匀加宽
激光器中的模竞争

如果有更多频率的光具有大于 G_{th} 的小信号增益系数,则相应的会有更多的模起振并参与如上所述的竞争过程,而最终形成稳定振荡的则只有一个模,其频率最靠近工作物质的中心频率 ν_0。因此,在均匀加宽激光器中,由于增益的均匀饱和使其具有自选模作用。

然而在实际激光器中,当激发较强时,可能存在其他较弱的模式。这是由于增益的空间烧孔效应造成的。

对于驻波腔来说,当频率为 ν_1 的纵模在腔内形成稳定振荡时,腔内形成一个驻波场,波腹处光强最大,波节处光强最小,如图 3 – 14(a)所示。因此,虽然 ν_1 模在腔内的平均增益系数等于 G_{th},但实际上不同位置处增益系数和反转粒子数密度饱和效应不同。造成波腹处增益系数和反转粒子数密度最小,而波节处增益系数和反转粒子数密度最大,如图 3 – 14(b)所示。这一现象称作增益的空间烧孔效应。

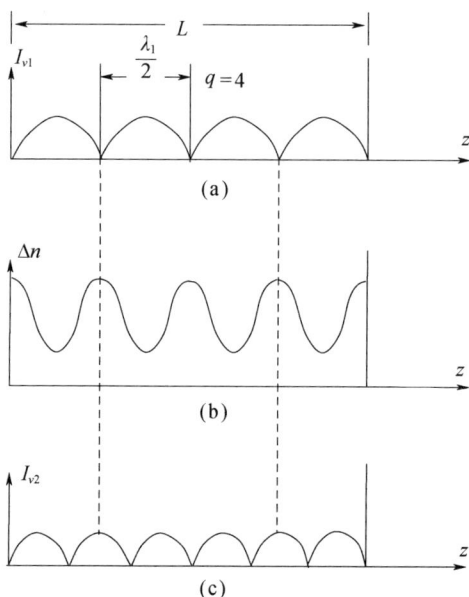

图 3 – 14　空间烧孔效应

此时如果另一频率为 ν_2 的纵模,其在腔内形成的驻波场的波腹和 ν_1 模的波节重合,则可能获得较高的增益,形成较弱的振荡,如图 3 – 14(c)所示。由于轴向空间烧孔效应,不同纵模可以使用不同空间的反转粒子而同时产生振荡,这一现象叫做纵模的空间竞争。

同样,由于激光器不同横模的光场分布不同,造成横截面内光场分布的不均匀性,从而形成横向的空间烧孔。不同横模分别使用不同空间的激活粒子,因此当激励足够强时,可能形成多横模振荡。

3.5.4　非均匀加宽激光器的多模振荡

在非均匀加宽激光器中,由于频率为 ν_1 的模只消耗表观中心频率为 ν_1 和 $2\nu_0 - \nu_1$ 的反转粒子数,引起这两个频率增益系数的下降,对其他频率的增益系数没有影响。因此,只要纵模间隔大于烧孔宽度,各纵模之间就基本没有影响,所有小信号增益系数大于阈值增益系数的纵模能形成稳定振荡。非均匀加宽激光器一般都是多纵模振荡,且振荡模式数目随着外界激发的增强而增多。

在非均匀加宽激光器中也存在模式竞争,主要出现在两种情况下。一是当纵模间隔小于烧孔宽度时,相邻纵模之间的烧孔有重叠,这两个纵模会竞争重叠部分的反转粒子。另一种情况是当 $\nu_q = \nu_0$ 时,ν_{q+1} 模和 ν_{q-1} 模的烧孔位置完全重合,这两个模之间就会竞争反转粒子。

3.5.5　频率牵引

由第 2 章的讨论可知,在无源腔中,第 q 个纵模的频率为

$$v_q^0 = \frac{qc}{2\eta^0 L}$$

其中,折射率 η^0 为与频率无关的常数。

在有源腔中,由于色散的原因折射率可写成

$$\eta(v) = \eta^0 + \Delta\eta(v)$$

其中,$\Delta\eta(\nu)$ 表示折射率随频率变化的部分。相应地,第 q 个纵模的频率变为

$$
\begin{aligned}
v_q &= \frac{qc}{2[\eta^0 + \Delta\eta(v_q)]L} \\
&= \frac{qc}{2\eta^0 L}\frac{1}{1 + \dfrac{\Delta\eta(v_q)}{\eta^0}} \approx \left[1 - \frac{\Delta\eta(v_q)}{\eta^0}\right]v_q^0
\end{aligned}
$$

即,有源腔频率 v_q 相对于无源腔频率 v_q^0 有一个偏移

$$v_q - v_q^0 = -\frac{\Delta\eta(v_q)}{\eta^0}$$

可以证明,对均匀加宽工作物质

$$\Delta\eta_H(\nu) = \frac{c(\nu - \nu_0)}{2\pi\nu\Delta\nu_H}G_H(\nu, I_\nu)$$

注意到稳态条件下(假设腔长与工作物质长度相等)

$$G_H(v, I_v) = \frac{\delta}{L}$$

频率偏移可表示为

$$v_q - v_q^0 = -\frac{\Delta v_c}{\Delta v_H}(v_q - v_0) \qquad\qquad (3-48\mathrm{a})$$

其中

$$\Delta v_c = \frac{c\delta}{2\pi\eta^0 L}$$

为无源腔线宽。

考虑到 $v_q \approx v_q^0$，式（3-48）可写为

$$v_q - v_q^0 = -\sigma_H(v_q^0 - v_0) \qquad (3-48b)$$

这里 $\sigma_H = \dfrac{\Delta v_c}{\Delta v_H}$ 为均匀加宽激光器的频率牵引常量。

由式（3-48b）可以看出，当 $v_q^0 > v_0$ 时，$v_q < v_q^0$；反之，当 $v_q^0 < v_0$ 时，$v_q > v_q^0$。这就是说，有源腔中的纵模频率总是比无源腔中同序数纵模频率更接近工作物质的中心频率，这种现象称为频率牵引，而牵引量由式（3-48a）给出。

在非均匀加宽工作物质中

$$\Delta\eta_i(\nu) = \frac{c(\nu - \nu_0)}{\pi^{3/2}\nu\Delta\nu_D}\sqrt{\ln 2}\, G_i^0(\nu_0)\, e^{-4\ln 2\left(\frac{\nu - \nu_0}{\Delta\nu_D}\right)^2}$$

当激光器稳态工作时，频率偏移可表示为

$$\nu_q - \nu_q^0 = -2\sqrt{\frac{\ln 2}{\pi}}\frac{\Delta\nu_c}{\Delta\nu_D}\sqrt{1 + \frac{I_{\nu_q}}{I_s}}(\nu_q - \nu_0) \qquad (3-49)$$

因此，非均匀加宽激光器的频率牵引常量为

$$\sigma_i = 2\sqrt{\frac{\ln 2}{\pi}}\frac{\Delta\nu_c}{\Delta\nu_D}\sqrt{1 + \frac{I_{\nu_q}}{I_s}}$$

3.6　激光器的输出特性

3.6.1　连续激光器的输出功率

通过 3.5 节的分析可知，当激光器达到稳态工作时，腔内频率为 v 的模的大信号增益系数满足

$$G(\nu, I_\nu) = G_{th} = \frac{\delta}{l}$$

本节将基于这一结果分别讨论均匀加宽和非均匀加宽连续激光器的输出特性。

1. 均匀加宽单模激光器输出功率

对于均匀加宽激光器，当模频率 $v = v_0$ 时，

$$G_H(v, I_v) = G_H(v_0, I_{v_0}) = \frac{G_H^0(v_0)}{1 + \dfrac{I_{v_0}}{I_S}}$$

将稳态工作条件式（3-47）代入，在不会发生混淆的情况下为简单起见暂略去 v_0，得到

$$\frac{G_H^0}{1 + \dfrac{I}{I_S}} = \frac{a + T}{2l}$$

或

$$I = I_S \left[\frac{2 G_H^0 l}{a + T} - 1 \right] \tag{3-50}$$

此即稳定工作时的腔内光强。

在驻波腔内,I由两部分组成,即沿腔轴正向传播的I_+和反向传播的I_-。若谐振腔由一面全反射镜和一面透射率为T的输出反射镜组成,如图3-15所示,则对输出有贡献的只有I_+。

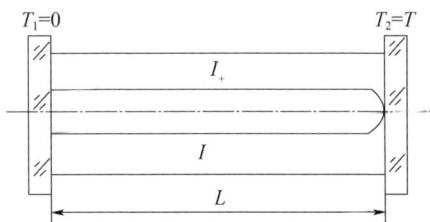

图3-15　驻波型激光器腔内光强的传播

设激光束的有效横截面积为A,则输出功率可写成

$$P = A T I_+ \tag{3-51}$$

在增益不太大的条件下

$$I_+ \approx I_- \approx \frac{I}{2}$$

将其与式(3-50)一并代入式(3-51),终得输出功率

$$P = \frac{1}{2} A T I_S \left(\frac{2 G_H^0 l}{a + T} - 1 \right) \tag{3-52}$$

由式(3-52)容易看出,激光器输出功率P与小信号增益系数及工作物质的长度成正比,并随损耗的减小而增大。P对T的依赖则稍复杂些。当T增大时,一方面提高了透射光的比例,使输出功率有提高的趋势;另一方面由式(3-50)可知,腔内光强会因T的增大而减弱,从而使输出功率有下降的趋势。因此,存在一个使输出功率达到最大值的T,它可由$\partial P / \partial T = 0$求得,为

$$T_m = \sqrt{2 G_H^0 l a} - a \tag{3-53}$$

通常称为最佳透过率。易见,T_m随G_H^0和l增大,当$G_H^0 l > 2a$时还随a增大,如图3-16所示。

将式(3-53)代入式(3-52)可得,当输出镜的透过率取T_m时,激光器的输出功率为

$$P_m = \frac{1}{2} A I_S \left(\sqrt{2 G_H^0 l} - \sqrt{a} \right)^2 \tag{3-54}$$

2. 非均匀加宽单模激光器输出功率

对于非均匀多普勒加宽激光器,应该分$\nu = \nu_0$和$\nu \neq \nu_0$两种情况讨论。当

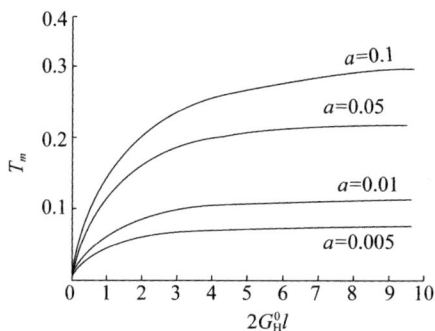

图 3-16 最佳透射率与 $2G_H^0l$ 和 a 的关系

$\nu = \nu_0$ 时，I_+ 和 I_- 均引起表观中心频率为 ν_0 的粒子的受激辐射，使得 ν_0 处的增益系数下降为

$$G_D(\nu, I_\nu) = G_D(\nu_0, I_{\nu_0}) = \frac{G_D^0(\nu_0)}{\sqrt{1 + \dfrac{I_{\nu_0}}{I_s}}}$$

将稳态工作条件式(3-47)代入，同样暂略去 ν_0，得到

$$\frac{G_D^0}{\sqrt{1 + \dfrac{I_{\nu_0}}{I_s}}} = \frac{a + T}{2l}$$

或

$$I_{\nu_0} = I_s \left[\left(\frac{2G_D^0 l}{a + T} \right)^2 - 1 \right]$$

由于只有 I_+ 对输出有贡献，因此，在增益不太大的条件下输出功率为

$$P = \frac{1}{2} A T I_s \left[\left(\frac{2G_D^0 l}{a + T} \right)^2 - 1 \right] \tag{3-55}$$

当 $\nu \neq \nu_0$ 时，I_+ 和 I_- 两束光在增益曲线上分别烧两个孔，如图 3-17 所示，烧孔深度分别取决于 I_+ 和 I_-。因此，稳态工作时振荡模的增益系数为

$$G_D(\nu, I_\nu) = \frac{G_D^0}{\sqrt{1 + \dfrac{I_+}{I_s}}} e^{-4\ln 2 \frac{(\nu - \nu_0)^2}{\Delta \nu_D^2}} = \frac{\delta}{l}$$

解得

$$I_+ = I_s \left\{ \left[\frac{2G_D^0 l}{a + T} e^{-4\ln 2 \frac{(\nu - \nu_0)^2}{\Delta \nu_D^2}} \right]^2 - 1 \right\}$$

相应的输出功率为

$$P = A I_+ T = A T I_s \left\{ \left[\frac{2G_D^0 l}{a + T} e^{-4\ln 2 \frac{(\nu - \nu_0)^2}{\Delta \nu_D^2}} \right]^2 - 1 \right\} \tag{3-56}$$

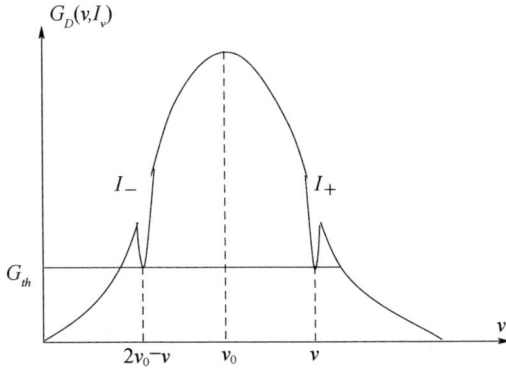

图 3 - 17　$\nu \neq \nu_0$ 时引起的烧孔效应

通过上述分析可知,非均匀多普勒加宽激光器的输出功率正比于烧孔面积,频率 $\nu = \nu_0$ 的激光模在增益曲线中心频率 ν_0 处造成一个烧孔,而 $\nu \neq \nu_0$ 的激光模在增益曲线上造成两个烧孔,其面积之和就有可能大于中心频率处的烧孔面积。因此,在单模输出功率 P 和单模频率 ν 的关系曲线中心频率 ν_0 处形成一个凹陷,如图 3 - 18 所示,称作兰姆凹陷。

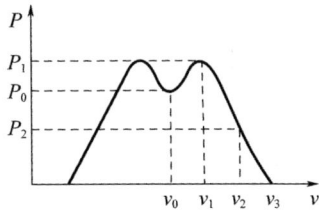

图 3 - 18　兰姆凹陷

兰姆凹陷的宽度大致与烧孔宽度相等,其深度与泵浦超阈度 r_m 成正比。随着激光管气压的增高,碰撞线宽的增加,兰姆凹陷变宽,变浅。当气压高到一定程度,谱线加宽以均匀加宽为主时,兰姆凹陷消失。同样,随着 r_m 减小兰姆凹陷变浅,当 r_m 很小时,兰姆凹陷消失。

3.6.2　脉冲激光器的输出能量

在三能级激光器中,设工作物质吸收的泵浦能量为 E_p ,则有 $E_p/h\nu_{13}$ 个粒子从基态跃迁到 E_3 能级,其中 $E_p\eta/h\nu_{13}$ 个粒子很快通过无辐射跃迁弛豫到能级 E_2 ,如果满足

$$N_2 V = \frac{E_p \eta}{h\nu_{13}} > N_{2th} V = \frac{E_{pt} \eta}{h\nu_{13}}$$

则受激辐射光强不断增强,与此同时,激光上能级粒子数不断减少,当 $N_2 = N_{2th}$ 时,受激辐射光强迅速衰减直至熄灭。E_2 能级剩余的 $N_{2th} V$ 个粒子以相对较慢的速率通过自发辐射回到基态。因此,对腔内激光能量有贡献的上能级粒子数为

$$(N_2 - N_{2th})V = \frac{\eta}{h\nu_{13}}(E_p - E_{pt})$$

于是，腔内激光能量为

$$E_{in} = h v_{21} (N_2 - N_{2th}) V$$

$$= \frac{v_{21}}{v_{13}} \eta (E_p - E_{pt})$$

而输出能量为

$$E_{out} = \frac{T}{a + T} E_{in} = \frac{v_{21}}{v_{13}} \eta \frac{T}{a + T} (E_p - E_{pt}) \tag{3-57}$$

3.7 激光器的单模线宽极限和驰豫振荡

3.7.1 激光器的单模线宽极限

对于腔内工作物质增益为零的无源腔来说，其一个激光模所占的频带宽度为

$$\Delta \nu_c = \frac{\delta c}{2 \pi L'}$$

可见，谐振腔的单程损耗率越大，其激光模的线宽越宽。在有源腔内，由于工作物质的增益系数恒大于零，其单程净损耗为

$$\delta_s = \delta - G(\nu , I_\nu) l \tag{3-58}$$

因此，有源腔的单模线宽为

$$\Delta \nu_s = \frac{\delta_s c}{2 \pi L'} \tag{3-59}$$

激光器稳态工作时，满足式（3-47）

$$G(\nu , I_\nu) = G_{th} = \frac{\delta}{l}$$

将其代入式（3-58）和式（3-59），可得 $\delta_s = 0$，$\Delta \nu_s = 0$。但实际上，激光模的线宽不可能为0，产生此矛盾的原因在于进行上述分析时未考虑自发辐射的影响。若考虑到自发辐射的影响，腔内某一个模式内光子数密度的变化速率方程式应改为

$$\frac{dN_p}{dt} = \Delta N \sigma_{21} (\nu , \nu_0) v N_p + N_2 a_{21} - \frac{N_p}{\tau_p} \tag{3-60a}$$

其中，a_{21} 为分配到该模式中的自发辐射概率：

$$a_{21} = \frac{A_{21} g(\nu , \nu_0)}{n_\nu SL} = \frac{\sigma_{21} (\nu , \nu_0) v}{SL}$$

式中：S 为光腔的横截面积；L 为腔长。

将光子寿命表达式 $\tau_p = \frac{L}{\delta v}$ 代入式（3-60a），稳态工作条件下，可得

$$\delta_s = \delta - G(\nu, I_\nu)l = \frac{a_{21}N_2l}{N_p v} = \frac{a_{21}N_{2th}l}{N_p v}$$

将其代入式(3-59),并经过适当推导可得

$$\Delta\nu_s = \frac{N_{2th}}{\Delta N_{th}} \frac{2\pi h\nu}{P} (\Delta\nu_c)^2 \approx \frac{N_{2th}}{\Delta N_{th}} \frac{2\pi h\nu_0}{P} (\Delta\nu_c)^2 \qquad (3-60b)$$

可见,$\Delta\nu_s$ 和 $(\Delta\nu_c)^2$ 成正比,减小损耗,增大腔长,都会使 $\Delta\nu_s$ 变小。另外,$\Delta\nu_s$ 和输出功率成反比,增大 P,相干光子增多,受激辐射比自发辐射占的比重更大,$\Delta\nu_s$ 也会变小。$\Delta\nu_s$ 是由于自发辐射的存在而产生的,是无法排除的,因此称其为单模线宽极限。

利用式(3-60a)可以计算,输出功率为 1mW 的 He-Ne 激光器的 $\Delta\nu_s$ 能达到 10^{-3} Hz 数量级,而实际单模激光器的输出线宽远大于 $\Delta\nu_s$。这是因为实际激光器中存在各种不稳定因素,所造成的激光振荡频率在观测时间内的漂移远大于由自发辐射决定的线宽。

3.7.2　弛豫振荡

大多数脉冲激光器输出的并不是一个平滑的光脉冲,而是由一系列宽度只有微秒量级、间隔约几个微秒的短脉冲组成的序列。外界泵浦越强,短脉冲之间的时间间隔越小。同样,当激光器连续运转时,其输出也会呈现出准正弦阻尼振荡或无阻尼的脉动。通常将激光器开启时所产生的不连续的、尖锐的、大振幅短脉冲称为"尖峰",而将激光器连续运转时发生在稳态振荡附近的小振幅、准正弦阻尼振荡称为"弛豫振荡"。也有学者将这两者都称为"弛豫振荡"或"张弛振荡"。图 3-19 为实验观察到的一台 CO_2 激光器的输出尖峰和弛豫振荡。

利用图 3-20 说明弛豫振荡的形成原因。外界泵浦使 ΔN 增加,当 ΔN 达到阈值时,开始产生激光。此后由于 $\Delta N > \Delta N_{th}$,所以激光器内光子数密度 N_p 急剧增加。与此同时,受激辐射将使 ΔN 减小。但由于此时 N_p 还不太大,泵浦激励使 ΔN 增加的速率仍超过受激辐射使 ΔN 减少的速率,所以 ΔN 仍继续增加,N_p 也继续增加。直到这两种速率相等时,ΔN 达到最大值。此后 ΔN 开始下降,但由于还满足 $\Delta N > \Delta N_{th}$ 的条件,N_p 还在不断增强,直至 $\Delta N = \Delta N_{th}$ 时 N_p 达到最大。此后,由于 $\Delta N < \Delta N_{th}$,增益小于损耗,造成 N_p 急剧减少。随着 N_p 的减少,受激辐射使 ΔN 减少的速率逐渐变小,直到其与泵浦激励使 ΔN 增加的速率相等时,ΔN 达到最小值。此后 ΔN 又重新开始增加,重复前面的过程,形成第二个尖峰脉冲。在整个泵浦持续时间内,此过程反复发生,最终使激光输出脉冲呈现为一个尖峰序列。

由于激光器内 N_p 的增大与减小的变化速率迅速,并且远大于腔损耗速率,因此激光尖峰很陡很窄。而泵浦使 ΔN 恢复到大于阈值所需要的时间较长,因

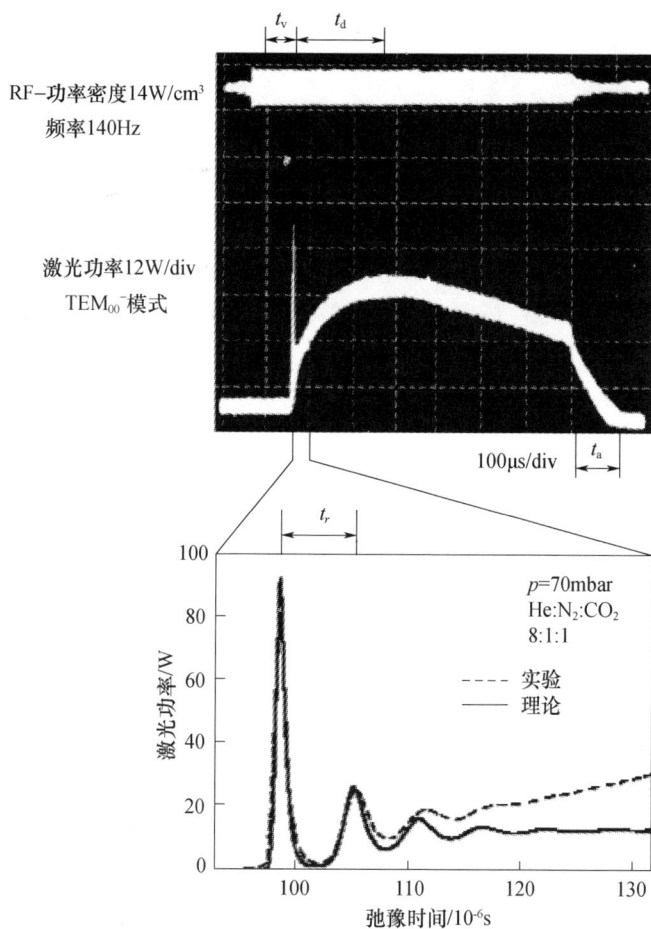

图 3 - 19　CO_2 激光器的输出尖峰和弛豫振荡(1mbar = 100Pa)

此两个相邻尖峰脉冲之间的时间间隔比较长。增大泵浦功率,会使尖峰的时间间隔减小。

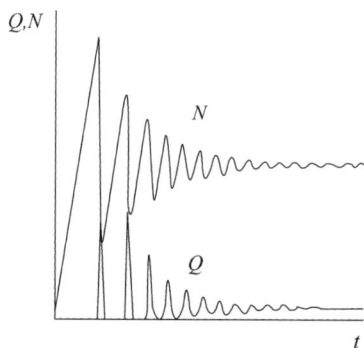

图 3 - 20　腔内反转粒子数密度及光子数密度随时间的变化

在多数激光器中,这一类大信号的尖峰振荡最终会衰减为准正弦的弛豫振荡,这是因为在激光器中,N_p 特别是 ΔN 每次尖峰都不会减小到 0,这使得相邻尖峰所开始的初始条件会越来越接近于激光器的稳态值。

鉴于篇幅关系,本节只对弛豫振荡的形成进行了定性的分析,其详细的数学描述可参考相关文献。

3.8　激光器的泵浦技术

由本章前面的讨论可知,激光产生的必要条件是在工作物质的相应能级间实现粒子数反转分布 ΔN_{ul},而产生激光的充分条件则要求不仅实现反转分布,而且反转粒子数 ΔN_{ul} 要足够大,这反过来又要求激光上能级的粒子数 N_u 足够大。为此,就需要有最佳泵浦技术。

依据将粒子由基态泵浦到激光上能级是一步实现还是多步实现,泵浦技术可分为直接泵浦和间接泵浦两大类。就泵浦源而言,常见的有光泵浦和粒子泵浦。此外还有化学反应泵浦及核泵浦。

3.8.1　直接泵浦

直接泵浦过程如图 3 – 21 所示。其中泵浦速率的表达式与泵浦源有关。对光泵浦情况:

$$W_{13} = \frac{I}{c\Delta v}B_{13} = \frac{\rho}{\Delta v}B_{13} \qquad (3-61)$$

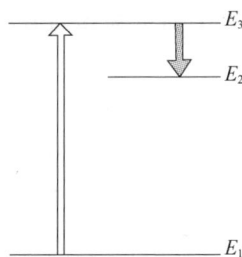

图 3 – 21　激光器的直接泵浦过程
⟹泵浦;⟹激光。

这里 I 是处于工作物质吸收带 Δv 内的光强,而 ρ 是同一频率间隔内的泵浦能量。受激发射系数

$$B_{13} = \frac{g_3}{g_1}B_{31} = \frac{c^3}{8\pi hv^3}A_{31}$$

对粒子泵浦

$$W_{13} = N_p K_{13} \tag{3-62}$$

式中:N_p 为泵浦粒子密度;K_{13} 为泵浦粒子与工作物质中处于能级 E_1 的粒子碰撞,并导致后者跃迁到能级 E_3 的概率。它等于两类粒子的平均相对速度 $\bar{v}_{p1}$ 与 $E_1 \rightarrow E_3$ 能量转移截面 σ_{13} 的乘积,即

$$K_{13} = \bar{v}_{p1} \sigma_{13}$$

代入式(3-62)得到

$$W_{13} = N_p \bar{v}_{p1} \sigma_{13}$$

特别是,如果粒子碰撞是通过气体放电实现的,则有

$$W_{13} = N_e \bar{v}_e \sigma_{13}^e \tag{3-63}$$

式中:N_e 为电子密度;$\bar{v}_e$ 为放电电子平均速度;而 σ_{13}^e 为相应的电子激发截面。

直接泵浦看上去是一种简单的技术,但它存在不少缺点。首先从基态 E_1 到激光上能级 E_3 往往缺乏有效途径。即 B_{13}(对光泵浦)或 σ_{13}(对粒子泵浦)太小,难以产生足够的增益;其次即使存在 $E_1 \rightarrow E_3$ 的有效途径,但同一过程很可能存在由 E_1 到激光下能级 E_2 的有效途径,结果是 W_{12}/W_{13} 太大,难以形成粒子数反转分布。这些缺点使直接泵浦方式对很多激光器来说是不适用的。

3.8.2　间接泵浦

对间接泵浦,粒子从基态能级到激光上能级的转换通常是分两步完成的。基态粒子由泵浦系统激发到某一中间态能级 E_i,然后转移到激光上能级 E_u。因而又常称为泵浦－转移过程。E_i 可以低于 E_u 或高于 E_u,也可以与 E_u 相等,相应的转移过程分别为自下而上、自上而下和横向发生。此外,E_i 和 E_u 还可以分属于不同工作物质。

与直接泵浦相比,间接泵浦有很多优点。首先,中间能级具有远大于激光上能级的寿命,且可以是很多能级形成的能带,因而,E_i 上很容易积累大量的粒子;其次,在有些情况下,将粒子从基态激发到 E_i 的概率要比激发到 E_u 的概率大得多,这就降低了对泵浦的要求;最后,依据选择定则,可以使 E_i 向 E_u 的弛豫过程比 E_i 向激光下能级 E_l 的弛豫过程快得多。下面以常见激光器为例简要介绍不同方向的转移。

1. 自上而下转移

这是应用最广的一种激励过程。其中 $E_i > E_u$,基态能级的粒子首先由泵浦系统激发到 E_i,然后通过非辐射跃迁等方式转移到 E_u。

具有这种泵浦过程的典型激光器如红宝石激光器和 Nd:YAG 激光器,图 3-22 是它们的能级转移图。

如图 3-22 所示,这两种激光器的中间能级都是具有一定宽度的能带。

在光泵浦情况下,这意味着增益介质可以吸收更宽波长范围的光,将更多的粒子由基态激发到中间态。由于中间态高于激光能级,因而,其上粒子通常可以不需要任何激励而以较高的速率自发地向激光能级弛豫。这类弛豫在能量间隔较小的能级间更容易发生,所以,$K_{ill} \gg K_{il}$,从而使粒子数反转变得容易实现。

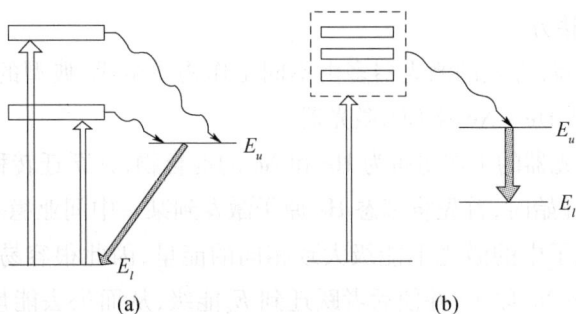

(a)　　　　(b)

图 3 – 22　红宝石(a)和 Nd:YAG(b)激光器的泵浦下转移过程
⟹泵浦;⤳转移;⟹激光。

　　属于这种转移方式的另一类重要的激光器是半导体激光器。半导体激光器由 p – n 结构成,n 型掺杂材料的能带位于 p 型掺杂材料能带之上,如图 3 – 23 所示。当结上有适当外加电场时,就会发生由 n 区向 p 区的能量转移。

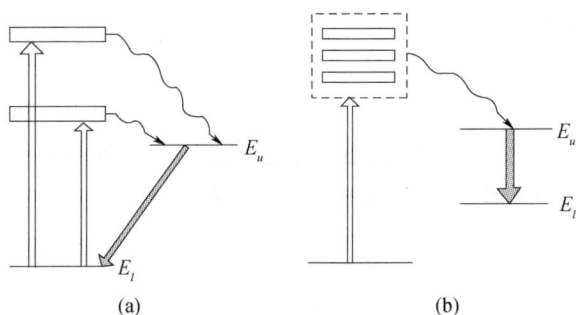

(a)　　　　(b)

图 3 – 23　半导体激光器的泵浦下转移过程
⟹泵浦;⤳转移;⟹激光。

　　此外,在一些可调谐激光器及准分子激光器中也存在向下转移过程,这里就不再逐一介绍。

　　2. 自下而上转移

　　典型例子是 Ar⁺ 激光器,泵浦转移过程如图 3 – 24 所示,这里中间能级是氩离子的基态。泵浦的第一阶段是粒子由 Ar 原子基态被激发到 Ar^+ 基态;第二阶段则是由 Ar^+ 基态转移到激光上能级。其中 Ar^+ 基态能级具有较长的寿命,因而容易聚集大量粒子。两步过程均主要通过电子碰撞实现。

属于这类转移方式的还有其他惰性气体离子(如 Kr^+、Xe^+)激光器及 He – Cd 激光器等,有兴趣的读者可参阅相关文献。

3. 横向转移方式

具有此类转移方式的激光器多由不同工作物质组成,典型的例子包括最常用的气体激光器 He – Ne 及 CO_2 激光器。

He – Ne 激光器的工作物质为 He 和 Ne 的混合物,其跃迁转移过程如图 3 – 25 所示。泵浦开始时,首先将基态 He 原子激发到某一中间亚稳态能级 E_i,该能级具有和 Ne 原子中的激光上能级大致相同的能量,因此很容易通过碰撞转移将能量传给基态 Ne 原子,并使后者跃迁到 E_u 能级,从而失去能量的 He 原子重返基态,完成泵浦过程。

图 3 – 26 表示发生在 CO_2 激光器中的类似的转移过程。组成激光工作物质的 N_2 分子和 CO_2 分子的基态能级在能级图中基本处于相同高度,而 N_2 分子的某一中间亚稳态 E_i 又恰好与 CO_2 的激光上能级 E_u 大致等高。泵浦作用首先将 N_2 分子由基态激发到该亚稳态 E_i,而后通过碰撞转移将 CO_2 分子由基态激发到 E_u 能级。

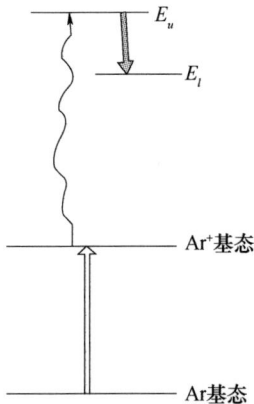

图 3 – 24　Ar^+ 激光器的
泵浦上转移过程
$\Rightarrow$ 泵浦　$\sim\!\to$ 转移　$\Rightarrow$ 激光

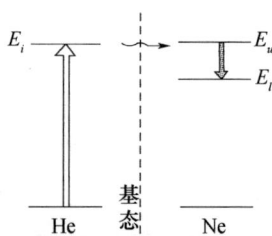

图 3 – 25　He – Ne
激光器的泵浦转移过程
$\Rightarrow$ 泵浦　$\sim\!\to$ 转移　$\Rightarrow$ 激光

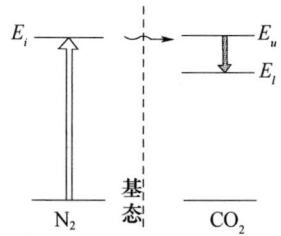

图 3 – 26　CO_2 激光器的
碰撞转移过程
$\Rightarrow$ 泵浦　$\sim\!\to$ 转移　$\Rightarrow$ 激光

本节主要从能量转移的角度阐述了泵浦作用,至于各种激光具体的泵浦系统和泵浦过程,有兴趣的读者可参阅相关文献。

参考文献

[1] 周炳琨,等. 激光原理[M].4 版. 北京:国防工业出版社,2000.

[2] Yariv A. Quantum Electronics[M]. 3rd ed. New York:John Wiley& Sons,1959.

[3] 曾谨言. 量子力学[M].2 版. 北京:科学出版社,1997.

[4] 杨 M. 光学与激光[M]. 霍崇儒,初桂荫,陈玉玲,译. 北京:科学出版社,1980.

[5] Silfvast W T. Laser Fundamentals[M]. New York:Cambridge University Press,1996.

[6] Orazio S. Principles of Lasers[M]. New York:A Division of Plenum Publishing Cor. ,1976.

[7] [美]克希耐尔. 固体激光工程[M]. 孙文,江泽文,程国祥,译. 北京:科学出版社,2002.

第4章

光学谐振腔

光学谐振腔是激光器的一个重要组成部分。光学谐振腔是指由两个或两个以上光学反射镜面组成、能提供光学正反馈作用的光学装置,其中输出激光的腔镜称为输出耦合镜。激光工作物质置于谐振腔中提供增益放大。一般通过调节光腔的参量可以控制振荡光束的特性、限制腔内的模式数目和模式特征,实现激光的最佳输出。

光学谐振腔的作用是建立和维持自激振荡,提高光子简并度;控制光束特性,包括纵模、横模、输出功率等。对光学谐振腔的主要要求是:①有高的提取效率以提供高功率激光输出;②高光束质量,通常用输出光束远场发散角(或 β 值)、M^2 因子、可聚焦功率(能量)等参数来衡量;③有较大动态工作范围;④对失调不灵敏等。实际上,要同时达到这些要求是很难的,只能在一定指标范围内兼容满足。迄今,对光学谐振腔已作了许多研究,提出了一些有实用化意义的腔型。

4.1 光学谐振腔的分类

谐振腔可以按不同的方法进行分类,一般有以下八种分类方式。按腔镜面型,可分为球面镜腔和非球面镜腔;按腔镜数目,可分为两镜腔和多镜腔;按反馈方式,可分为端面反馈腔和分布反馈腔;按损耗大小,可分为高损耗腔和低损耗腔;按腔模特性,可分为驻波腔和行波腔;按腔的复杂程度,可分为简单腔和复杂腔;按几何损耗,光学谐振腔可分为稳定腔、非稳腔和介稳腔;按是否考虑增益介质,可分为无源腔和有源腔。

光学谐振腔最通用的构型是由相向的平面镜或球面镜构成的光腔,如图 4-1 所示。图 4-1(a)为平行平面腔或法布里-珀罗腔。此类光腔结构对腔镜的平行度要求较高,两腔镜的平行度必须调整到"秒"的量级,否则腔内光束的走离(Walkoff)效应将导致光束从腔的侧面泄漏出去(图 4-1(b))。该类腔型常用于腔长小于 1cm 的短腔,如微片激光器、微腔激光器、半导体激光器等。

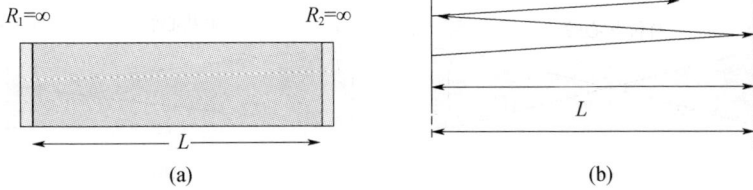

图 4-1　平行平面镜腔

(a) 腔结构图;(b)腔的走离(Walkoff)效应。

　　超短腔中一个特别应用是微片激光器,这实现了固体激光器的小型化、集成化,使得其在结构紧凑程度上有了突破性进展,其具有体积小、结构紧凑、稳定、寿命长、全固态化、转换效率高,可实现高光束质量、高强亮度的单纵模单频激光输出。图 4-2 所示为典型的微片激光器示意图。微片激光器一般采用半导体端面泵浦形式。

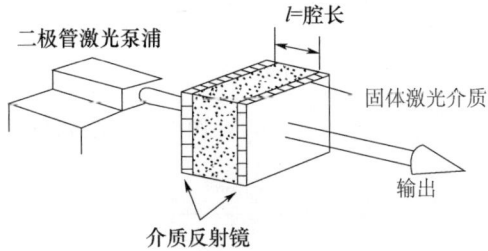

图 4-2　微片激光器示意图

　　近些年来,随着半导体可饱和吸收镜(SESAM)的迅速发展,微片激光器进一步应用于被动调 Q 技术获得皮秒激光脉冲输出。SESAM 被动调 Q 微片激光器一般有反射式和透射式两种,如图 4-3 所示。

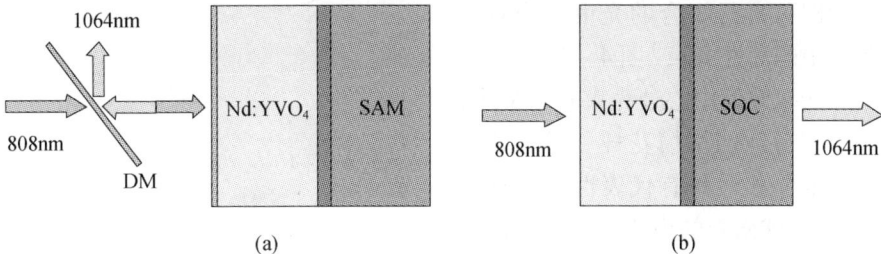

图 4-3　SESAM 被动调 Q 微片激光器

(a) 反射式;(b)透射式。

　　图 4-4 给出了球面镜光学谐振腔的常用构型。图 4-4(a)为对称共心腔,两球面镜曲率半径相等且为腔长的一半,即 $R_1 = R_2 = L/2$。共心腔在腔的中心产生衍射极限的束腰,在腔镜处光束横向尺寸大,填充整个反射镜口径。图 4-4(b)为半共心腔,由一个平面反射镜和一个球面反射镜组成,球面反射镜的曲率半径 R 等于腔长 L。图 4-4(c)为对称共焦腔,两镜的曲率半径都等于腔长,即 $R_1 = R_2 = L$。图 4-4(d)为凹凸腔,在腔内无实焦点,可防止光束聚焦损伤腔内光学元件,常用于高功率激光器。

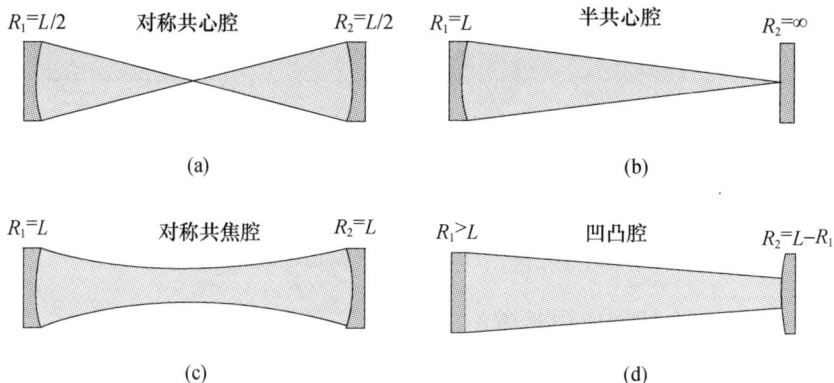

图 4-4 光学谐振腔常用构型

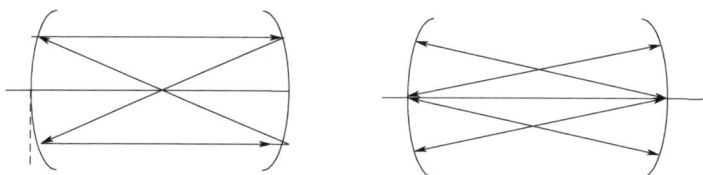

图 4-5 对称共焦腔中的简并光束

可以证明,共焦腔中任意傍轴光线可往返多次而不会横向逸出。经多次往返后即可自行闭合的光束称为对称共焦腔中的简并光束(图4-5)。在对称共焦谐振腔的中心处光束直径最小,适合于获得纯的横模花样。对称共焦腔是最重要和最具有代表性的一种稳定腔,稳定球面腔的模式理论都是以共焦腔模式理论为基础的。

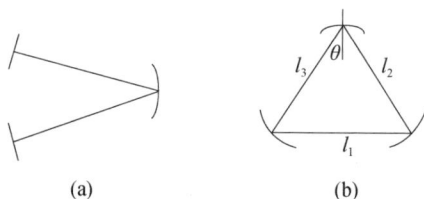

图 4-6 多镜腔构型
(a) 折叠腔;(b) 环形腔。

多镜腔结构如图4-6所示。图4-6(a)为折叠腔构型,图4-6(b)为环形腔构型。它们不同于传统的两镜腔结构,具有模参数调整灵活等优点,可满足双向泵浦单向输出等腔型设计要求。

4.2 光学谐振腔的特性参数

4.2.1 光学谐振腔的菲涅尔数

设一平面单色波垂直入射在狭缝上,缝宽$2a$,在缝后距离为L的屏上将产

生衍射条纹。当 $L \gg a$,则衍射半角为

$$\theta \approx \frac{\lambda}{a} \qquad (4-1)$$

如果在屏中心代之以宽 $2a$ 的条形反射镜,则除镜面反射光外,其余的光因衍射而损失掉。损失能量比例可用几何光学近似估算,则衍射损耗的能量百分比为

$$\frac{2L\theta}{2a} = \frac{\lambda L}{a^2} \qquad (4-2)$$

对圆孔衍射,孔半径为 r_0,在孔后距离为 L 的屏上将产生衍射条纹。当 $L \gg r_0$,则艾里斑衍射半角为 $\theta \approx 0.61\frac{\lambda}{r_0}$。用几何光学近似估算衍射损失能量比例为

$$\frac{\pi(L\theta)^2}{\pi r_0^2} = \left(0.61\frac{\lambda}{r_0}\frac{L}{r_0}\right)^2 \approx \left(\frac{\lambda L}{r_0^2}\right)^2 \qquad (4-3)$$

定义菲涅尔数为

$$N = \frac{a^2}{\lambda L} \qquad (4-4)$$

谐振腔菲涅尔数 N 是平均单程衍射损耗率的倒数。N 越大,衍射损耗越小。

在图 4-7 中,若从菲涅尔衍射波带数的角度考虑,设左腔镜和右腔镜的直径均为 $2a$,两腔镜相距 L,由左边腔镜的中心对右边腔镜从中心开始切半波带数,若有 F 个波带,则有如下关系式:

$$L + F\frac{\lambda}{2} = \sqrt{L^2 + a^2} = L\sqrt{1 + \frac{a^2}{L^2}} \approx L\left(1 + \frac{a^2}{2L^2}\right) = L + \frac{a^2}{2L} \qquad (4-5)$$

对比式(4-5)的左右两边,有

$$F = N = \frac{a^2}{\lambda L} \qquad (4-6)$$

可见,菲涅尔数 N 表示从镜面中心看另一镜面所分割的菲涅尔半波带数。

菲涅尔数 N 还可以理解为镜面中心处的衍射光在腔内的最大往返次数,如图 4-8 所示。

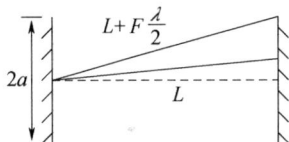

图 4-7 光学谐振腔中的菲涅尔半波带数   图 4-8 光学谐振腔示意图

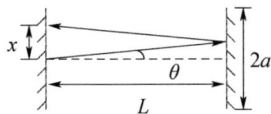

往返一次的偏移量为

$$x = 2L\theta = 2L\frac{\lambda}{2a} = \frac{L\lambda}{a} \qquad (4-7)$$

若往返 F 次后逸出腔外,则

$$a = Fx \tag{4-8}$$

从而可推出:

$$F = \frac{a}{x} = \frac{a^2}{L\lambda} \tag{4-9}$$

4.2.2 光学谐振腔的 g 参数和 G 参数

考虑简单两镜谐振腔,设镜 1 的曲率半径为 R_1,镜 2 的曲率半径为 R_2,两镜间的距离为 L。则谐振腔的 g 参数为

$$g_1 = 1 - \frac{L}{R_1} \tag{4-10}$$

$$g_1 = 1 - \frac{L}{R_2} \tag{4-11}$$

式中:曲率半径 R 的符号规则是凹面镜向着腔内,R 取 $+$;凸面镜向着腔内,R 取 $-$。

对两镜多元件激光谐振腔,设镜 1 到镜 2 的光学系统的传输矩阵为 $\begin{pmatrix} a & b \\ c & d \end{pmatrix}$,则该多元件腔的 G 参数:

$$G_1 = a - \frac{b}{R_1} \tag{4-12}$$

$$G_2 = d - \frac{b}{R_2} \tag{4-13}$$

4.2.3 光学谐振腔的损耗

光学谐振腔的损耗可大致分为:

(1) 几何偏折损耗。光线在腔内往返传播时,可能从腔的侧面偏折出去,这种损耗称为几何偏折损耗。其大小取决于腔的类型、镜面几何尺寸和横模阶数等。

(2) 腔镜反射不完全引起的损耗。包括腔镜的吸收、散射以及透射损耗。稳定腔中至少有一个反射镜是部分透射的,以获得必要的输出耦合。

(3) 材料中的非激活吸收、散射,腔内插入物所引起的损耗。设平均单程损耗因子为 δ,如果初始光强为 I_0,在无源腔内往返一次后,光强衰减为 I_r,则有

$$I_r = I_0 e^{-2\delta} \tag{4-14}$$

(4) 衍射损耗。由于腔反射镜几何尺寸有限,光波必然因腔镜边缘而产生损耗。如果在腔内插入其他光学元件,还应该考虑其边缘或孔径的衍射引起的损耗。这种损耗称为衍射损耗。其大小与腔的菲涅尔数 $N = a^2/L\lambda$、g 参数和横

模阶数等有关。

对高斯光强分布光束：

$$I(\rho) = I_0 e^{-\frac{2\rho^2}{w^2}} \qquad (4-15)$$

式中：光束的束半宽为 w。

单程功率损耗为

$$\delta_D = I'/I = \frac{\int_0^{2\pi}\int_a^\infty I(\rho)\rho\mathrm{d}\rho\mathrm{d}\theta}{\int_0^{2\pi}\int_0^\infty I(\rho)\rho\mathrm{d}\rho\mathrm{d}\theta} \qquad (4-16)$$

$$I = \pi I_0 \int_0^\infty e^{-\frac{2\rho^2}{w^2}}\mathrm{d}\rho^2 = \frac{\pi I_0}{2}w^2 \qquad (4-17)$$

$$I' = \frac{\pi I_0}{2}w^2 \exp\left(-\frac{2a^2}{w^2}\right) \qquad (4-18)$$

$$\delta_D \xlongequal{w=\sqrt{\frac{\lambda L}{\pi}}} e^{-\frac{2\pi a^2}{L\lambda}} \xlongequal{N=\frac{a^2}{L\lambda}} e^{-2\pi N} \qquad (4-19)$$

对共焦腔来说，单程功率损耗与腔的几何尺寸无关，只由菲涅尔数决定，如图 4-9 所示。

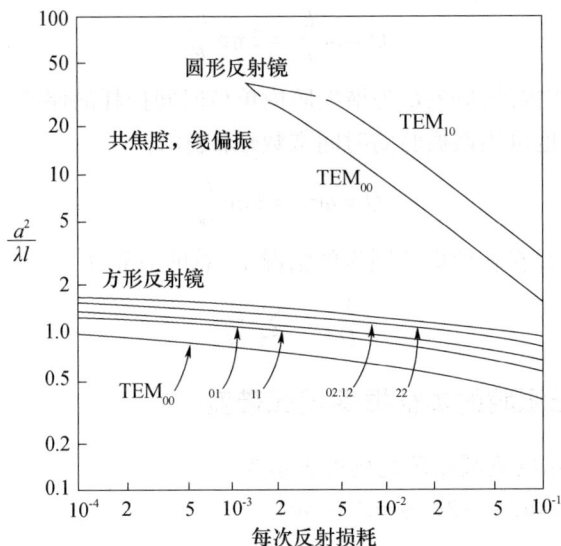

图 4-9 共焦腔自再现模损耗与菲涅尔数的关系曲线

同种腔相比较　　　　　　　$N \to \uparrow \delta_D \downarrow$

谐振模式阶数 $m,n \uparrow \to \delta_D \uparrow$　　选横模的物理基础

不同腔相比较　共焦腔的衍射损耗 < 平行平面镜腔衍射损耗

如果损耗是由多种因素引起的，每一种因素引起的损耗用相应的损耗因子

δ_i 描述,则总损耗因子为各个损耗因子之和:

$$\delta = \sum \delta_i \qquad (4-20)$$

4.2.4 谐振腔内光子的平均寿命

设谐振腔中光强随时间变化的表达式为

$$I(t) = I_0 \exp(-t/\tau_R) \qquad (4-21)$$

式中:τ_R 为谐振腔的时间常数。

$$\tau_R = L'/\delta c \qquad (4-22)$$

式中:L' 为腔的光学长度;δ 为损耗;c 为光速。式(4-22)表示光子在腔内的平均寿命。当谐振腔中存在多种损耗因素的情况下,腔内光子平均寿命的倒数等于各个损耗过程所决定的寿命的倒数和。

$$\frac{1}{\tau_R} = \frac{\delta c}{L'} = \sum \frac{1}{\tau_i} \qquad (4-23)$$

4.2.5 无源腔的 Q 值

谐振腔的 Q 值定义为

$$Q = \omega \frac{E_c}{E_l} = 2\pi\nu \frac{E_c}{E_l} \qquad (4-24)$$

式中:E_c 为谐振腔内的储能;E_l 为谐振腔内单位时间损耗的储能。谐振腔的损耗越小,Q 值越高,也可用谐振腔的时间常数 τ_c 来表示:

$$Q = \omega\tau_c = 2\pi\nu \frac{L'}{\delta c} \qquad (4-25)$$

在谐振腔中存在各种损耗因素的情况下,总的 Q 值为

$$\frac{1}{Q} = \sum \frac{1}{Q_i} \qquad (4-26)$$

4.2.6 无源腔的本征振荡模式带宽

图4-10所示的衰减振荡光场可表示为

$$E(t) = E_0 \exp(-t/2\tau_c) \exp(-i\omega t) \qquad (4-27)$$

将式(4-27)作傅里叶变换,可得到频谱函数。

利用:

$$\mathscr{F}\{e^{-t}\} = \frac{1}{1 + i2\pi\nu} \qquad (4-28)$$

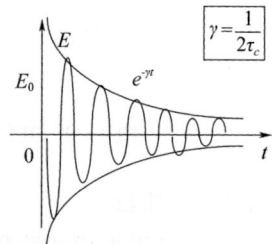

图 4-10 光场衰减振荡示意图

式中：$\mathbb{F}\{\ \}$ 表示傅里叶变换。可以推得：

$$\mathbb{F}\left\{E_0 \mathrm{e}^{-\frac{t}{2\tau_c}}\right\} = \frac{2\tau_c E_0}{1 + \mathrm{i}4\pi\nu\tau_c} \tag{4-29}$$

进一步：

$$\mathbb{F}\left\{E_0 \mathrm{e}^{-\frac{t}{2\tau_c}}\mathrm{e}^{-\mathrm{i}2\pi\nu_0 t}\right\} = \frac{2\tau_c E_0}{1 + \mathrm{i}4\pi(\nu - \nu_0)\tau_c} \tag{4-30}$$

功率谱为

$$I(\nu) = \frac{4\tau_c^2 I_0}{1 + [4\pi\tau_c(\nu - \nu_0)]^2} \tag{4-31}$$

利用半高全宽（FWHM）定义线宽 $\Delta\nu$，功率谱最大值 $I(\nu_0) = 4\tau_c^2 I_0$，线宽为

$$\Delta\nu = \frac{2}{4\pi\tau_c} = \frac{1}{2\pi\tau_c} \tag{4-32}$$

这种衰减振荡具有有限的频谱宽度：

$$\Delta\nu_c = \frac{1}{2\pi\tau_c} = \frac{c\delta}{2\pi L'} \tag{4-33}$$

这就是光腔中本征模式的谱线宽度。腔的损耗越小，模式谱线越窄，腔的带宽可表示为

$$\Delta\nu_c/\nu = 1/Q \tag{4-34}$$

4.3 光学谐振腔的稳定性

4.3.1 传输矩阵

图 4-11 中，一条光线可以用 r 和 θ 两个参数来表示，其中，r 表示光线离轴线的距离，r 的符号规则：在轴线的上方取"+"，在轴线的下方取"−"；θ 表示光线与轴线的夹角，θ 的符号规则：出射方向在轴线上方取"+"，出射方向在轴线下方取"−"。当光线的 θ 角很小时，满足傍轴条件：

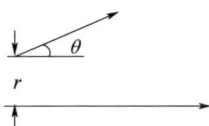

图 4-11 光线的 (r, θ) 表示

$$\sin\theta = \tan\theta = \theta \tag{4-35}$$

一条傍轴光线可以用列矩阵 $\begin{pmatrix} r \\ \theta \end{pmatrix}$ 表示，若经过一个光学系统后变为 $\begin{pmatrix} r' \\ \theta' \end{pmatrix}$，则可用传输矩阵 $\begin{pmatrix} A & B \\ C & D \end{pmatrix}$ 表示光学系统对光线的变换作用，如图 4-12 所示。

$$\begin{pmatrix} r' \\ \theta' \end{pmatrix} = \begin{pmatrix} A & B \\ C & D \end{pmatrix}\begin{pmatrix} r \\ \theta \end{pmatrix} = \begin{pmatrix} Ar + B\theta \\ Cr + D\theta \end{pmatrix} \tag{4-36}$$

传输矩阵是一种用矩阵的形式表示光线传播和变换的方法,它是以几何光学为基础,主要用于描述几何光线通过近轴光学元件(如透镜、球面反射镜)以及波导的传输和变换,用来处理激光束的传播、光学谐振腔等问题。常用光学系统、元件的变换矩阵列于表4-1。

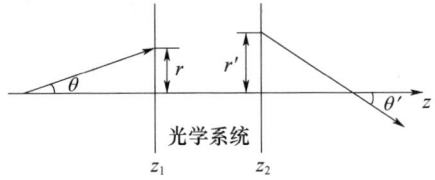

图4-12 光学系统对光线坐标的变换

表4-1 常用光学系统、元件的变换矩阵

序号	类型	名称	示意图	变换矩阵
1	透射矩阵	自由空间		$\begin{pmatrix} 1 & L \\ 0 & 1 \end{pmatrix}$
2		均匀介质		$\begin{bmatrix} 1 & nL \\ 0 & 1 \end{bmatrix}$
3		折射率突变的平面		$\begin{pmatrix} 1 & 0 \\ 0 & n_1/n_2 \end{pmatrix}$
4		折射率突变的球面		$\begin{pmatrix} 1 & 0 \\ (n_2-n_1)/n_2R & n_1/n_2 \end{pmatrix}$
5		平行平板介质		$\begin{bmatrix} 1 & n_1L/n_2 \\ 0 & 1 \end{bmatrix}$
6		焦距为f的薄透镜		$\begin{pmatrix} 1 & 0 \\ -1/f & 1 \end{pmatrix}$
7		高斯光阑		$\begin{pmatrix} 1 & 0 \\ -i\lambda/\pi\sigma^2 & 1 \end{pmatrix}$ $T(r)=t_0\exp(-r^2/\sigma^2)$
8	反射矩阵	类透镜介质	$n(r)=n_0=\dfrac{1}{2}\beta^2r^2,(\beta>0)$	类透镜介质中的传播矩阵: 正透镜: $\begin{pmatrix} \cos(\beta z) & \dfrac{1}{\beta}\sin(\beta z) \\ -\beta\sin(\beta z) & \cos(\beta z) \end{pmatrix}$, $n(r)=\left(1-\dfrac{1}{2}\beta^2r^2\right)$ 负透镜: $\begin{pmatrix} ch(\beta z) & \dfrac{1}{\beta}sh(\beta z) \\ -\beta sh(\beta z) & ch(\beta z) \end{pmatrix}$ $n(r)=\left(1+\dfrac{1}{2}\beta^2r^2\right)$

（续）

序号	类型	名称	示意图	变换矩阵
9		相位共轭镜		$\begin{pmatrix} 1 & 0 \\ 0 & -1 \end{pmatrix}$
10		平面反射镜		$\begin{pmatrix} 1 & 0 \\ 0 & 1 \end{pmatrix}$
11	反射矩阵	球面反射镜		$\begin{pmatrix} 1 & 0 \\ -2/R & 1 \end{pmatrix}$
12		直角棱镜		$\begin{pmatrix} -1 & 2d/n \\ 0 & -1 \end{pmatrix}$

4.3.2 谐振腔稳定条件

光线在谐振腔内往返任意多次也不会横向逸出腔外的谐振腔称为稳定谐振腔,简称稳定腔。光线在谐振腔内往返有限次即横向逸出腔外的谐振腔称为非稳定谐振腔,简称非稳腔。以图 4 – 13 所示的简单两镜腔为例,分析谐振腔的稳定性。以镜 1 为参考,光线往返一周的传输可表示为

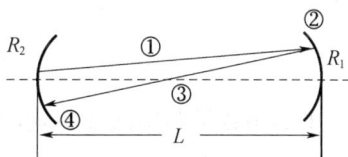

图 4 – 13 光学谐振腔的矩阵表示

$$\begin{pmatrix} r_5 \\ \theta_5 \end{pmatrix} = T_4 \begin{pmatrix} r_4 \\ \theta_4 \end{pmatrix} = T_4 T_3 T_2 T_1 \begin{pmatrix} r_1 \\ \theta_1 \end{pmatrix} \qquad (4-37)$$

其中:

$$T_1 = T_3 = \begin{pmatrix} 1 & L \\ 0 & 1 \end{pmatrix} \tag{4-38}$$

$$T_2 = \begin{pmatrix} 1 & 0 \\ -\dfrac{2}{R_2} & 1 \end{pmatrix} \tag{4-39}$$

$$T_4 = \begin{pmatrix} 1 & 0 \\ -\dfrac{2}{R_1} & 1 \end{pmatrix} \tag{4-40}$$

以镜 1 为参考,往返一周的传输矩阵可表示为

$$\begin{bmatrix} A & B \\ C & D \end{bmatrix} = \begin{bmatrix} 1 & 0 \\ -2/R_1 & 1 \end{bmatrix}\begin{bmatrix} 1 & L \\ 0 & 1 \end{bmatrix}\begin{bmatrix} 1 & 0 \\ -2/R_2 & 1 \end{bmatrix}\begin{bmatrix} 1 & L \\ 0 & 1 \end{bmatrix}$$

$$= \begin{bmatrix} 1 - \dfrac{2L}{R_2} & 2L(1 - L/R_2) \\ -\left[\dfrac{2}{R_1} + \dfrac{2}{R_2}\left(1 - \dfrac{2L}{R_1}\right)\right] & -\dfrac{2L}{R_1} + \left(1 - \dfrac{2L}{R_1}\right)\left(1 - \dfrac{2L}{R_2}\right) \end{bmatrix} \tag{4-41}$$

利用 g 参数的定义式(4-10)和式(4-11),式(4-41)可表示为

$$\begin{bmatrix} A & B \\ C & D \end{bmatrix} = \begin{pmatrix} 2g_2 - 1 & 2Lg_2 \\ -\dfrac{2}{L}(g_1 + g_2 - 2g_1g_2) & 4g_1g_2 - 2g_2 - 1 \end{pmatrix} \tag{4-42}$$

由薛而凡斯特定理可知,对往返 n 次的传输矩阵有如下表达式:

$$\begin{bmatrix} A & B \\ C & D \end{bmatrix}^n = \begin{bmatrix} A_n & B_n \\ C_n & D_n \end{bmatrix} = \dfrac{1}{\sin\phi}\begin{bmatrix} A\sin(n\phi) - \sin[(n-1)\phi] & B\sin(n\phi) \\ C\sin(n\phi) & D\sin(n\phi) - \sin[(n-1)\phi] \end{bmatrix}$$

$$\tag{4-43}$$

其中,

$$\phi = \arccos\dfrac{A+D}{2} \tag{4-44}$$

下面用数学归纳法证明式(4-43)正确:

令 $n = 1$,则

$$\begin{pmatrix} A & B \\ C & D \end{pmatrix} = \dfrac{1}{\sin\phi}\begin{pmatrix} A\sin\phi & B\sin\phi \\ c\sin\phi & D\sin\phi \end{pmatrix} = \begin{pmatrix} A & B \\ C & D \end{pmatrix}$$

式(4-43)正确。

设 $n = k$ 时式(4-43)正确,即

$$\begin{pmatrix} A & B \\ C & D \end{pmatrix}^k = \dfrac{1}{\sin\phi}\begin{pmatrix} A\sin k\phi - \sin(k-1)\phi & B\sin k\phi \\ C\sin k\phi & D\sin k\phi - \sin(k-1)\phi \end{pmatrix}$$

$$\tag{4-43a}$$

现在只需要证明 $n = k + 1$ 时,式($4-43$)也正确,即

$$\begin{pmatrix} A & B \\ C & D \end{pmatrix}^{k+1} = \frac{1}{\sin\phi} \begin{pmatrix} A\sin(k+1)\phi - \sin k\phi & B\sin(k+1)\phi \\ C\sin(k+1)\phi & D\sin(k+1)\phi - \sin k\phi \end{pmatrix}$$

$$(4-43b)$$

根据式($4-43-1$),$n = k + 1$ 时,有

$$\begin{pmatrix} A & B \\ C & D \end{pmatrix}^{k+1} = \begin{pmatrix} A & B \\ C & D \end{pmatrix} \frac{1}{\sin\phi} \begin{pmatrix} A\sin k\phi - \sin(k-1)\phi & B\sin k\phi \\ C\sin k\phi & D\sin k\phi - \sin(k-1)\phi \end{pmatrix}$$

$$= \frac{1}{\sin\phi} \begin{pmatrix} A^2\sin k\phi - A\sin(k-1)\phi + BC\sin k\phi & AB\sin k\phi + BD\sin k\phi - B\sin(k-1)\phi \\ AC\sin k\phi - C\sin(k-1)\phi + CD\sin k\phi & BC\sin k\phi + D^2\sin k\phi - D\sin(k-1)\phi \end{pmatrix}$$

$$= \frac{1}{\sin\phi} \begin{pmatrix} a & b \\ c & d \end{pmatrix}$$

式中,

$$\begin{aligned}
a &= (A^2\sin k\phi - A\sin(k-1)\phi + BC\sin k\phi) \\
&= (A^2 + BC)\sin k\phi - A\sin(k-1)\phi \\
&= [A(A+D) - 1]\sin k\phi - A\sin(k-1)\phi \\
&= 2A\sin k\phi\cos\phi - \sin k\phi - A\sin(k-1)\phi \\
&= A\sin(k\phi + \phi) + A\sin(k\phi - \phi) - \sin k\phi - A\sin(k-1)\phi \\
&= A\sin(k+1)\phi - \sin k\phi
\end{aligned}$$

上面利用了:

$$AD - BC = 1,$$

$$(A + D) = 2\cos\phi$$

$$\begin{aligned}
b &= AB\sin k\phi + BD\sin k\phi - B\sin(k-1)\phi \\
&= B(A+D)\sin k\phi - B\sin(k-1)\phi \\
&= 2B\sin k\phi\cos\phi - B\sin(k-1)\phi \\
&= B[\sin(k\phi + \phi) + \sin(k\phi - \phi)] - B\sin(k-1)\phi \\
&= B[\sin(k+1)\phi + \sin(k-1)\phi] - B\sin(k-1)\phi \\
&= B\sin(k+1)\phi
\end{aligned}$$

同理可证,

$$c = C\sin(k+1)\phi$$

$$d = D\sin(k+1)\phi - \sin k\phi$$

即,$n = k + 1$ 时式($4-43$)为

$$\begin{pmatrix} A & B \\ C & D \end{pmatrix}^{k+1} = \frac{1}{\sin\phi} \begin{pmatrix} A\sin(k+1)\phi - \sin k\phi & B\sin(k+1)\phi \\ C\sin(k+1)\phi & D\sin(k+1)\phi - \sin k\phi \end{pmatrix}$$

证毕。

光线 $\begin{pmatrix} r_0 \\ \theta_0 \end{pmatrix}$ 经过 n 次往返后,坐标参数为

$$\begin{pmatrix} r_n \\ \theta_n \end{pmatrix} = \begin{pmatrix} A_n & B_n \\ C_n & D_n \end{pmatrix} \begin{pmatrix} r_0 \\ \theta_0 \end{pmatrix} = \begin{pmatrix} A_n r_0 + B_n \theta_0 \\ C_n r_0 + D_n \theta_0 \end{pmatrix} \tag{4-45}$$

若谐振腔是稳定的,则要求光线多次往返后的矩阵元素对任意 n 值均取有限值,则 ϕ 应为实数,即稳定性条件为

$$\left| \frac{A+D}{2} \right| < 1 \quad \text{或} \quad -1 < \frac{A+D}{2} < 1 \tag{4-46}$$

4.3.3　g 参数稳区图

若用 g 参数表示 $\dfrac{A+D}{2}$,利用式(4-42)可得

$$\frac{A+D}{2} = 2g_1 g_2 - 1 \tag{4-47}$$

联立式(4-46)和式(4-47)可得 g 参数表示的谐振腔的稳定性条件为

$$0 < g_1 g_2 < 1 \tag{4-48}$$

以 g_1、g_2 为轴可以画出稳区图如图 4-14 所示。平行平面腔在图 4-14 中的坐标为(1,1);对称共焦腔(即 $L=R$ 的谐振腔)的坐标为(0,0);共心腔的坐标为(-1,-1),而所有对称球面腔均位于这三点的连线上。

(1)稳定腔。稳定腔满足条件式(4-48),腔内傍轴光线在腔内往返无限多次不会横向逸出腔外,这种谐振腔处于稳定工作状态,其特点是腔的几何损耗可以忽略。稳定腔的基模处在激活介质的轴线附近,其模体积仅占整个激活介质的很小一部分,大部分激活能量不能得到有效利用。当高功率工作时,若腔的菲涅尔数较大,低阶横模的衍射损耗都很小,不同的横模之间的损耗相差很小,很难分辨,导致了多横模振荡,从而降低了光束质量。

图 4-15 给出了平凹稳定腔示意图,当 $R_2 > L$ 时,$R_1 \to \infty$,$R_2 > 0$,$g_1 = 1$,$g_2 = 1 - L/R_2 < 1$,因此 $0 < g_1 g_2 < 1$,是稳定腔。

(2)非稳腔。非稳腔满足条件

$$g_1 g_2 > 1 \quad \text{或} \quad g_1 g_2 < 0 \tag{4-49}$$

腔内任何近轴光束在往返有限多次后,将会横向逸出腔外,这种腔处于非稳定工作状态,其特点是具有较高的几何损耗。"非稳"指的是按照几何光学观点的损耗较大,而不是不能形成稳定的激光输出。当高功率工作时,常采用非稳腔。非稳腔有大的可控模体积,容易鉴别和控制横模,易于得到单端输出和准直的平行光束。

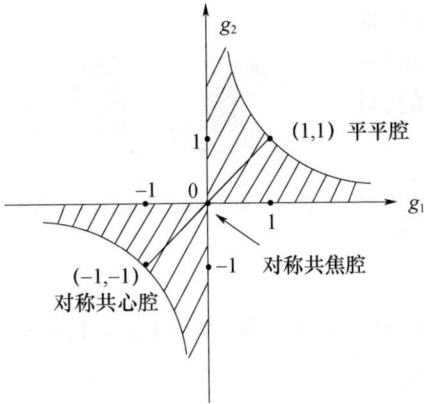

图 4 – 14 g 参数稳区图

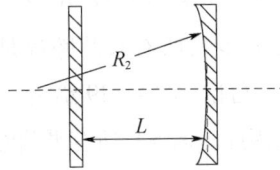

图 4 – 15 平凹稳定腔示意图

分析非稳腔的成像性质可以发现,任何非稳腔的轴线上都存在一对共轭像点 P_1 和 P_2。P_1 点经过镜 M_1 反射后成像在 P_2 点,而 P_2 点经过 M_1 反射后又成像在 P_1 点,两点互为两个镜面的共轭像点,如图 4 – 16 所示。从 P_1 点和 P_2 点发出的球面波在腔内往返一次波阵面保持不变,实现了自再现,如图 4 – 17 所示。

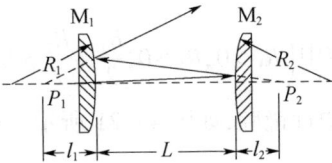

图 4 – 16　非稳腔的共轭像点

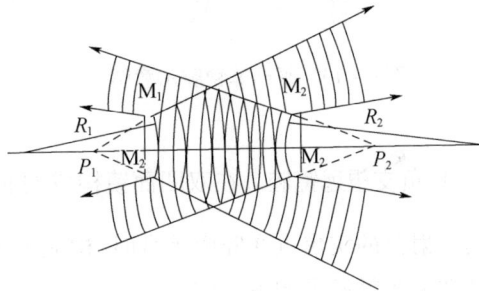

图 4 – 17　非稳腔中的自再现球面波

从 P_1 点发出的球面波经过球面镜 M_2 成像在 P_2 点的公式为

$$\frac{1}{l_1 + L} - \frac{1}{l_2} = \frac{1}{R_2} \tag{4-50}$$

从 P_2 点发出的球面波经过球面镜 M_1 成像在 P_1 点的公式为

$$\frac{1}{l_2 + L} - \frac{1}{l_1} = \frac{1}{R_1} \tag{4-51}$$

联立式(4 – 50)和式(4 – 51)可得

$$l_1^2 + \frac{L(L - 2R_2)}{L - R_1 - R_2} l_1 + \frac{LR_1(L - 2R_2)}{L - R_1 - R_2} = 0 \tag{4-52}$$

$$l_2^2 + \frac{L(L - 2R_1)}{L - R_1 - R_2} l_2 + \frac{LR_2(L - 2R_1)}{L - R_1 - R_2} = 0 \tag{4-53}$$

利用非稳腔满足的条件式(4-49)可以证明式(4-52)有两个 l_1 的实数解,同理式(4-53)也有两个 l_2 实数解,它们的解是重合的,只有一对共轭像点。

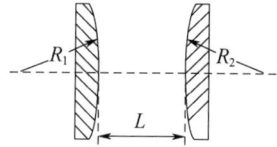

图4-18 双凸非稳腔示意图

① 双凸腔。图4-18给出了双凸非稳腔示意图,$R_1 < 0, R_2 < 0, g_1 = 1 - L/R_1 > 1, g_2 = 1 - L/R_2 > 1$,因此 $g_1 g_2 > 1$,所有双凸腔都是非稳腔。

② 平凸腔。图4-19给出了平凸非稳腔示意图,$R_1 \to \infty, R_2 < 0, g_1 = 1, g_2 = 1 - 2/R_2 > 1$,因此 $g_1 g_2 > 1$,所有平凸腔都是非稳腔。

③ 平凹非稳腔。图4-20给出了平凹非稳腔示意图,当 $R_2 < L$ 时,$R_1 \to \infty$,$R_2 > 0, g_1 = 1, g_2 = 1 - L/R_2 < 0$,因此 $g_1 g_2 < 0$,是非稳腔。

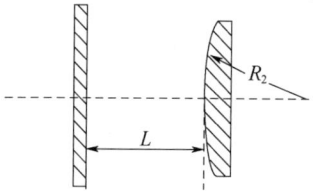

图4-19 平凸非稳腔示意图

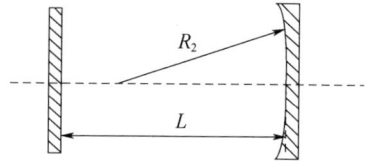

图4-20 平凹稳定腔示意图

④ 负支望远镜腔。在双凹面镜构成的非稳腔中 $\left(R_1 > 0, R_2 > 0, \dfrac{R_1}{2} + \dfrac{R_2}{2} > L \right)$,当两反射镜的实焦点在腔内重合时,构成了负支望远镜腔,如图4-21所示。腔镜的曲率半径满足如下条件:

$$\frac{R_1}{2} + \frac{R_2}{2} = L \tag{4-54}$$

于是有:

$$g_1 g_2 = \left(1 - \frac{L}{R_1} \right)\left(1 - \frac{L}{R_2} \right) = -\frac{1}{4}\left(\sqrt{\frac{R_2}{R_1}} - \sqrt{\frac{R_1}{R_2}} \right)^2 \leqslant 0 \tag{4-55}$$

负支望远镜腔是非稳腔。

⑤ 正支望远镜腔。在凹凸面镜构成的非稳腔中 $\left(R_1 > 0, R_2 < 0, \dfrac{R_1}{2} + \dfrac{R_2}{2} > L \right)$,当凹面镜的实焦点与凸面镜的虚焦点在腔外重合时,构成了正支望远镜腔,如图4-22所示。腔镜的曲率半径满足如下条件:

$$\frac{R_1}{2} + \frac{R_2}{2} = L \tag{4-56}$$

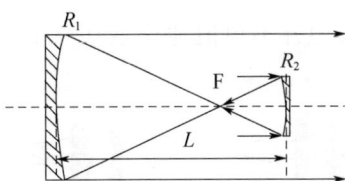

图 4 - 21　负支望远镜腔示意图

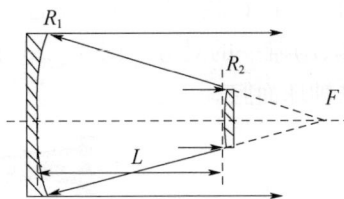

图 4 - 22　正支望远镜腔示意图

于是有：

$$g_1 g_2 = \left(1 - \frac{L}{R_1}\right)\left(1 - \frac{L}{R_2}\right) = \frac{1}{4}\left(\sqrt{\frac{R_2}{-R_1}} + \sqrt{\frac{-R_1}{R_2}}\right)^2$$

$$= \frac{1}{4}\left[2 + \left(\sqrt{-R_2/R_1} - \sqrt[4]{-R_1/R_2}\right)^2\right]^2 \geqslant 1 \qquad (4-57)$$

正支望远镜腔是非稳腔。

（3）临界腔或介稳腔满足条件

$$g_1 g_2 = 1 \quad 或 \quad g_1 g_2 = 0 \qquad (4-58)$$

其稳定性介于稳定腔和非稳腔之间。

① 平行平面腔。平行平面腔的腔镜为平面

$$R_1 = R_2 = \infty, g_1 = g_2 = 1 \qquad (4-59)$$

满足式(4-58)中的条件 $g_1 g_2 = 1$，平行平面腔是介稳腔。

② 共心腔。共心腔的腔镜为球面镜，且 $R_1 + R_2 = L$，满足式(4-58)中的条件

$$g_1 g_2 = \left(1 - \frac{L}{R_1}\right)\left(1 - \frac{L}{R_2}\right) = \left(1 - \frac{R_1 + R_2}{R_1}\right)\left(1 - \frac{R_1 + R_2}{R_2}\right) = 1 \qquad (4-60)$$

共心腔是介稳腔。

③ 对称共焦腔。对称共焦腔的腔镜为球面镜，且

$$R_1 = R_2 = L, g_1 = g_2 = 1 - \frac{L}{R_1} = 1 - \frac{L}{R_2} = 0 \qquad (4-61)$$

满足式(4-58)中的 $g_1 g_2 = 0$，其传输矩阵为

$$\begin{pmatrix} A & B \\ C & D \end{pmatrix} = \begin{pmatrix} -1 & 0 \\ 0 & -1 \end{pmatrix} \qquad (4-62)$$

$$\begin{bmatrix} A & B \\ C & D \end{bmatrix}^2 = \begin{pmatrix} -1 & 0 \\ 0 & -1 \end{pmatrix}\begin{pmatrix} -1 & 0 \\ 0 & -1 \end{pmatrix} = \begin{pmatrix} 1 & 0 \\ 0 & 1 \end{pmatrix} \qquad (4-63)$$

光线往返二周后自行闭合，因此共焦腔为稳定腔。

两反射镜的焦点重合的谐振腔定义为共焦腔。对于任意近轴光线，光线在共焦腔中传播两个来回之后，与原入射光线重合，不会逸出腔外，因此它是稳定腔。共焦腔对于谐振腔理论的建立有着极其重要的作用。

101

对简单两镜腔,谐振腔稳定性的区域图如图 4 - 23 所示。任何一个球面腔
(R_1,R_2,L) 唯一的对应于图 4 - 23 上的一点,但并不单值地代表某一个具体尺寸的共轴球面腔。

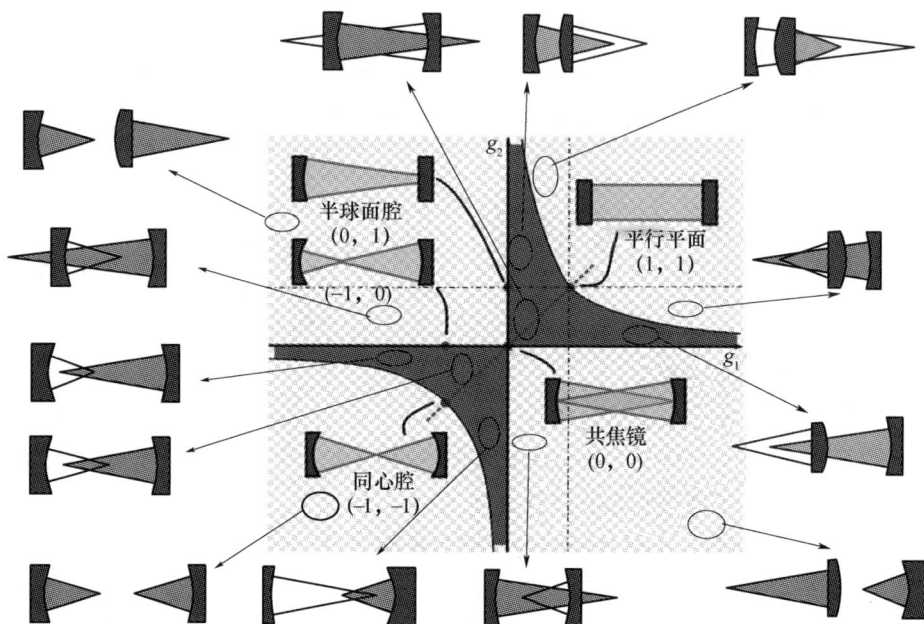

图 4 - 23　谐振腔稳定性的区域图

(∗蓝色区域是稳定区,空白处均为非稳区)

4.3.4　谐振腔的本征值和本征态

当忽略衍射效应或腔的菲涅尔数足够大时,根据光的传输矩阵理论可以求出光学谐振腔的本征值和本征态。光腔中所有本征态的集合构成了光腔的完备态。当光腔内存在本征态时,谐振腔的本征值方程为

$$\begin{pmatrix} A & B \\ C & D \end{pmatrix}\begin{pmatrix} r_v \\ \theta_v \end{pmatrix} = k\begin{pmatrix} r_v \\ \theta_v \end{pmatrix} \tag{4-64}$$

式中:$[r_v \quad \theta_v]^{\mathrm{T}}$ 为本征矢或本征态;k 为本征值。求解该本征方程可得本征值为

$$k_1 = \frac{1}{2}(A+D) + \frac{1}{2}\sqrt{(A+D)^2 - 4} \tag{4-65}$$

$$k_2 = \frac{1}{2}(A+D) - \frac{1}{2}\sqrt{(A+D)^2 - 4} \tag{4-66}$$

进一步可求得本征矢为

$$\begin{pmatrix} r_{v,1} \\ \theta_{v,1} \end{pmatrix} = \begin{pmatrix} r_{v,1} \\ r_{v,1}/q_1 \end{pmatrix}, q_1 = \frac{B}{k_1 - A} = \frac{k_1 - D}{C} \tag{4-67}$$

$$\begin{pmatrix} r_{v,2} \\ \theta_{v,2} \end{pmatrix} = \begin{pmatrix} r_{v,2} \\ r_{v,2}/q_2 \end{pmatrix}, q_2 = \frac{B}{k_2 - A} = \frac{k_2 - D}{C} \tag{4-68}$$

讨论：

（1）当本征值 k 为两重根时：对应于介稳腔

$$k_1 = k_2 = \frac{1}{2}(A + D) \tag{4-69}$$

两本征矢同为

$$\begin{pmatrix} r_{v,1} \\ \theta_{v,1} \end{pmatrix} = \begin{pmatrix} r_{v,2} \\ \theta_{v,2} \end{pmatrix} = \begin{pmatrix} r \\ r/q \end{pmatrix} \tag{4-70}$$

$$q = q_1 = q_2 = \frac{A - D}{2C} = \frac{2B}{D - A} \tag{4-71}$$

这表示距参考面的距离为 q 的点光源发出的球面波。

举例：对平平介稳腔，其往返一周矩阵为

$$\begin{pmatrix} A & B \\ C & D \end{pmatrix} = \begin{pmatrix} 1 & 2L \\ 0 & 1 \end{pmatrix} \tag{4-72}$$

可求得 $q = \infty$，表明平平腔的自再现场为平面光波。

（2）当本征值 k 为两共轭复根时：对应于稳定腔

$$\frac{|A + D|}{2} < 1 \tag{4-73}$$

$$k_1 = \frac{1}{2}(A + D) + \frac{i}{2}\sqrt{4 - (A + D)^2} \tag{4-74}$$

$$k_2 = \frac{1}{2}(A + D) - \frac{i}{2}\sqrt{4 - (A + D)^2} \tag{4-75}$$

进一步可求得两本征矢为

$$\begin{pmatrix} r_{v,1} \\ \theta_{v,1} \end{pmatrix} = \begin{pmatrix} r \\ r/q_1 \end{pmatrix} \tag{4-76}$$

$$\begin{pmatrix} r_{v,2} \\ \theta_{v,2} \end{pmatrix} = \begin{pmatrix} r \\ r/q_2 \end{pmatrix} \tag{4-77}$$

式中：复曲率半径为

$$q_{1,2}^{-1} = \frac{k_{1,2} - A}{B} = \frac{D - A}{2B} \pm \frac{i}{2B}\sqrt{4 - (A + D)^2} \tag{4-78}$$

利用近轴球面波的场分布表达式：

$$E(x, y, z) = \frac{A_0}{R}\exp\left[ik\left(z + \frac{r^2}{2R}\right)\right] \tag{4-79}$$

将复曲率半径式(4-78)带入上式可得稳定腔中本征态对应的场分布：

$$E_1(x,y,z) = \frac{A_0}{q_1}\exp\left[ik\left(z + r^2\frac{D-A}{4B}\right) + \frac{kr^2}{4B}\sqrt{4-(A+D)^2}\right] \quad (4-80)$$

$$E_2(x,y,z) = \frac{A_0}{q_2}\exp\left[ik\left(z + r^2\frac{D-A}{4B}\right) - \frac{kr^2}{4B}\sqrt{4-(A+D)^2}\right] \quad (4-81)$$

光腔谐振模场为两个本征场的叠加：

$$E(x,y,z) = a_1E_1(x,y,z) + a_2E_2(x,y,z) \quad (4-82)$$

式中：a_1 和 a_2 为比例系数。考虑到边界条件：

$$\lim_{x^2+y^2=r^2\to\infty} E(x,y,z) = 0 \quad (4-83)$$

可知 $a_1 = 0$，则光腔谐振模场为

$$E(x,y,z) = \frac{a_2A_0}{q_2}\exp\left[ik\left(z + r^2\frac{D-A}{4B}\right) - \frac{kr^2}{4B}\sqrt{4-(A+D)^2}\right] \quad (4-84)$$

设光学谐振腔为对称腔，且满足 $R_1 = R_2 > L/2$，可求得谐振腔内的模场分布为

$$E(x,y,z) = \frac{E}{w(z)}\exp\left[-\frac{r^2}{w^2(z)}\right]\exp\left[ik\left(z + \frac{r^2}{2R(z)}\right) + i\phi(z)\right] \quad (4-85)$$

式中：$w(z)$ 表示以 $1/e$ 定义的光斑尺寸，右边第一个指数项表示自再现模场的振幅分布，第二个指数项表示自再现模场的相位分布。

设 $z=0$ 处为光束的束腰位置，Z_0 为共焦参数，则有：

$$R(z) = z\left[1 + (Z_0/z)^2\right] \quad (4-86)$$

$$w(z) = w_0\sqrt{1 + (Z_0/z)^2} \quad (4-87)$$

$$\phi(z) = \arctan(z/Z_0) \quad (4-88)$$

$$w_0 = \sqrt{\lambda Z_0/\pi} \quad (4-89)$$

稳定腔中，等相面曲率半径和曲率中心是随 z 不断变化的。

（3）当本征值 k 为两不等的实根时：对应于非稳腔

$$\frac{|A+D|}{2} > 1 \quad (4-90)$$

$$k_1 = \frac{1}{2}(A+D) + \frac{1}{2}\sqrt{(A+D)^2-4} \quad (4-91)$$

$$k_2 = \frac{1}{2}(A+D) - \frac{1}{2}\sqrt{(A+D)^2-4} \quad (4-92)$$

相应的本征矢为

$$\begin{pmatrix} r_{v,1} \\ \theta_{v,1} \end{pmatrix} = \begin{pmatrix} r_{v,1} \\ r_{v,1}/q_1 \end{pmatrix}, q_1 = \frac{A-D-\sqrt{(A+D)^2-4}}{2C} \quad (4-93)$$

$$\begin{pmatrix} r_{v,2} \\ \theta_{v,2} \end{pmatrix} = \begin{pmatrix} r_{v,2} \\ r_{v,2}/q_2 \end{pmatrix}, q_2 = \frac{A-D+\sqrt{(A+D)^2-4}}{2C} \quad (4-94)$$

对应了球面波本征态,描述了球面波曲率中心距参考面的距离为 q_1 和 q_2,相应的球面波曲率半径为 q_1 和 q_2。由于 k_1 和 k_2 均为实数,因此 q_1 和 q_2 也均为实数。但是,由于谐振腔的 $AD - BC = 1$,$k_1 k_2 = 1$,因此,k 的两个值中,有一个绝对值大于 1,另一个小于 1,大于 1 的对应于非稳腔内发散的球面波,小于 1 的对应于会聚球面波。应选取绝对值小于 1 的 k 和相应的 q。非稳腔中,球面波的曲率中心是确定的。

4.3.5　一维失调灵敏度

在一般谐振腔中,各个光学元件均可能存在或多或少的失调。通常是用准直光(如 He – Ne 激光)或平行光管精确调整各个光学元器件。谐振腔镜一般是安装在精密调整架上,通过精密调整使激光系统达到最佳输出。因此,激光的失调经常是出现在谐振腔镜上。为此,我们在这儿着重讨论腔镜失调对系统输出特性的影响。考虑两镜谐振腔,设镜 1 的曲率半径为 r_1,镜 2 的曲率半径为 r_2,镜 1 到镜 2 的光学系统的传输矩阵为 $\begin{pmatrix} a & b \\ c & d \end{pmatrix}$,则基模高斯光束在镜 1 和镜 2 处的光斑半径为

$$w_i^2 = \pm \frac{\lambda b}{\pi} \sqrt{\frac{G_j}{G_i(1 - G_1 G_2)}} \qquad (4-95)$$

式中:G_1、G_2 为式(4 – 12)和式(4 – 13)表示的多元件腔的 G 参数。

设镜 1 的倾斜角为 ε'_1(称为失调角),由此引起光束在镜 1 处的失调线位移和角位移分别为 x_{11} 和 θ_{11},引起光束在镜 2 处的失调线位移和角位移分别为 x_{21} 和 θ_{21}。类似地,因镜 2 倾斜 ε'_2 角而引起光束在镜 2 和镜 1 处的失调线位移和角位移分别为 x_{22}、θ_{22}、x_{12}、θ_{12}。

镜 1(镜 2)失调引入的失调灵敏度参量 $D_1(D_2)$ 定义为

$$D_i = \frac{1}{\varepsilon'_i} \Big[\Big(\frac{x_{ii}}{w_i} \Big)^2 + \Big(\frac{x_{ji}}{w_j} \Big)^2 \Big]^{\frac{1}{2}} \quad (i,j = 1,2, i \neq j) \qquad (4-96)$$

式中:w_1 和 w_2 分别为基模光束在镜 1 和镜 2 处的光斑半径。

若镜 1 和镜 2 都失调,则总失调灵敏度参量 D 定义为

$$D = \sqrt{D_1^2 + D_2^2} \qquad (4-97)$$

设镜 1 只有角失调 ε'_1,线位移失调 $\varepsilon_1 = 0$,则以镜 1 为参考,往返一周后有

$$\begin{pmatrix} x_{11} \\ \theta_{11} \\ 1 \\ 1 \end{pmatrix} = \begin{pmatrix} 1 & 0 & 0 & 0 \\ -\dfrac{2}{r_1} & 1 & 0 & -2\varepsilon'_1 \\ 0 & 0 & 1 & 0 \\ 0 & 0 & 0 & 1 \end{pmatrix} \begin{pmatrix} d & b & 0 & 0 \\ c & a & 0 & 0 \\ 0 & 0 & 1 & 0 \\ 0 & 0 & 0 & 1 \end{pmatrix} \begin{pmatrix} 1 & 0 & 0 & 0 \\ -\dfrac{2}{r_2} & 1 & 0 & 0 \\ 0 & 0 & 1 & 0 \\ 0 & 0 & 0 & 1 \end{pmatrix} \begin{pmatrix} a & b & 0 & 0 \\ c & d & 0 & 0 \\ 0 & 0 & 1 & 0 \\ 0 & 0 & 0 & 1 \end{pmatrix} \begin{pmatrix} x_{11} \\ \theta_{11} \\ 1 \\ 1 \end{pmatrix}$$

$$(4-98)$$

以镜 2 为参考,往返一周后有(失调线位移 $\varepsilon_2 = 0$)

$$
\begin{pmatrix} x_{21} \\ \theta_{21} \\ 1 \\ 1 \end{pmatrix} = \begin{pmatrix} 1 & 0 & 0 & 0 \\ -\dfrac{2}{r_2} & 1 & 0 & 0 \\ 0 & 0 & 1 & 0 \\ 0 & 0 & 0 & 1 \end{pmatrix} \begin{pmatrix} a & b & 0 & 0 \\ c & d & 0 & 0 \\ 0 & 0 & 1 & 0 \\ 0 & 0 & 0 & 1 \end{pmatrix} \begin{pmatrix} 1 & 0 & 0 & 0 \\ -\dfrac{2}{r_1} & 1 & 0 & -2\varepsilon'_1 \\ 0 & 0 & 1 & 0 \\ 0 & 0 & 0 & 1 \end{pmatrix} \begin{pmatrix} d & b & 0 & 0 \\ c & a & 0 & 0 \\ 0 & 0 & 1 & 0 \\ 0 & 0 & 0 & 1 \end{pmatrix} \begin{pmatrix} x_{21} \\ \theta_{21} \\ 1 \\ 1 \end{pmatrix}
$$

$$(4-99)$$

可以求得

$$x_{11} = -\varepsilon'_1 b G_2 / (1 - G_1 G_2) \tag{4-100}$$

$$\theta_{11} = -\varepsilon'_1 (1 - a G_2) / (1 - G_1 G_2) \tag{4-101}$$

$$x_{21} = -\varepsilon'_1 b / (1 - G_1 G_2) \tag{4-102}$$

$$\theta_{21} = \varepsilon'_1 (d - G_2) / (1 - G_1 G_2) \tag{4-103}$$

将式(4-100)和式(4-102)代入 D 的定义式(4-96)有

$$D_1^2 = \frac{\pi |b|}{\lambda} \left(\frac{G_2}{G_1} \right)^{\frac{1}{2}} \frac{1 + G_1 G_2}{(1 - G_1 G_2)^{3/2}} \tag{4-104}$$

同理,若镜 2 失调,失调角为 ε'_2,类似的有

$$x_{22} = -\varepsilon'_2 b G_1 / (1 - G_1 G_2) \tag{4-105}$$

$$\theta_{22} = -\varepsilon'_2 (1 - d G_1) / (1 - G_1 G_2) \tag{4-106}$$

$$x_{12} = -\varepsilon'_2 b / (1 - G_1 G_2) \tag{4-107}$$

$$\theta_{12} = \varepsilon'_2 (a - G_1) / (1 - G_1 G_2) \tag{4-108}$$

$$D_2^2 = \frac{\pi |b|}{\lambda} \left(\frac{G_1}{G_2} \right)^{\frac{1}{2}} \frac{1 + G_1 G_2}{(1 - G_1 G_2)^{3/2}} \tag{4-109}$$

若二镜都失调,则总的失调灵敏度参量 D 为

$$D^2 = D_1^2 + D_2^2 = \frac{\pi |b|}{\lambda} \frac{1 + G_1 G_2}{(1 - G_1 G_2)} \cdot \frac{|G_1 + G_2|}{(G_1 G_2)^{1/2}} \tag{4-110}$$

失调灵敏度的物理意义为:若 D_1、D_2 越小,则因光腔反射镜失调引入的附加损耗越小,光腔对失调就越不灵敏。等失调灵敏度图如图 4-24 所示,图 4-24(a)为立体图,图 4-24(b)为等高线图。

4.3.6 二维失调灵敏度

设腔镜 M_1 的二维角失调量为

$$\mathbb{E}'_1 = \begin{bmatrix} \varepsilon'_{1x} & 0 \\ 0 & \varepsilon'_{1y} \end{bmatrix} \tag{4-111}$$

式中:ε'_{1x}、ε'_{1y} 分别为腔镜 M_1 在 yoz、xoz 方向的微失调角。把腔镜 M_1 的失调矩阵写为一个 8×8 的增广矩阵:

多元件腔的等失调灵敏度曲线

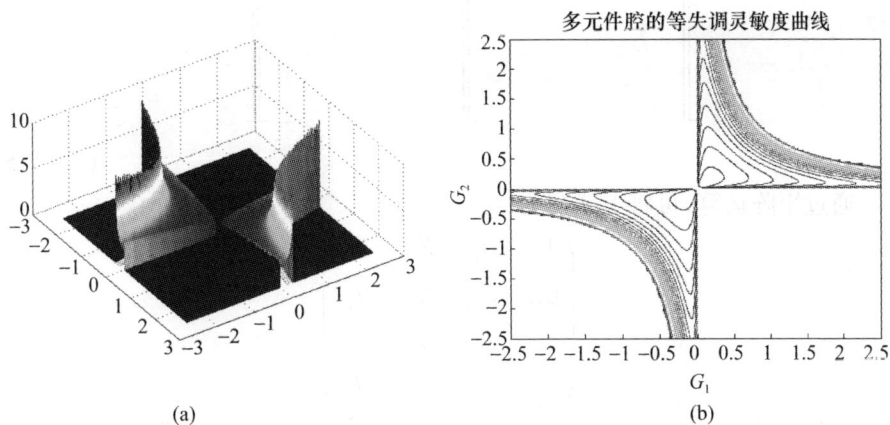

(a)

(b)

图 4 - 24 等失调灵敏度图

(a) 立体图;(b)等高线图。

$$\begin{bmatrix} \mathbb{E} & \mathbb{O} & \mathbb{O} & \mathbb{O} \\ R_1 & \mathbb{E} & \mathbb{O} & -2E_1' \\ \mathbb{O} & \mathbb{O} & \mathbb{E} & \mathbb{O} \\ \mathbb{O} & \mathbb{O} & \mathbb{O} & \mathbb{E} \end{bmatrix} \tag{4-112}$$

式中:$\mathbb{E}$ 为单位矩阵 $\begin{bmatrix} 1 & 0 \\ 0 & 1 \end{bmatrix}$,$\mathbb{O}$ 为零矩阵 $\begin{bmatrix} 0 & 0 \\ 0 & 0 \end{bmatrix}$。

同时,设腔镜 M_2 的不失调,其 8×8 增广矩阵为

$$\begin{bmatrix} \mathbb{E} & \mathbb{O} & \mathbb{O} & \mathbb{O} \\ R_1 & \mathbb{E} & \mathbb{O} & -2E_1' \\ \mathbb{O} & \mathbb{O} & \mathbb{E} & \mathbb{O} \\ \mathbb{O} & \mathbb{O} & \mathbb{O} & \mathbb{E} \end{bmatrix} \tag{4-113}$$

设镜 M_1 到镜 M_2 的 2×2 传输矩阵为 $\begin{bmatrix} A & B \\ C & D \end{bmatrix}$,则两腔镜间的正、反向传输的

8×8 增广矩阵分别为

$$\begin{bmatrix} A & B & \mathbb{O} & \mathbb{O} \\ C & D & \mathbb{O} & \mathbb{O} \\ \mathbb{O} & \mathbb{O} & \mathbb{E} & \mathbb{O} \\ \mathbb{O} & \mathbb{O} & \mathbb{O} & \mathbb{E} \end{bmatrix}、\begin{bmatrix} D^{\mathrm{T}} & B^{\mathrm{T}} & \mathbb{O} & \mathbb{O} \\ C^{\mathrm{T}} & A^{\mathrm{T}} & \mathbb{O} & \mathbb{O} \\ \mathbb{O} & \mathbb{O} & \mathbb{E} & \mathbb{O} \\ \mathbb{O} & \mathbb{O} & \mathbb{O} & \mathbb{E} \end{bmatrix} \tag{4-114}$$

以腔镜 M_1 为参考,则往返一周的复杂像散腔失调增广矩阵为

$$\begin{bmatrix} D^{\mathrm{T}} & B^{\mathrm{T}} & O & O \\ C^{\mathrm{T}} & A^{\mathrm{T}} & O & O \\ O & O & E & O \\ O & O & O & E \end{bmatrix}\begin{bmatrix} E & O & O & O \\ R_2 & E & O & O \\ O & O & E & O \\ O & O & O & E \end{bmatrix}\begin{bmatrix} A & B & O & O \\ C & D & O & O \\ O & O & E & O \\ O & O & O & E \end{bmatrix}\begin{bmatrix} E & O & O & O \\ R_1 & E & O & -2E'_1 \\ O & O & E & O \\ O & O & O & E \end{bmatrix}$$

$$(4-115)$$

通过矩阵运算,可将上式写为

$$\begin{pmatrix} A_{11} & B_{11} & E_{11} & F_{11} \\ C_{11} & D_{11} & G_{11} & H_{11} \\ O & O & E & O \\ O & O & O & E \end{pmatrix} \qquad (4-116)$$

式中: $\begin{bmatrix} E_{11} & F_{11} \\ G_{11} & H_{11} \end{bmatrix}$ 称为失调矩阵,表征了系统的失调特性; $\begin{bmatrix} A_{11} & B_{11} \\ C_{11} & D_{11} \end{bmatrix}$ 为光腔往返一周的传输矩阵。

可将式(4-115)化简为

$$\begin{pmatrix} 4G_2G_1-2G_2A-E & 2G_2B & O & -4G_2BE'_1 \\ 4B^{-1}AG_2G_1-2B^{-1}G_1-2B^{-1}AG_2A & 2A^{\mathrm{T}}G_2^{\mathrm{T}}-E & O & -2(2A^{\mathrm{T}}G_2^{\mathrm{T}}-E)E'_1 \\ O & O & E & O \\ O & O & O & E \end{pmatrix}$$

$$(4-117)$$

上式中引入了腔参数矩阵:

$$G_1 = A + \frac{1}{2}BR_1 \qquad (4-118)$$

$$G_2 = A^{\mathrm{T}} + \frac{1}{2}B^{\mathrm{T}}R_2 \qquad (4-119)$$

设该失调系统的本征光线矢量为 $[R_{11}, \Theta_{11}, E, E]^{\mathrm{T}}$, R_{11} 和 Θ_{11} 分别代表由于腔镜 M_1 失调引起谐振模在腔镜 M_1 处的线位移矩阵和角位移矩阵。

由自再现原理有:

$$\begin{bmatrix} R_{11} \\ \Theta_{11} \\ E \\ E \end{bmatrix} = \begin{pmatrix} A_{11} & B_{11} & E_{11} & F_{11} \\ C_{11} & D_{11} & G_{11} & H_{11} \\ 0 & 0 & E & 0 \\ 0 & 0 & 0 & E \end{pmatrix}\begin{bmatrix} R_{11} \\ \Theta_{11} \\ E \\ E \end{bmatrix} \qquad (4-120)$$

通过符号运算化简可得

$$R_{11} = (G_2G_1-E)^{-1}G_2BE'_1 \qquad (4-121)$$

$$\Theta_{11} = 2E'_1 - (2B^{-1}G_1 - B^{-1}A - B^{-1}G_2^{-1})R_{11} \qquad (4-122)$$

同理,通过符号运算化简可以求得由于腔镜 M_1 失调引起谐振模在腔镜 M_2 处的线位移矩阵 R_{21} 和角位移矩阵 Θ_{21}:

$$R_{21} = (G_1 G_2 - E)^{-1} B E'_1 \tag{4-123}$$

$$\Theta_{21} = (B^T)^{-1} G_1^{-1} B E'_1 - (2(B^T)^{-1} G_2 - (B^T)^{-1} d^T - (B^T)^{-1} G_1^{-1}) R_{21} \tag{4-124}$$

下面,我们再来考虑腔镜 M_2 失调引起的线位移和角位移:

设腔镜 M_2 的角失调量为

$$E'_2 = \begin{pmatrix} \varepsilon'_{2x} & 0 \\ 0 & \varepsilon'_{2y} \end{pmatrix} \tag{4-125}$$

式中:ε'_{2x} 和 ε'_{2y} 分别为腔镜 M_2 在 yoz、xoz 方向的微失调角。计算可得由于腔镜 M_2 失调引起谐振模在腔镜 M_1 处的线位移矩阵 R_{12} 和角位移矩阵 Θ_{12}:

$$R_{12} = (G_2 G_1 - E)^{-1} B^T E'_2 \tag{4-126}$$

$$\Theta_{12} = B^{-1} G_2^{-1} B^T E'_2 - (2B^{-1} G_1 - B^{-1} A - B^{-1} G_2^{-1}) R_{12} \tag{4-127}$$

由于腔镜 M_2 失调引起谐振模在腔镜 M_2 处的线位移矩阵 R_{22} 和角位移矩阵 Θ_{22}:

$$R_{22} = (G_1 G_2 - E)^{-1} G_1 B^T E'_2 \tag{4-128}$$

$$\Theta_{22} = 2E'_2 - (2(B^T)^{-1} G_2 - (B^T)^{-1} d D^T - (B^T)^{-1} G_1) R_{22} \tag{4-129}$$

设系统在腔镜 M_1、M_2 处的等效光阑尺寸分别为 W_1 和 W_2。定义腔镜 M_1 和 M_2 分别失调引起的系统在 x 方向和 y 方向的失调灵敏度参量分别为

$$V_{i,x}^2 = \frac{1}{\varepsilon'^2_{i,x}} \left[\left(\frac{R_{1i,xx}}{W_{1x}} \right)^2 + \left(\frac{R_{2i,xx}}{W_{2x}} \right)^2 \right] \qquad (i=1,2) \tag{4-130}$$

$$V_{i,y}^2 = \frac{1}{\varepsilon'^2_{i,y}} \left[\left(\frac{R_{1iyy}}{W_{1y}} \right)^2 + \left(\frac{R_{2i,yy}}{W_{2y}} \right)^2 \right] \qquad (i=1,2) \tag{4-131}$$

则由于腔镜 M_1 和 M_2 失调,系统在 x 方向和 y 方向的总的失调灵敏度参量为

$$V_x^2 = \sum_{i=1,2} \frac{1}{\varepsilon'^2_{i,x}} \left[\left(\frac{R_{1i,xx}}{W_{1x}} \right)^2 + \left(\frac{R_{2i,xx}}{W_{2x}} \right)^2 \right] \qquad (i=1,2) \tag{4-132}$$

$$V_y^2 = \sum_{i=1,2} \frac{1}{\varepsilon'^2_{i,y}} \left[\left(\frac{R_{1i,yy}}{W_{1y}} \right)^2 + \left(\frac{R_{2i,yy}}{W_{2y}} \right)^2 \right] \qquad (i=1,2) \tag{4-133}$$

综合上两式并引入耦合项可将复杂像散腔的二维失调灵敏度的矩阵表示为

$$V^2 = R_{11} \cdot R_{11} \cdot \begin{bmatrix} 1/\varepsilon'^2_{1x} W_{1x}^{2'} & 0 \\ 0 & 1/\varepsilon'^2_{1y} W_{1y}^2 \end{bmatrix} + R_{21} \cdot R_{21} \cdot \begin{bmatrix} 1/\varepsilon'^2_{1x} W_{2x}^{2'} & 0 \\ 0 & 1/\varepsilon'^2_{1y} W_{2y}^2 \end{bmatrix}$$

$$+ R_{12} \cdot R_{12} \cdot \begin{bmatrix} 1/\varepsilon'^2_{2x} W_{1x}^{2'} & 0 \\ 0 & 1/\varepsilon'^2_{2y} W_{1y}^2 \end{bmatrix} + R_{22} \cdot R_{22} \cdot \begin{bmatrix} 1/\varepsilon'^2_{2x} W_{2x}^{2'} & 0 \\ 0 & 1/\varepsilon'^2_{2y} W_{2y}^2 \end{bmatrix}$$

$$\tag{4-134}$$

式中:符号"·"表示矩阵点积。

4.4 稳定球面腔的等价

4.4.1 对称共焦腔

光学谐振腔对腔内的电磁场施加了一定的约束。一切被约束在空间有限范围内的电磁场都将只能存在于一系列分立的本征态中,每一个本征态都具有一定的振荡频率和一定的空间分布。一旦给定了腔的具体结构,则其中的振荡模的特征也就确定下来,即可以知道腔内各个位置的横向场分布、模的谐振频率、模的相对功率损耗以及每一个模对应的发散角等。

稳定腔的模式理论是以共焦腔模的解析理论为基础的。博伊德(Boyd)和戈登(Gordon)将方形镜共焦腔模式的标量积分方程用分离变量法进行严格的解析求解,并且得出的解是一组特殊定义的长椭球函数,在腔的菲涅尔数为 $N = a^2/\lambda L$ 不很小时,可近似表示为厄米多项式与高斯函数乘积的形式;而对于圆形镜共焦腔,本征函数的解为超椭球函数,在菲涅尔数 $N = a^2/\lambda L$ 不很小的条件下,可近似表示为拉盖尔多项式与高斯函数乘积的形式。图 4 – 25 为对称共焦腔,$R_1 = R_2 = L$。该共焦腔的共焦参数

$$Z_0 = \frac{\pi w_0^2}{\lambda} \tag{4 – 135}$$

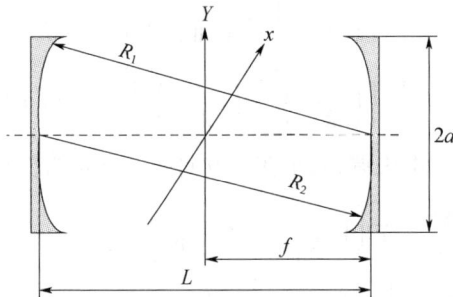

图 4 – 25 对称共焦腔

4.4.2 任何一个共焦腔均与无穷多个稳定球面腔等价

等价是指两种腔具有相同的自再现模,这种等价性是以共焦腔模式的空间分布,尤其是等相位面的分布为依据的。图 4 – 26 给出了示意图,任一共焦腔可对应于无穷多个稳定的球面腔。共焦腔内的自再现光束为高斯光束,基模高斯光束传输到距离 z_1 和 z_2 的公式为

$$R_1 = -R(z_1) = -\left(z_1 + \frac{Z_0^2}{z_1}\right) \qquad (4-136)$$

$$R_2 = R(z_2) = +\left(z_2 + \frac{Z_0^2}{z_2}\right) \qquad (4-137)$$

腔长为

$$L = z_2 - z_1 \qquad (4-138)$$

可以证明如果在光束的任意两个位置,分别由光束的等相面曲率半径 R_1 和 R_2 作为谐振腔的腔镜,构成腔长为 L 的谐振腔,该谐振腔满足条件:

$$0 < \left(1 - \frac{L}{R_1}\right)\left(1 - \frac{L}{R_2}\right) < 1 \qquad (4-139)$$

则谐振腔是稳定球面镜腔,与原来的共焦腔是等价的。由于光束的两个传输位置是任意选定的,可以构成任意多的稳定球面镜腔。一个共焦腔与无数多个稳定球面镜腔等价,如图 4-26(a) 所示;共焦腔与等价的球面镜腔具有相同的自再现模,如图 4-26(b) 所示。

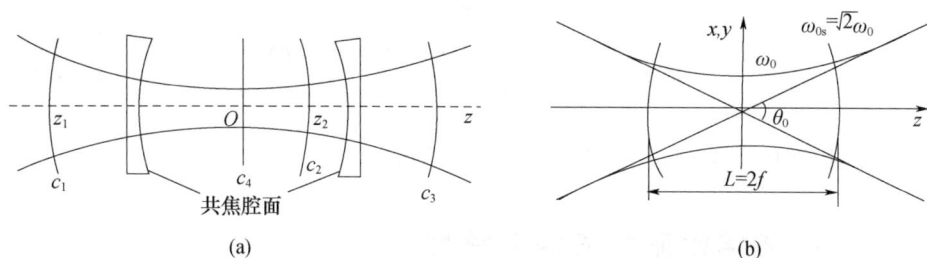

(a)

(b)

图 4-26 共焦腔与球面镜腔的等价

4.4.3 任意一个稳定球面腔只有一个等价的共焦腔

由上一节可知,任一共焦腔可对应于无穷多个稳定的球面腔。但是反过来,任一稳定球面腔只有一个等价共焦腔。图 4-27 显示了球面镜腔与等价的共焦腔之间的等价关系。

对于这样的等价腔,有

$$R_1 = -R(z_1) = -\left(z_1 + \frac{f^2}{z_1}\right) \qquad (4-140)$$

$$R_2 = R(z_2) = +\left(z_2 + \frac{f^2}{z_2}\right) \qquad (4-141)$$

$$L = z_2 - z_1 \qquad (4-142)$$

由式 $(4-140) \sim$ 式 $(4-142)$,可以求得:

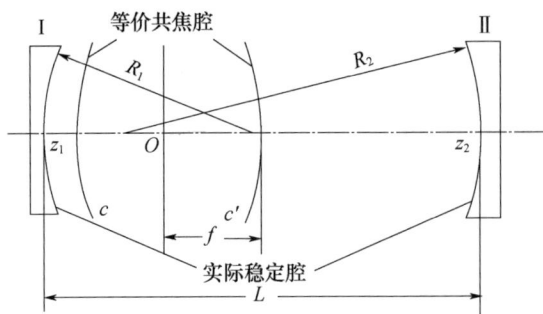

图 4 – 27　球面镜腔与共焦腔的等价

$$Z_1 = \frac{L(R_2 - L)}{(L - R_1) + (L - R_2)} \qquad (4-143)$$

$$Z_2 = \frac{-L(R_1 - L)}{(L - R_1) + (L - R_2)} \qquad (4-144)$$

$$f^2 = \frac{L(R_1 - L)(R_2 - L)(R_1 + R_2 - L)}{[(L - R_1) + (L - R_2)]^2} \qquad (4-145)$$

可以证明,当 $0 < (1 - L/R_1)(1 - L/R_2) < 1$ 时, $f^2 > 0$

4.5　光学谐振腔的偏振特性

在实际应用中,有时需在谐振腔内放入各类偏振元件,如普克尔盒(Pockels)、相位延迟片、布儒斯特(Brewster)角窗片、斯塔克(Stark)板等。含偏振元件的光腔中的场具有特定的偏振态。

由物理光学可知,任意偏振光可以用在 x 和 y 方向的电场 ε_x 和 ε_y 表示为(琼斯矢量)

$$\boldsymbol{\varepsilon} = \begin{bmatrix} \varepsilon_x & \varepsilon_y \end{bmatrix}^{\mathrm{T}} \qquad (4-146)$$

式中: $\varepsilon_x = \varepsilon_{0x}$, $\varepsilon_y = \varepsilon_{0y} \mathrm{e}^{\mathrm{i}\phi}$, ϕ 为 ε_x 和 ε_y 之间的相位差。线偏光的 $\phi = 0$ 。对圆偏振光,有

$$\phi = \pm \frac{\pi}{2}, \varepsilon_{0x} = \varepsilon_{0y} = \varepsilon_0 \qquad (4-147)$$

则其琼斯矢量可表示为

$$\boldsymbol{\varepsilon} = \frac{\varepsilon_0}{\sqrt{2}} \begin{pmatrix} 1 \\ \mp \mathrm{i} \end{pmatrix} \qquad (4-148)$$

偏振光的琼斯列矢量列于表 4 – 2。

表 4 - 2　偏振光的琼斯列矢量

偏振光类型	线偏光				圆偏振光		正椭圆偏振光		一般椭圆偏振光
	水平 $\delta=0$	垂直 $\delta=\pm\pi$	45°	45°	一般角度	左旋	右旋	左旋	右旋	$-\pi<\delta<-\dfrac{\pi}{2}$（三）; $\delta=-\dfrac{\pi}{2}$（右旋）; $-\dfrac{\pi}{2}<\delta<0$（四）; $0<\delta<\dfrac{\pi}{2}$（一）; $\delta=\dfrac{\pi}{2}$（左旋）; $\dfrac{\pi}{2}<\delta<\pi$（二）
斯托克斯列矢量	$\begin{bmatrix}1\\0\end{bmatrix}$	$\begin{bmatrix}1\\0\end{bmatrix}$	$\dfrac{1}{\sqrt{2}}\begin{bmatrix}1\\1\end{bmatrix}$	$\dfrac{1}{\sqrt{2}}\begin{bmatrix}1\\-1\end{bmatrix}$	$\begin{bmatrix}\cos\theta\\\sin\theta\end{bmatrix}$	$\dfrac{1}{\sqrt{2}}\begin{bmatrix}1\\i\end{bmatrix}$	$\dfrac{1}{\sqrt{2}}\begin{bmatrix}1\\-i\end{bmatrix}$	$\begin{bmatrix}\cos\theta\\i\sin\theta\end{bmatrix}$	$\begin{bmatrix}\cos\theta\\-i\sin\theta\end{bmatrix}$	$\begin{bmatrix}\cos\theta\\\sin\theta\exp(i\delta)\end{bmatrix}$

偏振元件对入射光场的偏振态的变换可表示为

$$\boldsymbol{\varepsilon}_2 = M\boldsymbol{\varepsilon}_1 \tag{4-149}$$

式中:M 为一个 2×2 矩阵,称为琼斯矩阵。

常用偏振元件的琼斯矩阵总结如表 4 - 3 所列。

表 4 - 3　常用光学系统的琼斯矩阵

偏振元件	琼斯矩阵
水平起偏器	$\begin{bmatrix}1&0\\0&0\end{bmatrix}$
垂直起偏器	$\begin{bmatrix}0&0\\0&1\end{bmatrix}$
45°起偏器	$0.5\begin{bmatrix}1&1\\1&1\end{bmatrix}$
-45°起偏器	$0.5\begin{bmatrix}1&-1\\-1&1\end{bmatrix}$
起偏器(起偏方向与 x 轴夹角为 α)	$\begin{bmatrix}\cos\alpha&\sin\alpha\\-\sin\alpha&\cos\alpha\end{bmatrix}\begin{bmatrix}1&0\\0&0\end{bmatrix}\begin{bmatrix}\cos\alpha&-\sin\alpha\\\sin\alpha&\cos\alpha\end{bmatrix}$
右旋圆偏振器	$0.5\begin{bmatrix}1&i\\-i&1\end{bmatrix}$
左旋圆偏振器	$0.5\begin{bmatrix}1&-i\\i&1\end{bmatrix}$

（续）

偏振元件	琼斯矩阵
1/4 波片（快轴沿 x 轴方向）	$\begin{bmatrix} 1 & 0 \\ 0 & i \end{bmatrix}$
1/4 波片（快轴沿 y 轴方向）	$\begin{bmatrix} 1 & 0 \\ 0 & -i \end{bmatrix}$
1/4 波片（快轴与 x 轴夹角为 α）	$\begin{bmatrix} \cos\alpha & \sin\alpha \\ -\sin\alpha & \cos\alpha \end{bmatrix}\begin{bmatrix} 1 & 0 \\ 0 & i \end{bmatrix}\begin{bmatrix} \cos\alpha & -\sin\alpha \\ \sin\alpha & \cos\alpha \end{bmatrix}$
1/2 波片（快轴沿 x 轴方向）	$\begin{bmatrix} 1 & 0 \\ 0 & -1 \end{bmatrix}$
1/2 波片（快轴沿 y 轴方向）	$\begin{bmatrix} 1 & 0 \\ 0 & -1 \end{bmatrix}$
1/2 波片（快轴与 x 轴夹角为 α）	$\begin{bmatrix} \cos\alpha & \sin\alpha \\ -\sin\alpha & \cos\alpha \end{bmatrix}\begin{bmatrix} 1 & 0 \\ 0 & -1 \end{bmatrix}\begin{bmatrix} \cos\alpha & -\sin\alpha \\ \sin\alpha & \cos\alpha \end{bmatrix}$
δ 相位延迟补偿片（快轴与 x 轴夹角为 α）	$\begin{bmatrix} \cos\alpha & \sin\alpha \\ -\sin\alpha & \cos\alpha \end{bmatrix}\begin{bmatrix} 1 & 0 \\ 0 & \exp(i\delta) \end{bmatrix}\begin{bmatrix} \cos\alpha & -\sin\alpha \\ \sin\alpha & \cos\alpha \end{bmatrix}$

为更清楚地理解谐振腔中的偏振特性,现举例:以图 4 – 28 中含有普克尔盒（它与光轴成 45°角偏振）和斯塔克偏振器的光腔为例,分析光腔中的偏振本征态。

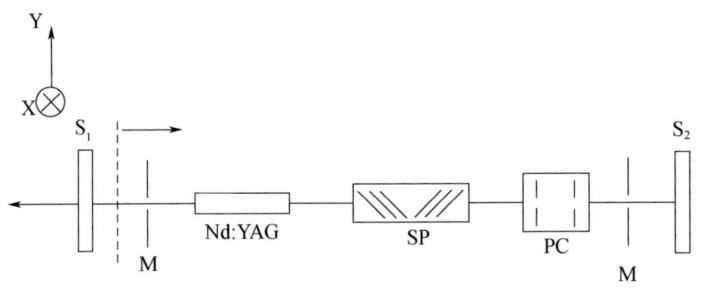

图 4 – 28　含斯塔克偏振器（SP）和普克尔盒（PC）的光腔

以镜 S_1 为参考,往返一周偏振矩阵为

$$\boldsymbol{M} = \begin{bmatrix} m_{11} & m_{12} \\ m_{21} & m_{22} \end{bmatrix} \qquad (4-150)$$

设谐振腔本征偏振矢量为 γ,则

$$\gamma\begin{bmatrix} \varepsilon_x \\ \varepsilon_y \end{bmatrix} = \begin{bmatrix} m_{11} & m_{12} \\ m_{21} & m_{22} \end{bmatrix}\begin{bmatrix} \varepsilon_x \\ \varepsilon_y \end{bmatrix} \qquad (4-151)$$

求解式(4-151)谐振腔偏振态的本征值为

$$\begin{bmatrix} m_{11} - \gamma & m_{12} \\ m_{21} & m_{22} - \gamma \end{bmatrix} \begin{bmatrix} \varepsilon_x \\ \varepsilon_y \end{bmatrix} = 0 \qquad (4-152)$$

$$\gamma_{1,2} = \frac{m_{11} + m_{22}}{2} \pm \left[\left(\frac{m_{11} + m_{22}}{2} \right)^2 - (m_{11}m_{22} - m_{12}m_{21}) \right]^{\frac{1}{2}} \qquad (4-153)$$

4.6　热透镜效应对光学谐振腔的影响

在固体激光器的泵浦过程中,激光晶体将产生热,并形成热透镜效应。激光晶体的热透镜效应将影响激光器的输出特性。激光晶体产生热主要有以下四个原因:①存在于泵浦波长与激光波长之间的光子能量差异导致的量子亏损发热;②激光跃迁到下能级后将弛豫跃迁到基态,该下能级与基态之间的能量差转换将形成热;③激光跃迁的荧光过程的量子效率小于1,这将导致激光淬灭而产生热;④倘若泵浦源的光谱较宽,基质材料将吸收多的光能而产生热。这些热积聚在激光晶体中,将造成光致折射率改变,形成透镜效应,即热透镜。由于热透镜效应的影响,随着泵浦功率的增高,等效热透镜焦距变短,激光腔可能会进入非稳区,并出现输出功率降低的现象。如相关实验所示,实验装置如图4-29所示,采用简单的平平腔结构,其中 Nd:YAG 左端面到腔镜 M_1 的距离 x_1 为 160mm,Nd:YAG 右端面到腔镜 M_2 的距离 x_2 为 170mm 或 700mm。当考虑热透镜效应的时候,该平平腔将等效为一个共焦腔,倘若热透镜效应增强,即热透镜焦距减小时,将会使得激光腔变为非稳腔造成激光输出功率下降。

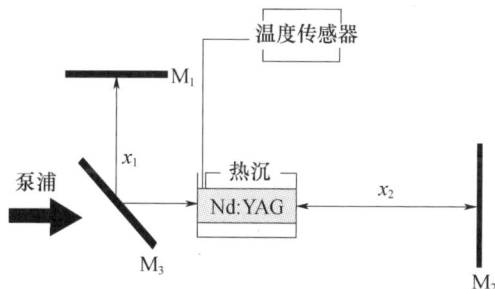

图 4-29　实验装置

当 x_2 为 170mm 的时候,测量得到的输入输出曲线如图 4-30 所示,这时激光输出能量随着泵浦光能量的增大而增大。当我们增加 x_2 至 700mm 的时候,开始时激光输出能量随着泵浦光能量的增大而增大,但是当泵浦光能量超过某一阈值的时候,激光输出能量开始下降。并且重复功率越高,开始下降的泵浦光能量越低。这是因为当重复频率越高,激光增益介质的热透镜效应越明显,激光腔将越早进入非稳区。由此可见热透镜参数对激光输出性能将起非常重要的决定性因素。

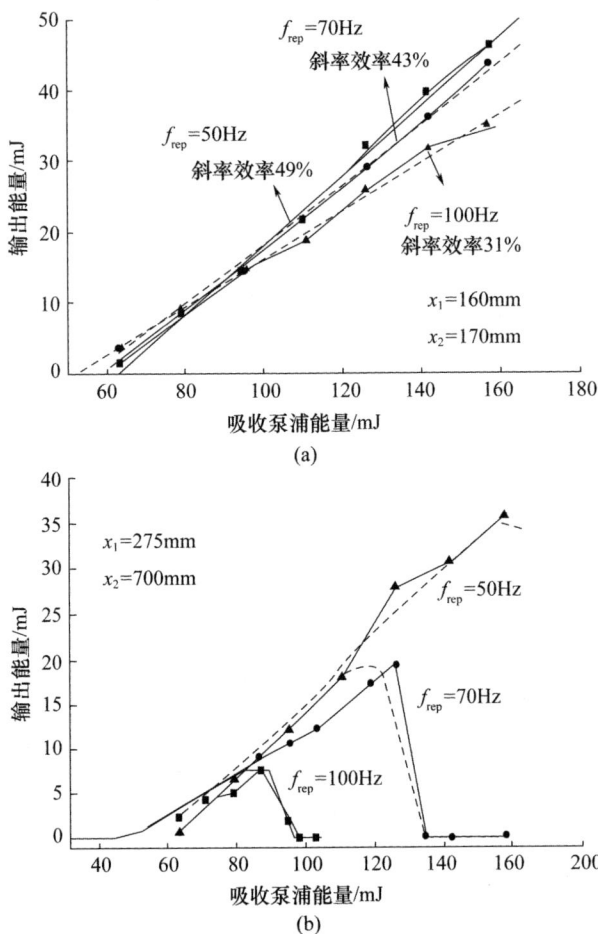

(a)

(b)

图 4 – 30　测量得到激光输出能量随泵浦能量变化的曲线

（a）$x_2 = 170\text{mm}$；（b）$x_2 = 700\text{mm}$。

4.6.1　热透镜的计算

激光材料因吸收了泵浦辐射而发热,而同时激光材料的表面将通过散热的方式进行冷却,这两者共同作用下,将使得激光材料内部产生不均匀的温度分布。增益介质中的温度分布将使折射率发生变化,形成类似透镜的效应。因此了解激光增益介质中的温度分布对于计算热透镜起着至关重要的作用。

1. 温度分布

激光材料吸收泵浦光产生的热将通过棒表面流过的冷却液冷却形成温度分布。若 K 表示热导率,Q 表示单位体积的发射量,则圆柱激光增益介质的 r 径向

温度分布可表示为

$$\frac{d^2 T}{dr^2} + \frac{1}{r}\frac{dT}{dr} + \frac{Q}{K} = 0 \qquad (4-154)$$

设 r_0 为棒的半径,求解式(4-154),可获得温度随半径的分布:

$$T(r) = T(r_0) + \frac{Q}{4K}(r_0^2 - r^2) \qquad (4-155)$$

设激光晶体中热的分布是均匀的,P_a 为激光晶体吸收的总热量,L 为棒的长度,则有

$$Q = \frac{P_a}{\pi r_0^2 L} \qquad (4-156)$$

激光增益介质的温度分布会在棒内产生机械应力,由式(4-155)的温度分布规律得到的径向、切向和轴向的应力分别为

$$\sigma_r(r) = QE\left[16K(1-\nu)\right]^{-1}(r^2 - r_0^2) \qquad (4-157)$$

$$\sigma_\phi(r) = \alpha QE\left[16K(1-\nu)\right]^{-1}(3r^2 - r_0^2) \qquad (4-158)$$

$$\sigma_z(z) = 2\alpha QE\left[16K(1-\nu)\right]^{-1}(2r^2 - r_0^2) \qquad (4-159)$$

式中:E 为弹性模量;ν 为泊松比;α 为热膨胀系数,当应力值为正时表示材料处于膨胀状态,为负时为收缩状态,应力分布与 r 成抛物线关系,最大的应力出现在棒的中心和表面。由应力通过光弹效应引起的在径向和切向的折射率变化可表示为

$$\Delta n_r = -\frac{1}{2}n_0^3 \frac{\alpha Q}{K} C_r r^2 \qquad (4-160)$$

$$\Delta n_\phi = -\frac{1}{2}n_0^3 \frac{\alpha Q}{K} C_\phi r^2 \qquad (4-161)$$

式中:C_r 和 C_ϕ 分别为晶体的弹光系数,如果 C_r 和 C_ϕ 的值不同还会引起热致双折射现象。

激光棒中的温度梯度和应力将会引起光学畸变,折射率的变化量由温度分布和应力决定,折射率的径向变化 $n(r)$ 可表示为

$$n(r) = n_0 + \Delta n\,(r)_T + \Delta n\,(r)_\varepsilon \qquad (4-162)$$

式中:n_0 为棒的中心处的折射率;$\Delta n\,(r)_\varepsilon$ 为应力引起的折射率变化,如式(4-160)和式(4-161)所示;$\Delta n(r)_T$ 为温度分布引起的折射率变化

$$\Delta n\,(r)_T = \left[T(r) - T(0)\right]\frac{dn}{dT} = -\frac{Q}{4K}r^2\frac{dn}{dT} \qquad (4-163)$$

由式(4-160)~式(4-163)可知,激光棒的折射率变化与半径 r 是一个二次方关系,即当光束通过激光棒时,光束将出现二次方的空间相位变化,相当于通过了一个球面透镜。我们已经知道介质等效于一个透镜的时候,它的折射率需要满足公式

$$n(r) = n_0 \left(1 - \frac{2r^2}{b^2} \right) \qquad (4-164)$$

式中:b 为折射率分布系数。折射率满足式(4-164)且长度为 L 的激光棒的等效透镜焦距 f 可表示为

$$f_{\text{rod}} = \frac{b^2}{4n_0 L} \qquad (4-165)$$

将式(4-162)~式(4-164)带入式(4-165),可以得到热透镜的计算公式

$$f_{\text{rod}} = \frac{KA}{P_a} \left[\frac{1}{2} \frac{dn}{dT} + \alpha C_{r,\phi} n_0^3 + \frac{\alpha r_0 (n_0-1)}{L} \right]^{-1} = L_{\text{rod}} P_{\text{pump}}^{-1} \qquad (4-166)$$

式中:L_{rod} 为热透镜系数

$$L_{\text{rod}} = f_{\text{rod}} P_{\text{pump}} \qquad (4-167)$$

由式(4-166)可知,随着泵浦功率的增加,激光晶体吸收的热将增多,热效应增强,热透镜焦距减小。如果定义热透镜屈光力

$$D_{\text{rod}} = 1/f_{\text{rod}} \qquad (4-168)$$

则有热透镜屈光力随泵浦功率变化呈线性变化

$$D_{\text{rod}} = L_{\text{rod}}^{-1} P_{\text{pump}} \qquad (4-169)$$

通过以上分析可知,泵浦和冷却将造成激光棒的温度分布,通过该温度分布可以计算出热应力分布,应力和温度分布共同作用下将导致折射率变化,并求出对应的热透镜焦距。已知某一特定泵浦功率下的热透镜焦距,即可知道该激光棒的热透镜系数 L_{rod}。根据热透镜系数 L_{rod} 利用式(4-167)或式(4-169)即可知道在任意功率下的热透镜焦距或热透镜屈光力。并可以此计算值为参考值来进行腔型设计。

4.6.2 热透镜焦距的测量

我们已经知道热透镜是影响激光谐振腔品质的一个重要因素,并给出了计算热透镜焦距的方法。但是计算值对于精确设计激光腔往往是不够的,怎么能够准确地测量热透镜焦距对于设计激光腔相当重要。下面介绍几种测量热透镜焦距的方法。

1. 扩束光聚焦法

图4-31为扩束光聚焦法测量固体激光增益介质热透镜焦距的实验装置图。实验中采用 He-Ne 激光输出为探测光。该 He-Ne 激光经过扩束准直后入射到小孔1上。小孔1确定了用于测量的光斑大小。通过小孔1的 He-Ne 激光入射通过增益介质,由于增益介质的热透镜效应激光光束被聚焦,光斑大小发生变化。聚焦后的激光入射到小孔2上,可以采用光电探测器测量通过小孔2的功率大小,测量的功率值将随着热透镜屈光力的增加而增加。热透镜焦距可以由式(4-170)计算得出:

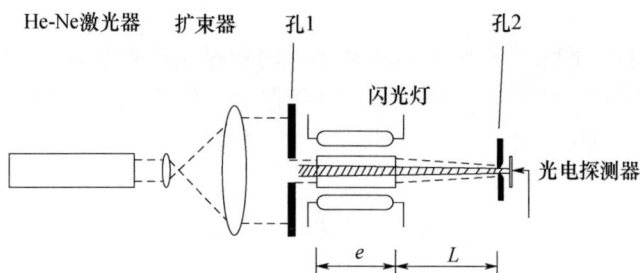

图 4 – 31　扩束光聚焦法测量固体激光增益介质热透镜焦距的实验装置图

$$f = \frac{L + l/(2n)}{1 - \sqrt{\dfrac{I_0}{I}}} \qquad\qquad (4 - 170)$$

式中: I_0 为没有热透镜的情况下测量的功率密度; l 为增益介质的长度; n 为增益介质的折射率。

2. 准直光束偏移法

有别于扩束光聚焦法,一束小的准直光束也可用于测量增益介质的热透镜,如图 4 – 32 所示。当一束准直光束通过增益介质时,增益介质的热透镜效应将使得光束发生偏转,造成观测板上的光斑位置发生偏移。通过测量光斑的偏移量,可以求得增益介质的热透镜焦距为

$$f = \frac{a(L + h)}{x} \qquad\qquad (4 - 171)$$

式中: $h = l/2n$ 为热透镜的主平面到增益介质端面的距离。

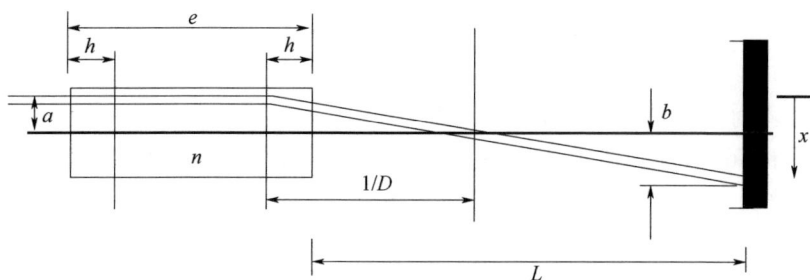

图 4 – 32　准直光束偏移法测量固体激光增益介质热透镜焦距的实验装置图

3. 近似对称平平腔中的最低功率测量法

如前面已经指出,增益介质的热透镜效应将会影响激光器的输出性能,这是在设计激光器时需要注意的。而同时,也可以利用这一特性,通过测量激光器输出激光功率随热透镜变化的曲线,来测量激光增益介质的热透镜。

图 4 – 33 中,增益介质放在平平腔的中心位置附近时,随着泵浦功率的增

加,热镜镜焦距变短。随着热透镜的焦距变短,激光腔将从稳定区通过非稳区再进入到稳定区中,即 g 参数值 $g_1 g_2$ 值从正值将通过原点附近变为负值,在这个变化过程中将会探测到激光功率下降。因此在输入输出功率曲线上会出现极小值,在该极小值所对应的泵浦功率下,可以求得对应非稳腔处的热透镜焦距:

$$f_{\mathrm{rod}} = \frac{2\left(d_1 + \dfrac{l}{2n}\right)\left(d_2 + \dfrac{l}{2n}\right)}{d_1 + d_2 + \dfrac{l}{n}} \qquad (4-172)$$

式中: d_1 为镜 1 到增益介质端面的距离; d_2 为镜 2 到增益介质端面的距离; l 为增益介质的长度; n 为增益介质的折射率。通过改变谐振腔的腔长,可获得不同泵浦功率所对应的热透镜焦距。利用式(4-166),根据泵浦功率和热透镜焦距,即可求得热透镜系数 L_{rod}。

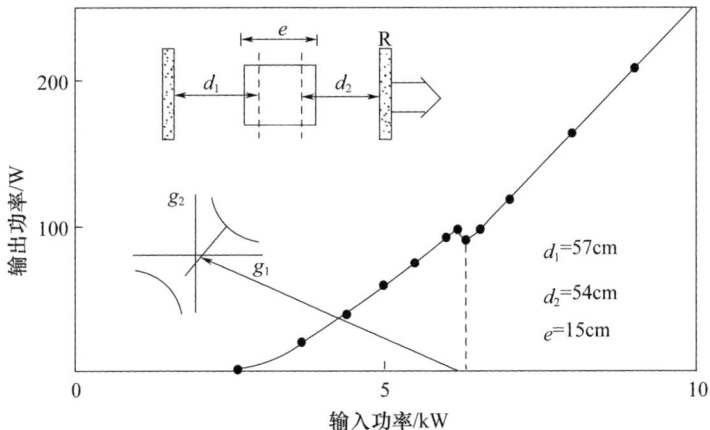

图 4-33　通过最小功率法测量 Nd:YAG 晶体棒的热透镜焦距实验结果示意图

4. 不对称平平腔中的最高功率测量法

对于 Nd:YAG 晶体,其热透镜屈光力在径向和切向方向是不同的,径向方向的屈光力一般比切向方向高 15% ~ 20%。采用图 4-34 所示的方案,可以测量激光棒的径向和切向的热焦距。在平平腔中,激光增益介质靠近谐振腔中的一个腔镜,当增加泵浦功率时激光棒的热透镜焦距变短,径向偏振方向的热焦距首先使激光腔变为非稳腔,径向偏振方向的激光振荡将会停止;但是径向偏振方向进入非稳区的时候,切向偏振方向还在稳定区,因此输入输出功率曲线将出现两个极大值,与 D_{r} 和 D_{ϕ} 对应的泵浦功率为 $P_{\mathrm{r,pump}}$ 和 $P_{\phi,\mathrm{pump}}$。在极大值对应的泵浦功率下,热透镜焦距为

$$f_{\mathrm{r,rod}} = f_{\phi,\mathrm{rod}} = d_{\max} + \frac{l}{2n} \qquad (4-173)$$

式中: $d_{\max}$ 为 d_1 和 d_2 两者中的较大值。利用式(4-166)可以估算激光棒的径向

和切向的热透镜系数：

$$L_{\mathrm{r,rod}} = P_{\mathrm{r,pump}}f_{\mathrm{r,rod}} \tag{4-174}$$

$$L_{\phi,\mathrm{rod}} = P_{\phi,\mathrm{pump}}f_{\phi,\mathrm{rod}} \tag{4-175}$$

该方法相对简单,但是没有近似对称平平腔中的最低功率测量法准确。这是因为功率下降的点并不能精确表征激光腔进入非稳腔的位置。

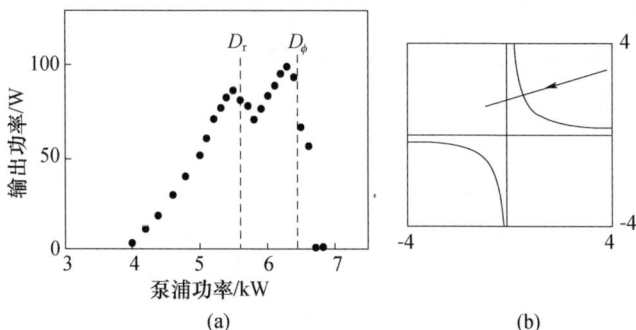

图4-34 通过最大功率法测量热透镜焦距实验结果示意图

(a) D_{r} 为径向热透镜屈光力, D_{ϕ} 为切向热透镜屈光力;(b)激光谐振腔的等效稳定腔示意图。

4.7 新型光学谐振腔

4.7.1 棱镜腔

直角棱镜和角锥棱镜等具有类似于平面反射镜的特性,可将光路原路返回。利用直角面或角锥面的全反射特性,入射光高效地在棱镜内部进行二次或三次全反射,出射光方向相对于入射光方向成180°。人们很早就开始了在激光谐振腔中引入棱镜构成棱镜腔,使得激光输出特性对棱镜小范围失调不灵敏,激光器的调整相对简单,因此棱镜腔多用于中低端激光器。棱镜腔可用于机械调Q激光器和被动调Q激光器等。在电光调Q激光器中很少使用这类腔,其原因是光束在直角面或角锥面发生全反射时会在两个互相垂直的光矢量间引入一定的位相延迟,产生附加的光学退偏。将直角棱镜或角锥棱镜做成阵列,替代谐振腔的全反镜,可构成准相位共轭腔。1971年,《激光》编写组著书介绍了棱镜腔;1981年,冷长庚在《固体激光器》中也介绍了其特点及应用。

针对具有大纵横比的板条激光介质,图4-35给出了几种板条直角棱镜腔构型。直角棱镜起折叠光路、增加有效腔长等作用。图4-35(a)为带有直角棱镜和球面输出耦合镜的腔,等效于普通平凹腔。图4-35(b)构型为阴阳镜腔,其基本腔型是用一个直角棱镜和阴阳镜构成光腔。阴阳镜是指镜面的一半镀全反膜,另一半镀有反射率为 R 的膜。这种阴阳镜腔型对应于激活介质长度加倍的球面–球面系统,输出光束的横截面面积减小一半。这类腔的主要优点是在不明显降低输出功率前提下提高光束质量,可作稳定、临界或非稳腔。图 4–35(c)构型为振荡放大系统,球面镜的一半为增透膜,另一半为全反膜;直角棱镜的上半区镀增透膜,下半区反射率为 R。于是,平凹腔和下半区激活介质作为振荡器,输出横截面面积减半的光束,经棱镜转折后被另一半激活介质放大输出。图 4–35(d)构型为离轴棱镜腔,由输出耦合镜和两个直角棱镜组成。这一构型可使光束填充因子为 1,而输出光束面积与大小棱镜的尺寸有关。

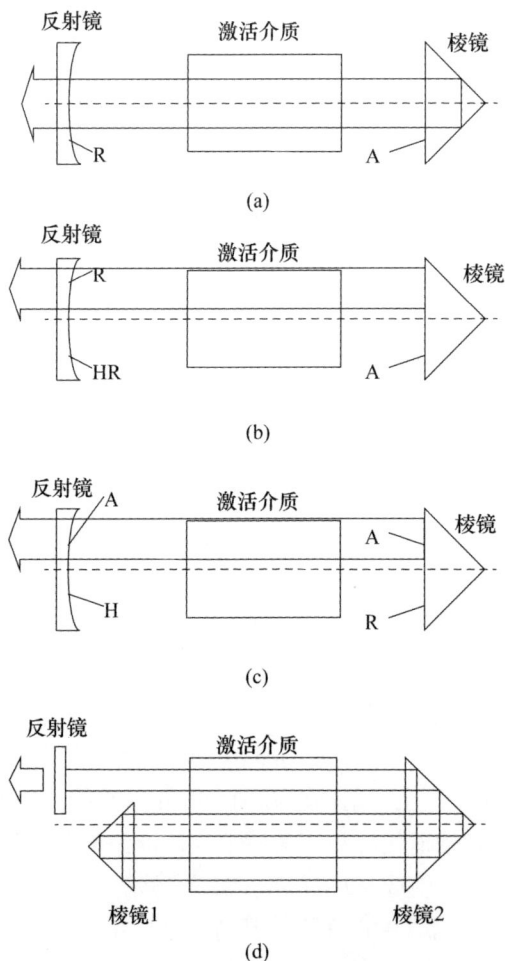

图 4–35　板条直角棱镜腔

(a) 普通稳定腔;(b)折叠稳定腔;(c)振荡–放大腔;(d)离轴棱镜腔。

　　角锥棱镜腔一般包含平面角锥棱镜腔和球面角锥棱镜腔两种,如图 4–36

所示。平面角锥棱镜具有将入射光线沿原方向返回的特性,用其取代传统谐振腔中的全反镜可以提高激光器的抗失调稳定性,并改善激光器的光束质量。平面角锥棱镜谐振腔构型如图4-36(a)所示。如果将角锥棱镜的底面做成球面,即采用球面角锥棱镜做为谐振腔的腔镜,与输出镜构成虚共焦非稳腔,可在获得高光束质量的同时实现激光器的高稳定性和高抗失调性,如图4-36(b)所示。

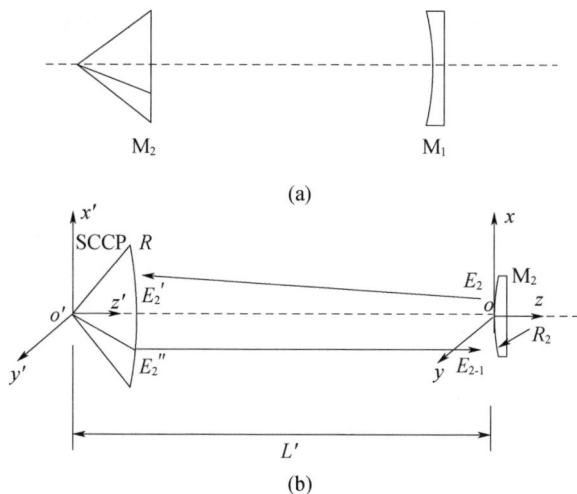

图4-36　棱镜腔
（a）平面角锥棱镜腔；（b）球面角锥棱镜腔。

4.7.2　非轴对称像散腔

对于在 x 和 y 方向有非对称特性的板条激光介质,采用非轴对称腔可兼顾高提取效率和高光束质量的技术要求。例如,可在板条宽度方向采用非稳定共焦腔,在厚度方向采用稳定或平行平面腔,构成球-柱面镜腔和交叉柱面镜腔。如图4-37所示,腔镜 M_1、M_2 均为柱面镜,$\lambda/4$ 波片快轴与 y 轴的夹角 θ 决定了耦合输出率 $T=\cos^2(2\theta)$,适当选择 θ 角可得到最大激光输出能量。当两柱面镜的母线不平行或不正交时为复杂像散腔,输出光束具有扭曲特性,且像散腔可以是稳定-稳定,稳定-非稳定,非稳定-非稳定腔。综合比较各种腔型的实验结果可知,当 M_1 和 M_2 的母线均在板条厚度方向时,在板条厚度方向为平平腔,在板条宽度方向为虚共焦腔,具有较好的光束质量和较高的能量提取效率。

4.7.3　含变反射率镜腔

变反射率镜（Variable Reflectivity Mirror,VRM）是指反射率分布不均匀的反射镜,最常见的有高斯型、准高斯型和抛物线型等。把常规光学谐振腔的一个或

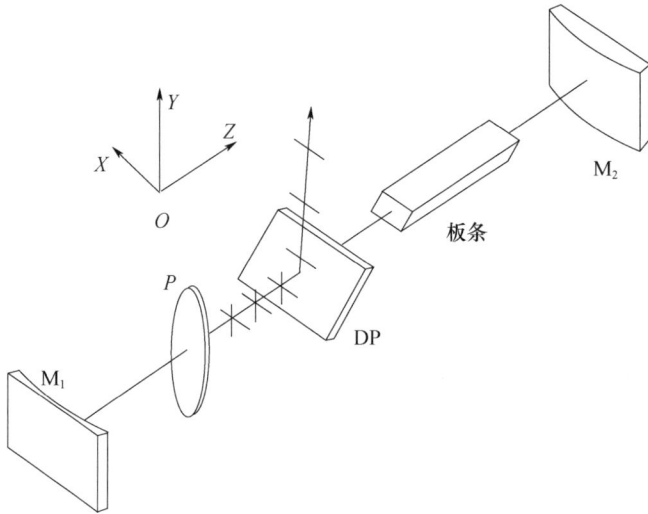

图 4-37　交叉柱面镜腔实验示意图

两个反射镜用反射率变化的 VRM 代替,就构成了 VRM 腔。VRM 的主要优点是用"软边"反射镜消除了硬边光阑效应,可改善输出激光的近场和远场特性。若用高斯反射率镜,光腔本征模为高斯模,有利于基模的建立。含 VRM 的光学谐振腔自提出以来一直吸引着众多的研究人员。最初,人们用渐变吸收光阑、渐变 F-P 干涉仪、法拉希效应渐变反射率镜、双折射率透镜变反射率镜等手段实现这一方案。1987 年,加拿大科学家 Kevin. J. Snell 等用抛物线型变反射率镜首次在 Nd:YAG($\phi4$ mm 棒)卡塞格林(Cassegrain)非稳腔上得到了成功的结果:激光单模静态输出 150mJ,近场、远场能量分布都达到理想状态。同年,意大利科学家 S. De. Silvestri 等利用 F-P 干涉仪作为 VRM,在 Nd:YAG($\phi6.4 \times 76$ mm 棒)Cassegrain 非稳腔上得到 300mJ 单脉冲输出,发散角达到衍射极限。1990 年,他们又将真空镀膜的 VRM 首次用在调 Q 的 Nd:YAG 激光器上,动态输出达到了 150mJ,发散角达到衍射极限。20 世纪 90 年代以来,国外各大激光公司、研究所争先使用 VRM 这一新技术来提高商品激光器的技术指标和价格,如美国 Continue 公司把 VRM 用于单纵模注入的 Nd:YAG 非稳腔激光系统中,一级放大时得到 800mJ 的单模输出,二级放大时得到 1.4J 的单模输出,使产品指标大大提高。德国柏林固体激光实验室、美国 Livermore 实验室等都曾把 VRM 用于灯泵浦和 LD 泵浦的板条 Nd:YAG 激光系统中。

在国内,20 世纪 90 年代初才开始探索 VRM 技术这方面的工作。1991 年,华北光电技术研究所首次将镀膜 VRM 用于 Nd:YAG 激光器;1992 年,首次在国际会议上报道了镀膜 VRM 用于 Nd:YAG 激光器的实验结果,并对激光器的特性进行了分析。西南技术物理研究所与四川大学于 1992 年也发表了 F-P 干涉仪用于 Nd:YAG 激光器的实验结果。

实现 VRM 的方法有以下四种：

（1）缓变吸收小孔光阑。径向缓变吸收小孔光阑是指在基质上镀一层吸收介质，此介质可以是蒸发金属或胶片等。这类光阑由于介质的密度或厚度的空间分布引起功率吸收的空间分布，实现了变透过率分布，由于它们在高能量密度条件下工作很容易被破坏，故它们仅仅局限于低功率光束的变迹技术。

（2）渐变 F-P 干涉仪。用径向可变 F-P 干涉仪来实现变反射率曲线是一种比较精密和简单的方法，牛顿环现象可以证实这种效应。

（3）用偏振效应实现变反射率镜。用光学动态元件（如 Faraday 或 Pockels 盒）和双折射透镜产生光束径向偏振特性渐变实现径向变反射率。偏振态旋转度的径向变化是由控制动态介质的磁场分布（Faraday 效应）和电场分布（Pockels 效应）产生径向相位的变化，而双折射透镜由于其厚度随径向变化产生径向相位的变化实现径向反射率的变化。

（4）镀膜实现 VRM。不同于缓变吸收小孔的吸收介质膜，真空镀膜是指在基片两个光学面上先镀上增透膜，然后在增透膜上镀上渐变分布介质膜。该方法可以简单、精确地实现反射率径向渐变，具有较好的工程实用价值。

膜斑半径为 w_m 的高斯镜的反射率分布为

$$R(r) = R_{peak} \exp\left(-2 \left| \frac{r}{w_m} \right|^2 \right) \tag{4-176}$$

它的 ABCD 矩阵可以表示为

$$M_G = \begin{pmatrix} 1 & 0 \\ i\,\dfrac{\lambda}{\pi w_m^2} & 1 \end{pmatrix} \tag{4-177}$$

光斑尺寸为 w 的高斯光束经 VRM 反射后仍为高斯光束，光斑尺寸变为 w'，有

$$\frac{1}{w'^2} = \frac{1}{w^2} + \frac{1}{w_m^2} \tag{4-178}$$

定义：

$$M = \frac{w}{w'} = \sqrt{1 + \left(\frac{w}{w_m} \right)^2} \tag{4-179}$$

光斑尺寸为 w 的高斯光束经 VRM 透射后的光强分布为

$$I_t(r) = I_0 \exp\left(-2 \left| \frac{r}{w} \right|^2 \right) \left[1 - R_{peak} \exp\left(-2 \left| \frac{r}{w_m} \right|^2 \right) \right] \tag{4-180}$$

当 $R_{peak} = \dfrac{1}{M^2}$ 时，输出光束出现平顶现象；当 $R_{peak} > \dfrac{1}{M^2}$ 时，输出光束中间出现凹陷。

图 4 – 38 为一典型含 VRM 的虚共焦光学谐振腔,其中镜 M_1 的焦距为 f_1,镜 M_2 的焦距为 f_2,且满足:

$$f_1 + f_2 = L \qquad\qquad (4-181)$$

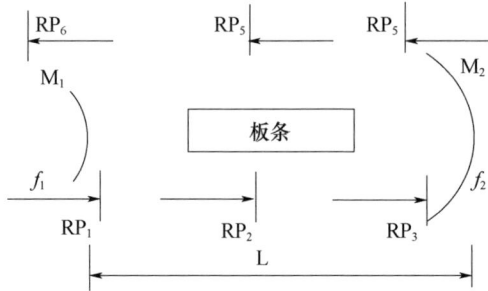

图 4 – 38 含 VRM 的光学谐振腔

该类光学谐振腔中,参考面 RP_6 处的往返一周矩阵可表示为

$$
\begin{pmatrix} A & B \\ C & D \end{pmatrix} =
\begin{pmatrix} 1 & L \\ 0 & 1 \end{pmatrix}
\begin{pmatrix} 1 & 0 \\ -\dfrac{1}{f_2} & 1 \end{pmatrix}
\begin{pmatrix} 1 & L \\ 0 & 1 \end{pmatrix}
\begin{pmatrix} 1 & 0 \\ -\dfrac{1}{f_1} & 1 \end{pmatrix}
\begin{pmatrix} 1 & 0 \\ \dfrac{\mathrm{i}\lambda}{\pi w_m^{\;2}} & 1 \end{pmatrix}
$$

$$
=
\begin{pmatrix}
-\dfrac{f_2}{f_1} + \mathrm{i}\,\dfrac{\lambda}{\pi w_m^{\;2}}\Big(f_2 - \dfrac{f_1^{\;2}}{f_2}\Big) & f_2 - \dfrac{f_1^{\;2}}{f_2} \\[2mm]
-\mathrm{i}\,\dfrac{\lambda f_1}{\pi w_m^{\;2} f_2} & -\dfrac{f_1}{f_2}
\end{pmatrix}
\qquad (4-182)
$$

式(4 – 182)还可等效写为

$$
\begin{pmatrix} A & B \\ C & D \end{pmatrix} =
\begin{pmatrix} 1 & f_1 + f_2 \\ 0 & 1 \end{pmatrix}
\begin{pmatrix} -\dfrac{f_2}{f_1} & f_1 + f_2 \\[2mm] 0 & -\dfrac{f_1}{f_2} \end{pmatrix}
\begin{pmatrix} 1 & 0 \\ \mathrm{i}\,\dfrac{\lambda}{\pi w_m^{\;2}} & 1 \end{pmatrix}
$$

$$
=
\begin{pmatrix} 1 & f_1 + f_2 \\ 0 & 1 \end{pmatrix}
\begin{pmatrix} -\dfrac{f_2}{f_1} & 0 \\[2mm] 0 & -\dfrac{f_1}{f_2} \end{pmatrix}
\begin{pmatrix} 1 & -\dfrac{f_1}{f_2}(f_1 + f_2) \\[2mm] 0 & 1 \end{pmatrix}
\begin{pmatrix} 1 & 0 \\ \mathrm{i}\,\dfrac{\lambda}{\pi w_m^{\;2}} & 1 \end{pmatrix}
$$

$$\qquad\qquad (4-183)$$

从上式可以理解为光束在腔内的传输是这样一种情形:光束经过变反射率变换后等效传输距离 $-\dfrac{f_1}{f_2}(f_1 + f_2)$,再经过光场的放大,即光场的空间尺寸放大 $-\dfrac{f_2}{f_1}$ 倍,而光场的发散角压缩了 $-\dfrac{f_1}{f_2}$ 倍。

则谐振模在 RP 处的 Q^{-1} 参数可表示为

$$Q^{-1} = \frac{1}{\rho} - i\frac{\lambda}{\pi w^2} = \frac{(D-A) \pm \sqrt{(A+D)^2 - 1}}{2B} \qquad (4-184)$$

从上式可以看出,含高斯 VRM 的虚共焦腔内的谐振模为高斯模。

用于高功率固体激光器的含有基于径向双折射滤光器的变反射率镜的非稳环形腔如图 4-39 所示。双元件的 RBE(Radial Birefringent Element)由结晶石英做成的平凹和平凸透镜组成,两透镜曲率半径相等,均为 12cm,各表面均镀有增透膜。理论及实验研究表明,RBE 可作为高斯型反射镜用于闪光灯泵浦的高平均功率固体激光器,所提出的新腔型可以补偿增益介质的热致双折射效应,正支非稳腔在泵浦功率较低的范围、负支非稳腔在整个泵浦范围均可产生近衍射极限的激光。

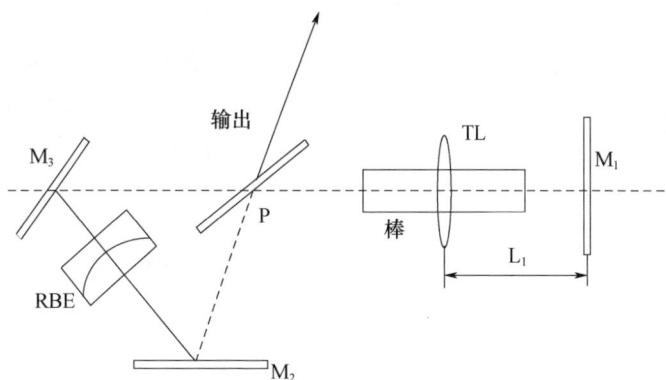

图 4-39　补偿棒的双折射的高斯腔

(高斯输出耦合镜由偏振片 P、全反镜 M_2 和 M_3 以及双元件 RBE 构成,TL 是棒的热透镜,M_1 是后镜)

4.7.4　含梯度相位镜腔

带有变反射率镜的非稳腔具有大的横模鉴别能力,对具有大的介质体积和增益的腔具有显著的优越性,但对中小介质体积和增益的腔,变反射率镜本身的损耗太大,为了兼顾大的光束束腰和对失调的不敏感,折衷的方案是采用稳定腔的形式。除改变振幅反射率外,也可通过改变反射镜相位分布达到同样目的,这即是梯度相位镜(GPM)的基本物理思想。这类腔可明显提高基模体积,具有高的模式鉴别能力。腔的设计思想如下:

设光束的场分布可表示为

$$u(x) = \psi(x)\exp[i\phi(x)] \qquad (4-185)$$

式中:$\psi(x)$ 为振幅分布;$\phi(x)$ 为相位分布。假定光束能量积分归一:

$$\int_{-\infty}^{\infty} \psi^2(x)\,dx = 1 \qquad (4-186)$$

则由二阶矩定义可得光束的光斑半宽度的平方为

$$w^2 = 4 \int_{-\infty}^{\infty} x^2 \psi^2(x) \, dx \qquad (4-187)$$

光束等相面曲率半径 R 定义为

$$\frac{1}{R} = \frac{\int_{-\infty}^{\infty} x \frac{d\phi}{dx} \psi^2(x) \, dx}{\int_{-\infty}^{\infty} x^2 \psi^2(x) \, dx} \qquad (4-188)$$

则光束的复参数 Q 为

$$\frac{1}{Q} = \frac{1}{R} - i \frac{\lambda M^2}{\pi w^2} \qquad (4-189)$$

光束传输则遵从 $ABCD$ 定律。在图 4-40 所示的腔中,腔镜采用完全等同的 GPM,由于腔的对称性,光束的束腰落在腔的中间。GPM 的相位 $\phi_0(x)$ 将入射光的相位 $\phi_1(x)$ 变为 $\phi_2(x)$:$\phi_2(x) = \phi_1(x) - 2\phi_0(x)$,而光斑尺寸不变,即

$$w_1 = w_2 \qquad (4-190)$$

$$\frac{1}{R_2} = \frac{1}{R_1} - \frac{2 \int_{-\infty}^{\infty} x \left[\frac{d\phi_0(x)}{dx} \right] \psi_1^2(x) \, dx}{\int_{-\infty}^{\infty} x^2 \psi_1^2(x) \, dx} \qquad (4-191)$$

式(4-190)和式(4-191)表示了 GPM 作用于实际光束的总特性:入射光束的光斑尺寸在反射前后不会发生改变;当相位镜不是球面时,光束曲率半径的改变不仅依赖于镜的相位分布 $\phi_0(x)$,还依赖于场的振幅分布。所以,将球面镜换为相位镜将更有利于光腔的模式鉴别。

图 4-40 中,光束由 Q_2 传到 Q_3 时,光束质量因子不会因传输而变化,根据腔的对称性有:

$$Q_3 = Q_2 + L/2 \qquad (4-192)$$

$$Q_1 = Q_0 + L/2 \qquad (4-193)$$

$$Q_3 = Q_0 \qquad (4-194)$$

$$1/R_2 = -1/R_3 \qquad (4-195)$$

因此,在反射镜前的光束宽度满足:

$$w_1^4 \frac{1}{R_1} \left(\frac{2}{L} - \frac{1}{R_1} \right) = \left(\frac{\lambda M^2}{\pi} \right)^2 \qquad (4-196)$$

引入

$$G_1 = 1 - \frac{L}{R_1} \qquad (4-197)$$

则有

$$w_1^2 = \frac{\lambda L M^2}{\pi} \frac{1}{\sqrt{1 - G_1^2}} \quad (G_2 < 1) \tag{4-198}$$

束腰宽度为

$$w_0^2 = \frac{\lambda L M^2}{2\pi} \sqrt{\frac{1+G}{1-G}} \tag{4-199}$$

可推得

$$\int_{-\infty}^{\infty} x \frac{\mathrm{d}\phi_1(x)}{\mathrm{d}x} \psi_1^2(x) \, \mathrm{d}x = \int_{-\infty}^{\infty} x \left(\frac{\mathrm{d}\phi_0(x)}{\mathrm{d}x} \right) \psi_1^2(x) \, \mathrm{d}x \tag{4-200}$$

由上式可总结出本征模的相位与反射镜的相位是相同的或差一个常数。

GPM 腔内入射光束的场分布与出射光束有相位共轭关系,与相位共轭腔不同的是,相位共轭镜只能对光束的部分畸变进行共轭补偿,而 GPM 腔内的可相位共轭的本征模是稳定型的,损耗很小,不可相位共轭的本征模是非稳型的,损耗大。设计这类腔的相位镜的方法如下:首先,确定输出耦合器处的本征模 ψ_0,然后利用傍轴衍射积分从输出耦合器处传输 $L/2$ 距离,在这一平面上计算所得光束的相位 $\phi_1(x)$ 被提取出来用于设计反射镜。如此反复即可设计 GPM。作为计算例,设输出耦合为一超高斯场分布:

$$\psi_0(x) = \exp\left[-\left(\frac{x}{w_0} \right)^{2n} \right] \tag{4-201}$$

计算可得光束尺寸为

$$W_0^2 = w_0^2 \frac{2^{(2-1/n)} \Gamma\left(1 + \dfrac{3}{2n}\right)}{3 \quad \Gamma\left(1 + \dfrac{1}{2n}\right)} \tag{4-202}$$

光束质量因子

$$M^4 = \frac{2n}{3} \frac{\Gamma\left(2 - \dfrac{1}{2n}\right) \Gamma\left(1 + \dfrac{3}{2n}\right)}{\left[\Gamma\left(1 + \dfrac{1}{2n}\right) \right]^2} \tag{4-203}$$

光束宽度

$$W_0 = \frac{\lambda L}{2\pi} \sqrt{\frac{1+G}{1-G}} \sqrt{\frac{3n\left(2 - \dfrac{1}{2n}\right)}{2^{(3-2/n)}\left(1 + \dfrac{3}{2n}\right)}} \tag{4-204}$$

进一步,用二元光学方法也许能更好地完成这类光腔的最佳化设计,是高功率激光腔值得重视的一个研究方向。

4.7.5 含相位一致耦合器腔

作为改善输出光束近场强度分布,提高光束质量的方案之一,VRM 腔的不

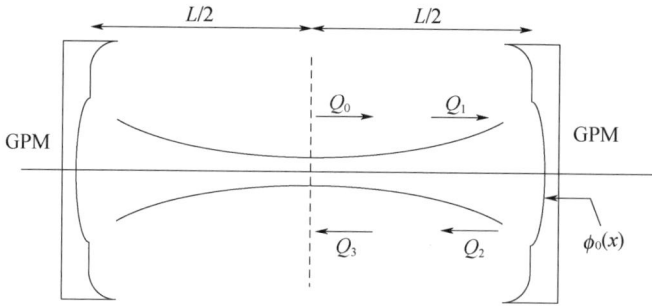

图 4 - 40　含 GPM 的对称腔示意图($\phi_0(x)$ 表示反射镜的形状)

足之处在于输出镜给输出光束带来不期望的相位径向不均匀扰动,尽管很小,但必然导致光束波前的相位畸变,影响光束质量。到目前为止,要得到高反射率的变反射镜且光束通过它时相移均匀仍十分困难。而在自滤波腔中,由于腔内高的功率损耗,不适合于连续激光器的运转。为此,Koji Yasui 等提出"相位一致耦合器"作为非稳腔输出镜的腔结构(简称 PUC 腔),通过镀膜技术(即在输出光束的照明区内反射膜的外围镀增透膜)保证光束经过输出镜的光程差径向一致(相等或相差 π),而且中央反射膜镀成部分反射,从而解决了普通非稳腔的中央暗区问题。这一设想实际与高阶超高斯 VRM 腔非常类似。实现 PUC 腔的难点在于部分反射膜层与外围增透膜层各自厚度的控制以及他们之间的差别与衔接,既要保证两者光程一致,又要保证实际厚度一致将非常困难,要是能够通过控制膜层的数量以及挑选适当折射率的介质,同时满足上述两要求,PUC 腔将成为非稳腔理想的输出耦合器。

　　Koji Yasui 等分别从理论和实验的角度详细地研究了 PUC 腔应用于高功率激光器的特性,他们将这种 PUC 腔应用到 CO_2 激光器中(图 4 - 41)获得近高斯型远场分布。结果表明,这种腔的近场光束为实心光束,相位分布均匀,输出光束是近衍射极限的,且不随输出功率的增加而变差,输出功率从 300W 升到 1500W,输出发散角始终保持为 1.08mrad。

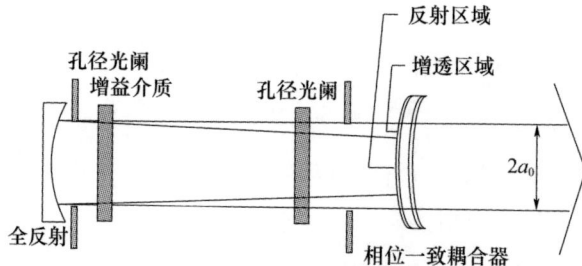

图 4 - 41　PUC 谐振腔构型

随后,他们又将 PUC 腔应用到 5000 W CO$_2$ 激光器中,效果很理想,获得发散角为 0.55 mrad 的近衍射极限激光束,充分证实了 PUC 腔的特性及其在高功率中的可应用性。

4.7.6　含相位共轭镜腔

相位共轭腔(PCR)具有能补偿腔内畸变、对失调不灵敏、稳定性好和输出光束质量高等特点,受到国内外研究者的重视。把产生相位共轭的装置称为相位共轭镜(PCM),若用 PCM 代替普通光腔的一个或多个反射镜,称为相位共轭腔(PCR)。产生相位共轭的方法有很多,例如三波混频、四波混频、受激拉曼散射、受激布里渊散射和光子回波等。

设入射光波的电场为

$$\begin{aligned} E_i(r,t) &= \mathrm{Re}\{A(r)\exp[\mathrm{i}\phi(r)]\exp[\mathrm{i}(k_i z - \omega_i t)]\} \\ &= A(r)\cos[\mathrm{i}(k_i z - \omega_i t - \phi(r))] \end{aligned} \tag{4-205}$$

式中:Re 表示取复数运算;A 和 ϕ 分别表示入射光波的振幅和相位。则该光波的背向相位共轭波可写为

$$\begin{aligned} E_r(r,t) &\propto \mathrm{Re}\{A(r)\exp[\mathrm{i}\phi(r)]\exp[\mathrm{i}(-k_r z - \omega_r t)]\} \\ &= A(r)\cos\{-[k_r z - \omega_r(-t) - \phi(r)]\} \\ &= A(r)\cos[k_r z - \omega_r(-t) - \phi(r)] \end{aligned} \tag{4-206}$$

若忽略入射光波与相位共轭波的频率和波矢差异,则由上面可以得出:

$$E_r(r,t) \propto E_i(r,-t) \tag{4-207}$$

可见,背向相位共轭波是入射波的时间反演波。

1. PCM 的第一矩阵形式

设入射到 PCM 上的高斯光束为

$$E_i(r,t) = E_i(r)\exp\left(\mathrm{i}\frac{kr^2 q_i^{-1}}{2}\right)\exp[\mathrm{i}(kz - \omega t)] \tag{4-208}$$

则经 PCM 反射后的高斯光束为

$$\begin{aligned} E_r(r,t) &\propto \left[E_i(r)\exp\left(\mathrm{i}\frac{kr^2 q_i^{-1}}{2}\right)\right]^* \exp[-\mathrm{i}(kz + \omega t)] \\ &= E_i^*(r)\exp\left[-\mathrm{i}\frac{kr^2 (q_r^{-1})^*}{2}\right]\exp[-\mathrm{i}(kz + \omega t)] \end{aligned} \tag{4-209}$$

由上式可知:

$$q_r^{-1} = -(q_i^{-1})^* \tag{4-210}$$

PCM 的第一矩阵形式可写为

$$T_{\mathrm{PCM,1}} = \begin{pmatrix} 1 & 0 \\ 0 & -1 \end{pmatrix} \tag{4-211}$$

ABCD 定律为

$$q_r^{-1} = \frac{C + D\,(q_i^{-1})^*}{A + B\,(q_i^{-1})^*} \qquad (4-212)$$

应当注意,$T_{PCM,I}$与一般光学系统的变换矩阵有所不同,其行列式的值为 -1,且 ABCD 定律的形式也有所不同。为此,人们提出了 PCM 的第二矩阵形式:

$$T_{PCM,II} = \begin{pmatrix} 1 & 0 \\ -2/\rho_i & 1 \end{pmatrix} \qquad (4-213)$$

式中:ρ_i为入射到 PCM 上的高斯光束等相面曲率半径。$T_{PCM,II}$随入射光束的变化而变化,$T_{PCM,II}$的行列式为 1,且遵从一般的 ABCD 定律。

4.7.7 多通模谐振腔

使用在近临界区工作的光腔,例如近共心非稳腔和大模体积凹凸稳定腔等,也是高功率激光谐振腔的选择途径之一。但是临界区附近光腔在各种扰动(热、电、机械等)影响下的工作稳定性是工程设计中一个值得研究的问题。

多通模技术为大口径光学谐振腔特性的最佳化问题提供了一个解决办法。腔模由稳态谐振腔反射镜上在光轴外许多光束形成,这些光束在多次反射后才闭合。这种腔型在 He – Ne 激光器、Ar + 激光器和 CO_2(管状放电、气动、TEA CO_2激光器和高频激发的共轴 CO_2激光器)激光器上进行了实验。

多通模光束在多通模谐振腔中的折线轨迹被反射镜位置硬性给定,而它的几何位置有较高的自由度。在平面 – 球面谐振腔中激发的每一多通模通常用两个标记 N 和 K 来表征。N 表示每个反射镜上的光点数,K 表示为了轨迹闭合所必需的光束在方位上的转动数。这些标记由谐振腔的几何参数单值确定。

$$K/N = \pi^{-1}\arccos\sqrt{1 - L/R} \qquad (4-214)$$

式中:L 为谐振腔长度;R 为球面镜的曲率半径。

图 4 – 42 表示了在半共焦腔($K/N = 1/4$)激发多通光点的轨迹和位置。多通模在反射镜上的光点位于一椭圆(特殊情况为圆 或直线)上,椭圆轴的尺寸和取向可能是任意的。所有多通模相对光点在反射镜上的位置是简并的。

4.7.8 光束旋转非稳环行腔

UR90°环形非稳腔(unstable ring resonator with 90° beam rotation)对于具有大体积增益介质的高功率激光器有应用价值。光束在 UR90°环形非稳腔内传输时发生转动,从而产生激光增益介质的空间自平均效应,这将大大改善因增益介质分布不均匀所造成光束质量的降低;对单程增益较小的激光介质,可以有效获得实心激光束输出;即使在放大因子较小的情况下,也可以获得近衍射极限的光

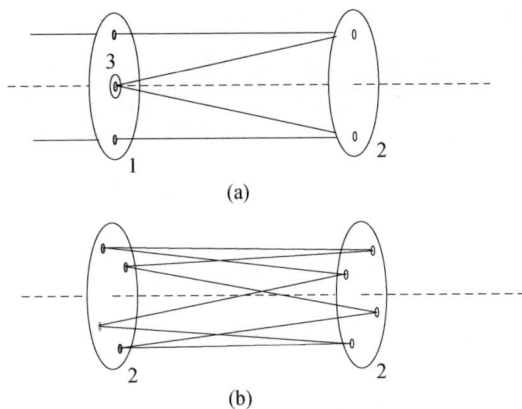

图4-42 平面多通模和立体多通模的
半共焦谐振腔中多通模光点的轨迹和位置
（a）平面多通模；(b)立体多通膜。
1-平面镜;2-球面镜;3-具有最高反射率的区域。

束质量。

图4-43中,激光模横截面是矩形,光束在腔内环绕一周沿45°的线翻转。这种腔的特点是光束翻转、放大率低、对失调不敏感,可对低增益介质进行有效提取功率,输出实心矩形光束。图4-44为谐振腔展开图。模拟结果表明,无像差理想 UR90°环形非稳腔系统,其近场有平坦的相位分布,且具有高斯形的远场强度。

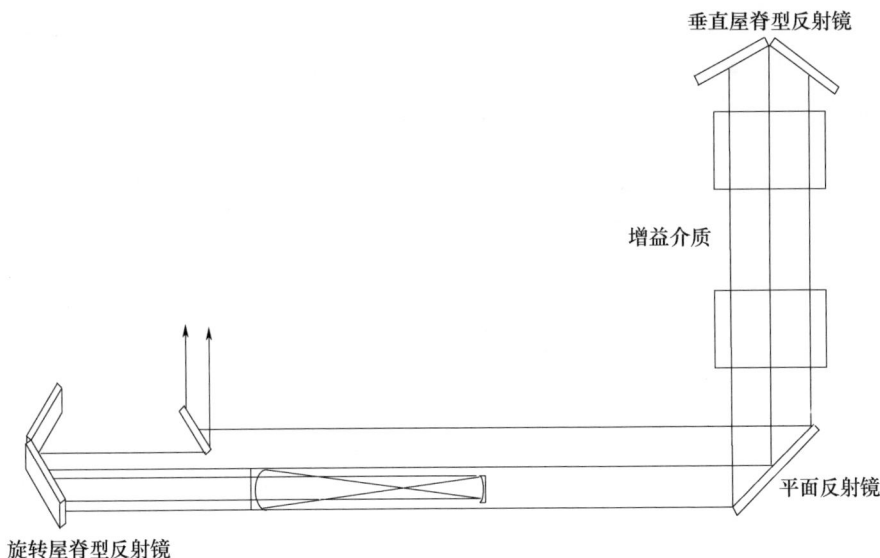

图4-43 UR90°环形非稳环形腔实验布局图

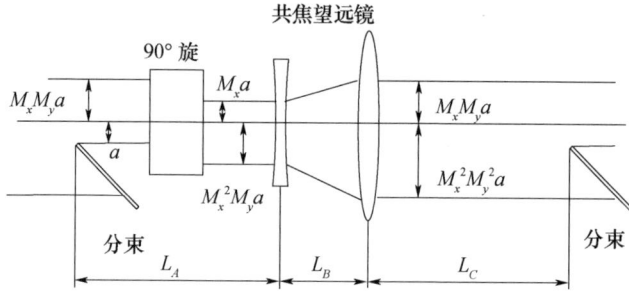

图 4 - 44　UR90°环形非稳环形腔展开图

4.7.9　自成像非稳腔

自成像非稳腔利用像传递原理抑制衍射效应,可得到高光束质量输出。类似地,使激光棒满足自成像条件的棒成像非稳腔也是应用这一物理思想。在高功率棒状固体激光器中,存在着严重的热致应力双折射和热透镜效应。受热焦距涨落的影响,在高功率泵浦时,很难用稳定腔获得大模体积振荡,影响了最大可输出功率。棒成像非稳腔结构可充分利用增益介质储能和减弱热透镜影响,成为高平均功率固体激光器的典型谐振腔结构(图 4 - 45),其设计要点可归纳为①几何放大率主要决定了模式鉴别能力及激光的耦合。为进一步提高模式鉴别能力,通常可使用超高斯镜等。②增益介质储能的充分利用及其有限口径不引起严重损耗。③应当充分考虑热敏感度及腔镜失调度。表 4 - 4 给出了具体腔参数。

表 4 - 4　实验所用的腔参数

F_1	D_1	f_2	d_2	l_2	l_1	R
88	176	86	172	25	170	170

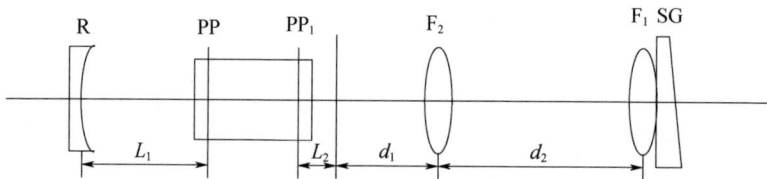

图 4 - 45　具有低热敏感性和高模式选择性的棒成像非稳腔

实验中 YAG 棒尺寸为 $\phi 6.3mm \times 155mm$,其平均热焦距系数 K 经测量为 $0.5/kW \cdot m$。实验所用超高斯镜超高斯阶数 $N = 5$,中心反射率为 50%,光斑为 $\phi 4mm$。透镜 f_1 的引入是补偿成像中的曲率变化。棒主平面至后腔镜的距离等于后腔镜的曲率半径,则谐振腔位于临界稳定点。透镜 f_2 具有成像作用,使得超高斯镜等效地位于其成像面处,以缩短输出端的成像距离。成像距离缩短,使得谐振腔的菲涅尔数增大,将会引起模式鉴别能力的降低,故在后腔镜引入适当的光阑,能有效地抑制高阶模振荡且不显著增加基模损耗。当泵浦功率为 $P_{in} = 11kW$ 时,选择合适的滤波小孔 $\phi5.5mm$,成功地获得了 $155W$,1.9 倍衍射极限的激光输出。

长条形介质采用图 4 - 46 所示的小孔自成像负支非稳环形腔,等效菲涅尔数为无限大的小孔自成像的条件是小孔处环绕一周矩阵的 B 元素为 0:

$$\begin{bmatrix} A & B \\ C & D \end{bmatrix} = \begin{bmatrix} 1 & L_1 \\ 0 & 1 \end{bmatrix} \begin{bmatrix} 1 & 0 \\ 1/f_1 & 1 \end{bmatrix} \begin{bmatrix} 1 & L_2 \\ 0 & 1 \end{bmatrix} \begin{bmatrix} 1 & 0 \\ 1/f_1 & 1 \end{bmatrix} \begin{bmatrix} 1 & L_3 \\ 0 & 1 \end{bmatrix} \quad (4-215)$$

$$B = 0 \quad (4-216)$$

即

$$L_1 - L_2/|M| + L_3/|M|^2 = 0 \quad (4-217)$$

式中:M 为腔的放大率。

$$M = -f_2/f_1 \quad (4-218)$$

$$L_3 = L_{3a} + L_{3b} + L_{3c} \quad (4-219)$$

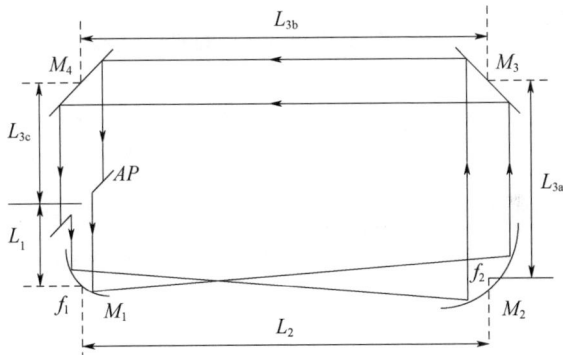

图 4 - 46 负支非稳环行腔

腔的几何光学方程为

$$\gamma v(x) = |M|^{-1/2} v(x/M) \quad (4-220)$$

式中:$v(x)$ 为场复振幅函数。耦合输出孔处本征模和本征值可表示为

$$\nu_n(x) = x^n \quad (4-221)$$

$$\gamma_n = M^{-n}/|M|^{1/2} \quad (4-222)$$

式中:n 为正整数。$n = 0$ 对应本征基模,场分布取单值。值得注意的是,γ_n 随 n 的增加和放大因子大于 1 而迅速减小。在这一谐振腔中,消除了初级衍射效应,$n = 0$ 的本征模占优势,较常规非稳腔有大的模选择能力,它的振荡模不同于常规腔,基模的相位分布均匀,基模的强度分布几乎均匀。

4.7.10 自滤波非稳腔(SFUR)

通常,将光阑置于腔内二镜共同焦面上,显然,此时自成像条件自动满足。滤波光阑仅允许爱里斑的中心主瓣通过,所以有高的限模能力。图 4-47 中,Nd:YAG 激光棒的尺寸为 $\phi 6.35 \times 101.6$mm,有效泵浦长度为 92mm,M_1、M_2 均为高反凹面镜,焦距分别为 $f_1 = 250$mm,$f_2 = 1000$mm。光束的输出是用偏振片和 $\lambda/4$ 波片来实现的,好处是在输出光束时不会破坏空间光束质量,且可通过旋转 $\lambda/4$ 波片的主轴方向调整输出耦合率;普克尔盒放于较短焦距反射镜和小孔之间,可保证光束口径较小和对晶体有均匀的辐照以达到高的消光比。这类腔的特点是可得到高的能量提取效率和很好的振幅和位相分布。

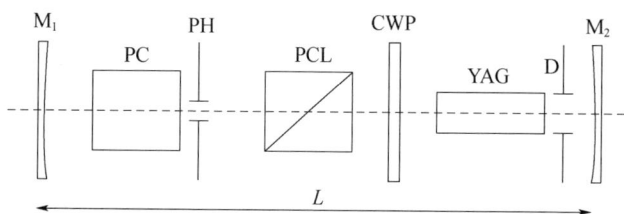

图 4-47　YAG 自滤波非稳腔实验示意图

M_1,M_2—为高反镜,$f_1 = +250$mm,$f_2 = +1000$ mm($M = -4$);

PC—普克尔池;PH—$\Phi 0.8$mm 不锈钢小孔;POL—电介质偏振片;QWP—四分之一波片;

$\Phi 6.35 \times 101.6$mmYAG 棒;D—可变孔径光阑。

俄罗斯科学院西伯利亚分院的激光物理研究所(新西伯利亚)研制了一种能量输出为 3kW,光束质量很高的连续波 CO_2 激光器,它由横向气流中自持直流放电激活,采用非稳定自滤波(非望远镜)谐振腔。激光束的发散角仅为相同光腰直径的高斯光束的发散角的 1.5 倍。

4.7.11 非稳腔

这类光腔的共同特点是用非稳腔型和部分反射率耦合输出镜来压缩光束参数乘积(束宽×远场发散角),提高光束质量。图 4-48 给出了用于板条激光器的三种非稳腔构型。图 4-

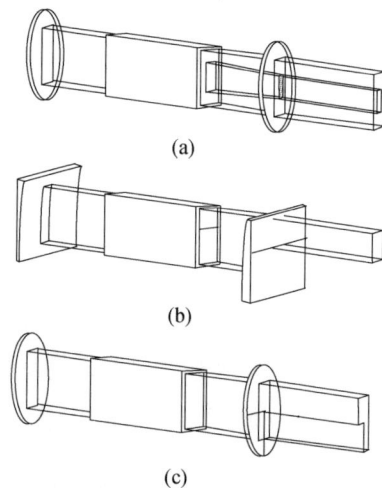

图 4-48　三种非稳腔结构

(a)共轴非稳腔;(b)离轴平平-非稳腔;

(c)离轴非稳腔。

48(a)为共轴非稳腔,采用镀膜技术使输出耦合镜的中心矩形区反射率为100%,而周围反射率为0%,则输出光束光斑形状为环状矩形,在矩形介质状态下,共轴非稳腔并非优化选择,其原因是即使在大的放大倍数下,远场也出现明显的旁瓣。图4-48(b)为在一个方向上离轴的平平-非稳腔,即将介质在宽度方向上离轴放置,在板条厚度方向为平平腔,在板条宽度方向为正支虚共焦腔的上半区,着重改善在板条宽度方向的光束质量,输出光束为实心光束。图4-48(c)在两个方向上均为离轴非稳腔,腔镜必须略微失调,以避免在板条一端的衍射损耗。实验表明,在一个方向或两个方向的非稳腔提供了高的输出功率和好的光束质量。这类光腔的缺点是输出光束近场分布大多不甚理想。

4.7.12　放大器用谐振腔

卡塞格林式放大器用谐振腔如图4-49所示,从振荡器出射的基模高斯光束经由放大级凹面镜上的小孔射入,在谐振腔中往返传输奇数次后从凸面镜处出射。总的输出光场为各奇数次输出光场的叠加。图4-50给出了计算流程图。选取的参数如下:腔的几何放大率是2.14,输入镜处截断半径为1.5mm,输出镜处截断半径为6.85mm,入射光束峰值光强为$4 \times 10^7 \text{W/m}^2$,初始小信号增益系数为$5\text{m}^{-1}$。

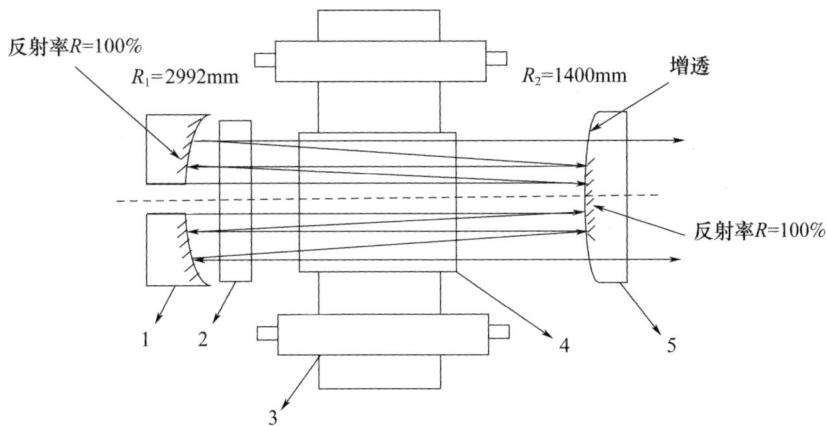

图4-49　卡塞格林放大器构型

1—凹面镜;2—F_2^-:LiF调Q开关;3—泵浦腔;4—激光棒;5—凸面镜。

在输入输出镜均为硬边截断(阶跃)的情况下,光束在放大器中往返传输多次(11次)后总的输出光场分别衍射0.1m、5m、10m后的径向光场分布图以及对应的光强分布图如图4-51所示。实验测得的结果如图4-52所示。可见,在放大级输出(凸面)镜处,出射的光束为空心光束。当传输一定距离后,在中心处出现一亮斑,这是由环形光束的衍射特性决定的。

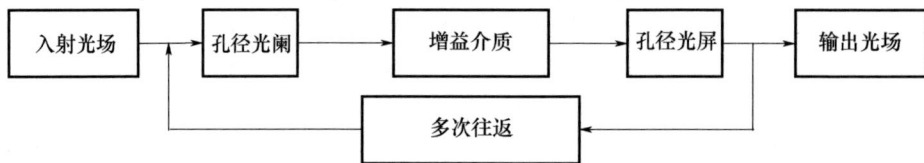

图 4 – 50　光在放大级中传输的算法流程图

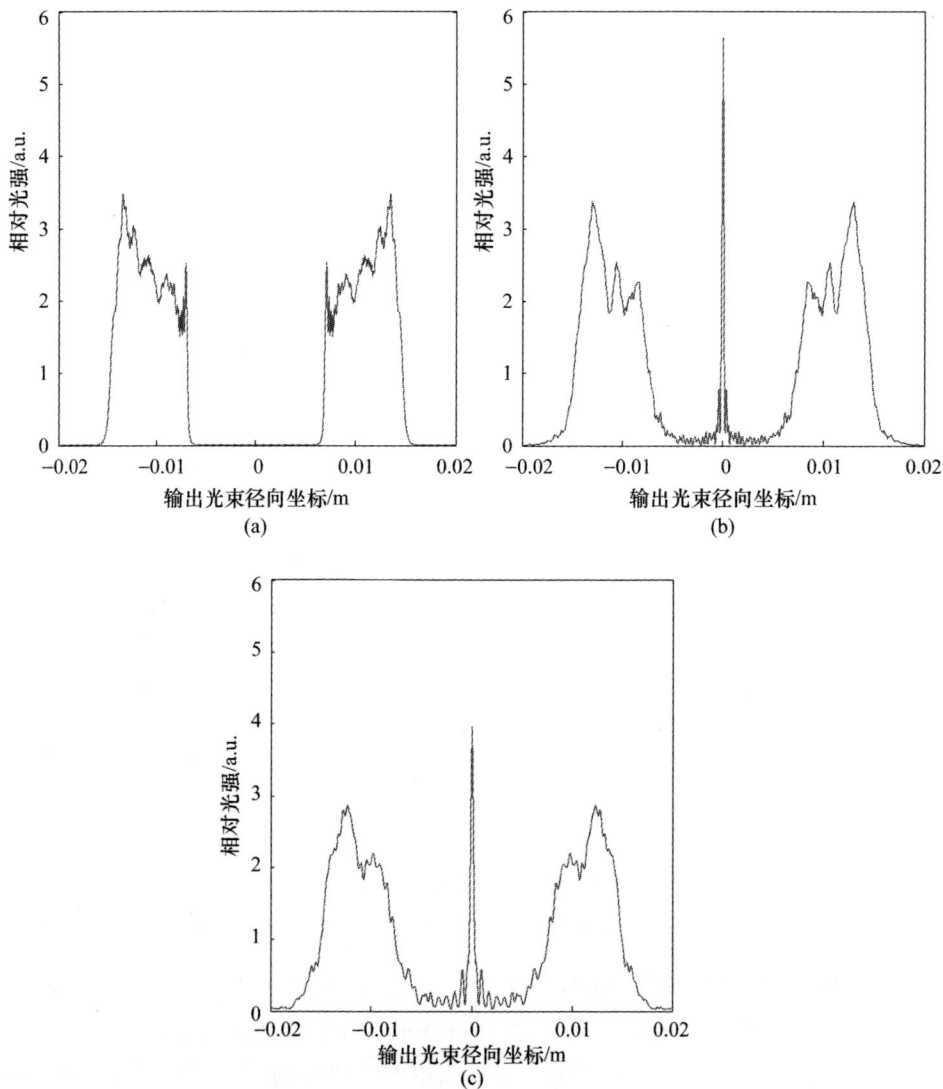

(a)

(b)

(c)

(d)

(e)

(f)

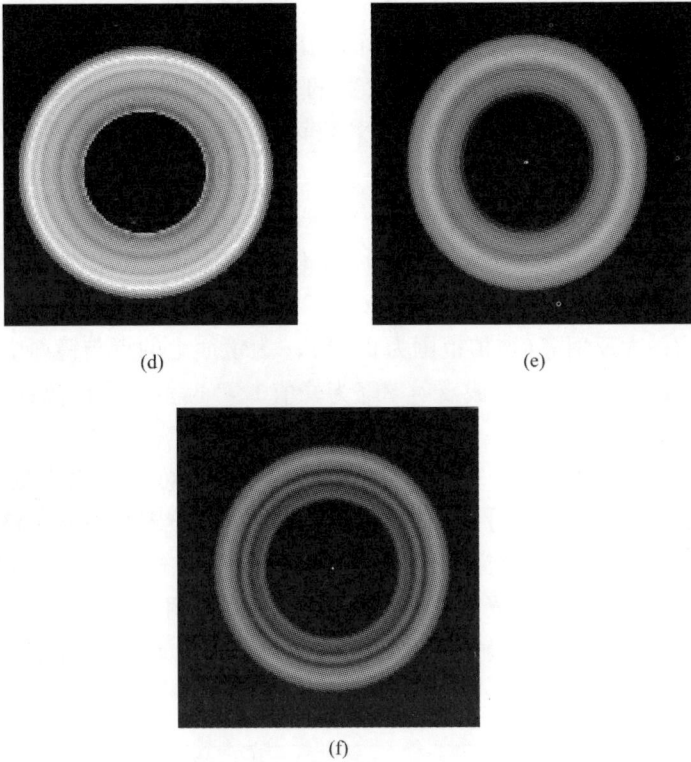

图 4 – 51　计算得到的(a)0.1m、(b)5m、(c)10m 处的径向光强分布
和计算得到的(d)0.1m、(e)5m、(f)10m 处的对应光斑横向结构

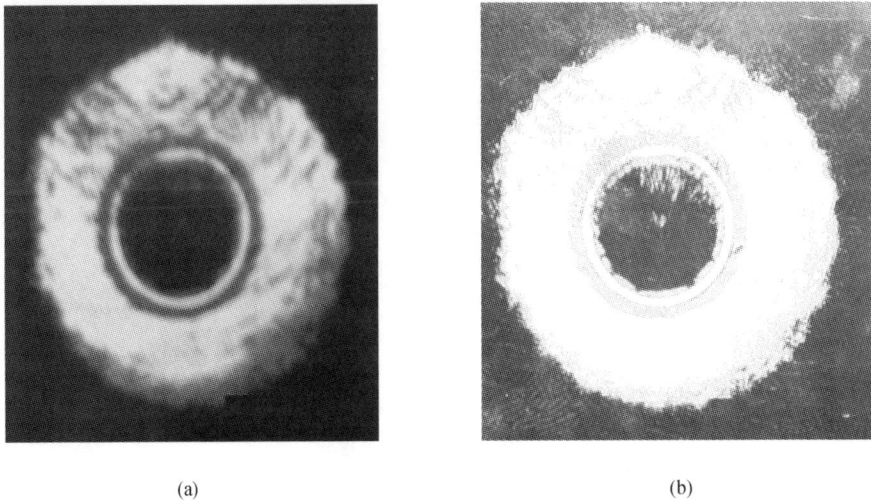

(a)

(b)

图 4 – 52　实验测得的不同矩离处的光斑横向结构

(a) 0.1m；(b)5m。

理论和实验已经证明,用变反射率镜(VRM)代替硬边截断的阶跃输出镜可以使激光以较为平滑的空间分布输出,也可以减小环状输出光束中心衍射环的影响。因此,为了改善放大器的输出光束质量,根据 Silvestri 的理论,可设计一种超高斯变反(透)射率腔镜组来代替硬边截断的输入输出镜组。

高斯变反射率镜的反射率和透射率分别为

$$R = R_{max} \exp[-2(r/w_m)^m] \qquad (4-223)$$

$$T = R_{max}\{1 - \exp[-2(r/w_m)^m]\} \qquad (4-224)$$

式中:R_{max} 为最大反射率(取值范围为 0~1);r 为镜面上的点与镜面中心的径向距离;w_m 为镜面的光斑尺寸或反射率降为峰值 $1/e^2$ 时的径向距离;m 为超高斯阶数。

优选放大器参数后,计算所得往返传输 11 次后总的输出光场分别衍射 0.1m、5m、10m 后的光场分布图以及对应的光强分布图如图 4-53 所示,可以看出,输出光的空间分布较硬截断腔镜情况下的输出光束空间分布更均匀,且传输较远的距离后光场都无太大的变化,说明对非稳腔采用参数设计合理的超高斯反(透)射率分布镜组,可以大大改善输出激光的光束质量。

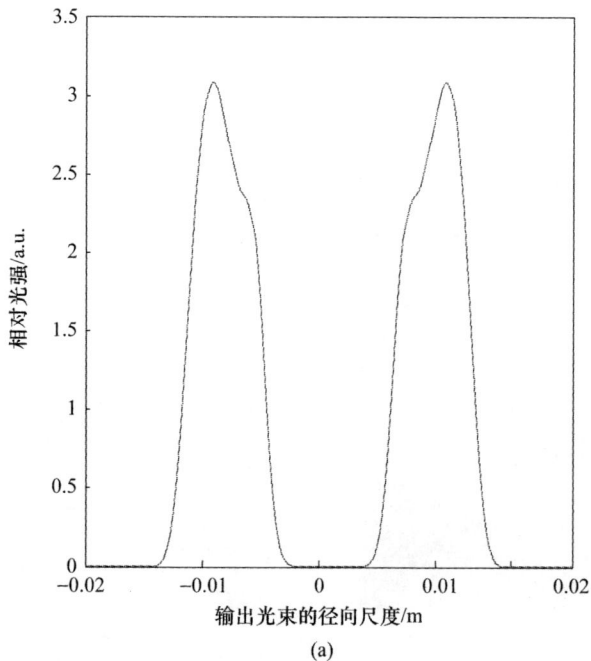

(a)

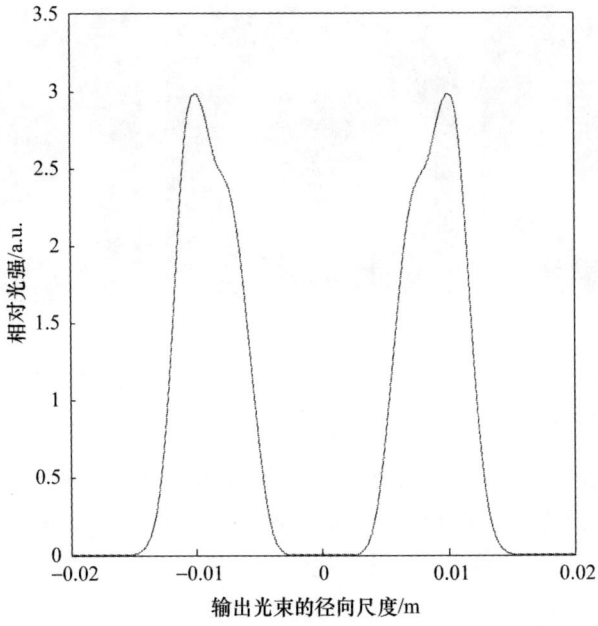

(b)

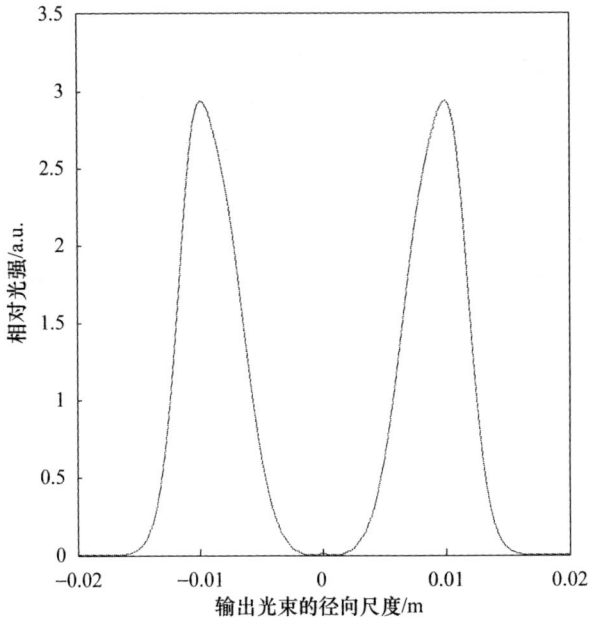

(c)

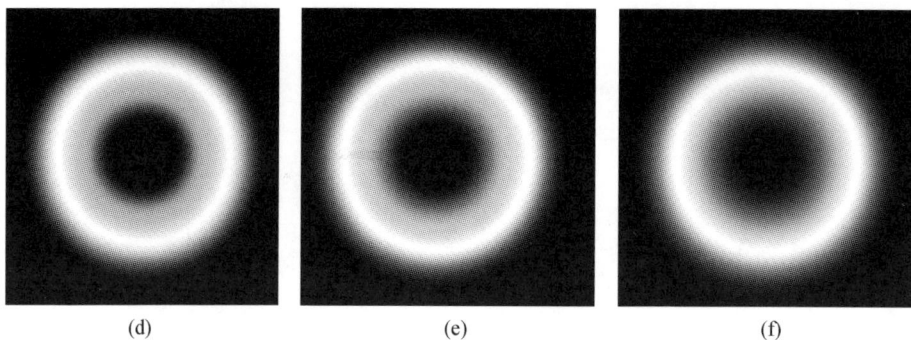

图 4 - 53　计算得到的(a)0.1m、(b)5m、(c)10m 处的径向光强分布和
计算得到的(d)0.1m、(e)5m、(f)10m 处的对应光斑横向结构

　　计算所得腔镜反射率分布分别为硬截断和渐变分布时所得输出光场的峰值光强、峰值光强对应的径向位置、中心光强随衍射距离的变化分别如图 4 - 54 (a)、(b)、(c)所示。可以看出,当腔镜为硬截断(阶跃)镜时,随衍射距离的变化,中心光强、峰值光强及其对应的径向位置有很强很复杂的抖动,这是由于从凸面镜处输出光束自身质量不好造成的;结合阶跃时得到的计算结果可以分析得出:该光场分布极不均匀,在腔镜硬截断位置有明显的跃变,相应的频谱里引入了大量的衍射成分;经历菲涅尔衍射后,光斑呈现不均匀多环的复杂分布,且衍射环亮暗交替变化;衍射光传播一定距离后,光场中心出现一衍射亮斑。当腔镜对为反超高斯镜和超高斯镜相结合时,峰值光强及其对应的径向位置几乎不随衍射距离变化,中心光强也近似为 0,镜面处输出光束质量较好。

　　综上,我们对自成像和自滤波非稳腔、共轴和离轴非稳腔、折叠和离轴棱镜腔、非轴对称像散腔、可变反射率镜(VRM)腔、渐变相位镜(GPM)、相位一致耦合器(PUC)腔、UR90°腔、以及放大器用腔作了评述和分析。由于在激光介质实现粒子数反转方式、增益大小、增益分布均匀性和激光输出波长等方面存在明显的不同,为达到高功率和高光束质量激光输出,谐振腔构型各有特点,可归纳如下:

　　(1) 非稳腔具有大的可控模体积,容易鉴别和控制横模等优点。若使用共焦型非稳腔易于得到近衍射极限的高光束质量、高功率输出。采用非稳腔,光束质量几乎不随泵浦功率的变化而变化,仅受限于增益不均匀等参数。在常规非稳腔基础上提出一些改进有重要的应用意义。

　　(2) 利用像传递原理、自滤波、"软边"反射镜(VRM)、相位控制(GPM 和二元光学)和相位一致耦合器(PUC)等方法,可控制光场的衍射效应,提高近场和远场光束质量。更进一步,欲对高功率激光的输出和光束质量进行动态控制,带

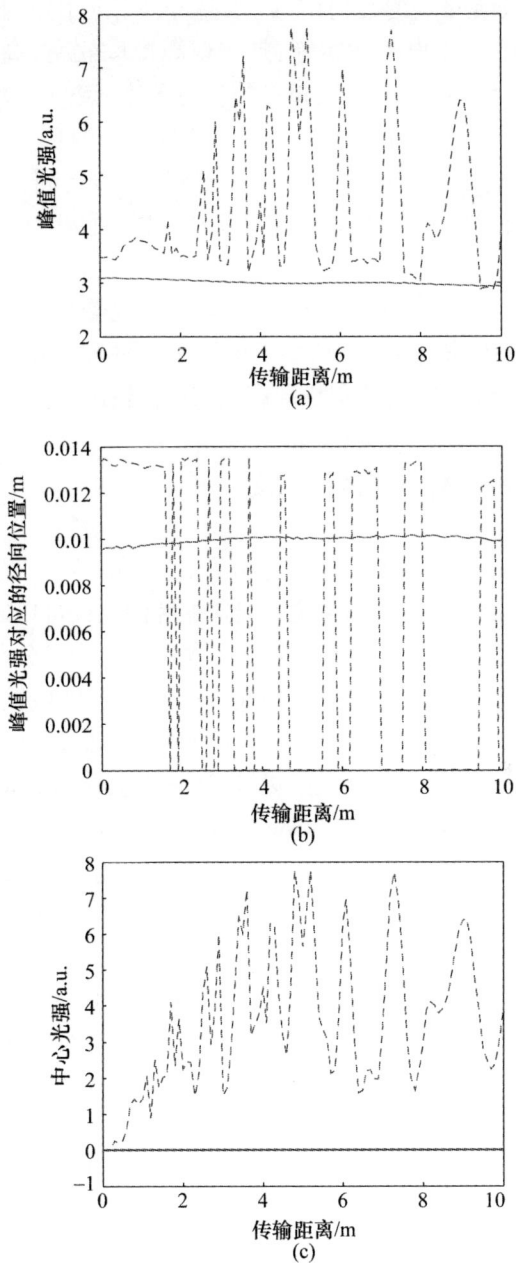

图 4 - 54　（a）输出光场的峰值光强、（b）输出光场峰值光强对应的径向位置、

（c）输出光场中心光强随衍射距离的变化

（图中的虚线表示腔镜为硬截断（阶跃）时的情况，实线表示腔镜组为渐变反射率镜组的情况）

有自适应光学元件的光腔是有应用价值的技术方案。

（3）使用与激活介质的几何结构、增益分布相匹配的非轴对称像散腔、离轴非稳腔和阴阳镜输出棱镜腔等，是实现高提取效率、高光束质量的有效办法。利用棱镜（例如球面棱镜、正三棱镜等）对光束的"翻转"效应和正三棱镜的偏振匹配作用，可减小激光介质增益分布、温度分布不均匀性的影响，提高输出激光光束质量。UR90°非稳腔就综合利用了望远镜扩束，90°转动和环形非稳腔的优点以实现高功率、近衍射极限高光束质量输出。

以上设计思想和技术措施，对于高功率固体激光器是有参考价值的，可针对增益介质的几何形状、增益特性、所要求的输出功率和适用场合选用合适的光腔，实现高性价比、高功率、近衍射极限高光束质量输出。

4.8 谐振腔设计软件介绍

前面我们已经介绍了激光谐振腔的相关知识，在实际工程应用中，我们将会面临设计激光谐振腔结构。一般来说激光谐振腔的设计可以通过 $ABCD$ 矩阵法来计算激光谐振腔的工作区域并模拟激光谐振腔中的光斑分布情况。现在也有不少已有的软件产品可以利用，其中 Rezonator 是一款由俄罗斯 Chunosov N. I. 开发并免费提供的一款用于激光谐振腔设计的软件，通过该软件，我们不仅可以计算获得稳定区所对应的激光谐振腔设计，还可以获得激光谐振腔中的光斑模式分布。该软件可以通过 http://www. rezonator. orion − project. org/网站下载。相比于其他激光腔型设计软件，rezonator 软件界面友好，不需要特别的训练就可以上手使用软件中所有的工具，特别适合初学者使用。Rezonator 软件包含以下几个特点：

（1）光学系统：使用 Rezonator 软件不仅可以用于设计驻波腔和行波腔结构，还可以计算光束单次通过光学系统的情况，例如我们可以使用 Rezonator 软件模拟不同光束质量的激光光束通过透镜系统后的光斑特性。

（2）光学元件：Rezonator 软件的光学元件库里面包含了一些列的光学元件，包括了透镜、球面球、晶体等。该软件是采用基于本章之前介绍的 $ABCD$ 矩阵来进行对光束转换和传播的描述。

（3）自主设计：通过 Rezonator 软件可以自主的构建任意的光学系统，只要有了设计的光学系统，都可以通过 Rezonator 软件来描述。

（4）稳定腔区域计算：在设计激光器时，一般需要知道激光腔是否处在稳定区里。通过 Rezonator 软件可以计算不同激光腔光学元件参数所对应的稳定区。通过该软件可以获得稳定区的轮廓线，即可获得稳定区的边界。

（5）波前计算：Rezonator 软件可以计算并绘制高斯光束通过光学元件后的波面曲率半径、光斑大小以及像散大小。使用该软件可以计算光学系统中任一位置处的光斑大小。

（6）可调工具：使用 Rezonator 软件的调整工具可以平滑的改变任一光学元件的参数值，就像在实验中调节镜架的旋钮或者位移平台一样。在改变参数的过程中，可以实时地获得光束中的参数变化。

这里我们以图 4 – 55 给出的一个典型的 V 型腔结构为例进行说明。

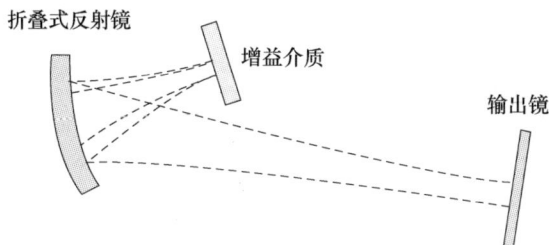

图 4 – 55　V 型腔结构图

为了模拟该谐振腔结构，首先需要通过 Rezonator 软件建立一个新的模式。建立一个新模式图可以从 Rezontor 界面的 File – New 菜单进行，如图 4 – 56 所示。

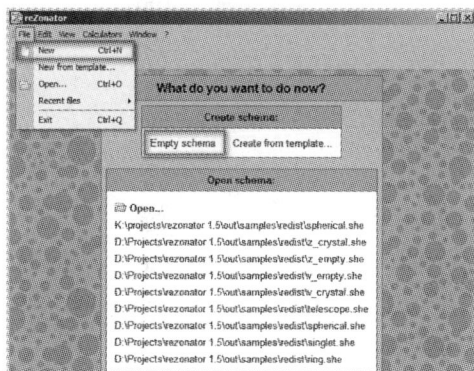

图 4 – 56　软件模式图创建

（1）模式窗口。在如图 4 – 56 所示，点击 Empty schema 后，将弹出模式窗口。模式窗口里包含了"element list"（元件列表）和工具栏，如图 4 – 57 所示。

（2）添加元件。这时可以通过添加元件来完成激光腔的设计。添加元件可以从模式窗口中的 Append（附加）按钮进行。当点击 Append 按钮后，将出现一系列的元件列表，包括了自由空间距离，介质，平面镜，曲面镜，薄透镜，带角度的薄透镜,晶体等几种类型,如图 4 - 58 所示。

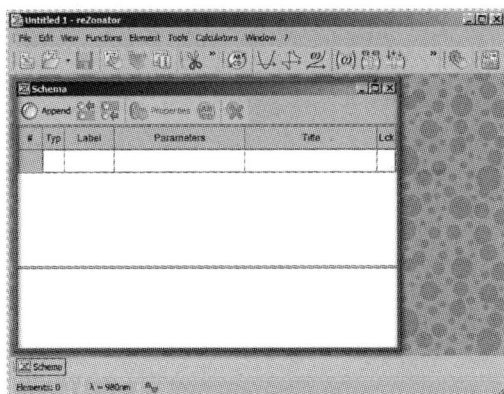

图 4 - 57　软件模式窗口

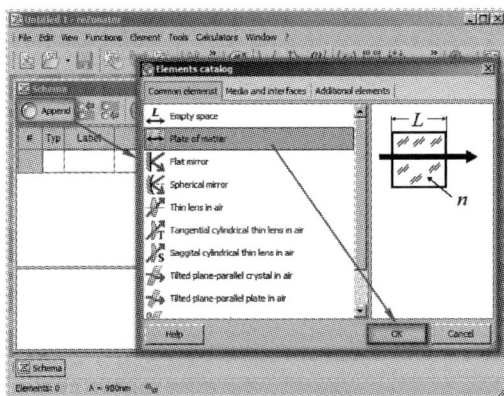

图 4 - 58　添加元件

（3）元件。通过元件列表可以增加新的元件。如果不做修改,Rezonator 软件会自己定义元件名,并且可以通过软件对元件参数做定义,如图 4 - 59 所示。

（4）填补模式窗口。重复添加元件步骤,可以在模式窗口中增添更多的元件。对于图 4 - 55 所示的 V 型腔结构,我们还需要依次添加自由空间、球面镜、另一个自由空间和平面镜四个光学元件。

（5）布局。图 4 - 60 显示了所有模式窗口的元件,我们称为 layout（布局）。从 Functions - multicaustic 菜单,可以通过布局显示光束怎么在谐振腔中传输的,如图 4 - 61 所示。

除了显示激光谐振腔中的光束传播情况之外,通过 Rezonator 软件,还可以计算腔内元件参数不同时光斑的变化情况,如图 4 - 62 所示。

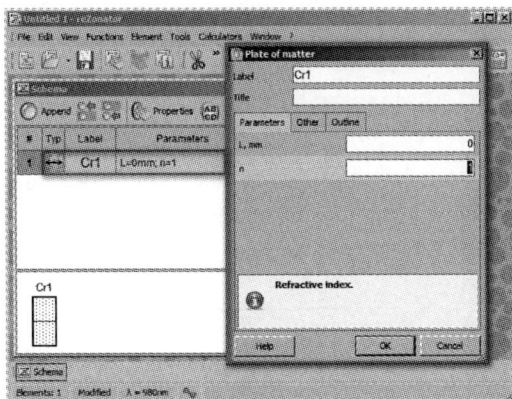

图 4 – 59　元件参数及命名

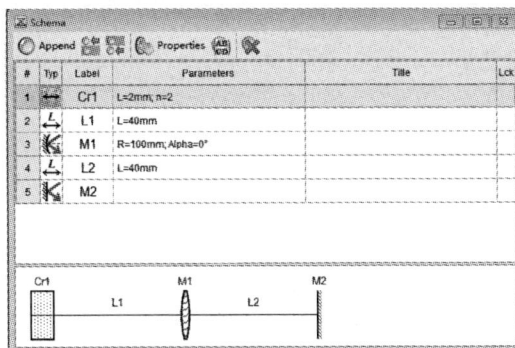

图 4 – 60　光学布局图

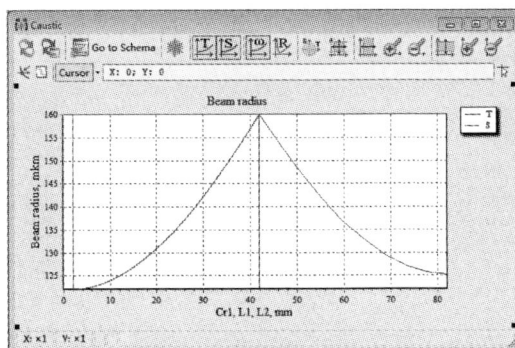

图 4 – 61　计算的光学谐振腔中的光斑分布

　　并可以计算不同参数变化时,激光腔是为稳定腔或非稳腔,如图 4 – 63 所示。

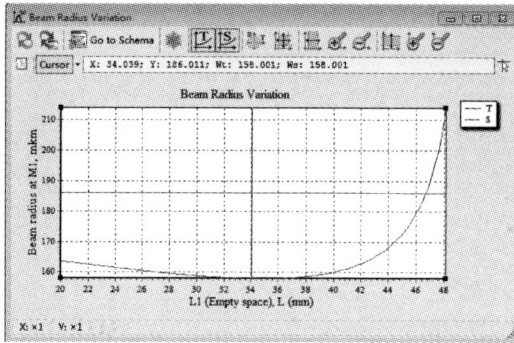

图 4 - 62　改变设定光学谐振腔中某一元件的参数对应的光斑大小改变

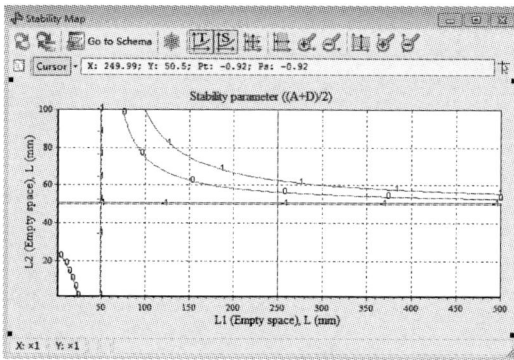

图 4 - 63　光学谐振腔的稳定区计算

为了更好地说明 Rezonator 在激光腔型设计中的作用,我们将举例显示激光腔测量热透镜系数的方法。首先建立一个包含热透镜的平平腔结构,该腔型结构图如图 4 - 64 所示。

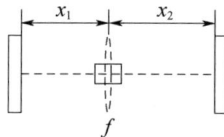

图 4 - 64　含热透镜的平平腔结构

该谐振腔可用 Rezonator 软件表示如图 4 - 65 所示。

设 $L_1 = 100\text{mm}$, $L_2 = 150\text{mm}$, F_1 为增益介质的等效热透镜焦距。通过改变 F_1 的取值,可以获得光斑半径随 F_1 改变的情况,如图 4 - 66 所示。通过该图发现,随着热透镜焦距的减小,激光腔将在热透镜为 99mm ~ 153mm 区域进入非稳区,这时激光腔将没有功率输出。这对应之前介绍的近对称平平腔功率最小法

#	Typ	Label	Parameters	Title
1	K	M_1		
2	L	L_1	$L=0mm$	
3	F	F_1	$F=1mm,Alpha=0°$	
4	L	L_2	$L=0mm$	
5	K	M_2		

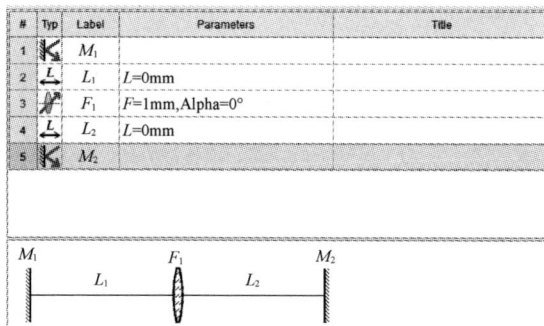

图 4 - 65　用 Rezonator 软件描述该含热透镜的平平腔

测量热透镜,即通过测量激光腔功率下降的点对应的泵浦功率值 P_{pump},利用式(4 - 167)可以计算热透镜系数 $L_{rod} = f_{rod}P_{pump} = 153(mm) * P_{pump}$。

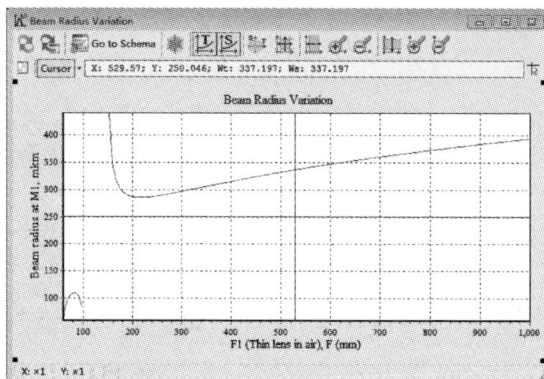

图 4 - 66　热透镜焦距变化对应的 L1 = 100mm,L2 = 150mm 的近对称平平腔的稳定区示意图

　　倘若设 $L_1 = 100mm, L_2 = 700mm$,此时通过改变 F_1 的取值,可以获得光斑半径随 F_1 变化的曲线,如图 4 - 67 所示。当热透镜焦距小于 744mm 的时候,激光腔将变为非稳腔。而热透镜进一步减小的时候,并不会再进入稳定区中。这对应之前介绍的不对称平平腔功率最大法测量热透镜焦距,即当随着泵浦功率的增加,热透镜焦距减小,当热透镜焦距为 744mm 时,激光腔将进入非稳腔并出现功率降低的现象,测量该功率降低点处对应的泵浦功率,利用式(4 - 167)可以计算热透镜系数 $L_{rod} = f_{rod}P_{pump} = 744(mm) * P_{pump}$。

　　综上所述,Rezonator 软件可免费下载使用。软件基于 ABCD 矩阵算法,可用于模拟光束通过光学元件后的传播特性,可用于激光腔的腔型设计,并可计算稳定区所对应的各个腔内光学元件的参数。该软件简单易学、容易上手,特别适合初学者和激光腔爱好者。

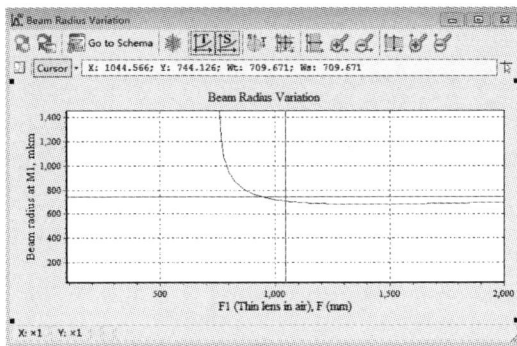

图 4 - 67　焦距变化对应的 $L_1 = 100\mathrm{mm}, L_2 = 700\mathrm{mm}$ 的
不对称平-平腔的稳定区示意图

参考文献

[1] 周寿桓. 衍射限输出 Nd:YAG 激光器[J]. 电子科学,1981,3:99 - 103.

[2] Zhou S H, Zhang F, Wen H, et al. Nd:YAG Q - switched Laser with Variable Reflectivity Mirror(VRIM) Resonator Proc[J]. SPIE,1992,1979:269 - 274.

[3] 冷长庚. 固体激光器[M]. 北京:科学出版社,1981.

[4] 《激光》编写组. 激光[M]. 上海:上海人民出版社,1971.

[5] 裴博,周寿桓,沈柯. 采用新型谐振腔镜的高效可调谐激光器[J]. 光学学报,1999,19(10):1332 - 1336.

[6] 裴博,周寿桓,沈柯. 变反射率镜非稳腔可调谐 Ti:Al₂O₃ 激光器[J]. 光学学报,2001,21(7):804 - 807.

[7] Vainshteini L A. Open resonators for lasers[J]. Sov. Phys. JETP,1963,17(3): 709 - 719.

[8] Sha Wang, Yan - Biao Wang, Guo - Ying Feng, et al. Pump polarization insensitive and efficient laser - diode pumped Yb:KYW ultrafast oscillator. [J]. Appl. Opt. ,2016,55(4): 929 - 934.

[9] Herwig Kogelnik, Tingye Li. Laser beams and resonators[J]. Appl. Opt. ,1966. 5(10): 1550 - 1567.

[10] Anthony E Siegman, Edward A Sziklas. Mode calculations in unstable resonators with flowing saturable gain. 1: Hermite - Gaussian expansion[J]. Appl. Opt. ,1974,13(12): 2775 - 2792.

[11] Parameswaran K R, Rosen D I,et al. M. G. Allen. Off-axis integrated cavity output spectroscopy with a mid-in-frared interband cascade laser for real-time breath ethane measurements[J]. Appl. Opt. ,2009,48(4): 73 - 79.

[12] Ishaaya A, Eckhouse V, et al. L. Shimshi. Improving the output beam quality of multimode laser resonators [J]. Opt. Express,2005,13(7): 2722 - 2730.

[13] Li Peilin, Wang Xiaojun, Hua Su,et al. Analysis of laser modes in high power unstable resonators with intra-cavity wavefront aberrations[J]. J. Opt. ,2015,17(4): 045804.

[14] Zayhowski J J, Mooradian A. Single - frequency microchip Nd lasers[J]. Opt. Lett. ,1989,14(1): 24 - 26.

[15] Boyd G D, Gordon I P. Confocal Multimode Resonator for Millimeter Through Optical Wavelength Masers[J]. Bel Syst. Tech. J. ,1961: 489 - 508.

[16] Li Tingye. Diffraction loss and selection of modes in maser resonators with circular mirrors [J]. Bel Syst. Tech. J. ,1965,44(5): 917 - 932.

［17］ Anthony E Siegman. New developments in laser resonators[C]. in Proc. SPIE,1990,1224:2−14.

［18］ Wang S,Eichler H J,Wang X,et al. Diode end pumped Nd:YAG laser at 946 nm with high pulse energy limited by thermal lensing[J]. Appl. Phys. B,2009,95:721−730.

［19］ Wang S,Wang X,Riesbeck T,et al. Thermal lensing effects in pulsed end pumped Nd lasers at 940 nm[C]. in Proc. SPIE. 2009.

［20］ Dong Shalei,Lu Qitao,Eicher Jochen. Folded prism resonators for slab lasers with high beam quality[J]. Opt. Commun. ,1991,82(5,6):514−516.

［21］ Kuba K,Yamamoto T,Yagi S. Improvement of slab-laser beam divergence by using an off−axis unstable−stable resonator[J]. Opt. Lett. ,1990,15(2):121−123.

［22］ Hodgson N,Haase T. Beam parameters,mode structure and diffraction losses of slab lasers with unstable resonators[J]. Opt. Quantum Electron. ,1992,24(9):903−926.

［23］ Casperson W L,Lunnam S D. Gaussian modes in high loss laser resonators[J]. Appl. Opt. ,1975. 14:1193−1199.

［24］ Zhou Shouhuan,Zhang Fang,Wen Hua. Nd:YAG Q−switched laser with variable reflectivity mirror (VRM) resonator[C]. in Proc. SPIE,1992,1979:269−274.

［25］ Sandro De Silvestri,Paolo Laporta,et al. Vittorio Magni. Solid-state laser unstable resonators with tapered reflectivity mirrors:the super-gaussian approach[J]. IEEE J. Quantum Electron. ,1988,24(6):1172−1177.

［26］ Sandro De Silvestri, Vittorio Magni, et al. Orazio Svelto. Laser with super-gaussian mirrors[J]. IEEE J. Quantum Electron. ,1990,26(9):1500−1509.

［27］ Kurtev S,Denchev O. Investigation of unstable resonators with a variable-reflectivity mirror based on a radial birefringent filter for high-average-power solid-state lasers[J]. Appl. Opt. ,1995. 34(21):4228−4234.

［28］ Snell K,McCarthy N,Piche M,et al. Transverse mode control of a pulsed Nd:YAG laser by a variable reflectivitymirror (A)[J]. J. Opt. Soc. Am. A,1987,4:P109.

［29］ Chen Diana,Wang Zhong,James R Leger. Measurements of the modal properties of a diffractive-optic graded−phase resonator[J]. Opt. Lett. ,1995,20(7):663−665.

［30］ Belanger P A,Lachance R L,Pare C. Super-Gaussian output from a CO2 laser by using a graded-phase mirror resonator[J]. Opt. Lett,1992,17(10):739−741.

［31］ Belanger P A,Pare C. Optical resonators using graded-phase mirrors[J]. Opt. Lett. ,1991. 16(14):1057−1059.

［32］ Pare C,Poerre-Andre Belenger. Custom laser resonators using Graded-phase mirrors[J]. IEEE J. Quantum Electron. ,1992,28(1):355−362.

［33］ Koji Yasui,Masaaki Tanaka,Shigenori Yagi. An unstable resonator with a phase-unifying output to extract a large uniphase beam of a filled in circular parttern[J]. J. Appl. Phys. ,1989,65(1):17−21.

［34］ Alan H P,William P. Latham. Unstable resonators with 90° beam rotation[J]. Appl. Opt. ,1986,25(17):2939−2945.

［35］ Scott Holswade,Rafael Riviere,Carl A. Huguley,et al. Experimental evaluation of an unstable ring resonator with 90° beam rotation:HiQ experimental results[J]. Appl. Opt. ,1988,27(21):4396−4405.

［36］ Kuprenyuk V I,Sherstobitov V E. Calculations on the mirror system of an unstable resonator with field rotation[J]. Sov. J. Quantum Electron. ,1980,10(4):449−453.

［37］ Latham W P,Paxton A H. Laser with 90-degree beam rotation[C]. in Proc. SPIE. 1990.

［38］ Alan H Paxton,et al. Unstable optical resonator with self imaging aperture[J]. Opt. Commun. ,1978,26

(3): 305 – 308.

[39] Gobbi P G, Reali G C. A novel unstable resonator configuration with a self filtering aperture [J]. Opt. Commun. ,1984,52(3): 195 – 198.

[40] Gobbi P G,Morosi S,et al. Novel unstable resonator configuration with a self – filtering aperture: experimental characterization of the Nd:YAG loded cavity[J]. Appl. Opt. ,1985,24(1): 26 – 33.

[41] Gadi Fibich,Boaz Ilan. Self-focusing of circularly polarized beams[J]. Phys. Rev. A,2003: 1 – 16.

[42] William W S,John T H,William E W. Light propagation through large laser systems[J]. IEEE J. Quantum Electron. ,1981,QE – 17(9): 1727 – 1744.

第5章

高斯光束

通过实验研究发现,均匀平面波和均匀球面波在凹面腔中传播时,由于衍射效应,其边缘部分的振幅都将逐渐减弱。因此,共焦腔中产生的激光束既不是均匀球面波也不是均匀平面波,而是一种称为高斯球面波的光束。

下面讨论最简单、最基本的情形,即高斯光束在自由空间(以及均匀各向同性介质)中的传输,首先由惠更斯—菲涅尔原理求出当 $z=0$ 处的高斯型分布平面波沿 z 方向传播时,它将以高斯光束形式传播。接着证明高斯光束在稳定腔中来回反射可保持其场分布不变。

5.1 均匀平面波

沿 z 轴传播的均匀平面波电矢量的空间变化部分为
$$E(x,y,z) = A_0 \exp(-ikz)$$
式中:$k = \dfrac{2\pi\mu}{\lambda}$ 为波数,μ 为折射率;A_0 为振幅。

均匀平面波的特点是振幅 A_0 与 x,y 无关,即在与光束传播方向垂直的平面上光强是均匀的。

5.2 均匀球面波

由点 $(x=y=z=0)$ 向外发射的均匀球面波电矢量的空间变化部分为

$$E(x,y,z) = \frac{A_0}{(x^2+y^2+z^2)^{\frac{1}{2}}} \exp\left[-ik(x^2+y^2+z^2)^{\frac{1}{2}}\right] = \frac{A_0}{r}\exp(-ikr)$$

$$(5-1)$$

式中:$r=(x^2+y^2+z^2)^{\frac{1}{2}}$ 为原点到 (x,y,z) 点的距离;k 为波数;A_0 为振幅。

从上式可以看出,r 等于常数的球面上各点相位相等,即等相面是球面,在等相面上各点的振幅为 A_0/r,即球面上各点的振幅相等。

对于 z 轴附近小区域内均匀球面波,有 $z \gg x, z \gg y, z \approx r$。所以

$$r = (x^2 + y^2 + z^2)^{\frac{1}{2}} = z\left(1 + \frac{x^2 + y^2}{z^2}\right)^{\frac{1}{2}} \approx z + \frac{x^2 + y^2}{2z} \approx z + \frac{x_2 + y^2}{2r}$$

上面利用了当 $1 \gg a$ 时, $(1 + a)^{\frac{1}{2}} \approx 1 + \frac{1}{2}a$。

代入式(5-1),得出在 z 轴附近小区域内均匀球面波电矢量 E 的表达式为

$$E(x, y, z) \approx \frac{A_0}{r} \exp\left[-\mathrm{i}k\left(z + \frac{x^2 + y^2}{2r}\right)\right] \tag{5-2}$$

5.3 自由空间中的高斯光束

1. 惠更斯-菲涅尔原理

设 $z = 0$ 平面处有沿 z 方向传播的光波(图5-1),在 $z = 0$ 处其电矢量分布为 $E_0(x_0, y_0)$,则根据惠更斯-菲涅尔原理,在 z 处的电场分布 $E(x, y, z)$ 可由 $E_0(x_0, y_0)$ 求得。

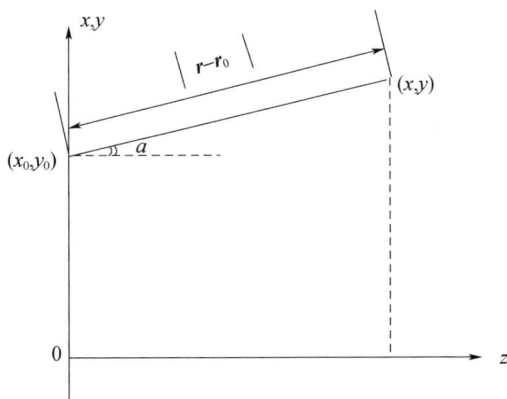

图 5-1 沿 z 方向传播的光波

其关系式为

$$E(x, y, z) = \frac{\mathrm{i}}{\lambda} \iint E_0(x_0, y_0) \frac{1 + \cos\alpha}{2 \mid \boldsymbol{r} - \boldsymbol{r}_0 \mid} \exp[-\mathrm{i}k \mid \boldsymbol{r} - \boldsymbol{r}_0 \mid] \mathrm{d}x_0 \mathrm{d}y_0 \tag{5-3}$$

式中:α 和 $\mid \boldsymbol{r} - \boldsymbol{r}_0 \mid$ 的意义见图5-1;$k = \dfrac{2\pi}{\lambda}$。

当 $\mid z \mid \gg \mid (x - x_0) \mid, \mid z \mid \gg \mid y - y_0 \mid$ 时有

(1) $\alpha \approx 0, \dfrac{(1 + \cos\alpha)}{2} \approx 1$　　　　　　　　　　　　　　　(5 - 4)

(2) $|\boldsymbol{r} - \boldsymbol{r}_0| \approx z$　　　　　　　　　　　　　　　　　　(5 - 5)

(3) $k|\boldsymbol{r} - \boldsymbol{r}_0| = k\big[(x - x_0)^2 - (y - y_0)^2 + z^2 \big]^{\frac{1}{2}}$

$$= kz\Big[1 + \frac{(x - x_0)^2 + (y - y_0)^2}{z^2} \Big] \qquad (5 - 6)$$

$$\approx k\Big[z + \frac{(x - x_0)^2 + (y - y_0)^2}{2z} \Big]$$

上面利用了当 $x \ll 1$ 时，$\sqrt{1 + x} \approx 1 + \dfrac{1}{2}x$。将式(5 - 4)~式(5 - 6)代入式(5 - 3)，得

$$E(x, y, z) = \frac{\mathrm{i}}{\lambda z} \exp(-\mathrm{i}kz) \iint_{-\infty}^{\infty} E_0(x_0, y_0) \cdot \exp\Big\{ \frac{-\mathrm{i}k}{2z} \big[(x - x_0)^2 + (y - y_0)^2 \big] \Big\} \mathrm{d}x_0 \mathrm{d}y_0$$

$$(5 - 7)$$

式(5 - 7)描述在 $z = 0$ 处电矢量分布为 $E_0(x_0, y_0)$ 的光波，传播到 z 处时的电矢量分布。

2. 基模高斯光束

设在 $z = 0$ 平面上，沿 z 方向传播的光波，其电矢量 E_0 为高斯分布：

$$E_0(x_0, y_0) = \frac{A_0}{\omega_0} \exp\Big[-\frac{x_0^2 + y_0^2}{\omega_0^2} \Big] \qquad (5 - 8)$$

令 $q_0 = \mathrm{i}\dfrac{\pi\omega_0^2}{\lambda} = \mathrm{i}\dfrac{k\omega_0^2}{2}$，则式(5 - 8)变成：

$$E_0(x_0, y_0) = \frac{A_0}{\omega_0} \exp\Big[-\frac{\mathrm{i}k(x_0^2 + y_0^2)}{2q_0} \Big] \qquad (5 - 9)$$

当这一光波沿 z 方向传播时，根据惠更斯 - 菲涅尔原理，在 (x, y, z) 处的电矢量 $E(x, y, z)$ 可用式(5 - 7)求得

$$E(x, y, z) = \frac{\mathrm{i}A_0}{\omega_0 \lambda z} \exp(-\mathrm{i}kz)$$

$$\times \iint_{-\infty}^{\infty} \exp\Big\{ \frac{-\mathrm{i}k}{2z} \big[(x - x_0)^2 + (y - y_0)^2 \big] \Big\}$$

$$\times \exp\Big[\frac{-\mathrm{i}k}{2q_0} (x_0^2 + y_0^2) \Big] \mathrm{d}x_0 \mathrm{d}y_0 \qquad (5 - 10)$$

令 $\beta = \dfrac{q_0}{q_0 + z}$，于是

$$\frac{1}{q_0} + \frac{1}{z} = \frac{q_0 + z}{q_0 z} = \frac{1}{z\beta}$$

$$\frac{1}{q_0 + z} = \frac{q_0}{q_0 + z} \cdot \frac{1}{q_0} = \frac{\beta}{q_0}$$

$$\frac{1}{z} = \beta\left(\frac{1}{q_0} + \frac{1}{z}\right) = \frac{\beta}{q_0} + \frac{\beta^2}{z\beta} = \frac{1}{q_0 + z} + \left(\frac{1}{q_0} + \frac{1}{z}\right)\beta^2$$

$$\frac{1}{z}(x - x_0)^2 + \frac{1}{q_0}x_0^2 = \frac{1}{z}x^2 + \left(\frac{1}{z} + \frac{1}{q_0}\right)x_0^2 - \frac{2}{z}xx_0$$

$$= \left[\frac{1}{q_0 + z} + \left(\frac{1}{q_0} + \frac{1}{z}\right)\beta^2\right]x^2 + \left(\frac{1}{q_0} + \frac{1}{z}\right)x_0^2 - 2\beta\left(\frac{1}{q_0} + \frac{1}{z}\right)xx_0$$

$$= \frac{1}{q_0 + z}x^2 + \left(\frac{1}{q_0} + \frac{1}{z}\right) \cdot (x_0 - \beta x)^2 \qquad (5-11)$$

$$\frac{1}{z}(y - y_0)^2 + \frac{1}{q_0}y_0^2 = \frac{1}{q_0 + z}y^2 + \left(\frac{1}{q_0} + \frac{1}{z}\right)(y_0 - \beta y)^2$$

将式(5-11)代入式(5-10)有

$$E(x,y,z) = \frac{iA_0}{\omega_0\lambda z}\exp\left\{-ik\left[z + \frac{x^2 + y^2}{2(q_0 + z)}\right]\right\}\times$$

$$\int\int_{-\infty}^{\infty}\exp\left\{\frac{-ik}{2}\left(\frac{1}{q_0} + \frac{1}{z}\right)\left[(x_0 - \beta x)^2 + (y_0 - \beta y)^2\right]\right\}dx_0 dy_0$$

$$(5-12)$$

令
$$x_1 = x_0 - \beta x$$
$$y_1 = y_0 - \beta y \qquad (5-13)$$
$$r^2 = x_1^2 + y_1^2$$

$$A = -\frac{ik}{2}\left(\frac{1}{q_0} + \frac{1}{z}\right) = -\frac{1}{\omega_0^2} - \frac{ik}{2z}$$

则式(5-12)变为

$$E(x,y,z) = \frac{iA_0}{\omega_0\lambda z}\exp\left\{-ik\left[z + \frac{x^2 + y^2}{2(q_0 + z)}\right]\right\}\times\int\int_{-\infty}^{\infty}\exp\left[A(x_1^2 + y_1^2)\right]dx_1 dy_1$$

$$(5-14)$$

先求上式中的积分 $\int\int_{-\infty}^{\infty}\exp[A(x_1^2 + y_1^2)]dx_1 dy_1$ 部分

$$\int\int_{-\infty}^{\infty}\exp[A(x_1^2 + y_1^2)]dx_1 dy_1 = \int_0^{2\pi}\int_0^{\infty}e^{Ar^2} \cdot r dr d\theta = \frac{\pi}{A}e^{Ar^2}$$

设 $u = r^2$，$du = 2rdr$，根据积分公式 $\int e^{Au}du = \frac{e^{Au}}{A} + C$，

所以 $\int_0^{\infty}e^{Ar^2}r dr = \frac{1}{2A}e^{Ar^2}\Big|_0^{\infty}$

由式 $(5-13)$ 有：$\qquad e^{Ar^2} = e^{-\frac{r^2}{\omega_0^2}} \cdot e^{-\frac{ikr^2}{2z}}$

因为 $\lim\limits_{r \to \infty} e^{-\frac{r^2}{\omega_0^2}} = 0$，$e^{-\frac{ikr^2}{2z}}$ 有界，所以 $\lim\limits_{r \to \infty} e^{Ar^2} = 0$，因此，有

$$\iint\limits_{-\infty}^{\infty} \exp[A(x_1^2 + y_1^2)] \,\mathrm{d}x_1 \mathrm{d}y_1 = \frac{-\pi}{A} \qquad (5-15)$$

$$
\begin{aligned}
\frac{i}{\omega_0 \lambda z} \int\limits_{-\infty}^{\infty}\!\!\int \exp[A(x_1^2 + y_1^2)]\,\mathrm{d}x_1 \mathrm{d}y_1 &= \frac{i}{\omega_0 \lambda z} \cdot \frac{-\pi}{A} \\
&= \frac{1}{\omega_0 z}\left(\frac{-i\pi}{\lambda} \cdot \frac{1}{-\dfrac{1}{\omega_0^2} - \dfrac{ik}{2z}} \right) \\
&= \frac{1}{\omega_0 z}\left(\frac{1}{\dfrac{1}{z} - \dfrac{i\lambda}{\pi\omega_0^2}} \right) \\
&= \frac{1}{\omega_0} \cdot \frac{1 + \dfrac{i\lambda z}{\pi\omega_0^2}}{1 + \left(\dfrac{\lambda z}{\pi\omega_0^2}\right)^2} \qquad (5-16)
\end{aligned}
$$

令 $\quad \cos\varphi = \left[1 + \left(\dfrac{\lambda z}{\pi\omega_0^2}\right)^2\right]^{\frac{-1}{2}}$

则 $\quad \sin\varphi = \dfrac{\lambda z}{\pi\omega_0^2}\left[1 + \left(\dfrac{\lambda z}{\pi\omega_0^2}\right)^2\right]^{\frac{-1}{2}}$

$$\varphi = \arctan^{-1} \frac{\lambda z}{\pi\omega_0^2} \qquad (5-17)$$

将式 $(5-17)$ 代入式 $(5-16)$ 有

$$
\begin{aligned}
\frac{i}{\omega_0 \lambda z} \int\limits_{-\infty}^{\infty}\!\!\int \exp[A(x_1^2 + y_1^2)]\,\mathrm{d}x_1 \mathrm{d}y_1 &= \frac{1}{\omega_0 \left[1 + \left(\dfrac{\lambda z}{\pi\omega_0^2}\right)^2\right]^{\frac{1}{2}}}(\cos\varphi + i\sin\varphi) \\
&= \frac{1}{\omega_0 \left[1 + \left(\dfrac{\lambda z}{\pi\omega_0^2}\right)^2\right]^{\frac{1}{2}}} e^{i\varphi(z)} = \frac{e^{i\varphi(z)}}{\omega(z)}
\end{aligned}
$$

$$\qquad (5-18)$$

令 $$\omega(z) = \omega_0 \left[1 + \left(\frac{\lambda z}{\pi\omega_0^2}\right)^2\right]^{\frac{1}{2}} \qquad (5-19)$$

将式 $(5-18)$ 和式 $(5-19)$ 代入式 $(5-14)$，得

$$E(x,y,z) = \frac{A_0}{\omega(z)}\exp\{-i[kz - \varphi(z)]\} \cdot \exp\left\{\frac{-ik(x^2 + y^2)}{2q(z)}\right\} \qquad (5-20)$$

其中令
$$q(z) = q_0 + z = \frac{i\pi\omega_0^2}{\lambda} + z \qquad (5-21)$$

$$\frac{1}{q(z)} = \frac{1}{\frac{i\pi\omega_0^2}{\lambda} + z} = \frac{z - \frac{i\pi\omega_0^2}{\lambda}}{z^2 + \left(\frac{\pi\omega_0^2}{\lambda}\right)^2} = \frac{1 - \frac{i\pi\omega_0^2}{\lambda z}}{z\left[1 + \left(\frac{\pi\omega_0^2}{\lambda z}\right)^2\right]} \qquad (5-22)$$

令
$$R(z) = z + \frac{1}{z}\left(\frac{\pi\omega_0^2}{\lambda}\right)^2 = z\left[1 + \left(\frac{\pi\omega_0^2}{\lambda z}\right)^2\right] \qquad (5-23)$$

将式(5-19)和式(5-23)代入式(5-22)有
$$\frac{1}{q(z)} = \frac{1}{R(z)} - \frac{i\lambda}{\pi\omega^2(z)} \qquad (5-24)$$

将式(5-24)代入式(5-20)有

$$E(x,y,z) = \frac{A_0}{\omega(z)}\exp\left\{\frac{-(x^2+y^2)}{\omega^2(z)}\right\}\exp\left\{-ik\left(z + \frac{x^2+y^2}{2R(z)}\right) + i\varphi(z)\right\}$$
$$(5-25)$$

其中

$$\omega(z) = \omega_0\left[1 + \left(\frac{\lambda z}{\pi\omega_0^2}\right)^2\right]^{\frac{1}{2}} = \omega_0\left[1 + \left(\frac{z}{z_R}\right)^2\right]^{\frac{1}{2}}$$

$$R(z) = z + \frac{1}{z}\left(\frac{\pi\omega_0^2}{\lambda}\right)^2 = z\left[1 + \left(\frac{\pi\omega_0^2}{\lambda z}\right)^2\right] = z\left[1 + \left(\frac{z_R}{z}\right)^2\right] \qquad (5-26)$$

$$z_R = \frac{\pi\omega_0^2}{\lambda}$$

$$\varphi(z) = \arctan^{-1}\frac{\lambda z}{\pi\omega_0^2}$$

式中:ω_0为基模高斯光束的腰斑半径;$\omega(z)$为与传输轴线相交于 z 点的高斯光束等相位面上的光斑半径;$R(z)$为与传输轴线相交于 z 点的高斯光束等相位面的曲率半径;z_R为高斯光束的瑞利长度或共焦参数。$\omega(z)$,$R(z)$和z_R是表征基模高斯光束的三个重要参数。而且,只要 ω_0 确定(ω_0处在 $z=0$ 的平面上),则 $R(z)$,$\omega(z)$,z_R、$\varphi(z)$ 等都已确定,因此,束腰 ω_0 是高斯光束的特征参量。

通过式(5-26)可以变换为用 $\omega(z)$ 和 $R(z)$ 来表示束腰 ω_0 的大小和位置。由式(5-26)得

$$\frac{\omega^2(z)}{R(z)} = \frac{\omega_0^2\left[1 + \left(\frac{\lambda z}{\pi\omega_0^2}\right)^2\right]}{z\left[1 + \left(\frac{\pi\omega_0^2}{\lambda z}\right)^2\right]} = \frac{\omega_0^2}{z}\left(\frac{\lambda z}{\pi\omega_0^2}\right)^2\frac{\left[1 + \left(\frac{\pi\omega_0^2}{\lambda z}\right)^2\right]}{\left[1 + \left(\frac{\pi\omega_0^2}{\lambda z}\right)^2\right]} = \left(\frac{\lambda^2 z}{\pi^2\omega_0^2}\right) \quad (5-27)$$

上式两边同乘以 π/λ,

$$\frac{\pi\omega^2(z)}{\lambda R(z)} = \frac{\lambda z}{\pi\omega_0^2} \tag{5-28}$$

将式(5-28)代入式(5-26):

$$\omega^2(z) = \omega_0^2\Big[1 + \Big(\frac{\lambda z}{\pi\omega_0^2}\Big)^2\Big] = \omega_0^2\Big[1 + \frac{\pi\omega^2(z)}{\lambda R(z)}\Big]$$

$$R(z) = z\Big[1 + \Big(\frac{\pi\omega_0^2}{\lambda z}\Big)^2\Big] = z\Big[1 + \Big(\frac{\lambda R(z)}{\pi\omega^2(z)}\Big)^2\Big] \tag{5-29}$$

由式(5-29)得

$$\omega_0 = \omega^2(z)\Big[1 + \Big(\frac{\pi\omega^2(z)}{\lambda R(z)}\Big)^2\Big]^{-\frac{1}{2}}$$

$$z = R(z)\Big[1 + \Big(\frac{\lambda R(z)}{\pi\omega^2(z)}\Big)^2\Big]^{-1} \tag{5-30}$$

以上,证明了当 $z = 0$ 处的高斯型分布的平面波沿 z 方向传播时,由惠更斯-菲涅尔原理求得它将以式(5-25)的高斯光束形式传播。

比较式(5-2)和式(5-25)的相位部分(即虚指数部分)可以看到,两者除相差一个常数因子 $\varphi(z)$ 外形式一样。因为常数相位因子(在 $z \neq 0$ 的某一确定位置,$\varphi(z)$ 是常数)不影响波阵面的形状,所以式(5-25)表示的基模高斯光束在 $z \neq 0$ 处也是球面波,但与均匀旁轴球面波相比有两点重大差别:

(1)基模高斯光束各处截面上的光强分布不是均匀的,而是高斯分布。

(2)基模高斯光束波阵面的曲率半径不是一个常数,而是坐标 z 的函数,而且波阵面的曲率中心不是在一个固定点上,而是随光束传输而移动。

5.4　共焦腔中的高斯光束

下面用惠更斯-菲涅尔原理证明高斯光束在共焦腔中来回反射时,其场分布保持不变。

设有如图5-2所示边长为 $2a$ 的方形镜共焦腔,腔长 l 等于反射镜的曲率半径。

设镜 A 处的电矢量分布 $E_A(x_0, y_0, z_0) = A_{mn}^0 f_m(x_0) g_n(y_0)$,则由式(5-3),在镜 B 处的电矢量分布 $E_B(x, y, z)$ 应为

$$E_B(x, y, z) = \frac{i}{\lambda}\iint_{-a}^{+a} A_{mn}^0 f_m(x_0) g_n(y_0)\frac{1 + \cos\alpha}{2\mid \boldsymbol{r} - \boldsymbol{r}_0\mid}\exp[-ik\mid \boldsymbol{r} - \boldsymbol{r}_0\mid]\mathrm{d}x_0\mathrm{d}y_0$$

利用式(5-4)和 $\mid\boldsymbol{r} - \boldsymbol{r}_0\mid = \rho$,有

$$E_B(x, y, z) = \frac{ikA_{mn}^0}{2\pi\rho}\iint_{-a}^{+a}\exp(-ik\rho)f_m(x_0)g_n(y_0)\mathrm{d}x_0\mathrm{d}y_0 \tag{5-31}$$

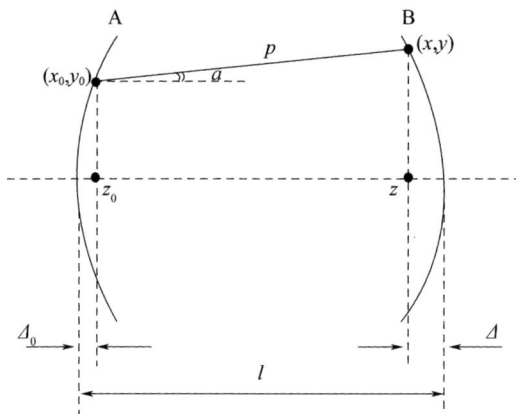

图 5 - 2　方形镜共焦腔

因为在谐振腔内,只有在来回反射过程中保持其分布不变的稳定光场才是在形成激光时可以在谐振腔中存在的光场。因此,电矢量 E_B 应满足:

$$E_B(x,y) = \sigma_m\sigma_n E_A(x,y) = \sigma_m\sigma_n A_{mn}^o f_m(x)g_n(y) \quad (5-32)$$

式中:σ_m,σ_n 为本征值。比较式(5-32)和式(5-31)得

$$\iint_{-a}^{+a} \frac{\mathrm{i}k}{2\pi\rho}\exp[-\mathrm{i}k\rho]f_m(x_0)g_n(y_0)\mathrm{d}x_0\mathrm{d}y_0 = \sigma_m\sigma_n f_m(x)g_n(y) \quad (5-33)$$

下面,讨论什么样的 f_m 和 g_n 满足式(5-33)。

当 $l \geqslant 2a$ 时,振幅项中可近似取 $\rho \approx l$。但对位相项 $\exp(-\mathrm{i}k\rho)$ 中不能作此近似,因 ρ 变化一个波长,将引起位相变化 2π。

下面计算相位项中 ρ 的近似值。由图 5-2 和图 5-3 有:

$$\rho^2 = (l-\Delta_0-\Delta)^2 + (r_0-r)^2 = (l-\Delta_0-\Delta)^2 + (x_0-x)^2 + (y_0-y)^2$$

$$(5-34)$$

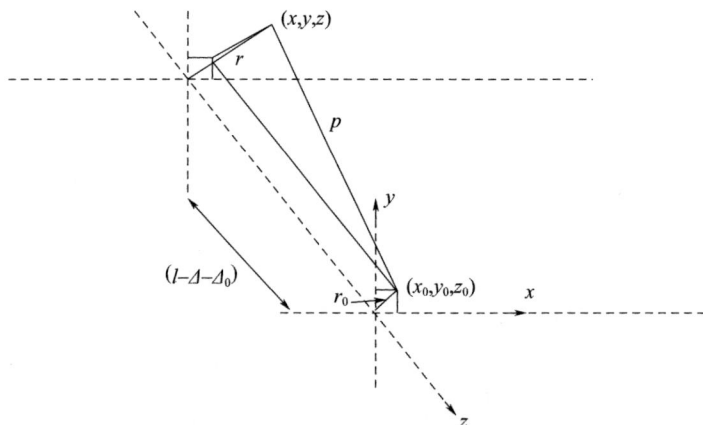

图 5 - 3

$$\Delta = l - (l^2 - r^2)^{\frac{1}{2}} = l - l\left[1 - \left(\frac{r}{l}\right)2\right]^{\frac{1}{2}} \approx \frac{r^2}{2l}$$

$$\Delta_0 = l - (l^2 - r_0^2)^{\frac{1}{2}} \approx \frac{r_0^2}{2l} \qquad (5-35)$$

上面利用了当 $x \ll 1$ 时, $(1 + x)^{\frac{1}{2}} \approx 1 + \frac{1}{2}x$

将式(5-35)代入式(5-34)有

$$\rho \approx \ell - \frac{xx_0 + yy_0}{\ell}$$

将上式代入式(5-33)得

$$\sigma_m \sigma_n f_m(x) g_n(y) = \iint\limits_{-a}^{+a} \frac{ik}{2\pi l} f_m(x_0) g_n(y_0) e^{-ik(l - \frac{xx_0 + yy_0}{l})} dx_0 dy_0$$

$$= \iint\limits_{-a}^{+a} \frac{ik}{2\pi l} e^{-ikl} f_m(x_0) g_n(y_0) e^{ik(\frac{xx_0 + yy_0}{l})} dx_0 dy_0 \qquad (5-36)$$

令

$$X = \frac{\sqrt{2\pi N}}{a} x$$

$$Y = \frac{\sqrt{2\pi N}}{a} y$$

$$N = \frac{a^2 k}{2\pi l}$$

并记

$$F_m(X) = f_m(x)$$

$$G_n(Y) = g_n(y) \qquad (5-37)$$

有

$$x_0, y_0 = -a, X_0, Y_0 = -\sqrt{2\pi N}$$

$$x_0, y_0 = a, X_0, Y_0 = \sqrt{2\pi N}$$

$$xx_0 = \frac{a^2}{2\pi N}$$

$$dx_0 dy_0 = \frac{a^2}{2\pi N}$$

$$\frac{ik}{l}(xx_0 + yy_0) = \frac{ik}{l} \frac{a^2}{2\pi N}(XX_0 + YY_0) = \frac{ika^2 2\pi l}{l2\pi a^2 k}(XX_0 + YY_0) = i(XX_0 + YY_0)$$

代入式(5-36)得

$$\sigma_m \sigma_n F_m(X) G_n(Y) = \iint\limits_{-a}^{+a} \frac{ik}{2\pi l} e^{-ikl} f_m(x_0) g_n(y_0) e^{ik(\frac{xx_0 + yy_0)}{l}} dx_0 dy_0$$

$$= \int \int_{-\sqrt{2\pi N}}^{\sqrt{2\pi N}} \frac{\mathrm{i} k e^{-\mathrm{i} k l}}{2\pi l} \frac{a^2}{2\pi N} F_m(X_0) G_n(Y_0) \mathrm{e} \mathrm{i}^{(XX_0 + YY_0)} \mathrm{d}X_0 \mathrm{d}Y_0$$

$$= \int \int_{-\sqrt{2\pi N}}^{\sqrt{2\pi N}} \frac{\mathrm{i} e^{-\mathrm{i} k l}}{2\pi} F_m(X_0) G_n(Y_0) \mathrm{e}^{\mathrm{i}(XX_0 + YY_0)} \mathrm{d}X_0 \mathrm{d}Y_0 \quad (5-38)$$

令 $x_m x_n = \dfrac{\sigma_m \sigma_n}{\mathrm{i} e^{-\mathrm{i} k l}}$，则式(5-38)可分解为

$$F_m(X) = \frac{1}{\sqrt{2\pi} x_m} \int_{-\sqrt{2\pi N}}^{\sqrt{2\pi N}} F_m(X_0) \mathrm{e}^{\mathrm{i} XX_0} \mathrm{d}X_0$$

$$G_n(Y) = \frac{1}{\sqrt{2\pi} x_n} \int_{-\sqrt{2\pi N}}^{\sqrt{2\pi N}} G_n(Y_0) \mathrm{e}^{\mathrm{i} YY_0} \mathrm{d}Y_0$$

$$(5-39)$$

式(5-39)就是谐振腔中光场分布必须满足的积分方程。当 $\sqrt{2\pi N}$ 值比较大时，可以证明积分方程式(5-39)的近似解是

$$F_m(X) = \exp\left[\frac{-X^2}{2}\right] \cdot H_m(X)$$

$$G_n(Y) = \exp\left[\frac{-Y^2}{2}\right] \cdot H_n(Y)$$

$$(5-40)$$

其中 $H_m(X)$ 和 $H_n(Y)$ 是厄米多项式：

$$H_0(X) = 1 \qquad\qquad H_1(X) = 2X$$
$$H_2(X) = 4X^2 - 2$$
$$H_3(X) = 8X^3 - 12X$$
$$H_4(X) = 16X^4 - 48X^2 + 12$$
$$\cdots\cdots$$

作为例子，取 $m = 0$ 的情形进行验证：

当 $m = 0$ 时，有 $F_0(X)$

$$F_0(X_0) = \exp\left[\frac{-X_0^2}{2}\right] \quad (5-41)$$

且当 $2\pi N = \dfrac{a^2 k}{l}$ 很大时，有

$$\int_{-\sqrt{2\pi N}}^{\sqrt{2\pi N}} F_0(X_0) \mathrm{e}^{\mathrm{i} XX_0} \mathrm{d}X_0 \approx \int_{-\infty}^{\infty} \exp\left\{\frac{-X_0^2}{2} + \mathrm{i} XX_0\right\} \mathrm{d}X_0$$

$$= \int_{-\infty}^{\infty} \exp\left[\frac{-X_0^2}{2}\right] (\cos XX_0 - \mathrm{i}\sin XX_0) \mathrm{d}X_0$$

因 $\exp\left[\dfrac{-X_0^2}{2}\right] \sin XX_0$ 是 X_0 的奇函数，

所以 $\int_{-\infty}^{\infty} \exp\left[\dfrac{-X_0^2}{2}\right]\sin XX_0 \mathrm{d}X_0 = 0$

而

$$\int_{-\infty}^{\infty} \exp\left[\dfrac{-X_0^2}{2}\right]\cos XX_0 \mathrm{d}X_0 = 2\int_{0}^{\infty} \exp\left[\dfrac{-X_0^2}{2}\right]\cos XX_0 \mathrm{d}X_0$$

由积分表 $\qquad\int_{0}^{\infty} \mathrm{e}^{-u^2x^2}\cos vx\mathrm{d}x = \dfrac{\sqrt{\pi}\,\mathrm{e}^{-v^2/4u^2}}{2u}$

令 $u^2 = \dfrac{1}{2}, v = X$, 则有

$$\int_{-\infty}^{\infty} F_0(X)\mathrm{e}^{-\mathrm{i}XX_0}\mathrm{d}X_0 = 2\dfrac{\sqrt{\pi}\,\mathrm{e}^{\frac{-X^2}{2}}}{\sqrt{2}} = \sqrt{2\pi}\cdot\mathrm{e}^{\frac{-X^2}{2}} = \sqrt{2\pi}F_0(X)$$

即证明了 $F_0(X)$ 满足积分方程式(5 - 39)。

对共焦腔,在镜面处有:

$$\omega = \omega_A = \omega_B = \sqrt{\dfrac{\lambda l}{\pi}}$$

由 $X = \dfrac{\sqrt{2\pi N}}{a}x, N = \dfrac{a^2 k}{2\pi\ell}$, 得

$$\dfrac{X^2}{2} = \dfrac{x^2}{2a^2}2\pi N = \dfrac{\pi x^2}{\lambda l} = \dfrac{x^2}{\omega^2}, X = \sqrt{2}\dfrac{x}{\omega}$$

考虑到式(5 - 40)和式(5 - 37),有

$$f_m(x) = \mathrm{e}^{\frac{-x^2}{\omega^2}}\cdot H_m(X) = \mathrm{e}^{\frac{-x^2}{\omega^2}}\cdot H_m\left(\sqrt{2}\dfrac{x}{\omega}\right)$$

同理

$$g_n(y) = \mathrm{e}^{\frac{-y^2}{\omega^2}}\cdot H_n\left(\sqrt{2}\dfrac{y}{\omega}\right)$$

因此,共焦腔中的稳定场分布为

$$E(x,y,z) = A_{mn}^0 f_m(x_0)g_n(y_0) = A_{mn}^0 H_m\left(\sqrt{2}\dfrac{x}{\omega}\right)H_n\left(\sqrt{2}\dfrac{y}{\omega}\right)\cdot\mathrm{e}^{\frac{-(x^2+y^2)}{\omega^2}}$$

5.5 高斯光束的基本性质

前面已经证明,基模高斯光束在自由空间中传输的规律由式(5 - 25)和式(5 - 26)描述:

$$E(x,y,z) = \dfrac{A_0}{\omega(z)}\exp\left\{\dfrac{-(x^2+y^2)}{\omega^2(z)}\right\}\exp\left\{-\mathrm{i}k\left(z + \dfrac{x^2+y^2}{2R(z)}\right) + \mathrm{i}\varphi(z)\right\}$$

其中,

$$\omega(z) = \omega_0 \left[1 + \left(\frac{\lambda z}{\pi \omega_0^2}\right)^2\right]^{\frac{1}{2}} = \omega_0 \left[1 + \left(\frac{z}{z_R}\right)^2\right]^{\frac{1}{2}}$$

$$R(z) = z + \frac{1}{z}\left(\frac{\pi \omega_0^2}{\lambda}\right)^2 = z\left[1 + \left(\frac{z_R}{z}\right)^2\right]$$

$$z_R = \frac{\pi \omega_0^2}{\lambda}$$

$$\varphi(z) = \arctan\frac{\lambda z}{\pi \omega_0^2} = \arctan\frac{z}{z_R}$$

由此可以看出高斯光束具有如下基本性质：

1. 场分布和光斑半径

基模高斯光束在某一横截面内的场振幅分布按高斯函数 $e^{-\frac{(x^2+y^2)}{\omega^2(z)}}$ 所描述的规律从中心（即传播轴线）向外平滑地减小。场振幅减小到中心值的 $1/e$ 的点所定义的光斑半径为

$$\omega(z) = \omega_0 \left[1 + \left(\frac{\lambda z}{\pi \omega_0}\right)^2\right]^{\frac{1}{2}} = \omega_0 \left[1 + \left(\frac{z}{z_R}\right)^2\right]^{\frac{1}{2}} \tag{5-42}$$

光斑半径为坐标 z 的双曲函数，其对称轴为 z 轴：

$$\frac{\omega^2(z)}{\omega_0^2} - \frac{z^2}{z_R^2} = 1$$

在 $z=0$ 处，$\omega(z) = \omega_0$，光斑半径达到极小值，如图 5-4 所示。

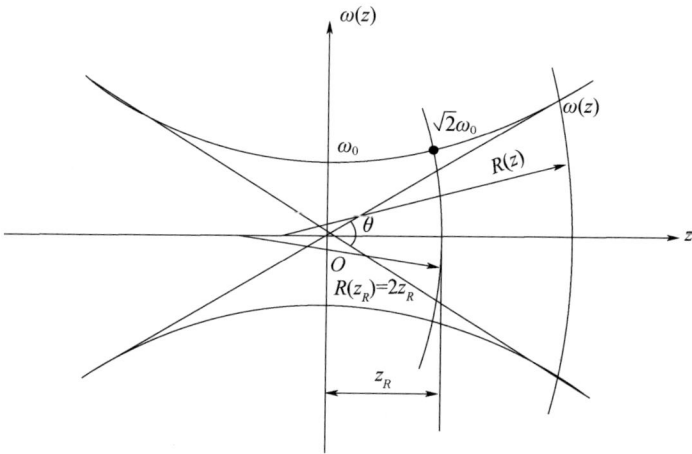

图 5-4　基模高斯光束及其参数

2. 相移

基模高斯光束的相移特性由相位因子

$$\Phi_{00}(x,y,z) = k\left(z + \frac{x^2+y^2}{2R(z)}\right) - \arctan\frac{\lambda z}{\pi \omega_0^2} \tag{5-43}$$

所决定,它描述高斯光束在点(x,y,z)相对于原点$(0,0,0)$处的相位滞后。其中,kz为几何相移;$\arctan\left(\dfrac{\lambda z}{\pi\omega_0^2}\right)$为高斯光束在空间传输距离$z$时相对几何相移的附加相位超前;$k(x^2+y^2)/2R(z)$是与横坐标$(x,y)$有关的相移,它表明高斯光束的等相位面是以$R(z)$为半径的球面,$R(z)$由式$(5-26)$给出

$$R(z) = z + \frac{1}{z}\left(\frac{\pi\omega_0^2}{\lambda}\right)^2 = z\left[1+\left(1+\frac{\pi\omega_0^2}{\lambda z}\right)^2\right] = z\left[1+\left(\frac{z_R}{z}\right)^2\right] \quad (5-44)$$

由式$(5-44)$可以看出:

(1)当$z=0$时,$R(z)\to\infty$,表明束腰处的等相位面为平面;

(2)当$z=\pm\infty$时,$|R(z)|\approx|z|\to\infty$,表明离束腰无限远处的等相位面也是平面,且曲率中心就在束腰处;

(3)当$z=\pm z_R=\pm\dfrac{\pi\omega_0^2}{\lambda}$时,$|R(z)|=2z_R=2\dfrac{\pi\omega_0^2}{\lambda}$,$R(z)$达到极小值;

(4)当$z\gg z_R$时,$R(z)\to z$,表明等相位面近似于半径为z的球面,其曲率中心位于束腰处;

(5)当$0<z<z_R$时,$R(z)>2z_R$,表明等相位面曲率中心在$[-z_R,\infty]$的区间上;

(6)当$z>z_R$时,$z<R(z)<z+z_R$,表明等相位面曲率中心在$[-z_R,0]$的区间上。

3. 远场发散角

在基模高斯光束强度的$\dfrac{1}{e^2}$点的远场发散角(全角)定义为

$$\theta_{\frac{1}{e^2}} = \lim_{z\to\infty}\frac{2\omega(z)}{z} = \frac{2\lambda}{\pi\omega_0} = 0.6367\frac{\lambda}{\omega_0} = 1.128\left(\frac{\lambda}{z_R}\right)^{\frac{1}{2}} \quad (5-45)$$

束腰半径ω_0越大,远场发散角越小。为了简便,很多情况下省去了$\theta_{\frac{1}{e^2}}$中的下标,直接用θ表示远场发散角。

4. 瑞利长度

前面已经看到,高斯光束从束腰处沿z轴往外传输过程中光斑逐渐变大,当光斑半径从束腰处的ω_0增大到$\sqrt{2}\omega_0$时所对应的距离称为瑞利长度$\left(z_R=\dfrac{\pi\omega_0^2}{\lambda}\right)$。通常将$z=\pm z_R$的范围称为高斯光束的准直范围,在这个范围内,可近似认为高斯光束是平行的。可以看出,束腰半径ω_0越大,瑞利长度越长,光束的准直范围越大。

5. 高斯光束的特征参数

通过前面的讨论可以看到,可以用三组参量来表征特定的高斯光束:

（1）用参数 ω_0 及束腰位置 z 表征。从式（5-25）和式（5-26）可知，一旦腰斑半径 ω_0 和位置给定了，就可以确定与束腰相距 z 处的光斑半径 $\omega(z)$、等相位面的曲率半径 $R(z)$、整个光束的发散角以及相对于束腰处的相位滞后，即整个高斯光束的结构都确定了。因为 $z_R = \dfrac{\pi\omega_0^2}{\lambda}$，所以也可以用共焦参数 z_R 和束腰位置来表征特定的高斯光束。

（2）用参数 $\omega(z)$ 和 $R(z)$ 表征。如果给定了某个位置（设其坐标为 z）处的光斑半径 $\omega(z)$ 和等相位面曲率半径 $R(z)$，由式（5-29）可求得腰斑半径和束腰位置。因此，也可以用给定位置 z 处的 $\omega(z)$ 和 $R(z)$ 来表征特定的高斯光束。

（3）用参数 q 表征。在利用惠更斯-菲涅尔原理推导自由空间中的高斯光束时，定义了一个与 $\omega(z)$ 和 $R(z)$ 有关的参数 $q(z)$，式（5-24）：

$$\frac{1}{q(z)} = \frac{1}{R(z)} - \frac{i\lambda}{\pi\omega^2(z)}$$

参数 q 把描述高斯光束的两个特征参数统一在一个表达式中，因此它是表征高斯光束的又一个重要参数。如果知道高斯光束在某一位置 z 处的 q 值，由下式就可求出该位置处的 $\omega(z)$ 和 $R(z)$ 的数值。

$$\frac{1}{R(z)} = R_e\left\{\frac{1}{q(z)}\right\}$$
$$\frac{1}{\omega^2(z)} = \frac{-\pi}{\lambda}\mathrm{Im}\left\{\frac{1}{q(z)}\right\} \tag{5-46}$$

上面三组参数是相互关联的，它们都可以用来确定基模高斯光束的具体结构。用 ω_0 或 $\omega(z)$ 和 $R(z)$ 来描述比较直观，但在处理高斯光束的传输，特别是处理通过光学系统的变换时比较复杂，而且，对两者要用不同的公式来描述。这种情况下用 q 参数来处理时就较为方便，且可以用一个统一的公式来描述。

5.6 利用 q 参数讨论高斯光束的传输

1. 普通球面波的传输

图 5-5 表示在自由空间中沿 z 轴方向传播的普通球面波，其曲率中心在坐标原点 o。球面波波前曲率半径 $R(z)$ 随传播距离 z 的变化规律为

$$R(z) = z$$
$$R_2 = R_1(z) + (z_2 - z_1) = R_1(z) + L \tag{5-47}$$

式中：R_1 为 z_1 处的波前曲率半径；R_2 为 z_2 处的波前曲率半径；L 为 z_1 与 z_2 间的距离。

当傍轴球面波通过焦距为 f 的薄透镜时，其波前曲率半径满足：

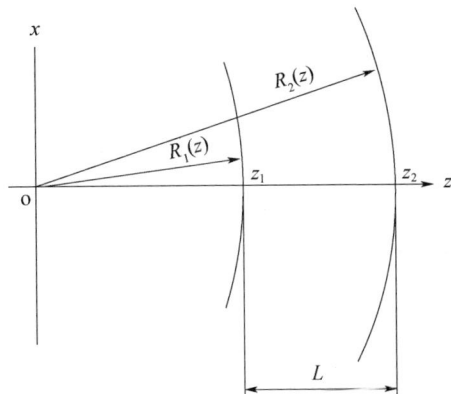

图 5 - 5　球面波存自由空间的传播

$$\frac{1}{R_2(z)} = \frac{1}{R_1(z)} - \frac{1}{f} \qquad (5-48)$$

式中: $R_1(z)$ 为入射在透镜表面上的球面波面的曲率半径; $R_2(z)$ 为经过透镜出射的球面波面的曲率半径。这里, 把沿传输方向发散的球面波的曲率半径取为正, 会聚的球面波的曲率半径取为负。

因此, 傍轴球面波在自由空间沿 z 轴方向传播距离 L 和焦距为 f 的薄透镜对傍轴光线的变换矩阵 $\boldsymbol{T}_L$ 和 $\boldsymbol{T}_F$ 分别为

$$T_L = \begin{pmatrix} A & B \\ C & D \end{pmatrix} = \begin{pmatrix} 1 & L \\ 0 & 1 \end{pmatrix}$$

$$T_F = \begin{pmatrix} A & B \\ C & D \end{pmatrix} = \begin{pmatrix} 1 & 0 \\ -\dfrac{1}{f} & 1 \end{pmatrix}$$

球面波的传播规律可以统一表示为

$$R_2(z) = \frac{AR_1(z) + B}{CR_1(z) + D} \qquad (5-49)$$

2. 高斯光束 q 参数的传输

讨论在自由空间中沿 z 轴方向传播的高斯光束时, 定义式 $(5-21)$:

$$q(z) = q_0 + z = \frac{\mathrm{i}\pi\omega_0^2}{\lambda} + z$$

并由式 $(5-21)$ 导出式 $(5-24)$

$$\frac{1}{q(z)} = \frac{1}{R(z)} - \frac{\mathrm{i}\lambda}{\pi\omega^2(z)}$$

当坐标原点放在高斯光束束腰上时, 有

$$R(0) \to \infty, \quad \omega(0) = \omega_0$$

因此,

$$q(0) \equiv q_0 = \frac{i\pi\omega_0^2}{\lambda} = iz_R \qquad (5-50)$$

式中:q_0 为 $z=0$ 处的 q 参数。

式(5-21)与式(5-24)是等价的,它描述了高斯光束的 q 参数在自由空间(或均匀各向同性介质)中的传输规律。

由式(5-21)可推得

$$q_2(z) = q_1(z) + (z_2 - z_1) = q_1(z) + L \qquad (5-51)$$

式中:$q_1(z)$ 为 z_1 处的 q 参数;$q_2(z)$ 为 z_2 处的 q 参数;L 为 z_1 与 z_2 间的距离。

我们知道式(5-48)表示的薄透镜的性质具有普遍意义。只要物方有一个曲率半径为 R_1 的球面波入射在透镜上,则透镜就将它转换成像方的一个曲率半径为 R_2 的新的球面波,不管入射在它上面的球面波是均匀的还是非均匀的,其曲率中心是固定的还是可变的。

另外,由于薄透镜很薄,所以紧挨透镜两面的波面上的光斑大小、光强分布都应该一样。所以有

$$\frac{1}{R_2} = \frac{1}{R_1} - \frac{1}{f} \qquad (5-52)$$

$$\omega_2 = \omega_1$$

由式(5-24)和式(5-52),有

$$\frac{1}{q_2(z)} = \frac{1}{R_2} - \frac{i\lambda}{\pi\omega_2^2} = \frac{1}{R_1} - \frac{i\lambda}{\pi\omega_1^2} - \frac{1}{f} = \frac{1}{q_1(z)} - \frac{1}{f} \qquad (5-53)$$

式中:R_1、ω_1 为入射高斯光束在透镜表面上的波前曲率半径和光斑半径;R_2、ω_2 为出射高斯光束在透镜表面上的波前曲率半径和光斑半径;$q_1(z)$ 为入射高斯光束在透镜表面上的 q 参数值;$q_2(z)$ 为出射高斯光束在透镜表面上的 q 参数值。

比较式(5-51)与式(5-47),式(5-53)与式(5-48)看出,高斯光束的参数 $q(z)$ 与普通球面波的曲率半径 $R(z)$ 在自由空间中传输和经过薄透镜的变换具有相同的传输规律。

与式(5-49)类似,q 参数的传输规律可用下式统一表示:

$$q_2(z) = \frac{Aq_1(z) + B}{Cq_1(z) + D} \qquad (5-54)$$

写成倒数形式为

$$\frac{1}{q_2} = \frac{C + \dfrac{D}{q_1}}{A + \dfrac{B}{q_1}} \qquad (5-55)$$

对在自由空间中的传输以及通过薄系统后,其变换矩阵 $\boldsymbol{T}_L$ 和 $\boldsymbol{T}_F$ 为

$$\boldsymbol{T}_L = \begin{pmatrix} A & B \\ C & D \end{pmatrix} = \begin{pmatrix} 1 & L \\ 0 & 1 \end{pmatrix} \tag{5-56}$$

$$\boldsymbol{T}_F = \begin{pmatrix} A & B \\ C & D \end{pmatrix} = \begin{pmatrix} 1 & 0 \\ -\dfrac{1}{f} & 1 \end{pmatrix} \tag{5-57}$$

3. 举例

在激光发明初期,当时还没有 M^2 测试仪这类准确方便测量光斑半径 $\omega(z)$ 的仪器,但又常常需要测量激光的发散角。因此大多采用一个焦距为 f 的透镜聚焦激光束,测量在焦平面上的焦斑直径 d,然后利用公式 $d = f \cdot \theta$ 计算激光束的发散角。这个方法简单、实用,现在很多场合还在采用。

下面通过简单的计算说明在利用上述公式时应该注意事项。下面是常犯的错误,即:沿激光束轴线来回移动屏的位置,当激光在屏上的"烧斑"最小时,此时的烧斑直径取为 d 值。

如图 5-6 所示,设入射激光束束腰粗为 $2\omega_0$,束腰距透镜 F 的距离为 z_1,透镜 F 的焦距为 f,通过透镜后出射激光束的腰粗为 $2\omega_0'$,束腰距透镜 F 的距离为 z_2'。设在位置 I 和 II 处激光束的复参数分别为 q_1 和 q_2,则

$$\frac{1}{q_1} = \frac{1}{R_1} - \frac{\mathrm{i}\lambda}{\pi\omega_1^2}$$

$$\frac{1}{q_2} = \frac{1}{R_2} - \frac{\mathrm{i}\lambda}{\pi\omega_2^2} = \frac{C + \dfrac{D}{q_1}}{A + \dfrac{B}{q_1}}$$

式中: λ 为激光波长; ω_1, ω_2 为位置 I, II 处的光斑半径; R_1, R_2 为位置 I, II 处的波前曲率半径。

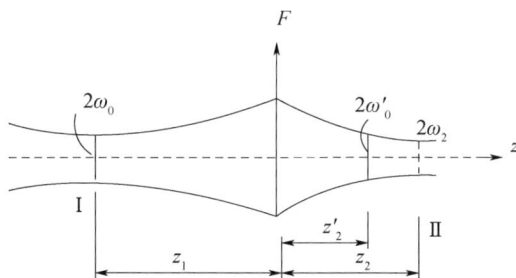

图 5-6　实例

光束从位置 I 传播到位置 II 的传输矩阵为

$$\begin{pmatrix} A & B \\ C & D \end{pmatrix} = \begin{pmatrix} 1 & z_2 \\ 0 & 1 \end{pmatrix} \begin{pmatrix} 1 & 0 \\ -\dfrac{1}{f} & 1 \end{pmatrix} \begin{pmatrix} 1 & z_1 \\ 0 & 1 \end{pmatrix} = \begin{pmatrix} 1 - \dfrac{z_2}{f} & z_1 + z_2 - \dfrac{z_1 z_2}{f} \\ -\dfrac{1}{f} & 1 - \dfrac{z_1}{f} \end{pmatrix}$$

截面 I 位于入射光束的腰部,于是可得

$$\frac{1}{q_2} = \frac{C - D \dfrac{i\lambda}{\pi\omega_0^2}}{A - B \dfrac{i\lambda}{\pi\omega_0^2}} = \frac{AC + BD \left(\dfrac{\lambda}{\pi\omega_0^2}\right)^2 - (AD - BC) \dfrac{i\lambda}{\pi\omega_0^2}}{A^2 + B^2 \left(\dfrac{\lambda}{\pi\omega_0^2}\right)^2}$$

$$= \frac{\left(1 - \dfrac{z_1}{f}\right)\left(z_1 + z_2 - \dfrac{z_1 z_2}{f}\right)\left(\dfrac{\lambda}{\pi\omega_0^2}\right)^2 - \dfrac{1}{f}\left(1 - \dfrac{z_2}{f}\right) - \dfrac{i\lambda}{\pi\omega_0^2}}{\left(1 - \dfrac{z_2}{f}\right)^2 + \left(z_1 + z_2 - \dfrac{z_1 z_2}{f}\right)^2 \left(\dfrac{\lambda}{\pi\omega_0^2}\right)^2}$$

所以,

$$\omega_2 = \sqrt{\left(1 - \frac{z_2}{f}\right)^2 + \left(z_1 + z_2 - \frac{z_1 z_2}{f}\right)^2 \left(\frac{\lambda}{\pi\omega_0^2}\right)^2} \times \omega_0 \qquad (5-58)$$

$$R_2 = \frac{\left(1 - \dfrac{z_2}{f}\right)^2 + \left(z_1 + z_2 - \dfrac{z_1 z_2}{f}\right)^2 \left(\dfrac{\lambda}{\pi\omega_0^2}\right)^2}{\left(1 - \dfrac{z_1}{f}\right)\left(z_1 + z_2 + \dfrac{z_1 z_2}{f}\right)\left(\dfrac{\lambda}{\pi\omega_0^2}\right)^2 - \dfrac{1}{f}\left(1 - \dfrac{z_2}{f}\right)} \qquad (5-59)$$

设出射光束的腰至透镜的距离为 z'_2,由上式有

$$\left(1 - \frac{z_1}{f}\right)\left(z_1 + z'_2 - \frac{z_1 z'_2}{f}\right)\left(\frac{\lambda}{\pi\omega_0^2}\right)^2 - \frac{1}{f}\left(1 - \frac{z'_2}{f}\right) = 0$$

整理后得到

$$z'_2 = f + \frac{(z_1 - f)f^2}{(z_1 - f)^2 + \left(\dfrac{\pi\omega_0^2}{\lambda}\right)^2} \qquad (5-60)$$

得到下面的结论:

(1) 由式(5-60)可以看出,出射光束的腰不一定在透镜的焦平面上。只有当入射光束的腰在透镜的焦平面上($z_1 = f$)时,出射光束的腰才在透镜的焦平面上($z'_2 = f$);若 $z_1 < f$,则 $z'_2 < f$;若 $z_1 > f$,则 $z'_2 > f$。

(2) 若将屏置于($z_2 = f$)处测量光斑半径,由式(5-58)可得 $d = 2\omega_2 = f \dfrac{2\lambda}{\pi\omega_0} = f \cdot \theta$。所以,利用公式 $d = f \cdot \theta$ 时,不论束腰在何处,都必须在透镜的焦平面上测量光斑半径,才能得到按式(5-45)所定义的远场发散角。

(3) 不能把透镜焦平面上的烧斑直径作为光斑直径 d。一个简单的办法是:在焦平面上放置一个光阑(中心处于光束轴上),当通过光阑的能量为无光

阑时的 86% 时,此时光阑的孔径即为 d。

（4）对于多模激光束,可采用上述类似放置光阑的方法。但根据约定可以采用通过 90% 能量时,光阑的孔径定为 d 值。

（5）很多时候需要知道腔内激光束腰的位置（在这个位置激光功率密度最高）。例如,腔内的非线性频率变换元件需要放在这个位置,而易破坏元件则要避开这个位置。根据结论(1),可以采用如下简单方法:在透镜的焦平面上放置一测量屏,并将屏与透镜固定为一整体。调节透镜的光轴使其始终与激光束轴线重合,然后沿光束轴线移动,屏上光斑半径最小时,屏与透镜的距离等于腔内束腰与透镜的距离。

参考文献

［1］周炳琨,等. 激光原理［M］. 北京:国防工业出版社,1980.

［2］阎吉祥,等. 激光原理技术及应用［M］. 北京:北京理工大学出版社,2006.

［3］Boyd G D,Kogelnik H. Generalized Confocal Resonator Theory［J］. Bell System Technical Journal,1962 (41),4:1347－1369.

［4］Boyd G D,Gordon J P. Confocal Multimode Resonator for Millimeter Through Optical Wavelength Masers［J］. Bell System Technical Journal,1961(40),2:489－508.

［5］Fox A G,Li Tingye. Resonant Modes in a Maser Interferometer［J］. Bell System Technical Journal,1961 (40),2:453－488.

［6］Slepian D,Pollak H O. Prolate Spheroidal Wave Functions,Fourier Analysis and Uncertainty — I. Bell System Technical Journal,1961(40),1:43－63.

［7］Kogelnik H,Li T. Laser Beams and Resonators［J］. Applied Optics,1966(5),10:1550－1567.

［8］Flammer C. Spheroidal Wave Functions［J］. Stanford University press,1957.

第6章

光束合成

高功率、高质量光束是自从激光器诞生以来人们长期追求的目标。由于热光效应引起光束畸变等因素的限制,单台固体激光器的输出功率已很难在现有水平上继续大幅度提高。自从俄罗斯学者于 1999 年首次报道了 2 路光纤激光光束合成的实验结果后,光束阵列的合成受到极大关注,并在最近十几年的时间里取得显著进展。

根据输出激光光束之间的相位关系,光纤激光光束合成主要可以分为非相干合成和相干合成两大类。其中非相干合成主要包括波长(光谱)合成、偏振合成、空间合成及时间合成。而相干合成则可依据相位控制模式分为主动相位控制相干合成、被动相位控制相干合成及混合相位控制相干合成。

本章在概述之后将重点讨论两种非相干合成,即偏振合成(6.2 节)和波长(光谱)合成(6.3 节);随后的 6.4 节和 6.5 节分别介绍半导体激光的相干合成和一种块状固体激光的相干合成。最后,6.6 节对相干合成和波长合成进行比较。光纤激光的相干合成是本领域的重要研究内容,但由于本丛书中已安排一册专门讨论,本章仅在 6.4 节简单介绍光纤激光的非相干合成。

6.1 概述

本节简单介绍非相干合束和相干合束。

6.1.1 非相干合束

1. 并列式合束

并列式光束合成是一种空间合成方式,其工作原理如图 6－1(a)所示,而图 6－1(b)是这种合成之一例。参与并列式光束合成的阵列元波长可以相同,也可以不同,合成过程中对其不加任何控制。

不言而喻,合成光束的关键特性为输出功率和光束质量,或者说是光的单色亮度。对并列式光束合成,根据极限亮度理论合成光束的亮度并不比未合成单

(a)

(b)

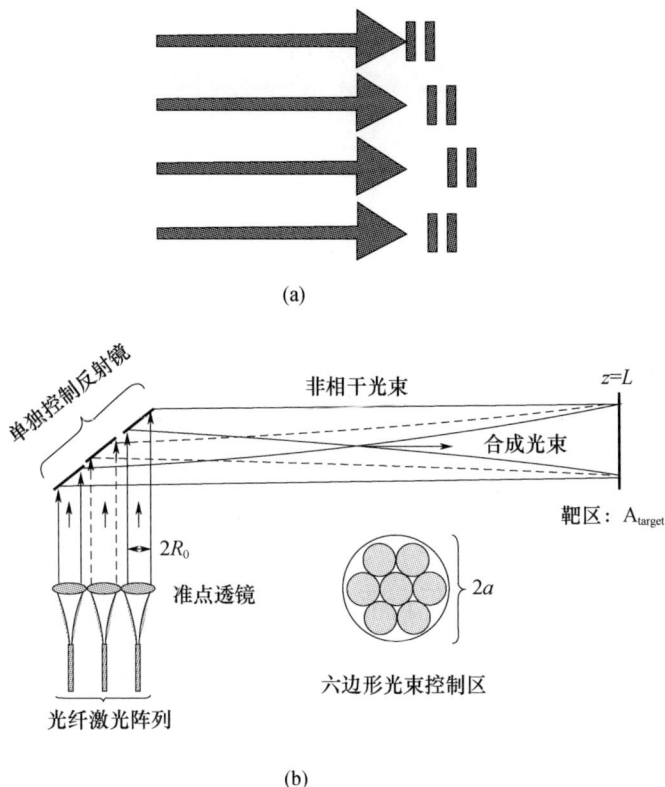

图 6 - 1　并列式光束合成的工作原理图

光束的亮度高。

2. 时序合成

时序合成如图 6 - 2 所示。两个不同时间序列的脉冲通过合束装置合为一束,输出激光包含两个时序的脉冲,理想情况下,其平均功率将是两列参与合成光束平均功率之和。

非相干合束中最重要的是波长合束,这部分内容以及偏振合束将在接下来的两节作较详细的讨论。

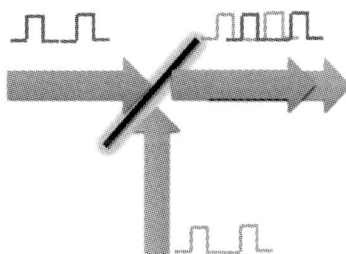

图 6 - 2　时序合成示意图

6.1.2　相干合束

与非相干合成的工作原理不同,在相干光束合成中,参与合成的阵列元具有相同的谱,相对位相被严格控制以实现相干相长。为获得好的合成效果,所有阵列元的波长差只能占一个波长的很小部分,因而实现起来颇为不易。

相干合成包括两种基本方法,即孔径填充法和共线干涉叠加法。其中孔径填充法又可分为未充满孔径和充满孔径两类,下面逐一简单介绍,小节的最后讨论相干合成的一些限制条件。

1. 未充满孔径

未充满孔径是将多路相同激光束阵列相干合成。这一合成技术的共同特点是,激光束在近场是空间分离的,而到远场则叠加在一起,一个典型例子如图6－3所示。远场强度的分布主要取决于近场光束之间的相位关系。元光束不完全共相导致远场光强在主峰两侧出现很多旁瓣。由于光束合成的目的是使中央峰强度尽可能大,以获得高亮度合成激光源,因而,元激光束应尽可能共相。此外,子孔径位于同一平面内且相互靠近也有助于减少远场旁瓣数。

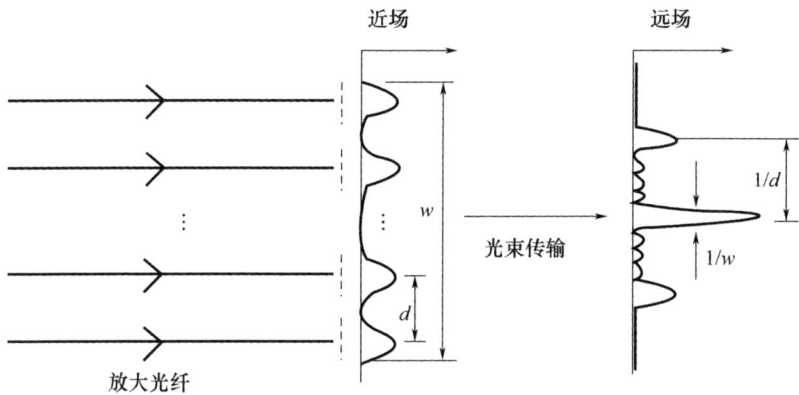

图6－3　分立孔径合成系统

2. 充满孔径

可在远场进行光束合成的另一项技术是采用如图6－4所示的填充孔径系统。与未填充孔径系统不同,这里的元光束近场时便在一光束合成器件中实现叠加。光束合成器件的功能恰好与分束器的相反。如果不同入射光束之间的相位和振幅关系能使合成器两侧的场均较好重叠,则理论合成效率接近于1。这样,填充孔径系统可采用具有若干分支的同一谐振腔。各分支具有独立的后反射镜和一个公共的输出反射镜。单模激活光纤发出的辐射由内腔光束合成器锁相。耦合光束的相对相位和频谱可自动调节以使系统的激光产生阈值最小化。对一组适当参数,输出功率的70%以上可集中到零级衍射环内。尾反射镜和输出镜构成F－P标准具,输出具有好的频谱结构。

此项技术的主要优点是传输元光束的每根光纤只承受中等功率,而输出却可望获得相当高的功率。除非因设计不当而使相当多能量分散到无用的旁瓣中。

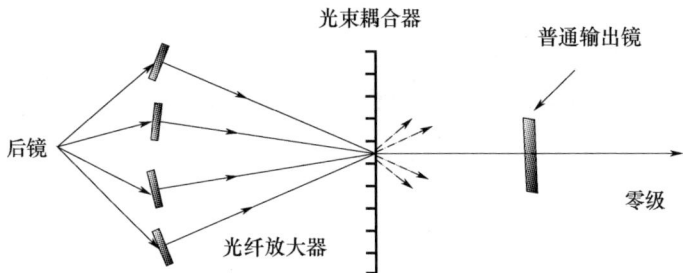

图6-4 填充孔径系统

3. 共线干涉叠加法

以两束激光的相干合成为例,图6-5是一个实验装置的例子,图中有两个独立的光纤激光器,每个激光腔均由光纤布拉格光栅(FBG)和输出端Fresnel反射面组成,且包含一个波长分割多路(WDM)耦合器,其中一个输出面为平面,另一个则有一劈角。独立工作时,两激光器的输出大致相等,很小的不平衡主要源于WDM耦合器之间固有损耗之差。当两束激光器由50∶50熔融石英光纤耦合器连接时,从耦合器再输出的两束激光功率将显著失衡。在一定条件下,其中一束的输出功率可达到两束独立输出功率之和的90%,从而实现了功率合成。

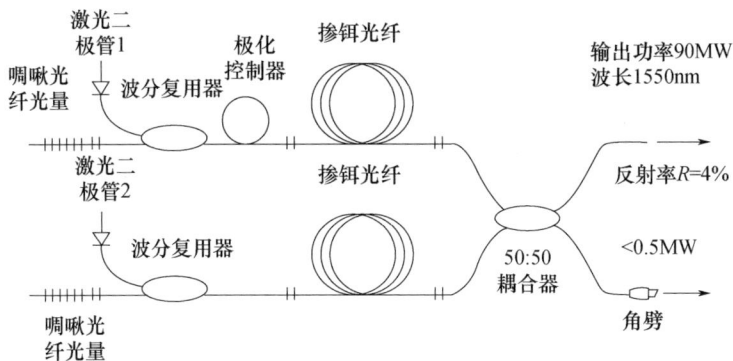

图6-5 两束激光的相干合成

4. 光束合成的限制条件

通过光束相干合成获得高功率输出主要受到两方面的限制,即单根光纤的功率输出和可进行相干合成的光纤数。

单个光纤激光器输出功率的限制主要源自在一定功率下其本身失去相干性,这里的相干性用零拍测量中纵模强度及数量确定。而纵模的消失则由于功率大到一定程度时纵模间非线性参量四波混频的增益变得与谐振腔往返损耗可比拟。几年前这种限制对晶体激光器约为100W。随着技术的发展,适当设计的1kW光纤激光已适合于相干合成。

决定相干合成功率输出的另一因素是参加合成的光纤激光器数。有研究表明,这主要受非线性 Kramers – Kronig 相位参数 α 的影响,α 定义为相位变化与增益变化之比。它的取值指出工作机理的明显差异,因而决定着能否有大量激光相干合成。

6.2 偏振合成

偏振合成基本原理是将两束线偏振光束通过偏振合束器合成为一束,其原理如图 6 – 6 所示。光束 1 和光束 2 是两束线偏振光束,一般情况,光束 1 为 s 偏振,光束 2 为 p 偏振,通过偏振合束器(PBC)进行合成,合成后的光束为非偏振光。由于该方案的拓展应用性能有限,不被认为是一种获得大功率的有效途径。

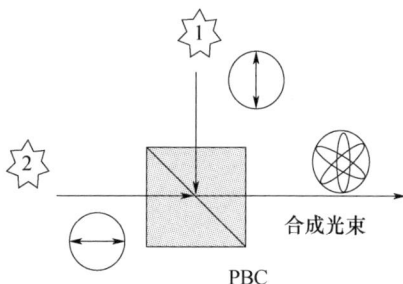

图 6 – 6　偏振合成示意图

普通偏振合束器可以是一块立方体,由两块高容限直角棱镜精密胶合在一起,其中一块棱镜的斜面镀介质膜。然而,当用于高功率激光合束时,激光功率受限于胶合面的损伤阈值。因此,能经受高强度激光的薄膜偏振合束器和双折射晶体在此类系统中得到广泛应用。

薄膜偏振合束器由两表面平行的平板制成,其中一面未镀膜,另一面镀介质膜。其取向是 s 偏振光反射,p 偏振光透射。为减小透射光的损耗,应选其入射角为布儒斯特角。

介质膜可以是单层的,也可以是多层的。简单的单层介质膜就是一种折射率为 n 的光学透明材料,其厚度通常为激光束波长的 1/2 或 1/4。而多层膜则由折射率高低相间的很多单层组成。根据菲涅尔定律,入射于每个单层的光束被分为反射和透射两部分。而合束器表面光束总的发射和透射特性则通过计算所有分层多光束干涉的结果决定。

以一简单周期分层系统为例,设其膜层厚度为 1/4 波长,高低相间的折射率分别为 n_h 和 n_l,介质膜对的总数为 N,则正入射(入射角为 0)条件下理论折射率可由

$$R = \left(\frac{\dfrac{n_1}{n_2} - (n_h/n_l)^{2N}}{\dfrac{n_1}{n_2} + (n_h/n_l)^{2N}} \right)^2 \tag{6-1}$$

得到。式中:n_1 和 n_2 分别为空气和基片的折射率。

式(6-1)表明,正入射情况下反射率不受偏振特性的影响,即 s 偏振光和 p 偏振光具有相同的反射率。偏离正入射时,s 偏振光和 p 偏振光的反射特性开始出现差别,前者反射率增大,后者减小。且在入射角大于20°左右时差别变得明显。此外,非正入射情况下,反射带向短波方向移动,且 s 偏振光反射带增宽,p 偏振光的反射带变窄。实际设计多层偏振耦合器时必须考虑在一定波长范围内有适当的耦合效率,对入射角要有一定容限。特别是,当待合束的是光束质量较差且具有明显发散性的二极管激光时尤为如此。

用于高功率激光合束时,多层介质膜必须满足一定条件。主要包括膜层应有足够的硬度和抗机械作用的能力,在适当的温度、湿度和强辐射环境中具有足够的稳定性,还应具有高破坏阈值和低透射损耗。

6.3　波长合束

波长光束合成(WBC)结构原理如图6-7所示。其中图(a)为串接方式;图(b)为并接方式。参与合成的阵列元激光具有不同波长,色散元件使光束在近场或远场重叠。借助外腔光栅稳定光束合成技术,对上百单元激光合成,已成功获得近衍射极限光束。

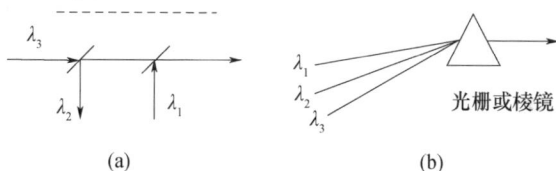

图6-7　波长光束合成的工作原理图

6.3.1　简介

虽然报道的 WBC 远比相干合束要少,但已证明通过 WBC 可实现大激光阵列的近理想功率合成。

正如图6-7所示,WBC 有串接和并接两种形式。串接形式早在20世纪70年代末已有报道。在这种装置中,每束激光或每个通道具有不同波长,每个滤波器只允许相应的波长通过,而阻止其他所有波长通过。

并接形式发展稍晚,其困难是,当时适于加以合成的传统 F-P 腔二极管激光及其输出谱即使在温度控制条件下仍不稳定,因而波长不够稳定,并导致光束质量下降。

到20世纪90年代初,WBC 在波分复用(WDM)光通信领域得到迅速发展。这种 WDM 发射设备的特点是,二极管激光一维阵列通过共用一个含光栅的激光谐振腔实现光束合成。这样,光栅合成和光反馈可实现两个功能,即控制每个阵列元的波长,同时合成这些光束使其在空间上重叠。对此类 WDM 发射设备,最关心的是使多波长通道进入单模光纤,而功率、辐射度及效率相对来说并非十分重要。例如,在很多实际发射系统中,常常将激光阵列、光栅及激光谐振腔集成在一块单晶基片上。由于单晶波导装置存在损耗,从而限制了工作效率。此外,单晶基片对功率负载也有限制。

21 世纪初,美国麻省理工学院的 Lincohn 实验室 T. Y. Fan 等研制成功一种低损耗自由空间 WBC,对数百单元的大型激光阵列,可同时提供波长控制和近理想的光束合成。其工作原理如图 6 - 8 所示,通过光学反馈,控制每阵列元的波长与其他阵列元的不同,且适合光束合成。所有激光阵列单元均处同一激光谐振腔中,谐振腔反射镜在阵列元一端,而另一端为部分反射输出耦合镜。变换透镜、光栅和输出耦合镜是外谐振腔的公共光学元件,供每个激光阵列单元使用。变换透镜与阵列的距离等于透镜焦距 f,其作用是将阵列元的位置变换到光栅入射角内。而光栅与透镜的距离也等于透镜焦距 f,用以确保光束的空间重叠。光栅散射后的光束同向传输,并垂直于平面输出镜。

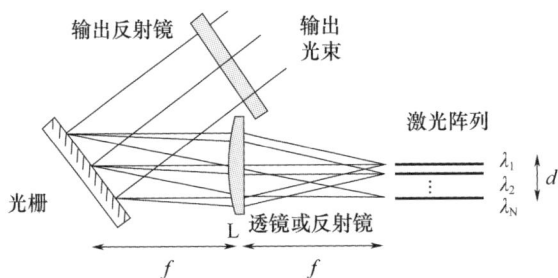

图 6 - 8　低损耗并接式 WBC 原理图

图 6 - 8 所示外腔结构既可用于二极管激光的波长合束,也可用于光纤激光的波长合束。图 6 - 9 所示为 Lincohn 实验室用这种合束方法构建的一套主振功放(MOPA)系统,其中的单元激光就是掺 Yb^{3+} 光纤激光。

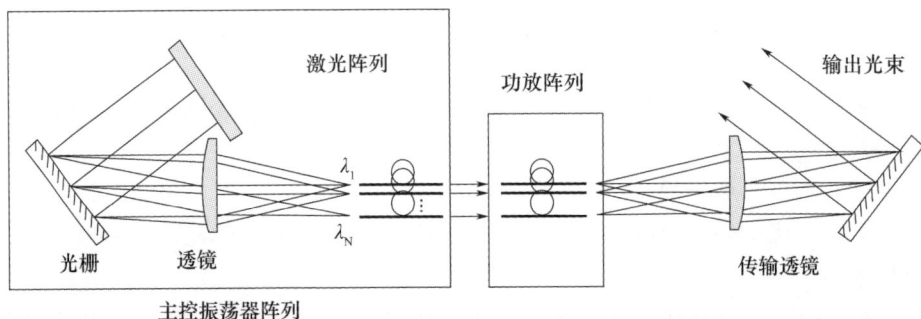

图 6 - 9　Lincohn 实验室采用 WBC 的 MOPA 原理图

6.3.2　WBC 合成阵列元数估计

前面提到,WBC 的一个重要优点就是可对多单元大型激光阵列进行功率合成。本小节将具体估计其可合成的阵列元数与相关参数的关系。

很显然,如果知道激光阵列的尺寸 d,则可由阵列元之间的间距 d_0 立即得到可合成的阵列元数 N:

$$N = d/d_0$$

因而,问题归结为求 d。

如前所述,图 6-8 中变换透镜的作用是将阵列元的位置变换到光栅的入射角内。于是,如果光栅的一级衍射角为 β,则有

$$d = f\beta$$

这里

$$\beta = (\mathrm{d}\beta/\mathrm{d}\lambda)\Delta\lambda$$

其中,$\Delta\lambda$ 为波长的总弥散。

$$\mathrm{d}\beta/\mathrm{d}\lambda = 1/(a\cos\beta)$$

是光栅的角散射本领,而 a 是它的刻线周期。

由光栅方程可知:

$$\sin\beta = \lambda/a$$

于是

$$\cos\beta = [1 - (\lambda/a)^2]^{1/2}$$

令

$$\lambda = 0.8\,\mu\mathrm{m}, a = 1/(1200)\,\mathrm{mm}$$

求得

$$\mathrm{d}\beta/\mathrm{d}\lambda = 4.3 \times 10^6$$

设波长的总弥散为 30nm,透镜焦距 0.3m,则有

$$\beta = 8.6 \times 10^{-2}\,\mathrm{rad}$$

而激光阵列的尺寸范围

$$d = 2.58\,\mathrm{cm}$$

假定相邻激光阵列元之间的间距为 $200\mu\mathrm{m}$,终得可合成的阵列元数约为 130。

6.4　二极管激光合束

光束合成原则上可用于任何一种激光,但本书主要兴趣在于固体激光和二极管激光。固体激光中的光纤激光是非常适合合束的一类激光,包括相干合束和非相干合束。上节已经提到其在波长合束中的应用,至于光纤激光的相干合

成,正如本章前面所说,丛书中将有一册专门讨论。本节和下节分别介绍二极管激光和一种固体激光的合束。

6.4.1 二极管激光非相干合束

二极管激光的非相干合束被广泛应用于高功率二极管激光系统中。系统可以是二极管激光经透镜叠加(图6-10(a)),也可以通过光学传输装置耦合(图6-10(b))或直接经光纤耦合(图6-10(c))。

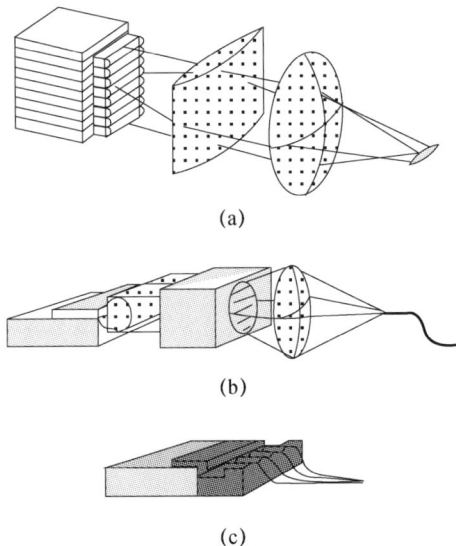

(a)

(b)

(c)

图6-10 二极管激光非相干耦合形式

(a)经透镜叠加;(b)通过光学传输装置耦合;(c)直接经光纤耦合。

二极管激光的一个典型特点是在其垂直pn结的方向,即快轴方向上高度发散。全发射角达到100°,或数值孔径达到0.8是常见的。所以,在直接使用二极管激光的大多数场合,必须对其加以准直。一个简单的解决办法就是在输出光束路径的适当位置摆放柱透镜。对该柱透镜最重要的要求便是尽可能保持光束质量和激光功率,即在通过透镜后,快轴上的光束参数积应接近衍射极限。当然,即使用性能最好的透镜,也不可能达到衍射极限。

目前,有多种技术可用于制造具有亚微米级精度、适合于二极管激光快轴准直的消球差玻璃微透镜。微光学元件的行为对其偏离最佳位置高度敏感,其灵敏度反比于焦距。微光学元件的某些相差和不对准都可能导致光束质量的下降。

由于慢轴方向的发散度比快轴方向小得多,因而,很多场合下不需要对其准直。而且,由二极管激光的发射结构决定,对慢轴方向准直的效果也远比对快轴方向的小。例如,典型情况下,对快轴方向准直将其发散角压缩至 1/200,而对慢轴方向准直只能将其发散角压缩至 1/2。

　　然而,慢轴方向的光束准直是改善二极管激光光束参数积,因而是提高其亮度的重要方法。慢轴方向的光束准直透镜是由大量子透镜组成的柱透镜阵列,子透镜的数量相应于二极管激光的发射元数。每个发射元发出的光束由柱透镜阵列的一个子透镜准直。

6.4.2　二极管激光相干合束

　　二极管激光器具有小的尺寸和高的效率,但却只能输出小功率的较高质量光束。非相干合成虽然可以得到很高的功率输出,然而将会使光束质量变得非常差。

　　为了用半导体激光器构建一台能输出高平均功率、高光束质量的系统,就需要对数量极大(几万乃至几十万)且具有高光束质量的元光束进行相干合成。尽管如此,由于基于半导体激光的系统具有极大的吸引力,早在 20 世纪 90 年代后期就有很多研究小组为此目的而努力。

　　半导体激光相干合成的原理性实验早在 1975 年就有报道。因为要获得高功率高光束质量的半导体激光,必须将大量高光束质量激光元相干合成,所以,很多早期工作专注于在单块基片上制造相位锁定的半导体激光阵列。不是单独控制每个激光器的相位,而是将各种选模机制插入激光腔中,以确保可进行被动相干合束。

　　与此不同,在主动相干合束系统中,单一主振输出被分裂并入射到功放相位调制阵列中。反馈控制用于相位调制以主动锁定放大器的相位。

6.5　板条激光器光束相干合成

　　本节以板条激光器为例,介绍块状固体激光的光束相干合成。

　　单路板条激光器功率始终有限。为获得更高的输出功率,光束合成是一种有效的手段。常用的合成方式主要包括空间组束、偏振合成、光谱合成和相干合成等。考虑到固体激光器的特点,而且相干合成可以获得显著高于非相干合成的峰值功率密度,最终选择了相干合成的方式提升功率。

　　图 6-11 给出了 4 路 CCEPS 板条激光器相干合成装置的结构。四链路共用一套单频光纤激光器作为种子光源。光纤激光器的输出光束分为四束,每个子光束通过相位调制器调制相位后依次注入光纤放大器和 4 级板条功率放大器,得到条形光束。4 条链路光束的锁相由相位调制器实现。条形光束经扩束整形后成为正方形光束,进入自适应光学系统。自适应光学系统利用变形镜补

偿光束的像差,利用倾斜镜修正四路光束的指向,使各子光束能够在远场重叠。净化后的光束拼接成 2×2 田字形阵列,由分光镜分为两部分,弱光进入合束复合传感器,为锁相和光轴控制提供反馈。合束复合传感器的结构原理与单链光束净化复合传感器相似,如图 6-12 所示。该传感器首先利用望远镜缩小光束尺寸,然后将光束分成四路:第一路直接进入近场探测相机,用于测量合成光束的近场强度分布;第二路由透镜会聚后进入探测器,用于测量合成光束的强度,作为锁相的反馈信号;第三路进入光轴探测传感器;第四路由透镜会聚后进入远场相机,探测合成光束的远场强度分布。其中光轴探测传感器的基本原理与哈特曼波前传感器相同,阵列透镜只划分为 2×2 子孔径,排布方式与子光束相同,每个子光束对应一个子孔径。为满足 4 路激光器的自适应光学系统同时运行的需求,对自适应光学系统的波前处理机也进行了优化,最终实现了单台计算机控制全部 4 路自适应光学系统。图 6-13 给出了波前处理机的软件界面。

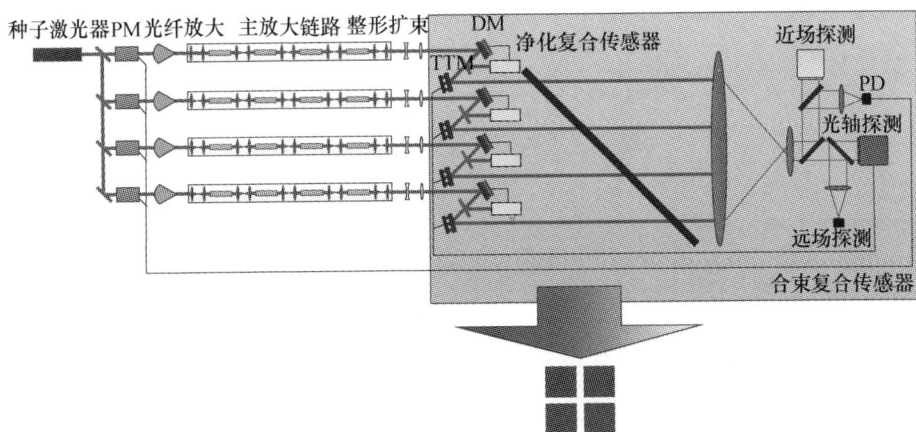

图 6-11　4 路 CCEPS 激光器相干合成系统结构

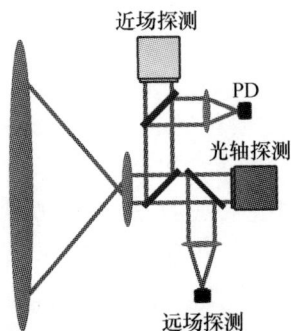

图 6-12　合束复合传感器结构原理

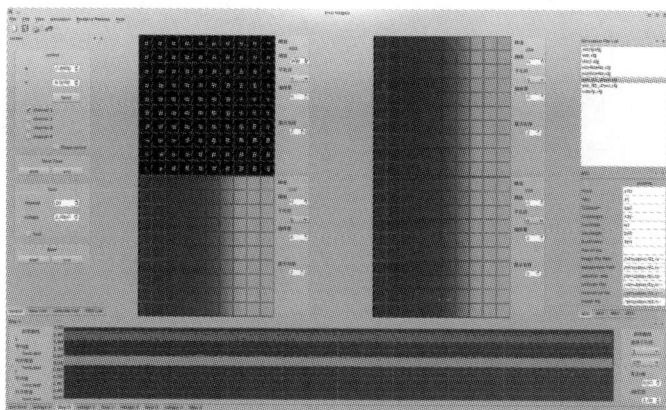

图6-13　波前处理机的软件界面(可同时控制4路自适应光学系统)

在开展光束相干合成之前,首先分别对4路板条激光器进行了光束净化。图6-14~图16-19分别给出了4路板条激光器的光束净化结果。经光束净化后,4路激光器的光束质量β分别为2.2、2.4、2.5、3.5。

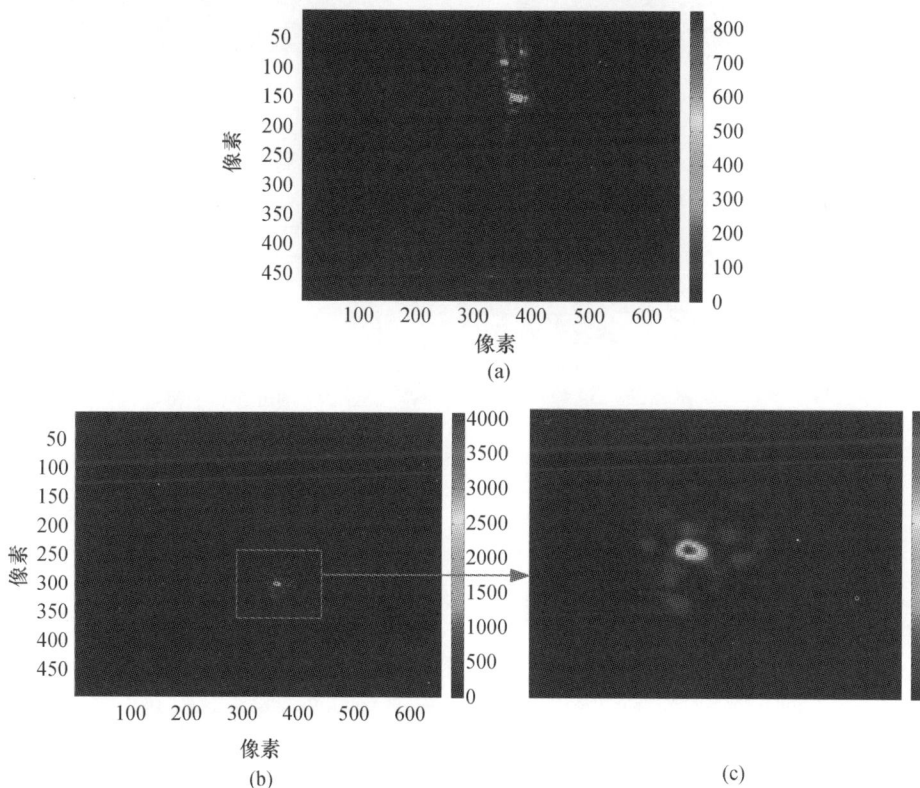

(a)

(b)

(c)

图6-14　第一路板条激光器光束校正前后远场光强分布

(a)校正前;(b)校正后;(c)校正后远场放大图。

(a)

(b)

(c)

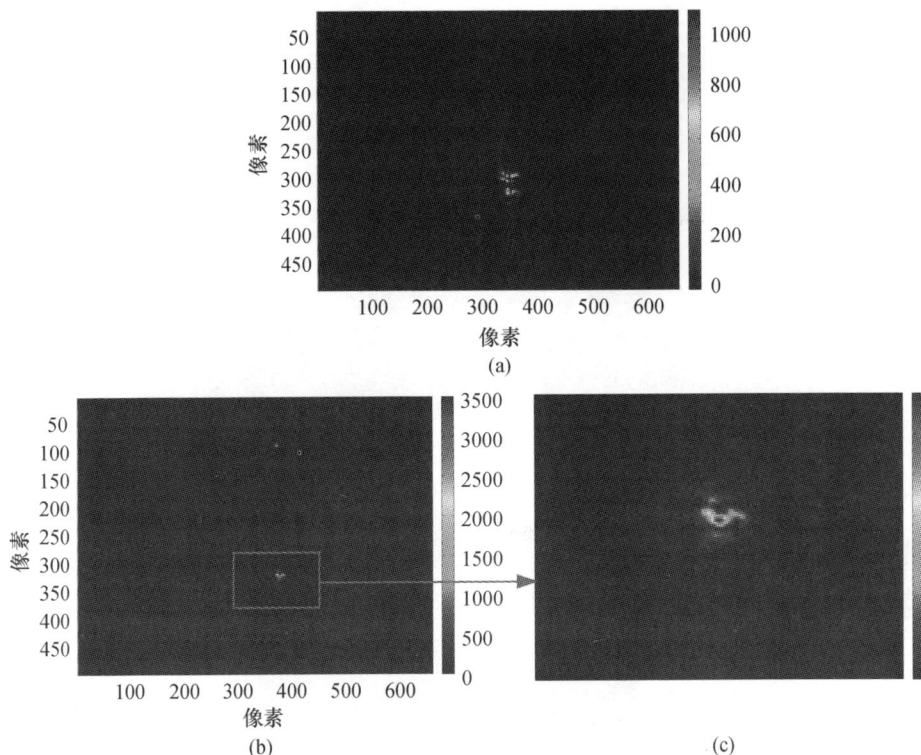

图 6 - 15　第二路板条激光器光束校正前后远场光强分布

（a）校正前；（b）校正后；（c）校正后远场放大图。

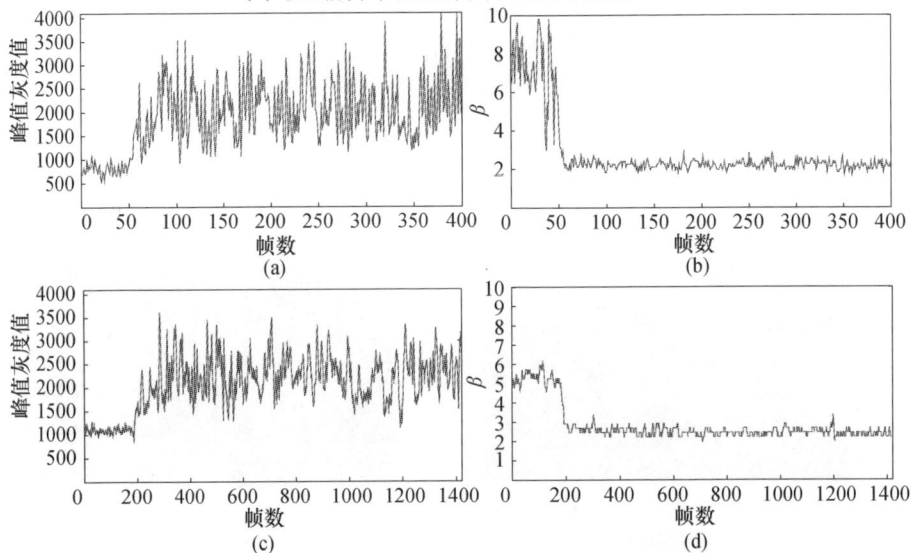

(a)

(b)

(c)

(d)

图 6 - 16　第一、二路板条激光器光束净化过程中峰值光强和光束质量 β 因子曲线

（a）第一路光束峰值光强曲线；（b）第一路光束 β 因子曲线；

（c）第二路光束峰值光强曲线；（d）第二路光束 β 因子曲线。

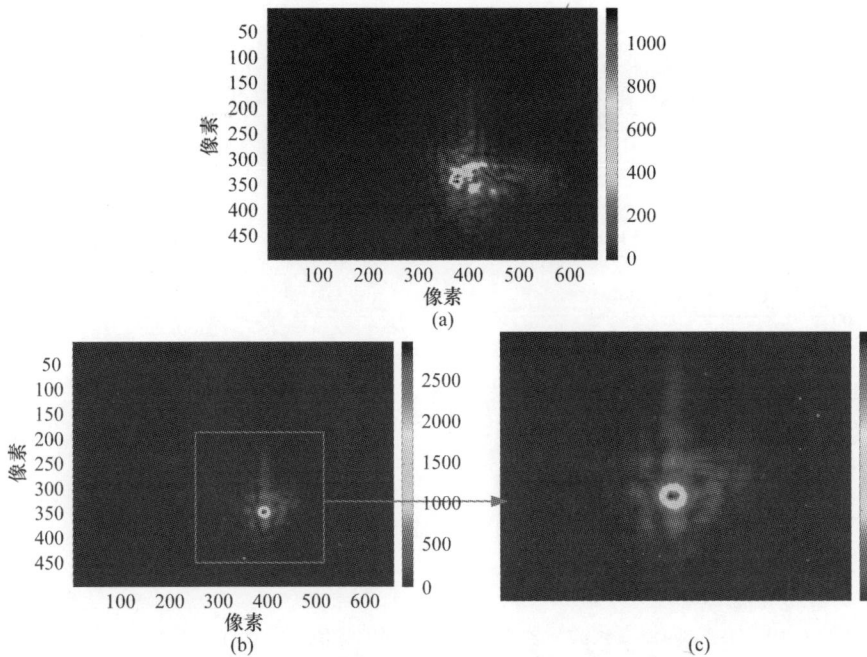

图 6 – 17　第三路板条激光器光束远场光强分布

（a）校正前；（b）校正后；（c）校正后远场放大图。

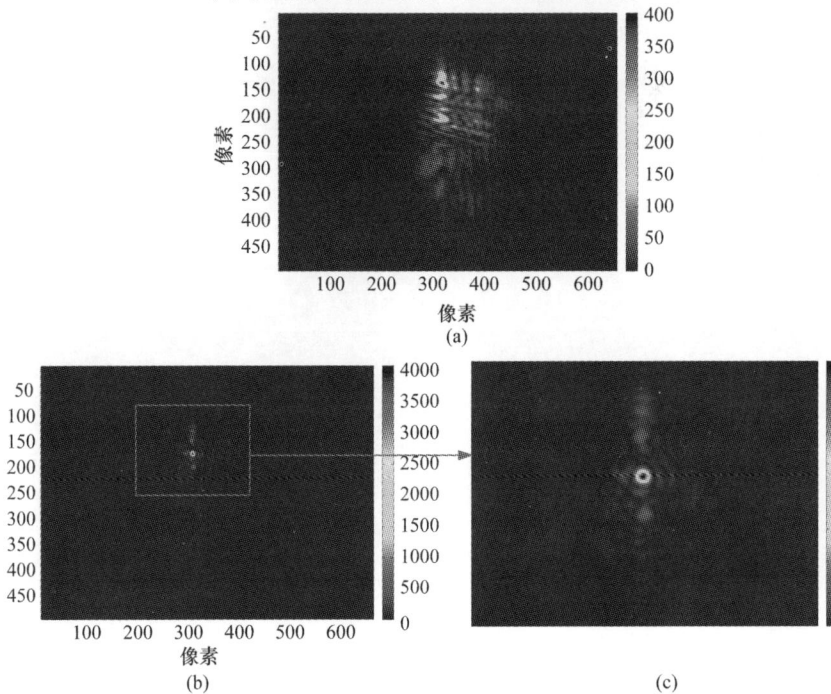

图 6 – 18　第四路板条激光器光束远场光强分布

（a）校正前；（b）校正后；（c）校正后远场放大图。

185

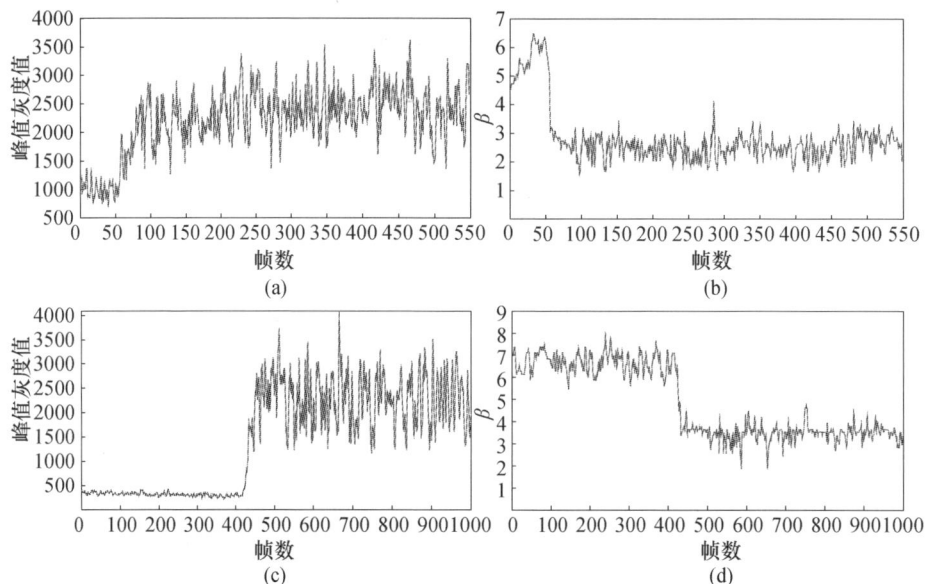

图 6-19 第三、四路板条激光器光束净化过程中峰值光强和光束质量 β 因子曲线

(a) 第三路光束峰值光强曲线;(b) 第三路光束 β 因子曲线;

(c) 第四路光束峰值光强曲线;(d) 第四路光束 β 因子曲线。

分别完成四路板条激光器光束净化后,开展了相干合成实验。拼接后的光束近场强度分布如图 6-20 所示。从图中可以看出,四路子光束没有确切的边界,且强度分布严重不均匀。实验过程中首先只启动各路激光器的光束净化,光束的指向和锁相控制断开,此时各路光束远场没有重合到一起,如图 6-21(a) 所示。此时合成后的光束质量 $\beta=12.9$。当指向控制接通后,四路光束的指向

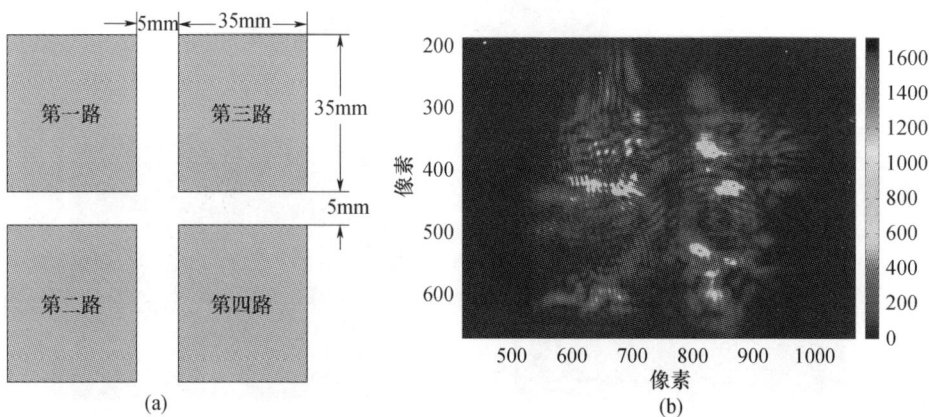

图 6-20 四路光束近场排布

(a) 理论近场排布;(b) 实际近场排布。

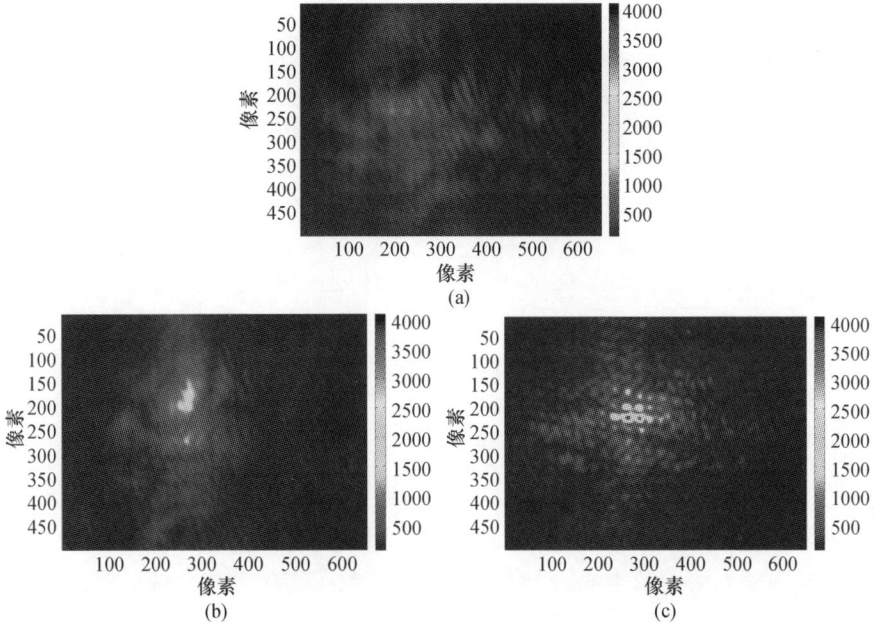

图 6 – 21　单帧远场图像

（a）指向和锁相控制均断开，光束质量 $\beta = 12.9$；（b）指向控制接通、锁相控制断开；

（c）指向控制和锁相控制均接通，光束质量 $\beta = 7.9$。

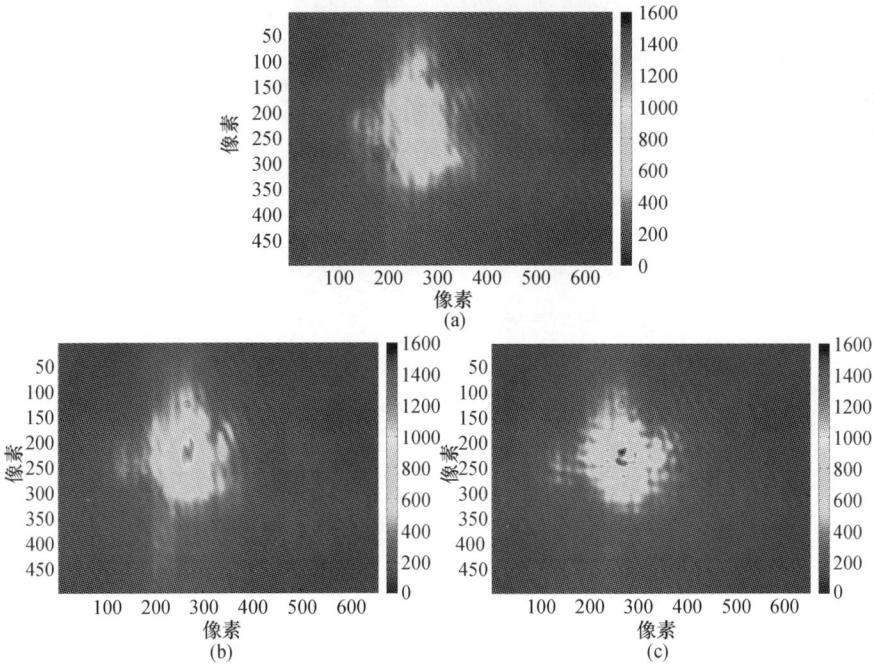

图 6 – 22　长曝光图像

（a）指向和锁相控制均断开；（b）指向控制接通、锁相控制断开；（c）指向控制和锁相控制均接通。

得到修正,远场光斑重合到一起,如图6-21(b)所示。最后锁相控制接通,合成光束的远场出现清晰的干涉图样,条纹对比度从接近0提高到48%,如图6-21(c)所示。此时光束质量$\beta=7.9$。相应的长曝光图像如图6-21所示。上述实验结果充分证明了板条激光系统实现相干合成的可行性。

需要说明的是,相干合成后光束质量没有达到理想效果,这是多方面原因决定的,各路子激光的光场均匀性、合成光束的占空比、光束净化和锁相控制等方面都尚有提升的空间。在后续的研究中,将对以上方面进一步优化。另外,本书中提及的自适应光束净化技术不仅可以应用在连续固体激光器中,也可以应用到脉冲固体激光器。只不过在控制策略和采集方式上作一定调整即可。

6.6 WBC 与 CBC 的比较

虽然在理想情况下CBC(相干光束合成)和WBC的合成功率和辐照度均随参与合成的激光单元数N成正比地增加,但二者在实现理想合成的难度及输出特性等方面存在显著差异。了解这些差异,对在不同场合正确选用不同装置是非常重要的。

输出特性最明显的差别是输出谱。对CBC系统,就其固有特性而言,输出谱未必随合成单元数的变化而改变;WBC系统则本质上属于多波长工作,其输出谱一般来说必然会随着合成单元数的变化而改变。这一特性可能使WBC不适合某些应用(如相干激光雷达),但可能特别适合另一些应用,如激光通信中的分波复用发射装置。当然,也有相当广泛的一类应用,其中输出谱的特性并不重要。

两种系统输出特性的另一重要差别在于,输出辐射近场和远场的强度分布是否随N而变。在WBC系统中,N的变化可以不导致近场和远场的输出光强分布的改变,因而,用N度量轴上强度时无需对光学系统作任何重新调整。与此相反,在CBC系统中,用N度量轴上强度时,光学系统需随N的变化重新调整。很显然,在并列孔径式CBC系统中,近场和远场的输出光强分布随N变化,除非是对Strehl比$S=1$的理想情况。

在光束合成激光阵列中,难免会有阵列元发生故障。这种情况下,整个系统性能下降却仍能可靠工作是这类系统的重要优点。而性能下降的程度对CBC和WBC明显不同,这里以只有两个元参与合成,其中一个失效的最简单情况加以说明。

在如图6-23所示的WBC系统(a)中,假定两束光具有相同功率P及相同的光束质量,且处于理想排列状态,则向远场发射的功率为$2P$。如果其中一个元失效,如图6-23(b)所示,则向远场发射的功率下降为P。由于远场光强分布不变,于是,远场轴上光强也下降为阵列元未失效时的50%。

对二元CBC系统,分两种情况考虑。在充满孔径系统中(图6-24),当两

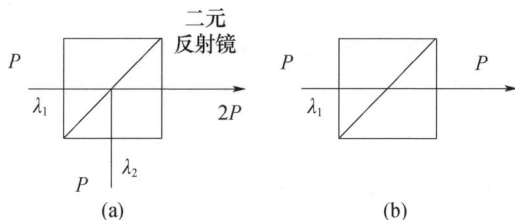

图 6 – 23　系统故障情况示意图

（a）二元 WBC 系统；（b）其中一元失效。

阵列元均完好时（图 6 – 24（a）），合成光束向远场发射的功率为 2P。如果其中一个元失效，如图 6 – 24（b）所示，则由于使用 50/50 的分束器作为光束合成元件，向远场发射的功率下降为 P/2。于是，远场轴上光强下降为阵列元未失效时的 25% 。

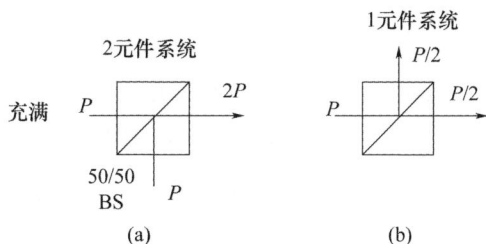

图 6 – 24　孔径充满式 CBC 系统的情况

（a）二元 CBC 系统；（b）其中一元失效。

在并列式二元 CBC 系统中（图 6 – 25），当两阵列元均完好时（图 6 – 25（a）），合成光束向远场发射的功率为 2P。如果其中一个元失效，如图 6 – 25（b）所示，则向远场发射的功率下降为 P。但由于没有两束光的相长相干，光束发散度为两阵列元均完好时的 2 倍。于是，远场轴上光强下降为阵列元未失效时的 25% 。

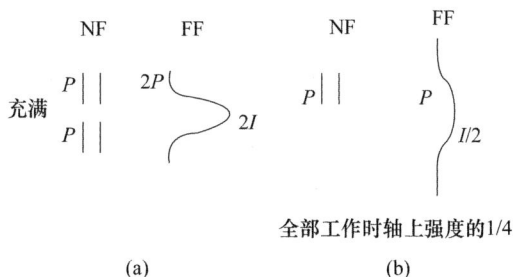

图 6 – 25　孔径并列式二元 CBC 系统

（a）二元 CBC 系统；（b）其中一元失效。

值得一提的是,两种结构的二元 CBC 系统其中一个元失效时远场轴上光强也可以达到阵列元未失效时的 50%，而为此需对光学系统作适当的调整。例如,在孔径充满式系统中,应去除 50/50 分束器;而在孔径并列式系统中,则需加望远镜压缩光束发散角。

注意到,经常有文献说 CBC 系统轴上强度用 N^2 度量,实际上,正如麻省理工学院林肯实验室 Fan,T. Y. 等多次指出的,只有当发射孔尺寸正比于 N 增大时才是如此,而若孔尺寸保持不变,理想情况下可表示为 fN,其中 N 为参与合成的阵列元数,f 是一个不大于 1 的系数。

光束合成系统的另一个有用指标是 Strehl 比 S,用以表示由近场孔传输的光束在远场轴上的强度。定义为实际光束的上述强度与等功率、充满相同孔径的理想光束远场轴上强度之比。这个量对描述 CBC 系统中的非理想性特别有用。

附录 1

光束质量测量方法

激光器光束质量用 β 因子表示,定义为实际光束的远场发散角与同样面积的正方形理想光束的远场发散角之比。光束质量因子 β 定义为

$$\beta = \frac{\theta_{\text{actual}}}{\theta_{\text{ideal}}} \tag{1}$$

式中: θ_{actual} 为实际光束的远场发散角,定义为与实际矩形光束面积相同的实心理想正方形光束衍射极限功率比(81.5%)对应的远场光斑边长与传输距离的比, θ_{ideal} 为具有同样面积的正方形理想光束的远场发散角。

光束质量 β 因子测量光路如图 1 所示,相机置于透镜焦面位置,用于采集光斑强度分布。根据探测到的强度分布计算以质心为中心,达到总能量的 81.5% 对应的正方形区域边长 l,以式(2)计算 β 因子:

$$\beta = \frac{lwh}{2f\lambda} \tag{2}$$

式中: w 和 h 分别为待测方形光束的宽和高; f 为透镜的焦距; λ 为被测光束的波

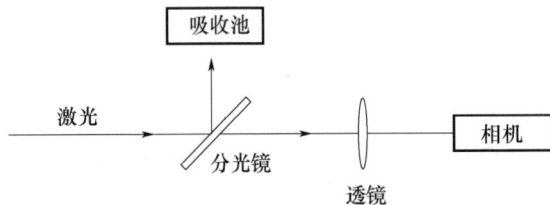

图 1　光束质量测量光路

长。测量过程中需保证光强峰值在相机线性动态范围的 2/3 以上。激光器共出光两次,第一次出光过程中自适应光学系统不工作,测量得到激光器光束质量 β_1,第二次出光过程中自适应光学系统持续工作,测量得到经自适应光学系统校正后的光束质量 β_2。

附录2

光的干涉与能量守恒

1. 问题的提出

利用两列振幅相等的相干光波发生相长干涉可以使光强达到单列光波光强的 4 倍,乍看之下,似乎不满足能量守恒,其实不然。干涉合成光强

$$I = A_1^2 + A_2^2 + 2A_1 A_2 \cos\delta$$

若 $A_1 = A_2 = A$,则子波光强

$$I_1 = I_2 = A^2$$

合成波光强

$$I = 2A^2(1 + \cos\delta)$$

在干涉相长处,即满足

$$\delta = 2k\pi \quad (k = 0, \pm 1, \pm 2, \cdots)$$

的那些位置

$$I = I_{\max} = 4A^2$$

即亮纹处,合成光强两列光波单独产生光强的 4 倍。而在干涉相消处,即满足

$$\delta = 2(k+1)\pi \quad (k = 0, \pm 1, \pm 2, \cdots)$$

的那些位置

$$I = I_{\max} = 0$$

即暗纹处,两光波的合成光强变为 0。

实际上,干涉场中总能量并没有变,亮纹、暗纹处光强的平均值为

$$\bar{I} = \frac{I_{\max} + I_{\min}}{2} = 2A^2$$

等于两列波单独传播的光强之和。这表明,干涉使光场中能量发生了重新分布,亮纹处能量的增多是以暗纹处能量的减少为代价的,总能量仍然守恒。

2. 以杨氏双缝干涉为例进行定量计算

1)分强分布

如图 1 所示,两狭缝 S_1、S_2 间隔为 a,接收屏与狭缝所在面的间距为 L,杨氏双缝实验要求 $L \gg a \gg \lambda$,令狭缝高度为 h,h 足够长因而可以将两狭缝产生的波视为柱面波,在两狭缝具有较好的对称性时,可以设两狭缝产生柱面波的波动方

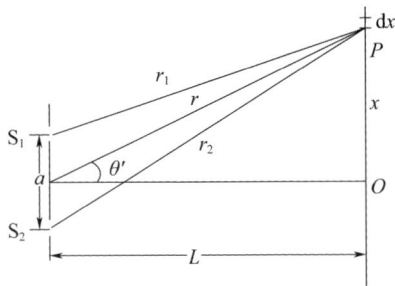

图 1　杨氏双缝干涉实验原理示意图

程为

$$E_{1,2}(\rho,t) = \frac{A}{\sqrt{\rho_{1,2}}}e^{-i(k\rho_{1,2}-\omega_{1,2}t+\varphi_{01,02})}$$

其中,$\rho_{1,2}$表示所求点到相应狭缝的间距,两列光波具有相同的频率 $\omega_1 = \omega_2 = \omega$,为计算简便还可令两列波初位相相同 $\varphi_{01} = \varphi_{02} = \varphi_0$。透过两狭缝的光功率为(为简便起见,此处光强直接取振幅的平方,而忽略掉常数因子):

$$P_1 = P_2 = \left|\frac{A}{\sqrt{\rho}}\right|\pi\rho h = A^2\pi h \tag{1}$$

屏上 P 点的振动为两列波在此点产生振动的合成:

$$E(r,t) = E(r_1,t) + E(r_2,t) = \frac{A}{\sqrt{r_1}}e^{-i(kr_1-\omega t+\varphi_0)} + \frac{A}{\sqrt{r_2}}e^{-i(kr_2-\omega t+\varphi_0)}$$

P 点光强为

$$I = E(r,t)\cdot E^*(r,t) = \frac{A^2}{r_1} + \frac{A^2}{r_2} + 2\frac{A^2}{\sqrt{r_1 r_2}}\cos[k(r_2-r_1)] \tag{2}$$

因 $L\gg a$,所以

$$r_1 \approx r_2 \approx r = \frac{L}{\cos\theta}$$

而

$$r_2 - r_1 = a\sin\theta$$

代入式(2)中得 P 点光强为

$$I = \frac{2A^2}{L}\cos\theta\left(1 + \cos\frac{2\pi a\sin\theta}{\lambda}\right) \tag{3}$$

近轴区域,即 $\theta\to 0$ 时:

$$I = \frac{2A^2}{L}\left(1 + \cos\frac{2\pi a}{L\lambda}x\right)$$

在屏上得到的是一组明暗相同的条纹。随 θ 的增大,由于 I 表达式中 $\cos\theta$ 的调制作用,亮条纹的亮度逐渐减小,这正是杨氏双缝实验中观察到的现象。在 $\theta =$

0 时,光强最大:

$$I_{max} = \frac{4A^2}{L}$$

是单一柱面波在此产生光强的 4 倍。

2) 光功率计算

设 P 点到屏的中心点 O 的间距为 x,取 P 点处的一段微元 dx,因

$$x = L \cdot \tan\theta$$

所以

$$dx = \frac{L}{\cos^2\theta}d\theta$$

该段微元对应的屏上的面积为

$$ds = dx \cdot h = \frac{Lh}{\cos^2\theta}d\theta \tag{4}$$

屏上接收到的光功率为

$$P = \int_s I \cdot \cos(\theta)ds \tag{5}$$

积分限 S 表示对整个屏积分,θ 为屏上某点的坡印延矢量与屏法线的夹角,在杨氏双缝干涉实验中近似等于图 1 中标明的 θ。将式(3)、式(4)代入式(5)得

$$
\begin{aligned}
P &= \int_{-\pi/2}^{\pi/2} \frac{2A^2}{L}\cos\theta\left(1 + \cos\frac{2\pi a\sin\theta}{\lambda}\right) \cdot \cos\theta \cdot \frac{Lh}{\cos^2\theta}d\theta \\
&= 2A^2\pi h + 2A^2 h \int_{-\pi/2}^{\pi/2} \cos\frac{2\pi a\sin\theta}{\lambda}d\theta \\
&= 2A^2\pi h\left(1 + J_0\left(\frac{2\pi a}{\lambda}\right)\right)
\end{aligned}
\tag{6}
$$

其中,$J_0\left(\frac{2\pi a}{\lambda}\right)$ 是关于 $\frac{2\pi a}{\lambda}$ 的 0 阶贝塞尔函数,其值随 $\frac{2\pi a}{\lambda}$ 的增大作阻尼振荡,在 $\frac{2\pi a}{\lambda} \gg 1$ 时趋近于 0,而 $\frac{2\pi a}{\lambda} \gg 1$ 正是杨氏双缝干涉实验的条件之一,所以式(6)可简化为

$$P = 2A^2\pi h \tag{7}$$

对比式(1)和式(7)可知,$P = P_1 + P_2$。即满足能量守恒。

参考文献

[1] Augst S J,Ranka J K,Fan T Y. Beam combining of ytterbium fiber amplifiers(Invited)[J]. Journal of the Optical Society of America B,2007,24(8):1707 – 1715.

［2］Augst S J,Goyal A K,Aggarwal R L. Wavelength beam combining of ytterbium fiber lasers. Optics Letters. 2003,28(5):331-333.

［3］Augst S J,Goyal A K,Agarwal R L. Wavelength beam combining of ytterbium fiber lasers in a MOPA configuration Lasers & Electro-optics. Cleo 02 Technical Dige…,2002,1:594-595.

［4］Khitrov V,Farley K,Majid I. kW level narrow linewidth Yb fiber amplifiers for beam combining Proc SPIE. 2010,7686(1):78-83.

［5］Schreiber T,Wirth C,Schmidt O. Incoherent Beam Combining of Continuous-Wave and Pulsed Yb-Doped Fiber Amplifiers. . IEEE Journal of Selected Topics in Quantum Electronics. 2009,15(2):354-360.

［6］Fan T Y. Laser beam combining for high-power,high-radiance sources IEEE Journal of Selected Topics in Quantum Electronics. 2005,11(3):567-577.

［7］Jesse Anderegg,Brosnan S,Cheung E. Coherently coupled high-power fiber arrays Proc Spie. 2006,6102:202-206.

［8］Richardson D J,Nilsson J,Clarkson WA. High power fiber lasers:current status and future perspectives Journal of the Optical Society of America B. 2010,27(11):B63-B92.

［9］Dawson J W,Messerly M J,Beach R J. Analysis of the scalability of diffraction-limited fiber lasers and amplifiers to high average power[J]. Optics Express,2008,16(17):13240-13266

［10］Wirth C,Schmidt O,Tsybin I. 2kW incoherent beam combining of four narrow-linewidth photonic crystal fiber amplifiers. Optics Express. 2009,17(3):1178-1183.

［11］Hellebust J A,Terborgh J. Differentiated configuration method of reactive power compensation for distribution systems Asia-pacific. Power & Energy Engineering Conference,2013,25(6):636-638.

［12］Ma P,Zhou P,Ma Y. Coherent polarization beam combining of four two-tone lasers using single-frequency dithering technique. Applied Physics B,2012,109(2):269-275.

［13］Wang S,Mangir M S,Nee P. Practical technique for improving all-fiber coherent combination of multistage high-power ytterbium fiber amplifiers Applied Optics. 2015,54(11):3150-3156.

［14］Bochove E J. Theory of spectral beam combining of fiber lasers. IEEE Journal of Quantum Electronics,2002,38(5):432-445.

［15］Hwang C G,Choi S T,Kim Y H,et al. Switched beam-forming apparatus and method using multi-beam combining scheme. US,US7859460.

［16］Lee B G,Jan K,Goyal A K,et al. Beam combining of quantum cascade laser arrays. Optics Express. 2009,17(18):16216-24.

［17］Chann B,Huang R. Scalable wavelength beam combining system and method. US,US8559107.

［18］Chann B,Fan T Y,Sanchez-Rubio A. Two-dimensional wavelength-beam-combining of lasers using first-order grating stack. US,US8614853.

［19］Chann B,Fan T Y,Sanchez-Rubio A. 2011. External-cavity one-dimensional multi-wavelength beam combining of two-dimensional laser elements. US,US8049966.

［20］Chann B,Huang R,Tayebati P. OPTICAL CROSS-COUPLING MITIGATION SYSTEM FOR MULTI-WAVELENGTH BEAM COMBINING SYSTEMS. US,US20150286058

［21］Drachenberg D R,Andrusyak O,Cohanoschi I et al. Thermal tuning of volume bragg gratings for high power spectral beam combining. Proceedings of SPIE——The International Society for Optical Engineering. 2013,7580(6):491-513.

［22］Drachenberg D R,Oleksiy A,George V,et al. Thermal tuning of volume bragg gratings for spectral beam combining of high-power fiber lasers. . Applied Optics,2014,53(6):1242-6.

［23］ Divliansky I,Ott D,Anderson B,et al. Multiplexed volume bragg gratings for spectral beam combining of high power fiber lasers. Fiber Lasers IX Technology Systems & Applications,2013,8237(14):1844－1864.

［24］ Anping Liu,Angus Henderson. Spectral beam combining of high-power fiber lasers. Proceedings of SPIE－The International Society for Optical Engineering,2004,5335,81－88.

［25］ Schreiber T, Haarlammert N, Eberhardt R, et al. Spectral beam combining of high power fiber lasers. Photonics Conference(IPC),IEEE,2012,98:794－795.

［26］ Karlsson G, Myreén N , Margulis W, et al. Widely tunable fibre-coupled single-frequency Er∶Yb glass laser. Appl. Opt. 2003,42:4327.

［27］ Jelger P, Laurell F. Efficient narrow-linewidth volume-Bragg grating-locked Nd∶fiber laser, Opt. Express 2007,15:11336－11340.

［28］ Jelger P,Laurell, F. Efficient skew-angle cladding-pumped tunable narrow-linewidth Yb-doped fiber laser, Opt. Lett,2007,32:3501－3503.

［29］ Kim J W,Jelger P Sahu J K,et al. High-power and wavelength-tunable operation of an Er［J］. Yb fiber laser using a volume Bragg grating,Opt. Lett. 2008,33:1204.

［30］ 阎吉祥,崔小虹,王茜蒨,等. 激光原理与技术［M］. 2 版. 北京:高等教育出版社,2011.

第7章

波前校正技术

对于高平均功率高光束质量的激光系统来说，保证高光束质量无论重要性还是困难程度都不低于高平均功率的获取。波前校正技术是实现高光束质量的重要手段。

7.1 引言

本章拟介绍的波前校正包括两种方法，一个是通过校正元件，如变形镜的宏观运动（尽管移动量很小，但其本质上属于宏观运动）对光束波前进行校正；另一种则是基于非线性光学相位共轭（NOPC）的波前校正。

第一种方法又可依据是否需要进行波前探测而分为有波前探测的相位校正和无波前探测的相位校正。用于激光波前或相位测量的主要有波前或相位梯度法和光束自基准干涉法。前者的核心器件包括但不限于剪切干涉仪，哈特曼（Hartmann）和夏克 – 哈特曼（Shack – Hartmann）波前传感器。对被检测光束的相干性没有要求，但由所用器件破坏阈值决定，对被检测光的强度有一定限制。后者主要有径向剪切干涉仪和点衍射干涉仪，测量中，发生干涉的参考光束是由被检测光束分束而来，这也正是被称为自基准干涉的原因。与前者相反，该方法要求被检测光束具有可检测的相干性，而对被检测光的强度容限较宽。这种方法基本属于传统的自适应校正技术，其详细内容在本套丛书中专有一册予以研究，这里只为本书的系统性简单介绍，并希望内容上与前面提到的专著能有一定的互补性。

本章在引言之后的 7.2 节介绍夏克 – 哈特曼波前传感技术；7.3 节描述点衍射干涉仪；7.4 节介绍分立制动器；7.5 节讨论变形反射镜及其在固体激光器中的应用；7.6 节介绍校正式相位共轭自适应光学系统；7.7 节描述无波前探测自适应光学技术。

此后几节介绍基于非线性光学相位共轭的波前校正技术。这是一种与上述完全不同的校正方法，没有任何宏观尺度上的移动，而是利用一些光学材料的特有性能,即非线性光学相位共轭来改变光束波前。应用非线性相互作用可实现近瞬时处理(主要限制来自组成非线性介质的原子和分子的响应时间,从秒到皮秒)。此外,这些相互作用的"全光学"性质可以省去传统上采用的笨重、昂贵和有时是慢响应的电机部件。

NOPC 可基于各种非线性相互作用(弹性和非弹性光子散射过程、光子回波、电致伸缩等),使用由紫外到红外,从兆瓦到微瓦的各种激光在所有物质形态(固态、液态、气体和蒸气、液晶、气溶胶和等离子体)中实现。

本章7.8 节首先简单回顾非线性光学基础;7.9 节阐述 NOPC 原理;接下来的7.10 ~ 7.12 节着重讨论一些最常见的 NOPC 现象;7.13 节是与"单程"问题有关的 NOPC 过程。

7.2　夏克－哈特曼波前传感技术

波前传感器是自适应光学系统最重要的组成部件之一,决定着自适应光学系统最终的检测或校正结果。哈特曼波前传感器或作为其改进型的夏克－哈特曼波前传感器是出现最早,且迄今应用最多的波前传感器。既可独立用于各种光学元件质量及激光波前的检测,也可与控制系统及波前校正系统组合为自适应光学系统,实现高质量天文成像和激光光束的相位校正。本节7.2.1 小节首先简单介绍夏克－哈特曼波前传感器;7.2.2 小节描述基于该传感器的波前检测方法。

7.2.1　夏克－哈特曼波前传感器

1900 年德国科学家 J. 哈特曼(Hartmann. J)采用挖孔的光阑技术制作完成了世界上第一个可以用于检测波前的传感器,即哈特曼波前传感器,这是一种基于几何光学原理测定光束波前误差的简单装置。在待检测光束的入瞳处放置一块上面有若干按一定规律排列的小孔的光阑。光束透过此光阑后被分割成许多细光束,根据这些细光束的倾斜便可计算出初始光束的相位分布。

上述哈特曼波前传感器测量精度较低,能量损失也比较大。美国亚利桑那大学的 R. 夏克(R. K. Shack)于1971 年对其进行改进,用一组微透镜阵列代替了原装置中的小孔光阑 。改进后的传感器称为夏克－哈特曼波前传感器。其结构原理如图7－1(a)所示,畸变波前通过阵列透镜,在阵列透镜的焦平面上产生一组斑点,图7－1(b)是其中一个子透镜的情况。由于波前存在畸变,这些像斑的质心位置会偏离参考波前像斑的质心位置,根据几何关系,由位置的偏差即可求出畸变波前上被阵列透镜分割的子孔径范围内波前的平均斜率,进而求得全孔径畸变波前的相位分布。

(a)

(b)

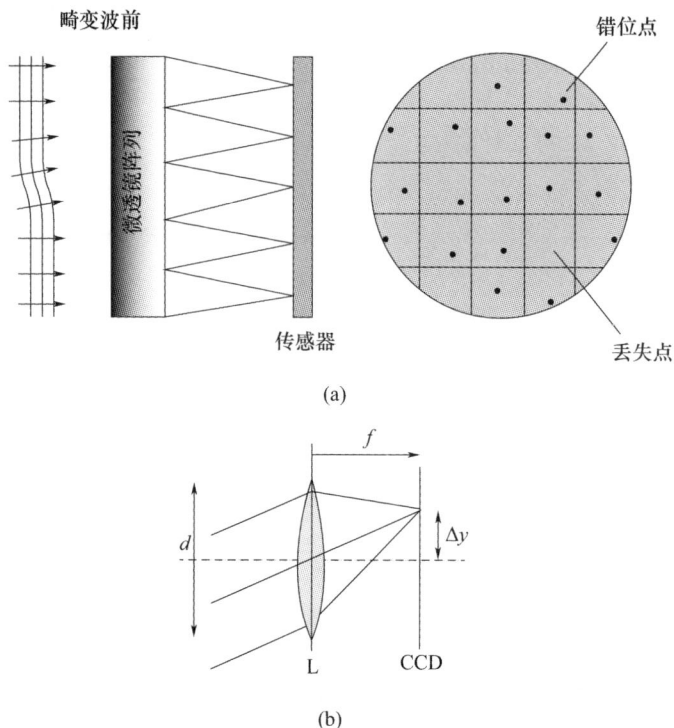

图 7-1 夏克-哈特曼波前传感器原理图,其中(b)是只有一个子透镜的情况

由以上所述可见,准确而快速测量阵列透镜焦平面上像斑的质心坐标是用夏克-哈特曼波前传感器检测畸变波前相位分布的关键之一。即阵列透镜焦平面上测量像斑质心坐标的探测器是该传感器的核心器件之一。早期的夏克-哈特曼波前传感器多用四象限光电探测器测量像斑质心的偏移量。当像斑投射在四象限光电探测器的光敏元件上时,四象限所产生的光电信号正比于各自所接受的光功率,由这些光电信号便可求得像斑的质心坐标。这种方法的优点是简单易行,缺点是光电探测器输出的是直流信号,电路噪声难于抑制,信噪比较低。一种改进方式是引入章动调制技术,即通过高速旋转章动镜使像斑在阵列透镜焦平面上作圆周运动。其圆心相对四象限光电探测器中心的偏移量就是待测量的像斑质心偏移量。

采用章动原理的交流夏克-哈特曼波前传感技术提高了波前传感器的信噪比和工作稳定性,但由于引入了高速章动镜,不仅使传感器结构复杂,而且减小了波前斜率探测的动态范围。随着高灵敏度,高量子效率,低噪声的新型阵列式光电探测器件,如电荷耦合器(CCD)等的不断问世,夏克-哈特曼波前传感技术得到重大发展。现代夏克-哈特曼波前传感器大多采用 CCD 作为其探测器件。

7.2.2　用于激光波前检测

用夏克－哈特曼波前传感器检测激光波前的原理框图如图 7－2 所示。由于器件破坏阈值的限制,待检测激光在进入探测器之前通常需要先经过衰减器将其功率密度衰减到适当的水平。经衰减的光束投射到微透镜阵列,光束被微透镜阵列分割成很多细束 ,并聚焦到光电探测器,在这里光信号转变为电信号,交数据采集和分析系统处理。来自每个子孔径的子光束中心的位置由待检测光束的波前决定,而其相对于参考光束中心的偏移便表示局部波前梯度,进而通过直接积分或模式拟合技术便可得到待检测光束的波前分布 $w(x,y)$。

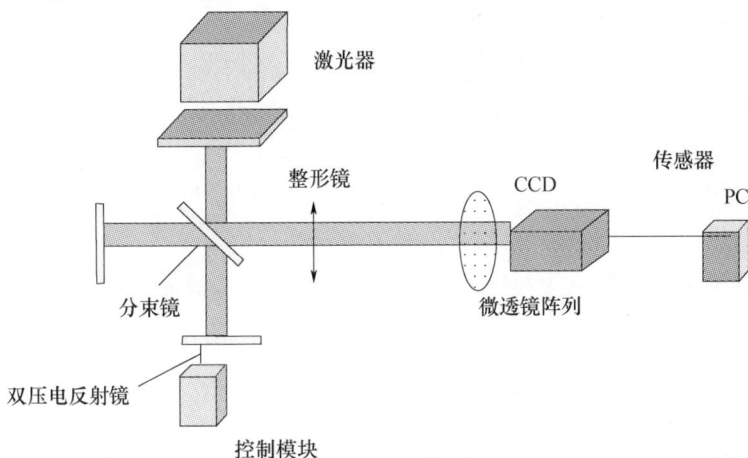

图 7－2　夏克－哈特曼波前传感器检测激光波前的原理框图

上述测量中的核心器件是光电探测器系统,由两个元件组成,一个是将待检测光束分割为一组细束的微透镜阵列;另一个是在它后面的位敏探测器,例如 CCD 摄像机。二者的距离通常取为透镜的焦距 f,必要时或有一适当的修正系数。

相应于分割光束波前的微透镜阵列,探测面也被划分为子区域。最常用是微透镜矩形阵列,在 x,y 方向透镜间距分别为 d_x 和 d_y,于是,探测器表面也被分割成间距分别为 d_x 和 d_y 的子区域。

对夏克－哈特曼波前传感器,以水平方向(x 方向)为例,并假定微透镜阵列和位敏探测器的距离为透镜的焦距 f,则探测器表面像斑大小近似为

$$a = 2\lambda f / l \qquad\qquad (7-1)$$

其中,λ 为激光波长;f 为微透镜焦距;l 为方形微透镜的边长。由于水平局域波前梯度 k_x 引起的像斑位移

$$\Delta x = k_x f \qquad\qquad (7-2)$$

为阻止像斑超越指定区域所允许的最大偏移为

$$\Delta x_{max} = 1/2(d_x - a) \qquad\qquad (7-3)$$

而相应的水平波前梯度最大允许值为

$$K_{x,\max} = d_x/2f - \lambda/l \tag{7-4}$$

由此,为避免像斑重叠,微透镜焦距应不小于 $d_x l/2\lambda$。若取微透镜大小与它们的间距相等,则焦距应不小于 $d_x^2/2\lambda$。较小的焦距可以给出较大的角度动态范围,但也会导致测量的不确定。

对垂直方有类似的表达式成立,只需将 x 换成 y 即可。而如果微透镜是直径为 d 的圆形,两相邻微透镜中心间距为 s,则最大波前梯度由

$$K_x = s/2f - 1.22\lambda/d \tag{7-5}$$

给出,透镜焦距应小于 $sd/2.4\lambda$。再次假定透镜直径 d 与相邻微透镜中心间距 s 相等,则有透镜焦距当小于 $d^2/2.4\lambda$。

造成夏克 – 哈特曼波前传感器检测激光波前的不确定性的因素主要包括统计测量误差;环境影响;数据采集缺陷及几何对准偏差等。

统计测量误差由激光源短期起伏和探测器噪声引起。波前变化通过标准误差传输由用于波前估计的功率密度分布计算。统计起伏可以借助增加采样周期或对测量数据取平均而减小,只要激光发射足够稳定。

导致测量参数变化的环境条件主要有温度波动,机械振动以及杂散光等。温度变化引起慢变系统误差,例如漂移,可用辅助传感器监控,并在最终结果中校正。杂散光则导致背景信号增大,并在计算质心位置时产生系统误差,背景信号应仔细研究且需从测量信号中扣除。

信噪比及测量不确定性直接关联于夏克 – 哈特曼波前传感器的空间分辨率,子孔径直径的有限性,数据处理过程及信号放大中的非线性。CCD 传感器的计时不稳定可引起像素位置的不稳定,因而对累积误差有贡献。

就夏克 – 哈特曼波前传感器来说,几何准偏差对累积不确定性的贡献主要有机械抖动,热不稳定及材料损伤等。如果探测器没有准确定位在透镜阵列的焦平面上,就会导致质心位置估算错误。轴向偏移引起离焦量的增大或减小,而横向偏移则导致光束整体倾斜。

夏克 – 哈特曼波前传感器在 2005 年颁布的国际标准中被推荐为激光光束波前检测的有效方法。但由于强光直接照射有可能导致器件损坏,而过度衰减又会使测量精度下降,故夏克 – 哈特曼波前传感器用于激光波前检测时更适合光强较弱的装置,如氦 – 氖激光和半导体激光等。本章下面所要介绍的检测方法则更适合较强的激光。

7.2.3　误差分析

1. 拟合误差

波前检测的目的是测量波前的相位分布,而夏克 – 哈特曼波前传感器直接

测量的多为强度分布。对任意给定的强度分布,有很多相位分布不同的场与之相对应,即相位关系不是唯一的。一般地,无法由单一强度分布准确恢复相位。为此,将光束分割为很多小部分,光束在每一点的波前可描述为该点相面的形状,由表面法线给出。测得所有这些法线,即可拟合出整个波面。理论上,只有当光束被分割得无限小时,这种拟合才是精确的。实际分割的有限性,便导致拟合误差。

2. 探测误差

如前所述,质心位置的测量是夏克－哈特曼波前传感器波前传感的基础,以常用的四象限探测器为例,通过测定左右两部分及上下两部分的能量差,确定 x 方向和 y 方向质心的位置。能量探测的误差及由能量差求质心引入的误差均导致测量误差。

3. CCD 误差

现代夏克－哈特曼波前传感器系统常采用 CCD,CID 等高分辨率探测器,其固有噪声也是重要误差源,主要包括:

(1)暗电流。暗电流产生的原因是无光照时像元上仍会有一定电荷积累 Q,其量值随温度降低而减小。典型情况,温度每下降 7℃,Q 值减小一半。假定某 CCD 在 -45℃ 的温度下暗流电子数典型值为 0.3 电子/(像元·s),则其暗流电子数随温度的变化可表示为

$$Q = 45 \mathrm{e}^{T/10} \tag{7-6}$$

(2)噪声。CCD 的噪声主要有三个来源,并可表示为

$$N = (N_R^2 + N_D^2 + N_S^2)^{1/2} \tag{7-7}$$

式中:N_R 为读出噪声,与温度略有关系;N_D 来自直流的散粒噪声,依赖于温度和曝光时间;N_S 来自信号的散粒噪声。

(3)串扰误差。串扰是与采样有关的现象,可导致高频信号被当作低频信号测量。为了很好采样和重构,当采样的时间间隔为 T 时,信号的极限带宽应不超过 $1/2T$。而如果波前在瞳平面以周期 d 进行采样,则相位应不含 $1/2d$ 以上的空间频率成分。当此条件不被满足时,便导致串扰误差。

当串扰发生时,高频相位成分被当作低频的测量,引起校正系统误校。从而导致自适应光学系统的性能下降,未校正的高频成分(混入低频)通常与剩余低频成分相当。

7.3 点衍射干涉仪

点衍射干涉仪(PDI)是一种简单而可直接测量波前相位分布的共光路干涉仪。最早由 Linnik 于 1933 年发明,1972 年,斯玛特(Smartt)等首次提出用点衍

射干涉仪测量光学系统的原理,故以该原理为基础的干涉仪又常被称为斯玛特干涉仪。

7.3.1　点衍射干涉仪工作原理

点衍射干涉仪的主要部分是一块中央开有小孔的 PDI 板,板对入射光具有适当的透过率。其工作原理如图 7 − 3(a)所示,图(b)是 3 维演示图。当被检测光入射到 PDI 板时,由小孔产生的次波接近球面波,与透过 PDI 板的待检测光发生干涉,形成干涉条纹,通过对干涉条纹的分析,即可获得被测波前的相位信息。

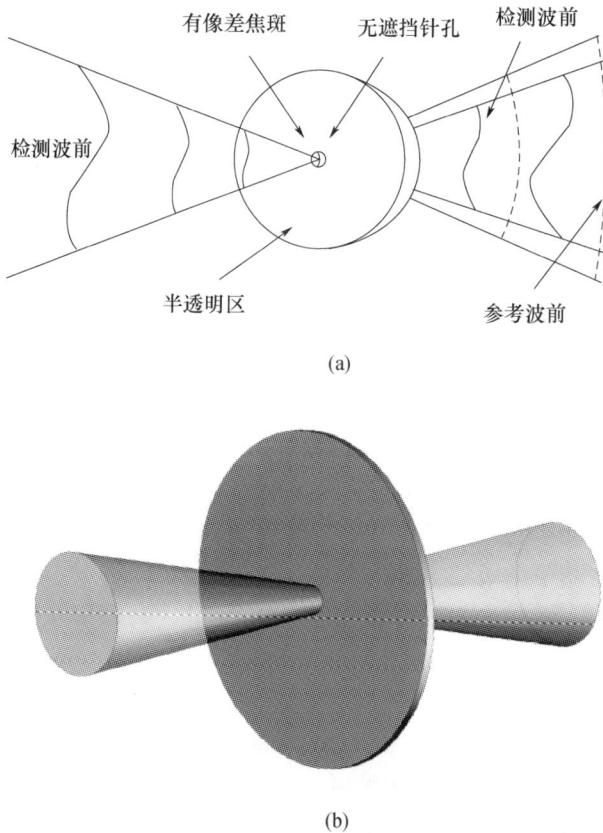

(a)

(b)

图 7 − 3　点衍射干涉仪的原理图(a)和 3 维演示(b)

以上所述表明,点衍射干涉仪测量波前的核心是由小孔产生接近球面波的次波,与透过 PDI 板的待检测光发生干涉。这里有两点需要考虑:一是由小孔产生的次波被作为参与干涉的基准波面,希望其尽量接近理想球面波;二是为获得清晰的干涉条纹,由小孔产生的次波与透过 PDI 板的待检测光的光强应该尽可能接近。正如下面将要看到的,这些条件决定小孔的大小和 PDI 板的透过率。

7.3.2　激光波前的 PDI 检测

用点衍射干涉仪测量波前,需要确定一些关键参数,如小孔的大小,入射光斑大小,PDI 板的透过率等,下面简单加以分析。

1. 小孔的大小

如上小节所述,由小孔衍射产生的次波是干涉的基准波面,希望其尽量接近理想球面波,为此,小孔越小越好,直径一般应该具有微米量级;另一方面,为获得对比度高的干涉条纹,由小孔产生的次波与透过 PDI 板的待检测光的光强应该大致相等,这就要求孔需有一定大小,以便能产生足够的衍射光能。折衷考虑,$10\mu m$ 是个典型值。

2. 入射光斑大小及 PDI 板的透过率

光斑尺寸,即使是束腰处,通常也有毫米量级。这样,如果是光束直接照射到 PDI 板上,在光强均匀分布的条件下,通过小孔衍射的光能只占光束总能量的 10^{-6} 量级,为使透过 PDI 板的待检测光的光能与之大致相等,PDI 板的透过也只能具有 10^{-6} 量级,这是很难加以控制的。因此,一般宜用透镜汇聚,使入射到 PDI 板的光斑尺寸达到一个适当的值,例如,$100\mu m$。这样,大约有总能量的 0.01 可以通过小孔;为使透过 PDI 板孔外部分的能量也大约为总能量的 0.01,则 PDI 板孔外部分的透过率也约为 0.01。透过率确定以后,就可以根据所镀膜材料的透过率 – 厚度曲线得到应镀膜的厚度,对常用的铝膜或聚合物膜,典型膜厚具有亚微米量级。

3. 聚焦光束最大允许能量

焦点处激光功率 P_{max} 不能超过 PDI 板镀膜的烧蚀阈值

$$E_{max} = P_{max} A_f \tau \qquad\qquad (7-8)$$

式中:A_f 为焦斑面积;τ 为脉冲宽度。

7.3.3　偏振移相点衍射干涉仪简介

一般的点衍射干涉仪由于无法采用移相干涉技术进行实时相位测量,所以不能直接用作自适应光学波前传感器。为此,必须设法在点衍射干涉仪中引入移相干涉技术。

偏振移相点衍射干涉仪是上面介绍的普通点衍射干涉仪的改进型,用入射光束偏振态的改变引起相移,以提高相位检测的精度。二者的主要区别在于 PDI 滤波器,普通点衍射干涉仪的滤波器是具有部分透过率的掩模版,而偏振移相点衍射干涉仪的是上面沉积了双折射薄膜的半波片。

典型的偏振移相点衍射干涉仪包含偏振器,半波片及电光调制器。偏振器

的初始取向为 $0°$，以隔离偏振态信号。而 $22.5°$ 的半波片旋转入射光的偏振态，使输出为 $45°$ 的线偏振。偏振片-半波片组合保证可以任意选择偏振态。后面的电光调制器晶体具有垂直取向的电极，用作干涉仪的移相器。光传播通过晶体的过程中，两正交态（水平和垂直）在电光调制器上不加电压时经历恒定的自然相差，加电压后相差随所加电压线性增加。于是，水平分量通过晶体的光程较大，并获得附加相位，其大小可通过加在调制器上大电场改变。与垂直分量结合，在输出端得到椭圆偏振光。

7.4 分立制动器

波前校正技术的目的是消除波前畸变，这无疑是自适应光学最根本的任务。能实现此目标的主要有两类器件，一类是利用反射表面变形改变光路长度的波前校正器；另一类是基于非线性光学原理的相位共轭装置。后者将在第 8 章详细讨论，本节拟首先介绍几种分立制动器。

7.4.1 压电陶瓷制动器

压电陶瓷制动器的工作机理是材料的逆压电效应，即在材料上施加一定电压，便会产生应力，进而使其形状发生变化。决定制动器性能的关键参数为联系机械应力与外加电场的压电系数 d_{33}，无机械载荷压电元在外加电场方向的胁变为

$$\Delta l = l d_{33} E = d_{33} V \qquad (7-9)$$

式中：l 为压电元的长度（m）；E 为外加电场强度（$V \cdot m^{-1}$）；V 为外加电压（V）。

制动器常用的一种材料是 $Pb(Zr,Ti)O_3$，简写为 PZT，其 d_{33} 的取值范围一般为 $5 \times 10^{-10} m \cdot V^{-1}$。这样，对 $2 \times 10^6 V \cdot m^{-1}$ 的电场强度典型值，相对胁变 $\Delta l/l$ 在 0.001 左右。

7.4.2 电致伸缩陶瓷制动器

电致伸缩是一种二阶效应，即胁变与外加电场的平方成正比。这是一种几乎所有介电质都具备的性质，但是只有在没有压电效应的材料中才能明显观察到。其中应用较广的一种是 $Pb(Mg_xNb_{1-x})O_3$，简写为 PMN，x 的典型值为 $1/3$。

设电致伸缩常数为 k_e，则当外加电场为 E 时，无机械载荷制动器的相对伸缩量为

$$\Delta l/l = k_e E^2 \qquad (7-10)$$

式中：E 为外加电场强度（A/m）；k_e 为电致伸缩常数（m/A）^{2}。

或伸缩量为

$$\Delta l = k_e V^2 / l \tag{7-11}$$

PMN 属于铁电材料,具有显著的电致胀变是因其介电常数非常大,而非电致伸缩常数本身。胀变响应对温度的依赖也与介电常数的相近。居里(Curie)温度接近 0℃,在最佳工作温度 25℃,外加电场强度 600V·m^{-1} 的条件下,材料具有 375×10^{-6} 的胀变灵敏度。

7.4.3　磁致伸缩合金制动器

磁致伸缩也是一种二阶效应,即铁磁材料在外磁场作用下产生的胀变与外加磁场的平方成正比。亦即

$$\Delta l / l = k_m H^2 \tag{7-12}$$

式中:H 为外磁场强度(V/m);K_m 为电致伸缩常数(m/V)^2。

19 世纪 80 年代就在金属镍中发现了磁致伸缩效应,并在随后镍合金被用于声纳换能器。但这种胀变是有价值的压电器件中的胀变。直到 20 世纪 70 年代,发现一些稀土材料具有非常大的磁致伸缩效应。低温下最大可达到 1×10^{-2}。当前感兴趣的镧系元素基铁合金是铽(Tb),镝(Dy)和铁(Fe)的合金。

7.5　变形反射镜及其在固体激光器中的应用

7.5.1　引言

普通教科书处理的激光谐振腔由球面反射镜和理想透镜组成。不含增益介质的稳定球面腔的光学本征模为读者所熟知的 Laguerre – Gauss 和 Hermite – Gauss 模。而实际激光谐振腔中包含增益介质,相应的比较复杂的 Gauss 模理论也已发展得相当完善,对任意稳定球面腔计算模尺寸和光束质量是直截了当的。反过来,对任意给定的增益介质尺寸设计一个只支持基横模的谐振腔也不再困难,为此,选择反射镜曲率以限制模尺寸大致等于基模尺寸即可。然而实际上,设计一个具有衍射极限光束质量和高的能量转换效率的激光器绝不是一件容易的事。这主要是由以下原因造成的。

(1)固态激光介质的热透镜折射率依赖于泵浦功率,腔内激光功率,及冷却条件参数,设计得仅支持基模的激光谐振腔内实际模尺寸对热透镜折射率即使很小的变化都相当敏感,泵浦功率,激光功率或冷却条件微小的,但不可避免的起伏将导致基模尺寸大的变化。当这种起伏引起基模尺寸增加时,则因其在腔镜孔径处衍射损耗急剧增大而使激光输出功率迅速下降。而如果起伏是使模尺寸减小,则高阶模就会起振并导致光束质量下降。所以,稳定的基模工作要求包括激活介质的所有谐振腔元件的折射率保持高度稳定。

（2）更为严重的问题是增益介质会引起像差。这种像差随着输出功率的提高而迅速增大。例如，输出功率为几瓦的固体激光器像差通常具有$\frac{\lambda}{10}$的量级，而输出为几百瓦的高功率激光器像差可达几个波长。然而，由于尚没有针对带像差激光腔的解析理论，设计时只能忽略像差的存在。

（3）腔内各种光学元件存在剩余像差。就某一个光学元件而言，其固有光学质量足够高，像差小于$\frac{\lambda}{10}$，但一个复杂的系统可包含数以十计的这类元件，总的像差就十分可观。

总之，在激光谐振腔中会存在各种像差，严重影响能量转换效率和输出光束质量，为得到高功率，高光束质量的激光输出，就必须对这些像差加以校正。而最有效的动态校正手段就是自适应光学。

本节将介绍微机械变形镜（Micromachined Deformable Mirrors，MMDM）和双压电变形镜（Bimorph Mirrors）工作原理以及它们在固体激光像差校正中的应用。

7.5.2 MMDM 及其在固体激光器中的应用

MMDM 是新型变形镜，它属于可变形薄膜反射镜的一种。因本身不存在固有刚性，需加一定张力以保持其平的表面。而为使其变形，只需很小的力，且可通过无物理接触的静电致动器实现。

采用静电致动器驱动的 MMDM 的电极结构如图 7-4 所示。令薄膜具有均匀厚度，在均匀表面张力 $T(\mathrm{N\cdot m^{-1}})$ 的作用下扩展。并假定致动器间距 d 远大于薄膜最大变形，设薄膜所在平面为 $x-y$ 平面，与其垂直的方向为 Z 轴方向，薄膜面形函数用 $S(x,y)$ 表示，在线性条件下其面形的变化由泊松方程给出为

$$\Delta S(x,y) = \frac{P}{T} \tag{7-13}$$

而静电压力 P 为

$$P = \frac{\varepsilon V^2(x,y)}{d^2(x,y)} \tag{7-14}$$

其中，V 为所加电压；d 为电极间距；ε 为电容率，若用真空中电容率近似，则取值 $8.854\times10^{-12}F\cdot m^{-1}$。

由于静电力只能为吸引力，薄膜只能在朝向电极结构的方向上变形。如果基准面为平面，则变形只能产生向电极凹形的反射面。然而，如果选用稍微凹形的基准面，则可实现双向工作。为此，需设定一定的偏置电压 V_b。对图 7-4(a) 的结构，薄膜上存在由偏压决定的恒定力，结果产生抛物面形表面。当信号电压 V_s 加到电极上时，薄膜上局部压力的变化为

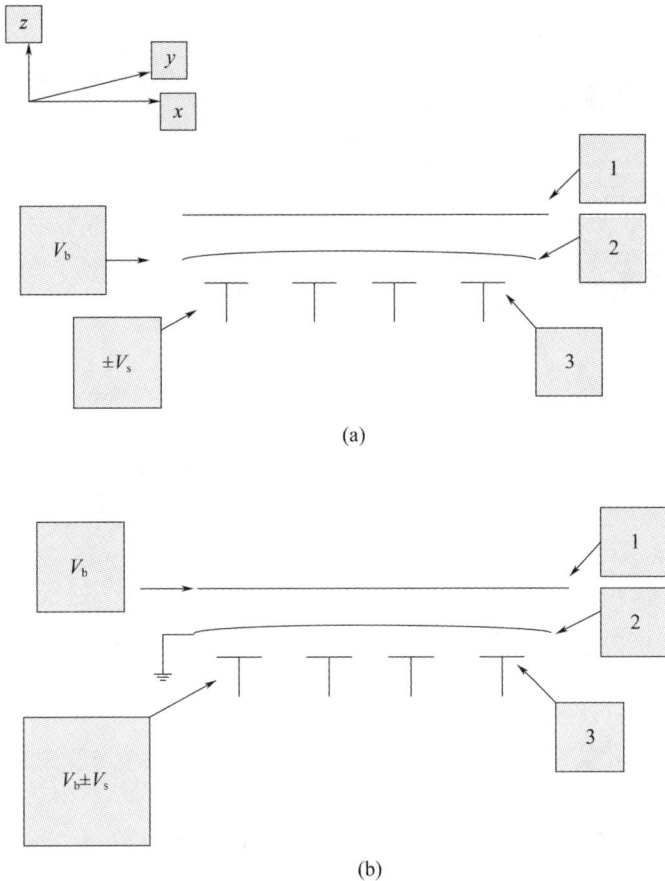

图 7 - 4 薄膜反射镜电极结构

（a）偏压系统；（b）平衡系统。

1 - 光学窗口；2 - 反射薄膜；3 - 致动器电极。

$$\Delta P = 2\varepsilon \frac{V_b}{d^2} V_s \qquad\qquad (7-15)$$

式（7 - 15）表明，薄膜上压力的变化，因而其变形，与 $V_b V_s$ 成正比，所以，用较大的 V_b 可提高器件灵敏度。

图 7 - 4(b) 是另一种电极结构系统。其中反射薄膜接地，作用如偏压电极的透明层（同时也是光学窗口）位于反射膜上方。偏压 V_b 同时加在该层与致动器电极上。不存在信号电压时，膜上、下两侧的力相等，反射表面为平面，这也正是称为平衡系统的主要原因。当有信号时，V_s 叠加在 V_b 上施加于每个致动器上。致动器上电压为 $V_b \pm V_s$，膜上静电力出现局部不平衡，膜发生形变，直至达到新的平衡。

两名德国学者于 2010 年报道了用 MMDM 反射镜对激光谐振腔进行自适应

控制的研究结果①。实验装置如图7-5所示。除激光谐振腔主体部分外,图的左下方为监控自适应反射镜变形的 Michelson 干涉仪,而可在焦点前后移动的 CCD 相机用于监控输出激光光束质量。

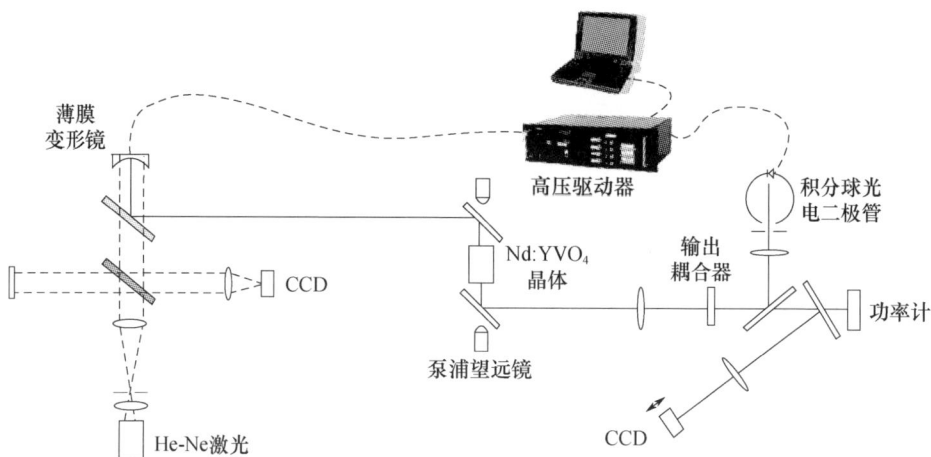

图7-5　激光波前校正的自适应光学系统

据文献作者介绍,由于当时所用的 MMDM 不适合高功率应用,所以他们以低功率 Nd:YVO₄ 激光为对象,研究此类变形镜在内腔闭环系统中的工作机理。实验中的变形镜为 OKO 技术公司提供的 MMDM09 器件,直径10mm,包括19个致动器。这些致动器在300V电压驱动下最大行程为 $10\mu m$。

在此之前,Buske 等报道曾用含 MMDM 的闭环系统由一个主振-功放激光装置获得90W功率输出,光束质量由 $M^2 = 5$ 改进到 $M^2 = 2.5$。

7.5.3　Bimorph 反射镜及其在固体激光器中的应用

在现阶段,与7.5.2节介绍的 MMDM 相比,以压电陶瓷为材料的 Bimorph 器件更适合高能应用。所以,多数用自适应光学系统进行光束校正的高能固体激光器均以 Bimorph 为波前校正器。

当前的 LD 泵浦固体激光器朝两个相反的方向发展:一个是工作物质的长度/直径比很大的光纤激光器;另一个则是介质的上述比值很小的薄片激光器。而两种设计的主要目的则在于表面积与体积之比,以允许较高泵浦功率被吸收而不致引起激活介质过热。与传统的棒状工作物质激光器相比,这两种结构具有较好的热透镜行为。本书相关章节介绍的热容激光器即以片状工作物质较为常见。

---

①　Wittrock U, Welp P. Adaptive laser resonator control with deformable MOEMS mirrors. Proc. of SPIE Vol. 10113, 101130 C - 1 ~ 13(2010)

片状介质的热透镜效应由两部分组成,且可独立地加以控制。第一部分是片的弯曲及由此引起光束的离焦,它与材料的热导、热胀系数及弹性模量有关。第二部分是材料内部热诱导光程差及由此导致的象散、慧差和球差等,该效应取决于吸收的泵浦功率密度、相对热产生、片的厚度及其热光常数。

为了对以上两种效应分别进行控制,Bimorph 的两层压电材料上按不同方式布置电极。一个典型器件的结构如图 7-6 所示。基质下面的第一层压电材料上表面为全表面整块电极,第二层的下表面则镀以环形电极,两层之间是公共接地电极。

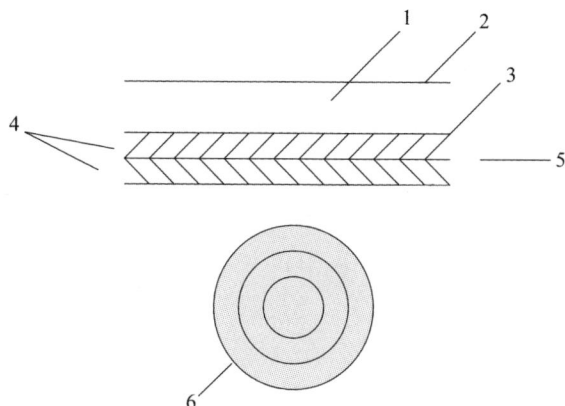

图 7-6　典型 Bimorph 反射镜结构

1—基质;2—高反射率膜;3—整体电极;4—压电片;5—公共接地电极;6—环形电极。

电极加电压时,由于逆压电效应,第一层压电材料将引起反射表面弯曲,并对其离焦产生补偿作用。而第二层将对光束的像散、慧差和球差进行校正。

在内腔式自适应校正激光谐振腔中,自适应反射镜通常在谐振腔反射镜位置。腔的基本结构如图 7-7 所示。

为了使激光束直径与变形镜尺寸匹配,通常需插入一个内腔望远镜,但这将增大谐振腔的损耗。据几年前的文献报道[1],采用这种装置的一闭环系统,将峰 - 谷值波前像差由初始值 10λ 下降为 $\lambda/4$。稍后的一篇文献[2]则给出校正后分类

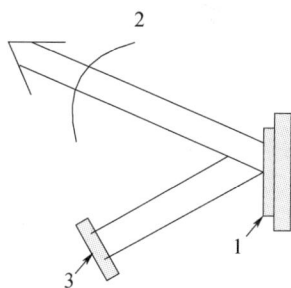

图 7-7　带自适应变形镜
激光谐振腔的基本结构

1—薄片激光介质;

2—输出反射镜;

3—自适应光学反射镜。

---

① Aleksandrov A G,et al. Adaptive system for high power laser. Proc. of SPIE,2003,5120:1510 - 1103(2003).

② Kudryashov A,et al. Adaptive optics and high power pulse laser. Proc of SPIE,2007,103410:10341029 - 1 - 8.

像差的值如表 7 – 1 所列。

表 7 – 1　校正后几种象差的 RMS 值

像差类型	离焦	像散	慧差	球差
RMS 误差/λ%	0.1	0.2	3.0	5.3

7.6　校正式相位共轭自适应光学系统

7.6.1　相位共轭原理

按照相位共轭原理,对于从发射机射出并由目标返回的波前,首先测定回波波前形状,然后控制发射波前形状,使二者波前形状相同,但传输方向相反,这样,到达目标上的光波就自动抵消了大气湍流或任何其他波前扰动的影响。图7 – 8 形象地说明了这一原理。其中图(a)说明从发射机射出的具有任意形状的波前的激光 $A_0(x,y)\mathrm{expj}[\varphi_0(x,y)]$,经过湍流大气达到目标上时,波前成为

$$A_0(x,y)\mathrm{expj}[\varphi_0(x,y)+\varphi_1(x,y)] \qquad (7-16)$$

这里 $\varphi_1(x,y)$ 是湍流大气引起的波前相位畸变。因为波前的相位 $\varphi_0(x,y)+\varphi_1(x,y)\neq 0$,所以发射的激光不能会聚在小目标上。图 7 – 8(b)的情形说明,从小目标(小到不能被发射孔径分辨)反射的光波可以认为是球面波 $A_1(x,y)\mathrm{expj}[\varphi_2(x,y)]$,回波光束通过湍流大气到达发射机时,光波变成为

$$A_1(x,y)\mathrm{expj}[\varphi_2(x,y)+\varphi_1(x,y)] \qquad (7-17)$$

即到达发射机的回波光束已经不是球面波了。图 7 – 8(c)中的情形说明,在测定了回波光束的波前相位后,控制发射波前的形状,使之与回波波前的形状相同,但传播方向相反,即发射的光波为

$$A_0(x,y)\mathrm{expj}[-\varphi_2(x,y)-\varphi_1(x,y)] \qquad (7-18)$$

这一光波经过湍流大气到达目标上时,变为

$$A_0(x,y)\mathrm{expj}[-\varphi_2(x,y)] \qquad (7-19)$$

这正是要求的球面波,它的球心在目标上,即发射的激光会聚在目标上。

上述原理说明,相位共轭系统利用了光学可逆性原理。要求在光路正向传输经受的相位畸变,等于反向传输所受的相位畸变的复共轭。这个原理仅对线性介质有效,在高能激光情况下,不再保持光学可逆性,因而相位共轭系统不能保证高能激光在目标上会聚得很好。

7.6.2　校正式相位共轭自适应光学系统原理

校正式相位共轭自适应光学系统的原理示于图 7 – 9 中。激光器发射的激

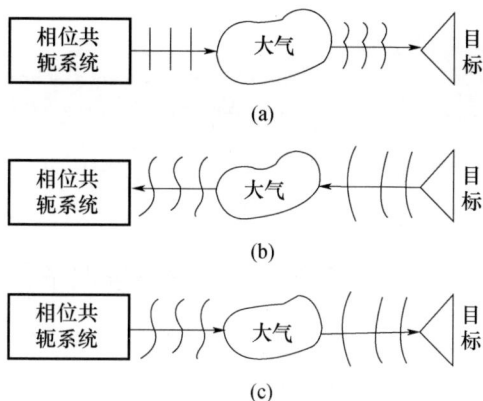

图 7 - 8　相位共轭原理
(a) 前进光束的波前；(b) 返回光束的波前；
(c) 相位共轭校正后的波前。

光由分束器分成两束：主要部分经过波前校正器，再通过湍流大气到达目标上；另一路分出很小一部分射向基准反射镜，然后沿原路返回，再通过分束器到达波前传感器，这部分光束用作本机振荡。从目标返回的激光沿发射光路到达分束器，大部分射向波前传感器。在波前传感器中回波光束与本机振荡光束进行外差干涉，进而检出波前误差信号，经过信息处理，再控制波前校正器校正发射激光的波前，使之与回波激光的波前共轭，因而射出的激光将会聚在目标上。

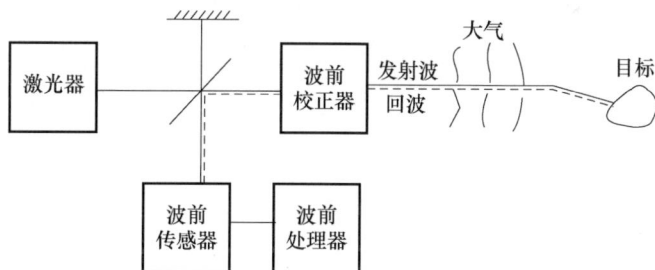

图 7 - 9　校正式相位共轭自适应光学系统原理

校正式相位共轭自适应光学系统的灵敏度问题可以作如下的简单估计：在相位共轭法中，每个子孔径的波前误差都用一个独立的探测器测量。设入射光子通量为 $W(个/s·m)$，子孔径面积为 $A(m^2)$，允许的积分时间为 τ_d，则每个子孔径探测到的光电子数为

$$N = W\eta A\tau_d \tag{7-20}$$

式中：η 为探测器的量子效率。

光子起伏的方差为

$$\Delta N^2 = N = W\eta A\tau_d \qquad (7-21)$$

故相位共轭系统的信噪比为

$$\frac{s}{n} = \sqrt{W\eta A\tau_d} \qquad (7-22)$$

这一结果是在忽略噪声的情况下得出的。它说明,相位共轭系统的信噪比与子孔径个数无关,这是并行处理的共同特点。

7.6.3 校正式相位共轭自适应光学系统例子

休斯(Hughes)公司发射强激光的 AO 系统(ABCS 系统),是在美国战略防御倡议("星球大战计划")组织的管理下开展研究的,目的是研究激光扫描过望远镜视场时,以高质量的光束快速指向目标的技术,为发展成像观察、激光武器和激光通信的自适应光学系统打下基础。实验系统示于图 7-10 中,激光器发出的激光通过滤模器、分束镜 BS_1、分色镜(DC)、分束镜 BS_2、变形镜(DM)、光束压缩镜(BC)、振动反射镜(JM)、倾斜校正镜(TTM)、定向镜(RM)(提供大视场的粗略的定向)和发射望远镜(包括主反射镜(M_1)、次反射镜(M_2)和第三反射镜(M_3)),射向后向平面反射镜(RFM)。为了监视输出光束的质量,在 M_1 上布置有 48 个直径为 4cm 的全息元件(HOE),它对输出光束采样,并将采样光束传输到 H-S 波前传感器(WS)中,后者有两个互相垂直排列的线阵 CCD 器件,分别探测两个方向的波前倾斜量。由 RFM 反射回来的光束,再由 BS_2 部分反射至远场光斑诊断系统(FSD),另由 DC 反射可见部分激光至 ZYGO 干涉仪和调整

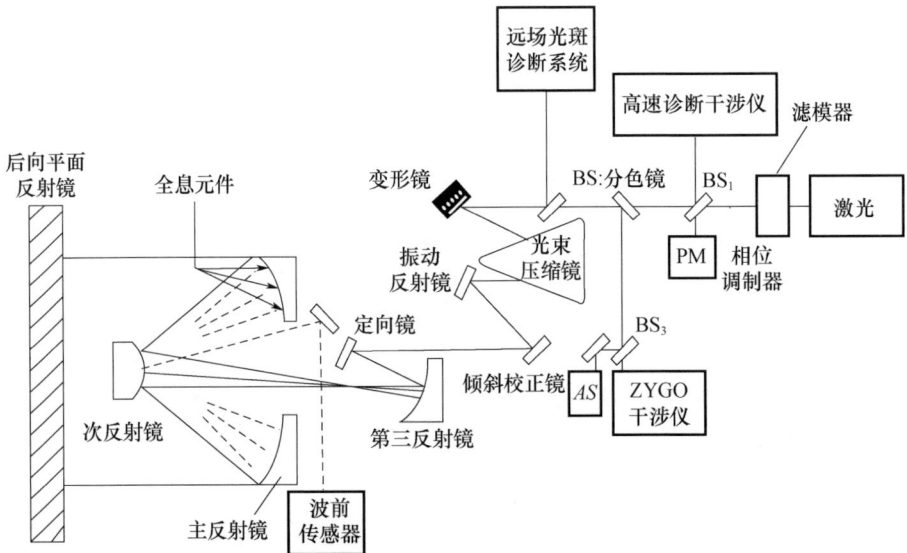

图 7-10 休斯公司的自适应光学系统

用传感器 AS,而由 BS_1 反射红外部分激光至高速诊断干涉仪(HSDI)。上述五个监视系统均用于测量回波激光的波束的质量和方向。BS_1 还反射部分发射激光至相位调制器。

波前校正控制系统示于图 7 - 11 中。波前传感器的信号经过波前重构运算后,驱动变形反射镜校正波前畸变,再通过反馈形成闭环控制回路。

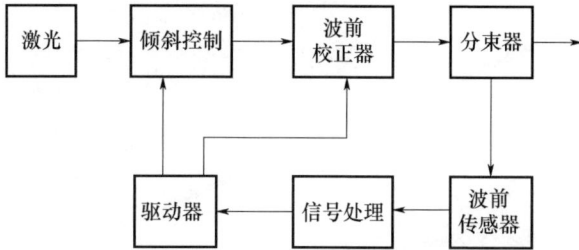

图 7 - 11 自适应光束控制系统

本系统已经完成计算机模拟,模拟中包含有三个不同的控制过程:在全视场内计算 DM 和 HOEE 的有关数据;只考虑 DM 的开环前馈校正模拟;同时考虑 DM 和 HOE 的闭环校正模拟。模拟计算的关键是要模拟 DM、给出 WS 的模拟和引入主要噪声模型。DM 的模型要考虑空间影响函数,WS 的模型计及了每个 HOE 形成的平均斜率,噪声源包括有光束控制系统(BCS)的制造误差、致动器的随机误差、WS 调整误差、WS 中定光斑中心的误差和环境误差等。

模拟实验结果示于图 7 - 12 中,可见无论是开环情况,还是闭环情况,都能大大减小激光束的相位误差。

7.6.4 短波长自适应技术

短波长自适应技术(Short - Wave length Adaptive Techniques,SWAT)是由美国空军毛伊岛光学站开展研究的。有两个用途:一是向大气上层发射一束激光平面波,与 LACE 卫星配合试验自适应光学系统的性能;二是用作激光导星发射机,试验激光导星。LACE 卫星轨道高 500km,上有阵列后向反射镜。SWAT 系统向其发射 $\lambda = 514nm$ 的氩离子激光。后向反射镜反射的激光便当作 SWAT 的信标。

SWAT 系统原理示于图 7 - 13 中。回波激光通过分色镜 DW_1、反射镜 M_3、变形镜 M_2、反射镜 M_1 和望远镜 TS 射向天空,从 LACE 卫星或大气瑞利散射层返回的激光被望远镜接收,再通过 M_1,M_2,M_3 和分色镜 DM_1,DM_2,分别射向 H - S 波前传感器和倾斜精确跟踪器 TPT。其中一路经过波前重构器和变形镜驱动器,可以控制变形镜面形,以校正大气扰动带来的波前畸变;另一路由倾斜精密跟踪器控制反射镜 M_3,因而在相机中可以获得稳定的星体像。

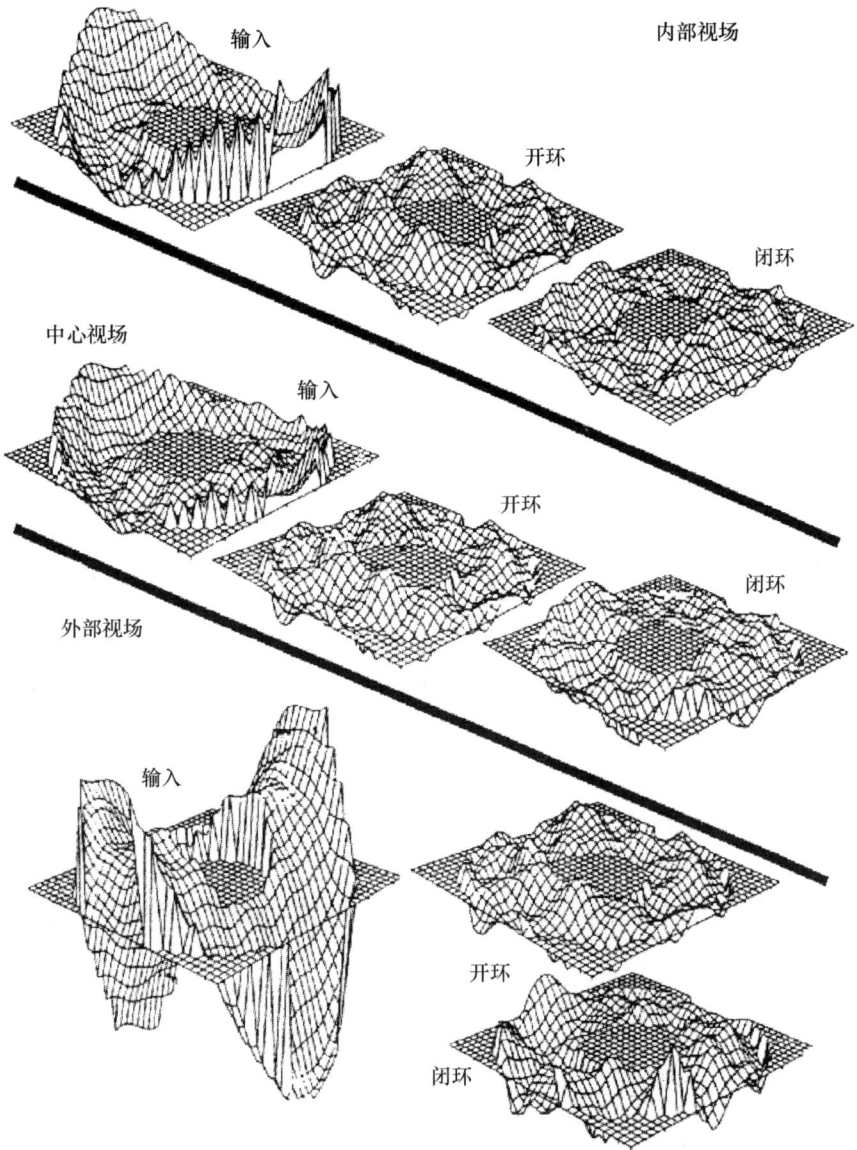

图 7 - 12   ABCS 的模拟结果

LACE 卫星运动角速度为 1°/s,为使系统最佳,要求系统的全过程工作时间仅为几分之一毫秒。按照当地气象条件,大气相干长度 $r_0 = 5 \sim 10\text{cm}$(可见光、天顶角较小),因而每个子孔径收到的光子数约为 4000 个。

因为系统中采用了倾斜精密跟踪器,故每个子孔径的波前畸变范围大为减小,其峰值不超过 $\pm 1.5\lambda$。

SWAT 采用哈特曼—夏克(H - S)波前传感器,但由两个 H - S 传感器组成,

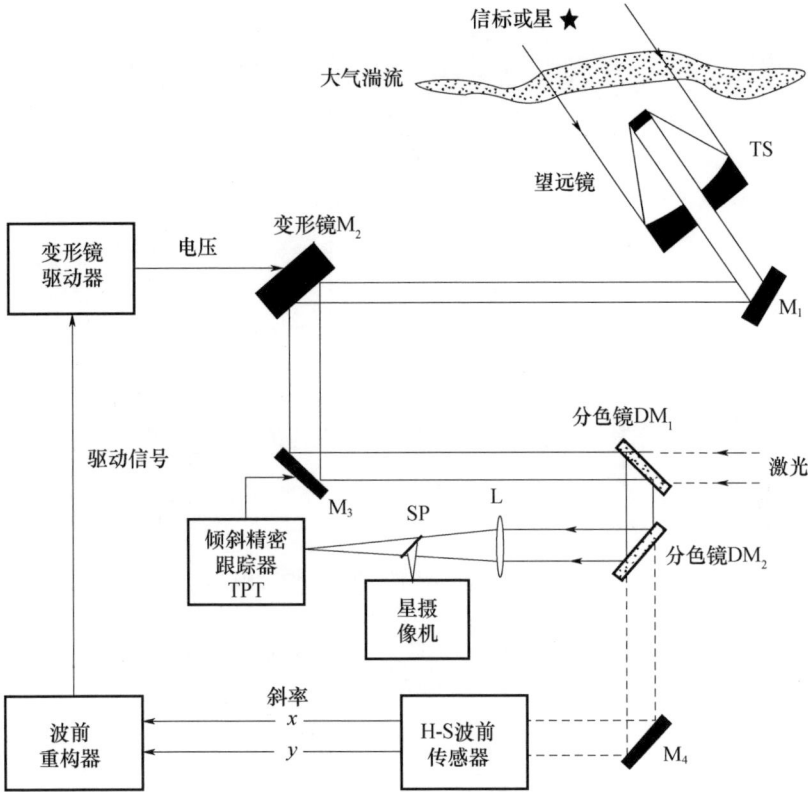

图 7-13 SWAT 原理图

每个包含一个二维阵列透镜和一个面阵 CCD,其中阵列透镜是二元光学透镜阵列,共有 110×110 个子透镜,每个子孔径尺寸为 $0.4\text{mm} \times 0.4\text{mm}$,子透镜的填充系数达 100%,透过率超过 99%。形成的目标光斑直径等于 $50\mu\text{m}$。光电探测器是低噪声 104×104 元 CCD,每个子孔径有 4×4 像元。

SWAT 的 CCD 原理结构示于图 7-14 中,图中上部 104×104 元为像敏感元,下部 104×104 元为帧存储元。但各像元信号既可向下传输,也可向上传输。向下传输的信号将存储在帧存储器中,向上移动的信号则进入电荷库,各费时 $12\mu\text{s}$。工作开始前,CCD 需要清零,即各像元的电荷均向上移至电荷库中,然后被清除掉。曝光开始,各像元逐渐积累光电荷,积累时间由光电开关控制,约5~$10\mu\text{s}$。曝光结束后,各像元电荷均传至帧存储器中,接着就逐行并行进入移位寄存器。移位寄存器也起积累作用,可将各子孔径(如第 k 子孔径)内的每列(如第 j 列)信号积累起来,结果光斑的二维分布信号 $I(i,j)$ 便转换成一维分布信号 $I(j)$。这种积累作用既可大大提高运算速度,又可以显著抑制噪声影响。为了提高速度,CCD 有两个输出端,各负担移位寄存器一半信号的输出任务。

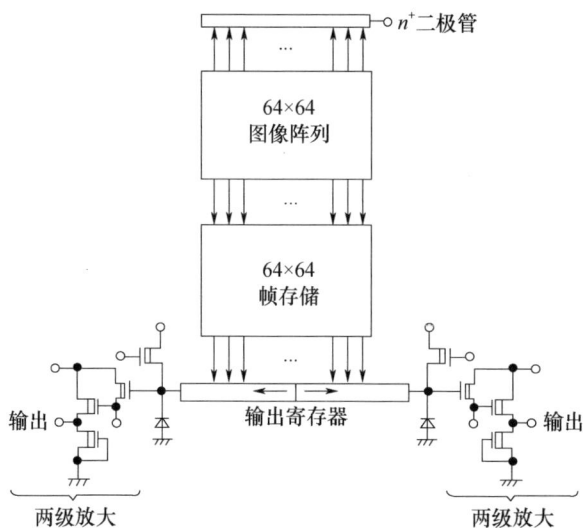

图 7 - 14 SWAT 的 CCD 原理结构

子孔径斜率 g 的计算基本上按一般二象限质心计算公式进行,只是为了能迅速校正大的波前误差,对外侧 2 像元给了较大的加权系数($= \pm 3$),即

$$g_k = \frac{-3I_{k0} - I_{k1} + I_{k2} + 3I_{k3}}{I_{k0} + I_{k1} + I_{k2} + I_{k3}} \qquad (7-23)$$

波前重构是用大规模并行矩阵乘法器完成的,仅需时 $55\mu s$,将此重构信号传递至变形反射镜需时 $50\mu s$,而完成全部校正作用也只需不到 $200\mu s$ 的时间。

7.7 基于无波前传感自适应光学系统的光束净化

7.7.1 无波前传感自适应光学系统的基本原理

典型的自适应光学系统包括三个基本部分:波前传感器、波前控制器和波前校正器。波前传感器实时测量从目标或目标附近的信标来的波前误差;波前校正器将波前控制器提供的控制信号转变为波前相位变化,以校正光波波前畸变,是自适应光学系统的核心;波前控制器用于把波前传感器所测到的波前畸变信息转化成波前校正器的控制信号,以实现自适应光学系统的闭环控制。但是有波前传感器的自适应光学系统在某些特殊情况下的应用存在困难。首先在光束强度分布严重不均匀或者局部存在高阶像差的情况下,波前传感器往往无法准确探测光束的相位分布。其次对于高阶模光束环状或者瓣状结构之间存在相位台阶的情况,常规的夏克—哈特曼波前传感器无法有效测量。最后在某些特殊光学系统中,波前虽能探测,但无法建立波前信息与波前控制器控制信号之间的关系,因而有波前探测器的自适应光学系统也难以应用。在这类场景中无波前传感自适应光学系统得到了广泛的应用。

与经典的有波前测量的自适应光系统不同,在无波前传感器的自适应光学系统中,不会直接采用波前传感器测量波前的相位信息,而是通常利用光电二极管、数字相机等探测系统的单个性能评价指标,该指标作为控制系统的反馈指标。由于波前校正器的控制通道数往往少则数十,多则上千,这样的控制系统是一种多输入、单输出的控制系统。单输入单输出和多输入多输出系统的控制问题可以利用成熟的经典控制理论和现代控制理论解决。但是在多输入单输出系统中,大多无法通过单个反馈信号来解算多个输入信号,所以这类系统的控制比较困难,常常只能利用优化算法,将各个控制通道的信号作为变量,通过迭代不断对系统的评价指标进行优化,使其取得极值,实现波前控制的目的。如果将系统的评价指标视为波前控制器各控制通道信号的函数,那么可以用于连续函数优化、不依赖函数解析表达式的方法都可能用来控制无波前传感器的自适应光学系统。用于无波前传感器自适应光学系统的优化算法按照原理可以分为两大类,第一类是模拟某种生物行为或自然现象的算法,包括遗传算法、模拟退火算法、蚁群算法等等。第二类是基于梯度估计的算法,包括多元高频振动法、爬山法、随机并行梯度下降算法等等。其中目前应用最广泛的是随机并行梯度下降算法。

随机并行梯度下降算法(Stochastic Parallel Gradient Descent,SPGD)是一种首先用在神经网络中的优化算法。它的基本思想是:同时向各控制通道施加互相独立的随机扰动,通过探测系统评价指标的变化即可估计出评价指标的梯度;令各通道的控制信号沿梯度方向按需要增大或减小,系统的评价指标就能不断趋近极值。在一个自适应光学系统中,如果波前校正器有 N 个控制通道,控制信号为 $u_j(j=1,2,\cdots,N)$,那么系统评价指标 J 就是这 N 个控制信号的函数。随机扰动 $\delta u_j(j=1,2,\cdots,N)$ 需要满足均值为零、方差相等且相互独立的条件,即

$$\langle \delta u_j \rangle = 0$$

$$\langle \delta u_j \delta u_k \rangle = \begin{cases} \sigma^2 \delta_{jk}, & j=k \\ 0, & j \neq k \end{cases} \tag{7-24}$$

在 SPGD 算法的第 k 次迭代中,首先向所有控制通道同时施加正向扰动,控制信号变为 $u_i(k) + \delta u_i(k)$,则 J 的变化为

$$\delta J = J[u_j(k) + \delta u_j(k)] - J[u_j(k)] \tag{7-25}$$

J 的梯度可以用 $\delta J \delta u_j$ 来估计。令控制电压沿 J 的梯度方向变化,第 $k+1$ 次迭代中的控制信号为

$$u_j(k+1) = u_j(k) - \gamma \delta J(k) \delta u_j(k) \tag{7-26}$$

式中:γ 为确定控制信号变化步长的系数。γ 为负数时,J 向极大值方向变化,γ

为正数时,J 向极小值方向变化。为提高精度,可在每次迭代中先后施加正向扰动和负向扰动,分别得到 $J^+(k)$ 和 $J^-(k)$,则 $k+1$ 次迭代中的控制信号为

$$u_j(k+1) = u_j(k) - \gamma[J^+(k) - J^-(k)]\delta u_j(k) \qquad (7-27)$$

SPGD 算法通常选用的评价指标主要有环围能量(EE)、强度平方和(QSI)、斯特列尔比(SR)等。环围能量 EE 的定义为

$$EE = \sum_R I \qquad (7-28)$$

式中:I 为相机采集到的聚焦光斑的强度分布;R 取衍射极限条件下远场中主瓣的区域。环围能量表征的是在一给定的区域内接收到的激光束的能量。环围能量值越大,则能量越集中。QSI 的定义为

$$QSI = \sum_{x,y} I^2(x,y) \qquad (7-29)$$

QSI 的值越大,光束质量越好。SR 的定义为

$$SR = \frac{I_p}{I_{0p}} \qquad (7-30)$$

式中:I_p 为实际光束的峰值光强;I_{0p} 为光束达到衍射极限时的峰值光强。

7.7.2　板条激光器光束净化

板条激光链路研制初期输出光束的强度分布严重不均匀,导致哈特曼波前传感器程序不能有效处理这类光束的相位信息,本小节所介绍的是作者的研究小组最近几年采用无波前传感自适应光学系统进行光束净化的相关工作。图 7-15 给出了基于无波前传感自适应光学系统的板条激光链路光束净化实验系统。板条放大链路包含种子光和板条功率放大器。放大器的输出的条形光束经过一套由柱透镜构成的整形扩束系统后成为矩形光束。矩形光束先后被倾斜

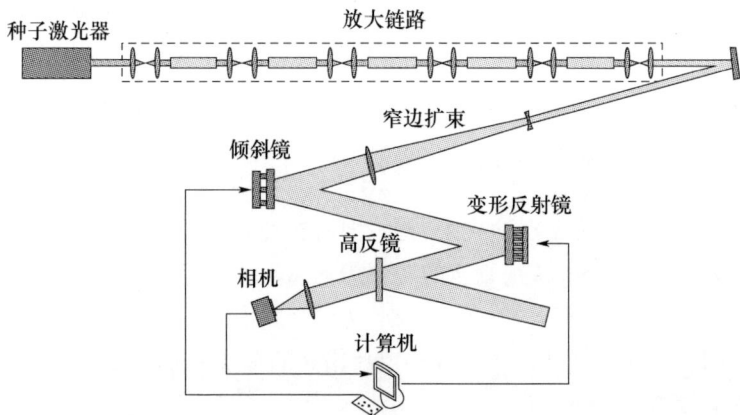

图 7-15　基于无波前传感自适应光学系统的板条激光链路光束净化实验系统

镜和变形镜反射,入射到高反镜上。高反镜透射的弱光束由透镜会聚到远场相机上,用于探测光束的远场强度分布。计算机计算远场强度分布的评价指标(环围能量、灰度平方和等),执行 SPGD 算法优化变形镜的电压,实现对光束像差的校正。

用上述自适应光学系统对实验室的一台板条激光器进行了光束净化实验,成功将光束质量从最初的 $\beta = 5.1$ 提高到 $\beta = 1.7$。相关实验结果如图 7 - 16 和图 7 - 17 所示,其中图 7 - 16 是净化前后光强分布的伪彩色图,而图 7 - 17 是校正前后的光斑。

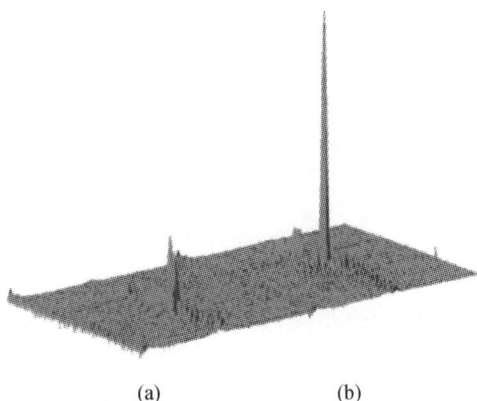

(a)　　　　(b)

图 7 - 16　2014 年度单链光束净化前、后的远场强度分布

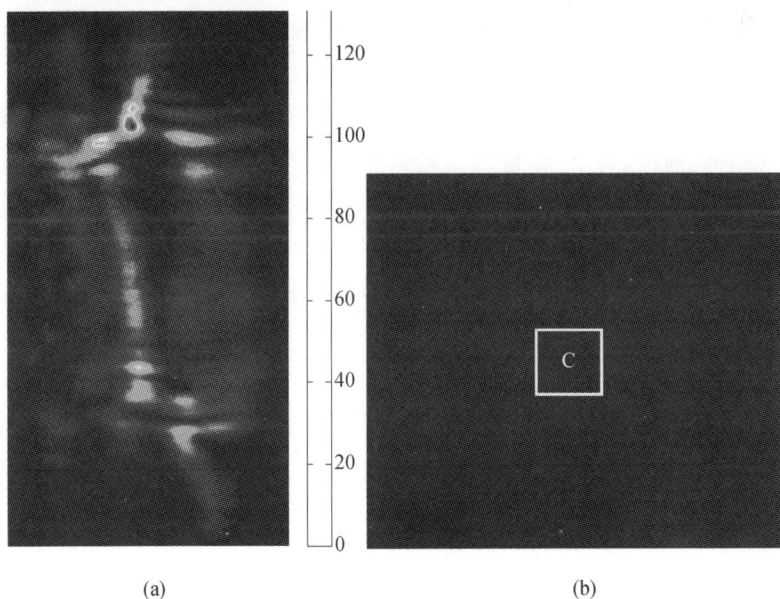

(a)　　　　　　　(b)

图 7 - 17　2013 年度单链光束净化前、后的光斑

7.7.3 单高阶模光束净化

自适应光学校正光束像差的前提是光束具有确切的相位分布。传统观点认为自适应光学仅能对基模光束进行补偿,对高阶模光束不具备校正能力。经过分析可知,由于单高阶模光束也具有明确的相位分布,所以自适应光学原理上也可以对这类光束进行校正。高阶模光束主要包括厄米－高斯光束和拉盖尔－高斯光束两种,相邻两瓣之间都有半波长的相位跃变。高阶模光束每瓣都可视为一个子光束,而且子光束之间相干,所以可以将高阶模光束的远场光斑视为各个子光束相干合成的结果。以下考虑最简单的两束光相干合成的情况。设两束相干光的复振幅分别为 $u_1 = a_1 \exp(i\varphi_1)$ 和 $u_2 = a_2 \exp(i\varphi_2)$,其中 a_1 和 a_2 分别为两束光的振幅,φ_1 和 φ_2 分别为两束光的相位。两束光叠加后得到的复振幅 u_c 为

$$u_c = a_1 e^{i\varphi_1} + a_2 e^{i\varphi_2} \tag{7-31}$$

强度分布 I_c 为

$$I_c = |u_c|^2 = a_1^2 + a_2^2 + 2a_1 a_2 \cos(\varphi_1 - \varphi_2) \tag{7-32}$$

当两束光的相位差被充分补偿时($\varphi_1 - \varphi_2 = \pm 2k\pi, m = 0, 1, 2 \cdots$),$I_c$ 可以取得极大值。若 a_1 和 a_2 具有相同的分布($a_1 = a_2$),则合成后光束的峰值光强为 $4I_{1\max}$,即单个子光束峰值光强的 4 倍。

TEM$_{10}$ 模厄米－高斯光束是高阶模光束中最简单的形式。以下以这种光束为例进行进一步的分析。TEM$_{10}$ 模厄米－高斯光束的振幅分为两个对称的瓣,两瓣之间存在值为 π(半波长)的相位跃变,如图 7-18(a) 和(b)所示。振幅分布中两个对称的瓣可被视为两个子光束,其中单个子光束的振幅分布如图 7-18(c)所示。通过计算可以得到,子光束在两个方向的 M² 因子分别为 $M_x^2 = 1.17$ 和 $M_y^2 = 1$,与基模高斯光束的 M² 因子非常接近。由于两个子光束之间存在值为 π 的相位跃变,所以 TEM$_{10}$ 模厄米－高斯光束的远场中存在两个对称的瓣,如图 7-18(d)所示。若相位跃变可以被充分补偿,则远场中只有单个亮斑,如图 7-18(e)所示。图 7-18(f) 给出了单个子光束、有相位跃变时两个子光束和无相位跃变时两个子光束传输到远场后归一化的强度分布剖面图。从图中可以看到,当两个子光束之间没有相位跃变时,远场峰值强度达到了单个子光束的 4 倍,与前述结果是一致的。虽然以上讨论针对的是 TEM$_{10}$ 模厄米－高斯光束这种最简单的情况,分析结果对其他更复杂的高阶模拉盖尔－高斯光束或厄米－高斯光束也是适用的。

为了判断变形镜补偿高阶模光束相位跃变的可行性,利用数值计算的方法对 37 单元正六边形排布变形镜进行了分析。图 7-19 给出了变形镜补偿 TEM$_{10}$ 模厄米－高斯光束相位跃变的计算结果。从图中可以看出,变形镜可以对 TEM$_{10}$ 模厄米－高斯光束的相位跃变进行有效补偿,在远场获得单个主瓣,与

理想远场强度分布接近。此外还对 TEM_{20} 模和 TEM_{30} 模厄米 – 高斯光束的相位台阶进行了拟合。

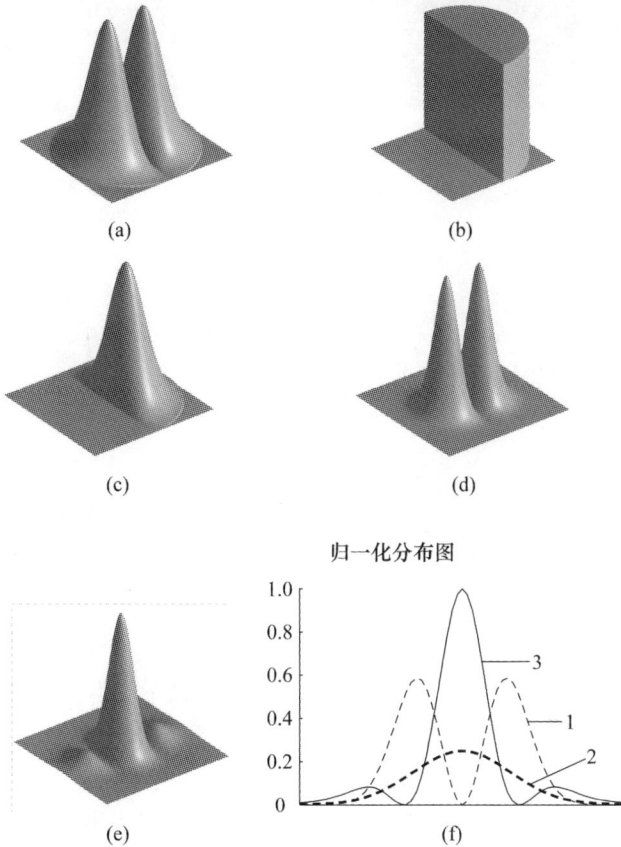

归一化分布图

图 7 – 18　TEM_{10} 模厄米 – 高斯光束的分布

（a）振幅分布 ;（b）相位分布 ;（c）单瓣的振幅分布 ;（d）TEM_{10} 模厄米 – 高斯光束的远场强度分布 ;（e）补偿相位跃变后的 TEM_{10} 模厄米 – 高斯光束的远场强度分布 ;（f）单瓣、有相位跃变时两个子光束和无相位跃变时两个子光束归一化的远场强度分布剖面图。1—TEM_{10} 模 ;2—单瓣 ;3—补控相位之后 TEM_{10} 模。

7.7.4　腔内自适应光学

波前校正器置于谐振腔内部的自适应光学系统称为腔内自适应光学系统。这类系统中的主要难点在于难以通过测量输出光束的波前畸变解算腔内变形境的面型，因而这类系统多采用无波前传感自适应光学系统。

图 7 – 20 给出了典型的无波前传感腔内自适应光学系统结构。双压电变形镜作为腔镜使用。变形镜与增益介质之间有一套望远镜作为扩束系统，使光束

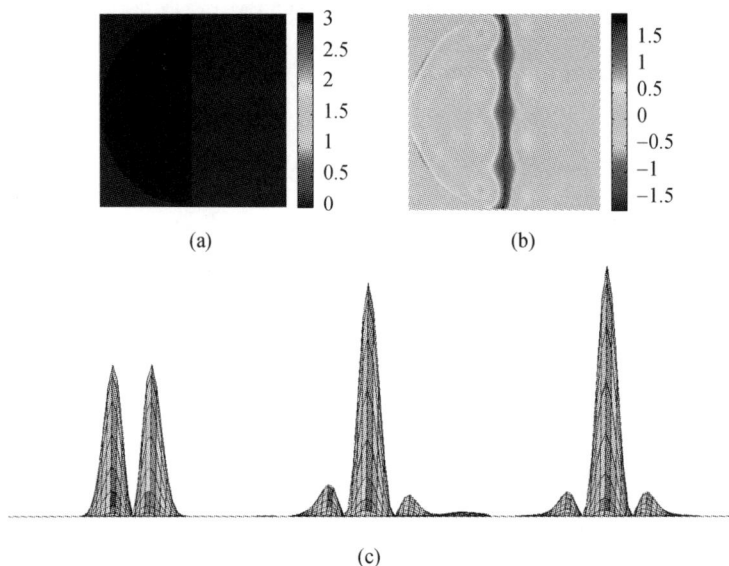

(a)

(b)

(c)

图 7 - 19　变形镜补偿 TEM_{10} 模厄米 - 高斯光束相位跃变的计算结果

（a）TEM_{10} 模厄米 - 高斯光束的相位跃变。（b）变形镜拟合相位跃变的残差（单位：rad）。

（c）TEM_{10} 模厄米 - 高斯光束的远场强度分布：未补偿相位台阶（左），

变形镜补偿相位台阶后（中），相位台阶完全补偿后。

能在变形镜镜面上覆盖更大的范围。激光器输出的光束由分束棱镜分为两束：一束由功率计接收用于测量输出功率；另一束被透镜聚焦到一台 CMOS 相机上。相机的图像传感器置于透镜的焦平面。计算机采集 CMOS 相机的图像，执行 SPGD 算法生成变形镜的控制信号，然后发送到高压放大器（HVA）。高压放大器将接收到的信号线性放大，最后输出到变形镜。由于腔内校正的直接目的是在使光束在远场中达到更高的能量集中度，因而评价指标 J 选用相机探测到的远场环围能量（EE），并且 γ 取负数。

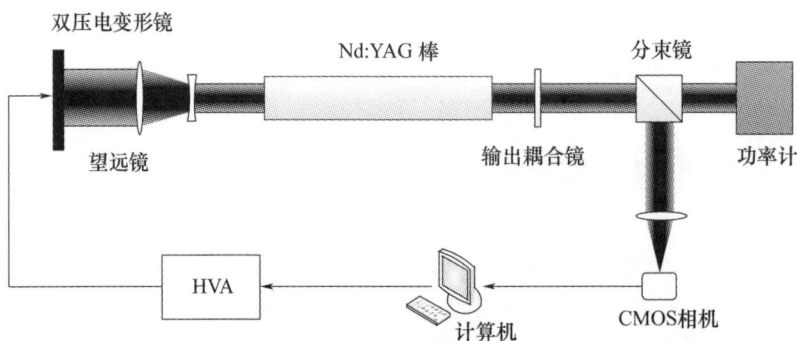

图 7 - 20　典型的无波前传感腔内自适应光学系统结构

图 7 - 21 给出了该实验装置的典型实验结果。首先将激光器腔镜调整良好,变形镜的所有电极电压置零,此时激光器输出多模光束,输出功率为0.39W。相机采集到的聚焦光斑如图 7 - 21(a)所示。光斑中包含了若干较暗子瓣,而且光斑散布的范围较大。利用计算机执行 SPGD 算法控制变形镜完成对远场强度分布的优化后,聚焦光斑中出现了一个较亮的主瓣,峰值光强与优化前相比提高了超过 6 倍,激光器输出功率降至 0.29W。相机采集到的光斑如图 7 - 21(b)所示。优化前后的远场光斑强度分布的轮廓如图 7 - 22 所示,优化后聚焦光斑的能量集中度得到了明显的提升。输出功率的下降是因为双压电变形镜增加了高阶模的损耗,抑制了高阶模成分。以上结果表明,腔内自适应光学系统可有效的改变多模激光器输出光束的远场光斑分布,将弥散的多瓣结构的光斑转化为尺寸较小的单个亮斑,并且有效的提高能量的集中程度。

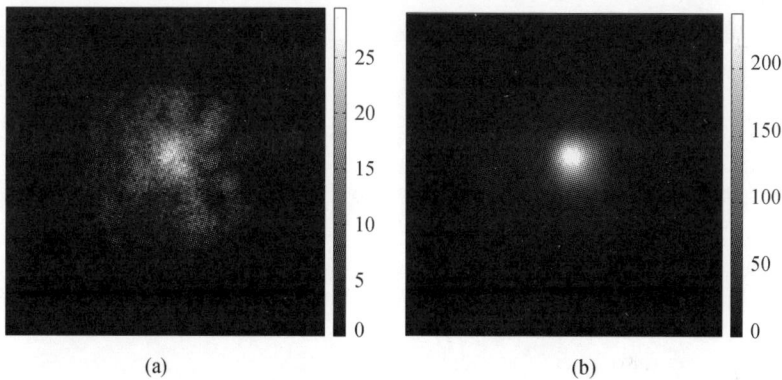

(a)　　　　　　　　　　　　(b)

图 7 - 21　CMOS 相机采集到的激光器输出光束的聚焦光斑图像
(a)优化前远场强度分布。(b)优化后远场强度分布。

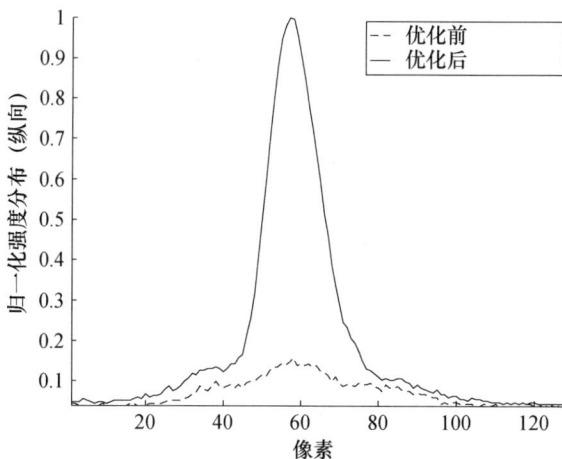

图 7 - 22　优化前后激光器输出光束聚焦光斑轮廓的对比

7.8 非线性光学基础

本节将简单回顾非线性光学的基础知识,包括非线性波方程和它的慢变化近似形式,材料的非线性及其与光波的耦合。

7.8.1 非线性波方程

众所周知,当光在介质中传播时,它将与组成介质的原子、分子或其他微粒发生相互作用。首先是光波电场引起介质极化,然后,极化的粒子产生的电场又反过来改变初始光场。这种相互作用可以用麦克斯韦方程组及有关物质方程描述。假定介质材料是均匀、无磁性、不含自由电荷的非导体,在国际单位制中这些方程可写为

$$\begin{cases} \nabla \cdot \boldsymbol{D} = \rho \\ \nabla \cdot \boldsymbol{B} = 0 \\ \nabla \times \boldsymbol{H} = \boldsymbol{J} + \dfrac{\partial \boldsymbol{D}}{\partial t} \end{cases}$$

$$\nabla \times \boldsymbol{E} = -\frac{\partial \boldsymbol{B}}{\partial t} \tag{7-33}$$

及

$$\begin{cases} \boldsymbol{D} = \varepsilon_0 \boldsymbol{E} + \boldsymbol{P} \\ \boldsymbol{J} = \sigma \boldsymbol{E} \end{cases} \tag{7-34}$$

这里各量的意义与普通电动力学教科书中的相同。

将极化率记为

$$\boldsymbol{P} = \boldsymbol{P}_L + \boldsymbol{P}_{NL} \tag{7-35}$$

式中:$\boldsymbol{P}_L$ 和 $\boldsymbol{P}_{NL}$ 分别为其线性部分和非线性部分,由以上诸式得到非线性介质中传播的平面波方程

$$\nabla^2 \boldsymbol{E} = -\mu_0 \varepsilon \frac{\partial^2 \boldsymbol{E}}{\partial t^2} = \mu_0 \frac{\partial^2 \boldsymbol{P}_{NL}}{\partial t^2} \tag{7-36}$$

方程(7-36)表明,有非线性极化存在时,新的电场将会产生。在忽略非线性极化率的情况下,方程(7-36)的右边为零,这就是标准的线性波动方程,很多波可以在这种无界介质中互不相干地传播,且不会产生任何新的波。波之间的耦合及新的波产生只能通过非线性极化相互作用来实现。

本章中,电磁波作为经典场处理,非线性介质用量子力学描述,即是采用半经典理论研究辐射与物质的相互作用。

为简单且不失一般性,本节从现在开始,如不特别说明,假设所有电场和极

化矢量在相同方向上平面偏振,从而可以略去矢量标记,并将非线性极化张量作为标量处理。

7.8.2 方程的慢变化包络近似(SVEA)形式

求解二阶非线性波方程不但十分繁琐,而且往往也是不必要的,通常的作法是将它简化为一阶方程。为此,将沿 z 方向传播的平面波表示为

$$E(z,t) = \frac{1}{2}\varepsilon(z,t)\exp[j(\omega t - kz)] + c.c. \qquad (7-37)$$

式中: $k = n_0\omega/c$ 为波矢; n_0 为线性折射率; $c.c.$ 为求复共轭,而

$$\varepsilon(z,t) = a(z,t)\exp[-j\delta\phi(z,t)]$$

表示复振幅包络,其中 $\delta\varphi$ 为相位调制函数, $a(z,t)$ 为实振幅。

非线性极化率能与此特定波场发生耦合的部分具有与其相同的频率 ω 和波矢 k,因而可类似地写为

$$P_{NL}(z,t) = \frac{1}{2}F(z,t)\exp[j(\omega t - kz)] + c.c. \qquad (7-38)$$

慢变化条件意味着在一个光周期内或一个波长范围内光场特性(包络和瞬时相位)变化很小,数学上可表示为

$$|\omega^2\varepsilon| \gg \left|\omega\frac{\partial\varepsilon}{\partial z}\right| \gg \left|\frac{\partial^2\varepsilon}{\partial t^2}\right| \qquad (7-39)$$

或等价为

$$|k^2\varepsilon| \gg \left|k\frac{\partial\varepsilon}{\partial z}\right| \gg \left|\frac{\partial^2\varepsilon}{\partial z^2}\right| \qquad (7-40)$$

将式(7-37)和式(7-38)代入式(7-36),并注意到条件式(7-39)、式(7-40),得

$$\left(\frac{\partial}{\partial z} + \sqrt{\mu_0\varepsilon}\frac{\partial}{\partial t}\right)\varepsilon = j\frac{\omega}{2}\sqrt{\frac{\mu_0}{\varepsilon}}F \qquad (7-41)$$

式(7-41)即是所要求的一阶方程,它表明给定的非线性极化将诱发一个频率和波矢都相同的电场。

以上结果可以推广到介质中有很多波列的情况,这时电场函数表示为

$$E(\boldsymbol{r},t) = \frac{1}{2}\sum_i \varepsilon_i(\boldsymbol{r},t)\exp[j(\omega_i t - \boldsymbol{k}_i \cdot \boldsymbol{r})] + c.c.$$

其中每一个电场分量可写为式(7-37)的形式。类似地,非线性极化率记作

$$P_{NL}(\boldsymbol{r},t) = \frac{1}{2}\sum_i F_i(\boldsymbol{r},t)\exp[j(\omega_i t - \boldsymbol{k}_i \cdot \boldsymbol{r})] + c.c.$$

值得注意的是这里的传播方向是任意的(不一定沿 $+z$ 轴的方向)。沿某一方向用式(7-41)时,必须代入相应的脚标,例如

$$\left(\frac{\partial}{\partial z} + \sqrt{\mu_0 \varepsilon}\, \frac{\partial}{\partial t}\right)\varepsilon_i = j\,\frac{\omega}{2}\sqrt{\frac{\mu_0}{\varepsilon}}\, F_i \qquad (7-42)$$

式(7-42)表明,具有特定频率和波矢的波由具有相同频率和波矢的非线性极化率决定,而与极化率中其他频率成分无关。

7.8.3 材料的非线性及其与光波的耦合

非线性材料的磁导率 χ 可表示为级数展开的形式

$$\chi(E) = \chi^{(1)} + \chi^{(2)}E + \chi^{(3)}E^2 + \cdots \qquad (7-43)$$

而非线性极化率为

$$P(E) = E\chi(E) = \chi^{(1)}E + \chi^{(2)}E^2 + \chi^{(3)}E^3 + \cdots \qquad (7-44)$$

式(7-43)和式(7-44)中的 E 表示总场,它可以由具有不同频率、不同波矢、不同偏振态的很多波场组成。$\chi^{(1)}$ 相应于线性光学效应,包括折射、吸收、增益和双折射效应,这些特性是经典光学的研究课题。$\chi^{(2)}$ 相应于二阶效应,其中最常见的有

二次谐波产生	$\chi^{(2)}(2\omega;\omega,\omega)$
光学整流	$\chi^{(2)}(0;\omega,-\omega)$
参量混频	$\chi^{(2)}(\omega_1 \pm \omega_2;\omega_1,\omega_2)$
普克尔(Pockels)效应	$\chi^{(2)}(\omega;\omega,0)$

这些过程通常称为三波混频。每个括号中分号右边的两个频率表示入射光波的频率,分号左边是输出信号的频率。例如,$\chi^{(2)}(\omega_1 \pm \omega_2;\omega_1,\omega_2)$ 表示频率为 ω_1 和 ω_2 的两列波发生非线性相互作用,结果生成频率为 $\omega_1 + \omega_2$(和频)或 $\omega_1 - \omega_2$(差频)的波。

二阶效应只能在不具有反演对称性的材料中发生。其中二次谐波产生和参量混频的转换效应取决于相位匹配条件,正如式(7-42)所表明的,只有当产生的非线性极化调谐在适当频率和波矢上时,才能实现有效转换(这一点以后还会以更明确的关系表示)。这些条件可以通过调整光波频率、入射方向或改变材料温度达到。

$\chi^{(3)}$ 相应于三阶非线性效应,重要的例子包括

三次谐波产生	$\chi^{(3)}(3\omega;\omega,\omega,\omega)$
直流克尔效应	$\mathrm{Re}[\chi^{(3)}(\omega;\omega,0,0)]$
简并四波混频	$\mathrm{Re}[\chi^{(3)}(\omega;\omega,\omega,-\omega)]$
(瞬时交流克尔效应)	
非简并四波混频	$\chi^{(3)}(\omega_1 + \omega_2 \pm \omega_3;\omega_1,\omega_2,\pm\omega_3)$
布里渊散射	$\chi^{(3)}(\omega \pm \Omega;\omega,-\omega,\omega \pm \Omega)$
拉曼散射	$\chi^{(3)}(\omega \pm \Omega;\omega,-\omega,\omega \pm \Omega)$

双光子吸收　　　　　　　　　　　$\mathrm{Im}\left[\chi^{(3)}(\omega;\omega,-\omega,\omega)\right]$

直流诱导谐波产生　　　　　　　　$\chi^{(3)}(2\omega;\omega,\omega,0)$

上述过程涉及四波相互作用,圆括弧中各频率的意义可参照三波混频的说明去理解。三阶效应与材料是否具有反演对称性无关。

二阶效应与三阶效应在相位共轭中的应用将在 7.10 节中讨论。

7.9　光学相位共轭

7.9.1　相位共轭波的定义

考虑频率为 ω 沿 $+z$ 方向传播的平面波

$$E = \mathrm{Re}\left\{\varepsilon(\boldsymbol{r})\exp\left[\mathrm{j}(\omega t - kz)\right]\right\} = \mathrm{Re}\left[\psi(\boldsymbol{r})\mathrm{e}^{\mathrm{j}\omega t}\right] \qquad (7-45)$$

其相位共轭波定义为

$$E_c = \mathrm{Re}\left\{\varepsilon^*(\boldsymbol{r})\exp\left[\mathrm{j}(\omega t + kz)\right]\right\} = \mathrm{Re}\left[\psi^*(\boldsymbol{r})\mathrm{e}^{\mathrm{j}\omega t}\right] \qquad (7-46)$$

这就是说,相位共轭波只包含空间部分的复共轭,而时间部分保持不变。但是,如果注意到一个复数的实部与其共轭复数的实部相等,则又可写出

$$E_c = \mathrm{Re}\left\{\left[\psi^*(\boldsymbol{r})\mathrm{e}^{\mathrm{j}\omega t}\right]^*\right\} = \mathrm{Re}\left[\psi(\boldsymbol{r})\mathrm{e}^{-\mathrm{j}\omega t}\right]$$

在这个意义上,相位共轭波是时间的反演波而空间部分保持不变,即可写成

$$E_c(\boldsymbol{r},t) = E(\boldsymbol{r},-t)$$

正因如此,文献中广泛使用"时间反演再现"描述相位共轭波。

7.9.2　PCM 与 CPM 的比较

对入射光给出相位共轭波的装置统称为相位共轭镜。与普通平面反射镜相比,它有以下一些特点。

1. 反射光沿原路返回

图 7-23 表示 PCM 反射与 CPM 反射的明显不同。后者只改变波矢 $\boldsymbol{k}$ 法向分量的符号,而保持其切向分量不变;PCM 则反转矢量 $\boldsymbol{k}$,也就是说,它不仅改变波矢 $\boldsymbol{k}$ 的法向分量的符号,而且同时改变其切向分量的符号,其结果是相位共轭波准确地沿原入射光路返回,而与 PCM 相对于入射光束的取向无关。很显然,PCM 的这一特点将会聚入射波变为发散的相位共轭波;反过来,将入射的发散波变为会聚的相位共轭波。特别是,如果入射发散波来自一个点源,则经理想的 PCM 反射后生成的相位共轭波准确地沿入射波方向会聚到初始点源上,如图 7-24(b)所示。图 7-24(a)则表明,发散波经 CPM 反射后继续发散。

以上所述是 PCM 最重要的特性之一,也是它得以广泛应用的主要原因之一。这一性质可以从数学观点给以更精确的描述,若反射镜位于 (x,y) 平面内,

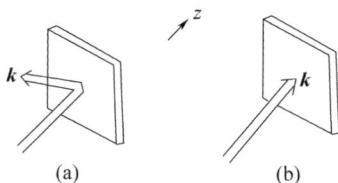

图 7 - 23 CPM 反射与 PCM 反射的传播方向

(a) CPM 反射，$k_{in} = k_x x + k_y y + k_z z$，$k_{out} = k_x x + k_y y - k_z z$；

(b) PCM 反射，$k_{out} = -k_{in}$。

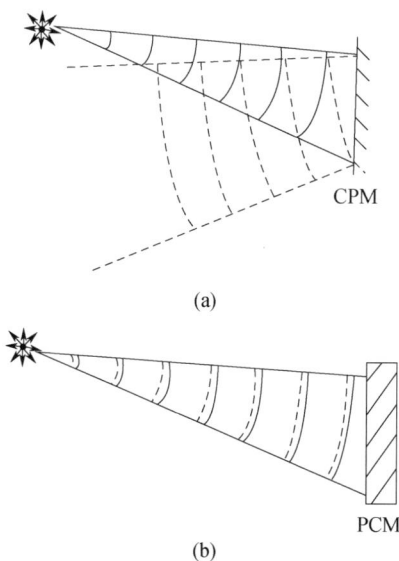

图 7 - 24 CPM 反射与 PCM 反射的发散特性

(a) CPM 反射；(b) PCM 反射。

而其法线在 z 轴方向上，假定入射波矢为 $k_{in} = (k_x, k_y, k_z)$，则经过 CPM 反射后波矢变为 $k_{out} = (k_x, k_y, -k_z)$，而经 PCM 反射后则变为 $k_{out} = (-k_x, -k_y, -k_z)$。

2. 反转偏振态

一个理想的 PCM 在反转传播方向的同时，还反转入射波的偏振矢量。结果，一束右旋圆偏振光(RHCP)经 PCM 反射后得到沿原路径反向传播的 RHCP，而 CPM 则把入射 RHCP 反射为左旋圆偏振光(LHCP)。图 7 - 25 是这两种情况的比较。

更本质地说，理想的无损耗 PCM 反演入射光子的所有量子数(如线动量、角动量等)，所以，PCM 不受光子辐射压及转矩的影响，因而也不产生反冲；CPM 则在光照时承受非零辐射压的作用，并产生反冲。

总之，入射波的共轭再现 E_{pc} 是这样一个场，它在空间每一点具有与入射波

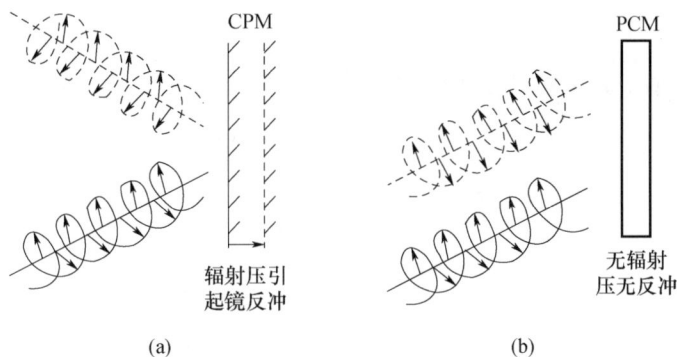

图 7 – 25 CPM 反射与 PCM 反射的偏振特性

(a) CPM 反射:RHCP 入射,反射波 LHCP;(b)PCM 反射:RHCP 入射,反射波 RHCP。

相同的等相面和相反的传播方向,且同样满足麦克斯韦方程。假定 PCM 位于 $z = z_0$ 处,则上述结论对 $z \leqslant z_0$ 的整个区域成立(反射式共轭镜)。

3. 消除波前畸变

图 7 – 26 表明相位畸变对 CPM 和 PCM 反射后的平面波传播的影响,假定单色平面波通过相位差介质发生波前畸变,畸变波由 CPM 反射并再次通过介质后,相位差加倍(图 7 – 26(a));与此相反,PCM 则有效地将入射场的时间反演,结果是,第二次通过介质平面后平面波前得到很好的恢复(图7 – 26 (b))。

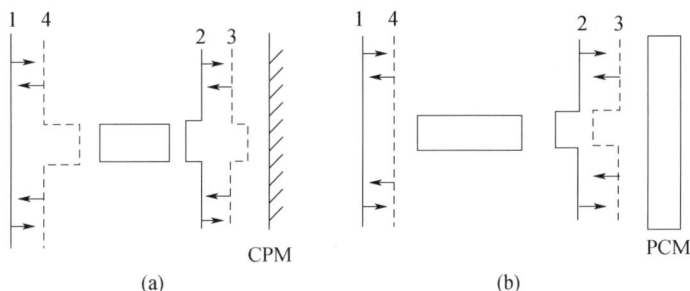

图 7 – 26 CPM 反射与 PCM 反射的消除畸变情况

(a) CPM 反射;(b)PCM 反射。

成像自适应光学系统的主要作用就是波前校正,因而,相位共轭波消除波前畸变的特性是它可望广泛应用于自适应光学的基础。

相位共轭波消除波前畸变的性能可以从数学上加以证明。为此,考虑一单色平面光波穿过介电常数可用实变量 $\varepsilon(r)$ 表示的媒质(对于更复杂的情形,如非单色平面波或媒质介电常数为复数的情形,请读者参阅有关文献),$\varepsilon(r)$ 为实数表示光路中存在无源线性元件,如透镜、光楔;或存在畸变介质,如湍流大气。沿 $+z$ 方向传播的光波。

$$E(\boldsymbol{r},t) = \frac{1}{2}\varepsilon(\boldsymbol{r})\exp[\,\mathrm{j}(\omega t - kz)\,] + c.c. \tag{7-47}$$

在慢变化近似下满足标量波动方程

$$\nabla^2\varepsilon + [\,\omega^2\mu_0\varepsilon(\boldsymbol{r}) - k^2z\,]\varepsilon + 2\mathrm{j}k\frac{\partial\varepsilon}{\partial z} = 0 \tag{7-48}$$

对方程(7-48)取复共轭,得

$$\nabla^2\varepsilon^* + [\,\omega^2\mu_0\varepsilon(\boldsymbol{r}) - k^2z\,]\varepsilon^* - 2\mathrm{j}k\frac{\partial\varepsilon^*}{\partial z} = 0 \tag{7-49}$$

式(7-49)是与式(7-48)相同的波方程,它描述沿 $-z$ 轴方向行进的光波,而其解为

$$\frac{1}{2}a\varepsilon^*(\boldsymbol{r})\exp[\,\mathrm{j}(\omega t + kz)\,] + c.c.$$

除了一个不重要的常数 a 外,这正是式(7-47)的相位共轭波。这就是说,相位共轭波与初始波传播方向相反,在路径上波阵面处处重合。

以上结论对实数 $\varepsilon(\boldsymbol{r})$ 成立,对损耗形和放大形介质,$\varepsilon(\boldsymbol{r})$ 是复数,这个证明未必有效,除非损耗和增益与 $\boldsymbol{r}$ 无关。

7.10　透明介质弹性光子散射的 NOPC

弹性光子散射是指光作用前后介质处于相同量子态的散射过程。属于这种相互作用的 NOPC 过程主要包括三波混频(TWM)、四波混频(FWM)、光子回波、饱和效应、等离子体、非局域场效应、热效应和表面效应等。由于篇幅所限,这里将主要讨论 TWM 和 FWM,并对光子回波作一简单介绍,重点则是 FWM。

TWM 只能产生前向共轭波,FWM 则既可产生前向,也可产生后向共轭波(由实验条件决定)。无论是 TWM 还是 FWM,前向过程均受限于苛刻的相位匹配条件,其应用也因而受到限。后向相互作用则不受此限制,因而在成像及空间传播和处理中得到更广泛的应用。

本节的讨论中忽略光的偏振效应,于是,相互作用场用标量表示。

7.10.1　三波混频产生相位共轭

设有两列强单色波,即泵浦波

$$E_1 = \frac{1}{2}\varepsilon_1(\boldsymbol{r})\exp[\,\mathrm{j}(\omega_1 t - k_1 z)\,] + c.c. \tag{7-50}$$

和探测波

$$E_p = \frac{1}{2}\varepsilon_p(\boldsymbol{r})\exp[\,\mathrm{j}(\omega_p t - k_p z)\,] + c.c. \tag{7-51}$$

入射在不具有反演对称性的非线性材料上,它们将在介质中诱发非线性极化率。如果希望得到共轭波 E_c,其振幅是 E_p 的复共轭,则感兴趣的极化矢量为

$$P_{NL} = \frac{1}{2}\chi^{(2)}\varepsilon_1(\boldsymbol{r})\varepsilon_p^*(\boldsymbol{r})\exp\{j[(\omega_1 - \omega_p)t - (k_1 - k_p)z]\} + c.c.$$

$$(7-52)$$

设 $\omega_1 = 2\omega_p$,则 P_{NL} 将辐射出的波频率为

$$\omega_c = \omega_1 - \omega_p = \omega_p$$

$$E_c \propto \chi^{(2)}\varepsilon_1(\boldsymbol{r})\varepsilon_p^*(\boldsymbol{r})\exp[j(\omega_p t - k_c z)] + c.c. \qquad (7-53)$$

这表明 E_c 相对于 E_p 波前反演,并沿 z 轴方向传播,结果得到前向行进的共轭波,其波矢为

$$\boldsymbol{k}(\omega_1 - \omega_p) = \boldsymbol{k}_1(\omega_1) - \boldsymbol{k}_p(\omega_p)$$

$$= \boldsymbol{k}(2\omega_p) - \boldsymbol{k}(\omega_p) \qquad (7-54)$$

方程(7-54)称为相位匹配条件。这种匹配的一个例子如图7-5(a)所示。那里已选 $\omega_1 \approx 2\omega_p$,平面波 $\varepsilon_p(\boldsymbol{r})$ 平行于 $\varepsilon_1(\boldsymbol{r})$ 传播,得到理想的相位匹配。然而,到目前为止所有可能应用中,泵浦波都不是平面波,而是可以被视为平面波的连续叠加。这些平面波频率都是 ω_p,而波矢 $\boldsymbol{k}_p$ 占据一定的空间立体角,此即入射波的角视场。为得到总输入波的复共轭,其充分必要条件是,每个平面波分量可被分别求复共轭,且新分量在新光束中所占的比例等于原分量在原光束中所占的比例。

如果泵浦波为频率 ω_p 而传播方向不平行于 k_1 的平面波(图7-27(b)),则相位条件不能满足,失配量

$$\Delta\boldsymbol{k} = \boldsymbol{k}(\omega_1 - \omega_p) - [\boldsymbol{k}_1(\omega_1) - \boldsymbol{k}_p(\omega_p)]$$

当 $\theta = \theta_1$ 时取得最小值,在相位失配的情况下,共轭波受到很大影响。

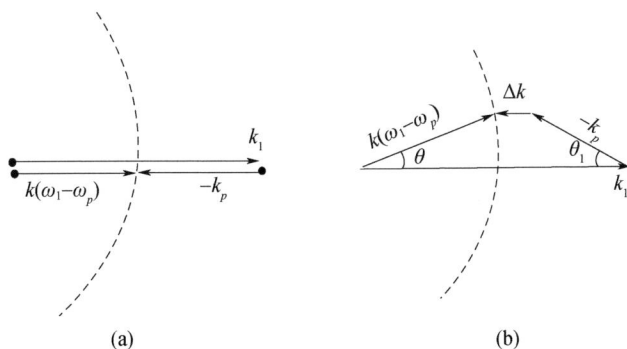

图7-27 TWM产生的相位共轭
(a)相位匹配;(b)相位不匹配。

一般地,要求

$$| [\boldsymbol{k}_c (\omega_1 - \omega_p) - \boldsymbol{k}_1 (\omega_1) + \boldsymbol{k}_p (\omega_p)] \cdot L | \ll 1$$

式中：L 为相互作用距离。

这一约束对入射接收角带来很多限制。

7.10.2 四波混频产生相位共轭：简并情形

在四波混频相位共轭过程中,三个波入射到非线性介质上,由于弹性光子散射而产生第四个波,其振幅正比于入射波之一的复共轭。三个入射波中有两个较强,称为泵浦波,它们是

$$E_1 (\omega_1 , \boldsymbol{r}) = \frac{1}{2} \varepsilon_1 (\omega_1 , \boldsymbol{r}) \exp [j (\omega_1 t - \boldsymbol{k}_1 \cdot \boldsymbol{r})] + c.c.$$

$$E_2 (\omega_2 , \boldsymbol{r}) = \frac{1}{2} \varepsilon_2 (\omega_2 , \boldsymbol{r}) \exp [j (\omega_2 t - \boldsymbol{k}_2 \cdot \boldsymbol{r})] + c.c.$$

第三个较弱的称为探测波,即

$$E_p (\omega_p , \boldsymbol{r}) = \frac{1}{2} \varepsilon_p (\omega_p , \boldsymbol{r}) \exp [j (\omega_p t - \boldsymbol{k}_p \cdot \boldsymbol{r})] + c.c$$

这三个波在介质中引起三阶非线性极化率

$$P_{NL} = \frac{1}{2} \chi^{(3)} \varepsilon_1 (\boldsymbol{r}) \varepsilon_2 (\boldsymbol{r}) \varepsilon_p^* (\boldsymbol{r}) \exp \{ j [(\omega_1 + \omega_2 - \omega_p) t - (\boldsymbol{k}_1 + \boldsymbol{k}_2 - \boldsymbol{k}_p) \cdot \boldsymbol{r}] \} + c.c$$

$$(7-55)$$

P_{NL} 进而辐射一列共轭波,其频率为

$$\omega_c = \omega_1 + \omega_2 - \omega_p \qquad (7-56)$$

如果三个入射波具有相同频率 ω,则由式(7-56)可知,共轭波的频率也是 ω,这样的过程称为简并四波混频(DFWM)。在这种情况下,式(7-55)变为

$$P_{NL} = \frac{1}{2} \chi^{(3)} \varepsilon_1 (\boldsymbol{r}) \varepsilon_2 (\boldsymbol{r}) \varepsilon_p^* (\boldsymbol{r}) \exp \{ j [\omega t - (\boldsymbol{k}_1 + \boldsymbol{k}_2 - \boldsymbol{k}_p) \cdot \boldsymbol{r}] \} + c.c.$$

根据共轭波相对探测波的传播方向,又可分为前向共轭和后向共轭,下面分别加以讨论。其中后向共轭是本节的重点。

1. FWM 产生的前向共轭波

在 DEWM 产生前向相位共轭波的过程中,两列泵浦波同向传播,因而它们的波矢相等,即

$$\boldsymbol{k}_1 (\omega_1 = \omega) = \boldsymbol{k}_2 (\omega_2 = \omega)$$

由此得

$$P_{NL} = \frac{1}{2} \chi^{(3)} \varepsilon_1 (\boldsymbol{r}) \varepsilon_2 (\boldsymbol{r}) \varepsilon_p^* (\boldsymbol{r}) \exp \{ j [\omega t - (2 \boldsymbol{k}_1 - \boldsymbol{k}_p) \cdot \boldsymbol{r}] \} + c.c.$$

因而有共轭波波矢为

$$k_c = 2k_1 - k_p$$

对于光束方向的这种选择,如图 7-28 所示,共轭波 k_c 在近前向传播。如同 TWM 的情形,苛刻的相位匹配条件限制探测波的输入接收角,因而限制了它的应用,所以它不是我们讨论的重点。

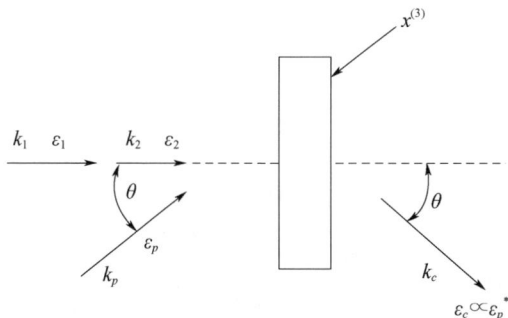

图 7-28　由 FWM 产生的前向相位共轭

2. 由 FWM 产生的后向共轭波

产生的后向行进共轭波的情形如图 7-29 所示。这里两列平面泵浦波相向传播,因而有(严格地说近似有)

$$k_1 + k_2 = 0$$

于是,简并情况下的非线性极化率为

$$P_{NL} = \frac{1}{2}\chi^{(3)}\varepsilon_1(\boldsymbol{r})\varepsilon_2(\boldsymbol{r})\varepsilon_p^*(\boldsymbol{r})\exp[\mathrm{j}(\omega t + \boldsymbol{k}_p \cdot \boldsymbol{r})] + c.c. \qquad (7-57)$$

所得共轭波 $\varepsilon_c(L)$ 相对探测波 $\varepsilon_p(l)$ 在波前面形和传播方向上都反演,即共轭波 $\varepsilon_c(L)$ 沿与入射波 $\varepsilon_p(0)$ 相反的方向行进,并因而称为后向共轭波。

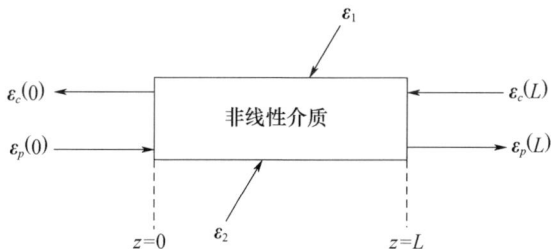

图 7-29　产生后向共轭波的 FWM 示意图

不难看出,由 DFWM 产生后向行进共轭波的过程不受探测波入射角的限制,其作用非常接近于一个理想的 PCM。因而得到广泛应用,也是这节所要讨论的重点。

将式(7-57)代入式(7-41),在稳态条件下给出

$$\frac{\mathrm{d}\varepsilon_c}{\mathrm{d}z} = \mathrm{j}\kappa^* \varepsilon_p^*$$

和

$$\frac{\mathrm{d}\varepsilon_p}{\mathrm{d}z} = -\mathrm{j}\kappa^* \varepsilon_c^* \tag{7-58}$$

其中

$$\kappa^* = \frac{\omega}{2}\sqrt{\frac{\mu_0}{\varepsilon}}\chi^{(3)}\varepsilon_1\varepsilon_2 \tag{7-59}$$

对边界条件

$$\varepsilon_p(z=0) = \varepsilon_p(0)$$
$$\varepsilon_c(z=L) = \varepsilon_c(L)$$

方程(7-58)的解为

$$\varepsilon_p(z) = -\mathrm{j}\frac{|\kappa|\sin(|\kappa|z)}{\kappa\cos(|\kappa|L)}\varepsilon_c^*(L) + \frac{\cos[|\kappa|(z-L)]}{\cos(|\kappa|L)}\varepsilon_p(0)$$

和

$$\varepsilon_c(z) = \frac{\cos[|\kappa|z]}{\cos(|\kappa|L)}\varepsilon_c(L) + \mathrm{j}\frac{\kappa^*\sin[|\kappa|(z-L)]}{\cos(|\kappa|L)}\varepsilon_p(0)$$

在实际情况中,$z=L$ 处的共轭波为零,即

$$\varepsilon_c(L) = 0$$

于是得到

$$\varepsilon_p(z) = \frac{\cos[|\kappa|(z-L)]}{\cos(|\kappa|L)}\varepsilon_p(0)$$

和

$$\varepsilon_c(z) = \mathrm{j}\frac{\kappa^*\sin[|\kappa|(z-L)]}{\cos(|\kappa|L)}\varepsilon_p(0) \tag{7-60}$$

通常感兴趣的是 $z=0$ 处的共轭波和 $z=L$ 处的探测波,即

$$\begin{cases} \varepsilon_c(0) = -\mathrm{j}\left[\frac{\kappa^*}{|\kappa|}\tan(|\kappa|L)\right]\varepsilon_p^*(0) \\ \varepsilon_p(L) = \sec(|\kappa|L)\varepsilon_p(0) \end{cases} \tag{7-61}$$

式(7-61)是这节的主要结果,它表明反射的相位共轭场正比于入射场的复共轭。

相位共轭波的功率反射系数 R 和透射系数 T 分别定义为

$$R = \left|\frac{\varepsilon_c(0)}{\varepsilon_p(0)}\right|^2$$

$$T = \left|\frac{\varepsilon_p(L)}{\varepsilon_p(0)}\right|^2$$

将式(7-61)代入,给出

$$R = \tan^2 (\,|\kappa|L) \tag{7-62a}$$

和

$$T = \sec^2 (\,|\kappa|L) \tag{7-62b}$$

对给定介质,当光波频率一定时,由式(7-59)可知,κ 与泵浦光强成正比。因此,式(7-62)表明,反射系数和透射系数由泵浦光强和相互作用长度的乘积决定,且当

$$\left(m + \frac{1}{4} \right) \pi < |\kappa|L < \left(m + \frac{3}{4} \right) \pi$$

时,$R>1$;而 $T>1$ 对

$$|\kappa|L \neq m\pi, m = 0, 1, 2, \cdots$$

都成立。也就是说,在这些范围内,反射波的功率和透射波的功率都大于入射波的功率,即 DFWM 给出放大的相位共轭波(图 7-30)。不言而喻,多余的能量来自泵浦光束。DFWM 能给出放大相位共轭波的特性对于要求得到极微弱信号相位共轭的应用具有极大的吸引力。

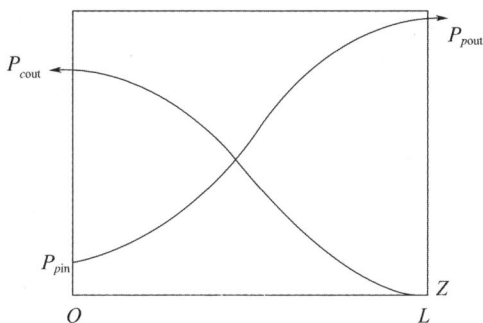

图 7-30　四波混频的放大特性

特别地,当

$$|\kappa|L = \left(m + \frac{1}{2} \right) \pi$$

时,$R \to \infty$,$T \to \infty$。这就是说,四波混频可以实现无反射镜振荡,即使输入探测波的强度为 0,在 $z=0$ 和 $z=L$ 处仍有有限的输出。

DFWM 给出放大的共轭波及产生振荡的性能也可以从量子光学的观点加以证明。由于本书限于半经典理论,所以,对此不作深入的讨论,但用一个图简单说明一下也许不无裨益。图 7-31 表明,两个相向运动的泵浦光子和一个探测光子(沿 +z 方向)入射到非线性介质上,相互作用以后,两个泵浦光子“湮灭”,沿 +z 方向产生两个新光子,结果是探测光子流得到放大,并产生一个后向行进的共轭光子。关于这部分的内容更详细的讨论,感兴趣的读者可以参阅相关文献。

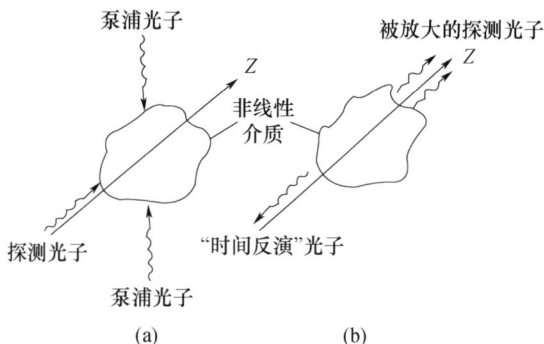

图 7 - 31　后向行进简并四波混频放大作用的光子观点图
(a) 作用前;(b) 作用后。

3. DFWM 相位共轭的实验研究

下面简单介绍研究 DFWM 相位共轭的实验方法。通过典型实验的描述显示相位共轭波的性质,对有关参数(如泵浦波强度和相互作用长度等)的依赖。并将结果与前面介绍的理论进行比较。

用于证明相位共轭像差校正性能的典型实验装置原理如图 7 - 32 和图 7 - 33 所示。将(脉冲或连续的)激光输出通过分束器 BS_1,BS_2 和 BS_3 分为三束:ε_1,ε_2 和 ε_p,按照图 7 - 32 所示的方向入射到非线性介质 NLM 中,为简单起见,假定所有这三列波的偏振方向相互平行。相向传播的两列波(ε_1,ε_2)形成强泵浦场,第三列较弱的(ε_p)作为探测波,它的共轭再现是预期的。

两套装置的差别在于泵浦波 ε_2 是由分束产生(图 7 - 32),还是由 ε_1 通过介质后再由平面镜反射回来获得(图 7 - 33)。究竟选用哪一种,取决于激光相干长度和介质中的线性损耗 α 等实验参数。例如,如果 $\exp[\alpha L] > 1/4$ 则选图 7 - 29 较好。

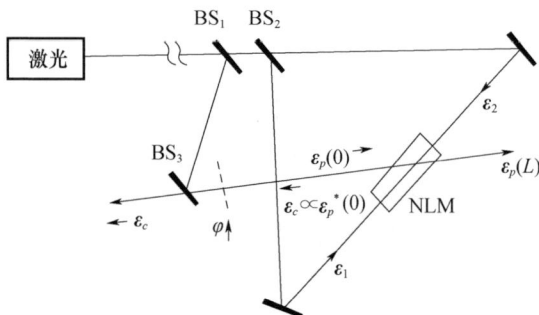

图 7 - 32　DFWM 相位共轭原理图:泵浦波由分光产生
BS—分束器;NLM—非线性介质。

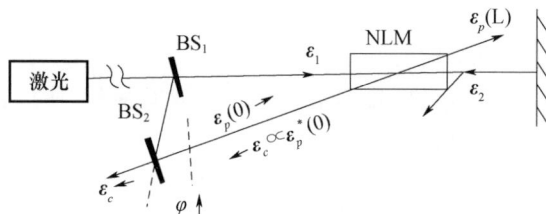

图 7-33　DFWM 相位共轭原理图(泵浦波 ε_2 由 ε_1 反射得到)

BS—分束器；NLM—非线性介质。

实验中,产生的相位共轭波沿与 ε_p 相反的方向传播,并在分束器 BS_1 后面被检测。探测波 ε_p 相对于泵浦波的轴以某个有限的角度射入非线性介质,以便使相位共轭波也与泵浦波分离同一角度,从而可以把各种场鉴别开来。这样做的缺点是减小相互作用场的重叠范围,限制了相互作用长度,并因此使非线性反射系数减小。

另一种常用的分开各个场的方法是基于它们具有不同的偏振特性。在这种情况下,各个场沿同一轴线传播,增大了相互作用场的重叠范围,克服了上述方法的不足。马丁(Martin)等的实验证明了这点。

为了证明相位共轭的波前补偿作用,在 ε_p 的路径上放置一个相位畸变体(例如一片蚀刻玻璃)。采用上述装置的有代表性的实验是由简(Jain)和林德(Lind)于 1983 年完成的。实验用半导体涂敷的玻璃片作为非线性介质,调 Q 红宝石激光器为相互作用场提供光源。拍摄的三张远场照片分别属于未经过畸变体的探测波、单次通过畸变体的探测波及相位共轭波。结果清楚表明,第二张照片大大扩展和模糊,而第三张则非常接近第一张的衍射极限象,从而证明了相位共轭消除波面畸变的功能。

由布洛姆(Bloom)等完成的另一个典型实验是用钠蒸气作非线性介质,调谐到 Na-D 线附近的染料激光作泵浦光源。测出 R 与 T 对泵浦光强 I 的关系,与理论曲线的比较如图 7-34 所示。图中的实线是前向共轭波的理论增益曲线,而○点数据则是实测的;虚线是后向共轭波的理论增益曲线,而(·)点数据也是实测的。图中的实验数据还表明,用 DFWM 可以得到放大的相位共轭波,这也与前

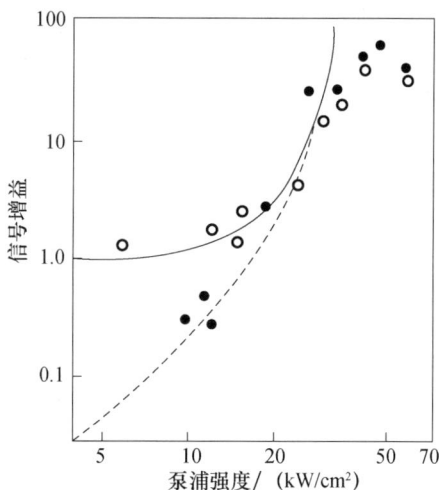

图 7-34　信号增益随泵浦强度变化的曲线

面的理论相吻合。

值得注意的是共轭波的时间和空间特性。假定非线性响应是瞬时的,则因为产生时间反演波的非线性极化率是三个入射波的乘积,所以在脉冲输入的条件下,共轭波的脉宽应比输入波的窄。

共轭波的空间特性也能揭示有关非线性相互作用的信息。如果假设三个共轭波有空间高斯型,则共轭波的近场空间扩展(即光斑尺寸)将减小。它可以这样解释,即相位共轭镜如同由一对空间高斯泵浦波形成的空间意义上的高斯波削尖器。

下面简单讨论一下为得到有效的时间反演波前,对实验条件有哪些要求。

首先,激光应工作在单纵、横模,这样可以使相干长度最大,因而有较长的相互作用距离,并放宽对路径长度的限制。其次,应该用近平面泵浦波,以获得有效的和有价值的共轭波。最后,谨防各光束返回激光器,因为这会影响后者的单模性和相干特性。

与实验布置有关的一些其他因素也必须考虑。首先,两泵浦波的传播方向必须平行,以使共轭波反射系数 R 最大。这是因为如果 $k_1 + k_2 \neq 0$(即使 $\omega_1 = \omega_2$),相位失配会降低 PCM 的效率。更重要的是,这可能使共轭波不能精确地沿与入射探测波相反的方向传播,因而导致不完善的补偿。其次,在大多数脉冲光实验中,三个波的时间重叠也应最大。最后,还应注意泵浦波振幅之比 $\varepsilon_1/\varepsilon_2$ 和泵浦波的最大强度。前者影响 R 的值,后者则有可能导致不希望的非线性效应(例如,非线性相位移、自聚焦、自激效应等)。

以上要求在大多数条件下都可以满足,很多成功的实验都证明这点。

7.10.3 近简并四波混频

迄今为止的分析只考虑三个输入波频率相等的情况($\omega_1 = \omega_2 = \omega_p = \omega$),于是输出频率 $\omega = \omega_1 + \omega_2 - \omega_p$ 也为 ω,即"简并"频率相互作用。但实际应用中经常会碰到的情况却是,泵浦源由同一台激光器获得,从而有 $\omega_1 = \omega_2 = \omega$,而探测波可能来自"非合作源"。这样,即使努力调谐,也未必能够严格得到 $\omega = \omega_p$。一般假定 $\omega_p = \omega + \delta$,则输出频率 $\omega_c = \omega - \delta$。而所面临的问题就是"非简并"频率相互作用。此处不对这一问题进行普遍性讨论,而是假设条件 $|\delta/\omega| \ll 1$ 能得到很好满足,即处理近简并四波混频。

近简并四波混频各光束之间的几何关系与图 7-31 所示简并四波混频的情况相同。频率关系如上所述,因此,非线性极化率为

$$P_{NL} = \frac{1}{2}\chi^{(3)}\varepsilon_1\varepsilon_2\varepsilon_p^* \times \exp\{j(\omega-\delta)t - (k_1 + k_2 - k_p)\cdot r\} \qquad (7-63)$$

结果得到一组耦合模方程（SVEA）

$$\begin{cases} \dfrac{d\varepsilon_p}{dz} = -j\kappa_p^{*}\,\varepsilon_c^{*}\exp(j\Delta kz) \\[3mm] \dfrac{d\varepsilon_c}{dz} = j\kappa_c^{*}\,\varepsilon_p^{*}\exp(j\Delta kz) \end{cases} \tag{7-64}$$

其中

$$\kappa_l^{*} = \frac{\omega_l}{2}\sqrt{\frac{\mu_0}{\in}}\chi^{(3)}\varepsilon_1\varepsilon_2, l = p,c$$

给出复共轭系数。由于 ε_p 和 ε_c 之间有 $2|\delta|$ 的频率差，因而相位失配 Δk 不再为 0，其大小为

$$|\Delta k| = 2n\frac{|\delta|}{c} = 2n\pi\left(\frac{\Delta\lambda}{\lambda^2}\right), |\Delta\lambda| = |\lambda_p - \lambda_c|$$

用边界条件 $\varepsilon_p(z=0) = \varepsilon_p(0)$ 和 $\varepsilon_c(z=L) = \varepsilon_c(L)$，方程(7-64)的解可写为

$$\begin{cases} \varepsilon_p(z) = [\exp(j\Delta kz/2)/D]\{-j\kappa_p^{*}\exp(j\Delta kL/2)\times\sin(\beta z)\varepsilon_c^{*}(L) \\[2mm] \qquad\qquad + (\beta\cos[\beta(z-L)] - (j\Delta k/2)\sin[\beta(z-L)])\varepsilon_p(0)\} \\[3mm] \varepsilon_c(z) = [\exp(j\Delta kz/2)/D]\{\exp(-j\Delta kzL/2)\times[\beta\cos(\beta z) \\[2mm] \qquad\qquad - (j\Delta k/2)\sin(\beta z)]\varepsilon_c(L) + j\kappa_c^{*}\sin[\beta(z-L)]\varepsilon_p^{*}(0)\} \end{cases}$$
$$\tag{7-65}$$

其中

$$D \equiv \beta\cos(\beta L) - (j\Delta k/2)\sin(\beta L)$$

而

$$\beta \equiv [\kappa_p\kappa_c^{*} + (\Delta k/2)^2]^{\frac{1}{2}}$$

设 $\kappa_p = \kappa_c = \kappa$，则

$$\beta = [|\kappa|^2 + (\Delta k/2)^2]^{\frac{1}{2}} \tag{7-66}$$

再次假定 $\varepsilon_c(L) = 0$，只在 $z = 0$ 平面有弱信号波，即探测波 $\varepsilon_p(0)$ 输入，于是，方程(7-60)给出输入平面处的非线性反射波

$$\varepsilon_c(0) = \frac{1}{D}[-j\kappa_c^{*}\sin(\beta L)]\varepsilon_p^{*}(0)$$

将 D 代入上式，得

$$\varepsilon_c(0) = \frac{-j\kappa_c^{*}\tan(\beta L)}{\beta - (j\Delta k/2)\tan(\beta L)}\varepsilon_p^{*}(0) \tag{7-67}$$

功率反射系数

$$R = \frac{|\varepsilon_c(0)|^2}{|\varepsilon_p(0)|^2} = \frac{|\kappa|^2\tan^2(\beta L)}{\beta^2 + (\Delta k/2)^2\tan^2(\beta L)} \tag{7-68}$$

分母第一项中的 β 用式(7-66)代入，得

$$R = \frac{|\kappa L|^2 \tan^2(\beta L)}{|\kappa L|^2 + (\Delta k L/2)^2 \sec^2(\beta L)} \qquad (7-69)$$

定义波长失调参数

$$\psi = \frac{\Delta\lambda}{2}\frac{2nL}{\lambda^2} = \frac{\Delta k L}{2\pi}$$

R 随 ψ 变化的曲线如图 7-35 所示。其中横坐标是波长失调 ψ，纵坐标是功率反射系数 R，而参量为非线性增益 $|k|L$。

由方程 (7-69) 或图 7-35 可以看出，相位失配 Δk 的存在，引起共轭波反射率 R 随 ψ 迅速下降。这样，共轭介质的行为如同一个窄带带通反射镜或光学滤波器。它有以下一些性质：首先，$\varepsilon_c(0) \propto \varepsilon_p^*(0)$，这意味着滤波器输出的近时间反演特性。于是，通过空间滤波，信噪比将得到改善。例如，待测波的输入信号通过各种光学元件（空间滤波器、透镜等），得到时间反演的滤波场；相反地，不希望的噪声项在通过上述光学元件后则被大大削减。其次，对 k 和 Δk 的

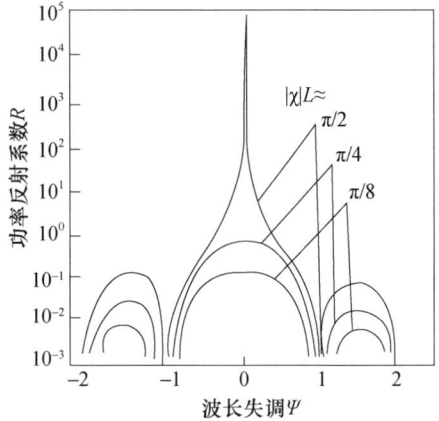

图 7-35　R 随 ψ 变化的曲线

适当范围，共轭波的振幅可以大于输入波振幅，即滤波器有放大作用。最后，输入波的频率相对于泵浦波上移多少，共轭输出的频率就相对泵浦波下移多少，反之亦然。因此，探测波 ε_p 相对泵浦波 $\varepsilon_{1,2}$ 的波长差为 $\Delta\lambda/2$。

由图 7-35 还可以进一步看出，随着增益 $|\kappa|L$ 的增加，带通曲线变得更陡峭。当 $|\kappa|L > \pi/2$ 时，滤波器在通带范围的反射系数超过 1。

如果把图 7-35 中曲线簇的功率反射率归一化，将得到图 7-36，后者使滤波器的波长响应特征变得更加明显。随着非线性增益 $|\kappa|L$ 的增加，首先是带宽骤减；其次，旁瓣结构也，减小，从而得到尖锐的带通曲线，从物理上讲，这些性质基于滤波器与具有本征增益之介质的实时分布型布拉格反射谐振器的类似（在那里，增加腔内介质的增益时，谐振器的波长响应曲线，或 Q 值的锐度增加）。特别是，当 $|\kappa|L$ 大到使振荡条件被满足时，通频带接近于 0，并最终受限于泵浦源的线宽或相干长度。用具有适当非线性耦合系数 κ 的拉长的非线性介质，例如一根长的光纤，可以得到大的 $|\kappa|L$ 值，从而实现极窄通带滤波。

进一步注意到，若采用谐振增强型非线性介质，则可以显示出甚至更锐的滤波特性。其原因是由于包括了跃迁的线宽。囿于篇幅，这里不对此作更多的讨论。

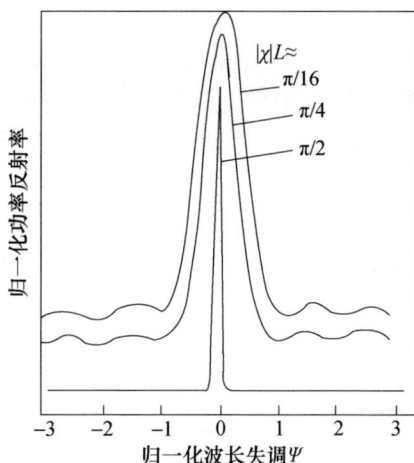

图 7 - 36　归一化频率反射率 ψ 变化的曲线

总之,由近简并四波混频可以获得一个主动式窄带通光学滤波器。相互作用具有宽的视场角和频率响应范围,对给定介质,它依赖于相互作用长度和泵浦强度。然而,对给定装置,实际光学视场受到所用的光学探测方法及空间滤波程度的限制。

方程(7 - 68)给出的复滤波反射率,可用于分析很多其他的光学相位共轭应用。特别是,它有助于深入理解相位共轭的瞬态效应并估价光学相位共轭的一些时域应用。

用上述公式还可以分析多波长共轭过程。假定泵浦波 $\varepsilon_{1,2}$ 或探测波 ε_p 包含一组频率接近的分量(例如来自多谱线分子或化学激光器)。在这种情况下,由于非线性相互作用对这三个(多频)输入场的耦合,将存在各种各样的和频场和差频场,从而得到一系列简并及近简并相位共轭波的组合。一般来说,由于非简并模具有不完善的相位反转性和不需要的频率分量,因而是不希望出现的。用上面的理论可计算所希望的共轭输出与不需要的成分之比。

7.10.4　谐振 DFWM 相位共轭

到目前为止,所涉及的介质的非线性行为仅表现为折射率对强度的线性依赖,这种介质称为类科尔(Kerr - like)介质。本小节将研究在谐振或近谐振材料中的 FWM,其中包括更复杂的非线性。

在一般的意义上,相位共轭光波是通过材料对光激励的非线性响应而产生的。非线性光学的大多数研究都引进非线性极化率 P 作为麦克斯韦方程组的源项。在 DFWM 中,P 的物理意义是材料的折射率和吸收系数可以随光强而改变。饱和吸收和色散是最明显的例子。

首先定性考虑图 7-37 中所发生的过程,设 $\varepsilon_{1,2}$ 是平面波,且 $\omega_{1,2}=\omega_p=\omega$,则它们的干涉将形成空间强度调制结构。原子谐振的饱和导致材料复折射率的空间调制。当 ε_p 也是平面波时,两种重要的调制如图 7-38 和图 7-39 所示。在图 7-38(a)中,ε_p 和 ε_1 形成一个周期较大的光栅,由于满足相位匹配,该光栅将 ε_2 散射到 ε_c(见图 7-39(b))。另一方面,在图 7-39(a)中,ε_p 和 ε_2 形成一个较密的光栅,并将 ε_1 散射到 ε_c,见图 7-39(b)。由 ε_1 和 ε_2 干涉产生的第三个光栅对这一过程无贡献,因为它对 ε_p 或 ε_c 的散射不满足相位匹配条件。

图 7-37　DFWM 示意图

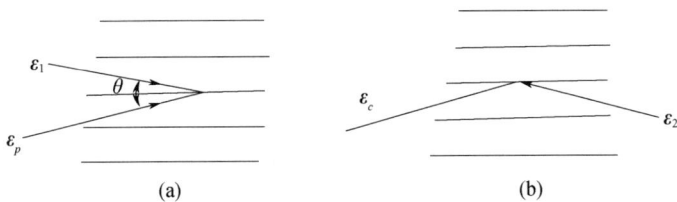

图 7-38　对偶光栅图 Ⅰ
(a)较疏光栅的形成;(b)较疏光栅的反射。

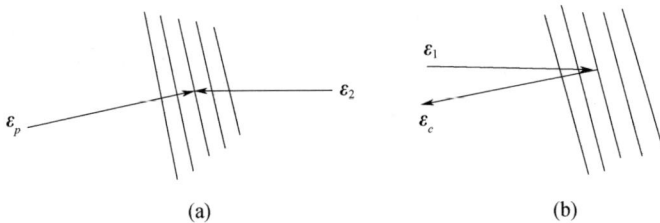

图 7-39　对偶光栅图 Ⅱ
(a)较密光栅的形成;(b)较密光栅的反射。

下面将进行定量讨论。在谐振系统中还有很多更微妙的效应可以导致或改变非线性极化,但由于篇幅所限,这里将讨论最简单情况的饱和吸收和色散现象。

"最简单"有这样一些含义,首先认为工作物质为两能级可饱和吸收系统,基态和激发态分别用$|1\rangle$和$|2\rangle$表示;其次,忽略原子和分子的运动;再次,假定介质是均匀加宽型的。

处理方法是引入量子力学中的密度矩阵 $\rho(\boldsymbol{r},v,t)$，用它可以描述宏观介质的响应，并计及系统量子态的统计特性。用 μ 表示诱导偶极矩，则矩阵 $\{\mu\rho\}$ 的迹即为极化率 $\boldsymbol{P}$。

注意到

$$\rho = \sum_n c_n \mid \Psi_n \rangle\langle \Psi_n \mid$$

其中 c_n 是态函数 $\mid\Psi_n\rangle$ 的统计权重。则由描述态函数变化规律的薛定谔方程可以得到关于 ρ 的量子力学输运方程(QMTE)

$$\mathrm{j}\hbar\left(\frac{\partial}{\partial t} + \mathbf{v}\cdot\nabla\right)\rho = [H_0,\rho] + [V,\rho] - \frac{\mathrm{j}\hbar}{2}\{\Gamma,\rho\} + \mathrm{j}\hbar\Lambda$$

在忽略运动算符 $\mathbf{v}\cdot\nabla$ 的情况下，上述 QMTE 简化为

$$\mathrm{j}\hbar\frac{\partial\rho}{\partial t} = [H_0,\rho] + [V,\rho] - \frac{\mathrm{j}\hbar}{2}\{\Gamma,\rho\} + j\hbar\Lambda \qquad (7-70)$$

其中 H_0 是未微扰电子的哈密顿量，其本征值方程为

$$H_0\mid n\rangle = \hbar\omega_n\mid n\rangle$$

自发辐射衰减等弛豫过程由算符 Γ 描述，于是

$$\Gamma\mid n\rangle = \gamma_n\mid n\rangle$$

各能级的泵浦激励由算符 Λ 表示，所以有

$$\Lambda\mid n\rangle = \lambda_n\mid n\rangle$$

而

$$V = -\boldsymbol{\mu}\cdot\boldsymbol{E}(\boldsymbol{r},t)$$

则表示外来场和所产生的经典辐射场的电偶极耦合。最后，式(7-70)中的方括号表示对易，大括弧则为反对易。

将上述算符写成矩阵形式，未扰动哈密顿量

$$H_0 = \begin{bmatrix} \hbar\omega_1 & 0 \\ 0 & \hbar\omega_2 \end{bmatrix}$$

弛豫速度

$$\Gamma = \begin{bmatrix} \gamma_1 & 0 \\ 0 & \gamma_2 \end{bmatrix}$$

非相关泵浦速率

$$\Lambda = \begin{bmatrix} \lambda_1 & 0 \\ 0 & \lambda_2 \end{bmatrix}$$

而偶极耦合相互作用能为

$$V = \begin{bmatrix} 0 & V_{12} \\ V_{21} & 0 \end{bmatrix}$$

其中

$$V_{ij} = -\frac{1}{2}\boldsymbol{\mu}_{ij} \cdot \boldsymbol{E}\mathrm{e}^{\mathrm{i}\omega t} + c.c.$$

方程(7-70)可以用微扰理论求解。为此,假定 ω_p 和 ε_c 很弱,对能级粒子数无明显影响,令

$$V = V^{(0)} + qV^{(1)}$$
$$\rho = \rho^{(0)} + qV^{(1)}$$

这里

$$V^{(0)} = -\frac{1}{2}\boldsymbol{\mu} \cdot (\boldsymbol{E}_1 + \boldsymbol{E}_2)\mathrm{e}^{\mathrm{i}\omega t} + c.c.$$

$$V^{(1)} = -\frac{1}{2}\boldsymbol{\mu} \cdot (\boldsymbol{E}_p + \boldsymbol{E}_c)\mathrm{e}^{\mathrm{i}\omega t} + c.c$$

代入式(7-70),并令两边 q 的同次幂系数相等,可得到 ρ 的 0 阶项和 1 阶项的方程分别为

$$\mathrm{j}\hbar\frac{\partial\rho^{(0)}}{\partial t} = [H_0, \rho^{(0)}] + [V^{(0)}, \rho^{(0)}] - \frac{\mathrm{j}\hbar}{2}\{\Gamma, \rho^{(0)}\} + \mathrm{j}\hbar\Lambda \qquad (7-71)$$

和

$$\mathrm{j}\hbar\frac{\partial\rho^{(1)}}{\partial t} = [H_0, \rho^{(1)}] + [V^{(0)}, \rho^{(0)}] + [V^{(1)}, \rho^{(0)}] - \frac{\mathrm{j}\hbar}{2}\{\Gamma, \rho^{(0)}\}$$

上述 0 阶方程可以用旋转波近似(RWA)求解。对稳态,并注意到 ρ 的非对角元

$$\rho_{ij} = \tilde{\rho}_{ij}\mathrm{e}^{\mathrm{j}\omega t}$$

求得粒子数差和原子相干的表达式为

$$\rho_{22}^{(0)} - \rho_{11}^{(0)} = \frac{-\Delta N_0}{1 + \left(\dfrac{\gamma_{12}}{\Gamma_0}\right)\left(\boldsymbol{\mu}_{12} \cdot \dfrac{\boldsymbol{E}_0}{\hbar}\right)^2 \Big/ (\gamma_{12}^2 + \Delta^2)} \qquad (7-72)$$

$$\tilde{\rho}_{12}^{(0)} = -\frac{1}{2}\frac{\boldsymbol{\mu}_{12} \cdot \boldsymbol{E}_0}{\mathrm{j}\hbar} \cdot \frac{\rho_{22}^{(0)} - \rho_{11}^{(0)}}{\gamma_{12} + \mathrm{j}\Delta}$$

其中

$$\Delta N_0 = \frac{\lambda_1}{\gamma_1} - \frac{\lambda_2}{\gamma_2}$$

是不存在外来场时的粒子数差

$$\gamma_{12} = \frac{1}{2}(\gamma_1 + \gamma_2)$$

是原子相干衰减速率

$$\Gamma_0^{-1} = \frac{1}{2}(\gamma_1^{-1} + \gamma_2^{-1})$$

给出粒子数衰减速率

$$E_0 = E_1 + E_2$$

是两泵浦场的和,而

$$\Delta = \omega - \omega_{21}$$

$\Delta N_0 > 0$ 的情形相应于介质吸收;$\Delta N_0 < 0$ 则相应于放大。

再次用 RWA 方法求一阶方程的稳态解,得

$$\begin{cases}
\rho_{22}^{(1)} - \rho_{11}^{(1)} = -\dfrac{1}{j\hbar\Gamma_0}\big[\,(\boldsymbol{\mu}_{12}\cdot\boldsymbol{E}_0^*\,\tilde{\rho}_{12}^{(1)} - \boldsymbol{\mu}_{12}\cdot\boldsymbol{E}_0^*\,\tilde{\rho}_{21}^{(1)}) \\
\qquad\qquad + (\boldsymbol{\mu}_{12}\cdot\boldsymbol{E}_{cp}^*\,\tilde{\rho}_{12}^{(0)} - \boldsymbol{\mu}_{12}\cdot\boldsymbol{E}_{cp}\,\tilde{\rho}_{21}^{(0)})\,\big] \\
\tilde{\rho}_{12}^{(1)} = -\dfrac{1}{2j\hbar}\dfrac{1}{\gamma_{12}+j\Delta}\big[\boldsymbol{\mu}_{12}\cdot\boldsymbol{E}_0(\rho_{22}^{(1)}-\rho_{11}^{(1)}) \\
\qquad\qquad + \boldsymbol{\mu}_{12}\cdot\boldsymbol{E}_{cp}(\rho_{22}^{(0)}-\rho_{11}^{(0)})\,\big]
\end{cases} \tag{7-73}$$

其中 $E_{cp} = E_c + E_p$, $\tilde{\rho}_{12} = \tilde{\rho}_{21}^*$。将式(7-73)的第二式及式(7-72)代入式(7-73)的第一式,给出

$$\rho_{22}^{(1)} - \rho_{11}^{(1)} = \Delta N_0\,\frac{\dfrac{\gamma_{12}}{\Gamma_0}}{\gamma_{12}^2 + \Delta^2}$$

$$\times\frac{\left(\boldsymbol{\mu}_{12}\cdot\dfrac{\boldsymbol{E}_0^*}{\hbar}\right)\left(\boldsymbol{\mu}_{12}\cdot\dfrac{\boldsymbol{E}_{cp}}{\hbar}\right) + \left(\boldsymbol{\mu}_{12}\cdot\dfrac{\boldsymbol{E}_0}{\hbar}\right)\left(\boldsymbol{\mu}_{12}\cdot\dfrac{\boldsymbol{E}_{cp}}{\hbar}\right)}{\left[1 + \dfrac{\left(\dfrac{\gamma_{12}}{\Gamma_0}\right)\left(\boldsymbol{\mu}_{12}\cdot\dfrac{\boldsymbol{E}_0}{\hbar}\right)}{(\gamma_{12}^2 + \Delta^2)}\right]} \tag{7-74}$$

式(7-74)表示强泵浦场和弱探测及共轭波同时作用产生的一阶粒子数差。把它代入式(7-73)的第二式,得到非对角元

$$\tilde{\rho}_{12}^{(1)} = \frac{N_0}{2j}\frac{1}{\gamma_{12}+j\Delta}\frac{1}{\left[1 + \left(\dfrac{\gamma_{12}}{\Gamma_0}\right)\left(\boldsymbol{\mu}_{12}\cdot\dfrac{\boldsymbol{E}_0}{\hbar}\right)^2\!\big/(\gamma_{12}^2+\Delta^2)\right]^2}$$

$$\times\left[\left(\boldsymbol{\mu}_{12}\cdot\dfrac{\boldsymbol{E}_{cp}}{\hbar}\right) - \dfrac{\gamma_{12}}{\Gamma_0}\dfrac{\left(\boldsymbol{\mu}_{12}\cdot\dfrac{\boldsymbol{E}_0}{\hbar}\right)^2\left(\boldsymbol{\mu}_{12}\cdot\dfrac{\boldsymbol{E}_{cp}^*}{\hbar}\right)}{(\gamma_{12}^2+\Delta^2)}\right] \tag{7-75}$$

由表达式 $P = T_\gamma\{\mu,\rho\}$,得到作为麦克斯韦方程组的源的总极化率

$$P = \frac{\Delta N_0}{2\hbar}\frac{j\gamma_{12}+\Delta}{r_{12}^2 + \Delta^2}|\mu_{12}|^2$$

$$\times\frac{E_{cp}e^{j\omega t}}{\left[1 + \left(\dfrac{\gamma_{12}}{\Gamma_0}\right)\left(\boldsymbol{\mu}_{12}\cdot\dfrac{\boldsymbol{E}_0}{\hbar}\right)^2(\gamma_{12}^2+\Delta^2)^{-1}\right]^2}$$

$$+\frac{\Delta N_0 \gamma_{12}}{2 \hbar^3 \Gamma_0} \frac{j\gamma_{12} + \Delta}{(r_{12}^2 + \Delta^2)^2} |\mu_{12}|^4$$

$$\times \frac{E_0^2 E_{cp}^* e^{j\omega t}}{\left[1 + \left(\frac{\gamma_{12}}{\Gamma_0}\right)\left(\mu_{12} \cdot \frac{E_0}{\hbar}\right)^2 (\gamma_{12}^2 + \Delta^2)^{-1}\right]^2} + c.c. \qquad (7-76)$$

这个极化率包含存在任意强泵浦和弱信号及探测的情况下,介质对 DFWM 的完全响应。其中第一项相应于饱和吸收和非线性色散;第二项是对相位共轭信号的响应,其实部和虚部分别相应于对共轭信号的色散和吸收。

把式(7-76)代入波动方程,可以得到 SVEA 方程

$$\begin{cases} \dfrac{d\varepsilon_p}{dz} = -\alpha\varepsilon_p - j\beta\varepsilon_c^* \\[3mm] \dfrac{d\varepsilon_c}{dz} = \alpha\varepsilon_c + j\beta\varepsilon_p^* \end{cases} \qquad (7-77)$$

这两个方程再次表明,ε_c 和 ε_p 通过它们的复共轭相联系,意味着非线性相互作用给出入射波的相位共轭。只是在这里,衰减(或增益)系数为

$$\alpha = \alpha_0 \frac{1}{1+\delta^2} \frac{1 + \dfrac{(I_1 + I_2)}{I_{sat}}}{\left\{\left[1 + \dfrac{(I_1 + I_2)}{I_{sat}}\right]^2 - \dfrac{4I_1 I_2}{I_{sat}^2}\right\}^{3/2}}$$

非线性耦合系数为

$$\beta = \alpha_0 \frac{j+\delta}{1+\delta^2} \frac{2(I_1 I_2/I_{sat}^2)^{1/2}}{\{[1 + (I_1 + I_2)/I_{sat}]^2 - 4I_1 I_2/I_{sat}^2\}^{3/2}}$$

其中

$$\alpha_0 = \left(\frac{\omega}{2nc}\right)\Delta N_0 |\mu_{12}|^2 \hbar E_0 \gamma_{12}$$

频率依赖的饱和光强为

$$I_{sat} = \frac{1}{2}\varepsilon_0 c\left(\frac{\hbar^2 \gamma_{12} \Gamma_0}{|\mu_{12}|^2}\right)(1+\delta^2)$$

光强依赖的折射率为

$$n^2 = 1 + \frac{\Delta N_0 |\mu_{12}|^2}{h\gamma_{12} E_0} \frac{\delta}{1+\delta^2}$$

$$\times \frac{1 + \dfrac{(I_1 + I_2)}{I_{sat}}}{\left\{\left[1 + \dfrac{(I_1 + I_2)}{I_{sat}}\right]^2 - \dfrac{4I_1 I_2}{I_{sat}^2}\right\}^{3/2}}$$

其中

$$\delta = \frac{\Delta}{\gamma_{12}}$$

再次假定边界条件 $\varepsilon_p(z=0) = \varepsilon_p(0)$，$\varepsilon_c(z=L) = 0$，可以给出共轭波功率反射系数为

$$R = \left| \frac{\varepsilon_c(0)}{\varepsilon_p(0)} \right|^2 = \left(\frac{\beta\tan\gamma L}{\gamma + \alpha\tan\gamma L} \right)^2 \qquad (7-78)$$

其中

$$\gamma^2 = |\beta|^2 - \alpha^2$$

如果 $|\beta|^2 > \alpha^2$，则 γ 为正实数。振荡条件成为

$$\tan\gamma L = -\frac{\gamma}{\alpha} \qquad (7-79)$$

对吸收型介质（$\alpha_0 > 0$），式（7-79）意味着 $\gamma L > \pi/2$；对增益型介质（$\alpha_0 < 0$），式（7-79）意味着 $\gamma L < \pi/2$；而如果 $\alpha_0 = 0$，则振荡条件要求 $\gamma L = \pi/2$，这相应于上一小节讨论的情况。

由式（7-78）确定反射率的几种情况如图 7-40 ~ 图 7-42 所示。图 7-40 相应于泵浦光频率 ω 与吸收型介质（$\alpha_0 > 0$）原子中心频率 ω 相等（$\delta = 0$）的情况。反射由纯吸收光栅提供，R 的峰值通常出现在 $I = I_{sat}$ 附近。$\alpha_0 L$ 较小时，R 随 $\alpha_0 L$ 线性增长，到一定程度，反射率趋于饱和。当 $\alpha_0 L$ 和 I/I_{sat} 都很大时，$R \rightarrow 1$。饱和现象在物理上可以这样理解，一方面 $\varepsilon_c(0)$ 随着 $\alpha_0 L$ 增加；另一方面，当探测波和共轭波在介质中传播时，介质的吸收使 $\varepsilon_c(0)$ 减小。为使 $R > 1$，有两种方法，一种是选用增益型介质（$\alpha_0 < 0$，如图 7-37 所示）。很容易得到 $R > 1$，且当 $\alpha_0 L = -4$ 时出现振荡。

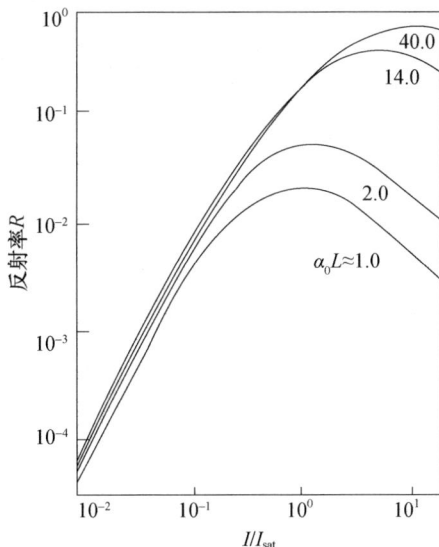

图 7-40　吸收型介质的反射率（$\delta = 0$）

247

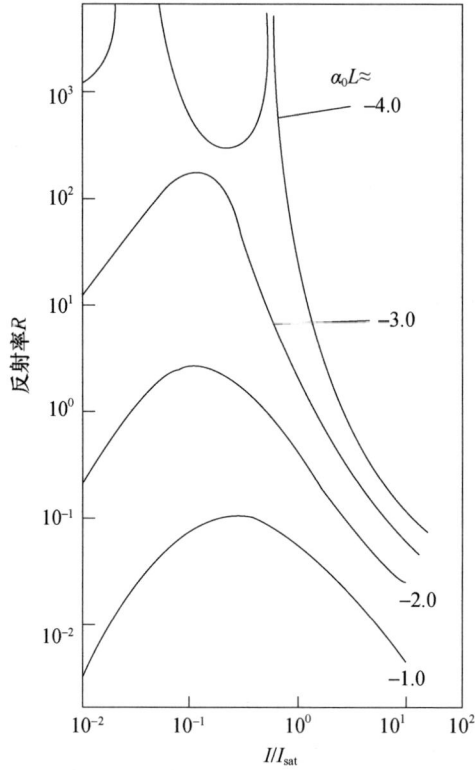

图 7 - 41　增益型介质的反射率($\delta = 0$)

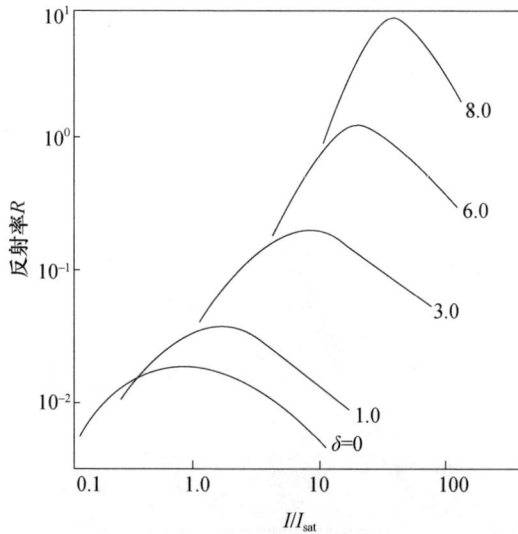

图 7 - 42　吸收型介质的反射率

图 7-42 表示另一种方法,即调整泵浦频率偏离谱线中心($\delta \neq 0$)。由图可见,当 δ 足够大时,也可实现 $R > 1$,但 $\alpha_0 L$ 必须随着增加,并保持 $\beta L = \alpha_0 L/(1 + \delta^2) = 1$。此外,由于 I_{sat} 随 $1 + \delta^2$ 增长,所以,泵浦光强也必须成比例地提高。譬如,当泵浦频率与谱线中心频率的偏差使 $\delta = 8$ 时,为了尽量增大 R,要求泵浦光强约为饱和光强的 60 倍。这一例子表明,为了能够获得大的功率反射系数,必须合理地选取有关的实验参数。

7.10.5 光子回波相位共轭

由 7.10.4 小节的讨论可知,介质与连续或脉冲泵浦光场相互作用,在其内部形成相位光栅,该光栅的持续时间足够长,允许"读出"泵浦脉冲(如 ε_2),相对"写入"(或参考)泵浦脉冲(如 ε_1)和探测脉冲 ε_p 有一个小于此持续时间的延迟。然而,形成光栅的两脉冲(如 ε_1 和 ε_p)则必须同时入射到介质上。

本小节将讨论一种不同的情况。光场脉冲短于原子量子态的记忆周期,粒子数光栅在这段时间由非同时入射的脉冲形成。共轭光脉冲在稍后时间由介质以光子回波的形式自发辐射产生。回波波前既可前向亦可后向传播,取决于激励脉冲的波矢方向。

1. 两能级系统中光子回波的定性描述

光子回波是自旋回波的光学改型。受到相隔时间为 τ 的两个脉冲相继照射时,介质在比第二个脉冲到达滞后 τ 的时刻辐射第三个脉冲——光子回波。回波现象可以在具有有限个由谐振相互作用耦合的量子态的非均匀加宽系统中产生。为简单起见,这里以二能级系统为例。气体中的孤立原子或固体中的杂质离子,如红宝石晶体中的铬离子可以看作二能级系统,并能由电偶极矩和外来光场的相互作用而被激励。非均匀加宽介质的特点是原子具有彼此不同的谐振频率而可加以区分。谐振频率的非均匀分布来自由热运动引起的多普勒频移(在原子气体中)或局部结晶场的斯塔克(Stark)频移(在含杂固体中)。在介质内部 r 邻域的小体积元——λ^3 内,原子数足够多,以致可以用连续分布函数 $g(\Delta \omega)$ 表示原子中的频率变化。$\Delta \omega$ 是谐振频率对中心频率 ω_0 的偏离。r 点宏观量的值是相应的微观量在分布 $g(\Delta \omega)$ 上取平均的结果。例如,r 点的光辐射产生于该点邻域 λ^3 体积内所有原子贡献的宏观极化率。它等于被原子的谐振频率分布函数加权的偶极矩之和。

一个二能级系统由其波函数 $\psi(t)$ 完全描述,它包括三个变量:两态各自的概率率幅和它们之间的相对位相。假定一个二能级原子最初处于一纯量子态,受到谐振或近谐振电磁脉冲照射后,相互作用使原子波函数演变为两个原子本征态的叠加,两几率幅 $a_1(t)$ 和 $a_2(t)$ 之间的相位关系保持一定:

$$\psi(t) = a_1(t)|1\rangle + a_2(t)|2\rangle$$

波函数随时间的变化遵从薛定谔方程

$$i\hbar\frac{\mathrm{d}}{\mathrm{d}t}\Psi(t) = (H_0 + V)\Psi(t)$$

式中：H_0 为没有外场时的哈密顿(Hamiltonian)量；V 为外场作用引起的势能。

入射光场的相位被保存在波函数中，直到它被某种不可逆的消相机制，如原子碰撞抹去。因此，在其两个基本状态相干叠加的瞬变周期内，原子的作用像是一个存储介质，它能记忆外场的相位分布。这样，如果脉冲间隔时间比不可逆消相时间 T_2 短，则两分立脉冲的干涉在介质中形成光栅。

光子回波的产生机制可以通过二能级系统薛定谔方程的矢量模型来理解。对系统引进矢量 $\boldsymbol{P}$，它沿坐标轴的三个分量是概率幅的实函数。

$$P_1 = 2\mathrm{Re}\{a_1 a_2^*\}$$
$$P_2 = 2\mathrm{Im}\{a_1 a_2^*\}$$
$$P_3 = |a_1|^2 - |a_2|^2$$

于是，由归一化条件

$$|\boldsymbol{P}|^2 = (|a_1|^2 + |a_2|^2)^2 = 1$$

$\boldsymbol{P}$ 的运动方程可由薛定谔方程得到为

$$\frac{\mathrm{d}\boldsymbol{P}}{\mathrm{d}t} = \boldsymbol{\Omega} \times \boldsymbol{P} \qquad (7-80)$$

这里 $\boldsymbol{\Omega}$ 是同一空间的矢量，它的三个分量为

$$\Omega_1 = \frac{(V_{12} + V_{21})}{\hbar}$$

$$\Omega_2 = \frac{i(V_{12} - V_{21})}{\hbar}$$

$$\Omega_3 = \omega_0$$

其中 $V_{kj} = \langle k|V|j\rangle$，$k, j = 1, 2$ 表示跃迁能量；ω_0 是谐振频率。

设有外来圆偏振脉冲

$$\boldsymbol{E}(t) = \varepsilon_0(t)(\boldsymbol{x}\cos\omega_0 t + \boldsymbol{y}\sin\omega_0 t) \qquad (7-81)$$

激励电偶极跃迁。在相对于 z 轴以角频率 ω_0 转动的系统中，$\boldsymbol{P}$(在新坐标框架中为 $\boldsymbol{P}'$)的运动方程变为

$$\frac{\mathrm{d}\boldsymbol{P}'}{\mathrm{d}t} = \left(-2\mu\frac{\varepsilon_0}{\hbar}\right)(\boldsymbol{x}'^0 \times \boldsymbol{P}') \qquad (7-82)$$

其中 $\boldsymbol{x}'^0$ 表示 x' 轴方向的单位矢量。式(7-82)表明，没有外场时 $\boldsymbol{P}'$ 为常数，在圆偏振外场作用下，$\boldsymbol{P}'$ 相对于大小为 $-2\mu\varepsilon_0/\hbar$，方向平行于新 x 轴的稳态矢量进动。在 $t = 0$ 时刻，处于低能态的原子具有 $\boldsymbol{P}' = (0, 0, -1)$，如图7-43(a)所示。在脉冲作用下，$\boldsymbol{P}'$ 绕 x' 轴从它的初始位置开始旋转，图7-43(b)表示外场去掉时 $\boldsymbol{P}'$ 转到沿 $-Y'$ 轴的终了位置。在这种情况下外加脉冲称为 $\pi/2$ 脉冲，因为它

使 $\boldsymbol{P}'$ 旋转 $90°$。介质中初态相同的所有原子的 $\boldsymbol{P}'$ 矢量具有相同的方向,因而产生大的宏观极化率。如果所有原子具有相同的谐振频率,则它们的 $\boldsymbol{P}'$ 矢量保持平行。因为没有外场存在,$\boldsymbol{P}'$ 以原子谐振的频率对 z 轴进动。对于非均匀加宽的介质,原子谐振频率的差异导致各个原子 $\boldsymbol{P}'$ 的进动速率略有不同。在以固定角频率 ω_0 转动的坐标系中,谐振频率大于 ω_0 的原子的 $\boldsymbol{P}'$ 运动超前,而谐振频率小于 ω_0 的原子的 $\boldsymbol{P}'$ 运动滞后。这种情况如图 $7-43(c)$ 所示,其中 $\omega_1 > \omega_2 = \omega_0 > \omega_3$。横截面内的扇形分布意味着各原子的诱导微观偶极矩不再同向,因而不再能协同产生宏观极化率。极化源发出的光辐射以非均匀线宽 $1/T_2^*$ 滞后,这一现象称为自由诱导延迟。尽管如此,每个原子仍将处于其本征态的相干叠加中,因而,外场的相位信息丝毫没有损失,因为它们是由各个原子保存的。但原子的微观偶极矩之间出现了相位差,非均匀线宽的倒数 T_2^* 短于不可逆相移时间 T。

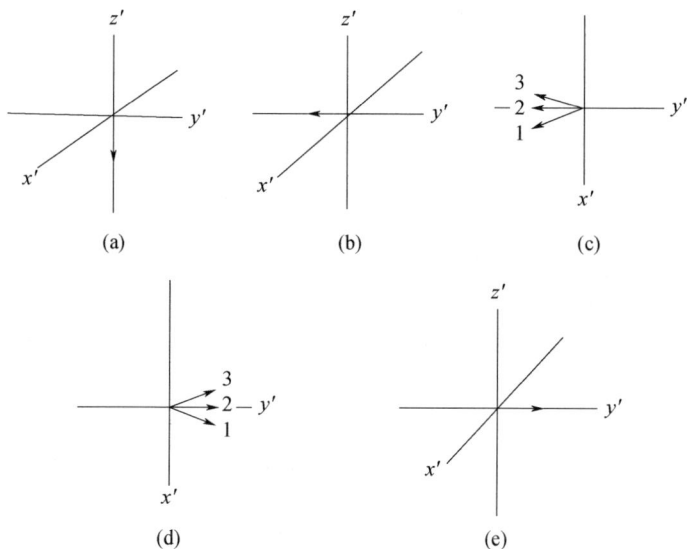

图 $7-43$　转动坐标系中的 $\boldsymbol{P}'$

(a) $t=0$,即 $\pi/2$ 脉冲入射前;(b)$\pi/2$ 脉冲入射后的瞬间;
(c) $t=\tau$,即 π 脉冲入射前;(d)π 脉冲入射瞬间;(e)$t=2\tau$。

第一个脉冲过去后经过时间 τ,第二个脉冲到达。每个原子的 $\boldsymbol{P}'$ 矢量将再次对 x' 轴转动。特别是,假定第二个脉冲将矢量转动 π 弧度(因而称为 π 脉冲),则这些矢量的终了位置如图 $7-43(d)$ 所示。由图可见,π 脉冲到来前,落后的矢量现在变得超前;反过来,原来超前的矢量现在变得落后。π 脉冲过去后,每个 $\boldsymbol{P}'$ 矢量继续以它们各自的谐振频率进动。滞后矢量因其进动速率较大而渐渐赶上去;超前矢量则因进动速率较小而落下来。到它们再次重合所需要

的时间恰好也是 τ。这样，从第一个脉冲到达的瞬间开始算起，经过时间 $t = 2\tau$，大的宏观极化率再次形成，各偶极矩再度同步并相干叠加，如图 7-43(e) 所示。这个延迟的宏观极化率辐射光子回波，当进动在横截面内继续时，矢量相位再次失谐，回波随之消失。所以，回波输出时间近似等于非均匀线宽的倒数 T_2^*，而整个过程持续时间为 2τ，介于 T_2^* 和 T_2 之间。在这期间，外场的相位信息保存在原子波函数中。任何实际感兴趣的外加光场在一个波长范围内的空间变化都很小。在 r 点邻域 λ^3 小体积元中电磁场基本保持为恒定，辐射的回波携带着入射场在该空间点的振幅和相位信息。当入射场在介质内变化时，其整个空间分布首先被存储起来，而后由介质发射的回波重构。

2. 光子回波相位共轭的定量结果

上面给出原子介质中光子回波现象的定性描述，特别是以 $\pi/2$ 脉冲和 π 脉冲相继入射的情形为例进行了讨论。这里将就任意入射脉冲导出辐射光子回波波前的定量表达式。为此，首先求出激励脉冲产生的介质宏观偶极矩，然后把它当作回波辐射源。

为简化推导，考虑一个由有限能级的稳态原子组成的薄光学样品，这些能级中有两条可以通过偶极跃迁与外加单色场耦合。设 t 时刻有一列光脉冲

$$\boldsymbol{E}_\alpha(\boldsymbol{r},t) = \frac{1}{2}\varepsilon_\alpha(\boldsymbol{r},t)\exp\{j[\phi_\alpha(\boldsymbol{r}) + \boldsymbol{k}_\alpha \cdot \boldsymbol{r} - \omega t]\} + c.c. \qquad (7-83)$$

入射到上述样品上。脉冲振幅 $\varepsilon_\alpha(\boldsymbol{r},t)$ 是空间和时间上慢变化的实函数，相位信息由 $\Phi_\alpha(\boldsymbol{r})$ 携带，它与原子介质近谐振，即 $\omega \approx \omega_0$。

进一步假定脉冲宽度 Δt 很小，以致 $|\omega - \omega_0|\Delta t \ll 1$，即是说拉比（Rabi）频率 $\mu\varepsilon_\alpha/\hbar$ 比 $|\omega - \omega_0|$ 大得多。对具有运动原子的气体介质而言，这条件意味着脉冲期间足够短，以致在脉冲作用期间可以认为原子是静止的。

上述光场与介质原子相互作用的哈密顿量由 $V_{ij} = -(\boldsymbol{\mu} \cdot \boldsymbol{E}_\alpha)_{ij}$ 给出。由薛定谔方程解出波函数为

$$\psi(\boldsymbol{r},t) = \exp[-jH(t-t_\alpha)]U_\alpha(\boldsymbol{r})\psi(\boldsymbol{r},t_\alpha) \qquad (7-84)$$

这里 $U_\alpha(\boldsymbol{r})$ 可表示为

$$U_\alpha(\boldsymbol{r}) = \begin{bmatrix} \cos\left[\dfrac{\theta_\alpha(\boldsymbol{r})}{2}\right] & j\sin\left[\dfrac{\theta_\alpha(\boldsymbol{r})}{2}\right]\exp\{j[\phi_\alpha(\boldsymbol{r}) + \boldsymbol{k}_\alpha \cdot \boldsymbol{r} - \omega t_\alpha]\} \\ j\sin\left[\dfrac{\theta_\alpha(\boldsymbol{r})}{2}\right]\exp\{-j[\phi_\alpha(\boldsymbol{r}) + \boldsymbol{k}_\alpha \cdot \boldsymbol{r} - \omega t_\alpha]\} & \cos\left[\dfrac{\theta_\alpha(\boldsymbol{r})}{2}\right] \end{bmatrix}$$

$$(7-85)$$

而

$$\theta_\alpha(\boldsymbol{r}) = \int(\mu/\hbar)\varepsilon_\alpha(\boldsymbol{r},t')\mathrm{d}t'$$

场的相位信息保存在 $U_\alpha(\boldsymbol{r})$ 的非对角元中，亦即保存在原子在入射场作用下完

成一次跃迁的末态几率幅中。

光子回波可以由两个脉冲与介质相互作用产生;亦可由三个脉冲作用产生。下面对这两种情况分别加以讨论。

1) 两脉冲回波

考虑 r 点邻域的一个原子,$t = t_p$ 时该原子处于它的低能态。假定此时有一列短而强的光脉冲 $E_p(r,t)$ 照射到这个原子上,则此后某一时刻,例如 $t = t_1$ 时,它的波函数由式(7 – 84)给出为

$$\psi(r,t_1) = \exp\left[-jH_0(t_1 - t_p)\right]U_p(r)\psi(r,t_p)$$

如果此时原子又受到另一个脉冲 $E_1(r,t)$ 的照射,则在 $t > t_1$ 时其波函数由

$$\psi(r,t) = \exp\left[-jH_0(t - t_1)\right]U_1(r)\psi(r,t_1)$$

给出。将以上两式合并,可得

$$\psi(r,t) = \exp\left[-jH_0(t - t_1)\right]\exp\left[-jH_0(t_1 - t_p)\right]U_1(r)U_p(r)\psi(r,t_p)$$

$$(7 - 86)$$

而 t 时刻的诱导偶极矩由期望值给出。

$$\langle\mu\rangle = \langle\psi^*(r,t)|\mu|\psi(r,t)\rangle$$

因为 U 是 2×2 矩阵,所以,上式给出的期望值包括四项,其中对产生回波起主要作用的一项是

$$\langle\mu\rangle = (-j\mu_{12}/2)\sin\theta_p(r)\sin^2\left[\theta_1(r)/2\right]$$
$$\times \exp\{j[2\phi_1(r) - \phi_p(r) + (2k_1 - k_p)\cdot r$$
$$- \omega t - \Delta\omega(t - 2t_1 + t_p)]\} + c.c. \qquad (7 - 87)$$

式(7 – 87)对任意 θ_p 和 θ_1 成立,但不难看出,当 $\theta_p(r) = \pi/2$,$\theta_1(r) = \pi$,即 $E_p(r,t)$ 和 $E_1(r,t)$ 分别为 $\pi/2$ 脉冲和 π 脉冲时,给出偶极矩的最大值。

为得到 r 点的极化密度,需对 r 点所有原子将式(7 – 87)在 $g(\Delta\omega)$ 上求平均。假定 $t = t_p$ 时 r 点邻域原子总数为 N,其中处于上能态 $|a_2\rangle$ 的原子数为 N_2,处于下能态的为 N_1,则为波耳兹曼分布

$$N_2 - N_1 = -N\tanh\left(\frac{\hbar\omega_0}{2K_B T_{th}}\right) \qquad (7 - 88)$$

其中 K_B 是波尔兹曼常数,而 T_{th} 是热平衡温度。由此得到辐射光子回波的极化率密度为

$$P_{echo} = \left[-jN\tanh(\hbar\omega_0/2K_B T_{th})\mu_{12}/2\right] \times \sin\theta_p(r)\sin^2\left[\theta_1(r)/2\right]$$
$$\times \exp\{j[2\phi_1(r) - \varphi_p(r) + (2k_1 - k_p)\cdot r - \omega t]\}$$
$$\times G(t - 2t_1 + t_p) + c.c. \qquad (7 - 89)$$

而

$$G(t) = \int_{-\infty}^{\infty} d(\Delta\omega)g(\Delta\omega)\exp(-\Delta\omega t) \qquad (7 - 90)$$

把第一个脉冲到达 *r* 原点的时间定为时间起点，并设两脉冲通过坐标原点的时间间隔为 t_{1p}，则有

$$t_p = \boldsymbol{k}_p^o \cdot \frac{\boldsymbol{r}}{c}$$

$$t_1 = t_{1p} + \boldsymbol{k}_1^o \cdot \frac{\boldsymbol{r}}{c}$$

其中 $\boldsymbol{k}_p^o$ 和 $\boldsymbol{k}_1^o$ 分别为 $\boldsymbol{E}_p(r,t)$ 和 $\boldsymbol{E}_1(r,t)$ 的单位波矢。由前面的讨论可知，如果 $\boldsymbol{E}_1$ 到达 *r* 点的时间为 t_1，则 $\boldsymbol{E}_1$ 作用后恰好再经过 t_1 这样长的一段时间，微观偶极矩取向再度一致。这就是说，宏观极化密度最大，或发射回波最强的时刻，相距第一个脉冲到达原子的时刻为

$$t = 2t_1 - t_p = 2t_{1p} + (2\,\boldsymbol{k}_1^o - \boldsymbol{k}_p^o)\cdot\frac{\boldsymbol{r}}{c} \tag{7-91}$$

由式(7-91)给出 *t* 时刻在介质外 *R* 点处回波的总电场为

$$\boldsymbol{E}_c(\boldsymbol{R},t) = \frac{1}{4\pi\varepsilon_0}\nabla\times\nabla\times\int_V \frac{\boldsymbol{P}_{\mathrm{echo}}\left(\boldsymbol{r},t - \dfrac{|\,\boldsymbol{R} - \boldsymbol{r}\,|}{c}\right)}{|\,\boldsymbol{R} - \boldsymbol{r}\,|}d^3\boldsymbol{r} \tag{7-92}$$

积分对样品存在的整个区域进行。

假定 $R\gg r$，将式(7-89)代入式(7-92)，得

$$\boldsymbol{E}_c(\boldsymbol{R},t) \propto \int_V d^3\boldsymbol{r}\,G\Big[\Big(t - \frac{R}{c} - 2t_{1p}\Big) + \frac{\boldsymbol{r}}{c}\cdot(\boldsymbol{k}_c^o - 2\,\boldsymbol{k}_1^o + \boldsymbol{k}_p^o)\Big]$$

$$\times \sin\theta_p(\boldsymbol{r})\sin^2[\theta_1(\boldsymbol{r})/2]\times\exp\{\mathrm{j}[2\phi_1(\boldsymbol{r}) - \phi_p(\boldsymbol{r})$$

$$+ (2\,\boldsymbol{k}_1 - \boldsymbol{k}_p - \boldsymbol{k}_c)\cdot\boldsymbol{r} - \omega(t - R/c)]\} + c.c. \tag{7-93}$$

这表明达到最大值的条件是

$$\begin{cases} t = 2t_{1p} + \dfrac{R}{c} \\ \boldsymbol{k}_c^o = 2\,\boldsymbol{k}_1^o - \boldsymbol{k}_p^o \end{cases} \tag{7-94}$$

式(7-94)的第一式给出回波脉冲到达 *R* 点的时间；而第二式则是相位匹配条件。由诱导极化矢量向回波场传递能量只有当二者同向时才有可能，故回波脉冲沿前向传播。特别是，如果第二个脉冲 $\boldsymbol{E}_1(r,t)$ 是具有均匀振幅包络 ε 和相位 φ 的平面波，而第一个脉冲 $\boldsymbol{E}_p(r,t)$ 具有均匀振幅，只有相位在空间变化（平面波通过相位畸变介质后满足此条件），则 $\boldsymbol{E}_c$ 就是 $\boldsymbol{E}_p$ 的相位共轭反演。对 $\boldsymbol{E}_p$ 有上述限制的原因是 $\boldsymbol{E}_c$ 依赖于 $\sin\theta_p(\boldsymbol{r})$。当 $\theta_p(\boldsymbol{r})$ 很小，以致 $\sin\theta_p(\boldsymbol{r})\approx\theta_p(\boldsymbol{r})$ 时，即使 $\boldsymbol{E}_p$ 的振幅在空间变化，$\boldsymbol{E}_c$ 仍为其相位共轭波。

相位匹配条件要求 $\boldsymbol{k}_c^o = 2\,\boldsymbol{k}_1^o - \boldsymbol{k}_p^o$。然而，为便于检测回波，常使 k_1 和 k_p 之间有一夹角 β，而回波相对 k_p 的发射角则为 2β。这将引起回波振幅随样品厚度 *l* 和角度 β 下降。此外，样品的有限厚度还可能导致前向回波的波前畸变。为此，

通常要求 $\beta^2 l / \lambda \ll 1$。

为克服前向回波的这些缺点,有人建议第二个脉冲采用驻波以获得后向回波。对此有兴趣的读者可参阅相关文献。

2）三脉冲回波

更有实用价值的是三脉冲回波。仍假定原子在 $t < t_p$ 时处于低能态,即 $|a_2(t < t_p)\rangle = 0$, $|a_1(t < t_p)\rangle = 1$。$t = t_p$、t_1、t_2 时分别有脉冲 $E_p(\boldsymbol{r}, t)$, $E_1(\boldsymbol{r}, t)$ 和 $E_2(\boldsymbol{r}, t)$ 入射到原子上。则在 $t > t_2$ 时,原子波函数由

$$\psi(\boldsymbol{r}, t) = \exp[-jH_0(t - t_2)]U_2(\boldsymbol{r}) \times \exp[-jH_0(t_2 - t_1)]U_1(\boldsymbol{r})$$
$$\times \exp[-jH_0(t_1 - t_p)]U_p(\boldsymbol{r})\psi(\boldsymbol{r}, t_p) \qquad (7-95)$$

给出。而诱导偶极矩期望值 $\langle \psi^*(\boldsymbol{r}, t) | \mu | \psi(\boldsymbol{r}, t) \rangle$ 中对辐射光子回波有贡献的部分（对静止原子）为

$$\langle \boldsymbol{\mu} \rangle = \left(-\frac{j\mu_{12}}{8}\right)\sin\theta_p(\boldsymbol{r})\sin\theta_1(\boldsymbol{r})\sin\theta_2(\boldsymbol{r}) \times \exp\{j[\phi_2(\boldsymbol{r}) + \phi_1(\boldsymbol{r}) - \phi_p(\boldsymbol{r})$$
$$+ (\boldsymbol{k}_2 + \boldsymbol{k}_1 - \boldsymbol{k}_p) \cdot \boldsymbol{r} - \omega t - \Delta\omega(t - t_2 - t_1 + t_p)]\} + c.c. \qquad (7-96)$$

而极化率密度

$$P_{\text{echo}} = [-jN\tanh(\hbar\omega_0/2k_B T_{th})\mu_{12}/8] \times \sin\theta_p(\boldsymbol{r})\sin\theta_1(\boldsymbol{r})\sin\theta_2(\boldsymbol{r})$$
$$\times \exp\{j\phi_2(\boldsymbol{r}) + \phi_1(\boldsymbol{r}) - \phi_p(\boldsymbol{r}) + (\boldsymbol{k}_2 + \boldsymbol{k}_1 - \boldsymbol{k}_p) \cdot \boldsymbol{r} - \omega t]\}$$
$$\times G(t - t_2 - t_1 + t_p) + c.c. \qquad (7-97)$$

由 G 的表达式易见,当 $t = t_2 + t_1 - t_p$ 时,即第二个脉冲作用后再经过一个等于前两脉冲间隔的时刻,P_{echo} 取得最大值。这里 t_p 与 t_1 如式(7-91)给出,而

$$t_2 = t_{2p} + \boldsymbol{k}_2^0 \cdot \frac{\boldsymbol{r}}{c}$$

其中 t_{2p} 是脉冲 $E_2(\boldsymbol{r}, t)$ 和 $E_p(\boldsymbol{r}, t)$ 的时间间隔。当 $E_1(\boldsymbol{r}, t)$ 和 $E_2(\boldsymbol{r}, t)$ 是振幅包络与相位均匀的平面波时,回波辐射场

$$E_c(\boldsymbol{R}, t) \propto \int_V d^3 r \sin\theta_p(\boldsymbol{r})\exp\left\{j\left[-\phi_p(\boldsymbol{r}) + (\boldsymbol{k}_2 + \boldsymbol{k}_1 - \boldsymbol{k}_p - \boldsymbol{k}_c) \cdot \boldsymbol{r} - \omega\left(t - \frac{R}{c}\right)\right]\right\}$$
$$\times G\left[t - t_{2p} - t_{1p} - \frac{R}{c} + (\boldsymbol{k}_c^o - \boldsymbol{k}_2^o - \boldsymbol{k}_1^p + \boldsymbol{k}_p^o) \cdot \frac{\boldsymbol{r}}{c}\right] + c.c. \qquad (7-98)$$

在 $\boldsymbol{R}$ 点观察到回波的条件为

$$t = t_{2p} + t_{1p} + \frac{R}{c}$$

$$\boldsymbol{k}_c^o = \boldsymbol{k}_2^o + \boldsymbol{k}_1^p - \boldsymbol{k}_p^o$$

和两脉冲回波的情况一样,其中第一式表明回波到达 $\boldsymbol{R}$ 点的时间;而第二式给出相位匹配条件。它可以两种方式被满足:①$\boldsymbol{k}_p = \boldsymbol{k}_1 = \boldsymbol{k}_2$,得到前向回波;②$-\boldsymbol{k}_1 = \boldsymbol{k}_2$, $\boldsymbol{k}_c = -\boldsymbol{k}_p$,给出后向回波。后一种情形更有意义。特别是,当 E_p 有均匀振幅,或 $\theta_p(\boldsymbol{r})$ 很小时,E_c 是 E_p 后向传播的复相位共轭再现。

下面对光子回波和 DFWM 作一简单比较。光子回波与 DFWM 都可描述为实时全息过程，E_1 和 E_2 起泵浦波的作用，而 E_p 相当于物波。两过程的相位匹配条件也类似。此外，前面提到，光子回波只在弱激励（$\sin\theta_p \approx \theta_p$）的条件下才产生相位共轭波。类似限制对 DFWM 也存在，它反映在微扰级数第三项开始被忽略。光子回波与 DFWM 的主要区别是前者不要求 E_p 与 $E_{1,2}$ 之一同时入射。对脉冲信号 DFWM，因为共轭脉冲是泵浦波和探测波相乘的结果，所以，其脉宽比任一入射波的都小。光子回波的脉宽则由非均匀线型的傅立叶变换决定，而与激励脉冲的宽度无关。

7.11　受激散射 NOPC

本节讨论可以产生 NOPC 的另一类物理机制，即非弹性光子散射过程。受激拉曼散射（SRS）、受激布里渊散射（SBS）等相互作用便属于这一类。这些相互作用有一个共同的性质，即入射光子将一部分能量以某种方式，例如分子振动能的形式传给非线性介质，所以，与先前讨论的非线性过程相反，表征非线性介质的量子态在作用后与作用前不同。在这些相互作用中，非线性介质可以给出入射波的频率下移、反向行进、相位共轭的复制品。由于非弹性过程的受激特性，要求输入光强超过某一临界值以使过程得以继续。这个对弹性散射过程并不要求的阈值特性会对激光源和所采用的结构加上一定的限制。非弹性过程的吸引力可能在于其相互作用的被动性能，即它不需要附加的泵浦源。因而，这些过程可望应用于高功率脉冲激光系统（如激光核聚变等）。最后，SBS 共轭镜给出与传统反射镜类似的反射偏振态。

7.11.1　受激拉曼散射

受激散射相对于自发散射而言。1962 年，伍德柏利（Woodbury）等用调 Q 激光器做实验时，发现激光辐射除了正常的频谱成分外，伴有移频现象发生。当激光腔中含有某种非线性介质时，就可以观察到这种现象，而频移量等于该介质分子振动的固有频率或其整数倍。这种现象与拉曼 1928 年液体散射实验时所发现的分子对光的非弹性散射有关，后者即是所谓自发拉曼效应，它在较弱的光作用下发生。

从伍德柏利开始，人们又进行了一系列研究。发现很多种材料，包括微观上有序和无序的系统，受到强激励（激光照射）时都会发生这种现象，而且得到的散射辐射展现出与自发拉曼效应有不同的特性，并称为受激拉曼效应。

两类拉曼效应的基本区别首先在于受激拉曼效应中辐射波发生干涉，而在自发拉曼效应中则没有这种干涉现象出现。此外，自发拉曼效应的散射光强正比于激励光强,而受激拉曼效应的光强则不然。所以,后者显然属于非线性光学现象。

除分子振动外,光还可以被声子和极化声子散射。这涉及到真实的基本粒子(光子)与拟粒子(声子、极子)之间的相互作用。而电磁波被凝聚态物质中的声波散射的现象称为受激布里渊散射,它是本节讨论的重点。

受激散射从非常低水平的自发散射开始,然后迅速增长。典型条件下,受激散射在饱和区可观察到,饱和出现在总增益 $G \mid \varepsilon_c \mid^2 L \approx 30$ 时,如果相应的域值强度 $\mid \varepsilon_c \mid^2$ 用兆瓦每平方厘米表示,增益区的长度 L 用厘米表示,则 G 的单位为厘米每兆瓦。SBS 有大的 G 常数(G 取值为 $10^{-1} \sim 10^{-2} \mathrm{cm/MW}$),小的阻尼常数 τ_s 取值为 $10^{-8} \sim 10^{-9} \mathrm{s}$ 和小的频移($\Omega \leqslant 1 \sim 10^{-2} \mathrm{cm}^{-1}$),这使它在波前反演中得到广泛应用。

7.11.2 受激布里渊散射

超过某一阈值强度的光在非线性介质中传播时,通过电致伸缩效应——介质密度正比于电场强度的增加——产生相关的声波。声波传播方向与入射波相同,它的作用与运动反射镜或介电板的层叠组件相似,入射波从这里反射产生多普勒频移散射波,频率下移量等于声频。

散射波与入射波相向传播的共线过程,是所有可能的散射过程中具有最高增益和唯一被观察到的 SBS 过程。在一定条件下,散射波是入射波的复共轭。结果,一个畸变的入射波通过 SBS 产生一个相位表面与其精确匹配的等畸变声波。可以想象非线性过程在介质中形成一个变形镜,其功能是使反射波相对入射波相位反演。这样,当反射波沿入射波原路返回时,恰好消除了它第一次通过时由于路径上介质不均匀而产生的全部相位误差。如果可以拍摄入射波的运动照片,那么,胶片反向放映就可完全描绘出共轭波的行为。

下面通过解波动方程对 SBS 过程进行定量描述。

考虑分别沿 $+z$ 和 $-z$ 方向在介质中共线传播的激励波 $E_c(\rho, z)$ 和信号波 $E_s(\rho, z)$。其中 ρ 是与 z 垂直的平面内的坐标变量。略去时间因子 $\exp(\mathrm{j}\omega_c t)$ 和 $\exp(\mathrm{j}\omega_s t)$,则可写出

$$E_c(\rho, z) = \varepsilon_c(\rho, z) \exp(-\mathrm{j}k_c z) \tag{7-99}$$

和

$$E_s(\rho, z) = \varepsilon_s(\rho, z) \exp(\mathrm{j}k_s z) \tag{7-100}$$

它们分别满足方程

$$\frac{\partial \varepsilon_c}{\partial z} - \frac{j}{2k_c} \nabla_\rho^2 \varepsilon_c = 0 \tag{7-101}$$

和

$$\nabla^2 E_s(\rho, z) + k_s^2 E_s(\rho, z) = \mu \frac{\partial^2}{\partial t^2} P_{NL} \tag{7-102}$$

这里 ∇_ρ^2 表示二维空间的拉普拉斯算子。

假定信号波的复振幅包络满足慢变化近似条件,即

$$\left|\frac{\partial^2 \varepsilon_s}{\partial z^2}\right| \ll \left|k_s \frac{\partial \varepsilon_s}{\partial z}\right| \ll |k_s^2 \varepsilon_s|$$

则有

$$\frac{\partial \varepsilon_s}{\partial z} + \frac{j}{2k_s}\nabla_\rho^2 \varepsilon_s + \frac{1}{2}g(\rho,z)\varepsilon_s = 0 \qquad (7-103)$$

其中 $g(\rho,z)$ 是由于受激布里渊相互作用而产生的局部增益。可以证明,它与激励强度成正比,因而可写成

$$g(\rho,z) = A|E_c(\rho,z)|^2 \qquad (7-104)$$

比例系数 A 为

$$A = \frac{\pi p^2 \varepsilon_0 n^8}{\alpha \rho_0 v^2 \lambda^2} \qquad (7-105)$$

式中: p 为光弹系数; α 为介质对声波的强度吸收系数; ρ_0 为材料的密度; v 为介质中的声速; λ 为激光波长。

由于 k_s 和 k_c 相差很小,例如,典型情况下 $(k_s - k_c)/k_c$ 具有 10^{-5} 的量级,所以,在以下的讨论中可以取 $k_s \approx k_c = k$。

引进函数簇 $f_\xi(r)$, $\xi = 0,1,2,\cdots$,令其满足方程

$$\frac{\partial f_\xi}{\partial z} + \frac{j}{2k_s}\nabla_\rho^2 f_\xi = 0 \qquad (7-106)$$

及正交归一化条件

$$\int f_\xi^*(\rho,z)f_\eta(\rho,z)\,\mathrm{d}\eta = \delta_{\xi\eta} \qquad (7-107)$$

进而选函数系第一个成员的复共轭与 $\varepsilon_c(\rho,z)$ 只差一个常数 B,即

$$\varepsilon_c(\rho,z) = Bf_0^*(\rho,z) \qquad (7-108)$$

则其余成员可由式(7-106)和式(7-107)解出。

将式(7-108)代入式(7-104)得到

$$g(\rho,z) = A|B|^2|f_0|^2$$

而式(7-103)则可写成

$$\frac{\partial \varepsilon_s}{\partial z} + \frac{j}{2k}\nabla_\rho^2 \varepsilon_s + \frac{1}{2}A|B|^2|f_0|^2\varepsilon_s = 0 \qquad (7-109)$$

设信号场可以用 f 函数系展开为

$$\varepsilon_s(\rho,z) = \sum_{\eta=0}^{\infty} c_\eta(z)f_\eta(\rho,z)$$

将它代入式(7-109)给出

$$\sum_{\eta=0}^{\infty} \left[\frac{\mathrm{d}c_\eta}{\mathrm{d}z} f_\eta + c_\eta \left(\frac{\partial f_\eta}{\partial z} + \frac{j}{2k} \nabla_\rho^2 f_\eta \right) + \frac{1}{2} A \mid B \mid^2 \mid f_0 \mid^2 c_\eta f_\eta \right] = 0$$

注意到式(7 – 106)，上式可简化为

$$\sum_{\eta=0}^{\infty} \left[\frac{\mathrm{d}c_\eta}{\mathrm{d}z} f_\eta + + \frac{1}{2} A \mid B \mid^2 \mid f_0 \mid^2 c_\eta f_\eta \right] = 0 \qquad (7 – 110)$$

将式(7 – 110)两边同乘以 $f_\xi^*(\rho, z)$，并逐项对 ρ 积分，由 f 函数的正交归一性，得

$$\frac{\mathrm{d}c_\varepsilon}{\mathrm{d}z} + \frac{1}{2} \sum_{\eta=0}^{\infty} g_{\xi\eta}(z) c_\eta(z) = 0 \qquad (7 – 111)$$

其中

$$g_{\xi\eta}(z) = A \mid B \mid^2 \int \mathrm{d}\rho \mid f_0(\rho, z) \mid^2 f_\xi^*(\rho, z) f_\eta(\rho, z) \qquad (7 – 112)$$

如果激光场的强度 $|f_0(\rho, z)|^2$ 作为 ρ 的函数强烈起伏，那么，一般地，$|f_0(\rho, z)|^2$ 和 $f_\xi^*(\rho, z) \times f_\eta(\rho, z)$ 的极大值和极小值总会有部分相互重叠，致使 $g_{\xi\eta}$ 为一小量，只有

$$g_{00}(z) = A \mid B \mid^2 \int \mid f_0(\rho, z) \mid^4 \mathrm{d}\rho$$

例外。在这些条件下，c_0 随距离的增长比其他 c 更迅速，所以，通过足够长的距离后，信号场复振幅包络为

$$\begin{aligned}
\varepsilon_s(\rho, z) &= \sum_{\eta=0}^{\infty} c_\eta(z) f_\eta(\rho, z) \\
&\approx c_0(z) f_0(\rho, z) \\
&= \frac{c_0(z)}{B^*} \varepsilon_c^*(z)
\end{aligned} \qquad (7 – 113)$$

这就是说，由后向 SBS 产生的空间信号场是入射空间场的复共轭。因而能对激光场的相位畸变起校正作用。

注意到，如果 $f_0(\rho, z)$ 不是 ρ 的强起伏函数，则 $g_{\xi\xi}$ 和 g_{00} 的大小有相同量级，而导致相位共轭的 c_0 的特别快速增长将不会发生。所以，在布里渊盒前面引入附加相位畸变会改善相位共轭特性。

7.12　光折变材料和自泵浦相位共轭

由前两节的讨论可知，一列光波的相位共轭再现，可以通过四波混频或受激散射得到。受激散射只要求一列入射波，但波的强度必须超过一个相当高的阈值(例如，对 SBS，这个阈值约 $10^6 \mathrm{W/cm}^2$)。四波混频允许有非常弱的探测波，但却要求有外加的泵浦光存在。因此，自从四波混频现象被发现以来，人们一直在努力寻找新材料，特别是能响应于极弱光信号的材料。通过这种研究已经发现

了一大类材料,它们能够在光,尤其是弱光作用下改变其折射率。其中对实现波前反演最灵敏的就是光折变材料,这种材料能在微瓦级光束的作用下得到相位共轭波。

光折变效应具有与其他光诱导折射率变化不同的物理机制。例如,一般材料的折射率随入射光强变化,光折变材料的折变系数则与入射光束的总强度无关,而依赖于它们的强度之比,总强度只影响光折变效应发生的速度。所以,原则上,任意微弱的光束;只要与介质作用的时间足够长,总可以发生光折变现象。然而,写入光束有限的相干时间为有用的写时间设置一个最大值,也就是对实际有用的强度有一个最小值的限制,但这个极限强度足够小,可以达到 $10^{-6}\,W/cm^2$ 的量级。

本节将讨论三个问题,首先从定性和定量角度讨论光折变效应的一些基本性质;然后介绍自泵浦相位共轭现象;最后对这一领域的最新进展做一简单概述。

7.12.1 光折变效应

光折变效应最初是作为一种有害的现象被认识的。在早期用脉冲激光产生二次谐波的实验中,发现几个脉冲之后 $LiNbO_3$ 的二次谐波产生效率严重下降。究其原因,是入射激光引起材料局部半永久性的折射率变化,从而破坏了赖以产生二次谐波的相位匹配条件。其后不久,人们发现利用这种光学损伤可以在 $LiNbO_3$ 中存储高质量的全息像,光折变效应开始引起高度重视。本小节将首先描述这种现象的物理机制,然后就一些问题给出必要的定量结果。

1. 光折变效应的物理诠释

光折变效应通常用电子跳跃模型和扩散模型描述。这里所用的方法基本上与电子跳跃模型一致。

假定在晶体材料中存在一些电子,这些电子的起源并不清楚,但通常假定它们处于由晶体掺杂和晶体错位所形成的低位陷阱中。没有光照射时,这些电子被"冻结"在各自的陷阱内;当晶体受到光的作用时,电子可以在陷阱之间移动,移动的结果产生一个静电场,正是这个静电场通过线性电光效应(即普克尔效应)引起无中心对称性晶体的折射率改变。光诱导静电场可能相当大,例如达到 $10^5\,V/m$ 量级,如果材料的线性电光系统也很大,则将导致大的折射率改变 Δn。例如,对 $BaTiO_3$ 晶体,Δn 可达 10^{-3} 量级。

这里所阐述关于光诱导静电场的形成及其效应的理论与实验数据吻合得很好,并成功地预言和解释了一些新的现象。

2. 光诱导静电场的产生及对有关参数的依赖

设频率相同且具有慢变化振幅 ε_1 和 ε_2 的两列均匀光波以相互夹角 2θ 入射到晶体上(如图 7 - 44(a)),并产生一个由

$$I(\boldsymbol{x}) = I_0 \left[1 + m\cos(\boldsymbol{k} \cdot \boldsymbol{x}) \right] \qquad (7-114)$$

给出的空间周期强度分布。其中 I_0 是入射光束的总强度,无量纲量

$$m = 2 \left(I_1 I_2 \right)^{1/2} \frac{\cos 2\theta}{I_0}$$

称为光栅调制指数,而

$$\boldsymbol{k} = \boldsymbol{k}_1 - \boldsymbol{k}_2$$

是光栅波矢。因为

$$|\boldsymbol{k}_1| = |\boldsymbol{k}_2|$$

所以

$$\begin{aligned} |\boldsymbol{k}|^2 &= |\boldsymbol{k}_1|^2 + |\boldsymbol{k}_2|^2 - 2|\boldsymbol{k}_1||\boldsymbol{k}_2|\cos 2\theta \\ &= 4 |\boldsymbol{k}_1|^2 \sin^2\theta \end{aligned}$$

即

$$|\boldsymbol{k}| = 2|\boldsymbol{k}_1|\sin\theta$$

而 $\boldsymbol{k}$ 的方向如图 7 - 44(b)所示。

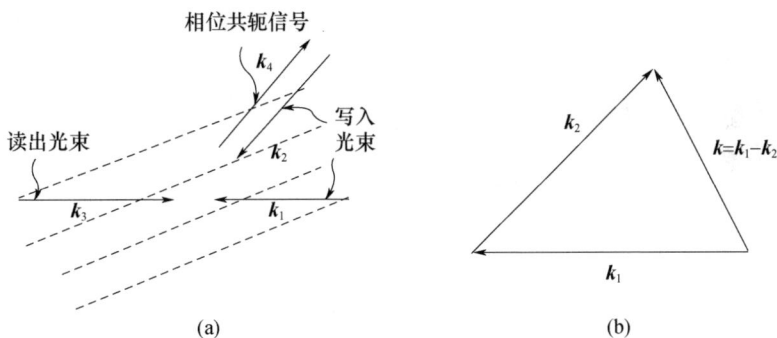

图 7 - 44　光折变晶体产生相位共轭示意图
(a)周期光栅的形成;(b)波矢图。

假定开始时晶体内每单位体积有 N 个在光作用下可移动的电荷,如果作用光强是空间周期型的,则电荷稳态分布具有相同周期的分量。这些电荷将产生一个稳态电场 $\boldsymbol{E}(\boldsymbol{x}) = \mathrm{Re}\{\boldsymbol{E}\,\boldsymbol{k}^0 \exp(\mathrm{j}\boldsymbol{k} \cdot \boldsymbol{x})\}$,电场的方向平行于光栅波矢 $\boldsymbol{k}$。在不考虑诱导电流的条件下

$$\boldsymbol{E}(\boldsymbol{x}) = \mathrm{Re}\left\{ \mathrm{j}am \frac{k_B T}{q} \frac{\dfrac{|\boldsymbol{k}|}{a} + \mathrm{j}\boldsymbol{f} \cdot \boldsymbol{k}^0}{1 + \dfrac{|\boldsymbol{k}|^2}{a^2} + \mathrm{j}\dfrac{\boldsymbol{k} \cdot \boldsymbol{f}}{a}} \times \boldsymbol{k}^0 \exp(\mathrm{j}\boldsymbol{k} \cdot \boldsymbol{x}) \right\} \qquad (7-115)$$

其中 k^0 为 k 的单位波矢; $k_B T$ 为晶格热能; q 为可移动电荷的电量; $a = \left(\dfrac{Nq^2}{\varepsilon\varepsilon_0 k_B T}\right)^{1/2}$ 是材料常数, ε_0 和 ε 分别为真空中和稳态介质中的介电常数;最后

$$f = \frac{E_0 q}{k_B T a}$$

而 E_0 是晶体中恒定均匀的电场,可以是外加的,也可以是晶体内固有的。特别是,当 $E=0$ 时,式(7-115)简化为

$$E(x) = -m \frac{k_B T}{q} \frac{|k|}{1 + \dfrac{|k|^2}{a^2}} \sin(k \cdot x) \qquad (7-116)$$

下面简单分析一下诱导电场 $E(x)$ 对光强和光栅波矢的依赖。

1) E 对光强的依赖

E 对光强的依赖通过光栅的无纲量调制指数 m 对光强的依赖关系来体现,由于

$$m \propto \frac{\sqrt{I_1 I_2}}{I_1 + I_2} = \left[\sqrt{\frac{I_1}{I_2}} + \left(\sqrt{\frac{I_1}{I_2}} \right)^{-1} \right]^{-1}$$

故知 m,进而 E 只由 I_1/I_2 决定,而与 I_1 和 I_2 的绝对值无关。特别是,当 $I_1 = I_2$ 时, m 取得最大值,这就是说,当两列写入光强度相等时,在介质中引起的光诱导电场振幅最大。

2) E 对光栅波矢的依赖

首先注意到, E 的方向总是与 k 一致;所以,下面主要讨论振幅 E 与 k 的大小之间的关系。在 $E_0 = 0$ 和 $E_0 \neq 0$ 两种情况下, E 对 k 的依赖关系不同,因而需要分别考虑。

(1) $E_0 = 0$ 的情况。当晶体中不存在恒定电场时,光诱导电场振幅对 k 的依赖通过

$$g(k) = \frac{k}{1 + \dfrac{k^2}{a^2}}$$

体现。由此可见,在 $k \ll a$ 时, E 以斜率 $mk_B T/q$ 随 k 线性增长,对逐渐增大的 k, E 的增长速度减慢,并于 $k=a$ 时达到最大值 $mk_B Ta/2q$。此后,随着 k 的进一步增加, E 缓慢下降。所以,在这种情况下,为得到较大的 E,必须使 k 足够大,最好是与 a 大体相当。

(2) $E_0 \neq 0$ 的情况。当晶体中存在诱导电场时,由式(7-115),光诱导电场振幅

$$E = am \frac{k_B T}{q} \frac{\dfrac{k}{a} + \mathrm{j} \boldsymbol{f} \cdot \boldsymbol{k}^0}{1 + \dfrac{k^2}{a^2} + \mathrm{j} \dfrac{\boldsymbol{k} \cdot \boldsymbol{f}}{a}} \tag{7-117}$$

在 k 很小时

$$E \approx am \frac{k_B T}{q} \cdot \boldsymbol{f} \cdot \boldsymbol{k}^0$$

这就是说,即使光栅波矢非常小,E 仍然可达到所希望的值,只要取适当的 E_0。

3. 光栅反射率和相位共轭镜的反射率

1)光栅反射率 η

如上所述,当两列写入光波在光折变材料中形成一组周期性干涉图样时,便引起一个周期性光诱导电场 $E(x)$,进而导致磁化率的周期变化。其结果对于随后入射光束的作用如同一个相位光栅,光强为 I_3 的读光束经此光栅散射,以光强 I_4 输出,而 $\eta = I_4 / I_3$ 即定义为光栅的反射率。

光栅反射率首先取决于材料的性质,主要是材料的折射率,电光系数张量及几何长度;其次,还依赖于读光束的偏振状态;而它与写光束的关系则由光诱导电场反映。

对于 $BaTiO_3$ 晶体,光诱导电场与晶体 C 轴(001)的夹角为 β。有关光束的几何关系由图 7-45 所示,则对读出光束为寻常光的情况

$$\eta_0 = \left| \left(\frac{\omega L}{4c} \right) n_0^3 r_{13} E(\beta) \cos\beta \right|^2 \tag{7-118}$$

对读出光为非寻常光的情况

$$\eta_e = \left| \frac{\omega L}{4c n_3} E(\beta) \cos\beta \left(n_e^4 r_{33} \sin\alpha_1 \sin\alpha_2 + 2 n_e^2 n_0^2 r_{42} \sin^2\beta + n_0^4 r_{13} \cos\alpha_1 \cos\alpha_2 \right) \right|^2 \tag{7-119}$$

其中 $BaTiO_3$ 的电光系数(以 $10^{-12}\,\mathrm{m/V}$ 为单位)$r_{13} = 8$,$r_{33} = 28$,$r_{42} = 820$。所以一般情况下,用 e 光读出比较容易得到较高的反射率。L 是晶体长度,而角度 α_1、α_2 如图 7-45 所示。

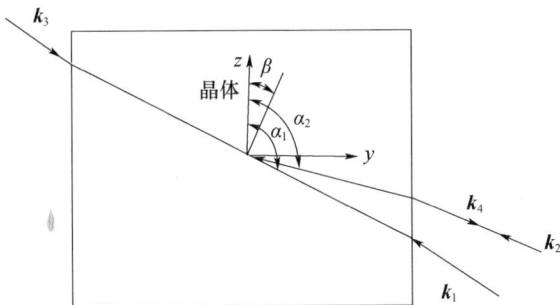

图 7-45　相位光栅内光束的几何关系

2）共轭镜反射率 R

相位共轭镜的反射率 R 定义为一对相位共轭波的强度之比，即

$$R = \frac{I_4}{I_2} = \frac{\eta I_3}{I_2}$$

于是，对寻常光读出

$$R = \frac{I_3}{I_2} \left| \frac{\omega L}{4c} n_0^3 r_{13} E(\beta) \cos\beta \right| \tag{7-120}$$

对非寻常光读出

$$R = \frac{I_3}{I_2} \left| \frac{\omega L}{4cn_3} \cos\beta \left(n_e^4 r_{33} \sin\alpha_1 \sin\alpha_2 + 2r_{42} n_e^2 n_0^2 \sin^2\beta + n_0^4 r_{13} \cos\alpha_1 \cos\alpha_2 \right) \right|^2 |E(\beta)|^2 \tag{7-121}$$

式（7-118）~式（7-121）表明，η 和 R 都正比于 $|E|^2$，而

$$|E|^2 \propto \frac{k^2 + a^2 f^2}{\left(1 + \frac{k^2}{a^2}\right)^2 + \frac{k^2 f^2}{a^2}}$$

注意到 f 与 E_0 的关系，便知 η 和 R 都与晶体中的恒定电场有关，且易见，随 E_0 的增大而增大。

4. 光折变现象的发生速度

前面说过，光折变效应的强弱与入射光强无关；而光折变指数光栅形成或消失的速率则随入射光强变化，且取决于材料电荷迁移特性。例如，均匀光栅以衰减速率抹掉相位光栅。

$$A = 2I_0 D d^2 (a^2 + k^2) \tag{7-122}$$

式中：D 为扩散常数；d 为电荷移动的平均跳跃长度。

这两个参数通常是未知的，但光导

$$\sigma = \varepsilon \varepsilon_0 I_0 D d^2 a^2$$

可以作为整体测出，并由此得到

$$A = \frac{2}{\varepsilon \varepsilon_0} \left(1 + \frac{k^2}{a^2}\right) \sigma \tag{7-123}$$

式（7-122）或式（7-123）表明速率与光强成正比。对 $BaTiO_3$ 晶体，典型情况下的时间常数具有秒的量级。

5. 光折变灵敏度

为表征材料的光折变灵敏度，经常用到两个概念。①为得到所要求的折射率变化而需要的光能量；②为得到所要求的衍射效率（例如1%）而需要的光能量。在第一种情况，光折变灵敏度定义为光折变记录的开始阶段，每单位体积材料吸收单位能量所引起的折射率变化，即

$$S_{n_1} = \frac{1}{\alpha} \frac{\mathrm{d}n}{\mathrm{d}\omega_0}$$

其中 α 是吸收系数,而 w_0 是对单位体积的入射光能。或者定义为每单位体积材料有单位能量入射时引起的折射率变化,即

$$S_{n_2} = \frac{\mathrm{d}n}{\mathrm{d}\omega_0}$$

于是,显然有

$$S_{n_2} = \alpha S_{n_1}$$

对全息记录材料,光折变灵敏度更实用的定义是把折射率 n 换成衍射系数 η,相应地得到

$$S_{\eta_1} = \frac{1}{\alpha} \frac{\mathrm{d}(\eta^{1/2})}{\mathrm{d}\omega_0} \frac{1}{L}$$

和

$$S_{\eta_2} = \frac{\mathrm{d}(\eta^{1/2})}{\mathrm{d}\omega_0} \frac{1}{L}$$

并再次有

$$S_{\eta_2} = \alpha S_{\eta_1}$$

6. 响应时间

折射率变化是由空间电荷场驱动的光电效应引起的,而形成记录光栅所要求的时间则依赖于电荷产生和输运以建立稳态电场的速率。光折变介质非线性响应的惯性构成与其他非线性介质的重要区别,后者的折射率变化起源于电子,而且是瞬间发生的。光栅形成过程的时间演变已由相关文献作了详细分析。在连续照射及电荷移动长度不明显小于光栅的条件下,晶体响应时间为

$$\tau_{\mathrm{eff}} = \tau_d \frac{\left(1 + \dfrac{\tau_R}{\tau_u}\right) + \left(\dfrac{\tau_R}{\tau_E}\right)^2}{\left(1 + \dfrac{\tau_R \tau_d}{\tau_u \tau_I}\right)\left(1 + \dfrac{\tau_R}{\tau_u}\right) + \left(\dfrac{\tau_R}{\tau_E}\right)^2 \dfrac{\tau_d}{\tau_I}} \tag{7-124}$$

式中: τ_d 为晶体的介电弛豫时间; τ_R 为电荷复合时间; τ_E 为电荷漂移时间; τ_u 为电荷扩散时间; τ_I 为光产生速率和离子复合速率的倒数。

7.12.2　自泵浦相位共轭

本章7.3节讨论了四波混频产生相位共轭的问题。在那里,必须有两束相向传播的光束泵浦非线性介质,形成相位光栅,以反射入射的探铡波,得到相位共轭信号。

这里所要介绍的一些装置与此不同,它们只需要一束入射光,即波前待反演的探测光,而泵浦光则由此入射光本身来产生,并因此称为自泵浦。这可以用两

块或一块普通的外加反射镜实现,也可以不用外加反射镜而依靠晶体内反射来完成。下面分别加以讨论。

1. 有两块外加反射镜的情况

这种装置的几何简图如图 7 – 46 所示。其中 M_1、M_2 是普通平面反射镜,光折变晶体的 c 轴如此定向,使得光束 2 能通过两束光耦合而被入射光束 1 放大。达到稳态时,光束 2 和 3 泵浦晶体形成 PCM,后者给出光束 1 的相位共轭波 4。现在的问题是求该装置的反射率,即相位共轭波 4 与初始入射光束在 $z = 0$ 处的强度之比 $R = I_4(0)/I_1(0)$。由于泵浦光束 2 和 3 来自入射光束 1,所以无衰减泵浦近似不再适用。考虑到这里的边界条件,用类似文献所用的方法可以导出

$$R = \frac{(\Delta + 1)\,|T|^2}{M_2\,|T\Delta + a|^2} \qquad (7 - 125)$$

式中

$$\Delta = I_3(l) - I_1(0) - I_2(0)$$

$$T = \tanh\left(\frac{\gamma l a}{2}\right) \qquad (7 - 126)$$

$$a = \left[\Delta^2 + \frac{(\Delta + 1)^2}{M_2}\right]^{1/2} \qquad (7 - 127)$$

而 γl 表征介质的耦合强度(l 是晶体的有效长度,γ 是每单位长度的耦合常数)。在上述方程中,已将所有光强用守恒的总平均强度 $I_0 = I_1(z) + I_2(z) + I_3(z) + I_4(z)$ 归一化。Δ 由方程

$$M_1 M_2 = \left|\frac{T + a}{T\Delta + a + \dfrac{(\Delta + 1)T}{M_2}}\right|^2 \qquad (7 - 128)$$

的根得到。

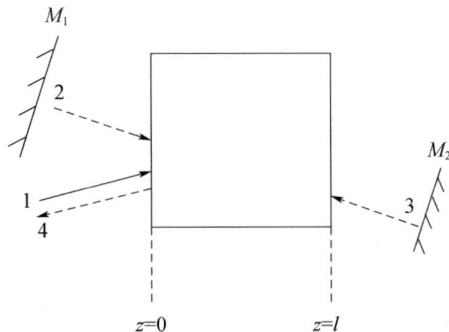

图 7 – 46 双反射镜自泵浦相位共轭几何图

光折变材料的耦合强度与平均光强 I_0 无关,而在其他一些介质,如原子蒸气中,γl 与 I_0 成正比。不过,由于 I_0 是守恒的,故只要别的假设条件成立,这里

的讨论对其他材料也是适用的。

下面考虑振荡得以从零逐步建立起来的阈值条件。这相当于取 $I_2(0) = I_3(0) = 0$，所以，此刻的总光强就是入射光束 1 的强度。注意到归一化，有 $I_1(0) = 0$，于是

$$\Delta = -I_1(0) = -1$$

$$a = 1$$

$$T = \tanh\left(\frac{\gamma l}{2}\right)$$

而由方程(7 - 136)得

$$M_1 M_2 = \left| \frac{1 + \tanh\left(\dfrac{\gamma l}{2}\right)}{1 - \tanh\left(\dfrac{\gamma l}{2}\right)} \right|^2$$

$$= |\exp(\gamma l)|^2 = \exp[2\mathrm{Re}(\gamma l)] \qquad (7 - 129)$$

这表明，阈值条件为晶体中的增益足以克服两反射镜带来的损耗。

2. 只有一块反射镜的情况

为确定起见，且不失一般性，假定反射镜 1 不存在，即 $M_1 = 0$，则由式(7 - 128)

$$T = -a$$

或

$$\tanh\left(\frac{-\gamma l a}{2}\right) = a \qquad (7 - 130)$$

代入式(7 - 125)，得

$$R = \frac{1}{M_2}\left(\frac{1 + \Delta}{1 - \Delta}\right)^2$$

再由式(7 - 127)解出

$$\Delta = \frac{-1 \pm M_2^{1/2} \left[a^2(1 + M_2) - 1 \right]^{1/2}}{(1 + M_2)}$$

代入上式给出

$$R = \left\{ \frac{M_2^{1/2} \pm \left[a^2(1 + M_2) - 1 \right]^{1/2}}{M_2 + 2 \mp M_2^{1/2} \left[a^2(1 + M_2) - 1 \right]^{1/2}} \right\}^2$$

可以证明，这两个 R 中只有与上一组符号对应的解是稳定的。于是最终得到 PCM 的反射率

$$R = \left\{ \frac{M_2^{1/2} + \left[a^2(1 + M_2) - 1 \right]^{1/2}}{M_2 + 2 - M_2^{1/2} \left[a^2(1 + M_2) - 1 \right]^{1/2}} \right\}^2 \qquad (7 - 131)$$

这种装置的阈值条件为

$$a^2(1 + M_2) - 1 = 0$$

即

$$a_{th}^2 = \frac{1}{1 + M_2}$$

而阈值反射率为

$$R_{th} = \frac{M_2}{(M_2 + 2)^2} \qquad (7-132)$$

当 $a^2 = 1(\gamma l \to -\infty)$ 时，$R = M_2$，即 PCM 的反射率等于腔镜的反射率；而当 $M_2 = 1$ 时，$a_{th}^2 = 1/2$ 即当腔镜 2 的反射率为 1 时，a^2 的阈值为 1/2。由式（7-130）给出 $\gamma l \approx 2.5$，此即无 M_1 运转时的耦合强度的阈值。

只有一块反射镜的自泵浦相位共轭反射率 R 对给定的一些 a^2 值随镜反射率 M_2 的变化如图 7-47 所示。每条曲线的上支给出 R 的稳态解。由图可以看出，对一定的 a^2 值，稳态的 R 随 M_2 近乎直线上升；而对一定的 M_2，R 随 a^2 的增加明显增大。

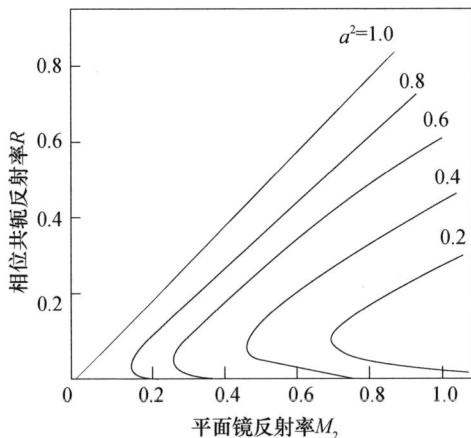

图 7-47 单反射镜自泵浦 PCM 反射率 R 随 M_2 的变化

3. 无外加反射镜的情况

无外加反射镜的自泵浦相位共轭镜如图 7-48 所示。光束 1 以与 c 轴夹角为 α_1 的方向进入晶体，达到稳态时，由它所产生的泵浦光束 2、3 及 2′、3′ 相向传播。在虚线圆圈处形成两个作用区，每个作用区内有四束光参与作用，即两束泵浦光，入射光及它的相位共轭。来自一个作用区的泵浦光由晶体内表面反射进入另一作用区，同时有 L 的百分比能量损耗。如果光束反射处相邻晶面的二面角不是直角（$\alpha'_2 \neq \alpha_2$），则两作用区内的耦合强度将不同，但装置仍能工作。

设某一作用区由 l_1 扩展到 l_2，则其反射率为

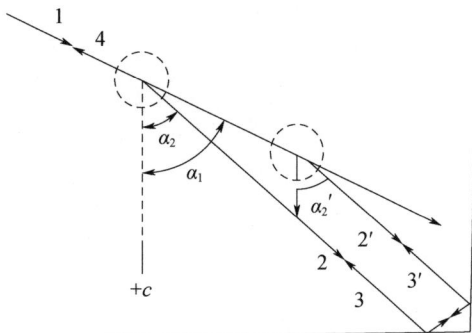

图 7 – 48　晶体内反射产生的自泵浦相位共轭

$$R \equiv \left| \frac{A_4(l_1)}{A_1^*(l_1)} \right|^2 = \frac{a(r)b(r)}{4(\gamma^2-1)\tanh^4\left(\frac{\gamma l r}{2}\right)} \qquad (7-133)$$

这里

$$a(r) = r^2\left[1 - \tanh^2\left(\frac{\gamma l r}{2}\right)\right]$$

$$b(r) = \left[r - 2\tanh\left(\frac{\gamma l r}{2}\right)\right]^2 - r^2\tanh^2\left(\frac{\gamma l r}{2}\right)$$

$$l = l_2 - l_1$$

$$r = \left(\Delta^2 + 4\,|c|^2\right)^{1/2}$$

而

$$\Delta = I_3 + I_4 - I_1 - I_2$$

$$c = A_2 A_3 + A_4 A_1$$

共轭波反射率随耦合强度的变化如图 7 – 49 所示。在得到式(7 – 133)和图 7 – 49 时,都已假定由一个作用区向另一个作用区反射的能量损耗 $L = 0$。图 7 – 49 表明,这种情况下的阈值耦合强度 $(\gamma l)_{th}$ 为 2.3 左右。随着 L 的增加,阈值起初以较慢的速度增加,当 L 变得相当大时,随着它的继续增加,阈值迅速上升(图 7 – 50)。

稳态情况下,晶体耦合常数 γ 为

$$\gamma = \frac{\omega}{2nc} \frac{r_{\mathrm{eff}} E}{\cos\left(\frac{\alpha_1 - \alpha_2}{2}\right)}$$

其中:E 为光诱导电场的振幅,而 f_{eff} 是有效普克尔系数。对 $BaTiO_3$ 一类点群为 4mm 的晶体,寻常光入射时有

$$r_{\mathrm{eff}} = n_0^4 r_{13}\sin\left(\frac{\alpha_1 + \alpha_2}{2}\right)$$

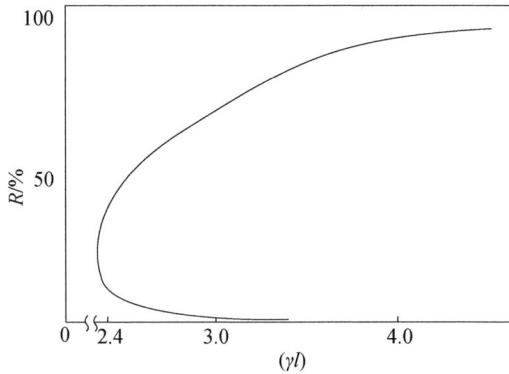

图 7 - 49　R 随耦合强度的变化关系

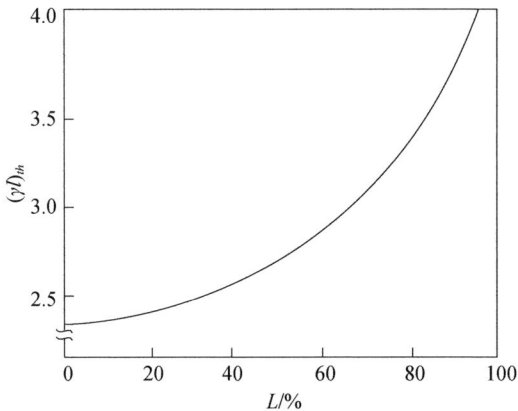

图 7 - 50　阈值耦合强度随 L 的变化关系

非寻常光入射时

$$r_{\mathrm{eff}} = \left[n_0^4 r_{13} \cos\alpha_1 \cos\alpha_2 + 2n_e^2 n_0^2 r_{42} \times \cos^2\left(\frac{\alpha_1 + \alpha_2}{2}\right) + n_e^4 r_{33} \sin\alpha_1 \sin\alpha_2 \right] \times \sin\left(\frac{\alpha_1 + \alpha_2}{2}\right)$$

上述关系表明 γ 密切依赖于入射角度,其最大值随 α_1 的变化如图 7 - 51 所示。

7.12.3　光折变材料的新进展

利用光折变材料实现相位共轭在现代科学技术的很多前沿领域存在潜在应用。为了使这些应用更加成功,必须主要在以下两方面努力改进材料性能:一是提高相位共轭光的增益;二是加快响应速度。目前采用的一些方法是:在现有的光折变晶体中掺杂;采取加电场等措施;寻找新材料。

1. 掺杂光折变晶体

在光折变晶体中掺杂是改进材料性能的常用方法之一。钛酸钡晶体是最早

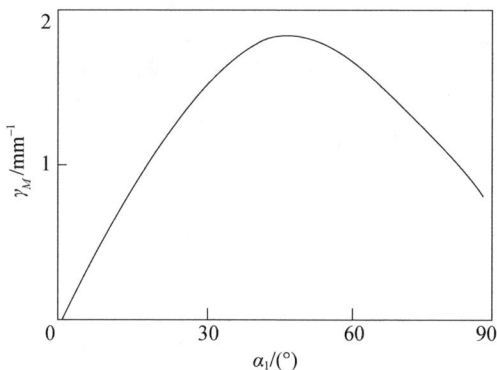

图 7 – 51　最大耦合常数 γ_M 随角度 α_1 的变化关系

被发现有光折变性能和迄今被认为综合性能较好的材料。有文献详细研究了在钛酸钡中掺钴或其他元素及适当热处理对材料的性能所起的作用。图 7 – 52 给出三种钛酸钡晶体的光束耦合增益系数随折射率光栅缝间距变化的情况。其中连续实线是理论值,间断点为实验数据。(1)、(2)两组分别相应于掺钴浓度为百万分之一百和百万分之五十的样品,而(3)组是未掺杂晶体的增益。实验所用相干光束来自氢离子激光器,波长为 514.5 nm,泵浦光强度为 3 W/cm²,在样品照明区的光强均匀性优于 20% 。光的偏振方向与晶体轴垂直,因此,有用的电光系数是 r_{13} 泵浦光与信号光强度之比为 800∶1,而夹角可以调整。

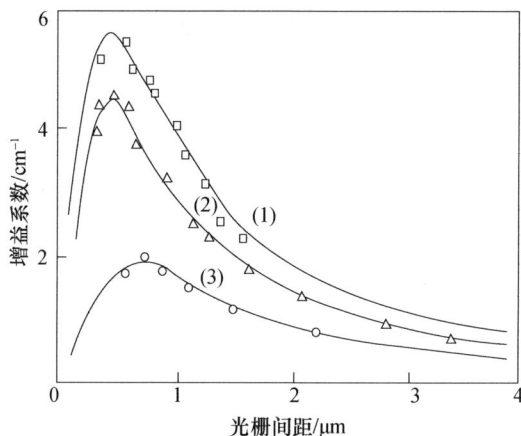

图 7 – 52　光束耦合增益与光栅缝距的关系

　　表 7 – 2 给出经适当热处理的不同掺杂和未掺杂晶体光束耦合增益和响应时间。表列数据表明,对一定的氧化—还原处理,增益系数和响应时间强烈地依赖于掺钴浓度。

表7-2 钛酸钡晶体的光束耦合增益和响应时间[1]

掺杂元素	掺杂浓度/($\times 10^{-6}$)	退火	增益系数/cm^{-1}	响应时间/ms
Co	50	同生长时	3.7	1400
Co	100	同生长时	5.0	730
Cr	50	同生长时	3.2	550
Mn	50	同生长时	2.1	1200
Co	50	CO_2:CO(99:1)	2.0	55
Co	100	CO_2:CO(99:1)	2.7	610
Mn	50	CO_2:CO(99:1)	2.2	200
未掺杂			1.9	420
[1]实验条件:515nm,1W/cm^2,光栅缝距0.7μm				

2. 采取特定措施

这里主要介绍加电场和泵浦—探测技术。

1)加电场

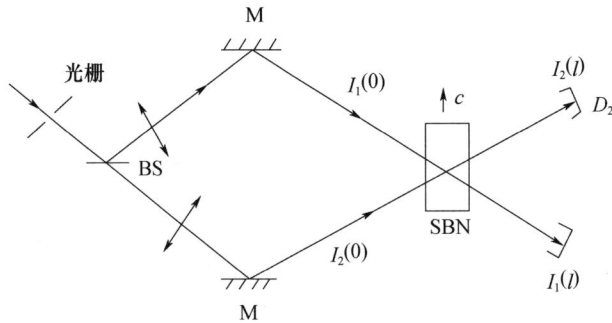

图7-53 两束光耦合实验装置

BS—分束器;M—反射镜;SBN—掺铌晶体。

在电—光轴方向加直流电场可以改变光折变晶体的性能。图7-53为显示材料光折变特性的两光束耦合实验装置。强度为$I_2(0)$的弱信号光束和强度为$I_1(0)$的强泵浦光束($I_2(0)/I_1(0) = M < 0.01$)在光折变介质中耦合,所产生的光强为

$$I_1(z) = I_1(0)\exp[-(\Gamma + \alpha)z]$$
$$I_2(z) = I_2(0)\exp[(\Gamma - \alpha)z]$$

(7-134)

其中是吸收系数而是两光束耦合常数。材料的响应时间由

$$\tau = t_0 \frac{E_0 + i(E_d + E_\mu)}{E_0 + i(E_d + E_N)}$$

(7-135)

给出。其中

$$t_0 = \frac{h_v N_A}{S I_0 (N_D - N_A)}$$

是在每单位体积材料中产生 N_t 个光致电离子所要求的时间（s 是光电离横截面）。E_0 是外加直流电场,而内部特征场由以下各式决定

$$E_N = \frac{e N_t}{\varepsilon k} \left(1 - \frac{N_t}{N_D}\right) \approx \frac{e N_t}{\varepsilon k},\text{对 } N_t \ll N_D$$

$$E_d = \frac{k_B T K}{e}$$

$$E_\mu = \frac{\gamma N_t}{\mu k}$$

式中:k 为相应于光栅周期的波数（$k = 2\pi/\lambda_g$）;γ 为电子复合速率;μ 为电子迁移速率;e 为电子电荷;k_B 为玻耳兹曼常数;N_t 为陷阱密度;N_D 为施主密度;ε 为材料介电常数。

τ 的虚部给出耦合系数值 Γ 的振荡因子,而其模

$$|\tau| = t_0 \sqrt{\frac{E_0^2 + (E_d + E_\mu)^2}{E_0^2 + (E_d + E_N)^2}} \tag{7-136}$$

是实响应时间。

由式（7-136）可知,当外场

$$E_0 = 0$$

时,有

$$|\tau| = t_0 \frac{E_d + E_\mu}{E_d + E_N}$$

因为通常

$$E_\mu > E_N$$

故有

$$\tau > t_0$$

随着 E_0 的增长,τ 逐渐下降,当 E_0 增至

$$E_0 \gg E_d, E_N, E_\mu$$

时,τ 下降到它的极小值 t_0,这是由于能量累积作用而在每单位体积中产生 N 个激励光子所需要的时间。

对掺铈 SBN（$S_{r0.6} B_{a0.4} Nb_2 O_6$）晶体,典型情况下 $N_A = 2 \times 10^{22}\ m^{-3}$,$\lambda_g = 1.51\mu m$,$E_N = 1.55\ kV \cdot cm^{-1}$,$E_d = 1.06\ kV \cdot cm^{-1}$,$E_\mu = 10\ kV \cdot cm^{-1}$。将有关数据代入式（7-136）,得到响应时间随外加直流电场变化的曲线如图7-54所示。

图7-55和图7-56是在无外加电场情况下材料的光折变增益系数和响应

时间随光栅缝间距的变化;而图 7 - 57 和图 7 - 58 则为这两个参量随外加电场变化的结果。对后两个图,光栅缝距 λ_g 分别为 1. 51μm,在 0 ~ 10kV/cm 范围内变化的电场沿晶体 c 轴加到其表面,对给定缝距的光栅,增益从 $E_0 = 0$ 时的 10cm^{-1} 降到 $E_0 = 10\text{kV/cm}$ 时的 8cm^{-1} 左右。

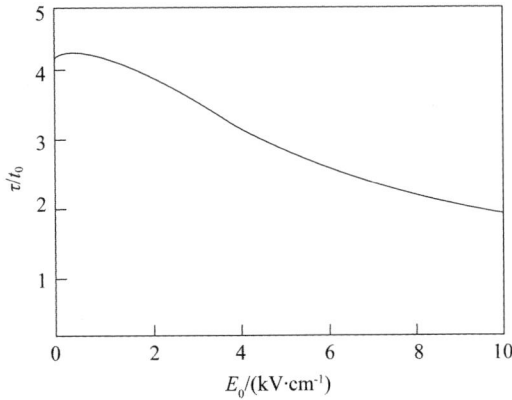

图 7 - 54　SBN:Rh 响应时间随外加电场变化曲线

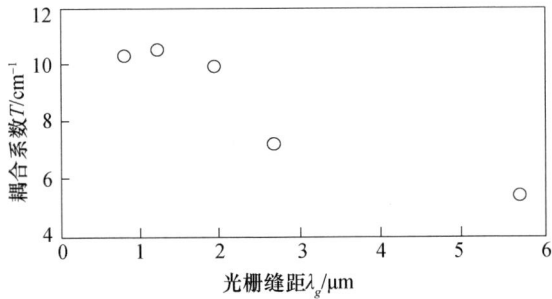

图 7 - 55　耦合增益系数与光栅缝距的关系($E_0 = 0$)

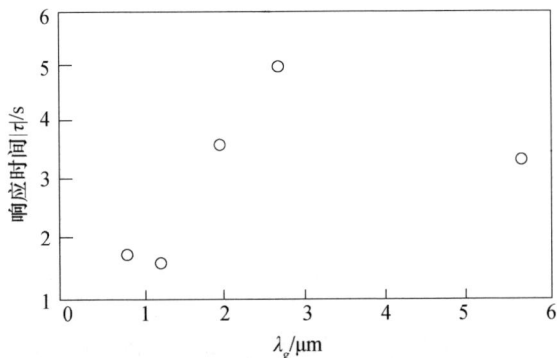

图 7 - 56　响应时间与光栅缝距的关系($E_0 = 0$)

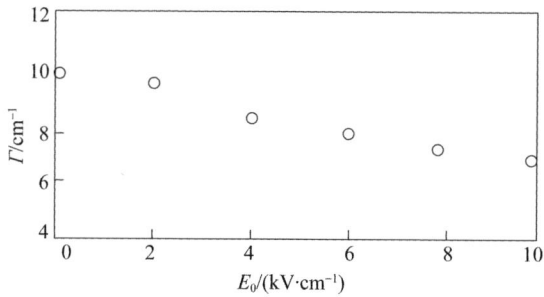

图 7 - 57　增益系数与 E_0 的关系($\lambda_g = 1.51\mu m$)

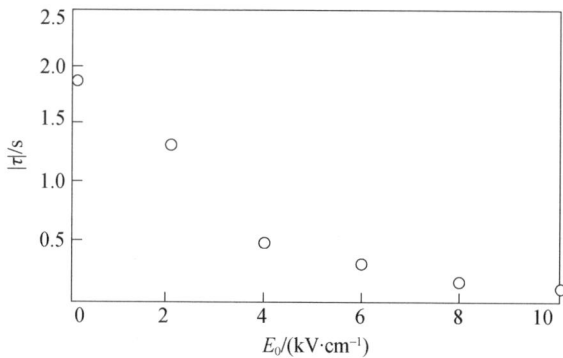

图 7 - 58　响应时间与 E_0 的关系($\lambda_g = 1.51\mu m$)

实验中所用的相干光源是波长为 514.5nm 的氩离子激光器,$I_1(0) + I_2(0) \approx 0.25W/cm^2$,$I_2(0)/I_1(0) < 0.01$。

由这些结果可以看出,对 $E = 10kV/cm$ 的外加电场,可使响应时间减小为不加外场时的 1/20,而耦合增益只下降 0.20,这在要求实时响应的光折变装置中是非常值得的。

也有关于外加交流电场改变光折变材料性能的报道,这里不再讨论,感兴趣的读者可参阅有关文献。

2）泵浦—探测技术

为了解释一些新的实验现象,柏罗斯特(G. A. Brost)等提出一个模型,即假定除了光折变主中心外,材料中还存在次级中心,而空穴和离子在这些次级中心中重新复合的速率即正比于空穴数 N_h。这样,当材料吸收高功率 ps 光脉冲而突然产生大量空穴时,便可望得到高的复合速率。

3. 其他光折变材料

前面几小节主要讨论的是光折变晶体,可用于得到相位共轭光的其他光折变材料还有半导体和液晶,下面对这些材料的简单介绍。

1) 半导体材料

很多半导体材料在适当条件下都表现出光折变效应,常见的有 CdTe,InP, GaP,GaAs 等。其中 GaP 材料非常有用,因为它的波长响应范围在 $0.8\mu m$ 附近, 这正是 GaAlAs 激光二极管的中心波长位置,而现有大部分光折变材料都不对此 波段响应,只有 $BaTiO_3$ 晶体可用于这一频谱区域,但响应时间长达数十秒。

已有文献研究了 GaP 中的光折变效应,得到没有外来场或光电场情况下的 增益公式为

$$\Gamma = \frac{2\pi n^3 \gamma_{41}}{\lambda \cos\theta} \frac{2\pi k_B T}{e\Lambda \left[1 + \left(\frac{\Lambda_D}{\Lambda}\right)^2\right]\left(1 + \frac{\sigma_d}{\sigma_{ph}}\right)} \quad (7-137)$$

这里 $n = 3.45$ 是材料折射率,$\gamma_{41} = 1.07\mathrm{pV/m}$ 是电光系数分量,λ 是光波长,θ 是 布拉格(Bragg)角(晶体内),k_B 是玻耳兹曼常数,$T = 300\mathrm{K}$ 是温度,e 是电子电 荷,Λ 是光栅周期,而 Λ_D 是使 Γ 最大的 Λ 值,σ_d 是暗导,而 σ_{ph} 是光导,根据 式(7-137)得到波长为 633nm 的理论结果如图 7-59 的连续曲线所示,而图中 的"○"则来自实验数据。

响应时间用公式表示为

$$\tau = \tau_{d_i} \frac{1 + D\tau_r k^2}{1 + \zeta D\tau_r k^2} \quad (7-138)$$

其中

$$\zeta = \tau_{d_i}(sI_0 + \beta + \gamma n_0)$$

而 $\tau_{d_i} = \varepsilon/\sigma$ 是介电时间常数,$k = 2\pi/\Lambda$ 是光栅波数,$D = \mu k_B T/e$ 是扩散常数,μ 是电子迁移率,τ_r 是复合时间常数,s 是吸收截面除以光子能量,I_0 是光强,β 是 暗流产生率,γ 是复合系数,n 是电子密度。图 7-60 中的直线方程 $\tau = 2.94 + 5.08\lambda_g^{-2}$ 是式(7-138)的一种特殊情况,○则表示实验结果。

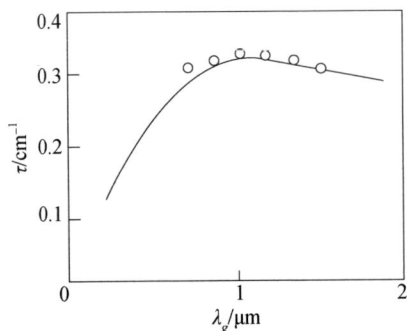

图 7-59 GaP 材料增益系数
与 λ_g 的关系

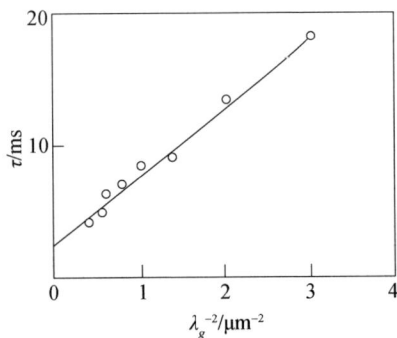

图 7-60 响应时间
随 λ_g^{-2} 的变化

2) 液晶和有机膜

约翰逊等用氢化非晶硅($\alpha-Si:H$)光学传感器和表面固化的铁电液晶(FLC)调制器组成的所谓光学寻址空间光调制器(OASLM)实现了低功率快速响应相位共轭。这种"三明治"式的器件截面图如图7-61所示。左边的玻璃基板上有非晶硅PIN光二极管沉积在透明的导电电极(TCO)上,右边的玻璃基片上附有均匀的氧化锡铟(ITO)电极,两基片之间$1.75\mu m$厚的空间充以FLC调制材料。为使OASLM工作,在两电极上加30V峰—峰方波时钟电压,及5V的偏置直流电压,于是,在理想情况下,当电压为正且光二极管前向偏置时,FLC层上将有20V电压。FLC

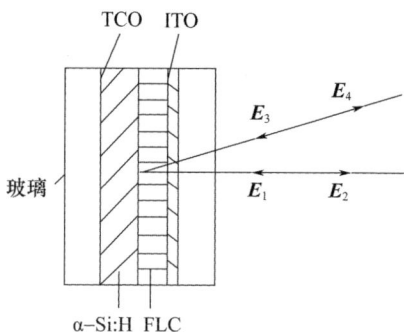

图 7 - 61　OASLM 横截面示意图

$\alpha-Si:H$—氢化非晶硅;

FLC—铁电液晶;

TCO—导电电极;

ITO—氧化锡铟。

起开关作用,当时钟电压为-10V,光二极管反偏不发光时,FLC保持关断状态,这时,若有光入射到传感器上,使FLC上的电压减小到一定值,开关进入开通状态。由于这两种状态下FLC的光轴方向不同,便形成依赖于入射光强分布的折射率型。于是,由FLC一侧入射到装置上的读光束被折射率分布光栅调制,从而实现光学相位共轭。图7-61中,E_1表示入射参考光束,E_3是入射信号光束,E_2为反射参考光束,而E_4则为相位共轭的信号光束。

有机聚合物膜也是获得OPC光束的很好材料,且容易获得具有较高光学质量和较大面积的样品。其缺点是易于发生光学损伤。文献报道了通过制冷而克服这一缺点的方法,并指出这样做基本上不影响相位共轭的效率。

在本节所介绍的光折变介质中,晶体材料的波长响应范围一般在可见区的中段,半导体材料的大多数在$0.9\mu m$以上,而$0.6\sim0.9\mu m$的材料较少。钛酸钡晶体可对此波段响应,但时间常数变得很大。文献报道的GaP也许可以弥补这一点不足。

7.13　单程 NOPC

基于非线性光学相位共轭的原理对成像系统进行波前校正,省去了复杂的机电装置,提高了可靠性。但上面所介绍的技术存在一个严重的缺陷,即光束经非线性材料反射前后必须沿同一路径两次通过畸变介质(因而称为双程NOPC或TWPC),并成像在介质的物方一侧。这一严重的,有时是不可容忍的缺点大大限制了 NOPC 技术在很多实际感兴趣领域的应用。

亚里夫(A. Yariv)等于 1982 年分析了用 FWM 方法通过畸变介质单程补偿成像的可能性。本节将首先介绍这一理论,然后指出该方法的不足,最后简单介绍该领域的新进展。

7.13.1 单程 NOPC(OWNOPC)的基本原理

四波混频相位共轭的原理如图 7－62 所示。要解决的基本问题是 $f(\boldsymbol{x''})$ 由平面③传往平面①,途经畸变介质 $\exp[-j\boldsymbol{\Phi}(\boldsymbol{x'})]$。在非线性介质(NLM)中混频的是以下几列波:

(1) 平面行波 A_1,通过畸变介质成像在 NLM 上;

(2) 携带图像信号的波 A_2,由与 A_1 相反的方向到达 NLM;

(3) 球面参考波 A_3,沿与 A_2 相同的轴线相向传播。

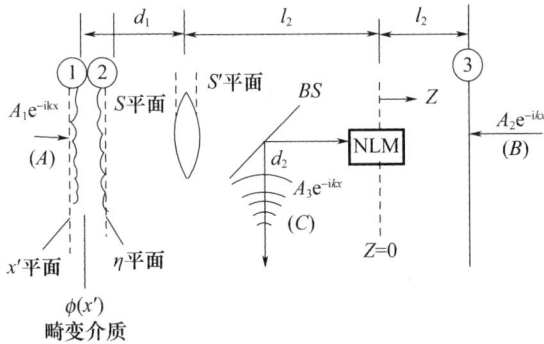

图 7－62　四波混频单次通过畸变介质相位共轭成像原理图

①、②、③—观测位置;BS—分光镜;NLM—非线性介质;

$(A)(B)$—成像波位置;(C)—共轭波位置。

平面行波 A_1 相对于 A_2、A_3 的传播方向稍微有些离轴,每列波从各自的起始平面出发,传向非线性介质;三列波在 NLM 中相互作用,产生非线性极化率 P_{NL},后者与三个场的乘积成正比。求解平面①处由 P_{NL} 辐射产生的场,可以证明,它与 A_2 在假设没有任何畸变的条件下传播到平面①时的场有相同的形式。用菲涅耳—基尔霍夫(Fresnel - Kirchhoff)衍射积分和衰减函数的相位及时间因子,NLM 中的场(B)和(C)可写成以下形式成像波(B):

$$E_2(\boldsymbol{x},z) = \frac{A_2}{\lambda(l_2 - z)} e^{jkz} \int d^2\boldsymbol{x''} f(\boldsymbol{x''}) \times \exp\left[-\frac{jk}{2(l_2 - z)} |\boldsymbol{x} - \boldsymbol{x''}|^2\right]$$

$$(7-139)$$

参考波(C):

$$E_3(\boldsymbol{x},z) = A_3(z)\exp\Big[-\mathrm{j}kz - \frac{\mathrm{j}k}{2(d_2+z)}\,|\,\boldsymbol{x}\,|^2\Big] \qquad (7-140)$$

波(A)在透镜左侧的s平面上由

$$E_1(s) = \frac{A_1}{\lambda d_1}\int \mathrm{d}^2\boldsymbol{x}'\exp\Big[-\boldsymbol{\Phi}(\boldsymbol{x}') - \frac{\mathrm{j}k}{2d_1}\,|\,\boldsymbol{x}'-\boldsymbol{s}\,|^2\Big] \qquad (7-141)$$

给出。透镜的作用是用$\exp(\mathrm{j}k\,|s|^2/2f)$乘$E_1(s)$,当它继续传播到达NLM上的点$(x,z)$时,可表示为

$$E_1(\boldsymbol{x},z) = \frac{A_1 \mathrm{e}^{\mathrm{j}kz}}{\lambda^2 d_1(l_1+z)}\int \mathrm{d}^2\boldsymbol{x}'\int \mathrm{d}^2\boldsymbol{s}\times\exp\Big\{\Big[-\mathrm{j}\boldsymbol{\Phi}(\boldsymbol{x}') - \frac{\mathrm{j}k}{2d_1}\,|\,\boldsymbol{x}'-\boldsymbol{s}\,|^2\Big]$$

$$+\Big[\frac{\mathrm{j}k}{2f}\,|\,\boldsymbol{s}\,|^2 - \frac{\mathrm{j}k}{2(l_1+z)}\,|\,\boldsymbol{x}'-\boldsymbol{s}\,|^2\Big]\Big\} \qquad (7-142)$$

如果NLM足够短,即$z\ll d_2,l_1,l_2$则上述积分中分母对z的依赖可以忽略,而在相位因子中,可以展开

$$\frac{1}{d_2+z} = \frac{1}{d_2(1+\frac{z}{d_2})} \approx \frac{1}{d_2} - \frac{z}{d_2^2}$$

及

$$\frac{1}{l_1+z} \approx \frac{1}{l_1} - \frac{z}{l_1^2}$$

$$\frac{1}{l_2-z} \approx \frac{1}{l_2} - \frac{z}{l_2^2} \qquad (7-143)$$

三波在NLM中相互作用便产生与三者乘积成正比的极化率P_{NL},感兴趣的项包括$E_1^* E_2 E_3$,其中E_1^*将畸变反号,这正是所期望的。于是可写出

$$P_{NL} = \chi^{(3)} E_1^* E_2 E_3 \qquad (7-144)$$

其中$\chi^{(3)}$是介质的三阶非线性极化张量。注意到介质足够短的条件,用对场的式(7-139),式(7-140)和式(7-142)及极化率式(7-144)并假定畸变介质被透镜成像在$z=0$处,即$f^{-1}=d_1^{-1}+l^{-1}$,可得

$$P_{NL}(x,z) = \frac{\chi^{(3)} A_1^* A_2 A_3(z=0)}{\lambda^3 d_1 l_1 l_2}\mathrm{e}^{\mathrm{j}kz}\times\iiint \mathrm{d}^2\boldsymbol{x}''\mathrm{d}^2\boldsymbol{x}'\mathrm{d}^2\boldsymbol{s}f(\boldsymbol{x}'')\mathrm{e}^{\mathrm{j}\boldsymbol{\Phi}(\boldsymbol{x}')}$$

$$\times\exp\Big\{\Big[-\frac{\mathrm{j}k}{2d_2}\,|\,\boldsymbol{x}'\,|^2 - \frac{\mathrm{j}kz}{2d_2^2}\,|\,\boldsymbol{x}''\,|^2\Big]$$

$$+\Big[-\frac{\mathrm{j}k}{2l_2}\,|\,\boldsymbol{x}-\boldsymbol{x}'\,|^2 - \frac{\mathrm{j}kz}{2l_2^2}\,|\,\boldsymbol{x}-\boldsymbol{x}''\,|^2\Big]\Big\}$$

$$\times\exp\Big[\frac{\mathrm{j}k}{2d_1}\,|\,\boldsymbol{x}_1\,|^2 + \frac{\mathrm{j}k}{2l_1}\,|\,\boldsymbol{x}\,|^2 - \frac{\mathrm{j}k}{d_1}\,|\,\boldsymbol{x}\,|^2$$

$$-\frac{\mathrm{j}k}{d_1}\Big(\boldsymbol{x}' + \frac{d_1}{l_1}\boldsymbol{x}\Big)\cdot\boldsymbol{s} - \frac{\mathrm{j}kz}{2l_1^2}\,|\,\boldsymbol{x}'-\boldsymbol{s}\,|^2\Big] \qquad (7-145)$$

P_{NL}在$-z$方向朝平面①辐射光场,在s平面处该光场可由格林(Green)函数解得到为

$$E(s') = \frac{4\pi^2}{\lambda^2} \iint \frac{P_{NL}(\boldsymbol{x},z)e^{-jkr}}{r}d^2xdz$$

其中$r = [|\boldsymbol{x} - s'|^2 + (l_1 + z)^2]^{1/2}$。在菲涅尔近似下给出

$$E(s') = \frac{4\pi^2}{\lambda^2 l_1} \iint d^2xdzP_{NL}(\boldsymbol{x},z) \times \exp\left(-jkz - \frac{jk}{2l_1}|\boldsymbol{x} - s'|^2 + \frac{jkz}{2l_1^2}|\boldsymbol{x} - s'|^2\right)$$

透镜的作用再次表现为用$\exp(jk|s'|^2/2f)$乘$E(s')$,得到的场传播到η平面,在那里被畸变函数$\exp[-j\Phi(\eta)]$乘,再次用条件$f^{-1} = d_1^{-1} + l_1^{-1}$,经一些代数运算后得到所求的输出场为

$$E(\eta) = \frac{4\pi^2\chi^{(3)}A_1^*A_2A_3}{\lambda^6 d_1^2 l_1^2 l_2}e^{-j\Phi(\eta)}$$

$$\times \iiint dzd^2\boldsymbol{x}d^2\boldsymbol{x}'d^2\boldsymbol{x}''d^2sd^2s'\exp(\Phi(\boldsymbol{x}'))f(\boldsymbol{x}')$$

$$\times \exp\left(-\frac{jk}{2d_1}|\eta|^2 - \frac{jk}{2d_2}|\boldsymbol{x}|^2 + \frac{jk}{2l_1}|\boldsymbol{x}|^2 - \frac{jk}{2l_2}|\boldsymbol{x} - \boldsymbol{x}''|^2\right)$$

$$\times \exp\left\{-\frac{jk}{d_1}\left(\boldsymbol{x}' + \frac{d_1}{l_1}\boldsymbol{x}\right)\cdot s + \frac{jk}{d_1}\left(\eta + \frac{d_1}{l_1}\boldsymbol{x}\right)\cdot s'\right\}$$

$$+ \left[\frac{jkz}{2d_2^2}|\boldsymbol{x}|^2 - \frac{jkz}{2l_2^2}|\boldsymbol{x} - \boldsymbol{x}''|^2 + \frac{jkz}{2l_1^2}|\boldsymbol{x} - s'|^2 - \frac{jkz}{2l_1^2}|\boldsymbol{x}' - s|^2\right]$$

$$(7-146)$$

对足够薄的 NLM

$$\frac{\pi}{kz} \gg \frac{|\boldsymbol{x}|^2}{d_2^2}, \frac{|\boldsymbol{x} - s'|^2}{l_1^2}, \frac{|\boldsymbol{x} - s|^2}{l_1^2}, \frac{|\boldsymbol{x} - \boldsymbol{x}''|^2}{l_2^2}$$

则式(7-145)最后方括弧中的因子非常接近于零,略去有限孔径效应,对s和s'积分分别得

$$(d_1\lambda)^2\delta\left(\boldsymbol{x}' + \frac{d_1}{l_1}\boldsymbol{x}\right) 和 (l_1\lambda)^2\delta\left(\boldsymbol{x} + \frac{d_1}{l_1}\eta\right)$$

利用δ函数的性质,再对$\boldsymbol{x}$和$\boldsymbol{x}'$积分给出$\boldsymbol{x} \to -(l_1/d_1)\eta$和$\boldsymbol{x}' \to \eta$,于是式(7-146)变为

$$E(\eta) = [4\pi^2\chi^{(3)}A_1^*A_3t/\lambda]\exp\left(-\frac{jkl_1^2}{2d_2d_1^2}|\eta|^2\right)$$

$$\times \frac{A_2}{\lambda l_2}\int d^2\boldsymbol{x}''f(\boldsymbol{x}'')\exp\left(-\frac{jk}{2l_2}\left|\frac{l_1}{d_1}\eta + \boldsymbol{x}''\right|^2\right) \quad (7-147)$$

其中t是 NLM 沿z方向的厚度。

如果参考波(C)是平面波,即$d_2 \to \infty$,则式(7-147)变为

$$E(\boldsymbol{\eta}) = \left[4\pi^2 \chi^{(3)} \frac{A_1^* A_3 t}{\lambda} \right] \frac{A_2}{\lambda l_2} \times \int d^2 \boldsymbol{x}'' f(\boldsymbol{x}'') \times \exp\left(-\frac{jk}{2l_2} \left| \frac{l_1}{d_1}\boldsymbol{\eta} + \boldsymbol{x}'' \right|^2 \right)$$

这恰好就是物场的相位共轭场,而方括弧中的量

$$G = \frac{4\pi^2 \chi^{(3)} A_1^* A_3 t}{\lambda}$$

表示场振幅在平面③和①之间由于非线性混频所引起的变化,因而称为有效振幅增益,对足够强的场它将大于 1。对有限的 d_2,相当于附加了透镜效应,透镜焦距为 $d_1^2 d_2 / l_1^2$。但这不会影响相位共轭特性,从而证明这种方法的确可实现相位共轭成像。

7.13.2 基本单程 NOPC 的局限性

上述基本单程装置的局限性主要在于它只对来自场中心物点的平面波分量提供精确补偿,而对其他的平面波分量,这种补偿是不精确的。假定一个平面轴向波穿过畸变介质到达混频介质平面,令与每个物点对应有一列物波,这些波也射到混频介质上并形成平面波的叠加,每个离轴物点产生的平面波用 $e^{j\alpha x}$ 表示,其中

$$\alpha = 2\pi \frac{\sin\theta}{\lambda} \approx \frac{2\pi\theta}{\lambda}$$

如果畸变介质局限在单一平面上,且该平面成像在混频介质上,则离轴平面波经过混频介质后变为 $\exp\{j[\alpha x - \Phi(x)]\}$,成像在畸变介质被很好补偿。所以,完善的补偿为所有物点获得,而不管它们在物场中的位置如何。

然而,假定畸变介质是分布型的而不是集中在单一平面,则不能被整个成像在混频面上。设不成像于混频面的畸变介质平面为 $e^{j\Phi(x)}$,假定它和成像于混频面的介质平面距离为 d,当物平面波分量 $\exp\{j[\alpha x - \Phi(x)]\}$ 通过该介质平面时,携带波前的介质面与初始介质面之间将有一位错 θd,所以,穿过介质后出射波前有像差 $\exp\{j[\Phi(x) - \Phi(x - x_1)]\}$,$x_1 = \theta d$,故补偿是不精确的。

作为一个有趣的例子,假定某一平面上的畸变介质可以用多项式展开 $\varphi(x) = ax + bx^2 + cx^3 + dx^4$ 来近似,于是波前剩余相位误差为

$$\Delta\Phi = (ax + bx^2 + cx^3 + dx^4) - \left[a(x - x_1) + (x - x_1)^2 + c(x - x_1)^3 + d(x - x_1)^4 \right]$$

$$= ax_1 + b(2xx_1 - x_1^2) + c(3x^2 x_1 - 3xx_1^2 + x_1^3) + d(4x^3 x_1 - 6x^2 x_1^2 + 3xx_1^3 - x_1^4)$$

对轴上平面波,$\theta, x_1 = 0$,$\Delta\varphi = 0$;对非轴上平面波,$\Delta\varphi$ 不再为零,且随离轴程度的增加而变大,$\Delta\varphi$ 与 x_1 无关的部分即 $ax + bx^2 + cx^3 + dx^4$ 已被完全抵消。

7.13.3 推广的单程 NOPC 系统

最近,库哈(A. Cunha)等提出一种推广的单程 PC 系统,使上一小节中指出的问题在某种程度上得到解决。在他们所建议的系统中采用了以合成孔径为基础的分辨技术,这也是一种干涉技术,且相当类似于全息。基本系统如图 7–63 所示,一个干涉仪(由一对衍射光栅 G_1 和 G_2 组成)将入射到 G_1 上的光分为两束,再由 G_2 衍射后重新会合。在干涉仪的上臂,物体 $s_1(x)$ 被成像于平面 P_{im},在远焦透镜系统的公共焦平面上放一掩模 $H_1(f_x)$,它可以是一个限光孔径,也可以是一个一般的空间滤波器。下臂包括一个类似的透镜系统,以便平衡上臂而在 P_{im} 上形成条纹,即使对扩展光源(空间不相干)的光也是如此。

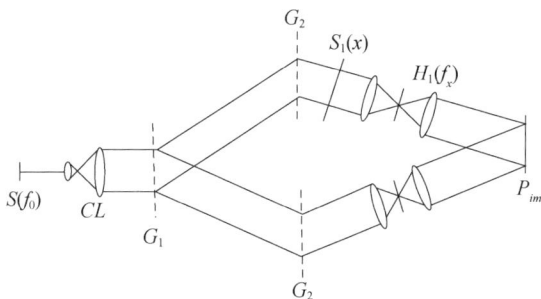

图 7–63 超分辨技术

$S(f_0)$—激光源;CL—准直镜;G_1,G_2—光栅;

$S_1(x)$—物体;$H_1(f_x)$—掩模;P_{im}—成像面。

当成像系统只有一支,例如干涉仪下臂不存在时,如果 $H_1(f_x)$ 是一个小孔,如针孔或狭缝,则像的分辨率将显著下降,随着 $H_1(f_x)$ 的进一步减小(δ 函数),像变得完全模糊。当干涉仪下臂存在时,两束光发生干涉,分辨率下降现象会避免。如果将两束光的相干作为图像用平面全息记录下来,以下臂的光为参考光束,记录的全息图像在第一级衍射上读出,则即使对极小的孔 H_1,这样形成的像仍有很好的分辨率。

图 7–64 为单程 NOPC 与超分辨组合的一个实例。

就像在基本的单程相位共轭过程一样,平面波 $u_1(x')$ 穿过畸变介质 $S_1(x)$ 及一对傅里叶变换透镜 L_F,及置于其间的空间滤波器 $H_1(f_x)$,并与 $u_2(x')$ 及参考波 $u_3(x')$ 一起射入混频介质 NLM_1。产生的混频信号 S_2^{im} 载有图像信息,再经一对傅里叶变换透镜 L_F 及其中间的空间滤波器 $H_2(f_x)$,射向混频介质 NLM_2。最后得到的感兴趣的分量为

$$P_{OFWM}(x') = \chi^{(3)} u_1(x') u_2^*(x') u_3(x')$$

这个波中既包含通过畸变介质时产生的相位误差之共轭 U_2^*,也包括反映物体

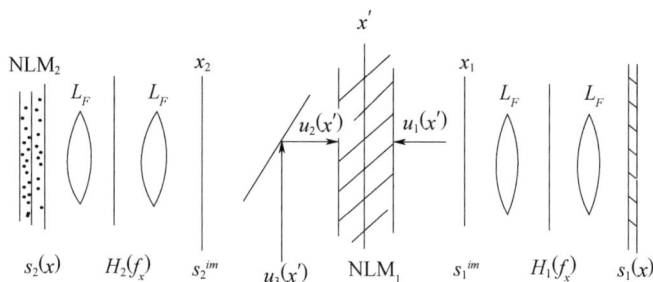

图7－64　单程相位共轭与超分辨组合技术

NLM_1, NLM_2—混频介质；$H_1(f_x)$, $H_2(f_x)$—空间滤波器；

L_F—傅里叶变换透镜。

波的$u_1(x')$,这种过程基本上是单程相位共轭,但照射的光源不是相干源,而是部分相干甚至非相干源。扩展光源与限制孔$H_1(f_x)$结合产生超分辨效应,明显改变相位共轭过程。更详细的分析可在参考文献中找到。

参考文献

[1] Pakhomov A V,Gregory D A. Ablative laser propulsion：an old concept revisited. . Aiaa Journal,2000,38(4),725 – 727.

[2] Zawadzki R J,Jones S M,Pilli S,et al. Integrated adaptive optics optical coherence tomography and adaptive optics scanning laser ophthalmoscope system for simultaneous cellular resolution in vivo retinal imaging. Biomedical Optics Express,2011,2(6):1674 – 1686.

[3] Ellerbroek B L,Marchetti E,Véran J P. Adaptive optics systems iii. Proc Spie,2013,8(4):169 – 174.

[4] Bennet F,Conan R,D'Orgeville C,et al. Adaptive optics for laser space debris removal. Proc Spie,2012,8447,844744 – 844744 – 6.

[5] 周仁忠,阎吉祥,俞信,等. 自适应光学. 北京:国防工业出版社,1996.

[6] Phipps C R. Orion：challenges and benefits. High – Power Laser Ablation(Vol. 3343). High – Power Laser Ablation,1998.

[7] Anju K,Sawada K,Sasoh A,et al. Time – resolved measurements of impulse generation in pulsed laser – ablative propulsion. Journal of Propulsion & Power,2008,24(2):322 – 329.

[8] Wu Z,Iqbal A,Amara F B. Adaptive Optics Systems. Modeling and Control of Magnetic Fluid Deformable Mirrors for Adaptive Optics Systems,2013.

[9] Bolbasova L A. FIELD – ORIENTED WAVEFRONT SENSOR FOR LASER GUIDE STARS – Poster Paper. Adaptive Optics for Industry and Medicine,2014.

[10] Schreiber L,Foppiani I,Robert C,et al. Laser guide stars for extremely large telescopes：efficient shack – hartmann wavefront sensor design using the weighted centre – of – gravity algorithm. Monthly Notices of the Royal Astronomical Society,2009,396(396):1513 – 1521.

[11] Chanteloup J C,Loiseaux B,Huignard J P,et al. Wavefront detection and correction for ultra – intense laser systems. International Conference on Solid State Lasers for Application To Icf(pp. 227 – 238). International

Society for Optics and Photonics,1997.

[12] Wattellier B,Chanteloup J C,Zou J P,et al. Adaptive optics technique for wavefront correction of multi-tera-watt Nd:glass laser chain. Lasers and Electro－Optics,1999. CLEO'99. Summaries of Papers Presented at the Conference on. IEEE.

[13] Schwarz J,Rambo P,Geissel M,et al. A hybrid opcpa/nd:phosphate glass multi-terawatt laser system for seeding of a petawatt laser. Optics Communications,2008,281(19):4984－4992.

[14] Leshchenko V E,Trunov V I,Pestryakov E V,et al. Aberration-free broadband stretcher-compressor system for femtosecond petawatt-level laser system based on parametric amplification. Atmospheric & Oceanic Optics,2014,27(6):573－581.

[15] Hung T S,Yang C H,Wang J,et al. A 110－tw multiple-beam laser system with a 5－tw wavelength-tunable aux-iliary beam for versatile control of laser-plasma interaction. Applied Physics B,2014,117(4),1189－1200.

[16] Wattellier B,Fuchs J,Zou J P,et al. Repetition rate increase and diffraction-limited focal spots for a non-thermal－equilibrium 100－tw nd:glass laser chain by use of adaptive optics. Optics Letters,2004,29(21):2494－6.

[17] Chanteloup J C,Baldis H,Migus A,et al. Nearly diffraction-limited laser focal spot obtained by use of an op-tically addressed light valve in an adaptive-optics loop. Optics Letters,1998,23(6):475－747.

[18] Jean－Christophe Chanteloup,Arnold Migus,Brigitte Loiseaux,et al. Wavefront control of solid state lasers using an optically addressed light valve in an adaptive optics loop and applications to ultraintense pul-ses. Proceedings of SPIE－The International Society for Optical Engineering,1999,3492,702－707.

[19] Armstrong J J. Dynamic wavefront control of a frequency converted laser system. US,US8686331,2014.

[20] Zou J P,Sautivet A M,Fils J,et al. Optimization of the. dynamic wavefront control of a pulsed kilojoule/nan-osecond-petawatt laser facility. Applied Optics,2008,47(5):704－710.

[21] Muendel M H, Eyres L. Stabilizing beam pointing of a frequency-converted laser system. US, US 20130250979,2014.

[22] Kojima K,Yamane D,Sakamoto N. Beam control device utilizing beam having a specific direction of polari-zation to control a laser used in an optical memory system. US,US 4989198 A,1991.

[23] Ota T,Kawata S,Sugiura T,et al. Dynamic axial-position control of a laser-trapped particle by wave-front modification. Optics Letters,2003,28(6):465－467.

[24] Gu M,Ke P C. Image enhancement in near-field scanning optical microscopy with laser-trapped metallic par-ticles. Optics Letters,1999,24(2):74－76.

[25] Zhu W,Chen L,Gu C,et al. Single-shot reflective shearing point diffraction interferometer for wavefront measurements. Applied Optics,2015,54(20):6155－6161.

[26] Paturzo M,Pignatiello F,Grilli S,et al. Phase－shifting point－diffraction interferometer developed by using the electro-optic effect in ferroelectric crystals. opt. lett. 31,24. Optics Letters,2007,31(24):3597－3599.

[27] Cottrell W J,Ference T G. Common-path point-diffraction phase-shifting interferometer incorporating a bire-fringent polymer membrane. US,US7006234,2006.

[28] Homer P,Rus B. Measurements of x-ray laser wavefront profile using pdi technique. Proc Spie,2007,6702,670211－670211－8.

[29] Ferraro P,Paturzo M,Grilli S. Optical wavefront measurement using a novel phase－shifting point-diffraction interferometer. Fp. optics. arizona. edu,2007.

[30] Oshikane Y,Kataoka T,Endo K,et al. Development of phase-shifting point diffraction interferometry with fi-ber point sources. Cheminform,2005,36(18):10817－10824.

[31] Homer P, Rus B. Measurements of x-ray laser wavefront profile using pdi technique. Proc Spie,2007,6702, 670211 – 670211 – 8.

[32] Neal R M, Wyant J C. Polarization phase-shifting point-diffraction interferometer. Applied Optics,2006,45 (15):3463 – 76.

[33] Paturzo M, Pignatiello F, Grilli S, et al. Phase-shifting point-diffraction interferometer developed by using the electro – optic effect in ferroelectric crystals. Optics Letters,2006,31(24):3597 – 9.

[34] Chen S, Zhou S, Tang X, et al. Bidirectional phase-shifting point diffraction interferometer for wavefronts testing. Applied Optics and Photonics China (AOPC2015). International Society for Optics and Photonics.

[35] Naulleau P P, Goldberg K A, Lee S H, et al. Extreme-ultraviolet phase-shifting point-diffraction interferometer: a wave-front metrology tool with subangstrom reference-wave accuracy. Applied Optics,1999,38(35): 7252 – 7263.

[36] Otaki K, Ota K, Nishiyama I, et al. Development of the point diffraction interferometer for extreme ultraviolet lithography: design, fabrication, and evaluation. Journal of vacuum science & technology. B, Microelectronics and nanometer structures: processing, measurement, and phenomena: an official journal of the American Vacuum Society,2002,20(6):2449 – 2458.

[37] Omatsu T. Wavefront correction by self-pumped phase conjugate mirror : application to laser and imaging systems. Ite Technical Report,2003,27:17 – 20.

[38] Pepper D M. Real-time compensated imaging system and method using a double-pumped phase-conjugate mirror. US, US5557431,1996.

[39] Valley G C, Klein M B. Self – pumped phase conjugate mirror and method using AC-field enhanced photorefractive effect. US, US4773739,1988.

[40] Mager L, Pauliat G, Garrett M H, et al. Nanosecond pulses wavefront correction using photorefractive self-pumped phase conjugate mirror[J]. Lasers and Electro-Optics Europe,1994 Conference on(pp. 20 – 24). IEEE.

[41] Betin A A, Reeder R A, Byren R W. Phase conjugate laser and method with improved fidelity. US, US 7133427 B2,2006.

[42] Byren R W, Filgas D. Phase conjugate relay mirror apparatus for high energy laser system and method. US, US 6961171 B2,2005.

[43] Dane B C, Hackel L, A Harris F B. Self-seeded single-frequency solid – state ring laser, and single – frequency laser peening method and system using same. US, US 20040228376 A1,2004.

[44] Dane B C, Hackel L A, Harris F B. Self-seeded single-frequency solid-state ring laser, laser peening method and system using same. EP, EP1478062,2010.

[45] Dane B C, Hackel L, Harris F B. Stimulated Brillouin scattering mirror system, high power laser and laser peening method and system using same. US, US7209500,2007.

[46] Dane B C, Harris F B, Taranowski J T, et al. Active beam delivery system for laser peening and laser peening method. US, US 7750266 B2,2010.

[47] Clauer A H, Toller S M, Dulaney J L. Beam path clearing for laser peening. US, US 6359257 B1,2002.

[48] Dane C B, Zapata L E, Neuman W A, et al. Design and operation of a 150 w near diffraction – limited laser amplifier with sbs wavefront correction. IEEE Journal of Quantum Electronics,1995,31(1):148 – 163.

[49] Bischel W K, Reed M K, Negus D K, et al. System for minimizing the depolarization of a laser beam due to thermally induced birefringence. US, US5504763,1996.

[50] Kewitsch A S, Rakuljic G A. Electronically phase – locked laser systems. US, US7848370,2010.

[51] Klein M B, Pepper D M, Stephens R R, et al. Hybrid laser power combining and beam cleanup system using nonlinear and adaptive optical wavefront compensation. US, US5717516, 1998.

[52] Li J, Chen X. Aberration compensation of laser mode unging a novel intra – cavity adaptive optical system. Optik – International Journal for Light and Electron Optics, 2013, 124(3):272 – 275.

[53] Billman K W. Method and system for wavefront compensation. US 700212, 2006.

[54] Rigamonti, Luca. "Schiff base metal complexes for second order nonlinear optics" (PDF). La Chimica l' Industria (Società Chimica Italiana), 2010, (3): 118 – 122.

[55] Kouzov N I, Egorova M, Chrysos F R. Non – linear optical channels of the polarizability induction in a pair of interacting molecules, Nanosystems: Physics, Chemistry, Mathematics, 2012, 3(2): P55.

[56] Abolghasem, Payam, Junbo Han, Bhavin J, Bijlani, Amr S. Helmy. Type – 0 second order nonlinear interaction in monolithic waveguides of isotropic semiconductors. Optics Express, 2010, 18(12):12681 – 12689.

[57] Strauss C E M, Funk D J. "Broadly tunable difference – frequency generation of VUV using two – photon resonances in H2 and Kr". Optics Lett. 1991, 16 (15): 1192.

[58] Vladimir Shkunov Boris Zel' dovich. Phase Conjugation in Scientific American, December, 1985.

[59] David M P. Applications of Optical Phase Conjugation, in Scientific American, January, 1986.

[60] David M. Pepper, Jack Feinberg, Nicolai V. Kukhtarev. The Photorefractive Effect, in Scientific American, October, 1990.

[61] Okulov A Yu. Angular momentum of photons and phase conjugation. J. Phys. B: At. Mol. Opt. Phys. , 2008 (41), 101001.

[62] Okulov A Y. Optical and Sound Helical structures in a Mandelstam – Brillouin mirror. JETP Lett, 2008 (88)8:561 – 566.

第8章

块状固体激光器

8.1 引言

固体激光器以固体激光介质作为工作物质。固体工作物质通常是在基质材料中掺入少量的激活离子,激光跃迁发生在激活离子的不同工作能级之间。基质材料主要有晶体、玻璃及陶瓷等,而激活离子的元素可分为四类:三价稀土金属离子、二价稀土金属离子、过渡金属离子和锕系金属离子。

固体激光器多采用光泵浦,泵浦光源主要有闪光灯和半导体激光二极管或其他激光器。闪光灯泵浦的主要问题是转换效率太低,大量泵浦能量变成废热,不仅造成极大的能量浪费,而且,由此产生的热应力和热透镜效应,导致光束质量严重变差。因此,早在第一台 GaAs 激光二极管诞生(1962 年)后不久,人们就注意到激光二极管(LD)的输出谱线很窄(通常为几纳米),因而可实现与固体激光工作物质的光谱匹配,而且激光二极管具有电光转换效率高、使用寿命长、体积小、重量轻等突出优点,是一种很有发展前景的固体器件的泵浦光源。但由于当时的激光二极管尚不能在室温下连续工作,且输出功率和可靠性均达不到使用要求而未能得到有效应用。进入 20 世纪 80 年代以来,激光二极管的制造技术迅速发展,室温下输出功率几十瓦的激光二极管线阵相继出现。LD 泵浦固体激光器的技术也得到迅速发展。特别是最近十几年来,在泵浦源光谱和激光介质光谱更好匹配的情况下, LD 泵浦的固体激光器输出功率可达若干太(10^{12})瓦甚至拍(10^{15})瓦。用 LD 泵浦固体激光器已成为当前固体激光器发展的主流。本章将在 8.2 节简单介绍。

尽管与闪光灯泵浦相比,LD 泵浦的固体激光器转换效率高得多,但随着泵浦功率的提高,仍会有大量余热产生。而具有较小表面积–体积比的传统圆棒状激光介质不利于散热。为增大工作物质的表面积–体积比,研究工作向两个相反的方向发展,一种是采用半径–长度比很大的薄片介质;另一种是采用半径–长度比极小的光纤材料。光纤激光器将在第 9 章专门研究,而本章 8.3 节拟介绍薄片激光器。

采用这些特殊形状的工作物质的确使激光器的散热性能大为改善,但当输出功率进一步提高时散热的问题仍会影响光束质量。20 世纪末发展起来的热容激光技术是固体激光器热管理技术的又一大进步。8.4 节介绍另一种前景看好的块状激光器,即工作物质为板条状的板条激光器。

8.6 节详细描述一个以板条介质为工作物质的热容激光器,而在此之前,8.5 节研究了固体的热应力特性。

8.2 LD 泵浦固体激光器

8.2.1 与闪光灯泵浦的比较

采用闪光灯泵浦的固体激光器,由于闪光灯的发射光谱与工作物质吸收光谱之间匹配不好,导致器件的泵浦效率很低。以氙灯泵浦 Nd^{3+}:YAG 激光器为例,图 8 - 1 上面所示为氙灯的发射光谱,下面是 Nd^{3+} 的吸收光谱。由图可以看出,氙灯的发射光谱是范围很宽的连续谱,而 Nd^{3+} 的吸收光谱却是一些有着很强峰值的分立谱线。这样,当用氙灯泵浦 Nd^{3+}:YAG 激光器时,氙灯的辐射能只有很少一部分被 Nd^{3+} 的激光下能级吸收,而绝大部分将被其他能级吸收,并转换成无用且有害的废热。

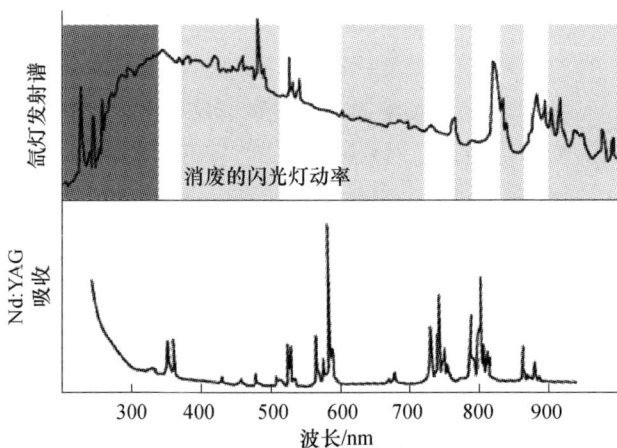

图 8 - 1 氙灯发射谱(上)与 Nd:YAG 的吸收谱

相比之下,LD 辐射波长的峰值可以锁定在 808nm 附近的 1nm 内,从而大大减少了无用热的产生。

全固态激光器中的无用热主要来源于工作介质中的"量子缺陷"。采用准三能级系统可以减小量子缺陷带来的无用热。目前最适合的是 Yb:YAG。与掺钕(Nd^{3+})材料相比,掺 Yb^{3+} 材料具有更长的上能级寿命($1 \sim 2ms$)、更小的量子缺陷和相近的发射波长。此外,Yb^{3+} 离子的吸收带在 $915 \sim 980nm$ 的波长范围间,使用激光二极管作为泵浦源,总的电光转换效率高达 70%。

到目前为止,Yb:YAG 一直是最重要和开发得最好的材料。最近,掺镱碱土氟化物,如氟化钙($Yb^{3+}:CaF_2$)、氟化锶($Yb^{3+}:SrF_2$)、氟化钡($,Yb^{3+}:BaF_2$)在半导体泵浦固体激光器和放大器方面表现出很好的性能。这些晶态材料已被证实在热导率方面可与氧化物晶体和玻璃相竞争。由于可以制备大的单晶和陶瓷材料,使得这些材料适用于高能量和高功率激光运行。另外,$Yb^{3+}:CaF_2$ 对 940nm 和 980nm 两个波长泵浦都适用,而不需要泵浦二极管较复杂的波长稳定技术。

Yb:YAG 的吸收带在 940nm,而激光跃迁在 1030nm,能级结构远比 Nd:YAG 的简单(图 8-2),室温下激光下能级的波耳兹曼粒子数只占 5%。在同样输入功率下,Yb:YAG 中产生的无用热反有 Nd:YAG 中的 1/4。

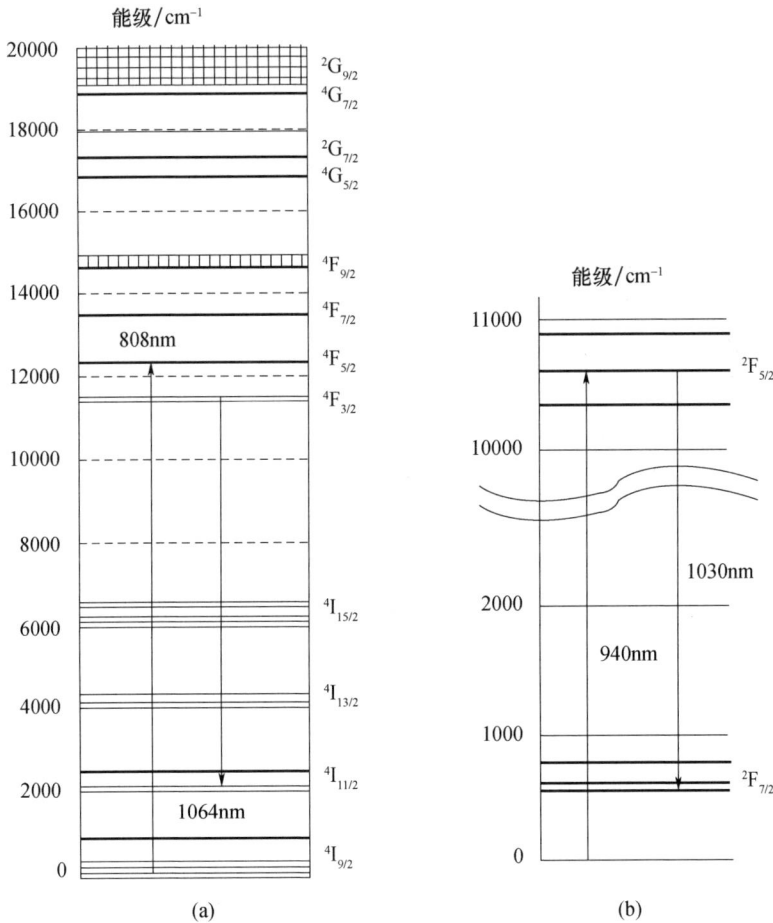

图 8-2　Nd:YAG(a) 与 Yb:YAG(b) 的能级比较

8.2.2 阈值功率和高于阈值的工作

本小节以四能级系统为例,介绍二极管激光泵浦固体激光器的阈值功率和高于阈值的工作。

1. 阈值吸收功率

由速率方程可知,上能级粒子束随时间的变化速率为

$$\frac{\mathrm{d}N_u(r,z,t)}{\mathrm{d}t} = Rf_uI_p(r,z) - \frac{N_u(r,z,t)}{\tau} \tag{8-1}$$

式中:f_u 为上能级粒子数所占总粒子数之比;τ 为上能级粒子寿命;$I_p(r,z)$ 是增益介质中泵浦强度分布,满足归一化条件

$$\iiint I_p(r,z)\mathrm{d}V = 1 \tag{8-2}$$

而 R 是总泵浦速率为

$$R = \eta_p P_a/h\nu_p \tag{8-3}$$

式中:P_a 为吸收泵浦功率;$h\nu_p$ 为泵浦光单光子能量;η_p 是泵浦的量子效率。

用 $N_l(r,z)$ 表示激光下能级的粒子数,反转粒子数为 $\Delta N(r,z) = N_u(r,z) - N_l(r,z)$,而往返增益可由 $2\sigma L\Delta N(r,z)$,其中 σ 是受激发射截面,L 是增益介质长度。注意到稳态时(在以下的表述中将略去增量 t)

$$\frac{\mathrm{d}N_u(r,z,t)}{\mathrm{d}t} = 0$$

由式(8-1)解出

$$N_u(r,z) = \eta_p P_a f_u I_p \tau/h\nu_p \tag{8-4}$$

考虑到泵浦及激光腔模的空间分布,总增益 G 应由反转粒子数在全空间积分给出为

$$G = 2\sigma L\iiint I_0(r,z)[N_u(r,z) - N_l(r,z)]\mathrm{d}V$$

将式(8-4)代入,则得阈值条件为

$$2\sigma L\iiint I_0(r,z)[\eta_p P_{a,th}f_u I_p\tau/h\nu_p - N_l]\mathrm{d}V = \delta \tag{8-5}$$

此处 $P_{a,th}$ 阈值时的 P_a;δ 是往返总损耗,它由三部分组成,即与介质长度成正比的掺杂吸收及内部散射,用 $2\alpha_i L$ 表示,输出耦合 T,以及界面散射和 Fresnel 反射所决定的外在损耗 δ_f。将后两种用 δ_e 代替,考虑到阈值条件下 N_l 不随位置变化,则由式(8-5)得

$$P_{a,th}\iiint I_0(r,z)I_p(r,z)\mathrm{d}V = \frac{h\nu_p}{\eta_p\sigma_e\tau}\left(\frac{\delta_e}{2L} + \alpha_i + \alpha_l\right) \tag{8-6}$$

其中

$$\alpha_l = \sigma N_l$$

表示激光下能级粒子数的吸收系数;而

$$\sigma_e = \sigma f_u$$

则为有效受激发射截面。

进一步计算需要知道 $I_0(r,z)$ 和 $I_p(r,z)$ 的函数形式。就端泵浦而言,激光典型情况下工作在 TEM_{00} 模,于是

$$I_0(r,z) = \frac{2}{\pi w_0^2 L} \exp\left(\frac{-2r^2}{w_0^2}\right) \tag{8-7}$$

且满足归一化条件

$$\iiint I_0(r,z)\,\mathrm{d}V = 1$$

此外,阈值对泵浦功率准确形式的依赖性不强,因而也可假设为 Gaussian 型,如

$$I_p(r,z) = \frac{2\alpha}{\pi w_p^2 [1 - \exp(-\alpha L)]} \exp(-\alpha z) \exp\left(\frac{-2r^2}{w_p^2}\right) \tag{8-8}$$

且满足归一化条件

$$\iiint I_p(r,z)\,\mathrm{d}V = 1$$

将式(8-7)和式(8-8)代入式(8-6),即可解得阈值时吸收泵浦功率为

$$P_{a,th} = \frac{\pi h \nu_p}{2\sigma_e \eta_p \tau}(w_0^2 + w_p^2)\left(\frac{\delta_e}{2} + \alpha_i L + \alpha_l L\right) \tag{8-9}$$

式(8-9)表明,损耗及光斑尺寸越小,有效发射截面、泵浦量子效率越大,上能级寿命越长,阈值泵浦功率越低。

2. 阈值以上的工作

阈值上方工作时的速率方程可写为

$$\frac{\mathrm{d}\Delta N(r,z)}{\mathrm{d}t} = (f_u + f_l)RI_p(r,z) - \frac{\Delta N(r,z) - \Delta N^{(0)}}{\tau} - \frac{(f_u + f_l)c\sigma\Delta N(r,z)}{n}SI_0(r,z) \tag{8-10}$$

$$\frac{\mathrm{d}S}{\mathrm{d}t} = \frac{c\sigma}{n}\iiint \Delta N(r,z)SI_0(r,z)\,\mathrm{d}V - \frac{c\delta}{2nL}S \tag{8-11}$$

式中:$\Delta N^{(0)}$ 为平衡时反转粒子数;c 为光速;n 为介质折射率;而 S 为腔内光子总数,其变化由式(8-11)表示,式中右边第一项为受激发射导致光子数增加,第二项则是损耗所引起的光子数减少。写出式(8-10)和式(8-11)时再次假定了腔内只有 TEM_{00} 模,在端泵情况下,只要泵浦区在 TEM_{00} 模体积内,单模运转是容易实现的。

稳态条件下,

$$\frac{\mathrm{d}\Delta N(r,z)}{\mathrm{d}t} = 0 \tag{8-10}'$$

$$\frac{\mathrm{d}S}{\mathrm{d}t} = 0 \tag{8-11}'$$

由式(8-10)′解得

$$\Delta N = \frac{(f_u + f_l) R\tau I_p(r,z) + \Delta N^{(0)}}{1 + \dfrac{(f_u + f_l) c\sigma\tau S I_0(r,z)}{n}}$$

代入式(8-11)′,并用到 $\Delta N^{(0)} = -\dfrac{\alpha_l}{\sigma}$,给出

$$\frac{1}{2\sigma L}\left[\delta + 2\alpha_l L \iiint \frac{I_0(r,z)\,\mathrm{d}V}{1 + \dfrac{(f_u + f_l) c\sigma\tau S I_0(r,z)}{n}}\right]$$

$$= (f_u + f_l) R\tau \iiint \frac{I_0(r,z) I_p(r,z)\,\mathrm{d}V}{1 + \dfrac{(f_u + f_l) c\sigma\tau S I_0(r,z)}{n}} \tag{8-12}$$

方程左边第二项为激光下能级对激光波长辐射的吸收损耗,对4能级系统可以忽略,于是得到

$$(f_u + f_l) R\tau \iiint \frac{I_0(r,z) I_p(r,z)\,\mathrm{d}V}{1 + \dfrac{(f_u + f_l) c\sigma\tau S I_0(r,z)}{n}} = \frac{\delta}{2\sigma L} \tag{8-13}$$

腔内光子数为 S,其在腔内往返一周所用时间为 $\dfrac{2L}{c/n}$,单位时间输出腔外的光子数为

$$S_0 = \frac{Sc}{2nL} \tag{8-14}$$

而输出功率为

$$P_0 = h\nu \frac{TSc}{2nL} \tag{8-15}$$

式中:S 由式(8-13)决定。

对准3能级系统,激光下能级对激光波长辐射的吸收作用表现为饱和损耗,即

$$\delta_{\mathrm{sat}} = 2\alpha_L L \iiint \frac{I_0(r,z)\,\mathrm{d}V}{1 + \dfrac{(f_u + f_l) c\sigma\tau}{n} S I_0(r,z)} \tag{8-16}$$

假定激光腔模为 TEM_{00} 模,则 $I_0(r,z)$ 由式(8-7)给出,将其代入式(8-16),右边简化为单重积分,可求得

$$\delta_{\mathrm{sat}} = \alpha_L L \frac{\pi\omega_0^{\,2} nL}{S(f_u + f_l) c\sigma\tau} \ln\left[1 + \frac{2S(f_u + f_l) c\sigma\tau}{\pi\omega_0^{\,2} nL}\right] \tag{8-17}$$

若用光强表示,则有

$$\delta_{sat} = \frac{\alpha_1 L I_{sat}}{I} \ln\left(1 + \frac{2I}{I_{sat}}\right) \tag{8-18}$$

其中

$$I = \frac{Sch\nu}{\pi\omega_0{}^2 nL} \tag{8-19}$$

为 Gaussian 光束平均光强,而

$$I_{sat} = \frac{h\nu}{(f_u + f_l)\sigma\tau} \tag{8-20}$$

为饱和光强。

8.2.3　LD 泵浦固体激光器的结构

LD 泵浦固体激光器的物质形状有棒状、薄片、板条等,本小节介绍棒状工作物质激光器的基本结构。泵浦的耦合方式分为直接端面泵浦、光纤耦合端面泵浦和侧面泵浦。

1. 直接端面泵浦

直接端面泵浦是小功率激光二极管泵浦固体激光器常用的方式,其典型结构如图 8 - 3 所示。

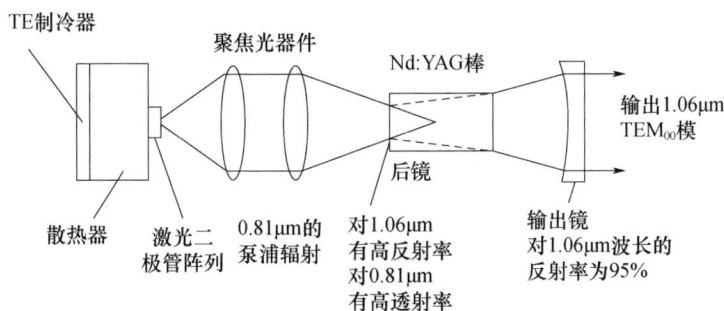

图 8 - 3　直接端面泵浦的典型结构

该结构主要由 LD 泵浦源、耦合光学系统和固体激光腔三部分组成。耦合光学系统将泵浦光高效率地耦合到固体工作物质上。谐振腔一般采用半外腔或半内腔结构,即在固体工作物质的泵浦耦合端面上镀对固体激光波长全反而对泵浦光波长增透的双色膜,使该端面成为固体激光器谐振腔的全反端,输出镜对固体激光波长具有适当的透过率。

与其他两种泵浦方式相比,直接端面泵浦具有结构最紧凑、整体效率最高的特点。效率高的原因是,在泵浦激光模式不太差的情况下,耦合光学系统高效率地将泵浦光耦合到固体工作物质中,耦合损失少。另一方面,泵浦光具有一定的模式,固体激光振荡模式与泵浦光模式关系密切,匹配的效果好,固体工作物质对泵浦光的利用率较高。

直接端面泵浦的缺点之一是端面的尺寸限制了泵浦光的功率,从而限制了固体激光器的输出功率。原因在于激光二极管列阵的发射孔径与其发射功率成正比,不易将发射孔径大的泵浦光有效耦合到尺寸较小的端面上。

2. 光纤耦合端面泵浦

这种泵浦方式是将泵浦光经光纤或光纤束耦合到固体工作物质中。典型结构如图8-4所示。

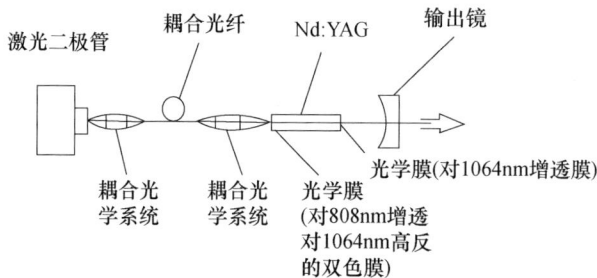

图8-4　光纤耦合端面泵浦的典型结构

该结构与直接端面泵浦相比增加了一个耦合光学系统和耦合光纤两部分。光束质量较差的泵浦光经过一段光纤传输后,光束质量得到改善。由于泵浦光与振荡激光在空间上有很好的匹配,故泵浦效率较高。耦合光纤可以隔离激光二极管与固体激光器之间的热传导,减轻热效应的相互影响,使激光器输出较好的模式。此外,LD泵浦光与光纤耦合比与工作物质直接耦合容易。因此,可降低对器件调整的要求。

3. 侧面泵浦

侧面泵浦固态激光器激光头是由三个二极管泵浦模块围成一圈组成泵浦源,每个泵浦模块又由带微透镜的二极管线阵组成(图8-5)。该装置采用玻璃管巧妙设计了泵浦腔和制冷通道。玻璃管的表面大部分镀有808nm的高反膜,剩余的部分呈120°镀有三条808nm增透膜,这样便形成了一个泵浦腔。

二极管激光泵浦源发出的三对光束通过整形透镜会聚到这三条镀增透膜的狭长区域内,然后透过玻璃管的管壁,被晶体吸收。由于玻璃管大部分区域镀有高反膜,使得泵浦光进入泵浦腔以后,便在其中来回的反

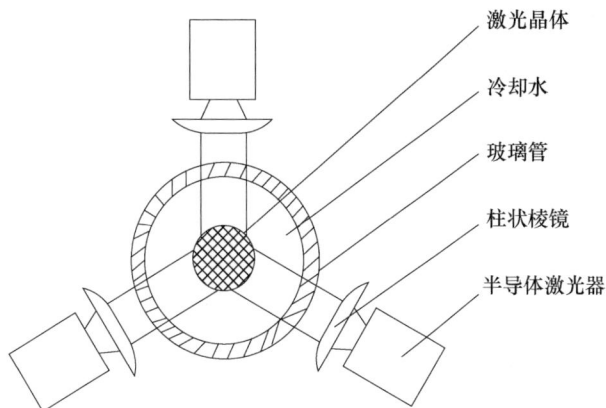

激光晶体

冷却水

玻璃管

柱状棱镜

半导体激光器

图 8 - 5　LD 侧面泵浦固体激光器

射,直至被晶体充分地吸收,而且在晶体的横截面上形成了均匀的增益分布。

8.3　薄片激光器

20 世纪 80 年代后期,为提高固体激光效率和改善光束质量,很多研究小组用二极管激光代替闪光灯作为泵浦源。但几乎所有小组都采用传统圆棒状或板条材料作为工作物质。1992 年 1 月,德国斯图加特(Stuttgart)大学的研究人员首次设计了一种薄片状激活介质。并于 1992 年和 1993 年制造出薄片激光器,分别获得 2W 和 4W 的输出。如今,薄片激光器已成为一类高功率、高效率、高光束质量新型固体激光器。

8.3.1　薄片介质及泵浦

薄片激光器的核心是薄片激光工作物质,其直径具有毫米量级(取决于对输出功率或能量的要求),而典型厚度在 $100 \sim 200 \mu m$ 范围(由材料性能、掺杂浓度和泵浦设计等因素决定)。由于薄片介质的厚度远小于直径,所以,当废热从薄片介质的一个表面导出时,热流的距离非常短,即使用大的泵浦能量也不会在盘片产生大的温度梯度;此外,激光功率由薄片另一个表面输出(图 8 - 6),因此,热流可以看作是沿平行于激光方向、几乎均匀的轴向一维热流,这样就会大大地降低热透镜效应,使得横向温度梯度、光束传播截面上的相位畸变实现最小化。因此薄片激光器能有效去除增益介质的热沉积,在获得高功率激光输出同时,保持高效率和高光束质量。

为了达到体积紧凑,薄片激光介质通常采用 DL 侧泵浦方式(图 8 - 6)。

侧面泵浦可以减少耦合系统的复杂性,同时因具有长的吸收路径,可以降低对增益介质掺杂浓度的要求。适合于端面泵浦的盘片材料有 885nm 泵浦条件下的 Nd 离子和 Yb:YAG、Yb:GGG 等。这种方式需要解决的问题是如何控制二极管激光器个数和泵浦间距、激光增益介质吸收系统等参量对泵浦均匀性的影响。

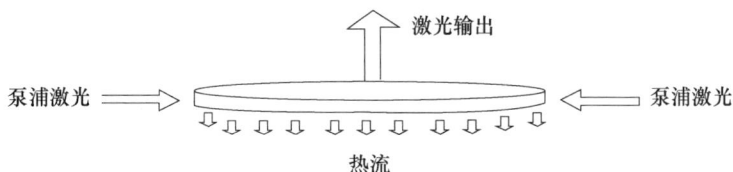

图 8-6   理想情况下薄片介质热传导示意图

8.3.2   薄片激光器工作原理

薄片激光器工作原理如图 8-7 所示。薄片介质的一表面镀有对激光和泵浦光波长均高发射的膜,起谐振腔高反镜的作用。该表面附着在热沉材料上,是激光器的冷却面。另一表面则镀有对激光波长增透的膜,起谐振腔输出镜的作用。

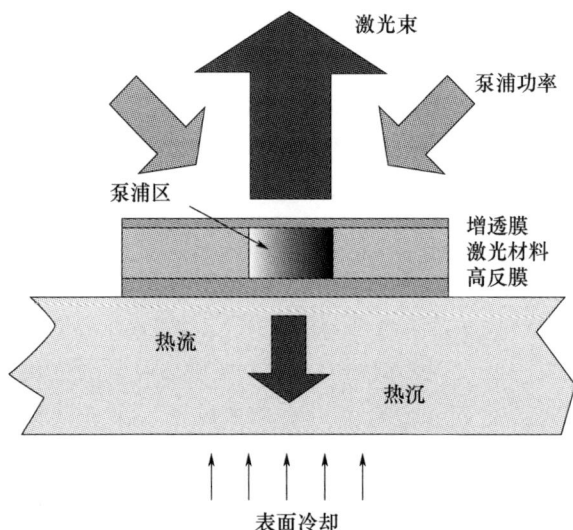

图 8-7   薄片激光器工作原理

热沉用高压氦蒸汽面冷却。由图 8-7 可以看出,热流方向和输出激光方向共线而与工作介质表面相垂直,且热沉表面很大,边界效应可忽略,所以,在与光束垂直方向,温度的梯度,因而光束波前畸变都很小。而在光束传播方向,虽然温度梯度相对较大,但由于材料厚度很小,故总的温差也不大,热透镜和应力双折射几乎可以忽略。采用合适的谐振腔,可同时获得高功率、高效率和高光束质量激光输出。

薄片的厚度小,产生的温差小,这是薄片激光器产生高质量光束的关键原因。但另一方面,由于工作介质厚度小,光程短,泵浦光吸收和激光增益也小。所以,必须设法增加泵浦光和激光通过薄片的次数。为此,用抛物面反射镜和屋顶棱镜代替平面镜,如图 8-8 所示。在这种结构中,泵浦光得以被反复反射回激光增益介质,使吸收率超过 90%。而激光通过薄片的次数则通常在再现腔中或多路放大器中得到增加。

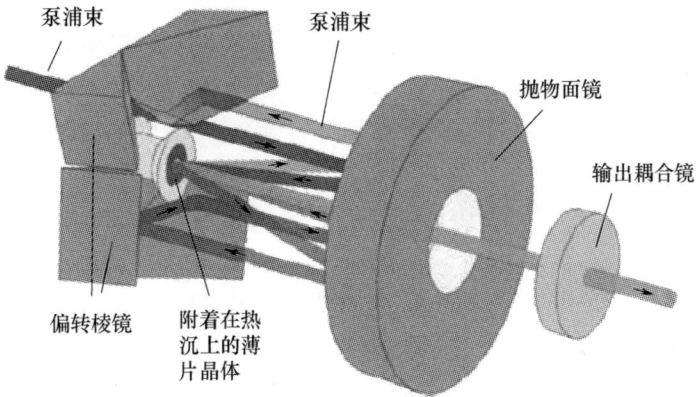

图 8-8　改进型薄片激光器结构

由于泵浦光多次通过薄片,可以采用低掺杂浓度的介质,对降低薄片的热效应(如热透镜和应力)十分有利。

薄片激光介质的上述特点决定了它的工作特点,即单脉冲的能量较小,但可以高重复频率工作。例如,据"高功率激光科学与工程"2014 年报道,代表当前较高水平的"高平均功率脉冲激光"(HiLASE)项目组已获得单脉冲几个毫焦,脉冲重复频率数千赫的输出,而下一步的目标是单脉冲 0.5J,脉冲重复频率 100kHz,这将使平均功率达到数十千瓦。

8.3.3　可能的激光材料

原则上,几乎所有经典激光材料均可以薄片形式工作,特别是,对泵浦辐射的吸收效率相当高,且激发态寿命又不太短的介质。而用于薄片激光器的首选材料则是掺 Yb^{3+} 的多种物质,如表 8-1 所列。

表 8 - 1　薄片激光器常用材料

基质材料	
YAG	Yb^{3+}, Nd^{3+}, Tm^{3+}, Ho^{3+}
YVO_4	Yb^{3+}, Nd^{3+}
Sc_2O_3	Yb^{3+}
Lu_2O_3	Yb^{3+}
$KY(WO_4)_2$	Yb^{3+}
$KGd(WO_4)_2$	Yb^{3+}
$NaGd(WO_4)_2$	Yb^{3+}
$LaSc_3(BO_3)_4$	Yb^{3+}
$Ca_4YO(BO_3)_3$	Nd^{3+}
$GdVO_4$	Nd^{3+}
ZnSe	Cr^{2+}

Yb:YAG 晶体有以下优点。

（1）量子缺陷小，特别适于高平均功率应用。Yb:YAG 的吸收带在 941nm，而激光跃迁在 1.029μm，产生的热 <10%，这是已知 1μm 离子中产生最低的热。在同样输入功率下，Yb:YAG 中产生的热只有 Nd:YAG 中的 1/4（仅考虑量子缺陷一项）。

（2）Yb^{3+} 离子的能级结构简单，无受激态吸收、浓度淬灭、捕获和上转换过程，量子缺陷几乎是晶体中产生热的唯一原因。

（3）宽吸收带宽（18nm）。宽吸收带宽大大减轻了对泵浦 LD 控温精度的要求，使晶体对泵光保持有高的吸收效率。

（4）荧光寿命长（0.95 ms），Yb:YAG 是 Nd:YAG 的 4 倍。较长的荧光寿命使得晶体具有很好的储能特性，可以减少所需泵浦 LD 的数目，连续工作时其荧光损耗较小。在 1 kHz 脉冲重复频率下，用连续 LD 泵浦荧光损耗很小。而荧光寿命为 230μs 的 Nd:YAG 就只能用准连续泵浦以避免连续泵浦必然发生的荧光损耗。连续 LD 泵浦寿命长，可靠性远比准连续泵浦的高。

（5）因为没有中间能级，即使在 Yb^{3+} 掺杂浓度高达 100% 时也不存在浓度淬灭。因此通过调节掺杂浓度，在各种不同几何结构泵浦系统中，都可以获得适当吸收长度。

（6）受激发射横截面（$1.7 \times 10^{-20} cm^2 \sim 2.3 \times 10^{-20} cm^2$）远低于 Nd:YAG 的值，加之荧光寿命长，有利于在高重复频率工作时提取能量。

（7）Yb^{3+} 与 YAG 中 Y^{3+} 良好匹配，因此即使在高掺杂浓度（Yb^{3+} >25%（原子分数））下，也很容易生长出高质量的晶体。而 Nd^{3+} 与 YAG 的晶格匹配就差得多，只能在低掺杂浓度下才能生长出高质量晶体。即使在低掺杂浓度下，

Nd^{3+} 离子周围的局部应力也将在 YAG 晶体中造成附加缺陷,形成捕获和上转换,使激光效率降低,并在晶体中形成有害热。

(8) 激光波长($1.029\mu m$)对许多工业和军事应用有利。这些系统大多采用硅探测器,它对 $1.029\mu m$ 的响应比对 $1.064\mu m$ 的高,系统性能获得改善。

8.3.4　数值模拟

由于盘片很薄,而泵浦斑较大,可以假定热传导只发生在一维。设泵浦功率为 P_{pump},泵浦斑半径 r_p,材料的热吸收效率和热产生效率分别为 η_{abs} 和 η_{heat},则薄片上单位面积的热载荷可表示为

$$I_{heat} = \frac{P_{pump}\eta_{abs}\eta_{heat}}{\pi r_p^2} \qquad (8-21)$$

此热载荷导致薄片内轴向温度按抛物线分布,即

$$T(z) = T_0 + I_{heat}R_{th,disk}\left(\frac{z}{h} - \frac{1}{2}\frac{z^2}{h^2}\right) \qquad (8-22)$$

这里 $R_{th,disk} = h\lambda_{th}^{-1}$ 为热阻,其中 h 是薄片的厚度,λ_{th} 为材料的热导率;而 T_0 是薄片冷却表面的温度。

该温度的最大值出现在 $z = h$ 处,即

$$T_{max} = T_0 + \frac{1}{2}I_{heat}R_{th,disk} \qquad (8-23)$$

而平均温度则为

$$T_{av} = T_0 + \frac{1}{3}I_{heat}R_{th,disk} \qquad (8-24)$$

对大多数薄片所用的基质材料,λ_{th} 依赖于掺杂浓度和材料温度。以掺杂浓度为 7%,材料温度为 100℃ 的 YAG 为例,则

$$\lambda_{th} \approx 6W\cdot m^{-1}\cdot K^{-1}$$

进一步假定薄片厚度为 0.18mm,则有

$$R_{th,disk} = 30k\cdot mm^2\cdot W^{-1}$$

典型情况下,薄片并非直接冷却,而是对固定其上的热沉的高反射率膜进行冷却。高反射率膜的热阻

$$R_{th,HR} = 10k\cdot mm^2\cdot W^{-1}$$

是比较合理的取值。

对高纯度 Yb:YAG,薄片内部热产生只由量子缺陷引起,且可表示为

$$\eta_{heat} = 1 - \frac{\lambda_p}{\lambda_l} \approx 8.7\% \qquad (8-25)$$

如果设吸收泵浦功率密度为 $60W\cdot mm^{-2}$,冷却液温度为 15℃,则薄片内平均温度约为 200℃。

一个有用的量是热载荷参数 C,

$$C = \frac{2\Delta T\eta_{\text{heat}}}{\lambda_{\text{th}}} \qquad (8-26)$$

它表示为保持薄片内温度升高低于给定值 ΔT 而允许的薄片厚度与泵浦功率密度乘积的最大值。

泵浦期间温度的上升将导致薄片的热膨胀,进而在薄片内引起热应力。理想情况下,整个泵浦区具有温度 T_{av},而非泵浦部分的温度为 T_{cool},薄片不发生弯曲。由弹性力学得到,泵浦边缘部分方位应力

$$\sigma_{\varphi,\max} = \frac{1}{2}\frac{\alpha_{\text{th}}E_{\text{elast}}}{1-\nu}(T_{\text{av}} - T_{\text{cool}})\left(1 + \frac{r_p^2}{r_{\text{disc}}^2}\right) \qquad (8-27)$$

式中: r_{disc} 为薄片半径; α_{th} 是热膨胀系数; E_{elast} 为弹性模量; ν 是泊松比。最坏的情况是泵浦区几乎完全充满薄片,这时有

$$\sigma_{\varphi,\max} \leqslant \frac{\alpha_{\text{th}}E_{\text{elast}}}{1-\nu}(T_{\text{av}} - T_{\text{cool}}) \qquad (8-28)$$

应力会导致光学相位畸变(OPD),相位畸变主要来自温度梯度引起的弯曲。其等效于曲率或球差的贡献,且可用折射率表示。其余非球差部分则引起衍射损耗。计算 OPD 可分为球差和非球差两部分:

$$\Phi(r) = -2\pi r^2/(\lambda R_L) + \Delta\Phi(r) \qquad (8-29)$$

通过增加泵浦区直径,同时保持泵浦功率密度为常数,可以由单一薄片获得很高的激光输出功率,已有输出 6.5kW 的报道。

图 8-9 是此类激光之一例,本例中,在光学效率高于 65% 时,输出功率超过 5.3kW。

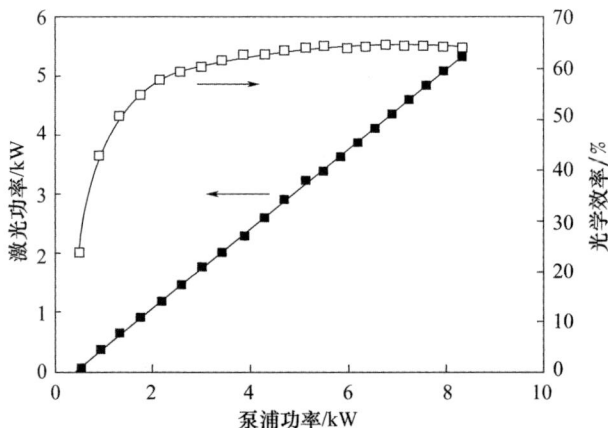

图 8-9 由单一薄片获得高效率和高输出激光功率

8.3.5 "液体"激光器

这里所说的"液体"激光器并非传统意义上以液体为工作物质的激光器,而是采用液体冷却技术的薄片激光器。美国通用原子航空系统公司(GA – ASI)早在 2003 年就开始研制高性能"液体"激光器,采用了浸入式液冷薄片设计。薄片激光器设计方式的核心概念是使用薄的、盘状激活介质,通过薄片的一个平面进行冷却。这确保了大的表面/体积比,并因此提供了非常有效的热管理,其基本结构如图 8 – 10 所示。

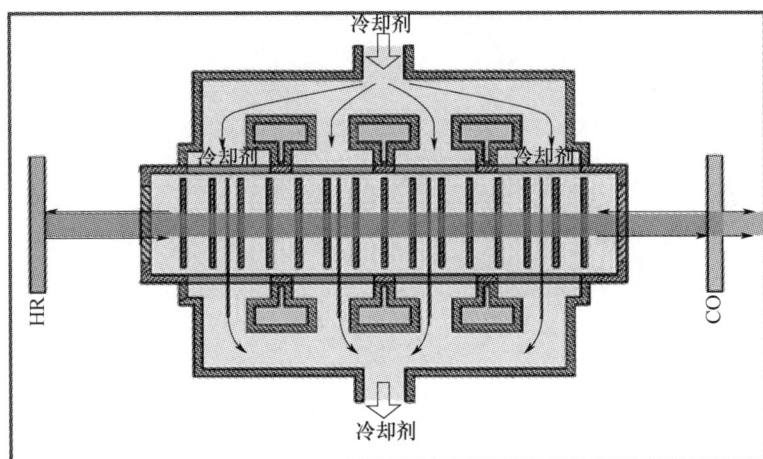

图 8 – 10 "液体"激光器谐振腔

由于薄片介质的厚度远小于直径,所以,当废热从薄片介质的一个表面导出时,热流的距离非常短,即使用大的泵浦能量也不会在盘片产生大的温度梯度;此外,激光功率由薄片另一个表面输出,因此,热流可以看作是沿平行于激光方向、几乎均匀的轴向一维热流,这样就会大大地降低热透镜效应,使得横向温度梯度、光束传播截面上的相位畸变实现最小化。因此薄片激光器能有效去除增益介质的热沉积,在获得高功率激光输出同时,保持高效率和高光束质量。

为产生较低或中等重复频率的高能激光器,需要采用有效的冷却机制和几何结构。据"高功率激光科学与工程"2014 年报道,美国劳伦斯利弗莫尔国家(Lewrence Livermore National Laboratory)实验室(LLNL)已获得单脉冲60J,脉冲重复频率数 10Hz 的输出。并称下一代高能固体激光器的首选材料为 Yb^{3+}:YAG 陶瓷。HiLASE 项目组正在为单脉冲 100J,脉冲重复频率数 10Hz 的目标而努力。

通用原子公司于 2015 年 4 月报道的第 3 代"液体"激光单元模块如图 8 – 11 所示,该模块代表了整个激光武器系统的作战光源,不需要连接外部电源,模块携带足够的锂离子电池,可以满足一定数量的射击次数供电。锂离子电池容量在通用原子公司属于机密信息。运用在激光武器系统中,只需外接火控信号,以及一个可操纵的望远镜作为光束指向器,该公司激光武器部主任称,武器模块包括高功率密度的锂离子电池组、激光器和电池组的液体冷却部件、一个或多个激光器单元模块,以及用于光束整形和稳定的光学器件,以便耦合进行平台专用的光束定向望远镜。

图 8 - 11   第三代 HELLADS 激光单元模块

目前千瓦级薄片激光器已形成产品,与商用棒状激光器相比,在同样输出功率下,其光束质量至少要高 3 倍。而且薄片激光器的光束质量还在不断提高,结合热容工作模式,可能发展成一代高平均功率激光器。本章稍后的 8.5 节将讨论薄片激光器的热容工作模式,而在此之前,首先介绍有关固体热容的基本理论。

8.4　板条激光器

板条激光器代表一类高功率固体块状激光器,其中增益介质具有板条的形状。典型情况下,激光板条在一个方向上相比在其他方向上明显要薄。增益介质为长方体,但并没有一个大的纵横比的其他激光器有时也被称为板条激光器。这仅仅是因为它们的增益介质不具有圆形横截面。然而实际上这样的激光器与圆棒状激光器在工作方式和功率特性上往往并无太大的不同。因此,若无特别说明,本章只讨论增益介质有一方向明显薄于其他两个方向的典型板条激光器。

由于要求高功率工作,板条激光器通常使用较大尺寸的激光材料。主要采用的激光晶体材料包括 Nd:YAG,Yb:YAG 等。

如果只考虑典型的板条激光器,基本上有两种不同几何结构的泵浦方式,如图 8 - 12 所示。

(a) 通常用于灯泵浦激光器,其中泵浦(实线箭头)和热导出(虚线箭头)都

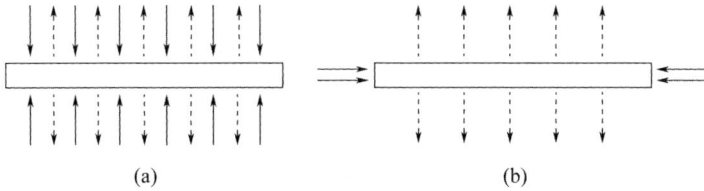

图 8 - 12　板条激光器的两种泵浦方式

（a）面泵浦结构；（b）边缘泵浦结构。

通过大面。（b）则更适合二极管泵浦,其中泵浦（实线箭头）和热导出（虚线箭头）在互相垂直的平面内。两种几何结构中,激光束均在垂直于图面的方向上,沿之字路径传播。

对于本章所关心的二极管泵浦,边缘泵浦或横向泵浦几何更适合。高功率激光二极管（如二极管条或二极管束）的高空间相干性,使得它可以通过相对狭窄的边缘注入所有的泵光。该泵浦二极管可以直接放置在板条边,二者之间没有任何光学元件。由于大的面不必是透明的,不同冷却机制可供采用,包括内部有水通道的金属热沉的传导冷却,热沉内部的水通道保持可能含污染物的冷却水远离光学表面。

传导冷却、边缘泵浦的 Yb：YAG 板条激光器输出平均功率理论上可达 100kW。

除了冷却和泵浦在不同位置的实际优点外,这种几何结构提供了一个沿宽度方向的长吸收路径,从而允许使用一个非常薄的板条,而不影响泵的吸收效率。此外,也可以减少材料的掺杂浓度,并增加泵的强度,这使得它更容易使用准三能级增益介质。在泵浦侧镀反射膜,只通过窄缝注入泵浦光。可以进一步提高泵浦的吸收效率和均匀性。

对于边缘泵浦,仍可能有两种不同的几何结构：一种是在垂直于激光束的方向上进行泵浦,这种方式不需要任何分色元件即可实现泵浦光和信号光的充分分离。然而,其缺点是泵浦光强分布不理想,最高强度泵浦光出现在信号光的外围,至少光束具有直的路径而不是之字形路径是如此。另一种是采用二色光学元件,泵浦光路与信号光路沿同一方向。这允许泵浦光和信号光全程很好重叠,只有两个边缘需要进行抛光和镀增透膜。

图 8 - 13 所示为典型的板条激光器,其中温度梯度发生在板条厚度方向上（板条宽度方向上的两侧面被热绝缘）,而光在厚度方向的两侧面（即泵浦面）上发生内全反射,呈锯齿形光路在两泵浦面之间传播,光传播方向近似与温度梯度方向平行,可基本避免热透镜效应和热光畸变效应,大幅度提高了激光输出功率。目前单根板条激光器连续输出功率已超过千瓦,脉冲输出能量超过百焦耳。板条激光器的缺点是发散角较大,技术复杂。其发展方向是用大功率半导体列

阵激光器侧向面泵浦,以获得更高的效率和更好的光束质量。

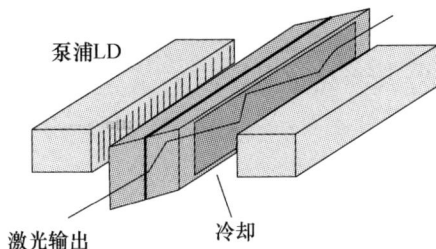

图 8 - 13   典型的板条激光器

图 8 - 14 表示注入 YAG 的两种不同方式。(a)为近布鲁斯特角入射,有利于常用的 p - 偏振光入射,对折射率 1. 82 的 YAG,布鲁斯特角 28. 8°,板条切角 30. 9°;(b)为近垂直入射,p - 偏振光损耗最小,进入的光基本充满板条。这种方式最适合两次通过放大,第一次 p - 偏振光,第二次 s - 偏振光,使出光效率得到提高。

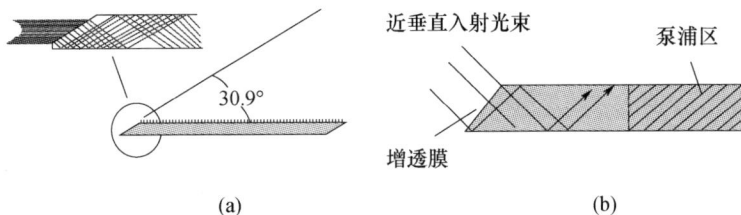

(a)   (b)

图 8 - 14   注入板条的两种方法

(a) 近布鲁斯特角入射;(b)近垂直入射。

板条激光器中激光振荡沿 Z 字进行(图 8 - 15),可以部分抵消热致光程差和双折射等畸变对光束质量的影响,因此常应用于高平均功率高光束质量激光器。主要缺点是因为板条必须满足一定的尺寸比,才能获得良好特性。因而采用这种泵浦结构就必需在散热和泵浦光吸收效率之间折衷:为了改善散热,要求减小板条的厚度,这将减少泵浦光的吸收长度,使泵浦效率降低。

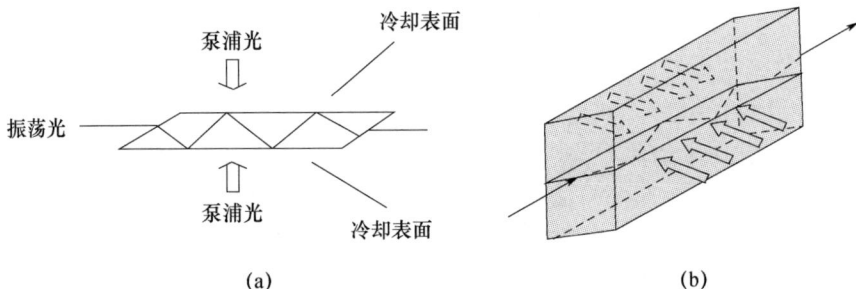

(a)   (b)

图 8 - 15   侧面泵浦板条激光器侧面泵浦的

(a) 俯视图;(b)立体图。

图 8 - 16 所示是一种新颖的传导冷却端面泵浦板条(CCEPS)激光器。Nd:
YAG 两端扩散键合未掺杂的 YAG,泵浦光经板条端面反射从纵向进入板条,泵
浦光吸收长度长,如果精心设计 YAG 中的掺杂浓度,可以实现均匀、高效的泵
浦。板条表面镀 SiO₂膜以保护表面,并防止泄漏激光进入冷却器。板条夹在铜
微通道冷却器之间,激光在晶体内沿 Z 字传播,与散热方向基本一致。

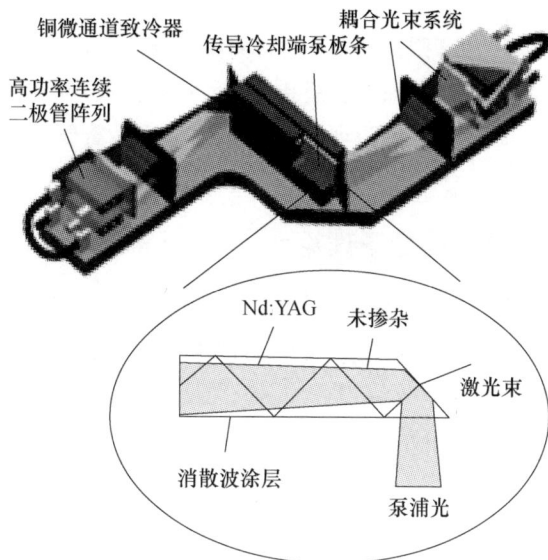

图 8 - 16　传导冷却端面泵浦板条激光器

8.5　固体的热容

本节基于经典理论和量子理论讨论固体的热容,旨在为下节讨论热容模式
工作的激光器做准备。

8.5.1　固体热容的经典理论

理想的固体模型是,构成固体的各个原子都在其平衡位置附近作小振幅简
谐振动。含 N 个原子的固体共有 $3N$ 个自由度。每一个振动自由度的能量为

$$\varepsilon = \frac{1}{2m}p^2 + \frac{1}{2}m\omega^2 q^2 + \varepsilon_0 \qquad (8-30)$$

式中:m 为原子质量;q 为原子相对于平衡位置的坐标;p 为与 q 共轭的动量;ω
为振动的圆频率;ε_0 为原子处于平衡位置时每一自由度的势能。

根据能量均分定理:能量中每一平方项的平均值等于 $\frac{1}{2}kT$,这里 k 是

Bolzman常数。式(8-30)中含两个平方项,它们的平均值应等于kT。而整个固体有$3N$个自由度,故总能量为

$$\overline{E} = 3NkT + E_0$$

其中$E_0 = 3N\varepsilon_0$与温度无关。由此可得固体等体积热容为

$$C_u = \left(\frac{\partial \overline{E}}{\partial T}\right)_u = 3Nk \qquad (8-31)$$

这一结果与杜隆(Dulong),柏替(Petit)于1818年发表的定律一致。且在室温及较高温度下与实验结果相吻合;但在低温时,实验数值较小,且随温度快速下降,并于温度趋于0K时趋于0。这一现象是经典理论所无法解释的,只能用下面介绍的量子理论解释。

8.5.2 固体热容的量子理论

1. 晶格热容的爱因斯坦模型

为了解决上一小节指出的矛盾,爱因斯坦于1907年首次将普朗克的量子理论应用于固体中原子的振动。假设所有原子都以同一频率ν振动,第j个原子简谐振动的量子化能量本征值为

$$\varepsilon_j = \left(n_j + \frac{1}{2}\right)h\nu \quad n_j \text{ 为常数}$$

而能量的统计平均值即

$$E_j(T) = \frac{1}{2}h\nu + \frac{\displaystyle\sum_{n_j} n_j h\nu e^{-n_j \beta h\nu}}{\displaystyle\sum_{n_j} e^{-n_j \beta h\nu}} \qquad (8-32)$$

其中

$$\beta = \frac{1}{kT}$$

式(8-32)可以改写为

$$\overline{E_j}(T) = \frac{1}{2}h\nu - \frac{\partial}{\partial \beta}\ln \sum_{n_j} e^{-n_j \beta h\nu} \qquad (8-33)$$

其中求和项为公比小于1的等比级数,因而

$$\sum_{n_j} e^{-n_j \beta h\nu} = \frac{1}{1 - e^{-n_j \beta h\nu}}$$

$$\ln \sum_{n_j} e^{-n_j \beta h\nu} = -\ln(1 - e^{-\beta h\nu})$$

$$\frac{\partial}{\partial \beta}\ln \sum_{n_j} e^{-n_j \beta h\nu} = -\frac{h\nu e^{-\beta h\nu}}{1 - e^{-\beta h\nu}} = -\frac{h\nu}{e^{\beta h\nu} - 1}$$

代入式(8-33)得

$$\overline{E}_j(T) = \frac{1}{2}h\nu + \frac{h\nu}{e^{\beta h\nu} - 1} \tag{8-34}$$

式中右边第一项为零点能,第二项是平均热能。

爱因斯坦假设晶格中各原子的振动可以看作是相互独立的。考虑到每个原子可以沿着 3 个方向振动,包括 N 个原子的系统共有 $3N$ 个频率为 ν 的振动,总能量为

$$\overline{E}(T) = 3N\overline{E}_j(T)$$

而晶格的热容则为

$$C_V = \frac{\mathrm{d}\overline{E}(T)}{\mathrm{d}T} = 3Nh\nu\frac{\mathrm{d}}{\mathrm{d}T}\left[\left(e^{\beta h\nu} - 1\right)^{-1}\right]$$

$$= 3Nk\frac{\left(\dfrac{h\nu}{kT}\right)^2 e^{\frac{h\nu}{kT}}}{\left(e^{\frac{h\nu}{kT}} - 1\right)^2} \tag{8-35}$$

下面讨论式(8-35)在高温和低温时的渐近行为。

在高温清况下,$\dfrac{h\nu}{kT} \ll 1$,将式(8-35)中的指数在 $\dfrac{h\nu}{kT} = 0$ 的邻域作级数展开得

$$C_V = 3Nk\frac{\left(\dfrac{h\nu}{kT}\right)^2\left(1 + \dfrac{h\nu}{kT} + \cdots\right)}{\left[\dfrac{h\nu}{kT} + \dfrac{1}{2}\left(\dfrac{h\nu}{kT}\right)^2 + \cdots\right]^2} \approx 3Nk \tag{8-36}$$

与式(8-31)一致。这是因为当振子的热能远大于能量量子 $h\nu$ 时,量子化效应可以忽略,量子论的结果,理所当然地应回到经过实验检验是正确的经典理论。

当温度很低时,$\dfrac{h\nu}{kT} \gg 1$,由式(8-35)有

$$C_V = 3Nk\left(\frac{h\nu}{kT}\right)^2 e^{-\frac{h\nu}{kT}} \xrightarrow{(T \to 0K)} 0 \tag{8-37}$$

这是由于振动能级是量子化的,绝对温度趋于零时,振动被"冻结"在基态而很难被热激发,因而对热容的贡献趋于零。

由此可见,由爱因斯坦模型得到的结果在高温时与实验符合得很好。低温时也与实验所得 C_V 随温度下降的趋势一致。然而,理论预言的下降速率则明显大于实验结果。这一矛盾的原因是模型假设固体中各原子之间存在很强的相互作用,振动频率有一定分布,对这一问题的解决导致下面的德拜模型。

2. 晶格热容的德拜模型简介

为了克服爱因斯坦模型所面临的困难,必须考虑固体中各原子振动频率的分布,并将各种振动频率对能量和热容的贡献相叠加。用 $g(\nu)\mathrm{d}\nu$ 表示 $(\nu, \nu + \mathrm{d}\nu)$ 之间的振动自由度数,而 $g(\nu)$ 称为频率分布函数,一旦 $g(\nu)$ 已知,便可求出热容。

德拜(Debye)于1912年提出一个近似模型,他将固体当作各向同性的弹性介质。能传播两种弹性波,一种是膨胀波,为纵波,波速为 C_l;另一种是扭转波,为横波,传播速度为 C_t。就某一频率而言,纵波只有一种振动方式,即在传播方向的振动;横波则有两种振动方式,即与传播方向垂直的两个正交振动。由此给出

$$g(\nu) = 4\pi V\left(\frac{1}{C_l^3} + \frac{2}{C_t^3}\right)\nu^2 \qquad (8-38)$$

注意到总的振动自由度数是 $3N$,故应有

$$\int_0^\infty g(\nu)\,\mathrm{d}\nu = 3N \qquad (8-39)$$

但将式(8-38)的 $g(\nu)$ 代入式(8-39),积分显然是发散的。因而必须假设振动频率存在最大值 ν_M,使

$$\int_0^{\nu_M} g(\nu)\,\mathrm{d}\nu_M = 3N$$

由此解出

$$\nu_M = \frac{\bar{C}}{2\pi}\left[6\pi^2\left(\frac{N}{V}\right)\right]^{\frac{1}{3}}$$

其中 $\bar{C}$ 由 $\frac{1}{\bar{C}^3} = \frac{1}{3}\left(\frac{1}{C_l^3} + \frac{2}{C_t^3}\right)$ 给出,而热容为

$$\begin{aligned}
C_V^{(T)} &= k\int_0^{\nu_M}\left(\frac{h\nu}{kT}\right)^2\frac{\mathrm{e}^{\frac{h\nu}{kT}}}{(\mathrm{e}^{\frac{h\nu}{kT}}-1)^2}g(\nu)\,\mathrm{d}\nu \\
&= 4\pi V\left(\frac{1}{C_l^3} + \frac{2}{C_t^3}\right)\int_0^{\nu_D}\left(\frac{h\nu}{kT}\right)^2\frac{\mathrm{e}^{\frac{h\nu}{kT}}\nu^4}{(\mathrm{e}^{\frac{h\nu}{kT}}-1)^2}\,\mathrm{d}\nu
\end{aligned}$$

如果用 ν_M 表示,则

$$C_V^{(T)} = 9R\left(\frac{kT}{h\nu_M}\right)^3\int_0^{h\nu_M/kT}\frac{x^4\mathrm{e}^x}{(\mathrm{e}^x-1)^2}\,\mathrm{d}x \qquad (8-40)$$

式中 $R = Nk$ 是气体常数,而 $x = \frac{h\nu}{kT}$。

式(8-40)中只含一个参数 ν_M,而且,如果以

$$\Theta_D = \frac{h\nu_M}{k} \qquad (8-41)$$

为单位计量温度,则热容 C_V 就是一个普适函数

$$C_V\left(\frac{T}{\Theta_D}\right) = 9R\left(\frac{T}{\Theta_D}\right)^3\int_0^{\Theta_D/T}\frac{x^4\mathrm{e}^x}{(\mathrm{e}^x-1)^2}\,\mathrm{d}x \qquad (8-42)$$

而 Θ_D 称为拜德温度。

总的来说,德拜模型计算的热容在相当宽的温度范围均与实验结果较好吻

合。但德拜的模型也有局限性,即对振动频率设置上限。事实上,当频率很高时,固体的原子结构就显现出来而不再能作出连续体处理。所以对较大的 ν 公式(8-38)不能适用。包括玻恩(Born)和卡曼(Karman)在内的著名物理学家们都曾作过进一步研究,但未能得到实际可用的结果。

3. 电子热容

严格来讲,上面讨论的是晶格热容。而固体热容还应包括电子热容。由费米统计可以得到电子热激发能为

$$E_{\mathrm{h}} = \frac{\pi^2}{6} N(E_F^0)(kT)^2 \tag{8-43}$$

其中 $N(E_F^0)$ 是 0K 的低温极限费米能级 E_F^0 的能态密度。

将式(8-43)对 T 求微商即得电子热容

$$C_V = \frac{\pi^2}{3} k N(E_F^0)(kT) \tag{8-44}$$

这是一个量子统计的结果,它比经典理论值 $\frac{3k}{2}$ 小得多,这是由于按照量子理论,大多数电子的初始能量远低于 E_F^0,由于受泡利原理所限基本上不能参与热激发,只有在 E_F^0 附近 kT 范围内的电子才对热容量有贡献。此外,在通常情况下,电子热容量远小于晶格热容量,但在低温下,随着温度下降,晶格热容量按 T^3 趋于零,而电子热容量与 T 成正比,随温度下降比较缓慢。在液氮温度范围,二者大小可相比拟。

在计及电子热容量的情况下,将使固体热容量的讨论变得更加复杂,幸运的是,迄今所关注的固体热容激光器的工作温度一般都在 100K 以上。因此,完全可以忽略电子热容量的影响。进而,在这一温度范围,甚至不必考虑晶格热容的德拜模型。所以,本章以下的讨论将以爱因斯坦模型的结果为基础,即

$$C_V(T) = 3R\left(\frac{\Theta_D}{T}\right)^2 \frac{e^{\frac{\Theta_D}{T}}}{\left(e^{\frac{\Theta_D}{T}} - 1\right)^2} \tag{8-45}$$

式中:$R = Nk$ 为气体常数;Θ_D 为德拜温度。

8.6　薄片激光器的热容工作

8.6.1　储热与升温

1. 储热功率与输出光功率

热容激光器在激光发射阶段会发生热能沉积,并导致工作介质温度升高,这是热容激光器的基本特征。沉积的平均热功率可表示为

$$P_{heat} = 2P_p \frac{V}{W} \eta_{abs} \frac{\chi}{1+\chi} D_t \qquad (8-46)$$

式中：P_p 是泵浦功率密度因子，2 表示双侧泵浦；V 为工作物质体积；W 为板的宽度；η_{abs} 为上能级吸收效率；χ 为比热参量，即介质内产生的热能 E_{heat} 与存储能量 E_s 之比 $\chi = \dfrac{E_h}{E_s}$。以图 8-17 为例

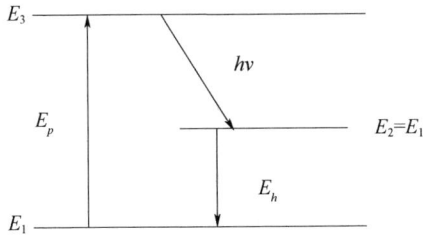

图 8-17　泵浦能量、热能、储能关系示意图

图中 E_p 为泵浦能量，对泵浦 1 个粒子从 E_1 到 E_3，$E_p = h\nu_{13}$；此时有 1 份有用能量 $E_s = h\nu_{32}$ 存储于工作物质中；而激光下能级的能量

$$E_2 = E_l = h\nu_{21}$$

则在粒子由该能级通过无辐射回到基态 E_1 时转化为热能。于是，按定义，

$$\chi = \frac{h\nu_{21}}{h\nu_{32}} = \frac{E_l}{E_p - E_l} = \frac{1}{\left(\dfrac{E_p}{E_l} - 1\right)}$$

$$1 + \chi = \frac{\dfrac{E_p}{E_l}}{\dfrac{E_p}{E_l} - 1} = \frac{1}{\left(1 - \dfrac{E_l}{E_p}\right)}$$

而

$$\frac{\chi}{1+\chi} = \frac{E_l}{E_p} = \frac{h\nu_{21}}{h\nu_{13}} \qquad (8-47)$$

激光器的输出功率为

$$P_{out} = \eta_{extr}(P_s - P_{th}) \qquad (8-48)$$

式 (8-48) 在右边括号中第一项为存储的功率；P_{th} 为阈值功率；而 η_{extr} 为提取效率。注意到

$$P_s = \frac{P_h}{\chi}$$

而

$$P_{th} = \frac{n_l V h\nu}{\tau_l}$$

τ_l 是下能级粒子寿命。代入式(8-48)得

$$P_{out} = \left(\frac{P_h}{\chi} - \frac{n_0 V h \nu e^{\frac{-E_l}{kT}}}{\tau_l} \right) \eta_{extr} \qquad (8-49)$$

式中：$n_l = n_0 e^{\frac{-E_l}{kT}}$ 是激光下能级粒子数密度；n_0 是各能级总粒子数密度。

在时间间隔 t 内因上述热沉积导致工作物质的温度升高为

$$\Delta T = \frac{P_h t}{\rho V C_V(T)} \qquad (8-50)$$

2. 温度的升高

在时间间隔 t 内因上述热沉积导致工作物质的温度升高为

$$\Delta T = \frac{P_h t}{\rho V C_V(T)} \qquad (8-51)$$

式中 ρ 是介质的密度。而 $C_V(T)$ 按式(8-45)随温度变化。但是，为得到 ΔT 的解析表达式，必须近似认为 C_V 是常数，即假定它等于起始温度的取值 $C_V(T_{start})$ 和最高温度时的取值 $C_V(T_{max})$ 之间的某一平均值。而这里的"最高温度"定义为使输出功率下降到 T_{start} 温度时的 f 倍的功率。于是，由式

$$\left(\frac{P_h}{\chi} - \frac{n_0 V h \nu e^{\frac{-E_l}{kT_{max}}}}{\tau_l} \right) \eta_{extr} = f \left(\frac{P_h}{\chi} - \frac{n_0 V h \nu e^{\frac{-E_l}{kT_{start}}}}{\tau_l} \right) \eta_{extr}$$

即

$$\frac{n_0 V h \nu}{\tau_l} \left[e^{\frac{-E_l}{kT_{max}}} - f e^{\frac{-E_l}{kT_{start}}} \right] = \frac{P_h}{\chi}(1-f) = \frac{2 P_p \eta_{abs} V}{W(1+\chi)}(1-f)$$

在 T_{max} 远大于 T_{start} 的条件下，上式左边方括号中的第二项可以忽略，于是有

$$e^{\frac{-E_l}{kT_{max}}} = \frac{2 P_p \tau_l \eta_{abs}(1-f)}{n_0 h \nu W(1+\chi)}$$

或

$$T_{max} = \frac{E_l}{-k \ln \left[\frac{2 P_p \tau_l \eta_{abs}(1-f)}{n_0 h \nu W(1+\chi)} \right]} = \frac{E_l}{-k \ln \left[F \left(1 - \frac{E_l}{E_p} \right) \right]} \qquad (8-52)$$

式中

$$F = \frac{2 P_p \tau_l \eta_{abs}}{n_0 h \nu W}(1-f) \qquad (8-53)$$

终得热沉积引起的温升

$$\Delta T = T_{max} - T_{start} = - \left\{ \frac{\frac{E_l}{kT_{start}}}{\ln \left[F \left(1 - \frac{E_l}{E_p} \right) \right]} + 1 \right\} T_{start} \qquad (8-54)$$

3. 能量输出

温度由 T_{start} 升到 T_{max} 期间,激光能量输出为

$$E_{\text{out}} = \int P_{\text{out}} \mathrm{d}t = \int_{T_{\text{start}}}^{T_{\text{max}}} \frac{P_{\text{out}}}{\left(\dfrac{\mathrm{d}T}{\mathrm{d}t}\right)} \mathrm{d}T$$

将式(8-50)和式(8-51)代入,有

$$E_{\text{out}} = \int_{T_{\text{start}}}^{T_{\text{max}}} \left(\frac{P_h}{\chi} - \frac{n_0 V h\nu e^{\frac{-E_l}{kT}}}{\tau_l} \right) \eta_{\text{extr}} \frac{\rho V C_V}{P_h} \mathrm{d}T$$

对感兴趣的情况,通常有 $E_l \gg kT$。例如,Nd:YAG 激光的下能级 $E_l \sim$ 0.26eV $\approx 0.42 \times 10^{-19}$ J,而 $T = 100$K 时,$kT \approx 1.38 \times 10^{-21}$ J。因此,$e^{\frac{-E_l}{kT}}$ 的积分可以忽略而得到

$$E_{\text{out}} = \frac{P_h}{\chi} \eta_{\text{extr}} \frac{\rho V C_V}{P_h} \Delta T = \eta_{\text{extr}} V \frac{\rho C_V}{\chi} \Delta T$$

$$= C_V \rho V T_{\text{start}} \eta_{\text{extr}} \left(\frac{E_p}{E_l} - 1 \right) \left\{ \frac{\dfrac{E_l}{kT_{\text{start}}}}{-\ln\left[F\left(1 - \dfrac{E_l}{E_p}\right)\right]} - 1 \right\} \qquad (8-55)$$

由式(8-55)中花括弧中的项可以看出,为保证 $E_{\text{out}} > 0$,需满足

$$E_l > -kT_{\text{start}} \ln\left[F\left(1 - \frac{E_l}{E_p}\right)\right] > kT_{\text{start}}(-\ln F)$$

因而,激光下能级最小值为

$$E_{l\min} = kT_{\text{start}}(-\ln F) \qquad (8-56)$$

由式(8-56)可见,F 越大,允许的 $E_{l\min}$ 越小,越容易被满足。而式(8-53)表明,F 大意味着工作物质单位体积吸收的泵浦功率高,或 f 小。而 f 表示 T_{max} 时的输出功率与 T_{start} 时之比,因而希望它有较大的值。但这将导致 F 减小,从而要求 $E_{l\min}$ 取较大的值。

典型情况下,F 具有 10^{-2} 的量级,于是 $E_{l\min} \sim 5kT_{\text{start}}$,若 $T_{\text{start}} = 100$K,则 $T_{\text{start}} \sim$ 6.9×10^{-21} J。Nd:YAG 激光工作物质的 $E_l \sim 4.2 \times 10^{-20}$ J,即使对更低的 T_{start} 亦可满足以上的要求。

式(8-55)中圆括弧项则表明,$\dfrac{E_l}{E_p}$ 不能太接近1,否则也会导致 E_{out} 太小。这就是说,E_l 既不能太靠近基态,也不能太靠近泵浦能级。通常认为理想的热容激光器的下能级应位于基态与上能级之间 $\dfrac{1}{3} \sim \dfrac{1}{2}$ 处。Nd^{3+} 相应于 $1.06\mu m$ 辐射的上、下能级分别高出基态能级约 1.4eV 和 0.26eV,还可以算是比较不错的

选择。

再次写出式(8-55)的前面部分,

$$E_{\text{out}} = \eta_{\text{extr}} \frac{\rho C_V}{\chi} \Delta T V \tag{8-57}$$

方程的右边给出两个品质因子,一个是$\frac{\rho C_V}{\chi}$,除χ外只包括材料参数,对零阶近似,可由激发离子的光谱估算,另一个是$\eta_{\text{extr}} \frac{\rho C_V}{\chi} \Delta T$,还依赖于激发期间的温度升高,量纲为单位体积材料激光输出的焦耳数。根据这两个品质因子有助于选择适用于热容激光器的工作物质。

8.6.2　温度分布与热应力

1. 表面与中心的温度差

假定对片状工作物质从两端面沿 Z 轴(厚度方向,$Z = 0$ 位于中心处)进行对称而稳定的泵浦,在边界绝热的条件下,可以通过解一维无限大平面热传导方程得到工作物质中的温度分布

$$T(Z,t) = \frac{2}{t_s} \frac{\chi}{1+\chi\rho C_V} P [1 - \exp(-\alpha t_s)] t + T_0 - \cos\left(\frac{2\pi}{t_s}Z\right) \frac{1}{\pi^2 \lambda (1+\chi)} Pt_s\chi \cdot$$

$$[1 - \exp(-\alpha t_s)] \frac{(\alpha t_s)^2}{(\alpha t_s)^2 + 4\pi^2} \left[1 - \exp\left(-\gamma \frac{4\pi^2}{t_s^2}t\right)\right] \tag{8-58}$$

式中:P 为泵浦光的辐照度(W·m^{-2});α 为吸收系数(m^{-1});t_s 为板厚度(m);λ 为热传导系数(W·m^{-1}K^{-1});γ 为热扩散系数(m^2·s^{-1});t 为时间;T_0 为 $t = 0$ 时的温度。

由式(8-58),工作物质表面与中心的温度差为

$$T_s - T_c = T_{Z = \pm \frac{t_s}{2}} - T_{Z=0}$$

$$= \frac{2}{\pi^2} \frac{Pt_s x}{\lambda(1+x)} [1 - \exp(-\alpha t_s)] \frac{(\alpha t_s)^2}{(\alpha t_s)^2 + 4\pi^2} \left[1 - \exp\left(-\gamma \frac{4\pi^2}{t_s^2}t\right)\right]$$

$$= \frac{2t_s}{\pi^2 \lambda} \Phi \frac{(\alpha t_s)^2}{(\alpha t_s)^2 + 4\pi^2} \left[1 - \exp\left(-\gamma \frac{4\pi^2}{t_s^2}t\right)\right] \tag{8-59}$$

其中

$$\Phi = P[1 - \exp(-\alpha t_s)] \frac{\chi}{1+\chi} \tag{8-60}$$

为从板表面流过的热流量。

式(8-59)表明,板表面的温度总是高于中心处温度,这是由于表面附近吸收的能量密度最大。而二者温度之差值,除材料参数外则由泵浦功率被吸收的

深度决定。此外,当 $t \geqslant \dfrac{t_s^2}{\gamma}$ 时,

$$\exp\left(-\gamma\frac{4\pi^2}{t_s^2}t\right) \leqslant \exp(-4\pi^2) \ll 1,$$

从此

$$T_s - T_c \approx \frac{2}{\pi^2}\frac{Pt_s\chi}{\lambda(1+\chi)}\left[1 - \exp(-\alpha t_s)\right]\frac{(\alpha t_s)^2}{(\alpha t_s)^2 + 4\pi^2}$$

不再随时间变化。这样,尽管表面和中心温度都在随时间增长,例如

$$T(0,t) = \frac{2}{t_s}\frac{\chi}{1+\chi}\frac{P}{\rho C_V}\left[1 - \exp(-\alpha t_s)\right]t + T_0$$

$$\quad - \frac{1}{\pi^2}\frac{Pt_s\chi}{\lambda(1+\chi)}\left[1 - \exp(-\alpha t_s)\right]\frac{(\alpha t_s)^2}{(\alpha t_s)^2 + 4\pi^2}$$

但分布形状保持不变。

2. 与传统工作模式 应力比较

由式(8-59)给出的温度差在板表面引起的应力为

$$\sigma_{hc} = \frac{aE}{2}(T_s - T_c)$$

$$= \frac{aE\Phi t_s}{\pi^2\lambda}\frac{(\alpha t_s)^2}{(\alpha t_s)^2 + 4\pi^2}\left[1 - \exp\left(-\gamma\frac{4\pi^2}{t_s^2}t\right)\right]$$

当 $t \geqslant \dfrac{t_s^2}{\gamma}$ 时

$$\sigma_{hc} = \frac{aE\Phi t_s}{\pi^2\lambda}\frac{(\alpha t_s)^2}{(\alpha t_s)^2 + 4\pi^2} \qquad (8-61)$$

而稳态平均功率 ssap 激光介质相应的表面应力为

$$\sigma_{ssap} \approx \frac{aE}{6\lambda(1-\nu)}\Phi\frac{6\left[\exp(\alpha t_s)(\alpha t_s - 2) + (\alpha t_s + 2)\right]}{\alpha \cdot \alpha t_s(e^{\alpha t_s} - 1)} \qquad (8-62)$$

其中 ν 是泊松比。

为对两种工作模式下的应力进行比较,将式(8-61)与式(8-62)相除得到

$$\frac{\sigma_{hc}}{\sigma_{ssap}} = \frac{(\alpha t_s)^4(\exp(\alpha t_s) - 1)}{\pi^2\left[(\alpha t_s)^2 + 4\pi^2\right]\left[\exp(\alpha t_s)(\alpha t_s - 2) + (\alpha t_s + 2)\right]}(1 - \nu)$$

$$(8-63)$$

式(8-63)的进一步简化要求对 $e^{\alpha t_s}$ 作级数展开,给出

$$\frac{6\left[\exp(\alpha t_s)(\alpha t_s - 2) + (\alpha t_s + 2)\right]}{\alpha \cdot \alpha t_s(e^{\alpha t_s} - 1)}$$

$$= \frac{6\left\{\left[1 + \alpha t_s + \frac{1}{2}(\alpha t_s)^2 + \frac{1}{6}(\alpha t_s)^3 + \frac{1}{24}(\alpha t_s)^4 + \frac{1}{120}(\alpha t_s)^5 + \cdots\right](\alpha t_s - 2) + (\alpha t_s + 2)\right\}t_s}{(\alpha t_s)^2\left[\alpha t_s + \frac{1}{2}(\alpha t_s)^2 + \frac{1}{6}(\alpha t_s)^3 + \frac{1}{24}(\alpha t_s)^4 + \frac{1}{120}(\alpha t_s)^5 + \cdots\right]}$$

$$= t_s \frac{1 + \frac{1}{2}(\alpha t_s) + \frac{3}{20}(\alpha t_s)^2 + \frac{1}{30}(\alpha t_s)^3 + \cdots}{1 + \frac{1}{2}(\alpha t_s) + \frac{1}{6}(\alpha t_s)^2 + \frac{1}{24}(\alpha t_s)^3 + \cdots}$$

$$\approx t_s \left[1 - \frac{(\alpha t_s)^2}{60} + \cdots \right] \tag{8-64}$$

将式(8-64)代入式(8-63),得

$$\frac{\sigma_{hc}}{\sigma_{ssap}} = \frac{(\alpha t_s)^2}{\pi^2 \left[(\alpha t_s)^2 + 4\pi^2 \right]} \cdot \frac{6(1-\nu)}{\left[1 - \frac{(\alpha t_s)^2}{60} \right]} = \frac{6(1-\nu)(\alpha t_s)^2}{4\pi^4 \left[1 + \frac{(\alpha t_s)^2}{4\pi^2} \right]\left[1 - \frac{(\alpha t_s)^2}{60} \right]}$$

$$\approx \frac{6(1-\nu)(\alpha t_s)^2}{4\pi^4 \left[1 + \frac{(15-\pi^2)}{60\pi^2}(\alpha t_s)^2 \right]} \approx \frac{3(1-\nu)}{2\pi^4}(\alpha t_s)^2 - \frac{(1-\nu)(15-\pi^2)}{40\pi^6}(\alpha t_s)^4$$

$$\tag{8-65}$$

对 $\nu = 0.3$ 的典型值,式(8-65)给出

$$\frac{\sigma_{hc}}{\sigma_{ssap}} \approx 0.01(\alpha t_s)^2 - 0.1 \times 10^{-3}(\alpha t_s)^4 \tag{8-66}$$

由式(8-66)可以看出,即使当 (αt_s) 达到 5 时, $\frac{\sigma_{hc}}{\sigma_{ssap}}$ 也只有 0.25。这就是说,在其他条件相同的情况下,以热容模式工作的激光介质表面产生的张力只有以稳态平均功率工作的激光介质表面张力的四分之一。这正是热容激光器的主要优点,它使热容激光器可以在更高功率下工作,并输出更好的光束质量。

8.6.3　光束畸变

固体热容激光器在激光输出阶段产生大量废热,从而导致介质的瞬态温度及热应力的非均匀分布。这将从两方面引起介质折射率的变化:一方面是温度的非均匀分布直接导致折射率的非均匀分布;另一方面则是温度变化在介质内产生热应力,进而引起折射率变化。折射率的这些变化均会使光程差发生变化,并因此导致光束波前畸变。此外,温度升高引起的热膨胀使增益介质变形,也会改变光程差。

全面描述以上因素引起的光程差和光束畸变需要热力学、弹性力学等众多领域的知识,超出本书的范围,这里只给出简化处理。

考虑一块板状介质,厚度沿 Z 轴方向放置,与其垂直的表面形状用 $S(x,y)$ 表示,则光程由

$$OP = OP_0 \left[1 - \frac{\frac{\partial s}{\partial y}}{n^3} - \frac{\left(\frac{\partial s}{\partial y}\right)^2 (n^4 - n^2 - 3) - \left(\frac{\partial s}{\partial x}\right)^2 n^2}{2n^6} \right] \tag{8-67}$$

式中:n 是材料折射率;OP_0 为沿 Brewster 角 θ_B 方向的平板均匀波前位移。

如图 8 – 18 所示,用 t_s 表示板厚,则有

$$OP_0 = nt_s/\sin\theta_B \qquad (8-68)$$

当厚度方向温度梯度为线性时,垂直面表面形状为

$$S(x,y) = \frac{\alpha\delta T}{2t_s}(x^2 + y^2) \qquad (8-69)$$

图 8 – 18 OP_0 与 θ_B 关系示意图

式中:α 为材料线膨胀系数(K^{-1});δT 为沿厚度方向的温升。

由式(8 – 69)可以看出,$\frac{\partial s}{\partial y}$ 与 $\alpha\delta T$ 成正比,$\alpha\delta T$ 的典型值具有 10^{-6} 的量级,因而 $\left(\frac{\partial s}{\partial y}\right)^2$ 与 $\frac{\partial s}{\partial y}$ 相比可忽略。注意到这一点,将式(8 – 69)代入式(8 – 67)给出

$$OP \approx OP_0\left(1 - \frac{\alpha\delta T}{n^3} \cdot \frac{y}{t_s}\right) \qquad (8-70)$$

对 Nd:YAG 激光工作物质,$\lambda = 1.0\mu m$ 处 $n \approx 1.82$,$\theta_B \approx 57°$,设 $t_s = 1cm$,代入式(8 – 68)得

$$OP_0 \approx 2.1cm$$

而光束孔径上的光程与理想光程之差则为

$$\frac{\alpha\delta T}{n^2 \sin\theta_B}y$$

具有 $10^{-6}m$ 即微米量级。或者,对 $1\mu m$ 波长、位相差为 6rad 左右。这样一个位相差会对光束质量产生明显影响,因而需要本书前面有关章节介绍的腔内自适应光学系统加以校正,下面介绍的热容激光器之例就采用了腔内自适应光学校正系统。

8.7 热容激光器

2001 年 12 月美国白沙导弹试验靶场用激光在 6s 内将 2cm 厚的钢板堆烧了一个直径 1cm 的洞,所花电费不到 30 美分。所用激光器是闪光灯泵浦的 Nd:glass 激光器,重复频率 20Hz,每个脉冲输出 640J(13kW),$\eta = 1.3\%$,其特点是采用了"热容设计"。这一结果大大激发了军方的兴趣,美军计划 2007 年前建立 100kW 固体热容激光器。激光工作物质采用 Nd:GGG,重复频率 200Hz,每个脉冲输出 500J,$\eta = 10\%$,用电池供电。激光系统结构紧凑(长 2m,宽小于 1m),可以装在混合用电的高机动多用途战车上。因此只要有柴油供应,整个武器系统就能投入使用,系统机动性、实战能力大大增加。

热应力造成固体工作介质破坏,从而限制了固体激光器的最大输出平均功

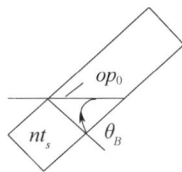

率。通常,泵浦通过表面进入工作介质,冷却也是通过表面进行的。常规工作时泵浦和冷却是同时进行的,工作介质表面的温度比内部的低,如图 8 - 19(a)所示,表面受到拉应力。热容激光器是间歇工作的,在泵浦期间不对工作介质冷却,工作介质"储能",激光发射停止后的间歇期间才对工作介质冷却,然后进入下一个循环。因此激光工作期间工作介质表面的温度比内部的高,如图 8 - 19(b)所示,表面受到压应力。由于固体激光工作介质抗压远大于抗拉,因此,热容量模式工作时,工作介质可承受比常规工作高几倍的平均功率,而不致因热应力造成破坏。由于间歇时间致冷,可以采用自然风冷,整体结构减小,适合某些军用场合。

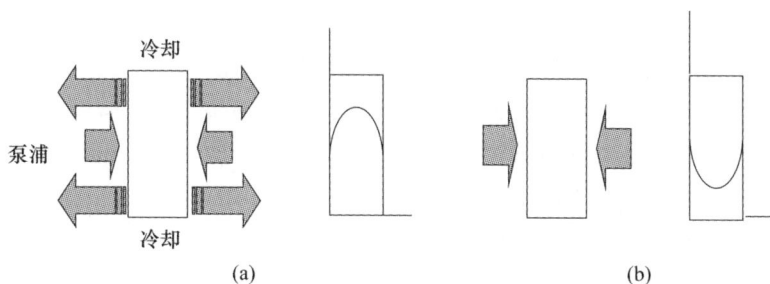

图 8 - 19　普通模式和热容模式工作时工作介质内部温场分布示意图
(a)普通方式工作:表面承受拉应力;(b)热容量工作:表面承受压应力。

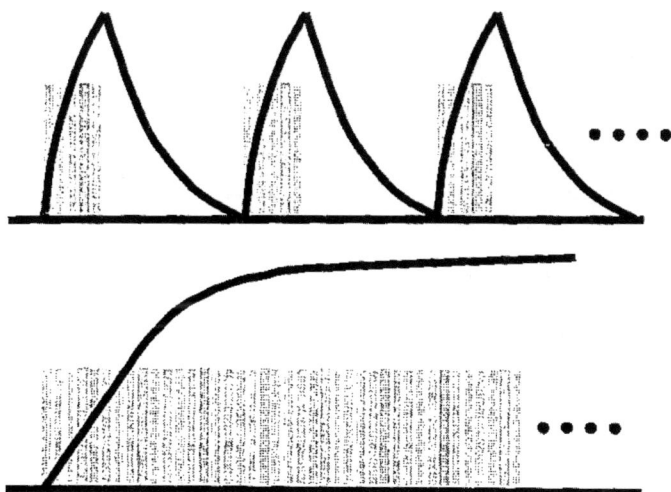

图 8 - 20　热容激光器(上)与普通脉冲激光器(下)工作时,工作介质温度示意图

由上面描述可知(图 8 - 20),热容模式工作时工作介质始终处于热"不稳定状态",而普通模式工作一段时间后,工作介质逐渐趋于热"稳定状态",其内部温场分布也趋于稳定。为改善光束质量,谐振腔设计(例如热

不灵敏腔)都稳定的温场分布为前提。因此热容模式工作对谐振腔的设计也提出了挑战。

热容模式工作的一个缺点是需要一个间歇时间以便对工作介质进行冷却。始果用已冷却的工作介质代替受热的,那么就可以缩短激光系统运转的间歇时间。

热容模式工作时,不专门对工作介质进行冷却,工程上也没有、而且没有必要对工作介质热绝缘。因此虽然工作介质中的热畸变比常规工作模式的低,但由于介质要向周围环境散热,必然要在工作介质中造成热畸变,因此热容模式工作不应作为获得高光束质量的一种主要手段。

原则上,所有几何形式(圆棒、板条、盘片)的固体介质都可以热容模式工作。高平均功率激光器(包括热容模式)大多采用盘片状工作介质,这是因为各种瞬态光 – 机形变与工作介质的几何形式有关,盘片激光介质的形变与激光轴线方向基本一致,因此可保持良好的光束质量,而且通过增加盘片的面积和数量可以增加激光系统的输出功率。

2006 年 1 月,位于加利福尼亚州的美国劳伦斯利弗莫尔国家实验室(LLNL)。研制成功一台当时世界最高水平的热容激光器,单脉冲能量 335J,重复频率 200Hz,激光输出平均功率达到 67kW,创下脉冲二极管泵浦固体激光输出功率的纪录。该装置的结构图如图 8 – 21 所示,而图 8 – 22 为该系统的俯视(a)和侧视(b)图。

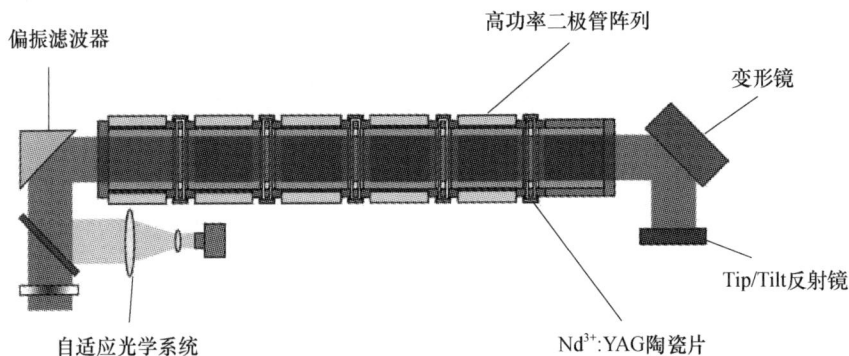

图 8 – 21　LLNL 热容激光器结构图

激光器每片工作物质由 4 个(每侧 2 个)高功率激光二极管阵列泵浦。每个二极管阵列以一定角度泵浦临近的陶瓷片表面,给整个表面提供均匀的泵浦光强。本例中,激光增益介质为 5 片 Nd^{3+}:YAG 透明陶瓷,陶瓷片的边缘包以掺钴钆镓石榴石(GGG),以抑制放大的自发辐射。图 8 – 21 显示 5 个增益模块,

(a)　　　　　　　　　　　　　　　(b)

图 8 - 22　LLNL 热容激光器的俯视(a)和侧视(b)图

彼此锁定形成紧凑的腔。由波前传感器、变形反射镜、倾斜反射镜和控制器组成的内腔自适应光学系统保持波前相位均匀。

两个关键部分组成热容激光器的增益模块。第一个是高功率激光二极管阵列,用于泵浦激光增益介质。每个二极管阵列包含数百个相对较小,但功率很高的二极管条,经仔细排列构成二极管阵列。热容激光器的第二个关键部件是激光增益介质。作为激光增益介质的大体积透明陶瓷的出现,是热容激光器发展中的关键技术进展,主要因为热容激光器的输出功率随增益介质体积的增大线性提高。

图 8 - 23 所示为日本公司生产的两块透明陶瓷板条激光材料,左边一块为 Nd:YAG,尺寸 10cm × 10cm × 2cm,右边一块用钐包边。

有源窗口　　　　　　　　　　钐包层边缘

图 8 - 23　透明陶瓷板条激光材料

在固体激光介质中,大部分自发发射由于全内反射而被收集。为吸收这一辐射,并阻止内部寄生辐射,材料要进行包边,图 8 - 24 即为一例,这里掺钴 Nd:

YAG 激光板条用环氧树脂包边。

图 8-24　用环氧树脂包边的掺钴 Nd:YAG 激光板条

图 8-25 为一个热容激光器的几何结构。激光介质为 m 块厚度 l 的板条组成,激活介质的总长度 $L_{slab} = ml$。谐振腔由反射率分别为 R_1 和 R_2 的反射镜构成,腔长 L_{cav}。对每一块板条的泵浦强度为 $i_p(\lambda, t)$。为简单起见,假定激光输出在一条线上,而在介质内部圆形光强 $I_l^\pm$,介质损耗 α。

泵浦二极管有一个依赖于时间的中心波长和谱线宽度,因此,重要的是将向激光上能级泵浦的速率表示为更加一般的形式。

$$R_p(z) \propto \int \lambda \sigma_a(\lambda) i_p(\lambda, t) \left[\exp(-N_0 \sigma_a(\lambda) z) + \exp(-N_0 \sigma_a(\lambda)(l-z)) \right] d\lambda$$

$$(8-71)$$

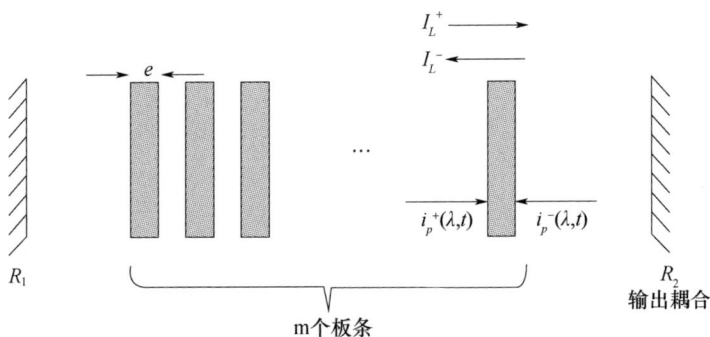

图 8-25　热容激光器的几何结构例

用 ΔE_{10} 和 ΔE_{32} 分别表示能级 $1-0$ 和能级 $3-2$ 之间的能级差,则可写出温度为 T 时能级 1 和能级 2 上的粒子数分别为

$$N_1(T) = N_0 \exp(-\Delta E_{10}/kT)$$

$$(8-72)$$

和

$$N_2^0(T) = \frac{Z_{32}(T)}{Z_{32}(T_0)} N_2^0(T_0) \qquad (8-73)$$

其中,$\Delta E_{10} \approx -0.26\text{eV}$;$K$ 为玻耳兹曼常数;T_0 为参考温度,而

$$Z_{32}(T) = \frac{Z_2(T)}{Z_2(T) + Z_3(T)} \qquad (8-74)$$

是能级 2 上粒子的占比。$N_2^0(T)$ 表示由泵浦过程导致的能级 2 的粒子数,以区别于由其相对于基态的位置而决定的纯热发布粒子数 $N_2(T)$。方程(8-74)中的 $Z_2(T)$ 和 $Z_3(T)$ 定义为

$$Z_i(T) = \sum_\alpha \exp(-E_{i\alpha}/kT) \qquad (8-75)$$

这里 α 是能级 i 的子能级。Z_{32} 一个好的近似为

$$Z_{32}(T) = 1/[1 + 4\exp(-\Delta E_{32}/kT)] \qquad (8-76)$$

其中

$$\Delta E_{32} = 0.13\text{eV}$$

于是,描述振荡的方程可写为

$$\frac{\partial N_2^0(T)}{\partial t} = \frac{N_0}{hc} R_p(z,t) - k_T N_2^0(T) - \frac{(\sigma_{21}(T) N_2^0(T) - \sigma_{12}(T) N_1(T))(I_L^+ + I_L^-)}{h\nu_L}$$

$$\pm \frac{\partial I_L^\pm}{\partial z} + \frac{n}{c} \frac{\partial I_L^\pm}{\partial t} = \{[\sigma_{21}(T) N_2^0(T) - \sigma_{12}(T) N_1(T)](I_L^\pm + I_n^\pm)$$

$$- \alpha I_L^\pm\}(L_{\text{slab}}/L_{\text{cav}}) \qquad (8-77)$$

式中:k_T 为上能级总衰减速率。引起激光过程的噪声由 $I_L^\pm$ 表示,而 α 为系统中的任何损耗。上述方程组近似为 $N_0 + N_2 = N$,这里 N 为 Nd 离子的总浓度。初始/边界条件

$$N_2^0(t=0) = I_L^\pm(t=0) = 0$$

$$I_L^+(z=0,t) = R_1 I_L^-(z=0,t)$$

$$I_L^-(z=L_{\text{cav}},t) = R_2 I_L^+(z=L_{\text{cav}},t) \qquad (8-78)$$

式中:R_1 和 R_2 分别为高反镜和输出耦合镜的反射率。

激光的输出功率随温度的升高而下降,图 8-26 是对含 7 板条的一个实际系统计算的结果。

有很多技术被用于控制热容激光器中的波前畸变,图 8-27 即为一例。其中的变形反射镜(DM)是控制波前的主要部件,Tip-tilt 用作高速反射镜,光学链路中间的石英转镜的作用是双折射补偿,而光束采样板和哈特曼传感器未在图中画出。

由于泵浦及 DM 吸收的不均匀,在相差大到能被 DM 校正之前,早期激光运

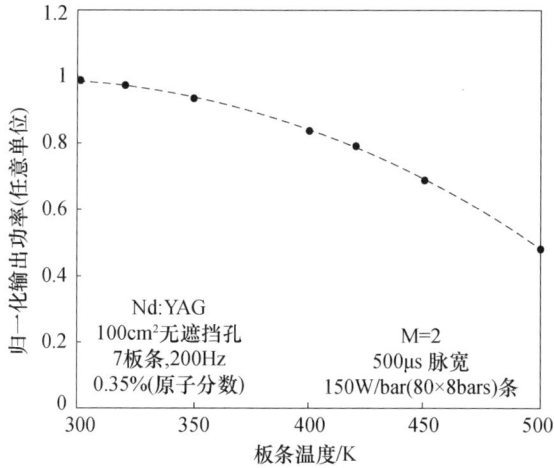

图 8-26 对一个实际系统计算的结果

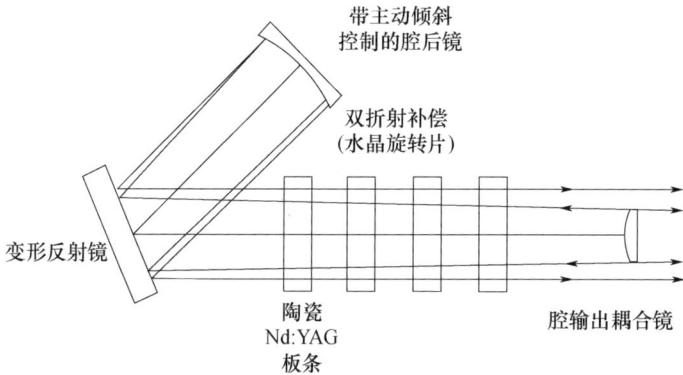

图 8-27 热容激光器光学层面图(未包括光束采样板和哈特曼传感器)

转时间被限制于 1s。通过更换 DM 和使泵浦阵列均匀化,这一时限已扩展到 5s,其变化如图 8-28 所示。

热容激光方案在高能应用竞标中失败,影响了经费的支持。迄今,其输出功率还未达到 100kW 的预计目标。作者认为与洛·格公司的传导却端泵板条激光器相比,工作时间短以及激光模式较难控制(激光器始终工作在非热稳定状态)可能是两个主要原因。但热容工作模式倒不失为一个启示。为避免热效应造成工作介质的破坏,只要设计成与热效应联合作用的结果是在工作介质表面形成压应力,就可以提高固体工作介质的抗破坏阈。

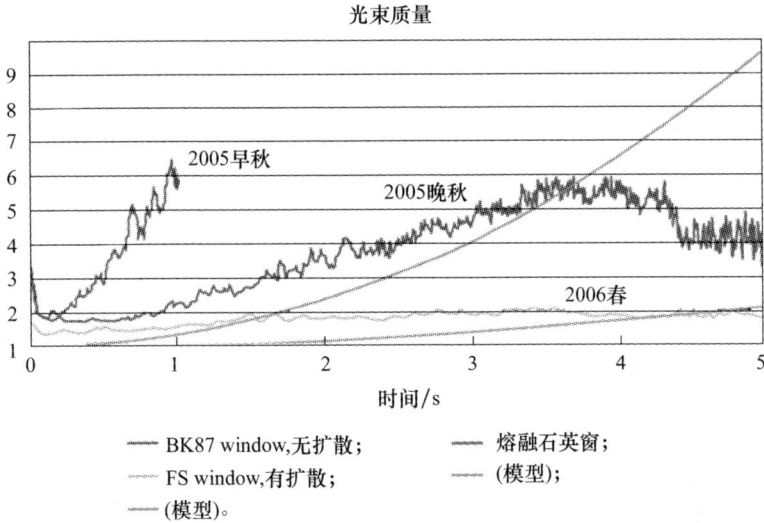

光束质量

时间/s

—— BK87 window,无扩散；　　　—— 熔融石英窗；

—— FS window,有扩散；　　　—— (模型)；

—— (模型)。

图 8 - 28　激光运转时限的发展

参考文献

[1] Contg K , et al. Theoretical modelling and experimental investigations of the diolde-pumped thin disk Yb：YAG laser[J]. Quantum Electron ,1999 ,29(8) :697.

[2] Stewen C , et al. A 1 – kW CW thin disc laser[J]. IEEE J. Sel. Top. Quantum Electron ,2000 ,6(4) :650.

[3] Paschotta R , et al. Passive mode locking of thin-disk lasers :effects of spatial hole burning[J]. Appl. Phys. B , 2001 ,72(3) :267.

[4] Brunner F , et al. 240-fs pulses with 22-w average power from a mode-locked thin-disk Yb：KY(WO$_4$)$_2$ laser [J]. Opt. Lett ,2002 ,27(13) :1162.

[5] Innerhofet E , et al. 60 W average power in 810-fs pulses from a thin-disk Yb：YAG laser[J]. Opt. Lett ,2003 , 28(5) :367.

[6] Stolzenburg C , et al. Cavity-dumped intracavity-frequency-doubled Yb：YAG thin-disk laser with 100 w average power[J]. Opt. Lett ,2007 ,32(9) :1123.

[7] Giesen A , Speiser J. Fiteen years of work on thin-disk lasers : results and scaling laws [J] . IEEE J. Sel. Top. Quantum Electron ,2007 ,13(3) :598.

[8] Paschotta R , Speiser J , Giesen A. Comment on Surface loss limit of the power scaling of a thin – disk laser[J]. J. Opt. Soc. Am. B 24 ,2007(10) :2658.

[9] Pachotta R , et al. Passively mode-locked thin-disk laser[J]. U. S. Patent ,2004 ,6 ,834 ,064.

[10] Marchese S V , et al. Efficient femtosecond high power Yb：Lu$_2$O$_3$ thin-disk laser[J]. Opt. Express ,2007 ,15 (25) :16966.

[11] Neuhaus J , et al. Passively mode-locked Yb：YAG thin-disk laser with pulse energies exceeding 13 uj by use of an active multipass geometry[J]. Opt. Lett. ,2008 ,33(7) :726.

[12] Marchese S V , et al. Femtosecond thin-disk laser oscillator with pulse energy beyond the 10-microjoule leve

[J]. Opt. Express,2008,16(9):6397.

[13] Palmer G,et al. Passively mode-locked Yb:KLu(WO$_4$)$_2$ thin-disk oscillator operated in the positive and negative dispersion regime[J]. Opt. Lett. ,2008,33(14):1608.

[14] Neuhaus J,et ah. Subpicosecond thin-disk laser oscillator with pulse energies of up to 25.9 microjoules by use of an active multipass geometry[J]. Opt. Express,2008,16(25):20530.

[15] Speiser J. Scaling of thin-disk laser-influence of amplified spotaneous emission[J]. J. Opt. Soc. Am. B, 2009,26(1):26.

[16] Baer C R E,et al. Femtosecond Yb:Lu$_2$O$_3$ thin disk laser with 63 W of average power[J]. Opt. Lett. , 2009,34(18):2823.

[17] Südmeyer T,et al. High-power ultrafast thin disk laser oscillators and their potential for sub-100-femtosecond pulse generation[J]. Appl. Phys. B,2009,97(2):281.

[18] Baer C R E,et al. Femtosecond thin-disk laser with 141 W of average power[J]. Opt. Lett. ,2010,35(13): 2302.

[19] Ricaud S,et al. Yb:CaGdAlO$_4$ thin-disk laser[J]. Opt. Lett. ,201136(21):4134.

[20] Pronin O,et ah. High-power 200 fs Kerr-lens mode-locked Yb:YAG thin-disk oscillator[J]. Opt. Lett. ,2011,36 (24):4746.

[21] Saraceno C J,et al. Sub−100 femtosecond pulses from a SESAM modelocked thin disk laser[J]. Appl. Phys. B, 2012,106(3):559.

[22] Baer C R E,et al. Frontiers in passively mode-locked high-power thin disk laser oscillators[J]. Opt. Express, 2012,20(7):7054.

[23] Bauer D,et al. Mode-locked Yb:YAG thin-disk oscillator with 41 uJ pulse energy at 145 W average infrared power and high power frequency conversion[J]. Opt. Express,2012,20(9):9698.

[24] Pronin O,et al. High-power Kerr-lens mode-locked Yb:YAG thin-disk oscillator in the positive dispersion regime[J]. Opt. Lett,2012,37(17):3543.

[25] Saraceno C J,et al. Ultrafast thin-disk laser with 80 uJ pulse energy and 242 W of average power[J]. Opt. Lett. ,2014,39(1):9.

[26] Saraceno C J, et al. Toward millijoule-level high-power ultrafast thin-disk oscillators [J]. IEEE J. Sel. Top. Quantum Electron,2015,1(1):1100318.

[27] Fattahi H,et al. High-power,1-ps,all-Yb:YAG thin-disk regenerative amplifier[J]. Opt. Lett. ,2016,41 (6):1126.

[28] Fischer J,et al. 615 fs pulses with 17 mJ energy generated by an Yb:thin-disk amplifier at 3 kHz repetition rate[J]. Opt. Lett,2016,41(2):246.

[29] 阎吉祥,崔小虹,王茜蒨,等. 激光原理与技术[M]. 2 版. 北京:高等教育出版社,2011.

第 9 章

光纤激光器

光纤激光器由于其显而易见的优点和不难想像的潜在应用,从 20 世纪 60 年代第一次出现后便引起人们的极大关注。但光纤缴光器的早期器件输出功率小,使其应用领域在很大程度上受到限制。直到 20 世纪 90 年代初发明了双包层结构,光纤激光器输出大幅度提高,迄今已可与块状工作介质激光器相媲美。而前者结构紧凑,其高效率、高光束质量等优点令后者难及项背。因此,光纤激光技术及其应用在最近十几年迅速发展,已成为当今激光领域新的研究热点。

9.1 引言

1961 年,美国光学公司的 Snitor 在掺有三价稀土离子 Nd^{3+} 的玻璃光纤中最先观察到受激辐射现象,不久便研制出第一台光纤激光器,该器件采用与光纤同轴的闪光灯横向抽运。虽然这种泵浦方式效率很低,但光纤已表现出很高的增益水平。此后 10 年左右的时间里,泵浦系统得到迅速发展。首先是泵浦方式由横向变为纵向,其次是泵浦源用激光二极管代替了闪光灯。新的技术使光纤激光器的工作阈值大大下降,工作效率进一步提高。第三个主要发展在接下来的另一个 10 多年里完成,主要是工作介质的改进。一方面是硅基质光纤的发明,另一方面是稀土元素离子掺杂,其中掺 Er^{3+} 硅光纤激光器的输出可以完全覆盖 1525 ~ 1565nm 的 C – 波段光通信窗口,从此,掺 Er^{3+} 光纤激光器和放大器(EDFL&A)的研究引起人们极大的兴趣。与此同时,基于重金属氟化物光纤的发展,可辐射蓝光、绿光和红光的紧凑可见光源也展现出良好的前景,进而窄线宽光纤激光器、可调谐光纤激光器及无反射镜激光器也相继出现。

此后,研究重点再次聚焦于提高光纤激光器的功率,并于 20 世纪 90 年代初发明了双包层光纤和激光二极管阵列抽运技术,使光纤激光器的输出功率大幅提高。目前,市售单模光纤激光器的输出功率已达 2000W,多模输出则可达到 50kW,采用相干合成技术更可望获得 10^5 W 量级的输出。

9.2 几种稀土离子的能级和谱

本节在概述之后将重点介绍目前光纤激光领域应用较广、性能较好的几种稀土离子在硅和氟基质光纤中的激光能级结构及它们的吸收和发射光谱。

9.2.1 概述

由上节的论述可知,光纤激光器的工作介质是以过渡元素离子或稀土元素离子为掺杂的玻璃或晶体光导纤维。因此,可以想象,其工作机理与块状固体激光器大致相同。例如,关于激光产生的必要条件和充分条件等,均可参照本书第2章的相关内容进行讨论。特别是,增益系数可表示为能级粒子数和吸收、发射截面的函数。这里只介绍光纤激光器特有的一些性能。因为光纤工作介质很长,能级粒子有可能随位置的变化有明显变化,因而将 Z 处的增益系数写为

$$G(Z) = N_u(Z)\sigma_{ul}(\nu) - N_l(Z)\sigma_{lu}(\nu) \tag{9-1}$$

总增益系数为

$$\int_0^L G\mathrm{d}z = \int_0^L \left[N_u(Z)\sigma_{ul}(\nu) - N_l(Z)\sigma_{lu}(\nu) \right]\mathrm{d}z \tag{9-2}$$

式中: $\sigma_{ul}(\nu)$, $\sigma_{lu}(\nu)$ 分别为频率 ν 处的散射截面和吸收截面; L 为光纤的总长度。

同样由于光纤通常很长,由式(9-2)得到的增益很高,这正是光纤激光器的一个主要优点,由此导出很多重要结果。

首先,即使泵浦水平不太高,也可得到较高的增益,这意味着光纤激光器容易用二极管激光器进行泵浦,而它与闪光灯泵浦相比,其优越性是不言而喻的。

其次,较高的增益允许有较高的损耗和较低的量子效率。前者为激光谐振腔的设计者提供更大的自由,后者则使远离发射谱线中心频率处的增益也大到足以产生激光的水平。这就意味着,很容易实现宽的波长可调谐范围。事实上,对调谐范围的限制不来自增益,而是来自发光离子的辐射谱线。

以上现象导致一个值得关注的结果,即光纤激光器有时不能简单的称为3能级系统或4能级系统,其性能往往介于二者之间。为说明这一点,以图9-1所示系统为例,在距离泵浦端较近的区域,泵浦信号较强,基态 E_0 上的粒子基本都被泵浦到 E_2,并很快通过无辐射跃迁弛豫到 E_1,由 E_1 向 E_0 的跃迁产生波长为 λ_0 的辐射。回到 E_0 的粒子很快又被泵浦到 E_2,使 E_0 基本保持为空能级,这与一般固体激光器的三能级系统相似。

在距离泵浦端较远的区域,因泵浦信号衰减而不足以将 E_0 迅速抽空,但考虑到基态会因 Stark 效应等原因而分裂出新的能级 $E_0{'}$,后者位于 E_0 之上,且其

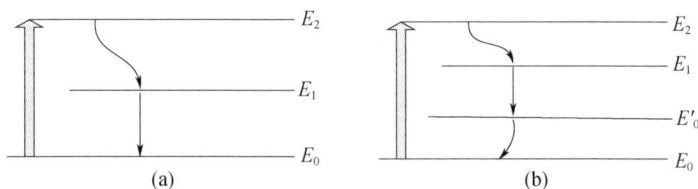

图 9 - 1　光纤激光器能级图

(a) 能级未发生分裂的 3 能级系统；(b) 基态发生分裂的情况。

上粒子极易向 E_0' 弛豫，而使 E_0' 基本保持为空能级。于是，粒子很容易由 E_1 跃迁到 E_0' 而产生 $\lambda' > \lambda_0$ 的辐射，工作方式亦与 4 能级系统类似，因而，具有这种能级结构的光纤激光器可视为准 3 能级系统或准 4 能级系统。

3 价稀土离子中的大量能级初看似乎为潜在的激光跃迁提供宽广的选择机会，实际上，很多能级由于寿命太短而不适合作为激光能级，因为短寿命能级上的粒子会通过多声子发射的无辐射跃迁过程向低能级弛豫。

多声子弛豫对上转换激光也有重要影响。这种激光首先通过两个或更多光子的相继吸收而将粒子泵浦到高能级，随后辐射一个高能光子。为使上述过程得以顺利进行，中间能级和激光上能级均不允许高速率的多声子弛豫过程存在。

表 9 - 1 给出一些有代表性的光纤激光工作介质中掺杂元素的跃迁。下面将对其中几种作进一步的讨论。

表 9 - 1　部分光纤激光工作介质中掺杂元素的跃迁

元素	能级	波长/μm
Er	$^4I_{\frac{11}{2}} - {}^4I_{\frac{13}{2}}$	2.75 (2.70 ~ 2.83)
	$^4I_{\frac{13}{2}} - {}^4I_{\frac{15}{2}}$	1.55 (1.52 ~ 1.62)
	$^4S_{\frac{3}{2}} - {}^4I_{\frac{15}{2}}$	0.55
Ho	$^5I_6 - {}^5I_7$	2.9 (2.83 ~ 2.95)
	$^5I_7 - {}^5I_8$	2.04
	$^5S_2 - {}^5I_8$	1.55
Nd	$^4F_{\frac{3}{2}} - {}^4I_{\frac{13}{2}}$	1.34
	$^4F_{\frac{3}{2}} - {}^4I_{\frac{11}{2}}$	1.06 (1.05 ~ 1.14)
	$^4F_{\frac{3}{2}} - {}^4I_{\frac{9}{2}}$	0.94 (0.9 ~ 0.95)
Tm	$^3F_4 - {}^3H_5$	2.3 (2.25 ~ 2.5)
	$^3H_4 - {}^3H_6$	1.9 (1.65 ~ 2.05)
	$^3F_4 - {}^3H_4$	1.47
	$^1G_4 - {}^3H_6$	0.48
Yb	$^2F_{\frac{5}{2}} - {}^2F_{\frac{7}{2}}$	1.04 (1.01 ~ 1.17)

9.2.2　硅光纤中几种稀土离子的激光能级和谱

第一台掺 Tm^{3+} 的光纤激光器以硅光纤为基质,硅酸铝光纤中 Tm^{3+} 离子的能级如图 9 - 2(a)所示,图 9 - 2(b)所示为典型的吸收谱和发射谱。

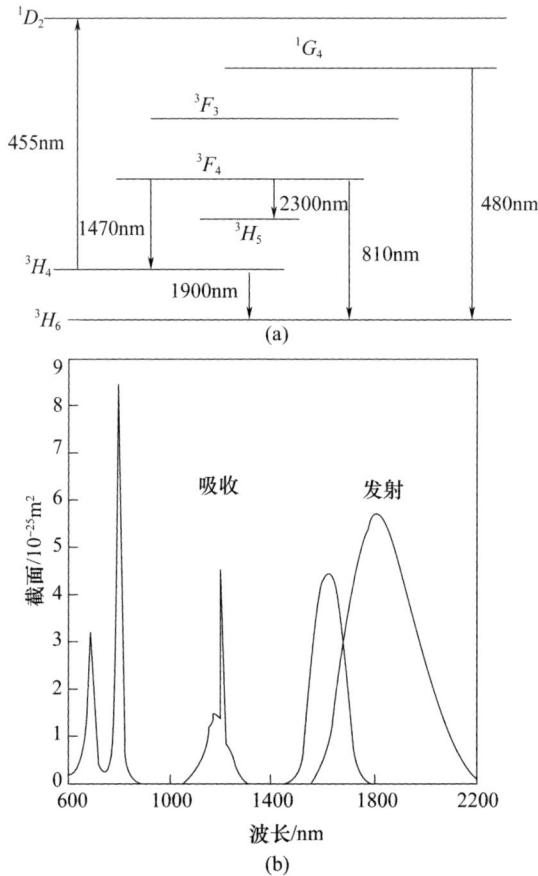

图 9 - 2　硅酸铝光纤中 Tm^{3+} 的能级图及典型的发射谱和吸收谱
(a)能级图;(b)典型的发射谱和吸收谱

硅光纤中 Tm^{3+} 离子最典型的激光跃迁发生于能级 $^3H_4 - ^3H_6$,辐射中心波长为 1.9 μm 。相应于这一跃迁,已实现了低阈值、高效率和宽调谐范围的辐射。

将粒子抽运到激光上能级 $^3H_4$ 既可以是单光子吸收过程,也可以是多光子吸收过程,后者即上转换激光过程。在单光子吸收中,波长为 0.79 μm 附近的辐射将粒子泵浦到 $^3F_4$ 能级,快速的多声子弛豫使激光上能级 $^3H_4$ 上积累了大量粒子,而此时的激光下能级 $^3H_6$ 几乎为空能级,从而实现由 $^3H_4$ 向 $^3H_6$ 的低阈值、高效率的辐射跃迁,产生波长为 1.9 μm 的激光。

能级 $^3H_4$ 上的粒子的寿命也会在一定程度上受到无辐射多声子弛豫的影响,由纯辐射时的 6ms 左右降到几百微秒,并使泵浦阈值有所升高,但这不会影响斜效率。事实上,斜效率可以显著大于 $^3H_4$ 的辐射量子效率。这是因为被泵浦到 $^3F_4$ 上的 Tm^{3+} 粒子会将其部分能量传给附近 $^3H_6$ 上的粒子,并使二者均达到 $^3H_4$ 能级。这种情况在低声子能量基质,例如,氟化锆(ZBLAN, $ZrF_4 - BaF_2 - LaF_3 - AlF_3 - NaF$)中更容易发生,且要求较高的掺杂浓度。

由于受激能级弛豫速率减小, Tm^{3+} 粒子在 ZBLAN 中比在硅中表现出更多的激光跃迁。例如,如果一次泵浦到能级 $^3F_4$,在 Si 中,随后的过程基本如上所述,即通过多声子弛豫到 $^3H_4$,最后向 $^3H_6$ 跃迁发出 1.9μm 的辐射。在 ZBLAN 中, $^3F_4$ 上的粒子还可以直接向能级 $^3H_5$、 $^3H_4$ 和 $^3H_6$ 跃迁,从而产生波长分别为 2.3μm($^3F_4 \rightarrow {}^3H_5$)、1.47μm($^3F_4 \rightarrow {}^3H_4$)和 810nm($^3F_4 \rightarrow {}^3H_6$)的激光。由此导致相应于 $^3F_4 \rightarrow {}^3H_4 \rightarrow {}^3H_6$ 跃迁的泵浦量子效率明显下降。为了得到 $^3H_4 \rightarrow {}^3H_6$ 激光的最佳工作状态,即具有最低阈值和最高效率,理想情况是基态具有介于 ZBLAN 和 Si 之间最大的声子能量。这样,一方面 $^3F_4 \rightarrow {}^3H_4$ 的无辐射弛豫具有较高的效率;另一方面, $^3H_4$ 的能级寿命基本保持在纯辐射值。这一点已在掺 Tm^{3+} 锗酸铅玻璃光纤中得以实现,正如所预期的,该光纤对 1.9μm 辐射表现出比 ZBLAN 和 Si 均低的阈值。

多光子吸收过程的一个典型例子是 3 光子吸收,泵浦源为波长为 1.064μm 的 Nd^{3+}:YAG 激光。通过这种方式可获得蓝光发射,具体过程如下:首先吸收一个泵浦光子,由能级 $^3H_6$ 跃迁到 $^3H_5$,并弛豫到 $^3H_4$;接着再吸收一个泵浦光子,由 $^3H_4$ 跃迁到 $^3F_{2,3}$,并弛豫到 $^3F_4$;最后再吸收一个泵浦光子,由 $^3F_4$ 跃迁到 $^1G_4$,当粒子从 $^1G_4$ 向 $^3H_6$ 跃迁时,便产生波长为 480nm 的蓝光。第一台光纤上转换激光器用的就是 Tm^{3+}:ZBLAN 光纤,然而其抽运是通过两个红光光子的吸收实现的。随后发现通过对红外辐射的 3 光子吸收,按照上述途径进行迂回泵浦的 Tm^{3+}:ZBLAN 光纤上转换激光器具有非常好的性能。而较长波长(约 1.12μm)的泵浦辐射则可增大泵浦阶段的吸收截面。光纤激光上转换激光器已引起人们极大兴趣,其总体效率(从泵浦光子到输出光子)高达 30%。

另一类倍受关注,且在光纤激光技术的发展过程中起着重要作用的是掺 Er^{3+} 硅光纤激光器。Si 中 Er^{3+} 的部分能级和吸收与发射谱如图 9-3 所示。

由图 9-3 不难看出,波长为 1480nm 的辐射比较适合作泵浦源,该波长处具有较大的吸收截面和较小的发射截面。此外,由于 800nm 附近有方便的光源,由能级 图 9-3(a)可以看出,800nm 也是潜在的泵浦带。

掺 Yb^{3+} 光纤激光器近年来得到非常广泛的应用。图 9-4 是硅光纤中 Yb^{3+} 离子简化的二能级图(9-4(a))及硅酸铝和硅酸磷光纤中典型的发射谱和吸收谱(9-4(b))。包括发生 Stark 分裂形成的子能级。

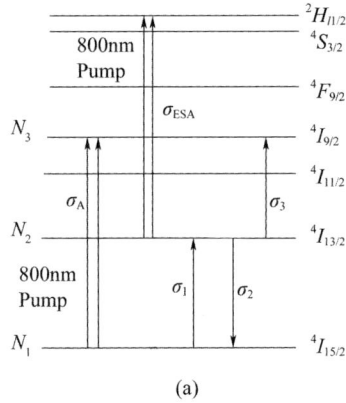

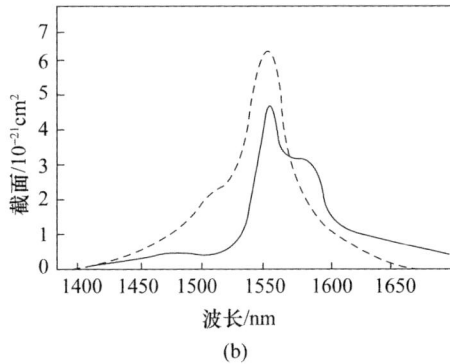

图 9-3 Si 中 Er_r^{3+} 的部分能级图及吸收谱和发射谱

（a）部分能级图；（b）吸收谱（虚线）和发射谱（实线）。

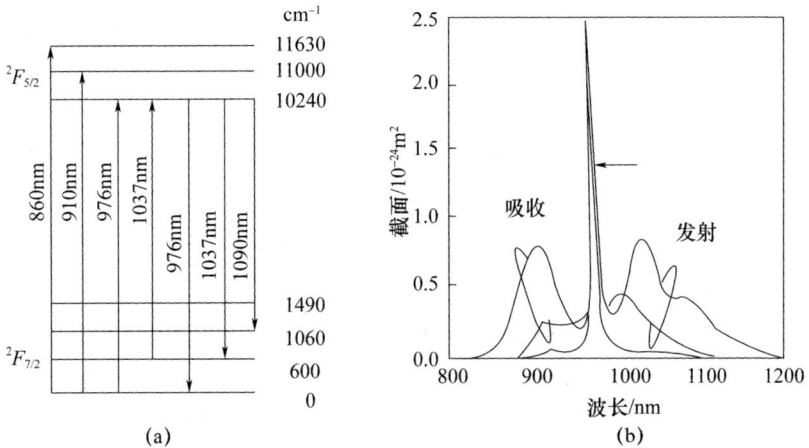

图 9-4 硅光纤中 Yb^{3+} 离子简化的二能级图及硅酸铝和

硅酸磷光纤中典型的发射谱和吸收谱

（a）二能级图；（b）发射谱和吸收谱。

9.2.3　氟光纤中几种稀土离子的激光能级和谱

图 9-5~图 9-8 所示为氟基质光纤中几种稀土离子的激光能级及相应的吸收谱和发射谱。

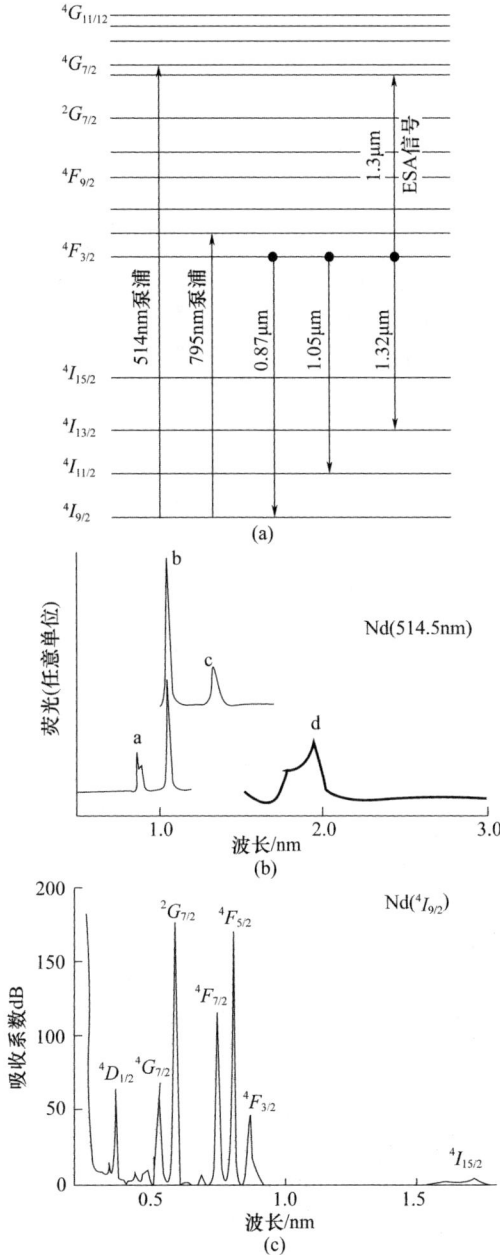

图 9-5　ZBLAN 玻璃基质光纤中 Nd^{3+} 的能级图及典型的发射谱和吸收谱

(a) 能级图；(b) 发射谱；(c) 吸收谱。

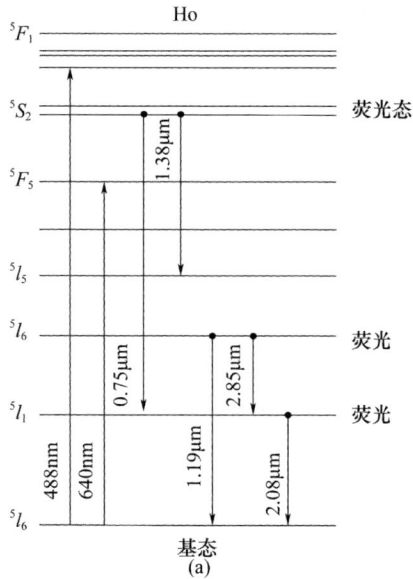

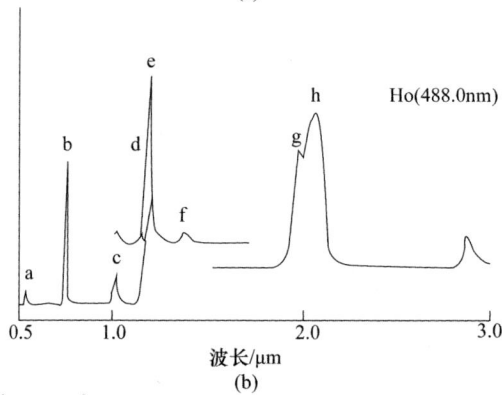

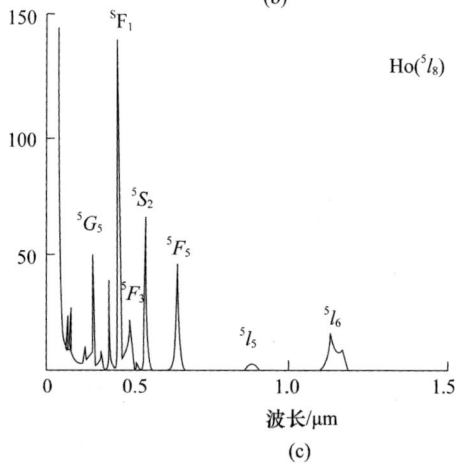

图 9 - 6 ZBLAN 玻璃基质光纤中 Ho^{3+} 的能级图及典型的发射谱和吸收谱

（a）能级图；（b）发射谱；（c）吸收谱。

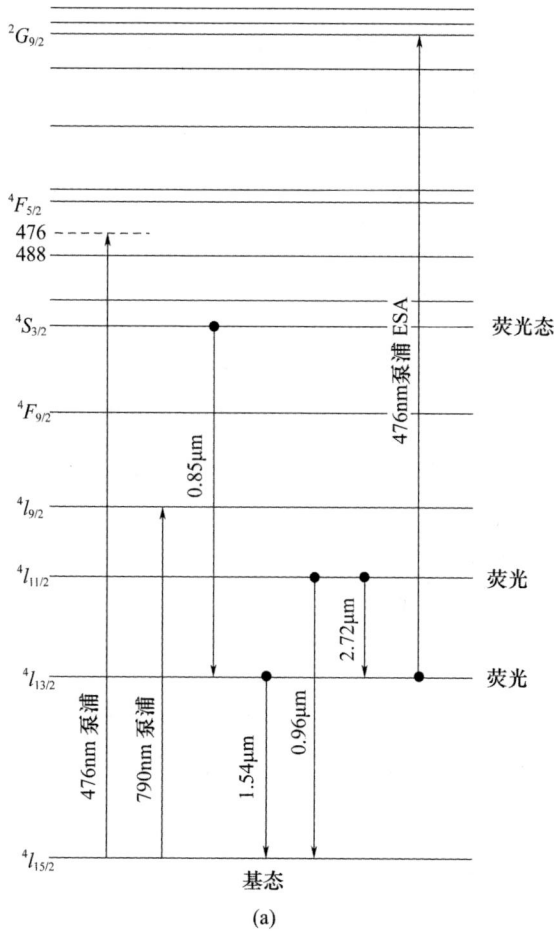

(a)

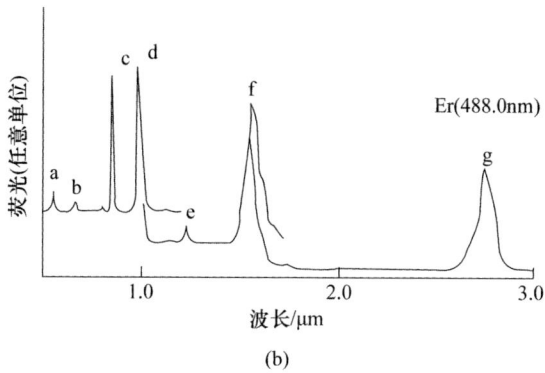

(b)

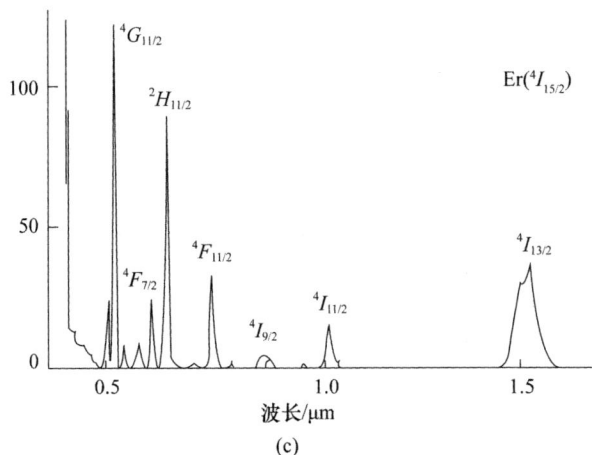

(c)

图 9 - 7   ZBLAN 玻璃基质光纤中 Er^{3+} 的能级图及典型的发射谱和吸收谱

(a) 能级图;(b) 发射谱;(c) 吸收谱。

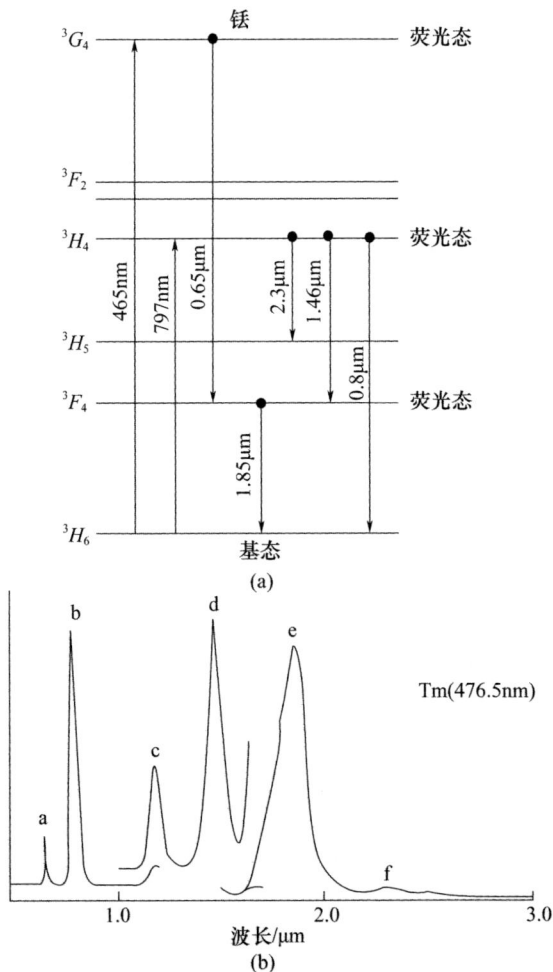

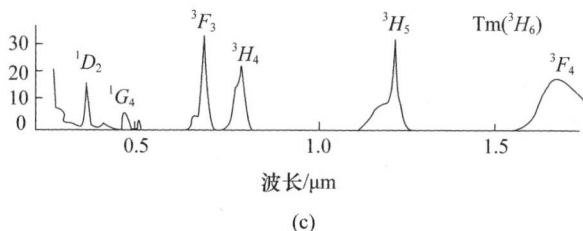

图 9 - 8　ZBLAN 玻璃基质光纤中 Tm^{3+} 的能级图及典型的发射谱和吸收谱
(a) 能级图;(b)发射谱;(c)吸收谱。

9.3　模及单模运转条件

本节重点是通过解波动方程导出光纤介质中的模、截止频率及单模运转条件等。为方便比较,首先介绍块状工作介质的相关概念。

9.3.1　块状工作介质

光纤激光器的重要优点之一是其阈值泵浦功率远远低于块状器件,本小节就这一问题进行讨论。

图 9 - 9 所示为块状介质激光器纵向泵浦原理图。来自泵浦光源的激光束聚焦于工作介质内的焦面上,腰斑尺寸为 ω_0,过焦面后以发散角 $2\Delta\theta$ 向前传输。$\Delta\theta$ 与 ω_0 之间存在一定关系。若抽运光束为 TEM_{00} 模,则

$$\Delta\theta = \frac{\lambda}{\pi\omega_0} \qquad (9-3)$$

然而,若泵浦光源为多模,在一平面内的光斑直径是衍射极限斑的 M 倍,则过焦面后的发散角也大约为具有相同腰斑的衍射极限光束发散角的 M 倍,即

$$\Delta\theta = M \times \frac{\lambda}{\pi\omega_0} \qquad (9-4)$$

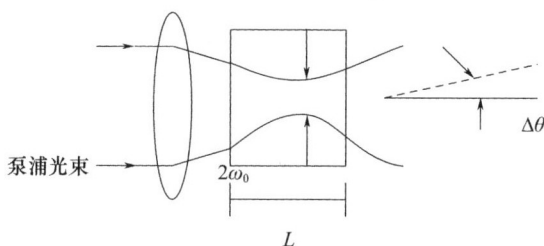

图 9 - 9　块状介质激光器纵向泵浦原理图

对不存在基态倒空的 4 能级激光系统,任一激发态的粒子数,以及增益系数,以及随抽运强度线性增长。然而,当基态倒空存在时,只能说增益系数随抽运光强单调上升。于是,单次通过增益介质的总强度为 $\langle I \rangle L$,其中 $\langle I \rangle$ 为泵浦强度沿增益介质长度的平均值。很显然,抽运光束向增益介质中会聚越强,产生的光斑就越小,而代价是发散越严重。对给定的增益介质,最佳聚焦条件近似由

$$L_{\text{opt}} \Delta\theta \approx 3\omega_0 \qquad (9-5)$$

给出,它使乘积 $\langle I \rangle L$ 最大。在 TEM_{00} 模激光泵浦的条件下,将式(9-3)代入式(9-5)得

$$L_{\text{opt}} \approx \frac{3\pi\omega_0^2}{\lambda} \qquad (9-6)$$

L_{opt} 的选择取决于要求被工作介质吸收的最大泵浦功率。如果只有 10% 的抽运功率被增益介质吸收,则该激光器的量子斜效率不会超过 10%。在稀土离子掺杂的材料中,通过增加激活离子的浓度可使 L_{opt} 减小。然而,如果材料中稀土离子浓度足够高,相邻离子之间的距离足够小,则离子-离子相互作用可能以下述两种方式影响粒子动力学,进而影响激光性能。

方式之一:如图 9-10(a)所示,图中两相邻离子最初处于同一能级 E_f,该能级的特点是与 E_e 和 E_h 等间距。于是,受激时有可能出现一种情况,一个离子向上跃迁倒 E_h 能级,另一个向下跃迁到 E_e 能级。这无疑会导致泵浦阈值的提高。不过,如果 ΔE_{he} 大于泵浦光子的能量,则会得到有用的协同上转换激光,即激光输出波长短于泵浦波长。

方式二:两相邻离子最初分别处于高能态 E_l 和基态 E_i,经历辐射跃迁后达到同一末态 E_k,如图 9-10(b)所示。例如,在 Nd^{3+} 中,E_l 相应于 $1.06\mu\text{m}$ 辐射的激光上能级,上述机制消耗上能级粒子数,因而导致阈值泵浦功率提高。

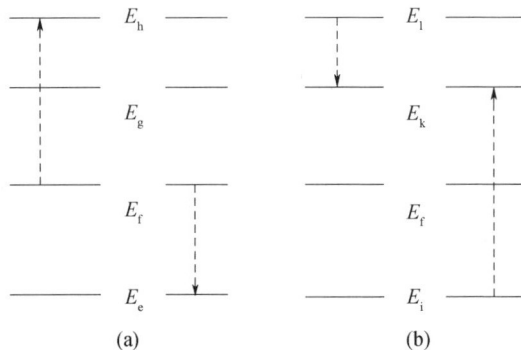

图 9-10 高掺杂介质中相邻离子跃迁示意图

9.3.2 光纤工作物质

光纤激光器的情况与块状器件不同(图9-11)。不管光纤的尺寸如何，一旦抽运光功率进入纤芯，便将持续传输直至被完全吸收，由于纤芯直径可以只有几微米，这使光纤中的泵浦光强密度可以达到块状装置中的100倍甚至更

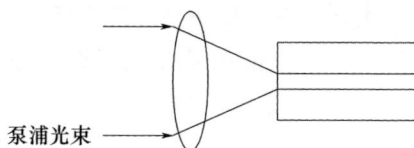

图9-11 光纤激光器泵浦示意图

高。在其他条件相同的情况下，阈值功率可望成比例下降。对4能级工作系统，阈值的这种下降也许不是最重要的，因为阈值泵浦功率只占最大泵浦动率的很小一部分。然而，对3能级工作系统，只为达到阈值就需要很高的泵浦光强。光纤几何的另一优点是泵浦光斑尺寸与工作物质的长度为彼此独立的参数。这样，如果材料中的稀土离子掺杂减少一半，为保持激发效率不变，只需简单地将光纤长度增加一倍。当要求稀土离子掺杂保持足够低的浓度，使离子－离子相互作用不致影响系统性能时，这一特性尤为重要。此外，长工作物质使弱吸收用于激发激光跃迁成为可能。当弱泵浦带恰好与商品化LD的波长吻合时，这一点变得非常重要。

设计光纤激光振荡器和放大器时，另一个需要考虑的重要问题是泵浦激光进入光纤芯的效率。该效率依赖于两个量:光纤允许的横模数和泵浦光束的空间分布。当TEM_{00}模光束进入单模光纤时，典型情况下可望得到50%的效率。而在相同泵浦光束进入多模波导的情况下，这一数字可能更高。如果泵浦激光是多横模的，例如LD阵列，而光纤是单模的，则抽运激光进入光纤的效率较低。仍假定多模泵浦光束发散角为单模的M倍，则效率大约为50%的M分之一，即$1/M \times 50\%$。虽然在很多情况下单模光纤更受青睐，但就降低阈值功率而言，多模光纤仍优于块状材料，只要光纤的长度满足条件$L \gg 3\pi a^2/\lambda$，其中a为纤芯半径。

9.3.3 模特性与截止频率

由上节的讨论可知，光纤激光器的阈值泵浦功率与光纤中允许存在的模密切相关。本节讨论光纤的模特性与截止频率。

1. 柱坐标系中的波方程

由于大多数光纤的折射率是柱对称的，故采用柱坐标系(r, φ, z)是方便的，场分量为E_r、E_ϕ、E_z和H_r、H_φ、H_z。因r, φ方向的单位矢量不再是常数，故包括横向分量波方程是非常复杂的，而场矢量的z分量则满足相对简单的霍尔兹曼方程:

$$\left(\nabla^2 + k^2\right)\binom{E_z}{H_z} = 0 \tag{9-7}$$

因此,通常的做法是首先解得 E_z 和 H_z,然后将所有横向场分量用这两个量给出。由于 E_z 和 H_z 满足相同形式的方程,故只需对其中之一,如 E_z 求解。

在柱坐标系中,拉普拉斯算子

$$\nabla^2 = \frac{1}{r}\frac{\partial}{\partial r}\left(r\frac{\partial}{\partial r}\right) + \frac{1}{r^2}\frac{\partial^2}{\partial \phi^2} + \frac{\partial^2}{\partial z^2} \tag{9-8}$$

其中

$$k^2 = \omega^2 n^2 / c^2$$

式中:ω 为光波的角频率;n 为介质折射率;c 为真空中的光束。

式(9-8)可分离变量,其解形式如下:

$$E_z = \varphi(r)\mathrm{e}^{\pm il\phi}(l = 0,1,2,\cdots)$$

这是 φ 的单值函数,于是方程(9-8)变为 l 阶贝塞尔方程

$$\left[\frac{\partial^2}{\partial r^2} + \frac{1}{r}\frac{\partial}{\partial r} + \left(k^2 - k_z^2 - \frac{l^2}{r^2}\right)\right]\varphi(r) = 0 \tag{9-9}$$

式(9-9)的通解为

$$\varphi(r) = \begin{cases} C_1\mathrm{J}_l(hr) + C_2\mathrm{Y}_l(hr), & h^2 = k_1^2 - k_z^2 > 0 \\ C_1\mathrm{I}_l(qr) + C_2\mathrm{K}_l(qr), & q^2 = k_z^2 - k_2^2 > 0 \end{cases} \tag{9-10}$$

式中:C_1,C_2 为常数;J_l,Y_l 分别第一类和第二类 l 阶贝塞尔函数;而 I_l 和 K_l 分别为二者的变型。

若仍用原来的函数形式,则自变量为纯虚数,因此,变型贝塞尔函数又称为虚宗量贝塞尔函数。

下面以 $\mathrm{J}_l(x)$ 为例进一步处理式(9-10)的解。对于 x 的任何值,整数阶贝塞尔函数为

$$\mathrm{J}_l(x) = \sum_{m=0}^{\infty} \frac{(-1)^m}{m!}\frac{1}{(l+m)!}\left(\frac{x}{2}\right)^{2m+l}$$

可写为

$$\mathrm{J}_l(x) = \frac{1}{l!}\left(\frac{x}{2}\right)^l(1 + \theta) \tag{9-11}$$

其中

$$\theta \leqslant \frac{1}{l+1} \cdot \exp\left(\frac{|x|^2}{4} - 1\right)$$

当 $x \ll 1$ 时

$$\theta \leqslant \frac{1}{l+1}\left\{\frac{|x|^2}{4} + \frac{1}{2}\left(\frac{|x|^2}{4}\right)^2 + \cdots\right\} \ll 1$$

于是有渐近式

$$\mathrm{J}_l(x) \to \frac{1}{l!}\left(\frac{x}{2}\right)^l \quad (x \ll 1)$$

而对于 $x \to \infty$，则有

$$\mathrm{J}_l(x) \sim \frac{1}{\sqrt{2\pi x}}\left(\mathrm{e}^{\mathrm{i}\left(x - \frac{l\pi}{2} - \frac{\pi}{4}\right)} + c.c.\right) = \sqrt{\frac{2}{\pi x}}\cos\left(x - \frac{l\pi}{2} - \frac{\pi}{4}\right)$$

于是有渐近式

$$\mathrm{J}_l(x) \to \sqrt{\frac{2}{\pi x}}\cos\left(x - \frac{l\pi}{2} - \frac{\pi}{4}\right) \quad (x \to \infty)$$

对其他函数也用类似方法求出自变量很小和很大的渐近式，且为进一步简化只保留展开式最前面的 $1 \sim 2$ 项，最后得

当 $x \ll 1$ 时

$$\mathrm{I}_l(x), \mathrm{J}_l(x) \to \frac{1}{l!}\left(\frac{x}{2}\right)^l$$

$$\mathrm{Y}_0(x) \to \frac{2}{\pi}(x + 0.88 + \cdots) \qquad (9-12)$$

$$\mathrm{Y}_l(x), \mathrm{K}_l(x) \to \frac{(l-1)!}{\pi}\left(\frac{2}{x}\right)^l$$

$$\mathrm{K}_0(x) \to -(x + 0.88 + \cdots)$$

当 $x \gg \mathrm{Max}\{1, l\}$ 时

$$\mathrm{J}_l(x) \to \sqrt{\frac{2}{\pi x}}\cos\left(x - \frac{l\pi}{2} - \frac{\pi}{4}\right)$$

$$\mathrm{Y}_l(x) \to \sqrt{\frac{2}{\pi x}}\sin\left(x - \frac{l\pi}{2} - \frac{\pi}{4}\right) \qquad (9-13)$$

$$\mathrm{I}_l(x) \to \frac{1}{\sqrt{2\pi x}}\mathrm{e}^x$$

$$\mathrm{K}_l(x) \to \frac{\pi}{\sqrt{2x}}\mathrm{e}^{-x}$$

由小 x 变为大 x 渐近式发生在 $x \sim l$ 区域，其中 l 是非负整数。

将式（9-12）和式（9-13）代入式（9-10）便可给出 $\varphi(r)$，进而得到 E_z，得到 E_z 和 H_z 后，可用以表示 $\boldsymbol{E}$ 和 $\boldsymbol{H}$ 的横向分量。例如，由麦克斯韦旋度方程可写出

$$\mathrm{i}\omega\varepsilon E_r = \mathrm{i}k_z H_\phi + \frac{1}{r}\frac{\partial}{\partial\phi}H_z$$

$$\mathrm{i}\omega\mu H_\phi = \mathrm{i}k_z E_r + \frac{1}{r}\frac{\partial}{\partial\phi}E_z$$

两式联立求出 E_r 或 H_ϕ，而 E_ϕ 和 H_r 可用类似方法求出，从而得到柱对称折射率光纤中的全部场分量，即

$$E_r = \beta \left(\frac{\partial E_z}{\partial r} + \frac{\omega\mu}{rk_z}\frac{\partial H_z}{\partial \phi} \right)$$

$$E_\varphi = \beta \left(\frac{1}{r}\frac{\partial E_\phi}{\partial \phi} - \frac{\omega\mu}{k_z}\frac{\partial H_z}{\partial r} \right)$$

$$H_r = \beta \left(\frac{\partial H_z}{\partial r} - \frac{\omega\varepsilon}{rk_z}\frac{\partial E_z}{\partial \phi} \right)$$

$$H_\phi = \beta \left(\frac{1}{r}\frac{\partial E_\phi}{\partial \phi} - \frac{\omega\varepsilon}{k_z}\frac{\partial E_z}{\partial r} \right) \tag{9-14}$$

其中

$$\beta = \frac{ik_z}{k_z^2 - \omega^2\mu\varepsilon}$$

2. 梯度折射率圆波导

作为特例,考虑梯度折射率圆波导,如图 9 – 12 所示。由折射率为 n_1、半径为 r_1 的芯和折射率为 n_2、半径为 r_2 的包层组成。通常 $n_1 > n_2$,且 r_2 选得足够大,以至约束模的场在 $r = r_2$ 处实际上为 0,计算中一般会写为 $r_2 = \infty$。

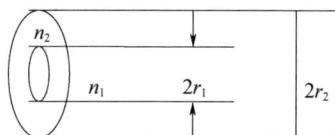

图 9 – 12 梯度折射率圆波导

E_z 和 H_z 对 r 的依赖仍由式(9 – 10)给出,对约束传播,当 $k_z > n_2\omega/c$ 时,保证波在包层中逐渐消失。因此,在 $r_1 < r \leqslant r_2$ 区域,通解(9 – 10)中应有 $c_1 = 0$,于是

$$E_z(\boldsymbol{r}, t) = C\mathrm{k}_1(qr)\,\mathrm{e}^{\mathrm{i}(wt + l\phi - k_z z)}$$

$$H_z(\boldsymbol{r}, t) = D\mathrm{k}_1(qr)\,\mathrm{e}^{-\mathrm{i}(wt + l\phi - k_z z)} \qquad (r_1 < r \leqslant r_2) \tag{9-15}$$

其中,C 和 D 为常数,且

$$q = \left(k_z^2 - \frac{n_2^2\omega^2}{c^2} \right)^{\frac{1}{2}}$$

对光纤芯中的场,需考虑场在 $r \to 0$ 时的渐近行为。由于 $r = 0$ 时场必须保持有限,而 Y_l 和 K_l 在 $r \to 0$ 时发散,故必须取 $c_2 = 0$。又注意到 $r = r_1$ 时芯中和包层中场切向分量匹配,遂有

$$E_z(\boldsymbol{r}, t) = A\mathrm{J}_l(hr)\,\mathrm{e}^{\mathrm{i}(wt + l\phi - k_z z)}$$

$$H_z(\boldsymbol{r}, t) = B\mathrm{J}_l(hr)\,\mathrm{e}^{-\mathrm{i}(wt + l\phi - k_z z)} \qquad (r < r_1) \tag{9-16}$$

其中,A 和 B 为常数,且

$$h = \left(\frac{n_1^2\omega^2}{c^2} - k_z^2 \right)^{\frac{1}{2}}$$

在场表达式(9 – 15)和式(9 – 16)中,l 前的" + "改为" – "可得另一组独立解,但具有相同的辐射依赖。物理上,l 的意义类似于柱对称势场光子轨道角动

量 z 分量的量子数。若"＋"相应于绕 z 轴顺时针转动,则"－"相应于逆时针转动。由于光纤不具有特定意义上的转动,故两种态是简并的。

将式(9－15)和式(9－16)代入式(9－14)便可以计算光纤芯和包层中的全部场分量。这些场必须满足边界条件,即 $r = r_1$ 处的 $E_\phi, E_z, H_\phi,$ 和 H_z 均保持连续,在 $\left[\dfrac{n_1\omega}{c}, \dfrac{n_2\omega}{c}\right]$ 范围内只有有限个本征值 k_z 满足该条件,一旦这些 k_z 值找到,则系数满足:

$$\frac{C}{A} = \frac{J_l(hr_1)}{K_l(qr_1)}, \frac{D}{A} = \frac{J_l(hr_1)}{K_l(qr_1)}\frac{B}{A}$$

$$\frac{B}{A} = \frac{ik_z l}{\omega\mu}\left(\frac{1}{q^2 r_1^2} + \frac{1}{h^2 r_1^2}\right)\left[\frac{J_l'(hr_1)}{hr_1 J_l(hr_1)} + \frac{K_l'(qr_1)}{qr_1 K_l(qr_1)}\right]^{-1} \qquad (9-17)$$

式中:J_l', K_l' 分别为 J_l 和 K_l 对其自变量的微商。

B/A 为在光纤内传播的模 E_z 和 H_z 相对值的测量,即

$$\frac{B}{A} = \frac{H_z}{E_z}$$

3. 模特性与截止频率

片状波导中的模可分为 TE 和 TM 两类,圆柱波导模亦可分为两类,即 EH 和 HE,记为

$$\frac{J_{l\pm 1}(hr_1)}{hr_i J_l(hr_1)} = \pm\left(\frac{n_1^2 + n_2^2}{2n_1^2}\right)\frac{K_l'(qr_1)}{qr_1 K_l(qr_1)} + \left(\frac{l}{h^2 r_1^2} - R\right) \qquad (9-18)$$

取"＋"相应于 EH 模;取"－"相应于 HE 模。其中

$$R = \left[\left(\frac{n_1^2 - n_2^2}{2n_1^2}\right)\left(\frac{K_l'(qr_1)}{qr_1 K_l(qr_1)}\right)^2 + \left(\frac{lk_z}{n_1 k_0}\right)^2\left(\frac{1}{q^2 r_1^2} + \frac{1}{h^2 r_1^2}\right)^2\right]^{\frac{1}{2}} \qquad (9-19)$$

易见

$$q^2 + h^2 = k_0^2(n_1^2 - n_2^2)$$

引入归一化频率

$$\nu = k_0 r_1 (n_1^2 - n_2^2)^{\frac{1}{2}} \qquad (9-20)$$

得

$$q^2 r_1^2 = \nu^2 - h^2 r_1^2 \qquad (9-21)$$

当 $l = 0$ 时,注意到 $K_0'(x) = -K_1(x), J_{-1}(x) = -J_1(x)$,有

$$R = \frac{n_1^2 - n_2^2}{2n_1^2}\left[\frac{-K_1(qr_1)}{qr_1 K_0(qr_1)}\right]$$

对 HE 模,式(9－18)变为

$$右 = -\frac{n_1^2 + n_2^2}{2n_1^2}\left[\frac{-K_1(qr_1)}{qr_1 K_0(qr_1)}\right] - \frac{n_1^2 - n_2^2}{2n_1^2}\left[\frac{-K_1(qr_1)}{qr_1 K_0(qr_1)}\right]$$

$$= \frac{K_1(qr_1)}{qr_1 K_0(qr_1)} \approx -\frac{1}{(qr_1)^2 \ln[(qr_1)^2]}$$

于是

$$\frac{J_1(hr_1)}{hr_1 J_0(hr_1)} = \frac{-K_1(qr_1)}{qr_1 K_0(gr_1)} = \frac{2}{(\nu^2 - h^2 r_1^2)\ln(\nu^2 - h^2 r_1^2)} \quad (hr_1 \to \nu) \quad (9-22)$$

而对 EH 模,类似推导出:

$$\frac{J_1(hr_1)}{hr_1 J_0(hr_1)} = -\frac{n_2^2}{n_1^2} \frac{2}{(\nu^2 - h^2 r_1^2)\ln(\nu^2 - h^2 r_1^2)} \quad (9-23)$$

式(9-22)和式(9-23)是两个超越方程,可以用作图法求解。首先注意到为保证包层中的场指数衰减,约束模要求 q 是实的,这样,只需考虑 $hr_1 \in [0, \nu]$ 范围的场。式(9-23)右端恒为负,在起始点,$hr_1 = 0$,$qr_1 = \nu$,于是

$$\frac{-K_1(qr_1)}{qr_1 K_0(qr_1)} = -\frac{K_1(\nu)}{\nu K_0(\nu)}$$

这是一个稍小于 0 的数。随着 hr_1 的增大,qr_1 减小,$\dfrac{-K_1(qr_1)}{qr_1 K_0(qr_1)}$ 单调下降至 $-\infty$ ($hr_1 \to \nu$)(如图 9-13 中虚线所示)。方程左端在 $hr_1 = 0$ 的起始点为

$$\frac{J_1(hr_1)}{hr_1 J_0(hr_1)} = \frac{hr_1}{2} \frac{1}{hr_1} = \frac{1}{2}$$

离开 $hr_1 = 0$ 后,J_0 和 J_1 都是振荡衰减函数,而 $\dfrac{J_1(hr_1)}{hr_1 J_0(hr_1)}$ 则单调上升,至 J_0 的第一个零点 $hr_1 \approx 2.405$ 时趋于 $+\infty$。此后,在 $J_0(hr_1)$ 的两零点之间由 $-\infty \to +\infty$ 变化,渐进线为 $J_0 = 0$,如图 9-13 中实线簇所示。

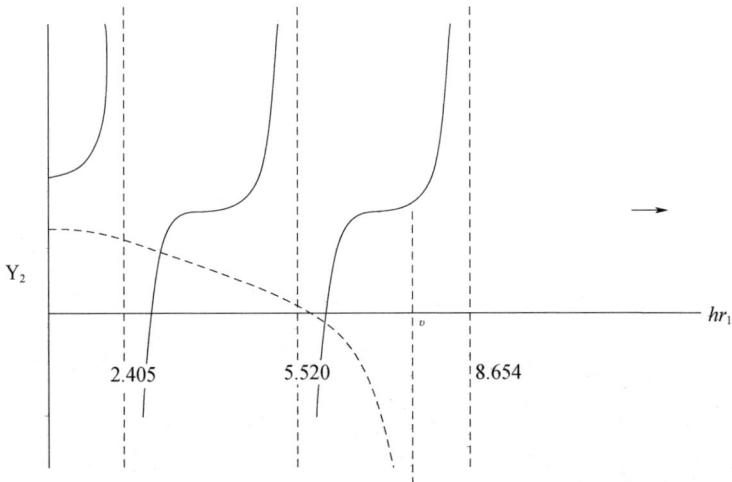

图 9-13　梯度折射率光纤模

如果 hr_1 的最大值 $(hr_1)_{max} = \nu < 2.405$。若 ν 介于 J_0 的第 1,2 个零点之间,则曲线有一个交点,即光纤中允许一个模工作。若 ν 介于 J_0 第 2,3 个零点之间,则曲线有两个交点。以此类推,令 J_0 的第 m 个零点为 x_{0m},则对 TE_{0m}(或 TM_{0m})模,截止值 $(r_1/\lambda)_{0m}$ 可由

$$x_{0m} = \nu = \frac{2\pi r_1}{\lambda}(n_1^2 - n_2^2)^{1/2}$$

给出为

$$\left(\frac{r_1}{\lambda}\right)_{0m} = \frac{x_{0m}}{2\pi \sqrt{n_1^2 - n_2^2}} \tag{9-24}$$

其中零点位置为 $x_{01} = 2.405, x_{02} = 5.520, x_{03} = 8.654$。

对于大的 m,有近似递推关系:

$$x_{0m} \approx x_{0(m-1)} + \pi \approx 2.4 + (m-1)\pi$$

即相邻零点距离为 π。

9.3.4　光纤激光器的基本结构

最基本的掺杂光纤激光器结构如图 9-14 所示。一段作为工作介质的光纤和两个反射镜构成光学谐振腔,输入反射镜 M_1 对泵浦光全透明,对产生的激光全反射,这样可以有效利用泵浦光,并防止其产生谐振造成输出光不稳定;输出反射镜 M_2 对激光辐射部分透过,透过率由工作状态及输出功率要求等因素决定。

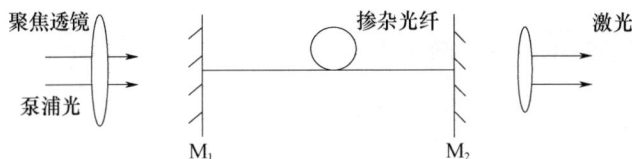

图 9-14　掺杂光纤激光器基本原理图

泵浦光源的选取由掺杂离子的特性或所希望的工作波长决定。可以用 LD 或其阵列或钛宝石激光器,也可以用其他光纤激光器作为泵浦源。

这里介绍的是光纤激光器最基本的结构。这些年来光纤激光器发展得极为迅速,为获得不同特性以满足各种应用场合的要求,种类繁多的器件纷纷面世,囿于篇幅,这里不能一一介绍。

9.4　双包层光纤激光器

9.4.1　单包层光纤的限制

很多实际应用都要求激光器具有高平均功率。然而,早期的单包层单模光

纤激光器难以实现高功率输出。事实上,光纤激光器能够输出的最大连续功率可以用纤芯的横截面或直径 $2r_1$ 来估算。设纤芯横截面用平米微米表示,就当前水平,$1W/\mu m^2$ 是公认的不会导致光纤损伤的安全值,最高也不超过 $1.5W/\mu m^2$。这样,为提高输出功率就只能用纤芯更粗的光纤。但是,为获得高光束质量,希望光纤激光器工作在基横模。根据上节的讨论可知,这就限制了光纤纤芯的截面不能太大。具体地说,由式(9 − 24),纤芯的直径不能超过

$$2r_1 = \frac{2.405\lambda}{\pi \sqrt{n_1^2 - n_2^2}}$$

取数值孔径的典型值:

$$(n_1^2 - n_2^2)^{1/2} = 0.15$$

得

$$2r_1 \approx 5\lambda$$

这里 λ 是输出激光的波长。设 $\lambda = 1.5\mu m$,则

$$2r_1 \approx 7.5\mu m$$

以此光纤为增益介质,激光器输出功率的安全值只有约44W,最大值也不过66W,但现实中无疑是远远不够的。也可能正因如此,从第一台光纤激光器面世以来约30年的时间内,其发展颇为缓慢。直到20世纪80年代末期,将双包层光纤用作激光增益介质,获得大功率、高光束质量的激光输出,光纤激光技术才得以迅速发展。

9.4.2　双包层光纤激光器

双包层光纤激光器几乎具有传统的单模光纤激光器的所有优点,却没有后者只能用低功率单模 LD 泵浦的限制。从而可以用多模大功率 LD 或其阵列进行泵浦、获得高效、大功率单模激光输出。

1. 双包层结构

双包层光纤具有 3 层结构。最里面是折射率为 n_1 的纤芯,由折射率为 n_2 的内包层包围,内包层外面则是折射率为 n_3 的外包层。各层的折射率满足 $n_1 > n_2 > n_3$。一个标准双包层光纤的横截面及其折射率如图 9 − 15(a)所示,为方便比较,图 9 − 15(b)给出标准单包层光纤截面及其折射率示意图。

赖以产生激光的稀土离子只存在于纤芯中,纤芯很细,典型情况下只有几微米至十几微米,以保证激光器最终输出高光束质量的单模。内包层直径可达纤芯直径的 10 倍或更大,这使它容易接受大功率多模泵浦光。外包层的作用是限制进入光纤的泵浦光,防止其逸出内包层,这样,泵浦光在内包层内沿光纤传播,得以多次通过纤芯,使那里的离子被充分激发(图 9 − 16)。

由于泵浦光在内包层内沿光纤传播,双包层光纤也称为包层泵浦结构。抽

运方式大致分为端面泵浦和侧面泵浦两类,图9-17(a)~(c)是迄今主要采用的端面泵浦技术,图9-17(d)~(f)为最常用的侧面泵浦技术。

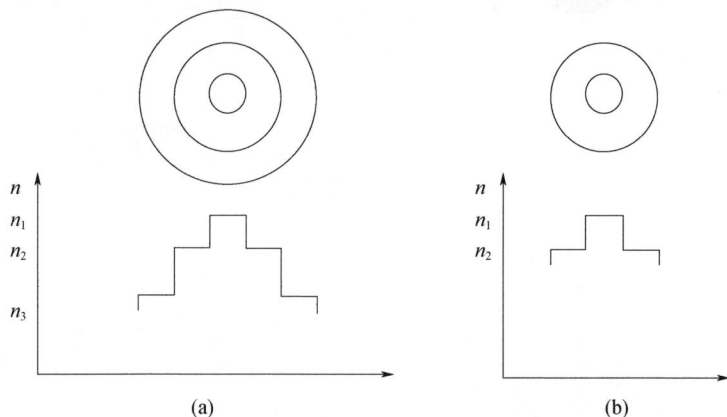

图9-15 双包层光纤和单包层光纤截面及折射率示意图
(a) 双包层光纤;(b)单包层光纤。

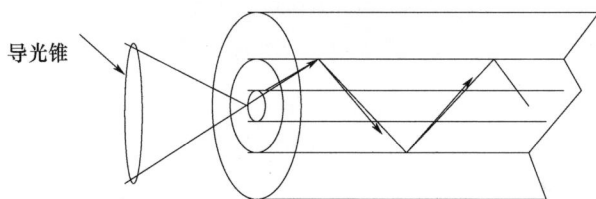

图9-16 双包层光纤泵浦图

2. 泵浦光的吸收

如上所述,掺杂离子只存在于纤芯中,由于泵浦光的波段正是根据这些离子的吸收带确定的,因此纤芯的吸收系数 α_{c0} 远大于包层的吸收系数 α_{c1}。

其次,α_{c0} 与内包层断面形状有密切关系。对于圆形内包层,与掺杂区有较高重叠的低阶模被迅速吸收而不再向前传输;另一方面,向前传输的空心管状模与掺杂区的重叠接近于0,因而几乎不参与泵浦过程。其结果是,离开光纤泵浦端后很短的距离(典型情况下只有几十厘米)便不再有明显的吸收。正是因为这一原因,人们往往更愿意采用截面形状稍复杂的内包层结构,常见的一些形状如图9-18所示,(a)~(e)分别为方形、矩形、正六边形、梅花形和D断面。

用这些内包层截面不具有圆对称的光纤作为增益介质,所有的模均具有复杂结构,且沿光纤的吸收近似为常数。在这样的条件下,全部模均等地参与泵浦过程,纤芯与内包层的吸收系数和截面积之间满足以下关系:

$$\frac{\alpha_{c1}}{\alpha_{c0}} = \gamma \approx \frac{S_{c0}}{S_{c1}} \tag{9-25}$$

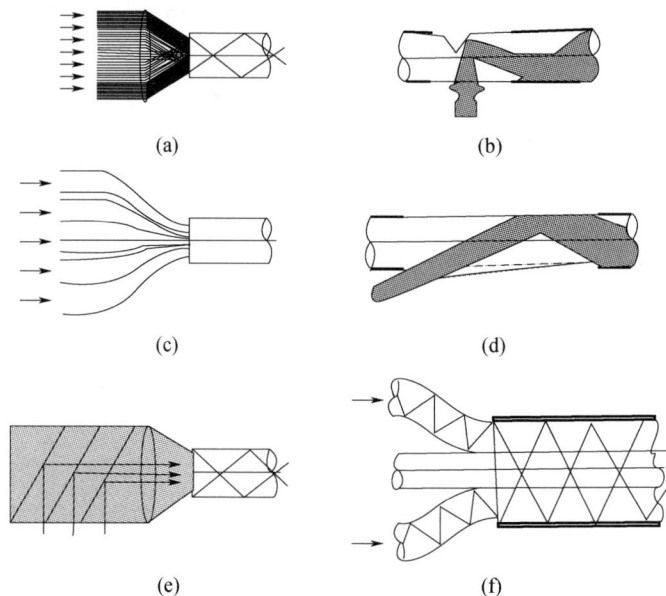

图 9 – 17　双包层泵浦方式

（a）~（c）端面泵浦；（d）~（f）侧面泵浦。

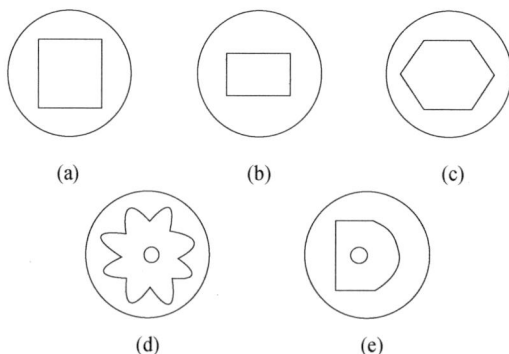

图 9 – 18　典型双包层光纤截面图

（a）方形；（b）矩形；（c）正六边形；（d）梅花形；（e）D 断面。

式中：S_{c0} 和 S_{c1} 分别为纤芯和包层的截面积；γ 为多模重叠因子。

γ 越大，越有利于泵浦被吸收，从这个意义上说，对一定的 S_{c0}，取较小的 S_{c1} 是有利的。但另一方面，S_{c1} 越小，越不利于泵浦光向光纤中耦合。因而，S_{c1} 的选取需折衷考虑。在 S_{c1} 不太大的情况下，为增加泵浦光的耦合，应取较大的数值孔径。典型情况下，内包层对泵浦光的数值孔径在 0.4 以上。

3. 输出功率和阈值

A. Bertoni 于 1998 年发表了描述光束在双包层光纤激光器中传输的耦合方

程组：

$$\begin{cases} \dfrac{dI_s^+}{dz} = \sigma_i n_i \dfrac{I_p}{I_p^{sat}} \dfrac{(I_s^+ + I_n)}{1 + \dfrac{I_s^+ + I_n^-}{I_s^{sat}}} - \alpha_s I_s^+ \\[4mm] \dfrac{dI_s^-}{dz} = -\sigma_i n_i \dfrac{I_p}{I_p^{sat}} \dfrac{(I_s^- + I_n)}{1 - \dfrac{I_s^+ + I_s^-}{I_s^{sat}}} + \alpha_s I_s^- \end{cases} \tag{9-26}$$

式中：I_s^+，I_s^- 分别为前向和后向传输的激光束强度；σ_i 为纤芯中离子的辐射截面；n_i 为由掺杂浓度决定的离子数密度；I_n 为自发辐射对激光强度的贡献；I_s^{sat} 和 I_p^{sat} 分别为激光和泵浦光的饱和强度；α_s 为激光的衰减系数。

在式(9-26)中，激光和泵浦光强均为 3 维空间坐标的函数，引进归一化强度函数 $\delta_s(x,y)$ 和 $\delta_p(x,y)$，可将 I_s 和 I_p 表示为

$$I_s(x,y,z) = P_s(z)\delta_s(x,y)，I_p(x,y,z) = P_p(z)\delta_p(x,y)$$

将式(9-26)对横坐标积分，并引进有效横截面 σ_s^{eff} 和 σ_p^{eff}，得到与单模光纤激光器类似的传输方程：

$$\begin{cases} \dfrac{dP_s^+}{dz} = \sigma_i n_i \dfrac{P_p}{P_p^{sateff}} \dfrac{(P_s^+ + P_n)}{1 + \dfrac{P_s^+ + P_s^-}{P_s^{sateff}}} - \alpha_s P_s^+ \\[4mm] \dfrac{dP_s^-}{dz} = -\sigma_i n_i \dfrac{P_p}{p_p^{sateff}} \dfrac{(P_s^- + P_n)}{1 + \dfrac{P_s^+ + P_s^-}{P_s^{sateff}}} + \alpha_s P_s^- \end{cases} \tag{9-27}$$

其中

$$P_s^{sateff} = \frac{h\nu_s}{\sigma_s^{eff}\tau}，\quad P_p^{sateff} = \frac{h\nu_p}{\sigma_p^{eff}\tau}$$

分别为激光和泵浦光的有效饱和功率。

2002 年，P. Even 和 D. Pureur 建立了物理模型，并解得激光光子流：

$$F_s^+ = \left[F_p(1 - e^{g_p}) - \frac{n_i S_{c0} \Delta N L}{\tau} \right] \frac{1}{1+R} \tag{9-28}$$

式中：F_p 为泵浦光子流；g_p 为泵浦光的多模吸收率；τ 为离子受激态平均寿命；ΔN 为平均反转粒子数；L 为光纤长度；$R = \left(\dfrac{1-R_1}{1-R_2}\right)\sqrt{\dfrac{R_2}{R_1}}$ 其中，R_1，R_2 为腔镜的强度反射率。

为将式(9-28)写成功率形式，引进比值 $\dfrac{\nu_s}{\nu_p}$ 表示光子能 $h\nu_p$ 转换为 $h\nu_s$ 的量子效率，则有

$$P_s^+ = \left[P_p(1 - e^{g_p}) - \frac{n_i S_{c0} \Delta N L h \nu_p}{\tau} \right] \frac{\nu_s}{(1 + R)\nu_p} \qquad (9-29)$$

其中，P_p 为进入光纤内包层的泵浦功率。由此可得泵浦阈值功率：

$$P_p^{th} = \frac{n_i S_{c0} \Delta N L h \gamma_p}{\tau(1 - e^{g_p})} \qquad (9-30)$$

式(9-30)表明，泵浦阈值通过 g_p 而依赖于光纤类型，既是双包层光纤也是标准单模光纤，而 g_p 与多模重叠因子有关。图 9-19 是一例掺 Yb^{3+} 光纤激光器泵浦阈值，为进行比较，单模光纤的相应值在图中用虚线画出。有关参数的取值为

$$\lambda_p = 972nm$$

$$S_{c1} = 2.1 \times 10^4 \mu m^2, S_{c0} = 13.8 \mu m^2, n_i = 76 \times 10^{24} m^{-3},$$

$$\tau = 7.6 \times 10^{-4} s, R_1 = 0.99, R_2 = 0.03$$

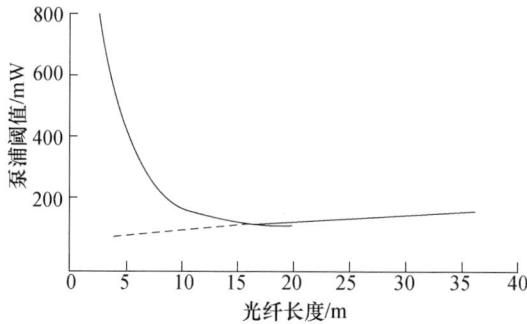

图 9-19　掺 Yb^{3+} 光纤激光器泵浦阈值

图 9-19 表明，当双包层光纤很短时，相应激光器要求的泵浦阈值功率很高。正是这一原因，双包层器件更适合 4 能级系统而不适合要求短光纤的 3 能级系统。该图还表明，当光纤较长时，双包层器件与单包层器件对泵浦阈值功率的要求趋于相同。不过，进一步研究表明，即使对长的光纤，二者还是有区别的。特别是标准单模光纤，总是在泵浦输入端具有高的反转粒子数，随着与输入端距离的增加，反转粒子数相当迅速地减少。双包层光纤激光器则不同，由于采用了包层泵浦技术，泵浦光在内包层中沿光纤长度方向传输，使光纤芯在长度方向上保持更均衡的反转粒子数。

9.4.3　光子晶体光纤激光器

20 世纪末出现的光子晶体光纤(PCF)为双包层光纤激光器提供一种新的选择。PCF 以充气孔围成的环作为光纤的内包层(图 9-20)，使包层的有效折射率大大减小。光波在这种光纤中的传播主要是由气孔的几何形状及尺寸决

定,而不是由光纤的材料决定。

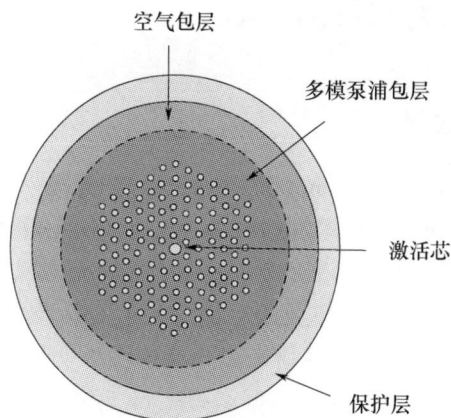

图9-20 光子晶体光纤示意图

本章前面的讨论给出普通光纤基横模工作的条件为

$$d\mathrm{NA} = 2.405\lambda/\pi \tag{9-31}$$

式中:d 为光纤芯的直径;NA 为数值孔径。

由此可以看出,基横模工作的光纤纤芯很细,典型情况下只有几微米。这样,基横模工作的光纤激光器只能输出很低的功率。

采用双包层结构可在很大程度上增大泵浦光传输截面,因而有利于光能的耦合。且内包层截面积 S_{cl} 越大,越有利于泵浦光向光纤中耦合。然而,式(9-25)表明,S_{cl} 越大,光纤芯的吸收系数就越小。所以,S_{cl} 的选取需折衷考虑。在 S_{cl} 不太大的情况下,为增加泵浦光的耦合,应取较大的数值孔径,最好能达到 $\mathrm{NA} = (n_1^2 - n_2^2)^{1/2} \geqslant \dfrac{1}{\sqrt{\pi}} \approx 0.55$。但受包层折射率的限制,当今普通双包层光纤的 NA 在典型情况下很难超过0.48。

综上所述,模的横截面积和光纤的数值孔径是限制提高光纤激光器输出功率的重要因素。虽然采用双包层结构情况有所改进,但仍不够理想。

光子晶体光纤激光器(PCFL)的出现彻底改变了这一局面。研究表明,纯硅 PCF 可以对所有波长以严格的单横模工作。注意到式(9-24),也就是说,纤芯直径任意大时,光纤仍可保持单模工作。这导致基于光子晶体光纤的大模面积(LMA)光纤激光器的出现。

此外,由于光纤内包层具有气孔结构,其折射率与纤芯的相差较大,因而可以得到大数值孔径。目前已有 NA 达到0.9的报道。

由此可见,PCFL 解决了光纤中基横模的截面积及光纤数值孔径小这两个关键问题,从而为获得高功率、高光束质量的激光提供一条有效途径。

9.5 受激散射光纤激光器

9.5.1 拉曼散射

这是一类基于受激拉曼(Raman)散射的光纤激光器。本节主要介绍受激拉曼散射的光纤激光器和受激布里渊(Brillouin)散射光纤激光器。散射是介质吸收一种频率的光并发射相对于入射光有一定频移的光的现象。

拉曼散射从最初被观察到至今已有 80 年的历史。1928 年,印度学者 C. V. Raman 及其合作者首次观察到光在介质中发生明显频移的现象。随后发现,该频移量就是样品材料中分子的振动频率 ω_M。由此,这一现象被称为拉曼散射,而散射中发生的频移量则称为拉曼移频。

拉曼移频既可以取正值,也可以取负值,相应于入射光的频率被上移和下移 ω_M。前者又称为反斯托克斯散射,后者则称为斯托克斯散射。设入射光频率为 ω_L,则斯托克斯谱线的频率为

$$\omega_s = \omega_L - \omega_M$$

而反斯托克斯谱线的频率为

$$\omega_{AS} = \omega_L + \omega_M$$

两种过程对应的跃迁如图 9 – 21 所示。其中,g 和 r 为分子振动能级,o 和 p 对应于电子最低激发态,v 表示一虚拟态。

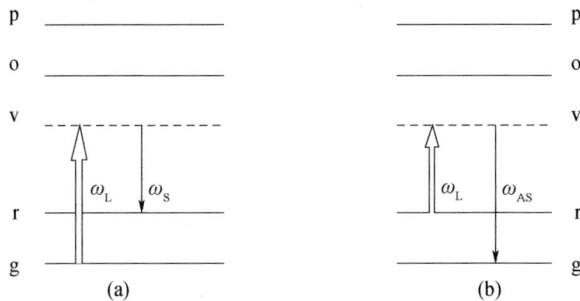

图 9 – 21   自发拉曼散射能级跃迁图

(a) 斯托克斯散射;(b)反斯托克斯散射。

上述过程在光谱技术中曾得到广泛应用。而其严重缺点是非弹性散射效率极低,散射截面通常只有红外吸收截面的 10^{-12},散射光强度则只有入射光强度的 $10^{-15} \sim 10^{-7}$,因而很难对其进行实时监控。

随着激光器的发明和激光技术的发展,到 20 世纪 60 年代,上述情况彻底改观。调谐入射激光,使其对介质的电子吸收响应,即将电子激发到实能级 o 或

P,得到所谓的共振拉曼散射,能级跃迁如图 9 – 22 所示。共振散射的效率比非共振散射的效率高 100 倍以上。

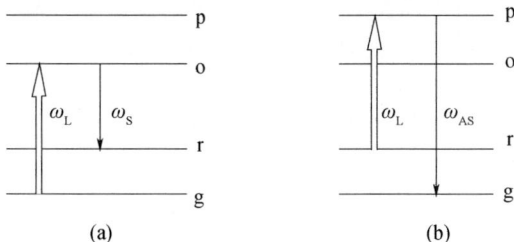

图 9 – 22　共振拉曼散射能级跃迁图
(a) 斯托克斯散射;(b)反斯托克斯散射。

在以上的两种过程中,散射光是自发发射的,因而称为自发拉曼散射。如果入射到样品上的激光不仅包含激发频率 ω_L,而且还包括斯托克斯频率 ω_S,则后者将激发频率为 ω_S 的光散射,这一过程便称为受激拉曼散射(SRS),它比自发拉曼散射要强得多。图 9 – 23 所示为 SRS 能级跃迁图。

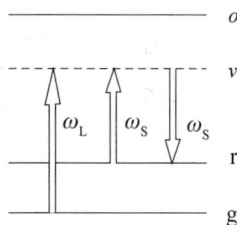

图 9 – 23　受激拉曼散射能级跃迁图

9.5.2　拉曼散射光纤激光器

上面讲到的拉曼散射现象也可以发生在光纤介质中。考虑斯托克斯散射,当泵浦光进入纤芯时,与那里的晶格发生作用,泵浦光子将一部分能量转换为分子振动能,使分子发生跃迁,并辐射一个能量稍小或频率下移拉曼频移量的斯托克斯光子。频移量主要由光纤材料决定,例如,在 Ge – Si 光纤中,典型频移量为 13THz。

掺 Yb^{3+} 双包层光纤激光器对泵浦拉曼谐振腔十分有效。拉曼光纤激光腔由细的单模光纤和布拉格光栅反射器组成,Yb^{3+} 光纤激光器的输出由拉曼腔的输入端进入光纤,并激发出波长为 λ_{S1} 的第一束斯托克斯辐射。由于反射器的作用,第一束斯托克斯光在激光腔内形成振荡并逐渐增强,随后它作为第二泵浦光激发光纤,并产生波长为 λ_{S2} 的第二束斯托克斯光。这一过程可以继续进行下去,以得到所希望的波长输出,如图 9 – 24 所示。

拉曼光纤激光器的重要优点是可获得相对高的功率输出和灵活的波长输出,其范围几乎可以涵盖光纤材料透明窗口内固有的任何波长。为远距离通信用 1370 ~ 1500nm 掺 Yb^{3+} 光纤放大器提供性能优越的泵浦源。此外,还可由同一台激光器获得多个波长的输出,这对干扰与反干扰十分有用。

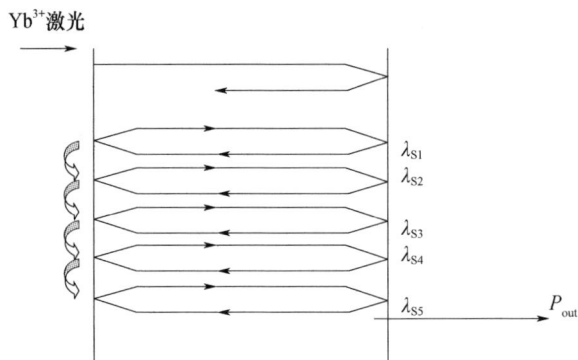

图 9 – 24　级联拉曼腔和基于拉曼效应的 Stokes – Stokes 功能转换

9.5.3　受激布里渊散射光纤激光器

本节介绍另一种基于非线性光学散射的光纤激光器,即受激布里渊散射光纤激光器(SBSFL)。在此之前首先简单介绍受激布里渊散射(SBS)过程。

1. 受激布里渊散射

SBS 过程与上一节介绍的 SRS 过程的原理基本相同,二者的主要区别为入射光子的能量在 SRS 中是以分子振动的方式传给介质,而在 SBS 中则是以声子的方式传给介质。于是,如仍用上节的图 9 – 23 表示 SBS,则其中的 g 和 r 不再代表分子振动能级,而是代表声子能态。而相应的 SBS 过程的斯托克斯频移量由下式决定:

$$\nu_B = 2nv/\lambda_p$$

式中:n 为介质对泵浦光的折射率;v 为介质中的声速;λ_p 为布里渊泵浦光的波长。

由于声子能态间距比分子振动能级的间距小得多,所以 SBS 过程的斯托克斯频移量要比 SRS 过程的斯托克斯频移量小得多。典型情况下为 1～10GHz。

2. 受激布里渊散射掺铒光纤激光器

SBSFL 的重要特性是其输出信号具有非常好的相干性和方向性。但由于布里渊增益系数很低,因此激光器输出功率较小,从而限制了它在很多领域的应用。

另一方面,掺 Er^{3+} 光纤(EDF)则具有较高增益,可以产生单纵模、窄线宽的高功率激光输出。若将单模光纤(SMOF)中的非线性布里渊增益与 EDF 中的高线性增益相结合,构成布里渊散射掺 Er^{3+} 光纤激光器(BEFL),则可望获得高功率、高光束质量的激光输出。在正常工作模式下,激光发射仍起源于布里渊增益,但不再需要基于布里渊增益的普通激光器的临界耦合腔,而是靠 EDF 放大器补偿谐振腔损耗。

BEFL 虽然在某些方面与布里渊光纤激光器(BFL)和掺 Er^{3+} 光纤激光器(ED-FL)有类似特性,但它与二者均不同。其工作波长由布里渊泵浦斯托克斯频移精确控制,而高功率输出则来自 EDF,结果得到高功率、窄线宽的激光输出。

BEFL 的一种典型结构如图 9 - 25 所示。激光谐振腔由 EDF 光纤环、一段单模光纤(SMOF)及一个光隔离器组成。其中光隔离器的作用是阻止布里渊泵浦光进入 EDF,从而阻止布里渊泵浦的注入锁定。

当窄线宽布里渊泵浦注入 SMOF 中时,SBS 在顺时针方向产生窄带增益,其波长由布里渊泵浦斯托克斯频移决定。对这样一个有损耗的谐振腔,只靠布里渊增益可能不足以获得激光输出。而用 980nm 泵浦 EDF 所产生的增益则足以克服腔损耗并得到高功率激光。

图 9 - 26 表示在 EDF 的宽带增益曲线上叠加了源自 SBS 过程的窄带增益曲线的情况。前者的峰值出现在波长 a 处,后者的峰值出现在波长 b 处。如果 b 和 a 足够接近,则 EDF 的宽带增益在 b 处仍有较高的值,以致 b 处的总增益将大于 a 处的增益(图 9 - 26(a)),并达到阈值增益,而在该波长上产生激光输出。反之,如果 SBS 过程的窄带增益曲线的峰值出现在距 a 较远的 c 处(图 9 - 26(b)),则 EDF 的宽带增益在此处已下降到较低的值,以致叠加了源自 SBS 过程的窄带增益曲线 c 处的值后仍低于 EDF 的宽带增益曲线上 a 处的值,最终在 a 处达到阈值增益,并在该波长上产生激光输出。

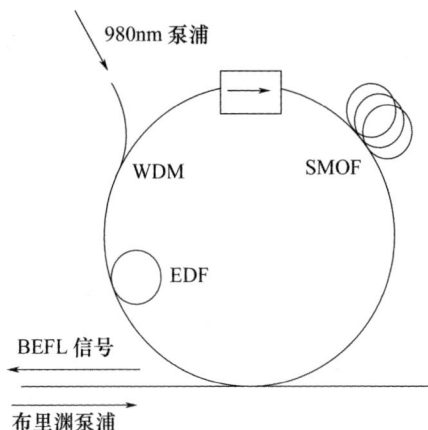

图 9 - 25　BEFL 的一种典型结构

3. 受激布里渊散射光纤激光器的多波长工作

受激布里渊散射光纤激光器的很多应用要求其具有双波长甚至多波长输出。这可通过 BEFL 的级联工作实现。

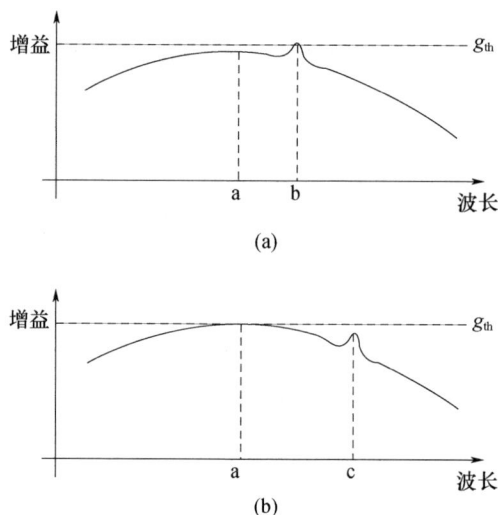

图 9 - 26　BEFL 的工作波长

在 SMOF 中激发 SBS 过程要求布里渊泵浦线宽小于布里渊增益带宽,且功率足以达到阈值。BEFL 的输出显然具备这些特性,因而可以用两个或多个 BEFL 的级联获得双波长乃至多波长激光输出。如果组成各 BEFL 的元件都相同,特别是所有的 SMOF 都相同,则输出谱线是等间距的,而相邻谱线的间距即为 Stokes 频移量。

参考文献

[1] France P W. Optical Fibre Lasers and Amplifiers. Boca Raton,Florida:CRC Press,Inc. ,1991.

[2] Zervas M N,Codemard C A. 高技术武器[J]. 动态快报,2014,11:16 - 35.

[3] Xie P and Gosnell T R. Room-temperature upconversion fiber laser tunable in the red,orange,green,and blue spectral regions. Opt. Lett,1995,20(9):1014.

[4] Paschotta R,et al. 230 mW of blue light from a Tm-doped upconversion fibre laser. IEEE J. Sel. Top. Quantum Electron,1997,3(4):1100.

[5] Takushima Y,et al. Polarization – stable and single – frequency fiber lasers. J. Lightwave Technol,1998,16 (4):661.

[6] Dominic V,et al. 110 W fibre laser. Electron. Lett. ,1999,35:1158.

[7] Jackson S D,et al. Diode-pumped 1. 7 W erbium 3-μm fiber laser. Opt. Lett. ,1999,24(16):1133.

[8] Pollnau M,Jackson S D. Erbium 3-μm fiber lasers. IEEE J. Sel. Top. Quantum Electron,2001,7(1):30.

[9] Jeong Y,et al. Ytterbium-doped large-core fiber laser with 1. 36kW continuous-wave output power. Opt. Express, 2004,12(25):6088.

[10] Polynkin A. et al. Single – frequency fiber ring laser with 1 W output power at 1. 5 μm. Opt. Express,2005, 13(8):3179.

[11] Tünnermann A,et al. Fiber lasers and amplifiers:an ultrafast performance evolution. Appl. Opt. ,2010,49 (25):FL71.

[12] Digonnet M J F. Rare-Earth-Doped Fiber Lasers and Amplifiers, 2nd edn. CRC Press, Boca Raton, FL,2001.

[13] Richardson D J, Nilsson J, Clarkson W A. High power fiber lasers:current status and future perspectives. Journal of the Optical Society of America B,2010,27(11):B63 − B92.

[14] Pask H M,Carman R J,Hanna D C,et al. Ytterbium-doped silica fibre lasers:versatile sources for the 1 − 1. 2μm region. IEEE Journal of Selected Topics in Quantum Electronics,1995,1:2 − 13.

[15] Sacks Z,Schiffer Z. Fiber lasers. EP,US 7778290 B2.

[16] Patel A,Lincoln B,Stone D. Specialty Fiber:Fiber lasers lower cost of making SAW's. Laser Focus World, 2013,49(4):59.

[17] Bedo S,Luthy W,Weber H P. The effective absorption coefficient in double-clad fibers. Optics Communications,1993,99(5 − 6):331 − 335.

[18] Liu A,Ueda K. The absorption characteristics of circular,offset,and rectangular double-clad fibers. Optics Communications,1996,132(5 − 6):511 − 518.

[19] Kouznetsov D,Moloney J V. Efficiency of pump absorption in double-clad fiber amplifiers. 2:Broken circular symmetry. JOSAB,2003,39(6):1259 − 1263.

[20] Kouznetsov D,Moloney J V. Efficiency of pump absorption in double-clad fiber amplifiers. 3:Calculation of modes. JOSAB,2003,19(6):1304 − 1309.

[21] Leproux P S,Fevrier V,Doya P,et al. Modeling and optimization of double-clad fiber amplifiers using chaotic propagation of pump. Optical Fiber Technology,2003,7(4):324 − 339.

[22] Zhang H, et al. Induced solitons formed by cross polarization coupling in a birefringent cavity fiber laser. Opt. Lett. ,2008,33:2317 − 2319.

[23] Tang D Y,et al. Observation of high-order polarization-locked vector solitons in a fiber laser. Physical Review Letters,2008,101:153904.

[24] Zhang H,et al. Coherent energy exchange between components of a vector soliton in fiber lasers. Optics Express,2008,16:12618 − 12623.

[25] Zhao L M,et al. Polarization rotation locking of vector solitons in a fiber ring laser. Optics Express,2008, 16:10053 − 10058.

[26] Kawakami S,Nishida S. Characteristics of a doubly clad optical fiber with a low-index inner cladding. IEEE Journal of Quantum Electronics,1974:10(12):879 − 887.

[27] Kouznetsov D,Moloney J V. Highly efficient,high-gain,short-length,and power-scalable incoherent diode slab-pumped fiber amplifier/laser. IEEE Journal of Quantum Electronics,2003,39(11):1452 − 1461.

[28] Jeong Y,Sahu J,Payne D,et al. Ytterbium-doped large-core fiber laser with 1. 36kW continuous − wave output power. Optics Express,2004,12(25):6088 − 6092.

[29] Bedö S,Lüthy W,Weber H P. The effective absorption coefficient in double-clad fibers. Optics Communications,1993,99(5 − 6):331 − 335.

[30] Liu A,Ueda K. The absorption characteristics of circular,offset,and rectangular double-clad fibers. Optics Communications,1996,132(5 − 6):511 − 518.

[31] Kouznetsov D,Moloney J V. Efficiency of pump absorption in double − clad fiber amplifiers. II:Broken circular symmetry. Journal of the Optical Society of America B,2003,39(6):1259 − 1263.

[32] Kouznetsov D,Moloney J V. Efficiency of pump absorption in double − clad fiber amplifiers. III:Calculation

of modes. Journal of the Optical Society of America B 2003,39(6):1304 – 1309.

[33] Leproux P,Février S,Doya V,et al. Modeling and optimization of double-clad fiber amplifiers using chaotic propagation of pump. Optical Fiber Technology,2003,7(4):324 – 339.

[34] Kouznetsov D,Moloney J V. Boundary behaviour of modes of a Dirichlet Laplacian. Journal of Modern Optics,2004,51:1362 – 3044.

[35] Dristas T,Sun K T,Grattan V. Stochastic optimization of conventional and holey double-clad fibres. Journal of Optics A,2007,9(4):1362 – 1364.

[36] Mortensen N A. Air-clad fibers:pump absorption assisted by chaotic wave dynamics. Optics Express,2007,15(14):8988 – 8996.

[37] Filippov V,Chamorovskii Y,Kerttula1 J,et al. Double clad tapered fiber for high power applications. Optics Express,2008,16(3):1929 – 1944.

[38] Kouznetsov D,Moloney J V. Slab delivery of incoherent pump light to double-clad fiber amplifiers:An analytic approach. IEEE Journal of Quantum Electronics,2004,40(4):378 – 383.

[39] Bonner C L,Bhutta T,Shepherd D P,et al. Double-clad structures and proximity coupling for diode-bar-pumped planar waveguide lasers. IEEE Journal of Quantum Electronics,2000,36(2):236 – 242.

第10章
光纤耦合输出半导体激光器

直接输出的半导体激光器光束质量较差,在很多领域无法直接应用。但用于泵浦固体激光器,可使后者的电光转换效率提高一个数量级。近年来人们发现,采用光纤耦合输出的半导体激光器,其光束质量得到大大改善,而电光转换效率则可比半导体激光泵浦的固体激光器再提高一倍甚至更高,因此受到广泛关注。

本章10.1节和10.2节首先介绍半导体激光器的光束特性及其波长调谐和稳定技术;10.3节介绍光纤及其传光特性;10.4节讨论三维光栅的工作性能;接下来的10.5节介绍外腔半导体激光输出特性。在上述讨论的基础上,最后给出半导体激光与光纤耦合特性的理论和耦合系统实例。

10.1 半导体激光器光束特性

10.1.1 单模半导体激光器光束特性

半导体激光器(LD)与固体激光器及气体激光器相比,其发射光束发散角较大,且成非旋转对称分布,有独特的远场分布特性。单片半导体激光器的有源层截面为狭长的矩形,有源层截面的不对称决定了出射光束远场发散角的不对称。在垂直于 pn 结方向(也称为快轴方向),由于狭缝的作用,出射光束发生较强衍射,在远场形成大的发散角 $\theta_\perp$,其典型值为 30° ~ 40°;在平行于 pn 结方向(也称慢轴方向),由于有源层截面在这一方向上尺寸相对较大,所以衍射作用比较小,出射光束在这一方向上的发散角也相对较小,$\theta_{//}$ 一般为 10° 左右。由于 LD 在快轴和慢轴上的发散角不同,造成远场光强分布不对称,呈现椭圆光锥分布,其远场光斑呈椭圆状。如图 10 - 1 所示,其中,Y 方向为快轴方向,X 轴为慢轴方向。

半导体激光器的场空间分布的模式可以分为横模和纵模。前者描述围绕输出光束轴线某处的光强分布,或者是空间几何位置上的光强(或光功率)的分

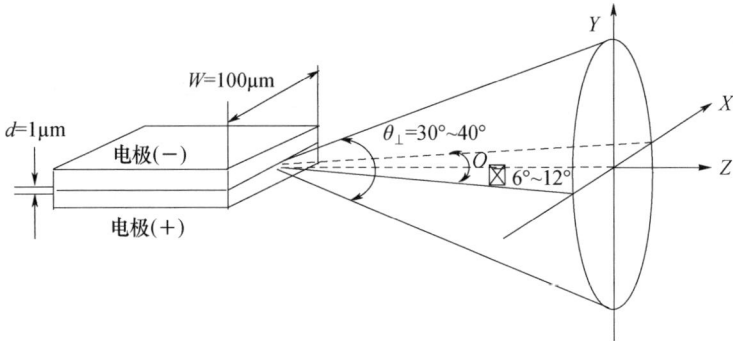

图 10 - 1　半导体激光器出射光束的远场发散角

布,也称为远场分布;后者则表示是一种频谱,它反映所发射的光束功率在不同频率(波长)分量上的分布。两者都可能是单模或者出现多模。边发射半导体激光器具有非圆对称的波导结构,而且在垂直于异质结平面方向(称为横向)和平行于结平面方向(称侧向)有不同的波导结构和光场限制。横向上都是异质结构成的折射率波导,而在侧向多是折射率波导,但也可采取增益波导,因此半导体激光器的空间模式又有横模和侧模。在横向有源区宽度较窄(约为$0.15\mu m$),总能保证在单模工作;而在侧向,其宽度相对较宽,因而根据宽度来定,可能出现多侧模。如果在这两个方向都能以单模(或称为基模)工作,则为理想的 TEM_{00} 模,此时出现强峰值在光束中心呈"单瓣"。这种光束的发散角最小、亮度最高,可与光纤有效地耦合,也可通过简单的光学系统聚焦成较小的斑点,这对激光器的应用非常有利。而在侧向有源区宽度较宽,发光面上的光场在侧向表现出多丝光,这种多侧模的出现以及它的不稳定性,易使激光器的 $P-I$ 特性曲线发生"扭折"、线性变坏。

在离轴不太远的条件下,可以认为半导体激光器发射的是理想的椭圆高斯光束:在平行于结平面方向和垂直于结平面方向的腰斑半径分别为 w_{0y} 和 w_{0x}。在距离激光器有源区 z 处的归一化光场的 x 分量为

$$\psi_x = \sqrt{\frac{2}{\pi}} \frac{1}{w_x} e^{-\frac{x^2}{w_x^2}} e^{-ik\frac{x^2}{2R_x^2}} \tag{10-1}$$

同理也可以得到 y 方向的光场分量,这里不再赘述。这个场模型在 x 和 y 方向是分离变量的,在计算激光器与光纤的耦合效率时,一般是对两个方向分别进行分析,半导体激光器的光强分布可以写为

$$I(x,y,z) = A_0^2 \left(\frac{w_0^2}{w_z^2}\right) e^{-2\left[\left(\frac{x}{w_x}\right)^2 + \left(\frac{y}{w_y}\right)^2\right]} \tag{10-2}$$

式中: $w_x = w_{0x}\{1 + [\lambda z/(\pi w_{0x}^2)]^2\}^{1/2}$; $w_y = w_{0y}\{1 + [\lambda z/(\pi w_{0y}^2)]^2\}^{1/2}$; A_0 为振幅,是常数。

在计算 LD 光进入光纤的耦合效率时,为简化起见,通常认为从半导体激光器中的输出为基模高斯光束。

在慢变化振幅近似下,稳态传输电磁场可用如下高斯光束形式表示:

$$E(r,z) = \frac{E_0 w_0}{w(z)} e^{-\frac{r^2}{w^2(z)}} e^{-j\left[k\left(\frac{r^2}{2R(z)}+z\right)-\psi\right]} \qquad (10-3)$$

式中:w_0 为束腰半径;E_0 为束腰中心处最大电场振幅;振幅部分为 $\dfrac{E_0 w_0}{w(z)} e^{-\frac{r^2}{w^2(z)}}$,相位部分为 $e^{-i\left[k\left(\frac{r^2}{2R(z)}+z\right)-\psi\right]}$。

瑞利距离(或共焦参数)为

$$Z_0 = \frac{1}{2}kw_0^2 = \frac{\pi w_0^2}{\lambda} \qquad (10-4)$$

束宽为

$$w(z) = w_0\sqrt{1 + (z/Z_0)^2} \qquad (10-5)$$

等相位面曲率半径为

$$R(z) = Z_0\left(\frac{z}{Z_0} + \frac{Z_0}{z}\right) \qquad (10-6)$$

相位因子为

$$\psi = \arctan\left(\frac{z}{Z_0}\right) \qquad (10-7)$$

波长 $\lambda_0 = 808\mathrm{nm}$ 的高斯光束在束腰半径 $\omega_0 = 0.5\mu\mathrm{m}$ 时的光强分布如图 10-2 所示。对基模高斯光束,ω_0 为场振幅减小到中心值 $1/e$ 处的 r 值。束宽 $w(z)$ 随坐标 z 按双曲线规律向外扩展:

$$\frac{w^2(z)}{w_0^2} - \frac{z^2}{Z_0^2} = 1 \qquad (10-8)$$

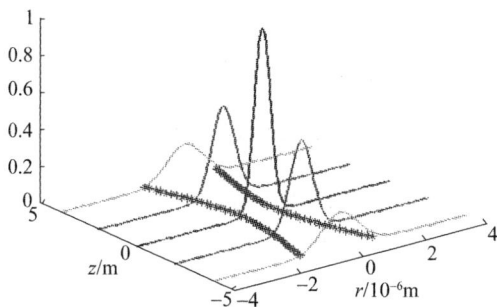

图 10-2　高斯光束的光强分布图

高斯光束的束宽可以用可变光阑法、移动刀口法、移动狭缝法、CCD 法等方法测量。

当$|z| = Z_0$时,$w(Z_0) = \sqrt{2}w_0$。在$|z| \leq Z_0$范围内,高斯光束可以近似为是平行的,如图10-2所示。高斯光束的等相位面是由式(10-9)决定的。等相位面一般为空间曲面。高斯光束的等相位面是变心球面,曲率中心并不是一个固定点,它随着光束的传输而移动。由式(10-9)可以得到以下结论:$z = 0$,$R \rightarrow \infty$,等相位面为平面;$z \ll Z_0$,$R \rightarrow Z_0^2/z$,等相位面可以近似为平面;$z = \pm Z_0$,$R = 2Z_0$,等相位面取极小值;$z \gg Z_0$,$R \rightarrow z$在远场处可将高斯光束近似视为一个由$z = 0$点发出,半径为z的球面波。

$$\varphi(r,z) = k\left[\frac{r^2}{2R(z)} + z\right] - \psi(z) \tag{10-9}$$

式中:$\varphi(r,z)$为高斯光束在点(r,z)处相对于原点$(0,0)$的相位差;kz为几何相移;$kr^2/2R(z)$为与径向有关的相移;$\psi(z) = \arctan(z/Z_0)$为高斯光束在空间传输距离z时相对于几何相移产生的附加相移。

图10-3表示高斯光束的过轴截面图,由图可以看出,光束远场发散角(半角)θ_0定义为

$$\theta_0 = \lim_{z \rightarrow \infty}\frac{w(z)}{z} = \frac{\lambda}{\pi w_0} \tag{10-10}$$

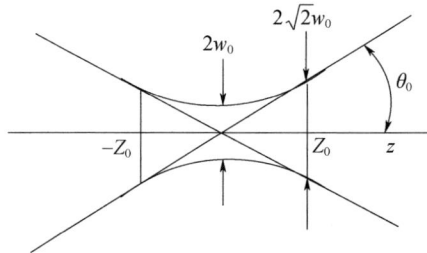

图10-3　高斯光束的过轴截面图

平面波通过一个直径为$2w_0$的圆孔的夫琅和费(Fraunhofer)衍射角为$\theta \approx 0.61\lambda/w_0$,基模高斯光束的远场发散角$\theta_0$略小于衍射角$\theta$,它已达到了衍射极限。

10.1.2　多模半导体激光器光束特性

大功率半导体激光器的远场模式比较复杂。以大功率宽发射域半导体激光器为例,光束的快轴方向,激光出射光束在远场还保持着高斯分布;但是在慢轴方向上,远场光束呈不规则的分布。图10-4是大功率宽发射域半导体激光器(有源区发射截面慢轴方向尺寸为$200\mu m$)慢轴法向在远场的光强随角度的分布情况。

与单模高斯光束的

$$\omega_0\theta = \omega_0\frac{2\lambda}{\pi\omega_0} = \frac{2\lambda}{\pi} \tag{10-11}$$

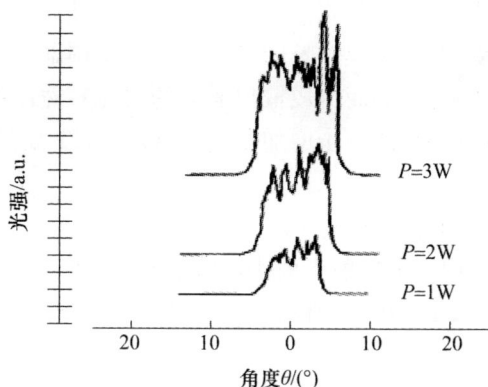

图 10 - 4　大功率宽发射域半导体激光器光束慢轴远场分布

相对应,对多模激光束定义

$$\Theta = M\theta , W_0 = M\omega_0 \tag{10 - 12}$$

于是

$$W_0 \Theta = M^2 \frac{2\lambda}{\pi} \tag{10 - 13}$$

其中

$$M^2 = \frac{\pi W_0 \Theta}{2\lambda} \tag{10 - 14}$$

称为传播常数。

由式(10 - 13)可得

$$\frac{W^2(z)}{M^2} = \frac{W_0^2}{M^2} \Big[1 + M^4 \frac{\lambda^2 z^2}{\pi^2 W_0^4} \Big] \tag{10 - 15}$$

即

$$W^2(z) = W_0^2 + M^4 \frac{\lambda^2}{\pi^2 W_0^2} z^2 \tag{10 - 16}$$

以上结果是在束腰位于 $z_0 = 0$ 的条件下得到的,如果束腰位置不在 $z_0 = 0$ 点,则有

$$W^2(z) = W_0^2 + M^4 \frac{\lambda^2}{\pi^2 W_0^2} (z - z_0)^2 \tag{10 - 17}$$

这一结果适用于实际多模光束。

10.2　半导体激光器的波长调谐和波长稳定技术

10.2.1　半导体激光器的波长调谐

1. 半棱镜调谐半导体激光器

棱镜调谐是利用棱镜的角色散把不同波长的激光在空间分开,利用谐振腔

的腔镜将垂直入射的光(某一特定波长)按原路返回,使该波长的光在腔内形成振荡。转动反射腔镜,即可实现波长的可调谐。棱镜调谐可能存在的问题是单棱镜对激光的角色散不够,从而造成输出激光的线宽较宽。解决的方法是利用两块或多块棱镜进行色散,进一步增加角色散,以压窄线宽,但会造成插入损耗的增大。

2. 光栅调谐半导体激光器

光栅调谐也就是用一个反射光栅代替谐振腔的一个反射镜。光栅的自准直调谐,即利特罗光栅,如图 10 - 5 所示。

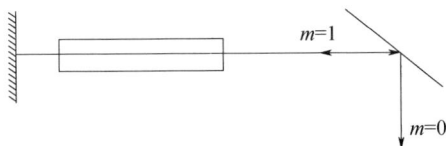

图 10 - 5   光栅调谐输出示意图

光栅将某波长的一级衍射光重新反射回腔内形成振荡,零级衍射光则作为激光输出。根据光栅方程 $d(\sin\theta_1 + \sin\theta_2) = m\lambda$(其中 d 为光栅常数,θ_1 为光线在光栅的入射角,θ_2 为光线在光栅的衍射角,m 为衍射级数),对一级自准直光栅结构有 $\theta_1 = \theta_2$,$m = 1$,光栅方程变为 $\lambda = 2d\sin\theta_1$,转动光栅改变入射角 θ_1,即可选择不同的波长值,实现波长调谐。光栅调谐由于采用的是反射光栅,不存在吸收损耗问题,波长的调谐也很方便,如果选择光栅常数足够小,可以实现很窄线宽的激光输出。

10.2.2   半导体激光器的波长稳定技术

1. 外腔反馈稳定波长

外腔反馈稳定波长是利用光栅等的光反馈来控制半导体激光器的频率特性。光栅将要锁定的波长的一级衍射光返回腔内形成振荡,零级衍射光作为激光输出。外注入锁定波长利用反射光栅引入反馈将增加受激辐射而抑制自发辐射,使反馈光满足振荡条件,这样起到波长锁定作用,也使线宽能得到有效的压缩,同时光栅反射镜与半导体激光器端面形成外腔结构,既相当于增长腔长,也起到压窄激光器线宽的作用。在外注入锁定的调整过程中,激光束的准直和反馈光的准直调节极为重要。同时外腔反馈激光器的腔长稳定性十分重要,必须对腔体进行精度较高的温控。

利用光栅进行外腔反馈稳定波长可进行多路稳定。如图 10 - 6 所示,光栅采用一级自准直光栅结构,则光栅方程为 $\lambda_n = 2d_n\sin\theta$。在同一介质层上刻有不同光栅常数的光栅,每一光栅对应将要锁定的某一波长。这样光栅将锁定波长的一级衍射光返回各自的激光器腔内形成振荡,零级衍射光作为激光输出。

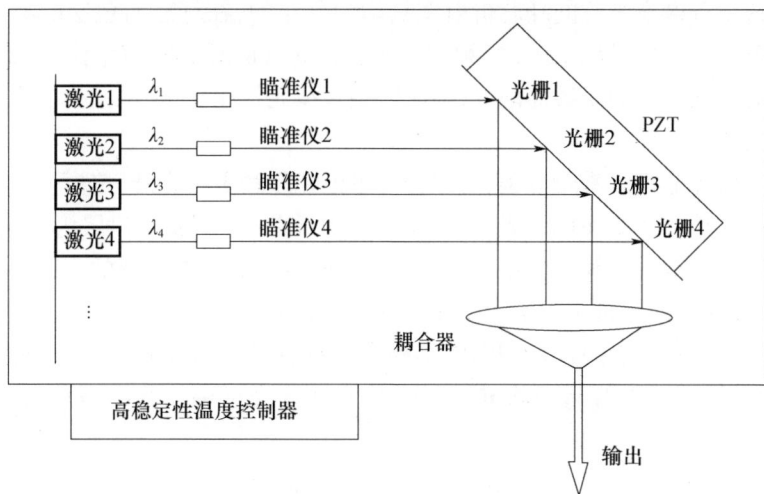

图 10 - 6　采用外腔法实现多波长稳定调谐输出

2. 内腔稳定波长

内腔稳定波长用于多级半导体激光器。多级半导体激光器具有平坦的频率调谐特性和波长稳定特性。多级半导体激光器包括有增益区 I_a、相位控制区 I_p、布拉格光栅反馈区 I_B。可以通过控制三个区的电流,实现波长调谐,也可通过控制三区的电流,实现波长稳定。电流 I_a 主要控制 DFB 激光器的输出功率,电流 I_p 和 I_B 是控制 DFB 激光器的输出波长。控制增益区的电流使半导体激光器的输出功率保持恒定,控制相位控制区和布拉格光栅反馈区的电流使腔模(特定序数)和布拉格波长入 I_b。同步变化,使输出波长唯一,实现波长稳定。布拉格波长由光栅周期(即折射率变化的周期)Λ 决定:

$$2\beta_b \Lambda = 2\pi m, \Lambda = m \frac{\lambda_b}{2n_{eq}} \qquad (10 - 18)$$

式中:β_b 为波的传播常数;n_{eq} 为波导的等效折射率;m 为光栅的级次。

10.3　光纤及其传光特性

10.3.1　光纤的分类

光纤是由纤芯、包层、涂敷层和护套构成的一种同心圆柱体结构。纤芯和包层是由透明介质材料构成的,其折射率分别为 n_1 和 n_2。为了使纤芯能够远距离传光,构成光纤的必要条件是:$n_1 > n_2$。

(1)按照折射率分布分类,可以分为阶跃型折射率光纤和梯度型折射率光纤。阶跃型折射率光纤的纤芯折射率是均匀分布的,在纤芯与包层的界面处有一个折射率突变(阶跃);梯度折射率型折射率光纤的纤芯折射率作为从光纤中心向外的径向距离的函数而渐变,与阶跃型多模光纤相比,梯度型折射率光纤的模间色散更小。

(2)按传输模式数量分类,可以分为单模光纤和多模光纤:单模光纤是指归一化频率 V 值小于 2.405 的光纤,典型尺寸为纤芯 $8 \sim 12\mu m$,包层为 $125\mu m$,单模光纤只能传输一个模式 – 基模,不存在模间色散问题,被广泛的应用于光纤通信领域;多模光纤是指 V 值大于 2.405 的光纤,典型尺寸为纤芯 $50 \sim 200\mu m$,包层 $125 \sim 400\mu m$。与单模光纤相比,多模光纤具有较大的纤芯直径,可包容数以百计的模式,可以很容易地将光源的光功率注入光纤中。其中,归一化频率 V 可由下式给出:

$$V = \frac{2\pi a}{\lambda}(n_1^2 - n_2^2)^{1/2} = \frac{2\pi a}{\lambda} \cdot NA \qquad (10-19)$$

(3)按光纤材料分类,根据光纤材料组分的不同光纤可以分为石英光纤、卤化物玻璃光纤、有源玻璃光纤、硫属化合物玻璃光纤、塑料光纤等。

10.3.2 光纤的传光原理

光是一种电磁频率极高的电磁波,而光纤本身是一种介质波导,因此在光纤中的传输理论是十分复杂的。要全面地了解它,需要应用电磁场理论、波动光学理论、甚至量子场理论方面的知识。

由全反射原理我们知道,光线在均匀介质中是以直线方向进行传播的,在到达两种不同的介质的分界面时,会发生反射与折射现象,如图 10 – 7 所示。

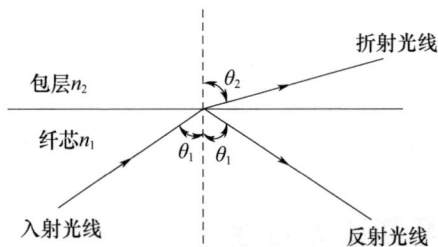

图 10 – 7　光入射到光纤介质上的光路图

平面波在两种介质的界面上发生反射和折射时其 P 波和 S 波的反射率和透射率分别为

$$R_p = |r_p|^2, \quad R_s = |r_s|^2 \qquad (10-20)$$

$$T_{\mathrm{p}} = \frac{n_2\cos\theta_2 \mid t_{\mathrm{p}} \mid^2}{n_1\cos\theta_1}, T_{\mathrm{s}} = \frac{n_2\cos\theta_2 \mid t_{\mathrm{s}} \mid^2}{n_1\cos\theta_1} \qquad (10-21)$$

式中 $r_{\mathrm{p}}, t_{\mathrm{p}}, r_{\mathrm{s}}, t_{\mathrm{s}}$ 分别为 P 光和 S 光的反射系数和透射系数,根据菲涅尔公式有:

$$r_{\mathrm{p}} = \frac{\tan(\theta_1 - \theta_2)}{\tan(\theta_1 + \theta_2)}, r_{\mathrm{s}} = \frac{\sin(\theta_1 - \theta_2)}{\sin(\theta_1 + \theta_2)} \qquad (10-22)$$

$$t_{\mathrm{p}} = \frac{2\sin\theta_2\cos\theta_1}{\sin(\theta_1 + \theta_2)\cos(\theta_1 - \theta_2)}, t_{\mathrm{s}} = \frac{2\sin\theta_2\cos\theta_1}{\sin(\theta_1 + \theta_2)} \qquad (10-23)$$

对于非平面波其 TE、TM 波在不同线性偏振方向的反射率和透射率为

$$R_{\mathrm{TE}} = \mid r_{\mathrm{TE}} \mid^2 = \left| \frac{n_1\cos\theta_1 - n_2\cos\theta_2}{n_1\cos\theta_1 + n_2\cos\theta_2} \right|^2 \qquad (10-24)$$

$$T_{\mathrm{TE}} = \mid t_{\mathrm{TE}} \mid^2 = 1 - \mid r_{\mathrm{TE}} \mid^2 \qquad (10-25)$$

$$R_{\mathrm{TM}} = \mid r_{\mathrm{TM}} \mid^2 = \left| \frac{n_2\cos\theta_1 - n_1\cos\theta_2}{n_2\cos\theta_1 + n_1\cos\theta_2} \right|^2 \qquad (10-26)$$

$$T_{\mathrm{TM}} = \mid t_{\mathrm{TM}} \mid^2 = 1 - \mid r_{\mathrm{TM}} \mid^2 \qquad (10-27)$$

式中: θ_1、θ_2 分别为入射角和折射角。

对于非极化光束其平均反射率为

$$R_{\mathrm{ave}} = (R_{\mathrm{TE}} + R_{\mathrm{TM}})/2 \qquad (10-28)$$

由斯涅耳定律可知:

$$n_1\sin\theta_1 = n_2\sin\theta_2 \qquad (10-29)$$

式中: n_1 为纤芯的折射率; n_2 为包层的折射率。显然,若 $n_1 > n_2$,则会有 $\theta_1 < \theta_2$。如果 n_1 与 n_2 的比值增大到一定程度,则会使折射角 $\theta_2 \geqslant 90°$,此时的折射光线不再进入包层,而会在纤芯与包层的分界面上掠过($\theta_2 = 90°$时),或者重返纤芯进行传播($\theta_2 > 90°$时),这种现象叫做光的全反射现象。正是由于全反射现象的存在,光线基本上全部在光纤芯区进行传播,所以可以大大降低光纤的损耗。这就是早期的阶跃光纤的设计思路。

10.3.3　数值孔径

由光的全反射原理可以画出阶跃光纤中的传播轨迹,即光线是按锯齿形传播及沿纤芯与包层的分界面掠过,如图 10 - 8 所示。由图可见,一束光线以与光纤成 θ_i 的角度入射到芯区中心,在光纤 - 空气界面发生折射,折射光的角度 θ_r 由斯涅耳定律决定:

$$n_0\sin\theta_i = n_1\sin\theta_r \qquad (10-30)$$

式中: n_0、n_1 分别为空气、纤芯的折射率。

折射光到达纤芯包层界面时,若在纤芯与包层界面上的入射角 ϕ 满足关系

$\sin\phi < n_2/n_1$,则将再次发生折射。若入射角 ϕ 大于临界角 ϕ_c,光线在纤芯 - 包层界面将发生全反射,ϕ_c 定义为

$$\sin\phi_c = n_2/n_1 \tag{10-31}$$

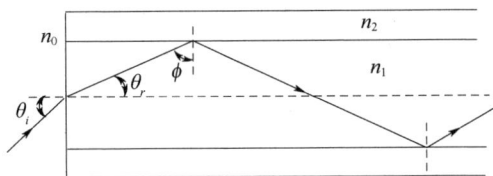

图 10 - 8　光在阶跃光纤中的传播途径

这种全反射发生在整条光纤上,所有 $\phi > \phi_c$ 的光线都将被限制纤芯中,这就是光纤约束和导引光传输的基本机制。

利用式(10 - 30)和式(10 - 31),可得到将入射光限制在纤芯所要求的与光纤轴线间的最大角度,对于这种光线,其 $\theta_r = \pi/2 - \phi_c$,以此代入式(10 - 30)得

$$n_0 \sin\theta_i = n_1 \cos\phi_c = (n_1^2 - n_2^2)^{\frac{1}{2}} \tag{10-32}$$

与光学透镜类似,$n_0 \sin\theta_i$ 称为光纤的数值孔径 NA,代表光纤的集光能力。对于 $n_1 \approx n_2$,NA 可以近似为

$$NA = n_1 (2\Delta)^{1/2}, \Delta = (n_1 - n_2)/n_1 \tag{10-33}$$

式中:Δ 为纤芯 - 包层界面相对折射率差。从表面上看来,为了将尽可能多的光线收集或耦合进入光纤,Δ 应越大越好,但是过大的 Δ 将引起多径色散,这是一种弥散效应导致的结果,在模式理论中称为模间色散,不能用于光纤通信中。

10.3.4　锥形光纤与圆柱形光纤性能的比较

根据几何光学的原理,当光的波长远小于光纤直径时,几何光学理论计算在光纤中两次反射之间激光所传输的距离 $|AB|$,如图 10 - 9 所示,可以求得 $|AB|$ 为:

$$|AB| = d\cot\theta$$

式中:d 为光纤内径;θ 为激光光束与光纤轴线的夹角。同理可得,入射激光在光纤的单位长度中的反射次数 n 为

$$n = \frac{1}{|AB|} = \frac{1}{d\cot\theta}$$

对于平端光纤,要使光线能够在光纤中稳定传输,进入光纤中的光线需要满足以下关系:

$$n_1 \sin(90°_-) = n_2 \sin90° \tag{10-34}$$

则得到

$$\theta_{\max 1} = \arcsin\sqrt{n_1^2 - n_2^2}/n_1 \tag{10-35}$$

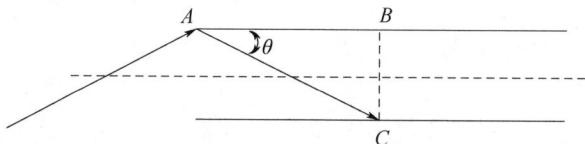

图 10 - 9　光线在无锥光纤中的轨迹

也即所有入射角小于 $\theta_{\max1}$ 的光线才能在光纤中稳定传输。

本书所用的锥形光纤是将光纤要做锥部分的包层剥去,对于垂直于结方向进行研磨抛光使其与轴向有一定的夹角,而在平行于结方向不作处理。图 10 - 10 所示为激光光束在锥形光纤中传输路径。

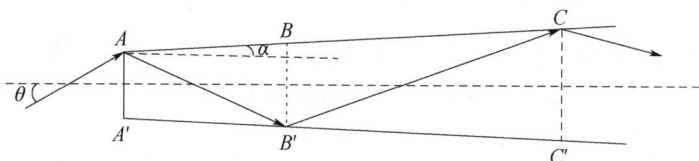

图 10 - 10　激光光束在锥形光纤中传输路径

假设锥形光纤的半锥角为 α,激光束入射角为 θ,则激光在第一次和第二次反射之间所传输的距离为 X_1、第二次和第三次之间反射所传输的距离为 X_2、依次为 $X,\cdots,X_n$。通过几何计算可得到:$X_1 < X_2 < X_3 < \cdots < X_n$ 那么激光在单位长度的锥形光纤中的反射次数 n 为

$$n < \frac{1}{X_1}$$

由图可知 X_1 为梯形 $AA'BB'$ 的高,因此可求得

$$X_1 = \frac{d}{\tan(\theta - 2\alpha) - \tan\alpha}$$

所以代入上式可得

$$n < \frac{\tan(\theta - 2\alpha) - \tan\alpha}{d}$$

对于锥形光纤,因为

$$n_1 \sin(90° - \theta) = 1 \times \sin 90°$$

所以

$$\theta_{\max2} = \arcsin \sqrt{n_1^2 - 1} / n_1 \qquad (10 - 36)$$

由此可知只有入射角度小于 $\theta_{\max2}$ 的光线才能进入锥形光纤中传输。

比较式(10 - 35)和式(10 - 36)可知,激光在锥形光纤中的反射次数少于在圆柱光纤中的反射次数,所以激光在锥形光纤中反射损耗要小于在圆柱形光纤中的反射损耗;比较式(10 – 35)和式(10 – 36)可知 $\theta_{max1} < \theta_{max2}$,由此可知锥形光纤可以使大角度的光线进入光纤传输,这是锥形光纤比圆柱形光纤另一个优越之处。

从以上比较看出,锥形光纤在与激光进行耦合时,间接地增大了数值孔径角,能够使大角度的光线进入光纤传输。因此锥形光纤在实践中得到了广泛应用。

10.4　体(三维)光栅特性

10.4.1　衍射光栅

光栅是利用多缝衍射原理使光发生色散的光学元件,因而又称为衍射光栅。衍射光栅的原理最早是由里顿豪斯(Littenhouse)于 1785 发现的。但由于受当时技术水平的限制,未能造出实用元件,因而没有引起重视。将近 100 年后,夫琅和费(Fraunhofer)于 1879 年重新发现了这个原理,并用很细的金属丝绕在两个平行放置的螺丝上做成最早的光栅,衍射光栅才越来越得到关注。近代光栅一般是在玻璃或金属表面上刻划出等间距平行线而制成的,按光栅面的形状可分为平面光栅和凹面光栅;按被利用的光是反射光或透射光又可分为反射光栅和透射光栅。激光器发明后,出现了一种全新的光栅制造方法,由单色性很好的激光产生理想的等间距平行干涉条纹,用全息照相方法拍摄下来,经处理后制成光栅,这种光栅被称为全息光栅。下面对平面透射光栅和平面反射光栅作进一步介绍。

1. 平面透射光栅

平面透射光栅的光强分布实际上是夫琅和费单缝衍射和多缝干涉的综合结果。单缝夫琅和费衍射原理如图 10 – 11 所示。其中狭缝宽度为 a,而 A、B 分别为单缝的上、下边缘,平行光束垂直狭缝入射。根据惠更斯 – 菲涅尔原理,可以将单缝内的波前分割为许多等宽的窄条,它们是相干子波源,向各个方向发射振幅相等的子波。接受屏幕置于会聚透镜 L 的焦平面上,则衍射角为 θ 的所有衍射光线将汇聚于屏幕上同一点 P_θ 进行相干叠加。

由于光束垂直狭缝入射,故在波面上无相位差。由图 10 – 11 不难看出,A 和 B 到点衍射

光线间的光程差为

$$\Delta L = a\sin\theta \tag{10 – 37}$$

而相位差为

$$\delta = \frac{2\pi}{\lambda}a\sin\theta \tag{10 – 38}$$

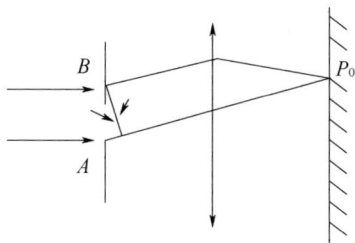

图 10 - 11　单缝夫琅和费衍射原理图

设整个狭缝内的波前在点 P_θ 处产生的合振幅为 A_θ，而在点 $\theta = 0$ 的 P_0 处的合振幅为 A_0，则有

$$A_\theta = A_0 \frac{\sin(\delta/2)}{\delta/2} \tag{10-39}$$

于是，P_θ 点的光强为

$$I_\theta = I_0 \left[\frac{\sin(\delta/2)}{\delta/2} \right]^2 \tag{10-40}$$

式中：I_0 为中央亮斑中心处的光强。而

$$\frac{I_\theta}{I_0} = \left[\frac{\sin(\delta/2)}{\delta/2} \right]^2 \tag{10-41}$$

称为单缝衍射因子。

假定光栅由 N 条狭缝构成，每条狭缝的宽度均为 a，相邻狭缝对应点之间的距离，即光栅常量为 d（图 10 - 12），则第 i 条内的波前在点 P_θ 处产生的振幅 $A_{i\theta}$ 可用下式表示：

$$A_{i\theta} = A_0 \frac{\sin(\delta/2)}{\delta/2} \tag{10-42}$$

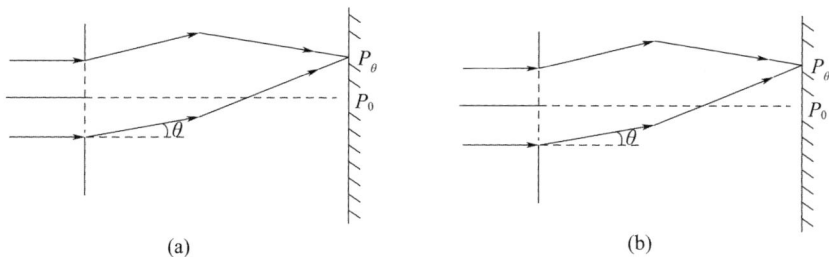

(a)　　　　　　　　　　　　　　(b)

图 10 - 12　光栅衍射原理图

而 N 条狭缝的波前在点 P_θ 处产生的总振幅 A_θ 为

$$A_\theta = A_0 \frac{\sin(\delta/2)}{\delta/2} \frac{\sin(N\alpha/2)}{\sin(\alpha/2)} \tag{10-43}$$

由此可得该点总光强为

$$I_\theta = I_0 \left[\frac{\sin(\delta/2)}{\delta/2} \frac{\sin(N\alpha/2)}{\sin(\alpha/2)} \right]^2 \qquad (10-44)$$

其中

$$\alpha = \frac{2\pi}{\lambda} d\sin\theta \qquad (10-45)$$

式(10-44)右边第二项为单缝衍射因子,第三项为多缝干涉因子。在光栅衍射图样中,主极强亮纹位置取决于

$$d\sin\theta = k\lambda \quad (k=0,\pm1,\cdots) \qquad (10-46)$$

式(10-46)称为光栅方程。而暗纹位置取决于

$$d\sin\theta = \frac{m}{N}\lambda \quad (m\neq0,\pm N,\pm2N,\cdots) \qquad (10-47)$$

由光栅方程(10-46)可以看出,当光栅常量 d 一定时,除 0 级外,同一级谱线对应的衍射角 θ 随波长 λ 的增大而增大。这样,如果入射光中包含几种不同波长,则经光栅衍射后除 0 级外各级主极强位置将彼此分开,这就是色散现象。而在同一级光谱中,单位波长间隔的两条谱线散开的角度,称为光栅的角色散本领,表示为 D. 对光栅方程求微商即可得

$$D = \left. \frac{\partial\theta}{\partial\lambda} \right|_k = \frac{k}{d\cos\theta_k} \qquad (10-48)$$

而刚好能分辨的两条谱线的平均波长 λ 与二者之差的比

$$R = \frac{\lambda}{\Delta\lambda} = kN \qquad (10-49)$$

则称为光栅的色分辨本领。角色散本领和色分辨本领是光栅性能的两个重要标志。

2. 平面反射光栅

玻璃基板上镀一层铝膜,在铝膜上刻划一组平行沟槽,便得到一块平面反射型衍射光栅,简称为平面反射光栅。可以证明,由反射定律所决定的方向,就是衍射光强最大的方向。能使这一方向落在零级衍射光谱以外的光栅叫做闪耀光栅。衍射光强最大的方向称为闪耀方向,在闪耀方向上产生衍射主极大的波长称为闪耀波长。

图 10-13 是平面反射光栅原理图。光栅刻槽的倾斜反射面称为槽面,宏观平面称为光栅平面,二者之间的夹角称为闪耀角。设光栅常量为 d,光栅平面法线与入射光的夹角为 α,与闪耀方向之间的夹角为 θ,闪耀角为 β,则容易看出,

$$\theta = 2\beta - \alpha \qquad (10-50)$$

闪耀光栅的角色散为

$$D = \frac{k}{d\cos\theta} \qquad (10-51)$$

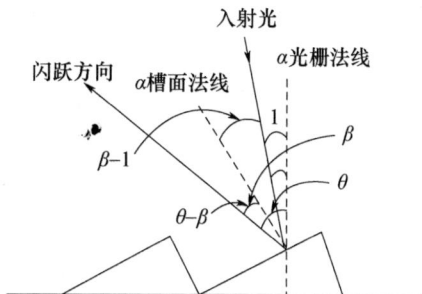

图 10 - 13　平面反射光栅原理图

角分辨本领为

$$R = kN \tag{10 - 52}$$

式中：k 为光谱级；N 为光栅刻槽线总数。

闪耀光栅通常使用 1 级或 2 级衍射光谱。对 1 级衍射，闪耀波长

$$\lambda_1 = 2d\sin\beta \tag{10 - 53}$$

10.4.2　布拉格衍射光栅基础

布拉格光栅的基础是由英国物理学家威廉·亨利·布拉格（William Henry Bragg）及其儿子威廉·劳伦斯·布拉格（William Lawrence Bragg）建立的布拉格公式。布拉格（Bragg）父子通过对 X 射线谱的研究，提出晶体的衍射理论，于 1913 年建立了布拉格公式。在确定 X 射线照射晶体而发生衍射时，该公式给出反射强度极大方向。如果经过晶体内相关原子作出一组平行的，间距为 d 的晶格平面（图 10 - 14），则当波长为 λ 的 X 射线入射角的余角 θ 满足：

$$2d\sin\theta = k\lambda \quad (k = 1,2,3,\cdots,n) \tag{10 - 54}$$

n 为任意正整数时，被这组平面所反射的 X 射线，在反射角等于入射角的方向上因相干相长而得到强度极大。

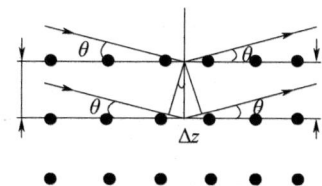

图 10 - 14　导出布拉格公式的示意图

如上所述，晶体的周期性结构决定了晶格可以作为波的衍射光栅。原子间距的数量级为 0.1nm，衍射波长应具有相同量级，因此布拉格公式是在 X 射线谱的研究中得到的。但它为此后研究更长波长的布拉格衍射及衍射光栅奠定了

基础。本章接下来的几节将要介绍的便是本书作者近期在这一领域的一些最新研究成果。

10.4.3 布拉格光栅特性研究

体布拉格光栅具有良好的波长选择性和角度选择性,具有很高的可调性,入射角、衍射角、中心波长、光谱(角度)宽度等参数,可以根据不同的光栅厚度、折射率调制度和光栅矢量方向很容易进行选取。

在大功率半导体激光器的波长稳定和光谱压窄方面,取得了明显效果,作为关键元件在光束组合实验中起着至关重要的作用。体布拉格光栅一般采用激光全息技术,在特种光敏玻璃的一个方向上制作折射率周期性调制。当光波沿着该方向传输时,如果满足布拉格衍射条件,就会发生选频反射。将其垂直于光束安置在二极管激光器外部,构成一个外腔,在外腔选频发射的作用下,激光器的输出波长就被稳定在这一布拉格波长上。

传统的体布拉格光栅制作材料包括明胶、光致聚合物、光折变晶体(如铌酸锂(LiNbO$_3$)钛酸钡(BaTiO$_2$)晶体)、光热塑型材料(如 PLZT 压电陶瓷)、硅玻璃掺锗(如光线光栅)、光学玻璃 BK - 7 等。作者在研究工作中主要采用 PTR(Photo - thermo - refractive glass)玻璃,即光敏玻璃。它是一种掺 Ag、Ce、F 杂质的 Na$_2$O - ZnO - Al$_2$O$_3$ - SiO$_2$玻璃,透光口范围为 350 ~ 2700nm,如图 10 - 15 所示。采用普通玻璃制造工艺,有玻璃控制晶化得到多晶固体材料,兼有玻璃和陶瓷特点。光敏玻璃具有较好的温度稳定性,其折射系数相对温度的变化率很低,化学稳定性好,硬度高,成本也相对于晶体低。PTR 的吸收谱如图所示,在 280 ~ 350nm 范围内有很强的吸收峰,而在 350 ~ 2700nm 范围内,PTR 玻璃具有很好的透过率。因此将光敏玻璃作为光栅制备材料,在激光领域具有很好的应用。

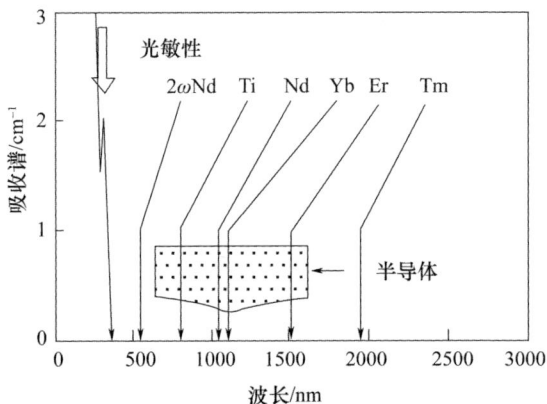

图 10 - 15　PTR 玻璃的吸收谱

10.4.4　体光栅的耦合波理论

在分析体光栅的衍射时,由于光通过光栅传播,所以必须考虑衍射波的振幅是随入射波的减少而逐渐增加的。分析这一现象运用经典的耦合波理论。1969年,Kogelink 首先将耦合波理论用于分析体布拉格光栅的衍射,其主要思想是从麦克斯韦方程出发,根据记录介质的电学和光学常量,直接求解描述入射光波和衍射光波的耦合微分方程组,得到衍射效率。他的这一理论,不仅能给出定量的结果,而且还可以广泛用于各种体布拉格光栅衍射特性的分析。

耦合波理论成立的前提条件如下:

(1) 光栅被恒定振幅的平面光波形成和再现;

(2) 折射率和吸收常量的空间调制是按正弦规律变化的;

(3) 入射光波以布拉格角或在其附近入射,因此介质内仅出现入射光波和衍射光波,而忽略其他所有的衍射级;

(4) 光波复振幅的变化很缓慢,以致光波振幅的二阶微分可以忽略。

图 10 – 16 给出了体布拉格光栅的结构衍射示意图。图中,取 $X-Z$ 面为入射面,I_i 为入射光束,I_d 为衍射光束;θ_i 为入射角,θ_d 为衍射角,θ_m 为布拉格角,θ_m^* 为入射布拉格角;Λ 为光栅周期($f=1/\Lambda$),t 为光栅的厚度;N_f 为光束入射平面的法向方向,N_{fex} 为光束出射平面的法向方向;K_G 它垂直于体布拉格光栅中折射率为常数的平面,K_{im} 和 K_{dm} 为入射波和衍射波的波失;φ 为光栅的倾斜角,定义光栅倾斜角为入射平面法线方向 N_f 指向光栅矢量方向 K_G 的角度,逆时针方向为正,顺时针方向为负,光栅倾斜角的取值范围为 $-\pi/2 \sim \pi/2$。

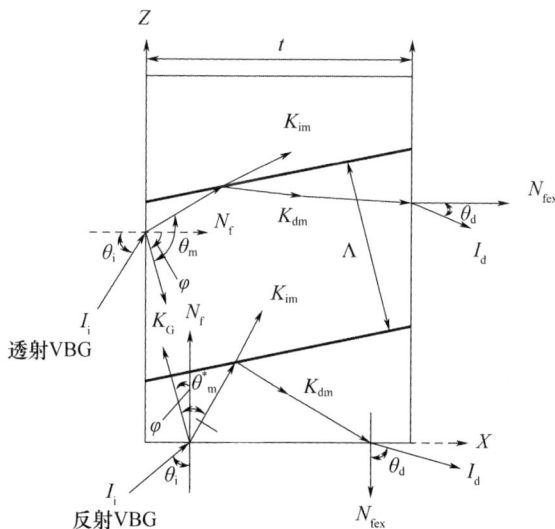

图 10 – 16　体光栅衍射图

由前提条件 2,介质的相对介电常数 ε_r 和电导率 σ 可以表示为

$$\varepsilon_r = \varepsilon_{r0} + \sigma_{r1}\cos(\boldsymbol{K} \cdot \boldsymbol{r}),\varepsilon_{r1} \ll \varepsilon_{r0} \qquad (10-55)$$

$$\sigma = \sigma_0 + \sigma_1\cos(\boldsymbol{K} \cdot \boldsymbol{r}),\sigma_1 \ll \sigma_0 \qquad (10-56)$$

在介电常数的调制度 $\varepsilon_{r1} \ll 1$ 的条件下,介质的折射率 n 可以表示为

$$n = \sqrt{\varepsilon_r} = n_0 + n_1\cos(\boldsymbol{K} \cdot \boldsymbol{r})$$

其中,n_0 满足如下条件

$$n_0 = \sqrt{\varepsilon_{r0}}, n_1 = \frac{\varepsilon_{r1}}{2\sqrt{\varepsilon_{r0}}}$$

设入射光为 Y 方向的线偏振光,由麦克斯韦方程组可导出光波电场在有吸收的介质中满足的波动方程:

$$\nabla^2 \boldsymbol{E} - \mu_0\sigma\frac{\partial^2 \boldsymbol{E}}{\partial t^2} - \mu_0\varepsilon_0\varepsilon_r\frac{\partial^2 \boldsymbol{E}}{\partial t^2} = 0$$

式中:μ_0 和 ε_0 分别为自由空间的磁导率和介电常数。对于频率为 ω 的单色平面波。可知上式进一步推导出电场复振幅 E 满足亥姆霍兹方程:

$$\nabla^2 E + \gamma^2 E = 0$$

式中:γ 为空间变换的传播常数,$\gamma^2 = -\mathrm{j}\omega\mu_0\sigma + \omega^2\mu_0\varepsilon_0\varepsilon_r$,将上式变换可得

$$\gamma = \beta^2 - 2j\alpha\beta + 4\kappa\beta\cos(\boldsymbol{K} \cdot \boldsymbol{r})$$

式中:β 为在折射率为 $n_0 = \sqrt{\varepsilon_{r0}}$ 的介质中光波的传播常数,$\beta = \omega\sqrt{\mu_0\varepsilon_0\varepsilon_{r0}}$;$\alpha$ 为记录介质的平均吸收系数,$\alpha = \dfrac{\sigma_0}{2}\sqrt{\dfrac{\mu_0}{\varepsilon_0\varepsilon_{r0}}}$;$\kappa$ 为耦合常数,$\kappa = \dfrac{\pi n_1}{\lambda} - j\dfrac{\alpha_1}{2}$,$\alpha_1 = \dfrac{\sigma_1}{2}\sqrt{\dfrac{\mu_0}{\varepsilon_0\varepsilon_{r0}}}$ 为吸收系数的调制度。

设入射光波与衍射光波的复振幅分别为 E_i 和 E_d,它们的波矢量 $\boldsymbol{k}_i$ 和 $\boldsymbol{k}_d$ 与 z 轴的夹角分别为 θ_i 和 θ_d,则

$$E_i = E_i(z)\mathrm{e}^{-j\boldsymbol{k}_i \cdot \boldsymbol{r}}$$

$$E_d = E_d(z)\mathrm{e}^{-j\boldsymbol{k}_d \cdot \boldsymbol{r}}$$

式中:$\boldsymbol{r}$ 为径矢;$E_i(z)$ 和 $E_d(z)$ 均为随 z 缓慢变化的光幅度。对于已存在原体光栅 $\boldsymbol{K}$,如果入射光满足布拉格条件,则 $\boldsymbol{k}_i,\boldsymbol{k}_d$,和 $\boldsymbol{K}$ 构成封闭的等腰三角形,$\boldsymbol{k}_i = \boldsymbol{k}_d - \boldsymbol{K}$,并且 $|\boldsymbol{k}_i| = |\boldsymbol{k}_d| = \beta$。但当入射光偏离布拉格条件时,仍假定 $\boldsymbol{k}_i,\boldsymbol{k}_d$ 和 $\boldsymbol{K}$ 构成封闭的三角形,即 $\boldsymbol{k}_i = \boldsymbol{k}_d - \boldsymbol{K}$,但此时 $k_d \neq \beta$,$\boldsymbol{k}_d$ 并不代表波在介质中的传播常数。基于以上假设,波矢量 $\boldsymbol{k}_i,\boldsymbol{k}_d$ 可分别表示为

$$\boldsymbol{k}_i = \beta\begin{pmatrix} \sin\theta_i \\ 0 \\ \cos\theta_i \end{pmatrix} = \begin{pmatrix} k_{ix} \\ 0 \\ k_{iz} \end{pmatrix}$$

$$\boldsymbol{k}_{\mathrm{d}} = \beta \begin{pmatrix} \sin\theta_{\mathrm{d}} - \dfrac{\boldsymbol{K}}{\beta}\sin\varphi \\ 0 \\ \cos\theta_{\mathrm{d}} - \dfrac{\boldsymbol{K}}{\beta}\cos\varphi_{\mathrm{i}} \end{pmatrix} = \begin{pmatrix} k_{\mathrm{d}x} \\ 0 \\ k_{\mathrm{d}z} \end{pmatrix}$$

其中,衍射光的方向余弦

$$\sin\theta_{\mathrm{i}} = \frac{k_{\mathrm{i}x}}{\beta} = \sin\theta_{\mathrm{i}} - \frac{K\sin\varphi}{\beta}$$

$$\cos\theta_{\mathrm{d}} = \frac{k_{\mathrm{d}z}}{\beta} = \cos\theta_{\mathrm{d}} - \frac{K\cos\varphi}{\beta}$$

容易证明,在满足布拉格条件 $K = 2\beta\cos(\varphi - \theta_{\mathrm{r}})$ 时。总光场可以写为 $E = E_{\mathrm{i}}(z)\mathrm{e}^{-jk_{\mathrm{i}}\cdot r} + E_{\mathrm{d}}(z)\mathrm{e}^{-jk_{\mathrm{d}}\cdot r}$,将其代入亥姆霍兹方程式可得

$$\mathrm{e}^{-jk_{\mathrm{i}}\cdot r}\left(\frac{\mathrm{d}^2 E_{\mathrm{i}}}{\mathrm{d}z^2} - 2j\beta\cos\theta_{\mathrm{d}}\frac{\mathrm{d}E_{\mathrm{d}}}{\mathrm{d}z} - 2j\alpha\beta E_{\mathrm{d}} + 2\kappa\beta E_{\mathrm{d}} \right)$$

$$+ \mathrm{e}^{-jk_{\mathrm{d}}\cdot r}\left[\frac{\mathrm{d}^2 E_{\mathrm{i}}}{\mathrm{d}z^2} - 2jk_{\mathrm{i}}\frac{\mathrm{d}E_{\mathrm{i}}}{\mathrm{d}z} + (\beta^2 - k_{\mathrm{i}}^2 - 2j\alpha\beta)E_{\mathrm{i}} + 2\kappa\beta E_{\mathrm{d}} \right]$$

$$\cdot 2\kappa\beta\left\{ E_{\mathrm{i}}\mathrm{e}^{-j(2k_{\mathrm{i}} - k_{\mathrm{d}})\cdot r} + E_{\mathrm{i}}\mathrm{e}^{-j(2k_{\mathrm{i}} - k_{\mathrm{d}})\cdot r} \right\} = 0$$

由于不存在高级衍射,上式左边第三项可以忽略。令 $\mathrm{e}^{-jk_{\mathrm{i}}\cdot r}$ 和 $\mathrm{e}^{-jk_{\mathrm{d}}\cdot r}$ 项的系数分别为零,并略去二阶微商项,即得到 $E_{\mathrm{i}}(z)$ 和 $E_{\mathrm{d}}(z)$ 的耦合微分方程组:

$$\frac{\mathrm{d}E_{\mathrm{i}}}{\mathrm{d}z} + \frac{\alpha}{\cos\theta_{\mathrm{i}}}E_{\mathrm{i}} = -j\frac{\kappa}{\cos\theta_{\mathrm{d}}}E_{\mathrm{i}}$$

$$\frac{\mathrm{d}E_{\mathrm{d}}}{\mathrm{d}z} + \frac{\alpha + j\delta}{\cos\theta_{\mathrm{d}}}E_{\mathrm{d}} = -j\frac{\kappa}{\cos\theta_{\mathrm{i}}}E_{\mathrm{d}}$$

式中:α 为记录介质的吸收系数;θ_{i} 和 θ_{d} 分别为入射光波和衍射光波与 X 轴所夹的夹角;κ 为耦合常数。

$$\kappa = \frac{\pi\Delta n}{\lambda} - \frac{j\Delta a}{2}$$

式中:Δn 和 Δa 分别为折射率和吸收常数的空间调制振幅。δ 是由于入射光波不满足布拉格条件而产生的相位失配。由次可以解得

$$\delta = K\cos(\phi - \theta_{\mathrm{r}}) - \frac{K^2\lambda}{4\pi n_0}$$

当偏离布拉格角 θ_0 和布拉格波长 λ_0 的偏移量分别为 $\Delta\theta$ 和 $\Delta\lambda$ 时,相位失配因子可表示为

$$\delta = \Delta\theta k\sin(\phi - \theta_0) - \Delta\lambda k^2/4\pi n$$

式中:n 为介质的折射率;ϕ 为光栅的倾斜角;θ_0 为入射光束满足布拉格条件时的入射角(与 Z 轴所夹的角)。

耦合常数是耦合波理论中一个重要参数,它描述了入射光波与衍射光波之间耦合的强弱,其值越大,耦合越强烈。当 $\kappa = 0$ 时,没有耦合就没有衍射。

从耦合波方程还可以看出衍射过程的物理本质。光波振幅沿着 Z 轴的改变是由于介质的吸收(αE_r 和 αE_s)或者一个光波对另一个光波的耦合(κE_r 和 κE_s)而引起的。对于偏离布拉格条件的情况,入射光波与衍射光波不再同步,耦合强度减弱,相位失配因子增大,使衍射光波的振幅逐渐减小,直至为零。

由耦合波方程可以得到其通解为

$$E_i(z) = E_{i1} e^{\gamma_1 z} + E_{i2} e^{\gamma_2 z}$$

$$E_d(z) = E_{d1} e^{\gamma_1 z} + E_{d2} e^{\gamma_2 z}$$

式中,

$$r_{1,2} = -\frac{1}{2}\left(\frac{a}{\cos\theta_i} + \frac{a}{\cos\theta_d} + \frac{j\delta}{\cos\theta_d}\right) \pm \frac{1}{2}\left[\left(\frac{a}{\cos\theta_i} - \frac{a}{\cos\theta_d} - \frac{j\delta}{\cos\theta_d}\right)^2 - \frac{4k^2}{\cos\theta_i\cos\theta_d}\right]^{\frac{1}{2}}$$

式中:γ 的脚标"1"和"2"分别对应开方项前的" + "和" − ";E_{i1},E_{i2} 和 E_{d1},E_{d2} 均为常量,由边界条件决定。

假设入射光波的振幅为1,将透射全息图的边界条件 $E_i(0) = 1$,$E_d(0) = 0$,和反射全息图的边界条件 $E_i(0) = 1$,$E_d(d) = 0$(其中 d 为介质的厚度)分别代入前面公式,得到透射全息图和反射全息图的衍射光振幅分别为

$$E_i(d) = j\frac{\kappa}{\cos\theta_i(\gamma_1 - \gamma_2)}\left[e^{\gamma_2 d} - e^{\gamma_1 d}\right]$$

$$E_d(0) = -j\left(\alpha + j\delta + \cos\theta_d \frac{\gamma_1 e^{\gamma_2 d} - \gamma_2 e^{\gamma_1 d}}{e^{\gamma_2 d} - e^{\gamma_1 d}}\right)$$

那么它们的衍射效率可由下面的公式求出

(1) 透射:

$$\eta = (\cos\theta_i/\cos\theta_d) E_i(d) E_i^*(d)$$

(2) 反射:

$$\eta = (|\cos\theta_i|/\cos\theta_d) E_i(0) E_i^*(0)$$

对体光栅进行进一步分析,满足布拉格条件的布拉格入射角 θ_m^* 公式如下:

$$\sin(\theta_m) = |\cos\theta_m^*| = \frac{\lambda_0 f}{2 n_{av}} \tag{10-57}$$

式中:$f = \frac{1}{\Lambda}$ 为体光栅空间频率;Λ 为体光栅周期;n_{av} 体光栅介质的平均折射率。

10.4.5 透射式体光栅的理论分析

对于无吸收透射相位光栅,衍射光波的改变由折射率的空间变化而产生,这时根据 Kogelnik 理论,其衍射效率为

$$\eta = \frac{\sin^2 (\xi^2 + \phi^2)^{\frac{1}{2}}}{1 + \frac{\xi^2}{\phi^2}}$$

式中:ϕ 为附加相位;ξ 为相位失配参量,

$$\xi = \frac{\pi f t}{\cos(\varphi - \theta_m^*) - \frac{f\lambda_0}{n_{av}}\cos\varphi} \left(\Delta\theta_m \sin\theta_m^* - \frac{f\Delta\lambda}{2n_{av}} \right)$$

$$\phi = \frac{\pi t \delta n}{\lambda_0 F_\phi}$$

式中:δn 为折射率振幅调制量;F_φ 为倾斜因子。

$$F_\varphi = \left[-\cos(\varphi - \theta_m^*)\cos(\varphi + \theta_m^*) \right]^{\frac{1}{2}}$$

倾斜因子描述了从法线到光栅表面的传输偏差所引起的入射光束和衍射光束在介质内部的额外光程。这里满足布拉格条件,因此倾斜因子是一个布拉格参量的独立函数。

对于非倾斜的透射光栅(即 $\varphi = \pm\frac{\pi}{2}$),倾斜因子可简化为

$$F_{\frac{\pi}{2}} = \left[\sin\theta_m^* \sin\theta_m^* \right]^{\frac{1}{2}} = \sin\theta_m^* = \sqrt{1 - \left(\frac{\lambda_0 f}{2n_{av}} \right)^2}$$

当入射光满足布拉格条件入射时,可知当相位失配因子 $\xi = 0$,此时衍射效率为

$$\eta = \sin^2\phi = \sin^2\left(\frac{\pi t \delta n}{\lambda_0 F_\varphi} \right) \tag{10-58}$$

式(10-58)表明,在布拉格入射时,衍射效率将随介质的厚度 t 或折射率振幅调制量 δn 的增加而增加。

若令 $\phi = \frac{\pi}{2} + j\pi (j = 0,1,2,\cdots)$,则 $\eta_{max} = 100\%$,得出此时,光栅最小厚度为

$$t_0 = \frac{\lambda_0 F_\phi}{2\delta n} = \frac{\lambda_0 \sqrt{1 - \left(\frac{\lambda_0 f}{2n_{av}} \right)^2}}{2\delta n} \tag{10-59}$$

由此可以得出不同空间频率下光栅最小厚度和入射光波波长之间的关系如图 10-17 所示。

图 10-17 中,入射波长为 $\lambda_0 = 808\text{nm}$,$n_{av} = 1.4867$,$\delta n = 1000\text{ppm}$,四条曲线空间频率分别为 $f = 50\text{mm}^{-1}$,$f = 500\text{mm}^{-1}$,$f = 1500\text{mm}^{-1}$,$f = 2500\text{mm}^{-1}$。随入射波由 500nm 增加到 3000nm,VBG 的最小厚度也由 0.2mm 几乎是线性地增加到 1.5mm,并且随着光栅空间频率的增加,最小厚度和谐振波长关系的不再呈线性增加的关系。对于空间频率高达一定值的 VBG 而言,波长大于一定值的入

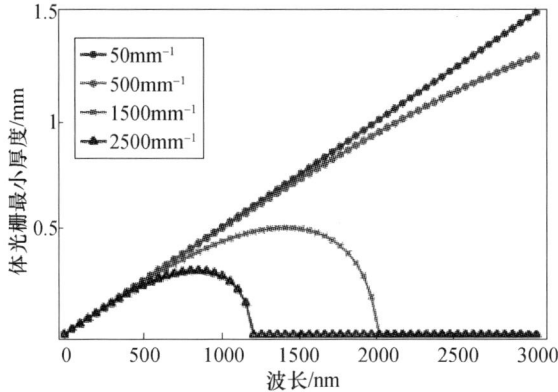

图 10 - 17　体光栅最小厚度与入射波长的关系(衍射效率为100%)

射光将不能在此体光栅内衍射。因为 VBG 空间频率增加,导致入射光和衍射光光程增加,因而倾斜因子减小,当减小到一定值时,即入射布拉格角增大到一定值,超过了全反射,故不能发生衍射。

相位失配因子 ξ,考虑了偏离入射布拉格角 θ_{m}^{*} 一个很小角度($\Delta\theta$)时,或偏离布拉格中心波长 λ_{0} 一个很小波长($\Delta\lambda$)时各自对 TBG 的衍射效率(DE)产生的影响。

对非倾斜透射体光栅$\left(即\ \varphi = \pm\dfrac{\pi}{2}\right)$简化如下:

$$\xi_{\frac{\pi}{2}} = \pi f t\left(\Delta\theta_{m} - \frac{f\Delta\lambda}{2n_{av}F_{\frac{\pi}{2}}}\right)$$

令 $\xi_{\frac{\pi}{2}} = 0$,得到波长偏离量和角度偏离量成正比:

$$\frac{\Delta\theta_{m}}{\Delta\lambda} = \frac{f}{2n_{av}F_{\frac{\pi}{2}}}$$

令 $\Delta\lambda = 0$,可得出非倾斜的透射体光栅衍射效率与入射波长的关系:

$$\eta(\Delta\lambda) = \frac{\sin^{2}\left\{\dfrac{\pi t}{F_{\frac{\pi}{2}}}\left[\left(\dfrac{\delta n}{\lambda_{0}}\right)^{2} + \left(\dfrac{f^{2}\Delta\lambda}{2\delta n}\right)^{2}\right]^{\frac{1}{2}}\right\}}{1 + \left(\dfrac{f^{2}\Delta\lambda}{2n_{av}\delta n}\right)^{2}}$$

令 $\Delta\theta = 0$,得出非倾斜的透射体光栅衍射效率与入射波长的关系:

$$\eta(\Delta\theta_{m}) = \frac{\sin^{2}\left\{\pi t\left[\left(\dfrac{\delta n}{\lambda_{0}F_{\frac{\pi}{2}}}\right)^{2} + (f\Delta\theta_{m})^{2}\right]^{\frac{1}{2}}\right\}}{1 + \left(\dfrac{\lambda_{0}fF_{\frac{\pi}{2}}\Delta\theta_{m}}{\delta n}\right)^{2}}$$

由上式可以看出,当 $\xi = 0$ 时,衍射效率最大,随着 $|\xi|$ 值的增大,η 迅速下

降,当 $|\xi|$ 值增大到一定程度时,η 下降为零。由于参量 ξ 的改变量与角度的偏移量 $\Delta\theta$ 以及波长的偏移量 $\Delta\lambda$ 成正比,因此,入射光只要偏离布拉格角一个很小的角度,或波长超出 $\lambda + \Delta\lambda$ 的范围,衍射效率即降低为 0,体全息的这一个特性称为角度和波长的灵敏性,或者说选择性。

对于非倾斜透射式 VBG 而言,在其他条件不变,只改变光栅周期或光栅厚度,可以同时实现改变光栅角度选择性和衍射效率。若只改变光栅折射率调制振幅因子,不会改变最大值和最小值所对应的位置,但同样也会改变衍射效率。

若相位失配参量为 0,即 $\xi = 0$,$\Delta\theta_m = \Delta\lambda = 0$,则衍射效率的最大值表达式可以进一步简化为

$$\eta_0 = \sin^2\left(\frac{\pi t \delta n}{\lambda_0 F_{\frac{\pi}{2}}}\right)$$

10.4.6　反射式体光栅的理论分析

对于无吸收反射式体布拉格光栅(RBG)的衍射效率(DE)由以下公式来描述:

$$\eta = \left(1 + \frac{1 - \dfrac{\xi^2}{\phi^2}}{\sinh^2\sqrt{\phi^2 + \xi^2}}\right)^{-1}$$

式中:ϕ 为附加相位;ξ 为相位失配参量,他们的定义与上面透射式体布拉格光栅的定义一样。透射式光栅和反射式光栅有截然不同的特性,具体参数的描述上有着较大的不同,如倾斜因子 F_φ,对透射式 VBG 而言,它是实数,而对反射式而言,却成了虚数。

$$\phi = \frac{\pi i t \delta n}{\lambda_0 F_\varphi}$$

$$\xi = \frac{\pi f t}{\cos(\varphi - \theta_m^*) - \dfrac{f\lambda_0}{n_{av}}\cos\varphi}\left(-\Delta\theta_m\sin\theta_m^* + \frac{f\Delta\lambda}{2n_{av}}\right)$$

对于非倾斜光栅($\varphi = 0$),上式简化为

$$\phi = \frac{\pi t \delta n}{\lambda_0 |\cos\theta_m^*|} = \frac{2\pi n_{av} t \delta n}{\lambda_0^2 f}$$

$$\xi_0 = \frac{\pi t f \Delta\lambda}{\lambda_0}$$

令波长偏移量 $\Delta\theta = 0$,得出非倾斜的反射体光栅衍射效率随波长 $\Delta\lambda$ 变化:

$$\eta(\Delta\lambda) = \left(1 + \frac{1 - \left(\dfrac{\lambda_0 f^2 \Delta\lambda}{2n_{av}\delta n}\right)^2}{\sinh^2\sqrt{\left(\dfrac{2\pi n_{av} t \delta n}{\lambda_0^2 f}\right)^2 - \left(\dfrac{\pi f t \Delta\lambda}{\lambda_0}\right)^2}}\right)^{-1} \qquad (10-60)$$

无倾斜 RBG 光栅的衍射效率的大小由光栅厚度 t 和折射率振幅调制度 δn 共同决定。可具体分析入射光波长偏离中心波长对 RBG 衍射效率的影响。

反射式体布拉格光栅的衍射效率主要取决与光栅厚度和折射率调制度。当入射光以布拉格条件入射，即 $\Delta\lambda = 0, \Delta\theta_m = 0$ 时，对应的最大衍射效率可化简为

$$\eta_0 = \tan^2\phi_0 = \tanh^2\frac{\pi t \delta n}{\lambda_0 |\cos\theta_m^*|} \tag{10-61}$$

根据双曲正切函数的性质，通过增加光栅厚度 t 或折射率调制度 δn，均可使衍射效率逐渐接近 100%。可以较为方便地计算出对应某一特定衍射效率下的体光栅厚度和折射率调制度。

因此，在实际应用中，可以通过如下方法设计 RBG 光栅：先假定衍射效率为 η_0，如果入射光波 λ_0 满足布拉格条件，对于一个特定的光栅厚度，要想使光栅的衍射效率为 η_0，可通过式选择合适的折射率振幅调制度。或者根据一个特定的折射率振幅调制度选择对应的光栅厚度。对于入射布拉格角 θ_m^*，任意光栅厚度 t_0，式 (10-61) 可记为

$$\delta n = \frac{\lambda_0 |\cos\theta_m^*| \tanh\sqrt{\eta_0}}{\pi t_0} \tag{10-62}$$

如果想得到不同的最大衍射效率 ($\eta_0 = 99.99\%, 99.9\%, 99\%, 90\%$)，折射率调制度与提光栅厚度之间必须满足一定关系。因此，无倾斜 RBG 的特性可以由以下三个参数中的任意两个描述：光栅厚度 t、折射率调制度 δn 和根据布拉格中心波长 λ_0、入射布拉格角 θ_m^* 设定的衍射效率 η_0。

实际设计中，反射式体光栅的厚度应该足够厚，以保证对于一个相对较低的折射率振幅调制度能实现高效率衍射。

10.4.7　体光栅调谐对角度和波长选择性

由以上讨论可知，体全息光栅的衍射效率对布拉格失配参量 ξ 十分敏感，由于 ξ 的改变量与角度的偏移量 $\Delta\theta$ 及波长的偏移量 $\Delta\lambda$ 成正比，因此，入射光的角度或波长偏移布拉格条件都会导致衍射效率迅速下降。体光栅的这一特性分别被称为角度选择性和波长选择性。

通常我们将衍射强度曲线的主瓣全宽度定义为水平选择角，即 $\Delta\Theta = 2\delta\theta_m^{\text{HWFZ}}$ (HWFZ 表示衍射效率曲线的主瓣半宽度)。如果再现光的波长与记录时的波长相同，即 $\Delta\lambda = 0$，可得出水平选择角。

下面讨论非倾斜的透射光栅，衍射效率降为 0 的条件时：

$$(\xi^2 + \phi^2)^{\frac{1}{2}} = j\pi \quad (j = 1, 2, 3\cdots, n, \cdots)$$

当 $\phi = \pi/2$，且 $j = 1$，则 $\xi = \frac{\sqrt{3}}{2}\pi$，可推出

$$\delta\theta_{\mathrm{m}}^{\mathrm{HWFZ}} = \frac{\sqrt{3}}{2ft_0} = \frac{0.87}{ft_0}$$

因此，水平选择角可用下面公式求出：

$$\Delta\Theta = 2\delta\theta_{\mathrm{m}}^{\mathrm{HWFZ}} = \frac{\sqrt{3}}{ft_0} \qquad (10-63)$$

使衍射效率由 100% 降到零的波长偏移量 $\delta\lambda^{\mathrm{HWFZ}}$ 为

$$\delta\lambda^{\mathrm{HWFZ}} = \frac{\sqrt{3}\,n_{\mathrm{av}}F_{\frac{\pi}{2}}}{f^2 t_0}$$

对于非倾斜的反射光栅，衍射效率降为 0 的条件是：

$$(\xi^2 - \phi^2)^{\frac{1}{2}} = j\pi \qquad (j = 1,2,3\cdots,n,\cdots)$$

令 $j = 1$ 时，得出使衍射效率由 100% 将为零的波长偏移量 $\delta\lambda^{\mathrm{HWFZ}}$ 为

$$\delta\lambda^{\mathrm{HWFZ}} = \frac{\lambda_0\,(\pi^2 + (\mathrm{atanh}\ \sqrt{\eta_0}\,)^2)^{\frac{1}{2}}}{\pi ft}$$

式中：λ_0 为空气中的波长。

　　从上式可以看出，当体光栅较厚时，波长偏移较少量，即会让衍射效率迅速降为 0。但如果体光栅过薄，虽然允许的振荡波长偏移量较大，但很难获得较深的调制度。因此，在设计和应用体光栅时应适当考虑体光栅厚度选择对外腔调谐振荡波长的影响。

　　衍射光波的角度可认为等于记录时物光波的角度，$2\varphi = (\theta_{\mathrm{r}} - \theta_{\mathrm{s}})$ 是记录时参、物光之间的夹角，式中各角度均为介质中的值。由折射定律即可求出空气中水平选择角。当 $\theta_{\mathrm{r}} = -\theta_{\mathrm{s}}$ 时，即两写入光束对称入射，形成非倾斜光栅，则式(10-63)可表示为

$$\Delta\Theta = \frac{(\pi^2 - \nu^2)^{\frac{1}{2}}\lambda_0}{\pi nd\,|\sin\theta_{\mathrm{r}}|}$$

对于反射光栅，当 $\eta = 0$ 时，$|\xi| > 3.5$，所以不妨设在衍射效率的 0 点位置附近，$|\xi| > |\nu|$，这样，η 可写为

$$\eta = \frac{\nu^2 \sin^2(\xi^2 - \nu^2)}{(\xi^2 - \nu^2) + \nu^2 \sin^2(\xi^2 - \nu^2)} \qquad (10-64)$$

当 $\xi^2 - \nu^2 = \pi^2$，即 $\xi^2 = \nu^2 + \pi^2$ 时，$\eta = 0$，于是可得到反射光栅水平选择角为

$$\Delta\Theta = \frac{2\,(\pi^2 + \nu^2)^{\frac{1}{2}}\lambda_0}{\pi nd} \times \frac{\cos\theta_{\mathrm{s}}}{|\sin(2\varphi)|} \qquad (10-65)$$

这里，$2\varphi = (\theta_{\mathrm{r}} - \theta_{\mathrm{s}})$ 仍为记录时参、物光之间的夹角，式中各角度均为介质的值。根据反射定律，同样可得到该选择角在空气中的值，对于非倾斜光栅，水平选择角为

$$\Delta\Theta = \frac{(\pi^2 + \nu^2)^{\frac{1}{2}}\lambda_0}{\pi n d \mid \sin(\theta_s) \mid} \qquad (10-66)$$

在同等条件下,透射全息图的角度选择性比反射全息图要敏感。

当再现光束的角度等于记录时参考光的角度并保持不变时,改变其波长,有由此引起的相位失配为

$$\delta = -\Delta\lambda k^2 / (4\pi n) \qquad (10-67)$$

结合前面讨论,使衍射效率降到零的波长偏移量为

透射光栅

$$\Delta\lambda = \frac{(\pi^2 - \nu^2)^{\frac{1}{2}}\lambda_0^2 \cos\theta_s}{\pi n d (1 - \cos 2\varphi)} \qquad (10-68)$$

反射光栅

$$\Delta\lambda = \frac{(\pi^2 + \nu^2)^{\frac{1}{2}}\lambda_0^2 \cos\theta_s}{\pi n d (1 - \cos 2\varphi)} \qquad (10-69)$$

式中:$2\varphi = (\theta_r - \theta_s)$ 仍为两写入光束在介质内的夹角。此时波长偏移量称为全息图的带宽。

对于非倾斜光栅的特殊情况,上式成为

(1) 透射光栅:

$$\Delta\lambda = \frac{(\pi^2 - \nu^2)^{\frac{1}{2}}\lambda_0^2 \cos\theta_s}{2\pi n d \tan\theta_r \sin\theta_r} \qquad (10-70)$$

(2) 反射光栅:

$$\Delta\lambda = \frac{(\pi^2 + \nu^2)^{\frac{1}{2}}\lambda_0^2}{2\pi n d \cos\theta_r} \qquad (10-71)$$

式中:$\Delta\lambda$ 和 λ_0 均为空气中的值,θ_r 为介质中的值。反射全息图对波长的偏移比透射全息图要灵敏得多,而且带宽几乎不随两写入射光夹角的变化而变化。

但是,对介质内部的角度而言,两种全息图的波长选择性随 θ_r 的变化关系将发生变化。依据前面讨论,这里让介质内的参考角在 $0 \sim \frac{\pi}{2}$ 内取值,随着参考光入射角的增大,透射全息图的波长灵敏度逐渐提高,而反射全息图逐渐降低。当参考角 $\theta_r \approx 41°$ 时,两者有相同的带宽。当 $\theta_r < 41°$ 时,反射全息图比透射全息图的波长灵敏度高,当 $\theta_r > 41°$ 时,两者反之。当两写入光在介质内的夹角为 $2\varphi = \pi$ 时,反射全息图的 $\Delta\lambda$ 最小,即波长选择性最好。

10.4.8 体光栅调谐对纵模的选择性

在快轴平面,光栅作为纵模选择元件,可得

$$2d\sin\theta\cos\alpha = \lambda_b \qquad (10-72)$$

式中:θ 为闪耀角;α 是激光的入射角;λ_c 为闪耀波长。

通常把光栅放置成入射光垂直于光栅表面,即 $\alpha = 0$,此时有

$$2d\sin\theta = \lambda_b$$

代入式(10 – 72)得

$$2d\sin\theta\cos\alpha = \lambda$$

即

$$\cos\alpha = \frac{\lambda}{\lambda_b}$$

此时,波长为 λ 的激光被衍射并反馈注入回 LD 得到相干加强。

10.5　外腔半导体激光输出特性

外腔反馈改变了半导体激光器的输出特性,例如改变输出激光的阈值,输出功率,空间模式和光谱特性等。虽然反馈注入会给某些应用例如光纤通信,光存储等带来噪声,降低其信息传输的能力,但由于可改善半导体激光器的光谱特性,广泛应用于实际工程。因此,通过对外腔半导体激光器(ECLD)输出特性的研究,对实际应用有一定的指导意义。

本节对外腔半导体激光器输出激光的振荡特性进行了理论分析,为实验系统设计和结果验证提供理论依据。首先阐述了外腔半导体激光器调谐原理以及调谐范围的确定,然后由射线法推导出了 ECLD 发射激光的阈值条件,并在此基础上求出阈值载流子浓度和阈值电流的计算公式。最后重点分析了 ECLD 的调谐范围及影响其范围的因素,为实际应用提供参考。

10.5.1　外腔调谐半导体激光器工作原理简述

图 10 – 18 为外腔反馈注入半导体激光器振荡的结构图。其中,LD 激光腔的腔长为 L_2,折射率为 n,激光腔的前、后端面(面向透镜)的反射率分别为 R_1 和 R_2。外腔反射镜放置在距离 LD 后端面 L_1 处,反射率为 $R_3(\lambda)$。LD 的输出激光经透镜准直后被外腔反射镜反射,反馈注入回到 LD 激光腔,并在腔内多次往返振荡。

用光栅作反射器件,则衍射光栅可看作外腔反射镜和窄带滤波片。由于光栅的色散作用,当转动光栅时,反馈回激光二极管有源区的光波波长也不同,从而改变激光器的振荡波长,实现激光波长调谐。

如果考虑外腔反馈,外腔半导体激光器的阈值条件变为

$$g(l,\lambda) - \beta(\lambda) = 0 \qquad\qquad (10 – 73)$$

式中:$g(l,\lambda)$ 为单位长度的模式增益;$\beta(\lambda) = \gamma + (1/l)\ln[l/(r_1 r_2)] - \Delta\beta$ 为复

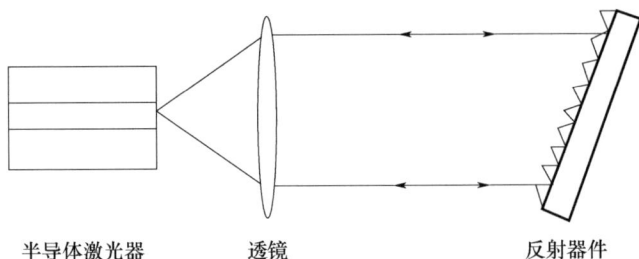

半导体激光器　　　　　透镜　　　　　　反射器件

图 10 – 18　外腔反馈注入半导体激光器振荡的结构图

合腔的损耗,γ 为激光二极管有源区的损耗系数,$\Delta\beta = -[\ln(r_1/r_{eff}(\lambda))]/l$ 为外腔反馈引起的损耗减小,r_{eff} 为等效反射率。

通常情况下,认为外腔半导体激光器为单模运行,考虑到光栅衍射的情况,在一般的简化处理中,光栅的反射式可以用 delta 函数来近似,则有以下关系成立:

$$\lambda = \lambda_g \text{ 时}, r_\xi(\lambda) = r_g$$

$$\lambda \neq \lambda_g \text{ 时}, r_\xi(\lambda) = 0$$

式中:λ_g 是光栅闪耀波长,γ_g 是光栅对波长为光波的反射系数。

根据外腔反馈光的强度,可将外腔半导体激光器分为强反馈和弱反馈两种情况。弱反馈是指外反馈器件的反射率远小于半导体激光器面向外反馈器件解理面的反射率;强反馈,即外腔的反射率远高于半导体激光器面向外反馈率时(通过对激光器解理面镀增透膜实现,使其原来 31% 的反射率尽量降低,达到甚至 0.1% 以下)。此时,激光模式主要由外腔参数决定,并且可以产生更稳定单模输出和窄线宽。若利用其具有频率选择性的光反馈元件,如光栅作外腔,通过改变反馈波长就可以实现波长的调谐。

10.5.2　外腔半导体激光器的阈值条件

由平均场近似理论可知,当 LD 输出激光在一定频率振荡时,腔内的载流子密度必须维持在阈值水平,因此将载流子的阈值密度确定,其振荡频率就随之确定。在强反馈条件下,推导外腔激光器的阈值条件,需要考虑光线在腔内多次反射,一般的处理方法是将外反馈器件与面向外腔的 LD 后端面合并为一个等效反射面。如图 10 – 19 所示,将外腔 LDA 激光腔看成一个复合腔。采用等效腔法和射线法均可以求出外腔阈值条件,下面采用射线法推导。

1. 等效反射率

图 10 – 19 表示了在考虑光线多次反射后,ECLD 合并为一个等效腔模型的示意图。设 ECLD 的前端面,后端面及光栅反射率分别为 R_1、R_2 和 R_3(其中包含了组成外腔的光学元件的损耗),相应反射系数用 r 表示,外腔长度为 L_1,内腔长

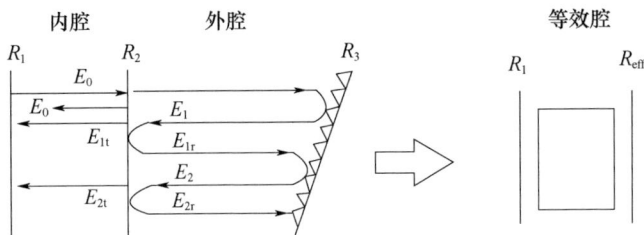

图 10-19   外腔半导体激光器等效腔示意图

为 L_2。为简化讨论，则设初始入射到激光管的后端面的光场为 E_0，第一次在 LD 后端面反射后的光场为 $r_2 E_0$，透射场为 $(1-R_2)^{\frac{1}{2}} E_0$，透射场在外腔往返一次后回到二极管后端面变为

$$E_1 = r_3(\lambda) \sqrt{(1-R_2)} E_0 e^{-i\rho_1} e^{i\pi}$$

式中：π 位相是考虑到光场在光栅表面的半波损失；ρ_1 为光线在外腔中往返一周的相移：

$$\rho_1 = \frac{4\pi L_1 \nu}{c}$$

式中：c 为真空中的光速；ν 为激光振荡频率。E_1 在二极管的端面又经历一次反射与透射，反射场与透射场分别为

$$E_{1r} = -r_3(\lambda)(1-R_2) E_0 e^{-i\rho_1}$$

$$E_{1t} = r_2 r_3(\lambda) \sqrt{(1-R_2)} E_0 e^{-i\rho_1}$$

E_{1r} 在外腔中传播一周后变为 E_2，它在 LD 后端面的反射和透射场分别为

$$E_{2r} = r_2 r_3(\lambda) \sqrt{(1-R_2)} E_0 e^{-i\rho_1} r r_1 e^{-i\rho_1}$$

$$E_{2t} = -r_3(\lambda)(1-R_2) E_0 e^{-i\rho_1} r_2 r_3(\lambda) e^{-i\rho_1}$$

类似计算可以得到 E_{3t}，E_{4t}，…。如果将 LD 的后端面与光栅构成的外腔等效为一个反射面，这诸多的透射光场与第一次的反射场 rE_0 叠加后的光场就可以看作由这个等效反射面反射的光场。这样，就得到等效发射面的反射系数为

$$r_{eff} = r_2 - r_3(\lambda)(1-R_2) e^{-i\rho_1} \left[1 + r_2 r(\lambda) e^{-i\rho_1} + (r_2 r(\lambda) e^{-i\rho_1})^2 + \cdots \right] = \frac{r_2 - r_3(\lambda) e^{-i\rho_1}}{1 - r_2 r_3(\lambda) e^{-i\rho_1}}$$

$$(10-74)$$

2. 阈值条件

将外腔作等效反射面处理后，LD 和外腔构成了端面反射系数分别为 r_1 和 $r_{eff}(\lambda)$ 两端面所构成的腔长为 L_2（L_2 为单管 LD 腔长）的半导体激光器。激光器振荡时，正处于阈值工作电流下，光场在腔内满足自再现条件，即光场在腔内往返一周与原场的比值为 1。假设 ECLD 在频率 ν 处振荡时，LD 的单程增益 $F(\nu)$ 应该满足：

$$r_1 r_{\text{eff}}(\lambda) F(\nu) e^{-i\eta} = 1$$

式中:η 为光线在 LD 中往返一次的相移:

$$\eta = \frac{4\pi n(N) L_2 \nu}{c} = \frac{4\pi n(N) L_2}{\lambda} \tag{10-75}$$

在式(10-75)中,$n(N)$ 是当 LD 腔内载流子密度等于 N 时,介质的有效折射率。在 N 变化不大的情况下,我们把 $n(N)$ 表示为

$$n(N) = n_{\text{f}} [1 - h(N - N_{\text{f}})]$$

式中:N_{f} 为某个参考载流子密度;n_{f} 为在该密度下的折射率。常数 h 正比于谱线展宽因子 α。

将式(10-74)化简后可得

$$W(\lambda) = 1 - r_2 r_3(\lambda) e^{-i\rho_1} - r_2 r_1 F e^{-i\eta} + r_3(\lambda) r_1 F e^{-i(\rho_1 + \eta)} \tag{10-76}$$

改变波长,则 W 将在一些分立点取到极小值,与试验对照,这些极小值对应了光谱上的各峰值,即所谓的模式波长。在 ECLD 中,通过令 W 为零,求得 ECLD 的阈值载流子密度和振荡波长。由于已经考虑了自发辐射的影响,故而通过上述方法求得的载流子密度为名义上的载流子密度,振荡时只能趋近该值。

式(10-76)右边第三项和第四项分别代表了光线在半导体二极管和外腔全腔内往返以一周后电场强度的变化。其中,如果这两项中任意一个趋于 1,则其对应腔内可以满足自再生条件,从而实现腔内激光振荡,然而振荡会限制载流子数进一步增长,从而将限制另一项不能趋于 1,因此在 LD 和 ECLD 将不可能同时满足自再生条件。这里重点讨论的是外腔振荡,因此 $R_2 < R_3(\lambda)$(即为强反馈),保证了自再生条件首先在外腔中得到满足。

外腔半导体激光器 ECLD 的阈值条件为 $W(\lambda) = 0$,将其分为实部与虚部来表示:

$$1 - r_2 r_3(\lambda) \cos\rho_1 - r_2 r_1 F \cos\eta + r_3(\lambda) r_1 F \cos(\rho_1 + \eta) = 0 \tag{10-77}$$

$$r_2 r_3(\lambda) \sin\rho_1 + r_2 r_1(\lambda) F \sin\eta - r_3(\lambda) r_1 F \sin(\rho_1 + \eta) = 0 \tag{10-78}$$

在一般的简化处理中,光栅的反射是可以用 delta 函数来近似,在这种情况下,为满足外腔半导体激光器的可连续调谐,光栅的调整与外腔长度的微调需要同时进行。如果考虑光栅反馈具有一定的谱线宽度,则认为外腔式半导体激光器可在反馈中心波长附近半个外腔模式间距范围内自动选择一个满足振荡条件的波长振荡。采用上述两种处理后,可近似认为外腔半导体激光器在光栅选定的波长处振荡。

3. 阈值载流子密度和阈值电流

为使外腔式半导体激光器能在特定的波长处振荡,所需的阈值载流子密度以及阈值电流。联立式(10-77)和式(10-78)得

$$r_2(1 + R_3(\lambda)) \sin\eta + r_3 R_2 \sin(\rho_1 - \eta) = r_3(\lambda) \sin(\rho_1 + \eta)$$

由此可以得到 $F(\nu)$ 表达式

$$F(\nu) = (1 - r_2 r_3(\lambda)\cos\rho_1)\left[r_2 r_1 \cos\eta - r_3(\lambda) r_1 \cos(\rho_1 + \eta)\right] \quad (10-79)$$

根据 LD 的特性,其单程增益 F 与净增益系数 g 的关系为

$$F(\nu) = \exp(g(\nu)L_2) \quad (10-80)$$

净增益系数 g 可表示为

$$g(\nu) = a\Gamma\left[\frac{N}{H(\nu)} - N_0\right] - \gamma \quad (10-81)$$

式中:a 为微分增益系数;γ 为损耗系数;N_0 为透明载流子密度;Γ 为限制因子;因子 H 如下式表示

$$H(\nu) = l + (\nu - \nu_0)^2 / Q^2$$

式中:ν_0 为增益峰值频率;$2Q$ 等于增益线宽(FWHM)。

利用式(10-81)和式(10-80),推导出当 LD 具有单程增益 F,所需要的阈值载流子密度 N 应满足

$$N_t(\lambda) = H(\lambda)\left[N_0 + \frac{\gamma L_2 + \ln F_t(\lambda)}{a\Gamma L_2}\right] \quad (10-82)$$

当 ECLD 被调在 LD 的共振频率振荡时(即光栅反馈回 LD 的光并且与从 LD 后端面反射回激光腔内的光同相位且振荡频率与 LD 的共振频率一致),ECLD 振荡所需的阈值增益最小为 N_{re};当 ECLD 被调在 LD 的反共振频率振荡时(即当调谐光栅改变外反馈光的频率时,ECLD 的振荡频率将偏离 LD 的共振频率,其阈值增益将逐渐增加,直到 ECLD 在 LD 反共振频率振荡),ECLD 的阈值增益达到最大值为 N_{an}。则由上所述,在共振状态下,式(10-79)中 ρ_1 为 π 的奇数倍,η 为 π 的偶数倍;在反共振状态下,式(10-79)中 ρ_1 为 π 的偶数倍,η 为 π 的奇数倍。此时,由式(10-79)和式(10-82)得最大值和最小阈值载流子密度分别为

$$N_t(\text{re})/H(\lambda_f) = N_0 + \frac{\gamma L_2 + \ln\{(1 + r_2 r_3(\lambda))\left[r_1(r_3(\lambda) + r_2)\right]\}}{a\Gamma L_2}$$

$$(10-83)$$

$$N_t(\text{an})/H(\lambda_f) = N_0 + \frac{\gamma L_2 + \ln\{(1 - r_2 r_3(\lambda))\left[r_2(r_3(\lambda) - r_2)\right]\}}{a\Gamma L_2}$$

$$(10-84)$$

式中:λ_f 为光栅反射波长,当 λ_f 为 λ_0 时,达到最小阈值。另外,单管振荡时,$F(\nu) = 1/r_1 r_2$,因此可以得到 LD 单管振荡的名义上阈值载流子密度为

$$N_t(\text{so}) = \{\left[\ln(1/(r_1 r_2))\right]/L_d + \gamma\}/a\Gamma + N_0 \quad (10-85)$$

比较式(10-83)和式(10-84)右端可知,式(10-83)恒小于式(10-85)右端,从数学上解释了外腔半导体激光器阈值小于 LD 单独运行时的阈值。上

式的推导过程中,已把 ECLD 的振荡波长调在增益曲线的中心,因而近似有 $H = 1$,因参量 Q 远大于模式间距,故而后面讨论中参量 H 可作为常数。

在平均场近似下,稳态时载流子数密度满足的速率方程为

$$\frac{1}{eV} = D(N) + av_g \sum \left(\frac{N}{H} - N_0\right) S_m$$

$$D(N) = AN + BN^2 + CN^3$$

式中:e 为电子电荷(绝对值);V 为有源层的体积;v_g 为群速;S_m 为第 m 个外腔式半导体激光器模式的光子数密度,求和符号是对于所有的 ECLD 模式,一般来说,ECLD 往往单模振荡,故求和可略去。A 为非辐射俘获系数,C 为俄歇系数。由上式,可求得阈值电流 I_t 为

$$I_t(\lambda) = e\sigma L_2 \left[AN_t(\lambda) + BN_t(\lambda)^2 + CN_t(\lambda)^3 \right]$$

10.5.3 ECLD 的调谐范围分析

外腔激光器的调谐范围不是固定的,而是会有所变化。其中,当偏置电流的变化时,调谐范围有很大影响:

(1) 当 $I < I_{tx}$(I_{tx} 为外腔的阈值电流),此时激光不能振荡。

(2) 当 $I = I_{tx}$ 时,外腔激光器在波长 λ_f 处振荡,此时 T(调谐范围)为 0。

(3) 当 $I_{tx} < I < I_t(so)$($I_t(so)$ 为 LD 的阈值电流)时,外腔激光器在某波长范围内振荡,此时 T 大于 0。通常而言,T 调谐范围随着偏置电流增加而增大,这是由于载流子数增加导致增益系数变大。

(4) 当 $I = I_t(so)$ 时,T 达到最大值(T_m)。

(5) 当 $I > I_t(so)$ 时,由于增益饱和现象,载流子密度将不会大于 $N_t(so)$,T_m 也不会增大。

假设半导体激光器的分布损耗为 α,LD 和外腔的阈值增益系数为 γ_t 和 γ_x,为方便分析,表达式可如下表示:

$$\gamma_t = \alpha - \ln(R_1 R_2)$$

$$\gamma_x = \alpha - \ln(R_1 R_3)$$

通常情况下,外腔激光器起振条件为:

$$g(\lambda) = \gamma_x$$

根据前面讨论,可知以下关系成立:

$$a\Gamma\left\{ N_d / \left(1 + (\lambda_1 - \lambda_p)^2 / Q^2\right) - N_0 \right\} = \gamma_x$$

此处 N_d 为在某偏置电流工作下载流子密度。由 U 定义可以得到

$$\lambda_{1,2} = \lambda_p \pm T/2 = \lambda_p \pm QU$$

则归一化调谐范围 U 为

$$U = (N_d / N_{tx} - 1)^{1/2} \quad (N_d \leq N_{tx})$$

此处的 N_{tx} 为外腔阈值载流子密度。由以上分析可以得出,当载流子密度 N_d 增加到最大时,即 $N_d = N_t(so)$,得到最大归一化调谐范围 U_{re},

$$U_{re} = T/(2Q) = (N_t(so)/N_t(re) - 1)^{\frac{1}{2}}$$

在反共振状态下,外腔开始振荡。此时,随波长原理增益峰值波长,反共振受激辐射将会逐渐减小以至于最后停止。于是,可以求得反共振状态激射的波长范围(即 ECLD 的准连续调谐范围)U_{an} 是

$$U_{an} = T/(2Q) = (N_t(so)/N_t(an) - 1)^{\frac{1}{2}}$$

10.6　半导体激光与光纤耦合特性理论

半导体激光器及其阵列由于体积小、重量轻、发光效率高等优点被认为是最有前景的激光器,因而被广泛应用于 LD 泵浦的固体激光器、光纤激光器、光纤通信、材料处理、激光医疗、超精度加工、航空航天等多个领域。在许多应用领域,要求 LD 与光纤作为一个完整的部件来应用,如光纤通信系统中光源与光纤的组合、泵浦源与光纤的组合,现代光纤通信系统的三大模块:光发送模块、光传输模块和光接收模块;在激光手术刀、泵浦固体激光器和材料加工处理等应用领域,需要用光纤把 LD 的光束携带能量灵活地传送到所需要的位置和空间,并且有时还需要通过光纤对光束质量进行改进。所有这一切都涉及到一项重要的、不可缺少的技术,即 LD 与光纤的耦合技术。

但是已有的大功率半导体激光器由于其特殊的有源区波导结构,使得输出的光束质量在快轴和慢轴两个方向上相差很大,而且存在像散。在半导体激光器的许多应用中,要求光束在空间分布是圆对称的,这就需要用光学系统对这种非圆对称的远场光斑进行圆化处理,以便使用普通的透镜系统聚焦成小光点,也便于与圆形截面的光纤进行高效率耦合。对于用作光信息处理光源的半导体激光器,更希望它能够输出发散角很小的细光束,以提高信息的存储密度。所以随着激光器在众多领域的应用,以及人们对激光光源的聚焦和亮度越来越高的要求,一定要解决耦合问题。

半导体激光与光纤进行耦合主要有两种方法:

(1)将 LD 发出的光输入到光纤阵列中,使其并束传输。

(2)先将 LD 发出的光束利用微透镜阵列进行整形,使快轴方向上的光束发散程度与慢轴方向上的发散程度接近,然后耦合进一根光纤中。

以上的第一种方法虽能使的输出功率得到提高,但是功率密度并没有得到提高、光亮度不大。第二种方法被人们认为是最有前景的方法,主要是因为微透镜阵列拥有体积小、重量轻、设计灵活等优点。这种方法已经被广泛用于激光光学领域。

10.6.1　光纤与半导体激光器的耦合条件

随着光纤技术的飞速发展,光纤与半导体激光器的耦合在诸多领域起着越来越重要的作用。利用光纤进行耦合主要有两方面的实际意义:①光纤柔软易于弯曲,激光可以方便灵活的通入到狭窄的小空间;②光纤耦合不仅可以改善输出光束的质量,同时还可以采用多光纤集束使输出功率得到相对于单管数十倍的提高。

从国外一些研究机构公开报道的论文看,或多或少都存在着系统结构复杂难以实用化的问题,基本上处于实验室研究的水平,而一些著名半导体激光器专业制造厂商如 SDL、Coherent、OptPower 等均有产品投放市场。就目前来看,普通通信用小功率 LD 耦合大多采用光纤微透镜(锥端球面微透镜)、大数值孔径自聚焦透镜,实用损耗水平 3 ~ 4dB/km,基本满足实际需要。但对大功率 LD 到单模光纤的耦合输出仍然存在严峻问题。

设光纤纤芯和包层的折射率分别为 n_1 和 n_2,光纤周围为空气,折射率为 1。对于沿光纤子午面入射的光束(通常情况如此),如果入射光束能在光纤内稳定传输,那么入射光线的入射角必须小于或等于临界入射角,即光纤的接收角。定义该角的正弦为光纤的数值孔径 NA:

$$\mathrm{NA} = \sin\varphi_0 = \sqrt{n_1^2 - n_2^2} \qquad (10 - 86)$$

如图 10 - 20 所示,只有当光线对应的入射角小于数值孔径角 φ_0 时,该光线经折射进入光纤后才能在纤芯和包层的分界面上发生全反射,从而稳定传输。激光与光纤的耦合条件为

$$\sin\varphi \leqslant \sin\varphi_0 = \sqrt{n_1^2 - n_2^2} \qquad (10 - 87)$$

式中:φ 为光线的入射角。

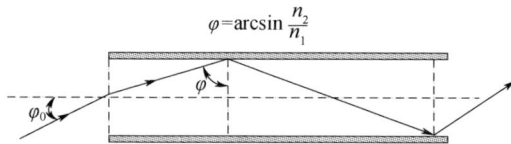

图 10 - 20　光在光纤中的传播

10.6.2　半锥形光纤耦合的产生

传统的光纤,在同一根光纤的任何位置上其直径都是相同的,这种光纤在生产工艺上是比较简单的,适用于生产长光纤。

首先,由于激光光束耦合进入光纤时,激光会在光纤中产生多次反射。而反射是在有吸收能力的纤芯介质表面进行,反射次数越多,激光能量的损耗就

越多。

其次,从几何光学的观点来看,并不是所有入射到光纤端面的光线都能进入光纤内部进行传播,而是只有入射角度小于某一角度的光线才能在光纤内部传播。这个角度的正弦值定义为光纤的数值孔径 NA,用来表征光纤的集光能力。数值孔径的大小不仅直接影响光纤传输的中继距离,同时影响着信息传输的质量。所以,通过改变光纤的数值孔径来提高耦合效率有及其重要的意义。

目前国内外出现了多种耦合方法,激光与光纤直接耦合,单透镜聚焦耦合、组合透镜耦合、光纤微透镜耦合等。这些方法都存在各自的缺点:例如,直接耦合无法保证激光主轴与光纤主轴线的精确对准且耦合效率很低,据报导该方法最大耦合效率不超过 24%;单透镜耦合则由于像差的存在对所用透镜有特殊的要求,透镜的制作有一定的难度,制作费用高。现有的半导体激光器与光纤的直接耦合效率很低,是因为相当一部分的光线入射角大于光纤的数值孔径角而未能进入光纤。

研究发现,半锥形光纤使光线在内部锥面更易满足全反射条件而进入光纤,而且耦合时具有更高的耦合效率等多种优点。因此,半锥形光纤在实际半导体光纤耦合当中有一定的实用价值。

10.6.3　半锥形光纤参数的选取

1. 半锥宽度的选取

要得到较高的耦合效率,就需要合理选取锥形光纤的参数。要使锥形光纤能够得到较大的耦合效率和好的耦合距离冗余度,半锥宽度应该做得足够大,使得锥的断面能够接收到足够的光能量。我们把高斯光束在远场的分布近似为基模高斯光束,由高斯光束的能量分布特性可知,当远场发散角和耦合距离一定时,能够接收大约 90% 的光能量的半锥宽度 b 的大小由下式确定:

$$\int_0^{b(z,\theta_\perp)} \frac{w_{0y}}{w_y(z)} e^{-2\left(\frac{y}{w_y}\right)^2} dy \Big/ \int_0^{+\infty} \frac{w_{0y}}{w_y(z)} e^{-2\left(\frac{y}{w_y}\right)^2} dy = 90\%$$

在 $\theta_\perp$(光束的远场发散角)确定的条件下,采用二步搜索计算出 $b(z,\theta_\perp)$,发现 $b(z,\theta_\perp)$ 和 z 近似为线性关系,并可以用以下公式来拟合:

$$b(z,\theta_\perp) = c(\theta_\perp)z$$

光束的远场发散角 $\theta_\perp$ 越大,光能量越发散;要在同一耦合距离上获得相同的光能量,半锥宽度 b 应该取得越大。对于 $\theta_\perp = 40°$ 的半导体激光器,拟合参数 $C(40°) = 0.51$。在一定的耦合距离范围内,一般选取半锥宽度 $b \geq b(z,\theta_\perp)$。

2. 锥角的选取

锥角 y 方向上的剖面如图 10 - 21 所示。θ_{NA}、y_0 分别为数值孔径角和它对应的离轴距离,L、d 分别为锥长、纤芯半径,R_y 为曲率半径。

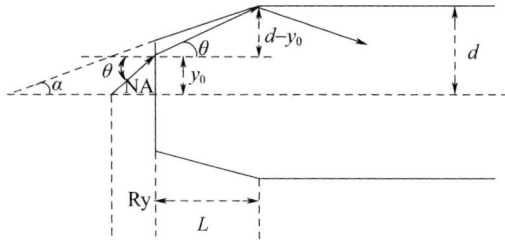

图 10 - 21　半锥形光纤的剖面图

在半锥宽度 b 已经选定的情况下选取锥角时,必须使得刚大于数值孔径角的入射光线能够在锥面上反射,达到压缩发散角提高耦合效率的目的。在图 10 - 21 中,当以数值孔径角入射的光线恰好落在锥上时,有以下关系:

$$y_0 = R_z \tan(\theta_{NA})$$
$$L = (d - y_0) \cot(\arcsin(\sin\theta_{NA}/n_1))$$
$$d - b = L\tan(\alpha_{max})$$

结合上三式可得

$$\alpha_{max} = \arctan\left\{\frac{(d - b)\tan[\arcsin(NA/n_1)]}{d - R_y\tan\theta_{NA}}\right\} \qquad (10 - 88)$$

根据实际的耦合距离确定半锥宽度 b 后,由式(10 - 88)可确定合适的锥角。当选取的锥角等于或略小于 α_{max} 时,均可得到较好的耦合效果。因为半锥宽度一定,锥角较小时,锥的长度就会相应变长,大入射角的光线在内部锥面的反射次数增多,最后也能满足全反射条件而进入光线稳定传输,后面我们将进一步证明这一点。

当耦合距离在 $50\mu m$ 附近时,计算得出 $b = 28\mu m$。锥角选取 $0.02 \sim 0.08 rad$ 之间任意值时,计算得出的耦合效率均在 82% 左右。为了更为清晰地说明半锥宽度的选取原则,我们还分别得出了半锥宽度和耦合的距离(图 10 - 22)、半锥宽度和锥角的关系(图 10 - 23)。

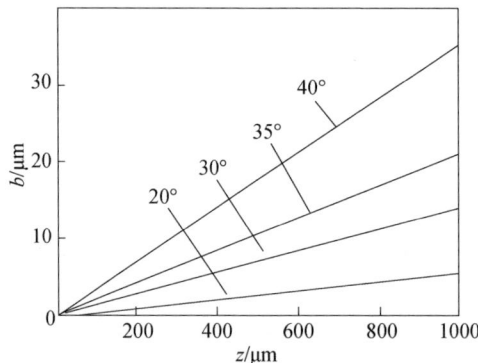

图 10 - 22　远场发散角分别为 $20°,30°,35°,40°$ 时半锥宽度随耦合距离的变化关系

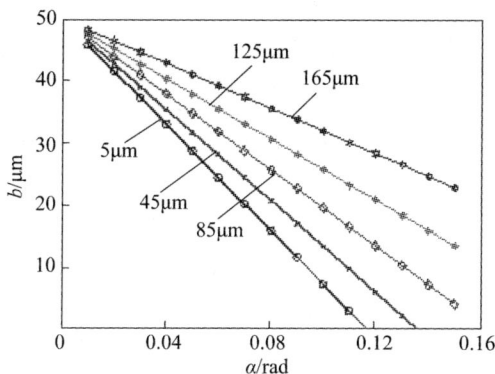

图 10-23　耦合距离分别为 5μm,45μm,85μm,125μm,165μm 时半锥宽度随锥角的变化关系

图 10-22 是远场发散角不同时,半锥宽度与耦合距离的关系图示。从图中明显看出:对于相同的远场发散角,半锥宽度与耦合距离近似线性关系;在同一耦合距离处,垂直于结方向的远场发散角越大,要接收相同的光能量需要的半锥宽度越宽。图 10-23 是根据式(10-88)画出的,在不同的耦合距离处半锥宽度和锥角的关系图。由图可知,在相同的耦合长度处半锥宽度和锥角近似线性关系;当锥角在 0.02rad 附近变化时,要接收相同的光能量所需要的半锥宽度区别不大,并且要求半锥宽度较宽;随着锥角的增大,要接收相同的光能量需要的半锥宽度有了很明显的差别;并且同一锥角的条件下,耦合距离越大所需半锥宽度越大。

综合以上规律,以耦合距离 $z=40\mu m$ 为例说明半锥宽度和锥角的选取,如图 10-24 所示,图中倾斜直线是耦合距离为 40μm 时,半锥宽度与锥角的关系曲线。要得到尽可能大的耦合效率,锥的断面必须能够接收 88% ~91% 的光能量,此时半锥宽度为 b_0,b_0 所在的直线与斜线的交点的横坐标为 α_0,锥角应在小

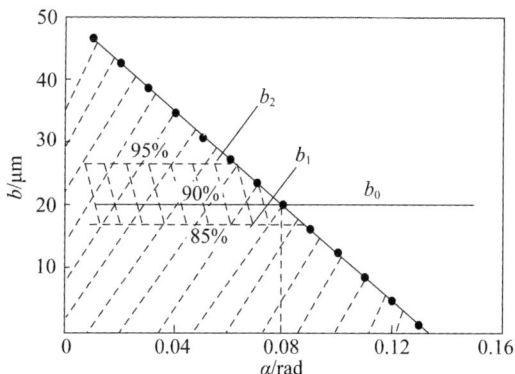

图 10-24　$z=40\mu m$ 时锥角与半锥宽度选取的区域图

于 α_0 范围内选取;同时得出了半锥宽度和锥角选取时的匹配区域如图 10 – 24 虚线交叉部分,通过计算我们得出了在该区域内的锥角、半锥宽度均能使耦合效率82%,即同一个半锥宽度可有多个锥角与之匹配使耦合效率达到82%。由此可知,当半锥宽度适当取值时,锥角对耦合效率的影响淡化了。事实上,当锥面能够接收85%能量时,锥角取 $\alpha_0 \sim \arcsin(NA)$ 之间的值时,其耦合效率也能达到82%,但是耦合距离太小,不利于实际应用,所以不认为它们是最佳选择。

10. 6. 4　用光线追迹法对耦合效率的分析计算

将最终进入光纤的功率 P 分成两部分:直接进入满足波导耦合条件的光功率和在锥面上经过若干次反射后满足波导耦合条件的光功率。耦合效率可表示为

$$\eta = (P_1 + P_2)/P_0$$

式中: P_0 为激光器发出的总功率; P_1 为不经过锥面反射直接耦合进光纤的光功率; P_2 为经过锥面若干次反射后耦合进光纤的光功率, P_2 体现了锥角光纤比无锥角光纤优越之处。在 $z = 0$ 时,激光器发出的总功率 P_0 为

$$P_0 = \iint_\infty I(x,y,z)\mathrm{d}x\mathrm{d}y = A_0^2 \int_{-\infty}^{+\infty} \frac{w_0}{w_x} \mathrm{e}^{-2\left(\frac{x}{w_x}\right)^2} \mathrm{d}x \int_{-\infty}^{+\infty} \frac{w_0}{w_y} \mathrm{e}^{-2\left(\frac{y}{w_y}\right)^2} \mathrm{d}y$$

1. 直接耦合进入光纤的功率 P_1

为了求断面上直接耦合的区域,首先应求出 y 方向上每一点光线对应的入射角。半导体激光器输出的激光在轴向的波面近似成曲率半径为 $R(z + \Delta z)$ 的球面,通过曲率中心和球面上每一点的连线为该点的波矢方向,如图 10 – 25 所示。在 z 一定情况下,其入射角与 y 有如下关系:

$$\tan\theta = y/(R_y(z + \Delta z) - \Delta z) \tag{10 – 89}$$

由图 10 – 25 中的几何关系, $[R(z + \Delta z) - \Delta z]^2 + y^2 = R^2(z + \Delta z)$ 解得

$$\Delta z = R(z + \Delta z) - \sqrt{R^2(z + \Delta z) - y^2} \tag{10 – 90}$$

对 Δz 赋初值 $\Delta z = \sqrt{R^2(z) + y^2} - R(z)$ 并结 $R_y = z\{1 + [\pi w_{0y}^2/(\lambda z)]^2\}$,进行数次迭代后可得到 $R(z + \Delta z)$。结合式(10 – 89),得到当远场发散角为40°时, $z = 1\mu m, 10\mu m, 30\mu m, 50\mu m, 100\mu m$ 时入射角与离轴距离的关系,如图 10 – 26 所示。

只有入射角 $\theta < \arcsin(NA)$ 的光线,才能在纤芯－包层界面上发生全反射而稳定传输,根据式(10 – 88)得出积分上限为

$$x_0 = \sqrt{(n_1^2 - n_2^2)} R_x(z + \Delta z)$$

$$y_0 = \sqrt{(n_1^2 - n_2^2)} R_y(z + \Delta z)$$

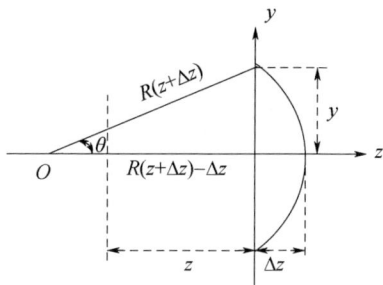

图 10 – 25　曲率半径与发射角的关系图

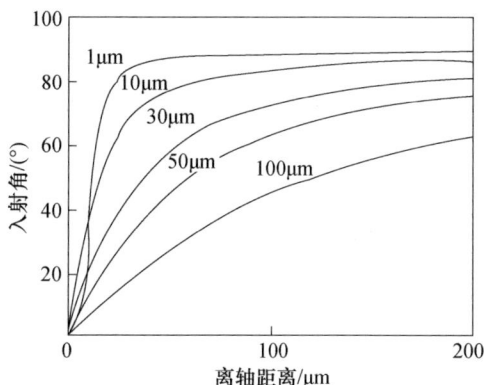

图 10 – 26　高斯光束入射角与离轴距离的关系

$$P_1 = 4A_0 \int_0^{y_0} \int_0^{x_0} \frac{w_0}{w_x} \frac{w_0}{w_y} e^{-2\left[\left(\frac{x}{w_x}\right)^2 + \left(\frac{y}{w_y}\right)^2\right]} T(x,y) \mathrm{d}x\mathrm{d}y \qquad (10-91)$$

式中:$T(x,y)$ 为透过率。

2. 用光线追迹法计算经过多次反射耦合进入光纤的功率 P_2

建立如图 10 – 27 所示的坐标系,把锥面在 y 方向的区间 $[y_0,b]$ 等分为 N 个小区间,每一小区间 $[y,y+\Delta y]$ 对应一条光线,其光强用下式表示:

$$A_0 = \frac{w_0}{w_y} e^{-2\left(\frac{y}{w_y}\right)^2}$$

其入射角可用式(10 – 88)表示。该光线经过光纤端面折射进入锥形光纤后,以折射角对应的斜率向前传播,当碰到上、下锥面发生反射时,斜率 k 随之发生相应的变化,然后以新的斜率继续向前传播,再次碰到锥面时继续反射,依次类推。

如果该光线出锥后与中心轴线的夹角小于 $\arccos(n_2/n_1)$,则该光线可以耦合进入光纤,把该区域对应的光功率计入 $P_2[T(y)=1]$,否则,$T(y)=0$;反射率 $R(y)$ 为每次反射率的乘积,若发生全反射则 $R_i(y)=1$,否则用菲涅尔公式求出

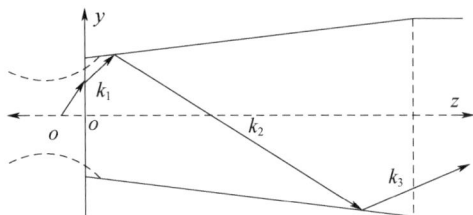

图 10 - 27　光线追迹示意图

反射率。P_2 可表示如下：

$$P_2 = 2A_0^2 \int_{y_0}^{b} \frac{w_0}{w_y} e^{-2\left(\frac{y}{w_y}\right)^2} \cdot R(y) \cdot T(y) dy \int_{-x_0}^{x_0} \frac{w_0}{w_x} e^{-2\frac{x^2}{w_x^2}} \cdot T(x) dx \qquad (10 - 92)$$

3. 半锥形光纤前后端面能够进入光纤部分的光强分布

在数值计算中我们选取的参数为：半导体激光器的波长 780nm，其 x、y 方向的远场发散角分别为 10°和 40°。光纤的纤芯半径为 50μm，纤芯、包层的折射率分别为 1.53、1.52，其他参数在具体讨论中给出。

为了能直观地看出半锥形光纤在提高耦合效率上的优越性，我们在锥角 $\alpha = 0.04$rad、半宽 $b = 20$μm、耦合距离为 28μm 的情况下，模拟了半锥前端面上最终能耦合进入光纤的光强分布（y 方向），如图（10 - 28）（a）所示。由图可见，当光纤没有做成锥形时，只有在 $y < 5$μm 的区域内的光线可以耦合进入光纤；当光纤做成半锥后，y 方向上 5 ~ 10μm 区域内的光线通过一次反射耦合进入光纤；12 ~ 15μm 区域内的光线通过两次反射耦合进入了光纤；可见，光纤末端做锥后，使得能耦合进光纤的光强分布区域增大了。

在半锥宽度 b 已经选定的情况下，锥角的选取必须能够使得入射角刚大于数值孔径角的光线能够在锥面上反射，这样才能达到压缩发散角提高耦合效率的目的，故锥角不能太大。对比图 10 - 28（a）和（c）可知：入射角刚大于数值孔径角，且光强较强部分对应的光线不能在锥面上通过反射进入光纤，如图 10 - 28（a）中曲线下空白区域，必将造成耦合效率的下降。比较图 10 - 28（b）和（d）可知，在锥角过大时，能够通过多次反射进入光纤的光线数目减少。

10.6.5　半锥宽度、锥角、相对平移、相对倾斜对耦合效率的影响

根据上一节中的计算方法，计算了锥角 $\alpha = 0.04$rad、半锥宽度 b 取不同值时，耦合效率随耦合距离变化的曲线，如图 10 - 29（a）所示。图中可知：在锥角一定的情况下，半锥宽度越大，能保持较大耦合效率的的耦合距离越长。故半锥宽度是影响耦合距离冗余度的主要因素。

半锥宽度 $b = 20$μm、锥角取不同值时，耦合效率随耦合距离变化的曲线，如图 10 - 29（b）所示。图中可知：当半锥宽度为 20μm 时，半锥角在 0.02 ~ 0.08rad 之间

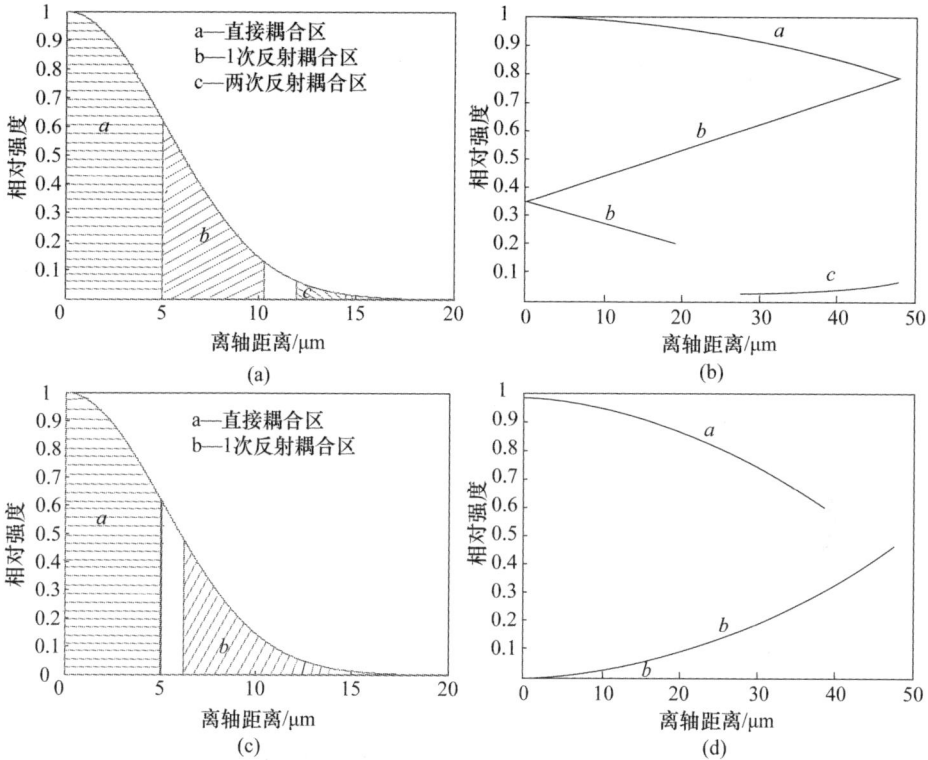

图 10 - 28　能够耦合进光纤的光线光强在光纤锥部前、后端面的分布图

（a）前端面分布（$a = 0.04\text{rad}, b = 20 \ \mu\text{m}, z = 28 \ \mu\text{m}$）；

（b）后端面分布（$a = 0.04 \ \text{rad}, b = 20 \ \mu\text{m}, z = 28 \ \mu\text{m}$）；

（c）前端面分布（$a = 0.1\text{rad}, b = 20\mu\text{m}, z = 28 \ \mu\text{m}$）；

（d）后端面分布（$a = 0.1\text{rad}, b = 20\mu\text{m}, z = 28 \ \mu\text{m}$）。

任意取值时,耦合效率几乎均可达到 82% ,锥角对耦合效率的影响不大。

当半锥宽度 b 一定时,大锥角对应的锥长相对较短,光线在锥面反射次数变少;小锥角对应的锥长相对较长,光线在锥面上反射次数变多,光线在锥面上每反射一次与轴的夹角减小 2α ,最终无论大锥角还是小锥角的光纤都能使较大入射角的光线出锥后能够满足全反射条件,故不同锥角($\leqslant 0.08\text{rad}$)的耦合效率几乎相同。

图 10 - 29(c)是半锥宽度为 $28\mu\text{m}$ 、锥角为 0.055rad 时,耦合效率随相对平移变化的曲线。从图中可以看出随着平移量的增大,耦合效率下降比较明显;相对平移对耦合效率的影响极为敏感,相对平移冗余度只有 $5.5\mu\text{m}$ 。

半锥宽度为 $b = 28\mu\text{m}$ 、锥角为 $a = 0.055\text{rad}$ 时,耦合效率随相对倾斜角变化的曲线,如图 10 - 29(d)所示。图中可见,当两者相对倾斜角小于 0.3rad 时,相对倾斜对耦合效率的影响不大,可见无包层的半锥形光纤在一定程度上可以补偿相对倾斜造成的耦合效率的下降,使得相对倾斜的冗余度较大(0.3rad)。

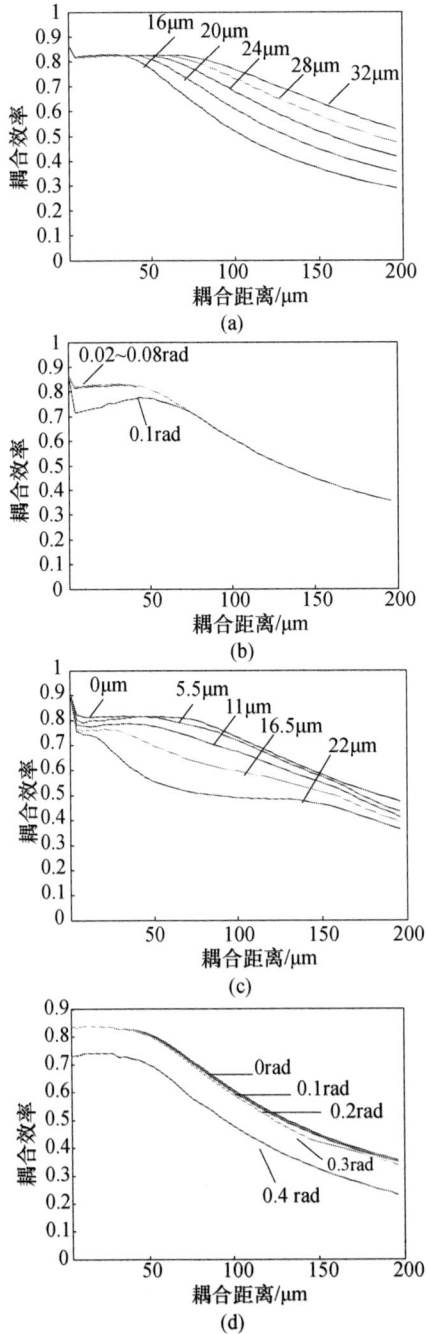

图 10 - 29　半锥宽度、锥角、相对平移、相对倾斜对耦合效率的影响

（a）半锥宽度对耦合效率的影响；（b）锥角对耦合效率的影响；

（c）相对平移距离对耦合效率的影响；（d）相对倾斜角对耦合效率的影响。

10.6.6　耦合调整容忍度分析

1. 空间调整容忍度

用于大功率激光器耦合的光纤芯径一般为 $50 \sim 200 \mu m$,尺寸相对较小,因此在设计时保证在三维方向上激光束精确对准光纤端面是非常重要的,如果存在激光束与光纤的机械对准误差,必将产生激光的辐射损耗。激光与光纤的对准误差包括光束与光纤端面位置的纵向间距误差 S,光束的光轴与光纤光轴的横向误差 b,光束光轴与光纤光轴的角度误差 θ。

经过光学系统整形后横向偏移误差 b 如图 10 – 30(b)所示:其中,R 为光纤芯径,ω_0 为激光束腰半径。激光经过光学系统整形后,虽然满足了光纤耦合条件,但是由于激光光斑与光纤的纤芯轴线的偏移导致激光的部分功率并没有耦合进入光纤中,而是辐射到光纤的外面,从而导致耦合损失。设入射激光光束的入射角满足光线在光纤中全反射的条件,并且耦合进光线的功率与光斑和纤芯重叠部分的面积成正比。经过计算可得到横向偏移误差与耦合效率的关系如下:

$$\eta_b = 1 - \frac{\omega_0^2(\alpha - \sin\alpha\cos\alpha) - R^2(\theta - \sin\theta\cos\theta)}{\pi\omega_0^2}$$

其中

$$\theta = \arcsin\frac{b^2 + R^2 - \omega_0^2}{2bR}$$

$$\alpha = \arcsin\left(\frac{R}{\omega_0}\sin\theta\right)$$

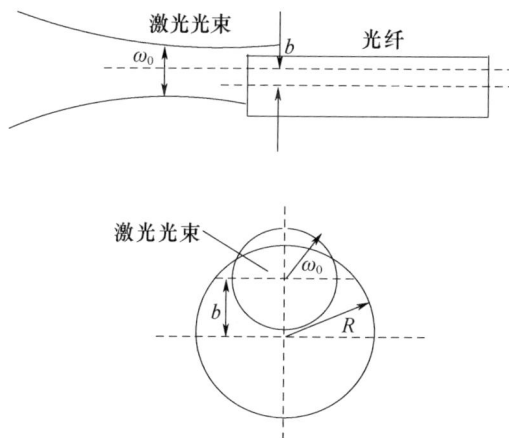

图 10 – 30　横向偏移误差

2. 纵向偏移容忍度

纵向偏移误差是指激光的束腰不在光纤的端面上,而是与光纤端面有一定的距离,这个距离就称为纵向误差。当激光与光纤耦合存在纵向误差时,使得激光的端面面积大于光纤的接收面积,即破坏了光纤耦合的条件,从而产生了功率损耗,如图10-31所示。

设光斑半径与光纤芯径是相等的,耦合进光纤的光功率与光纤和光斑的重叠面积成正比,则光纤耦合效率就等于光纤纤芯的面积与激光光斑面积之比。计算可以得到激光光斑与光纤端面的纵向偏移 S 对耦合效率影响,表示为

$$\eta_s = \frac{S_f}{S_0} = \left(\frac{\omega_0}{\omega_0 + s\tan\theta_c}\right)^2$$

式中:θ_c 为光纤临界角度。

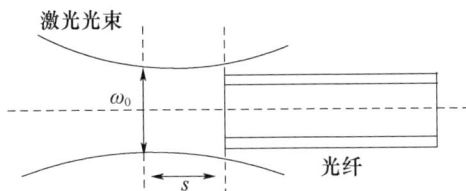

图10-31 纵向偏移误差

3. 角度误差容忍度

当激光束的光轴与光纤的中心轴并不在一条直线上,而是存在一个夹角时,称为激光与光纤之间具有角度误差 θ。如果角度误差 θ 足够大,使得聚焦激光束的发散角不再满足耦合条件 $\theta_{laser} < 2\arcsin(NA)$,这将使光纤损失掉处于最大接收立体角之外的光功率,如图10-32所示。

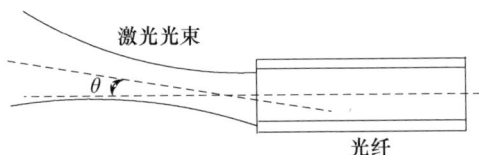

图10-32 角度偏移误差

对于阶跃型光纤角度误差 θ 引起的损耗可以用 D. Marcuse 推导的公式来表示:

$$\eta_\theta = e^{-\left(\frac{\pi n_2 \omega_0 \theta}{\lambda}\right)^2}$$

式中:λ 为波长;n_2 为光纤的包层折射率。

由以上分析计算可知横向偏移误差 b 对耦合效率的影响最大,纵向偏移误差 S 次之,角度偏移误差 θ 对耦合效率的影响最小。

10.7　耦合系统实例

研究发现,半锥形光纤使光线在内部锥面更易满足全反射条件而进入光纤,而且耦合时具有更高的耦合效率等多种优点。

半锥形多模光纤的结构示意图如图 10-33 所示,由上述半导体激光器的基本特点可知,半导体激光器发出的光束在远场是一细长的椭圆,平行于结的和垂直于结方向上的发散角不同。y 方向上的大发散角给光纤与半导体激光器的耦合带来了困难。光纤的端部做成半锥形后,当光线以大角度入射进入半锥后,将在锥面上发生反射,每反射一次光线与水平方向上的夹角就减小 2α(半锥角),从而使 y 方向上大的发散角得到有效的压缩,从而可以提激光器与光纤之间的耦合效率。

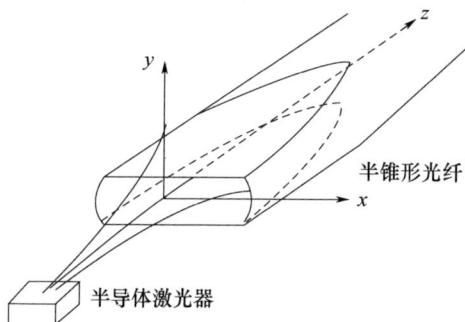

图 10-33　半导体激光器与半锥形多模光纤的耦合实物图

半导体二极管激光阵列自由运转时的光谱展宽较宽(约为 2~4nm),且发射波长不稳定,存在随温度变化而漂移的现象(0.3nm/K),这些问题严重限制了 DLA 的应用。为了更好地应用半导体二极管激光阵列,需要采取有效方法稳定激发波长、压窄频谱宽度。围绕这一问题人们尝试了多种方法,包括采用光纤光栅、衍射光栅等。但是这些方法一般结构较大,价格较为昂贵,应用范围较窄。采用体布拉格光栅作为外腔可以使这些问题得到有效的解决。

1. 体布拉格光栅的外腔稳频分析

通常情况下,半导体二极管激光器的出射光不可避免地会有部分被反射回谐振腔内形成光反馈。光反馈回到半导体激光器的有源层中,使半导体的光场及载流子分布发生改变,导致半导体激光器输出特性发生变化。未加控制的光反馈会使半导体激光器的输出激光性能变差,如耦合光纤的两端面产生反射而导致的光反馈。但选择合适的外腔对 LD 的输出光进行反馈,则可以得到有益的光束性能改变。半导体激光器的增益非常高,较小的光反馈就能改变其辐射性能。根据反馈量的强弱可分为强反馈、中反馈、弱反馈。强反馈是指反馈元件的反射率远远高于激光器输出端面的反射率。

通过外腔反馈来稳定激射波长的方法主要是在出射光的光路中加入一个波长选择器件,在较宽的光谱中选择满足条件的一个窄带宽反馈回腔内,这样激光器就会以选择的波长激射。这里采用的波长选择器件是体布拉格光栅,通过 VBG 的波长选择性和角度选择性来改变 DLA 的输出特性。体布拉格光栅是一种采用激光全息技术,在特种光敏玻璃的一个方向上制作折射率周期性调制的特殊光栅,具有良好的热、光学和机械稳定性并且具有高的衍射效率(大于95%)与平面衍射光栅相比,反射式体布拉格光栅的结构分光元件的不同,它更倾向是一种单波反射镜。将其垂直于光束放置在二极管激光阵列的外部,构成一个外腔,在外腔选频激发的作用下,激光器的输出波长就会稳定在这一特定波长上。

这一特定波长取决于布拉格条件:

$$|\cos\theta_m^*| = \frac{\lambda_0 f}{2n_{av}}$$

式中:f 为光栅空间频率或周期;n_{av} 为 VBG 表面平均折射率;θ_m^* 为 VBG 介质内部的入射布拉格角,它和实际的布拉格角(θ_m)有如下关系:

$$\sin\theta_m = |\cos\theta_m^*|$$

根据前面对体布拉格光栅的分析可知,VBG 的角度选择性和频谱选择性与光栅厚度、空间频率有直接关系。

通过增加 VBG 的空间频率和厚度可以使光栅具有更窄的角度选择性。体布拉格光栅内部空间频率的变化可使角度选择低至 0.1mrad 或增至几百毫弧度。角度选择在 1mrad 以下可通过设计厚度几个毫米、空间频率大于几百条每毫米的光栅完成。同样,体布拉格光栅的波长选择可以通过增加光栅厚度和空间频率达到。同时光栅的频谱选择和波长成正比。几个毫米厚的光栅其频谱选择紫外波段下可达 0.01nm,近红外波段下可达 0.1nm。

2. 体光栅构成的外腔半导体激光器实验研究

自由运行的高功率 LDA 通常是多模起振,输出光谱较宽,而且振荡波长对外界环境相当敏感。VBG 外腔反馈的引入既可以降低腔损耗(即延长光子寿命),又可以固定振荡波长,因而可以实现压缩输出光谱宽度和稳定振荡波长的双重目标。此外采用体光栅后,只有满足布拉格衍射条件波长的光才能反馈回列阵,因而阵列各发光单元振荡波长也能趋近一致。另一个好处是,由于 VBG 尺寸有限,因而孔径效应将会使 LDA 横模特性得到改善,振荡的模式更简单。

作为外腔反射镜的 VBG 可以将特定波长的光重新反馈注入 LDA,使得该波长光的损耗降低,从而使该波长在与其他波长的竞争中,率先达到阈值条件起振,对其他模式形成竞争优势,使得 LDA 只输出该单一波长模式,实现外腔对振荡波长的锁定。

如图 10 – 34 所示,VBG 是一种折射率呈周期变化的光学晶体,其折射率可表示为 $n(z) = n_0 + n_1 f(z)$,其中 $f(z)$ 为周期为 Λ 的函数,n_0 为 VBG 的平均折射率。VBG 反射波长由布拉格条件决定:

$$2\Lambda n_0 \cos\theta_r = m\lambda_B$$

式中:m 为衍射级次;θ_r 为在 VBG 内传播的光束与 z 轴间的夹角(即折射角),它与光束入射角 θ_i 的关系满足 $\sin\theta_i = n_0\sin\theta_r$。

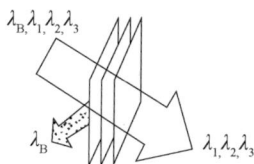

图 10 – 34　反射式体光栅工作原理图

由上式可以看出,当具有一定带宽的光束以 θ_i 角度入射进入 VBG 时,其中只有一个波长 λ 会被反射。因此,通过改变入射光与 VBG 法线的角度,就可以改变 VBG 的反射波长。从而实现 VBG 外腔 LDA 的波长调谐。

当入射光垂直入射时($\theta_i = 0$)。对应一级衍射波长为 λ_B,利用上式可以计算出当入射角方向变为 θ_i 时,VBG 衍射波长 λ 相对 λ_B 的偏离量 $\Delta\lambda$ 的关系:

$$\Delta\lambda = -(1 - \sqrt{1 - \sin^2\theta_i/n_0^2})\lambda_B$$

试验中使用的体光栅是由美国 OptiGrate 公司在光敏玻璃内刻写的反射式体光栅,中心波长(即布拉格衍射波长)为 808nm,该波长处的反射率为 20%,体光栅厚度为(1 ± 0.3)mm,通光口径为 5 mm × 12mm。

本工作中的试验装置图如图 10 – 35 所示。图中,LDA 为半导体激光器列阵面向外腔的那个端面(为方便起见,图中只画出了这一个端面),非球面透镜(FAC lens)为快轴准直透镜,VBG 为反射式体光栅。其中,列阵为一维线阵,功率为 20W,有源层宽度为 100μm,发光单元周期为 500μm,快轴发散角为 70°,慢轴发散角为 10°,中心波长为 808nm。FAC 的焦距小于 1mm,用来准直快轴方向的光束。测量仪器包括光谱仪和功率计。

LDA 的出射光经非球面透镜在快轴方向被准直,然后沿 z 方向传输,最终

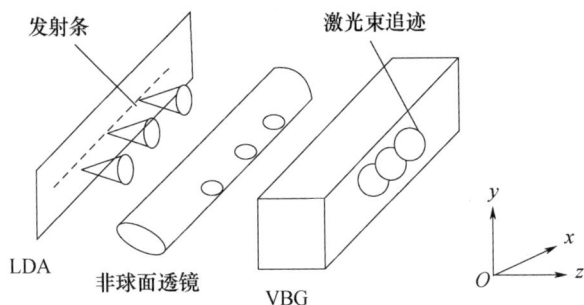

图 10 – 35   由体光栅和 LDA 构成外腔激光器的示意图

射向 VBG。外腔长度(即体光栅反射面与 LDA 的后端面之间的距离)可在厘米范围内调节。准直后到达 VBG 的光,大部分将透过 VBG,而波长范围在 VBG 中心波长(808 ± 0.2)nm 内的光束则有部分被 VBG 反射回去。由于 VBG 尺寸有限,LDA 发出的光中,有少部分将因为在慢轴方向上发散角太大而从 VBG 边缘漏出外腔,因而反馈回去的光束其发散角小于 LDA 慢轴发散角。需要注意的是,在实际中应精细地调节体光栅(VBG)的角度,使得更多的一级衍射光经过快轴准直镜反馈回 LDA。因为在此平面内,体光栅作为波长选择器件,只有布拉格波长的一级衍射光反馈回 LDA,成为激光器内优先起振的模式,从而压缩了输出激光的光谱宽度。

(1) 外界环境较稳定时光谱特性分析。

当驱动电流为 9A 时,LDA 在自由运行和带体光栅时的光谱如图 10 – 36 所示。自由运行的 LDA 光谱宽度为 2.3mm,峰值波长为 807.09nm;在有 VBG 外腔时,光谱宽度压窄到 0.96mm,峰值波长稳定在 808.01nm(即 VBG 中心波长处)。

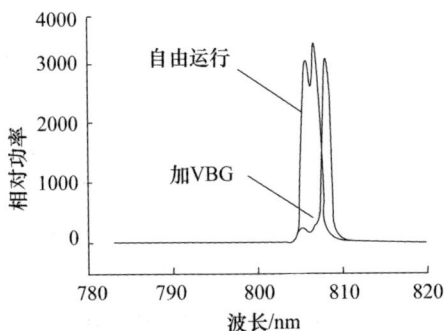

图 10 – 36   LDA 列阵在 9A 偏置电流下自由运行和
加 VBG 的外腔阵列的输出光谱

（2）外界环境变化时光谱特性。

通过改变冷却水温度（即热沉温度）和驱动电流，观察了加 VBG 前后的外腔 LDA 输出光谱特性变化。

① 冷却水温度的变化对光谱特性的影响。

固定偏置电流为 10A，调节冷却水温度，测量自由运行和加 VBG 后外腔 LDA 的振荡波长和输出线宽（FWHM），结果如图 10 - 37 所示。从图 10 - 37（a）中可以看出，自由运行的 LDA 峰值波长以大约 0.2nm/K 的速率漂移。引入 VBG 外腔后，峰值波长基本上稳定在 VBG 中心波长附近（808.01 ~ 808.20nm）。图 10 - 37（b）看出自由振荡的 LDA 谱线宽度极不稳定，并且宽度超过 2.5nm，输出光束单色性较差。在加外腔锁定后，输出激光的光谱宽度明显压窄，且外界冷却水温度变化时，谱宽度保持在 1.34nm 以下（1.17 ~ 1.34nm）。这表明在温度变化的外界环境下，VBG 能出色地稳定峰值波长，压窄线宽。

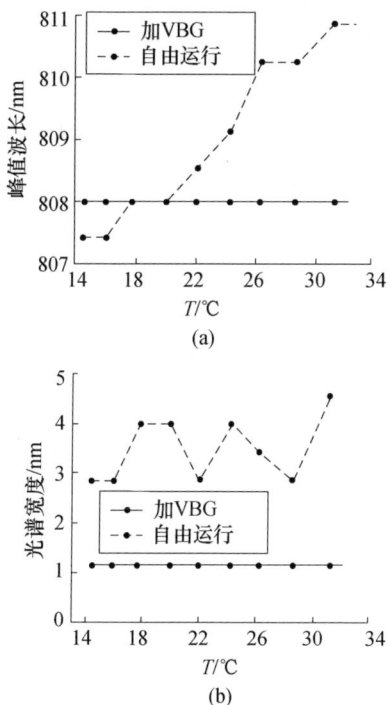

图 10 - 37　不同冷却水温度下，LDA 输出激光的
峰值波长（a）和光谱宽度（b）的变化

② 驱动电流变化对光谱特性影响。

驱动电流变化时，我们测量了自由振荡 LDA 和加 VBG 外腔 LDA 的振荡波长，结果如图 10 - 38 所示。从该图可以观察到，当偏置电流由 7A 增加到 13A

时,自由运行 LDA 的峰值波长会向长波长漂移,但引入了 VBG 外腔后,LDA 的峰值波长依然能够稳定在 VBG 的中心波长附近。

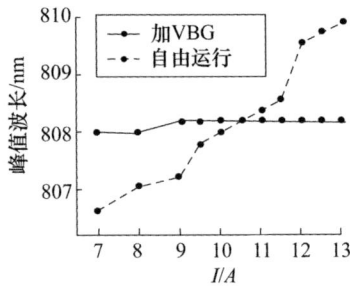

图 10 - 38　LDA 的峰值波长在自由运行和
外腔下随注入电流变化

参考文献

[1] 薄报学,曲轶,高欣,等. 高功率阵列半导体激光器的光纤耦合输出[J]. 光电子:激光,2001,12(5):468 - 470.

[2] 许孝芳,李丽娜,吴金辉,等. 高功率半导体激光器列阵光纤耦合模块[J]. 红外与激光工程,2006,35(1):86 - 88.

[3] 刘洋洋,杨瑞霞,袁春生,等. 974nm 半导体激光器的光纤耦合研究[J]. 中国激光,2014,41(11):17 - 22.

[4] 周崇喜,刘银辉,谢伟民,等. 大功率半导体激光器阵列光束光纤耦合研究[J]. 中国激光,2004,31(11):1296 - 1300.

[5] 王祥鹏,梁雪梅,李再金,等. 880nm 半导体激光器列阵及光纤耦合模块[J]. 光学精密工程,2010,18(5):1021 - 1027.

[6] 朱洪波,刘云,郝明明,等. 高效率半导体激光器光纤耦合模块[J]. 发光学报,2011,32(11):1147 - 1151.

[7] Treusch H G,Du K,Baumann M. Fiber-coupling technique for high-power diode laser arrays[J]. Proceedings of SPIE - The International Society for Optical Engineering,1998,3267:98 - 106.

[8] Ma X H,Li X,Liu G J. Beam shaping and fiber coupling of high-power laser diode arrays [J] Proceedings of SPIE[J]. The International Society for Optical Engineering,2005,5644:545 - 548.

[9] Vidal E,Quintana I,Mendez E. Fiber coupling of high-power diode laser stack for direct polycarbonate processing[J]. Proceedings of SPIE-The International Society for Optical Engineering,2010,7583.

[10] Ehbets P,Herzig H P,D ü dliker R. Beam Shaping of High-power Laser Diode Arrays by Continuous Surface-relief Elements[J]. Journal of Modern Optics,1993,40(4):637 - 645.

[11] Morris P J,Lüthy W,Weber H P. High-intensity rectangular fiber-coupled diode laser array for solid-state laser pumping[J]. Applied Optics,1993,32(27):5274 - 5279.

[12] Biesenbach J. High brightness fiber coupled modular diode laser platform[J]. IEEE Photonics Society Summer Topical Meeting Series,2012:15 - 16.

[13] Köhler B,Unger A,Kissel H. Multi-kW high-brightness fiber coupled diode laser[J]. Proceedings of SPIE-

The International Society for Optical Engineering,2013,8605:86050B.

[14] Patterson S,Koenning T,B Köhler. Enhanced fiber coupled laser power and brightness for defense applications through tailored diode and thermal design[J]. Proceedings of SPIE-The International Society for Optical,2012,83810L:83810L – 10.

[15] Matthews D G,Kleine K,Krause V. A 15kW Fiber-Coupled Diode Laser for Pumping Applications[J]. Proceedings of SPIE – The International Society for Optical Engineering,2012,8241:824103 – 824103 – 6.

[16] Zhou H,Mondry M,Fouksman M. Conductively cooled high-power high-brightness bars and fiber-coupled arrays[J]. Proceedings of SPIE-The International Society for Optical Engineering,2005,5711:37 – 41.

[17] Ehlers B,Du K,Treusch H G. Compact fiber – coupled high – power diode – laser unit[J]. Proceedings of SPIE – The International Society for Optical Engineering,1997,3097:712 – 716.

[18] Bachmann F G. High-power diode lasers for materials processing:actual status and future aspects[J]. Proceedings of SPIE-The International Society for Optical Engineering,2001,4157:275 – 282.

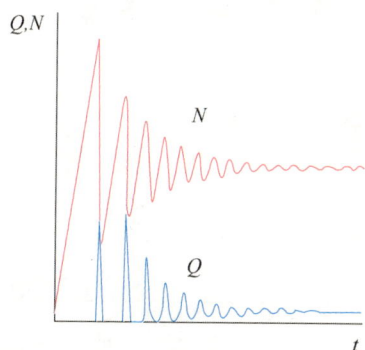

图 3 - 20　腔内反转粒子数密度及光子数密度随时间的变化

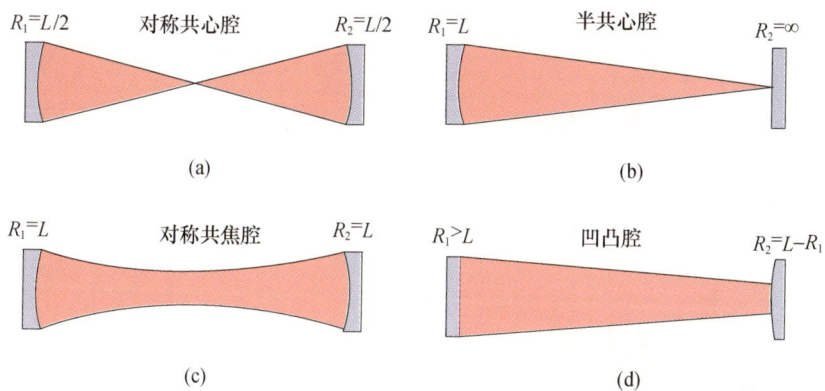

$R_1=L/2$　对称共心腔　$R_2=L/2$　$R_1=L$　半共心腔　$R_2=\infty$

(a)　　　　　　　　　　　(b)

$R_1=L$　对称共焦腔　$R_2=L$　$R_1>L$　凹凸腔　$R_2=L-R_1$

(c)　　　　　　　　　　　(d)

图 4 - 4　光学谐振腔常用构型

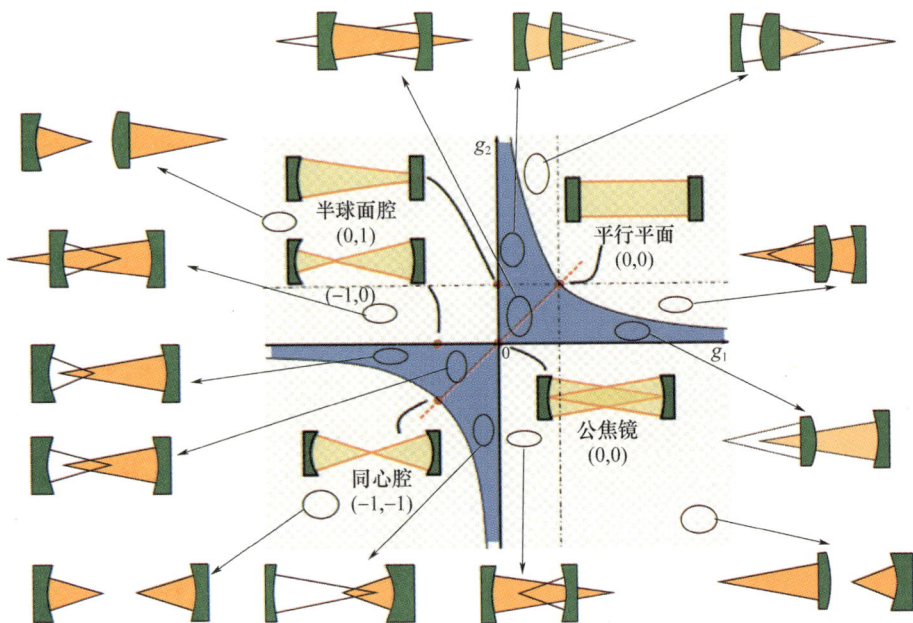

图 4 – 23　谐振腔稳定性的区域图

(*蓝色区域是稳定区,空白处均为非稳区)

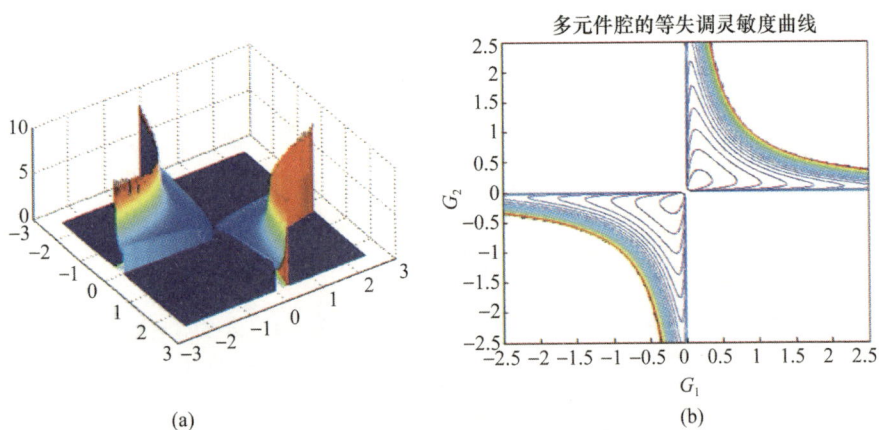

(a)　　　　　　　　　(b)

图 4 – 24　等失调灵敏度图

(a) 立体图;(b)等高线图。

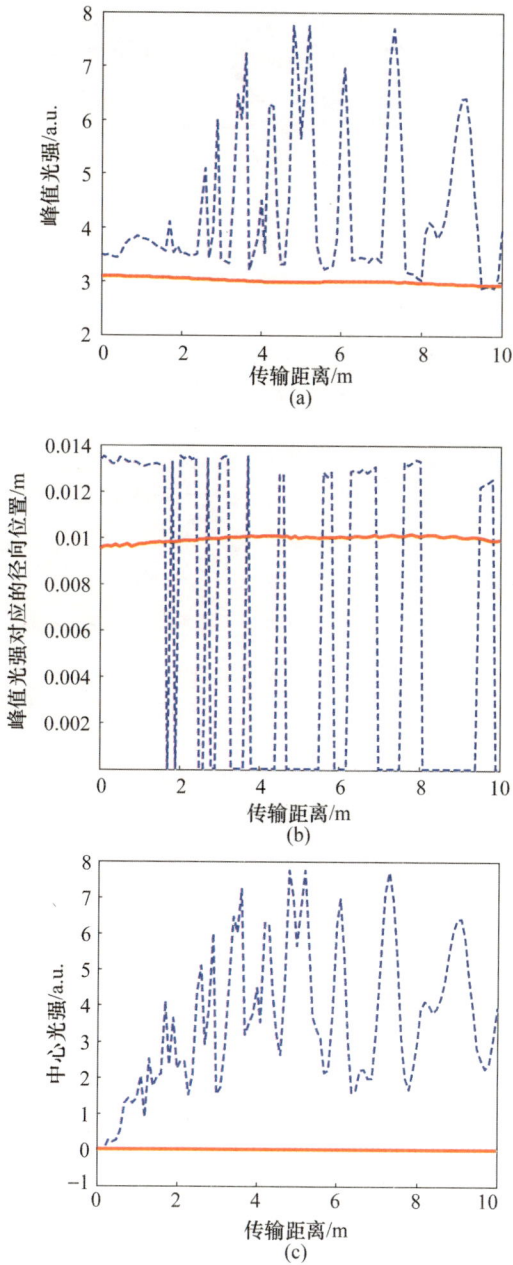

图 4-54 （a）输出光场的峰值光强、（b）输出光场峰值光强对应的径向位置、

（c）输出光场中心光强随衍射距离的变化

（图中的虚线表示腔镜为硬截断（阶跃）时的情况，实线表示腔镜组为渐变反射率镜组的情况）

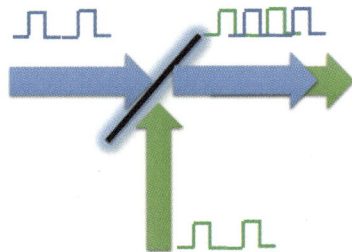

图 6 - 2　时序合成示意图

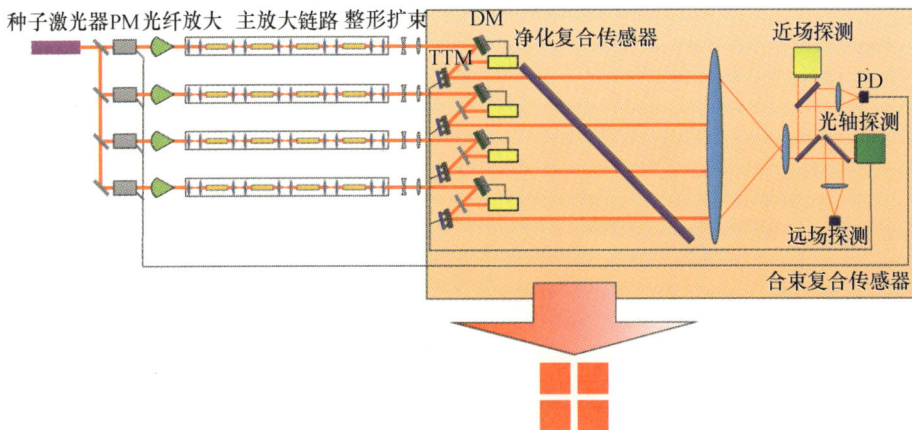

图 6 - 11　4 路 CCEPS 激光器相干合成系统结构

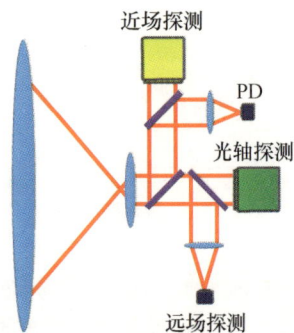

图 6 - 12　合束复合传感器结构原理

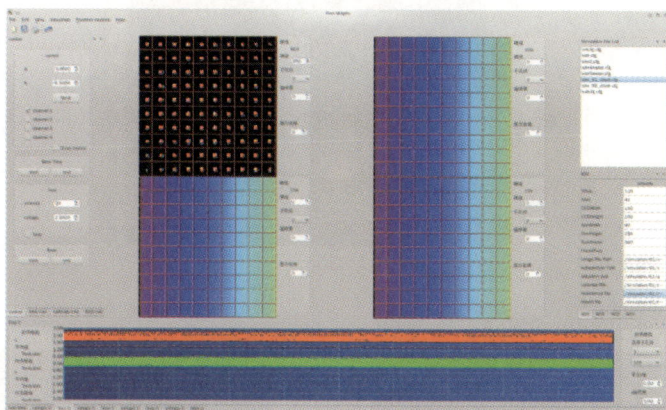

图 6 - 13　波前处理机的软件界面(可同时控制 4 路自适应光学系统)

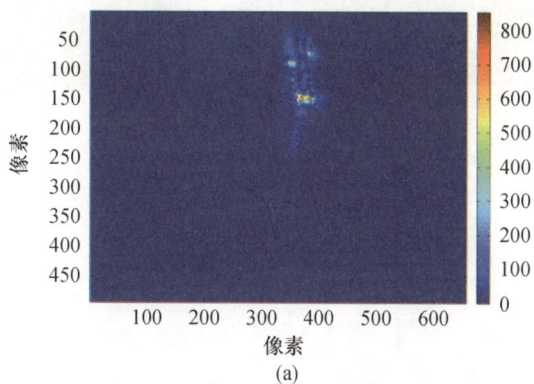

(a)

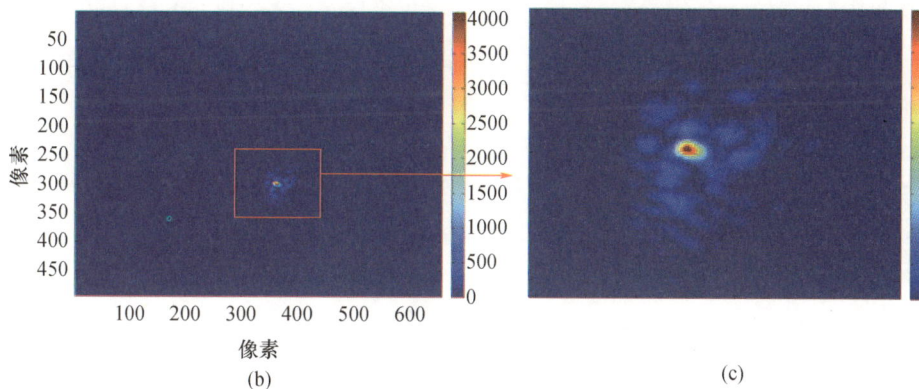

(b)　　　　　　　　　　　　　　　　(c)

图 6 - 14　第一路板条激光器光束校正前后远场光强分布

(a) 校正前;(b)校正后;(c)校正后远场放大图。

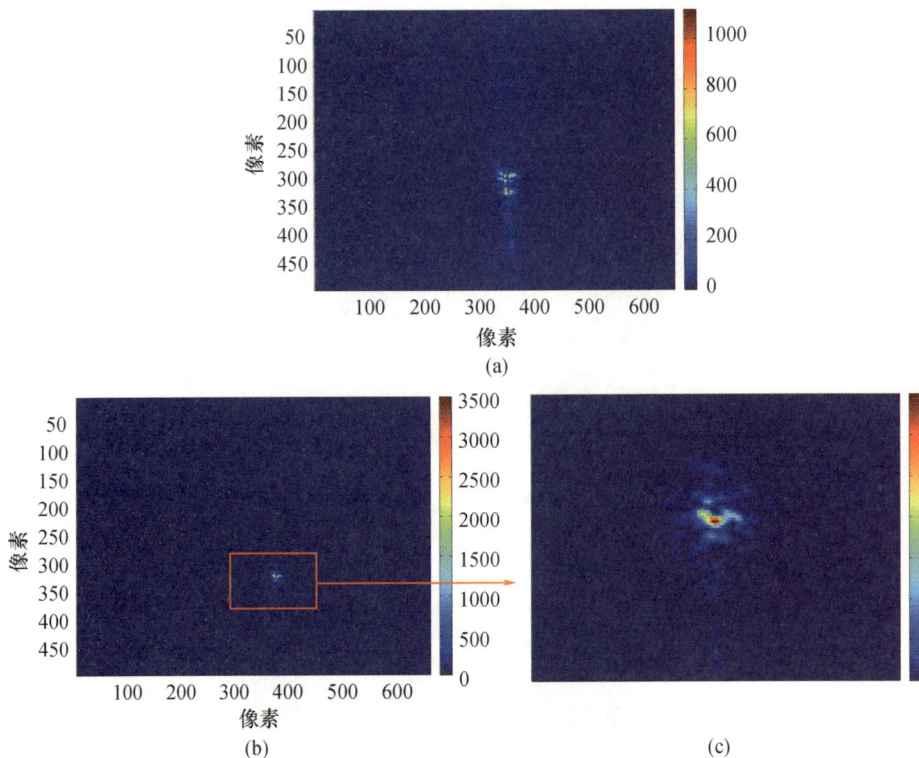

图 6-15　第二路板条激光器光束校正前后远场光强分布

（a）校正前；（b）校正后；（c）校正后远场放大图。

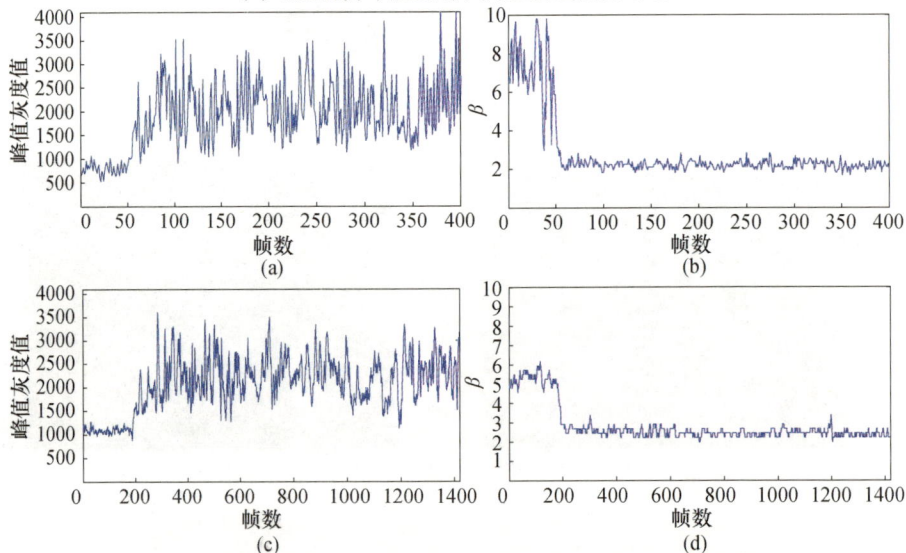

图 6-16　第一、二路板条激光器光束净化过程中峰值光强和光束质量 β 因子曲线

（a）第一路光束峰值光强曲线；（b）第一路光束 β 因子曲线；

（c）第二路光束峰值光强曲线；（d）第二路光束 β 因子曲线。

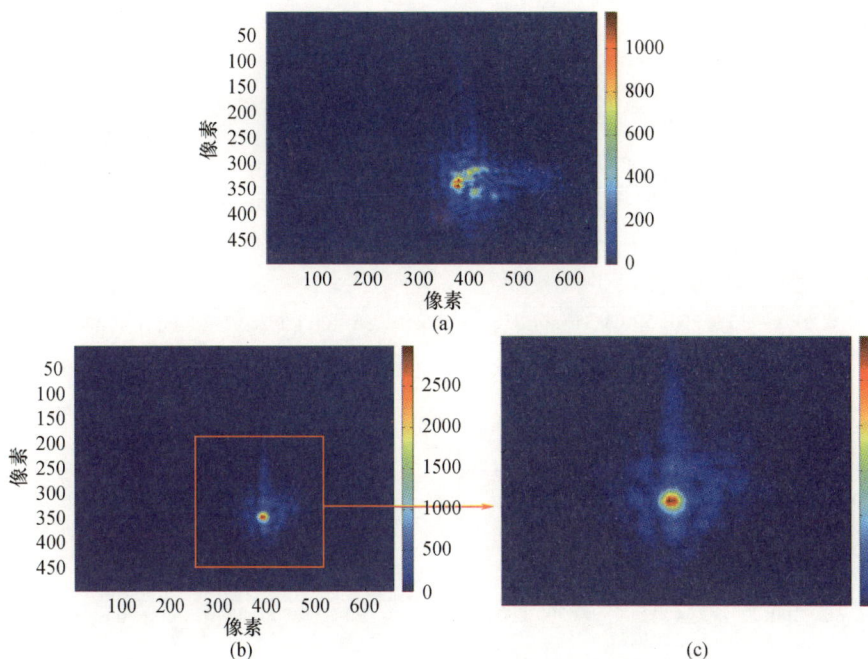

图6-17　第三路板条激光器光束远场光强分布

（a）校正前；（b）校正后；（c）校正后远场放大图。

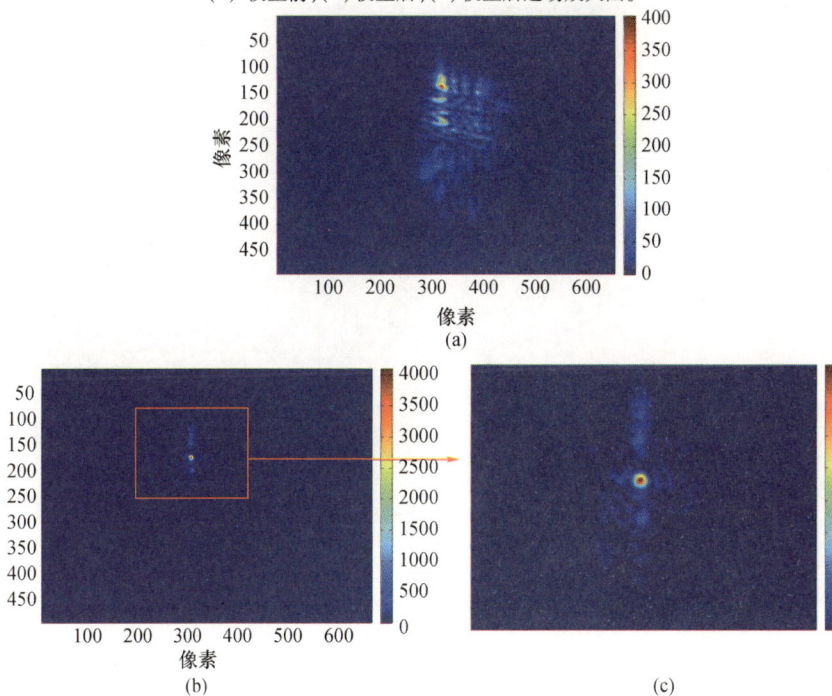

图6-18　第四路板条激光器光束远场光强分布

（a）校正前；（b）校正后；（c）校正后远场放大图。

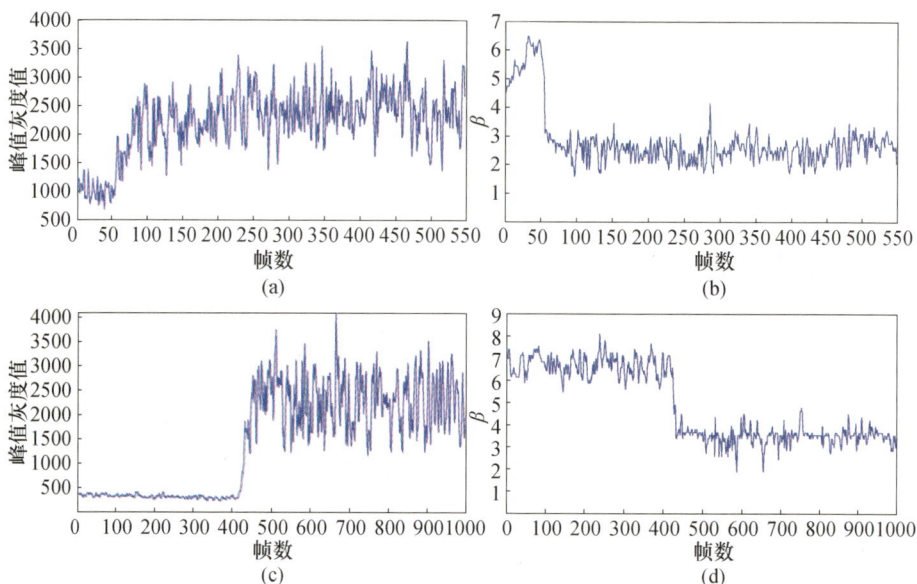

图 6 - 19　第三、四路板条激光器光束净化过程中峰值光强和光束质量 β 因子曲线

（a）第三路光束峰值光强曲线；（b）第三路光束 β 因子曲线；

（c）第四路光束峰值光强曲线；（d）第四路光束 β 因子曲线。

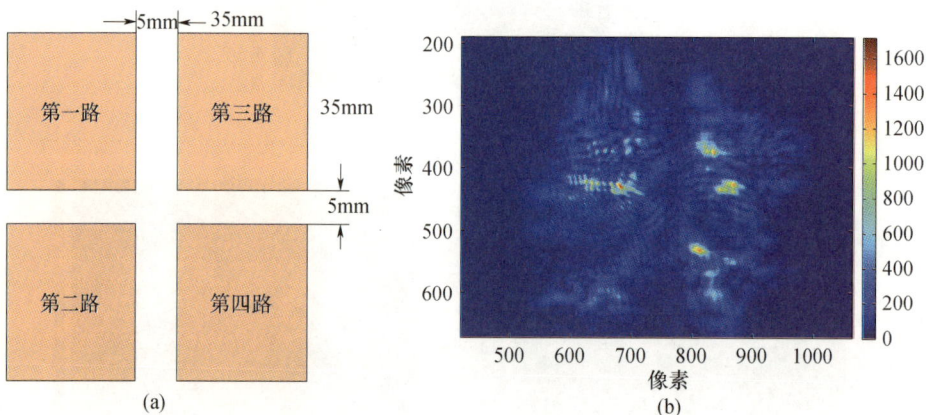

图 6 - 20　四路光束近场排布

（a）理论近场排布；（b）实际近场排布。

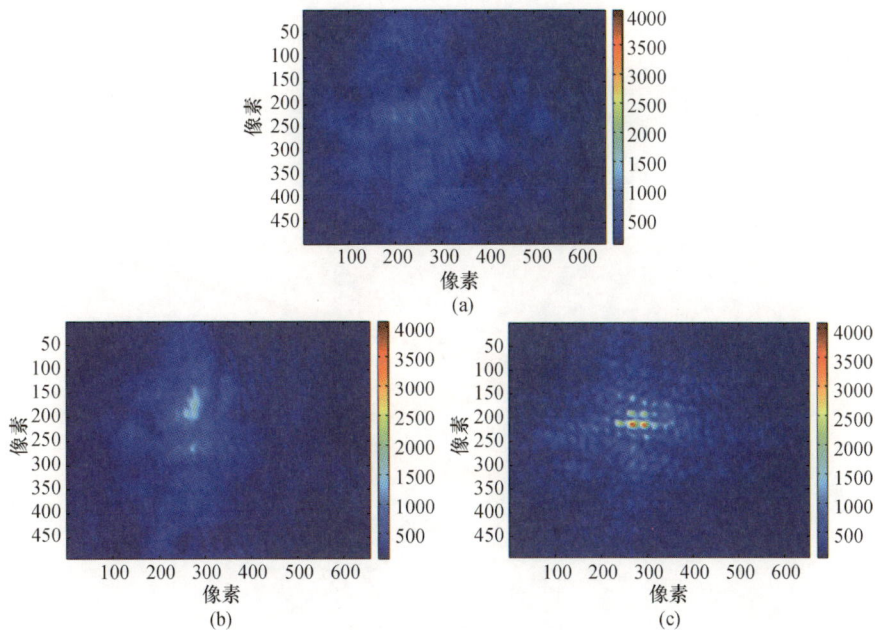

图 6 – 21　单帧远场图像

（a）指向和锁相控制均断开，光束质量 $\beta = 12.9$；（b）指向控制接通、锁相控制断开；

（c）指向控制和锁相控制均接通，光束质量 $\beta = 7.9$。

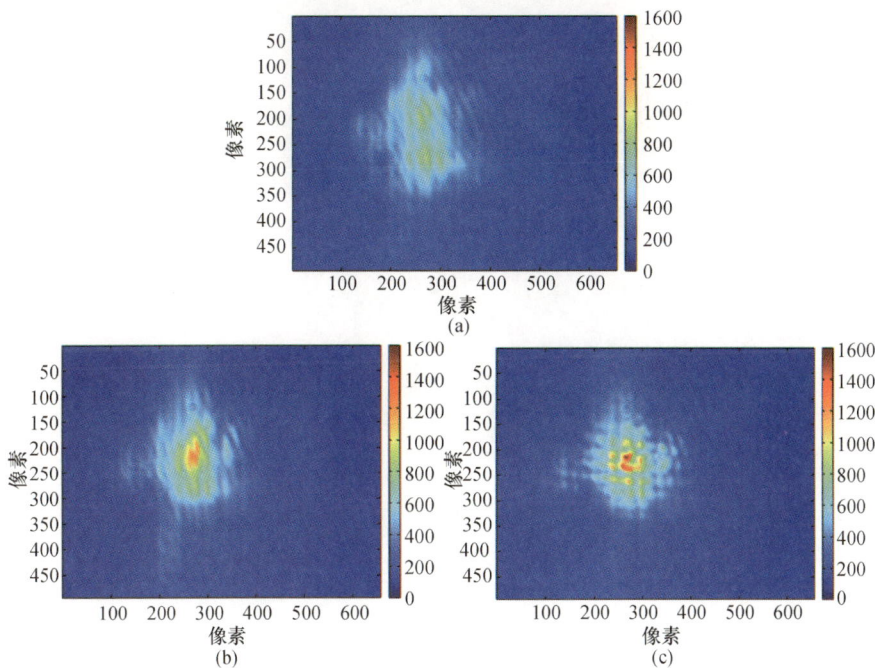

图 6 – 22　长曝光图像

（a）指向和锁相控制均断开；（b）指向控制接通、锁相控制断开；（c）指向控制和锁相控制均接通。

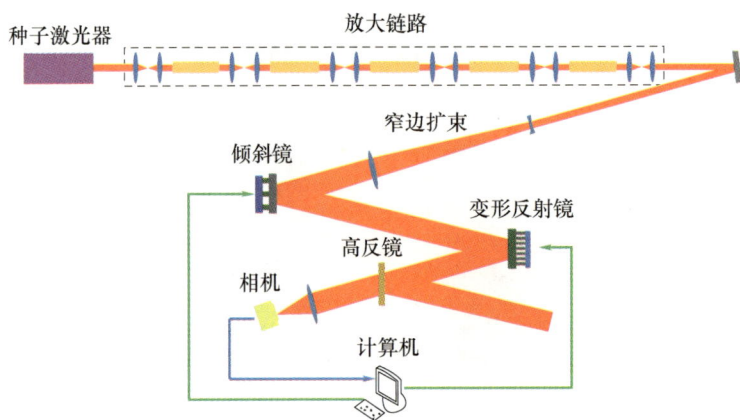

図 7 - 15　基于无波前传感自适应光学系统的板条激光链路光束净化实验系统

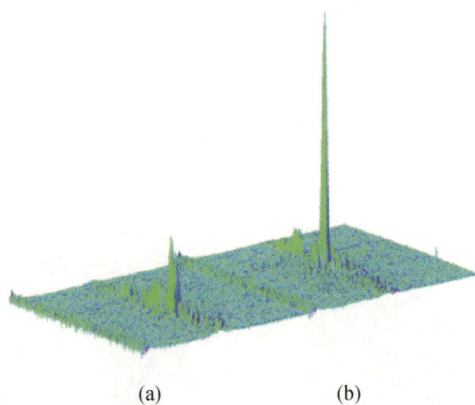

(a)　　　　　　(b)

図 7 - 16　2014 年度单链光束净化前、后的远场强度分布

高平均功率高光束质量全固态激光器 ～ 彩十

(a)　　　　　　　　　　　(b)

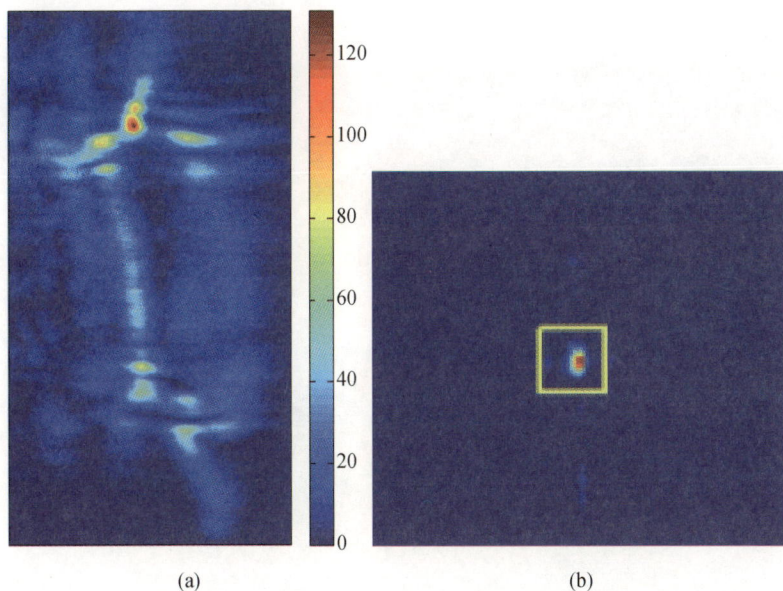

图 7 - 17　2013 年度单链光束净化前、后的光斑

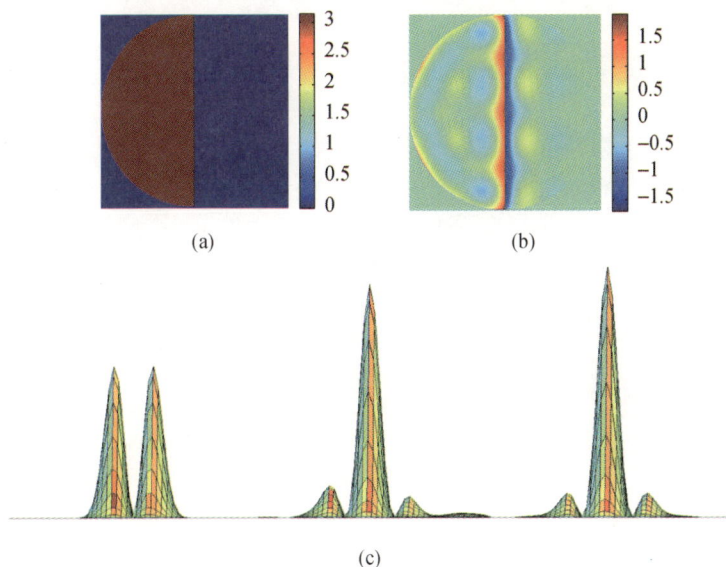

(a)　　　　　　　　　(b)

(c)

图 7 - 19　变形镜补偿 TEM_{10} 模厄米 - 高斯光束相位跃变的计算结果

（a）TEM_{10} 模厄米 - 高斯光束的相位跃变。（b）变形镜拟合相位跃变的残差（单位：rad）。

（c）TEM_{10} 模厄米 - 高斯光束的远场强度分布：未补偿相位台阶（左），

变形镜补偿相位台阶后（中），相位台阶完全补偿后。

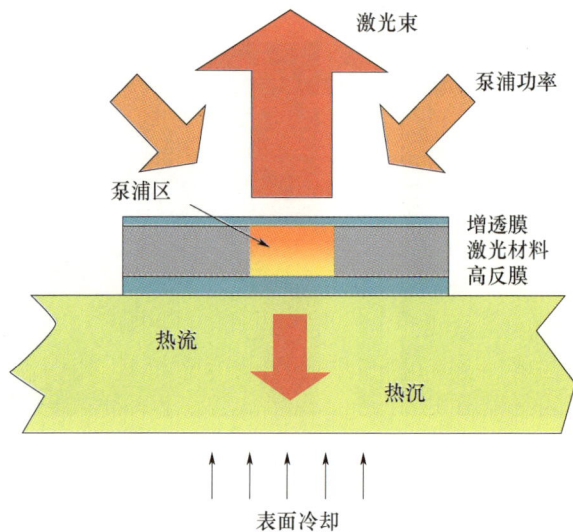

激光束

泵浦功率

泵浦区

增透膜
激光材料
高反膜

热流

热沉

表面冷却

图 8-7　薄片激光器工作原理

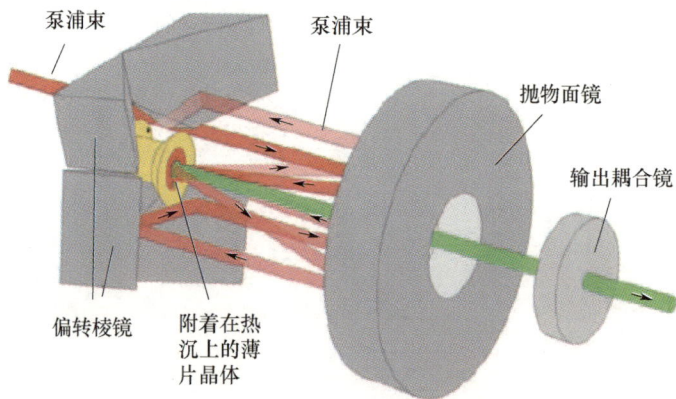

泵浦束

泵浦束

抛物面镜

输出耦合镜

偏转棱镜

附着在热
沉上的薄
片晶体

图 8-8　改进型薄片激光器结构

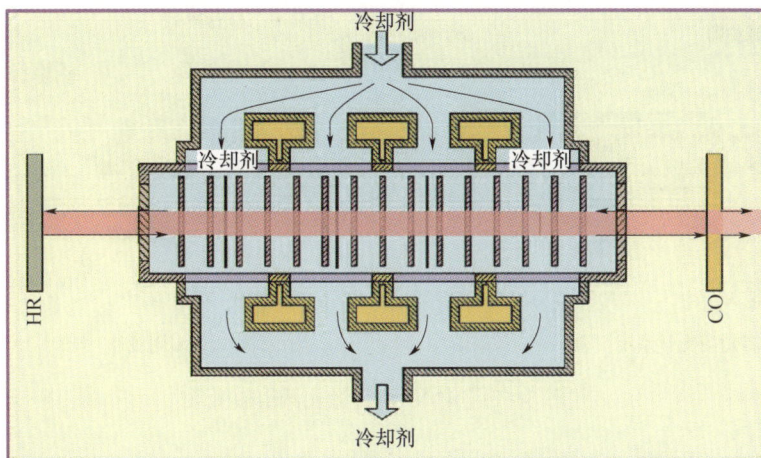

图 8 - 10　"液体"激光器谐振腔

图 8 - 11　第三代 HELLADS 激光单元模块

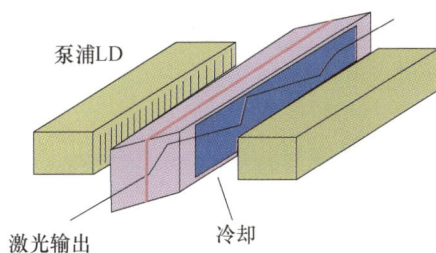

图 8 - 13　典型的板条激光器

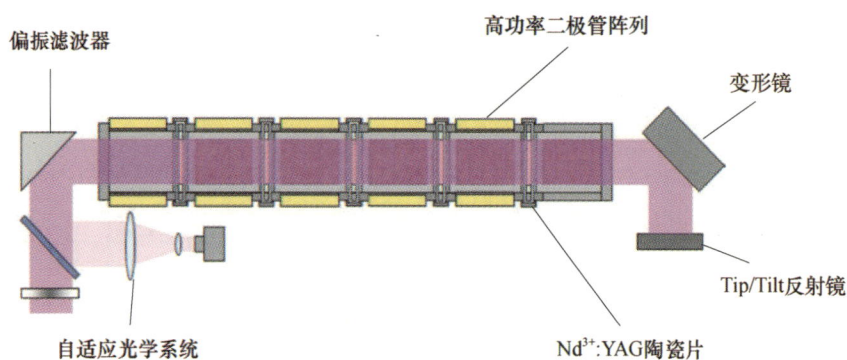

图 8 - 21　LLNL 热容激光器结构图

偏振滤波器

高功率二极管阵列

变形镜

Tip/Tilt反射镜

自适应光学系统

Nd^{3+}:YAG陶瓷片

(a)

(b)

图 8 - 22　LLNL 热容激光器的俯视(a)和侧视(b)图

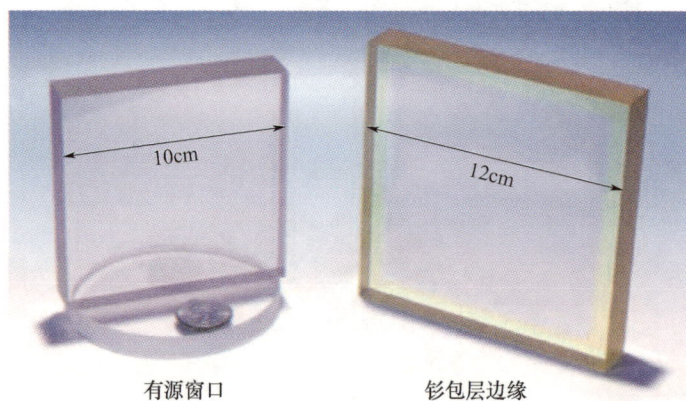

10cm

12cm

有源窗口

钐包层边缘

图 8 - 23　透明陶瓷板条激光材料

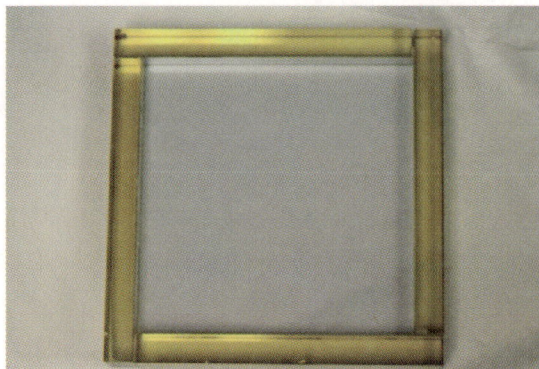

图 8 – 24　用环氧树脂包边的掺钴 Nd:YAG 激光板条

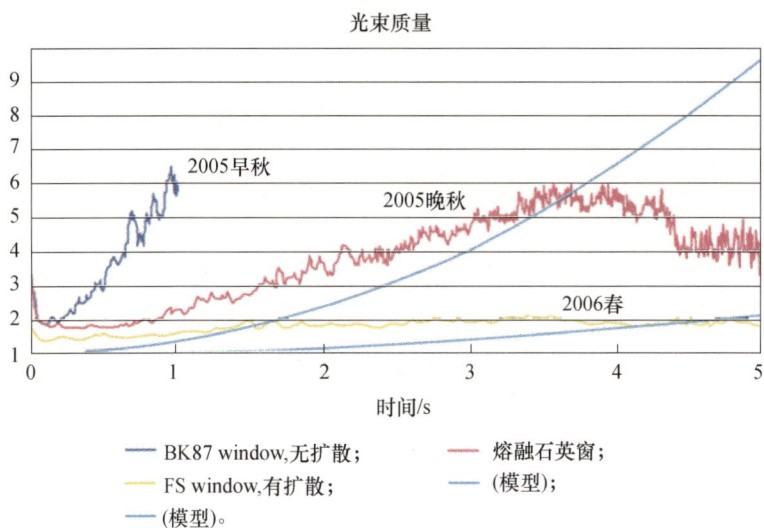

图 8 – 28　激光运转时限的发展

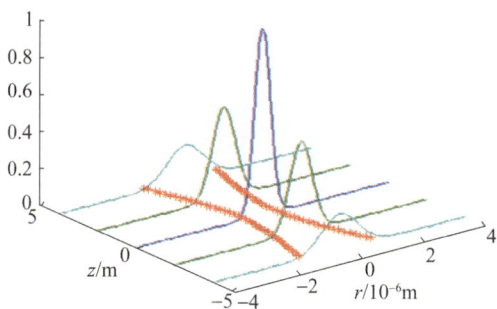

图 10 – 2　高斯光束的光强分布图

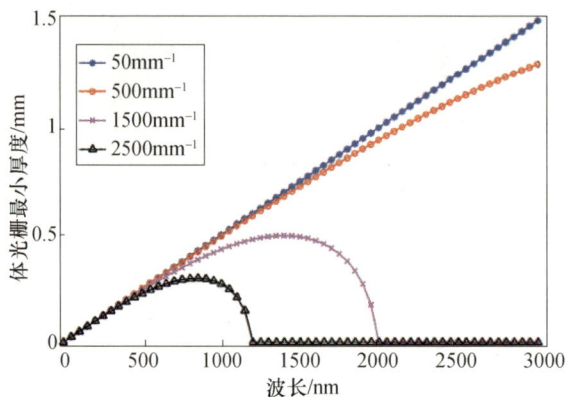

图 10 – 17　体光栅最小厚度与入射波长的关系(衍射效率为 100%)

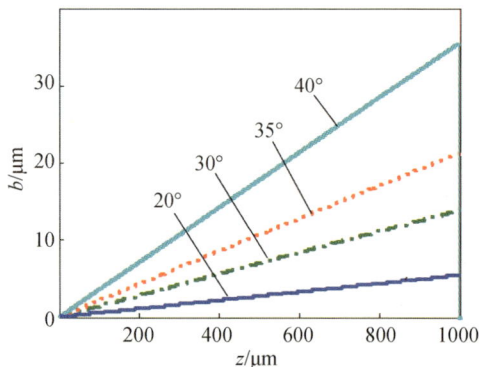

图 10 – 22　远场发散角分别为 20°,30°,35°,40°时半锥宽度随耦合距离的变化关系

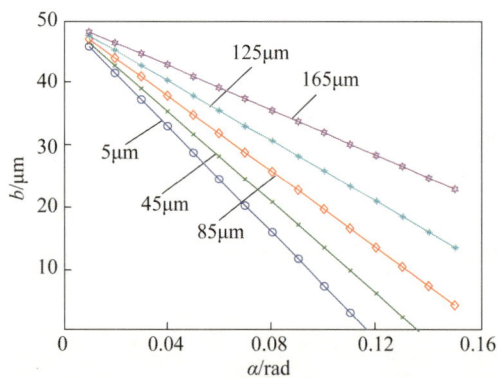

图 10 – 23　耦合距离分别为 5μm,45μm,85μm,125μm,165μm 时半锥宽度随锥角的变化关系